U1001722

Word · Excel · PowerPoint 办公技巧查询宝典（Office 2010 版）

刘健忠 张铁军 魏勇　编著

兵器工业出版社

内 容 简 介

本书基于 Microsoft Office 2010 专业版编写，详尽地介绍了 Word、Excel、PowerPoint 三大组件的主要功能共 500 个应用技巧，适合不同水平、不同办公环境的用户阅读和学习。

本书分三大部分共 28 章，Word 部分 11 章，分别介绍页面布局与设置、页眉页脚与页码、文本操作与设置、查找与替换、编号与项目符号、样式与格式、文档中表格的应用、图片、形状与 SmartArt、目录\注释\引文与索引、审阅与批注、文档安全与打印；Excel 部分 9 章，分别介绍工作簿与工作表操作、单元格操作、数据输入与填充、数据条件设置、数据处理与计算、常用公式与函数应用、数据透视表创建与应用、图表创建与应用、表格安全与打印；PowerPoint 部分 8 章，分别介绍文本操作与应用、主题\背景与母版应用、图形与图片、表格与图表、动画处理、多媒体对象处理、演示文稿的放映设置、演示文稿输出与安全设置。

本书内容全面、结构清晰、语言简练，全程配以图示来辅助用户学习和掌握。本书适合不同层次的读者，也是企业行政管理人员、人事管理人员和教师工作者必备的实用办公技巧查询用书。

图书在版编目（CIP）数据

Word.Excel.PowerPoint 办公技巧查询宝典 ：Office 2010 版 / 刘健忠，张铁军，魏勇编著. -- 北京 ：兵器工业出版社, 2012.1

ISBN 978-7-80248-678-2

Ⅰ. ①W… Ⅱ. ①刘… ②张… ③魏… Ⅲ. ①文字处理系统，Word ②表处理软件，Excel③图形软件，PowerPoint④办公自动化－应用软件，Office 2010 Ⅳ. ①TP391②TP317.1

中国版本图书馆 CIP 数据核字(2011)第 238130 号

出版发行：兵器工业出版社
发行电话：010-68962596，68962591
邮　　编：100089
社　　址：北京市海淀区车道沟 10 号
经　　销：各地新华书店
印　　刷：北京博图彩色印刷有限公司
版　　次：2012 年 1 月第 1 版第 1 次印刷
印　　数：1-4 000

责任编辑：刘　立　李　萌
封面设计：深度文化
责任校对：刘　伟
责任印制：王京华
开　　本：889mm×1194mm 1/32
印　　张：18
字　　数：593 千字
定　　价：49.00 元

前言

Microsoft Office在日常办公中发挥着举足轻重的作用。Microsoft Office 2010较之以前的版本更加人性化，操作更简洁，而且增添的新功能让Microsoft Office变得更加完美。

本书以“技巧”的方式开展，每个技巧针对一个常见办公应用，符合现代人所追求的快速学习、快速上手、直接套用的新理念。每个技巧在叙述上做到步骤清晰、讲解详尽透彻，方便读者接受与使用。

本书主要介绍Microsoft Office 2010 最常用的三大组件Word、Excel、PowerPoint 在办公中的应用。本书在编写过程中，做到对于入门的基础知识的讲解不遗漏，对于技巧性的问题给予读者中肯的建议；对于细枝末节和容易被忽视的问题也一一做了解释，从而使读者能够更深入地掌握 Word、Excel、PowerPoint的高级办公技巧，并在实际工作中将这些技巧发挥得淋离尽致。

Microsoft Office 2010功能非常强大，本书所揭示的应用技巧或许只是冰山一角，但却能起到抛砖引玉的作用。希望读者在实际工作中能够运用所学知识举一反三，发现更多简便、易用的应用技巧。

本书从策划到出版，倾注了出版社编辑与校对人员的心血，特在此表示衷心的感谢！

本书是由诺立文化策划，主要由刘健忠、张铁军、魏勇编写。参与本书编写的还有陈媛、陶婷婷、汪洋慧、彭志霞、彭丽、管文蔚、马立涛、张万红、陈伟、郭本兵、童飞、陈才喜、杨进晋、姜皓、张发凌、曹正松、陈超，在此对他们表示深深的谢意！

尽管作者对书中的技巧力求精益求精，但疏漏之处仍然在所难免。如果您发现书中的错误或某个技巧有更好的解决方案，欢迎向作者反馈。我们将尽快回复，且在本书再次印刷时予以修正。

再次感谢您的支持!

编著者

CONTENTS 目录

第1章　页面布局与设置

第2章　页眉页脚与页码

第3章 文本操作与设置

第4章 查找与替换

第5章　项目符号与编号

第6章　样式与格式

第7章 文档中表格的应用

第8章 图片、形状与SmartArt

第9章　目录、注释、引文与索引的应用

第10章　审阅与批注的应用

第11章 文档的安全打印

第12章 工作簿与工作表操作

第13章 单元格操作

第14章 数据输入与填充

第15章 数据条件设置

第16章　数据处理与计算

第17章　常用公式与函数应用

第18章 数据透视表创建与应用

第19章 图表创建与应用

第20章 表格安全与打印

第21章　文本操作与应用

第22章 主题、背景与母版应用

第23章 图形与图片

第24章　表格与图表

第25章　动画处理

第26章　多媒体对象处理

第27章 演示文稿的放映设置

第28章 演示文稿安全设置与输出

第1章

页面布局与设置

技巧1 快速设置文档纸张大小

在Word 2010版本中，用户可根据实际需要设置文档的纸张大小。通过在“页面布局”中设置文档纸张大小是最快捷的方法，具体操作步骤如下。

❶ 在Word 2010主界面中，在“页面布局”选项卡下单击“页眉设置”选项组中的“纸张大小”选项，如图1–1所示。

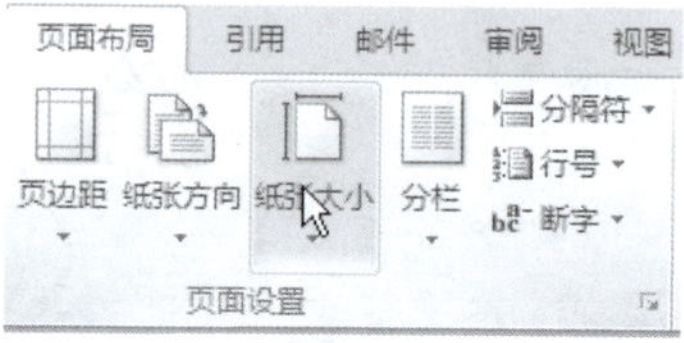

图1–1

❷ 展开“纸张大小”选项菜单，用户可以看到Word 2010提供了多种规格的纸张比例。

❸ 如用户要将纸张大小设置为“16K”，可在展开的“纸张大小”选项菜单中选中“16开（18.4厘米×26厘米）”（如图1–2所示）即完成设置。

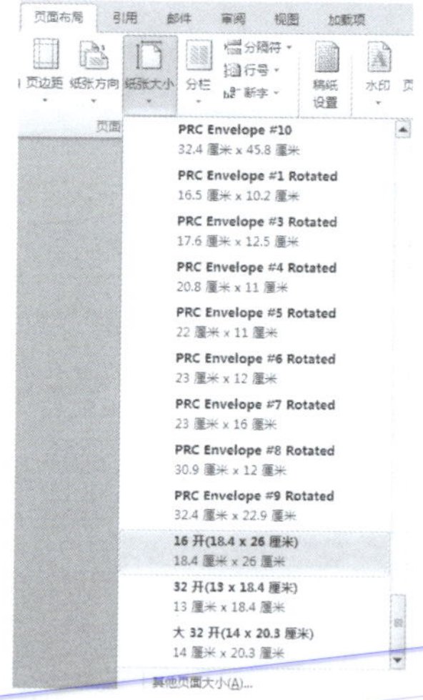

图1–2

提 示

如果用户在“纸张大小”选项中没有找到需要的合适尺寸，可单击“其他页面大小（A）”选项，进入“页面设置”对话框中进行自定义设置。具体设置方法，可以参考技巧2操作。

技巧2　通过“页面设置”来设置文档纸张大小

除了直接通过“页面布局”来设置文档纸张大小外，还可以在“页面设置”中进行设置，以及自定义特殊要求的纸张大小，具体操作步骤如下。

❶ 在“页面布局”选项卡下的“页面设置”选项组中，单击右下角的“页面设置（ ）”按钮，如图1–3所示。

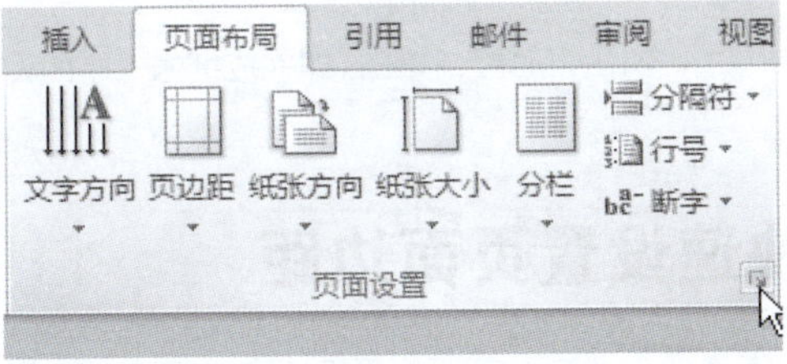

图1–3

❷ 在打开的“页面设置”对话框中，切换到“纸张”选项。

❸ 在“纸张大小”栏下的纸张大小选择框中，单击“下三角按钮（ ）”展开纸张大小选择菜单。如用户将纸张大小设置为“16K”，选中“16开（18.4厘米×26厘米）”即可，如图1–4所示。

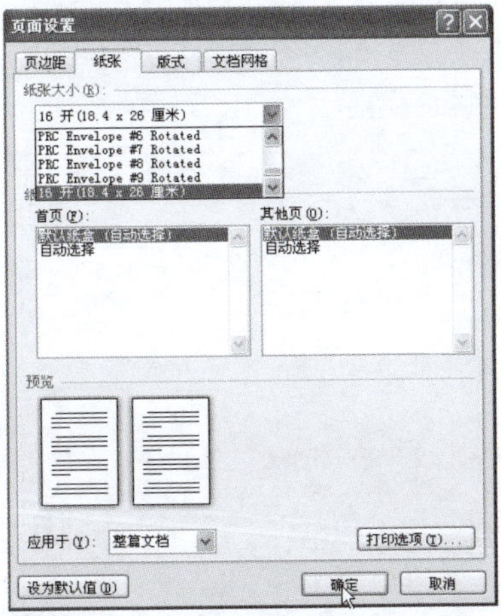

图1–4

❹ 如果用户在“纸张大小”展开的菜单中没有找到需要的合适尺寸。可以在展开的菜单中，选中“自定义大小”选项，在下面的“宽度”和“高度”框中，分别设置用户所要的纸张尺寸，如：“（14厘米×21厘米）”，如图1–5所示。

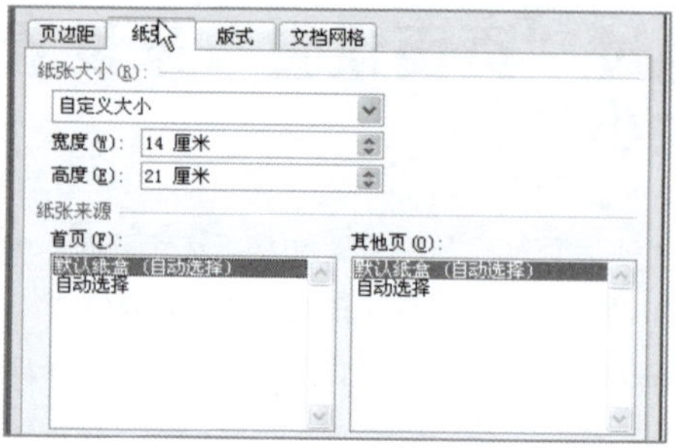

图1-5

5 设置完成后，单击“确定”按钮，即完成纸张大小的设置及自定义纸张尺寸。

技巧3 快速设置页面边距

页边距即是页面四周的空白区域，合理的页边距设置不仅使文本看起来结构紧密而且大大提高了文本的美观性。在Word 2010中，页面边距的设置同样体现了以人为本的精神，自主性得到了更大的提升，具体的操作步骤如下所述。

1 在Word 2010主界面中，单击“页面布局”选项卡下 “页面设置”选项组中的“页边距”选项。

2 在“页边距”选项的下拉菜单中提供了五种具体的页面设置，分别为普通、窄、适中、宽、镜像以及“上次的自定义设置”选项，用户可参考，根据需要选择页边距样式，如图1-6所示。

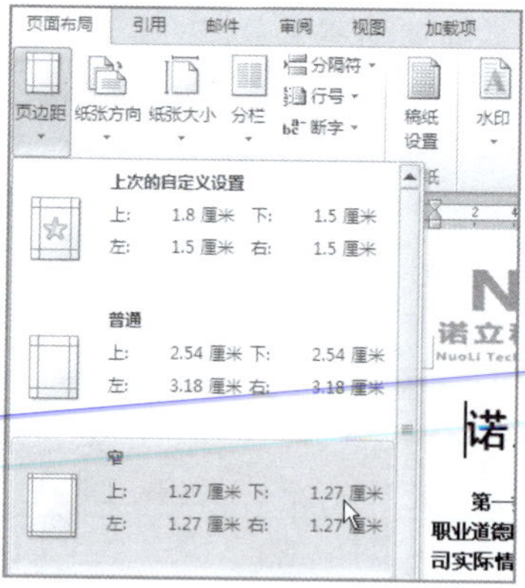

图1-6

3 如果用户在“页边距”选项组中找不到适合的页边距，可通过选项组中的“自定义边距”或者“自定义边距（A）”选项调整，其中“自定义边距”选项调整页面边距将在技巧5中详细介绍，下面通过“自定义边距（A）”选项定义页面边距，如图1-7所示。

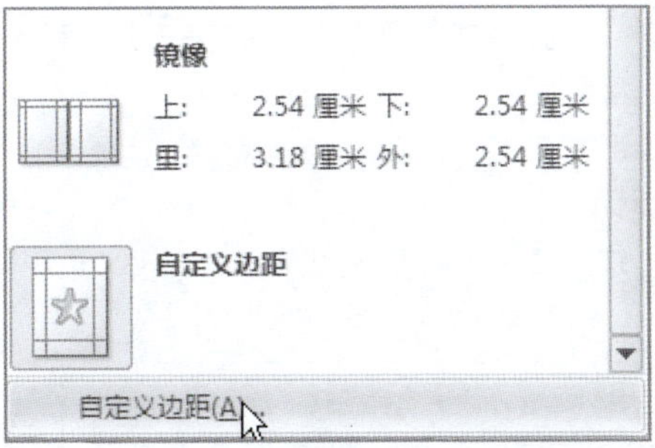

图1-7

❹ 单击“自定义边距（A）”选项，打开“页面设置”对话框，自动切换到“页边距”选项卡，在“页边距”选项下的“上（T）”、“下（B）”、“左（L）”、“右（R）”中输入文档上下左右4个边界的距离，如图1-8将“上”、“下”、“左”、“右”的页边距均设为2.5厘米。

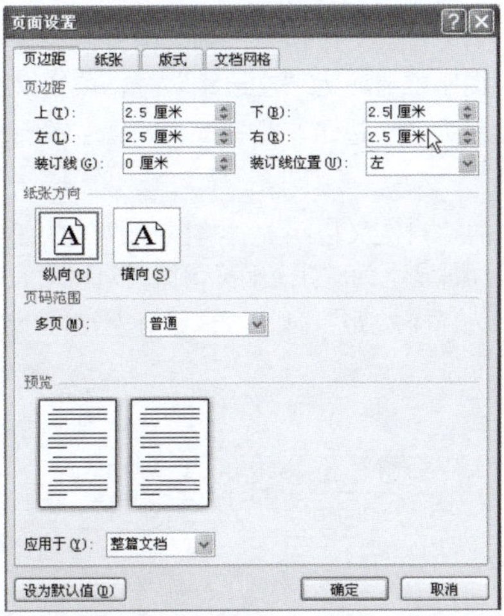

图1-8

❺ 设置完成后，单击“确定”按钮，即完成纸张页边距的设置。

提 示

在“页边距”选项卡中，可以根据需要在“应用于”中选择设定的页边距是否应用在“整篇文档”，还是“插入点之后”，“整篇文档”即所有页面均为同样的页边距。“插入点之后”即当前页面定义为设定的页边距。

技巧4 在页面中使用标尺调整文档页面边距

在Word 2010中，同样配置了水平标尺和垂直标尺，利用标尺的调节更能方便快捷地设置页面边距的大小，具体操作方式如下。

❶ 在Word 2010主界面中，单击“页面布局”选项卡下 “页面设置”选项组中的“页边距”选项。

❷ 在“页边距”选项下拉菜单中单击“自定义边距”选项，如图1-9所示。

图1-9

❸ 单击选项中的“自定义边距”，将鼠标放在水平标尺上，当光标变为双向箭头（⇔），提示框显示为“左边距”时，按住鼠标左键向右拉动至合适的距离，提示框显示为“右边距”时，按住鼠标左键向左拉动至合适距离，如图1-10所示。

❹ 单击选项中的“自定义边距”，将鼠标放在垂直标尺上，当光标变为双向箭头（↕），提示框显示为“上边距”时，按住鼠标左键向上拉动至合适的距离，提示框显示为“下边距”时，按住鼠标左键向下拉动至合适距离，如图1-11所示。

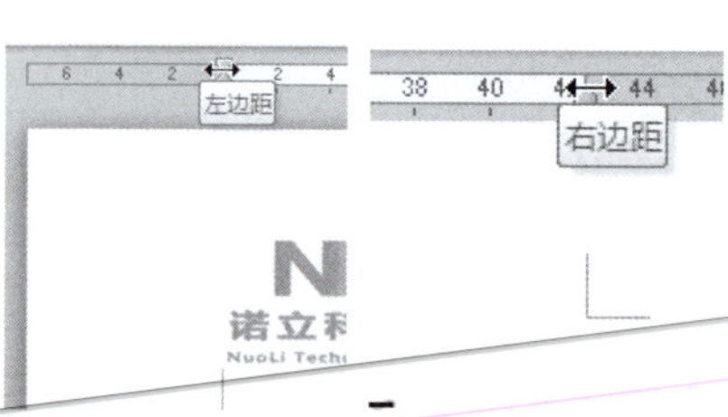

图1-10

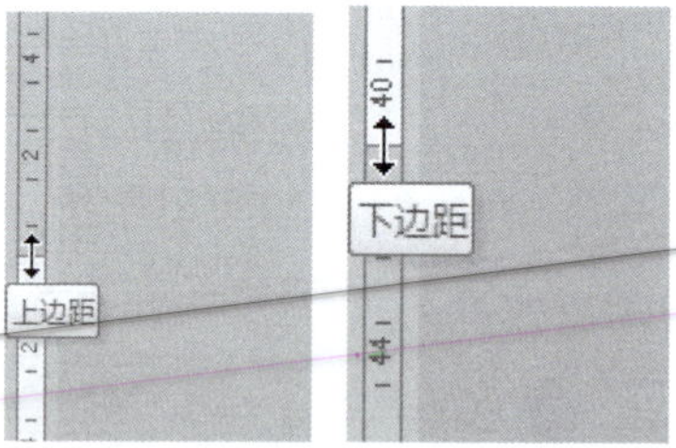

图1-11

技巧5 设置对称页面的页边距

对称页面是指双面页面的页距是轴对称的，即在双面显示的状态下左侧的页边距与右侧页边距相同，双页面的内侧页边距相等，外侧页边距相等，这样文档在装订后更美观、整齐。具体的操作方法如下。

❶ 在Word 2010主界面中，单击“页面布局”选项卡下 “页面设置”选项组中的“页边距”选项。

❷ 在“页边距”选项下单击“自定义边距（A）…”或者单击“页面设置”选项组中的按钮（ ）进入“页面设置”对话框。

❸ 切换到“页边距”选项卡中，单击“页码范围”选项下的“多页（M）”列表框，选择“对称页边距”选项，此时，“装订线位置”在左边，选项默认为灰色。用户可根据实际需要设置上、下、内侧和外侧的页边距，如图设置内侧和外侧均为2.54厘米，装订线为1厘米，如图1-12所示。

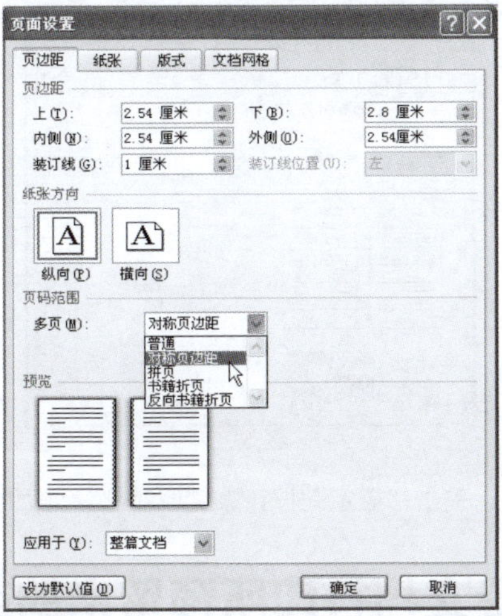

图1-12

❹ 设置完成后，单击“确定”按钮即可完成对称页面的页边距的设置。

提 示

快捷设置普通对称页面的页边距。可以在“页面布局”选项卡中单击“页边距”选项，打开下拉选项菜单，系统提供了镜像的页边距，即对称页面的页边距，如果用户没有具体数值要求，可单击该选项直接进行设定。

技巧6 更改部分页面的页边距

在文档的编辑中有部分文档的页边距根据实际要求需要进行不同于整篇文档的特殊设置，具体操作如下。

1 选中需要设置的部分文档。

2 单击“页面布局”选项卡下的“页面设置”选项组中的按钮（ ），弹出“页面设置”对话框。

3 切换到“页边距”选项卡，在“页边距”选项下的“上（T）”、“下（B）”、“左（L）”、“右（R）”中输入需要的页边距尺寸，如上下为1.5厘米，左右为2.5厘米。

4 单击“应用于”的下拉按钮，选择“所选文字”选项，如图1-13所示。

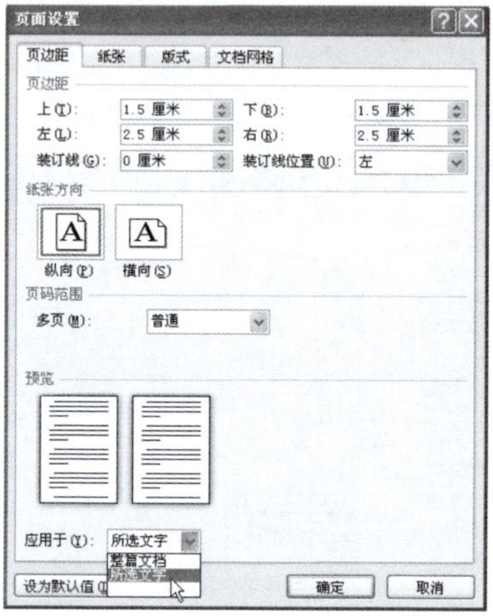

图1-13

5 设置完成后，单击“确定”按钮，完成对部分页面的页边距设定。

技巧7 设置文档打印所预留出的装订线尺寸

装订线是在文档完成后便于装订的轨迹，有效地区别开文档和页面的空白区域，使装订好的文档整齐，美观更方便翻阅，装订线的位置也根据大多数人的阅读习惯而定，一般在左边或者上边，如何为没有设置装订线的文档预留出装订线位置呢，下面将分别具体介绍操作步骤。

1 在Word 2010主界面中，单击“页面布局”选项卡下“页面设置”选项组中的“页边距”选项。

2 在“页边距”选项下拉菜单中单击“自定义边距（A）”选项或者单击“页面设置”选项组中的按钮（ ），打开“页面设置”对话框。

3 切换到“页边距”选项卡，在“页边距”选项下“装订线（G）”中输入需要设定的装订线数值，单击“装订线位置”的下拉按钮选择“左”、“上”确定实际位置，如设置装订线为1厘米，装订线位置在左边，如图1-14所示。

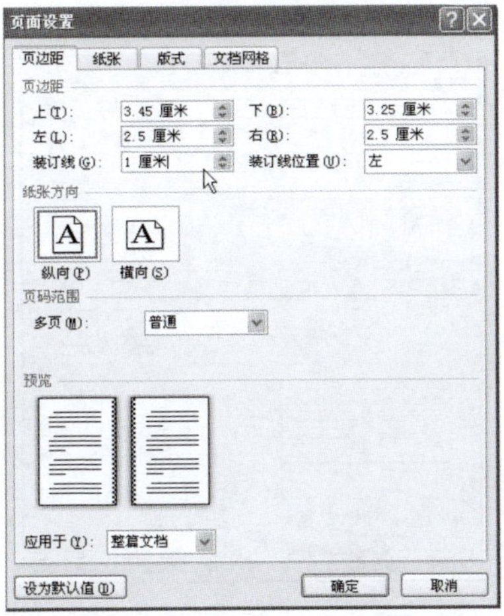

图1-14

4 设置完成后，单击“确定”按钮可完成装订线的设置。

技巧8 设置部分页面的方向

在编辑文档的过程中，部分文档需要使用不同方向的页面排版，打印时默认的页面方向无法完全打印出文档，此时，需要对部分页面的的方向进行调整，改变页面方向，具体的操作如下。

1 选中需要设置的部分文档，如图1-15所示。

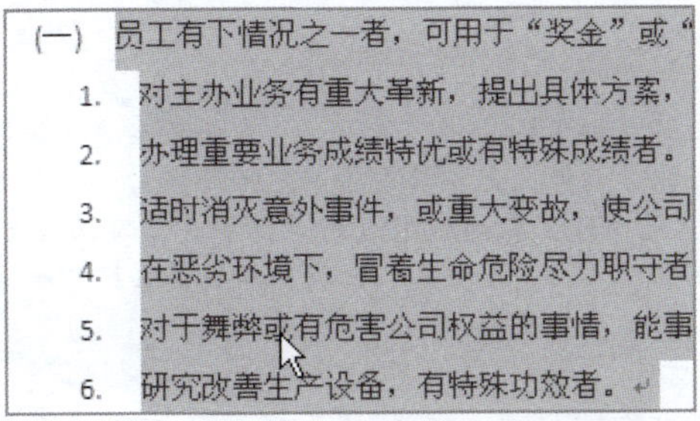

图1-15

2 单击“页面布局”选项卡下的“页面设置”选项组中的按钮（ ），进入“页面设置”对话框。

3 切换到“页边距”选项卡，在“纸张方向”选项下选择需要设置的“纵向”或者“横向”板式，如图1-16所示。

4 单击“应用于”的下拉按钮，选择“所选文字”选项，如图1-16所示。

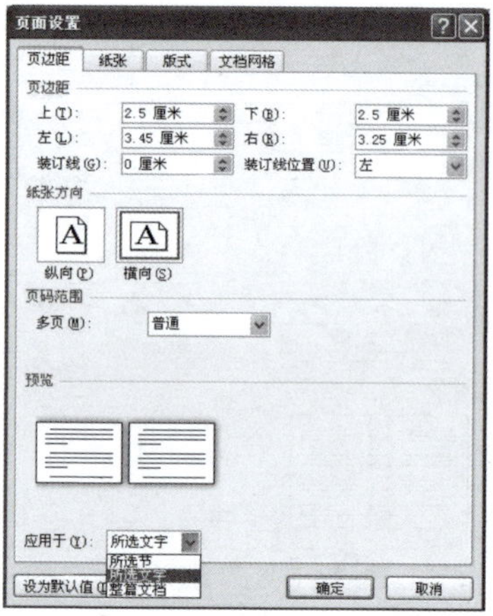

图1–16

5 设置完成后，单击“确定”按钮，完成对部分页面方向的设定，效果如图1–17所示。

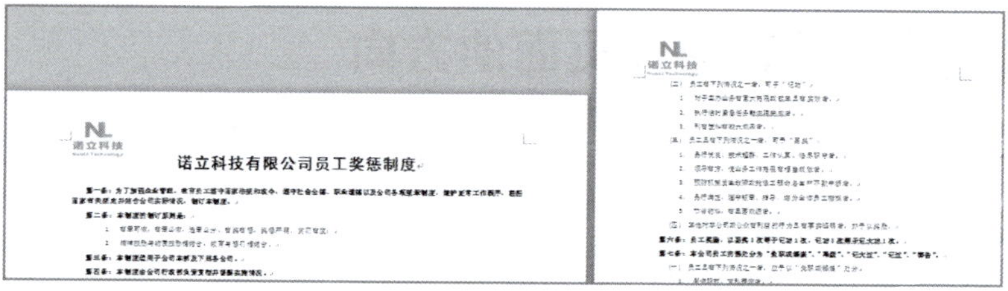

图1–17

提 示

选择了想要的纸张方向为什么不能对选中的文字进行部分修改？这是因为系统默认的纸张方向修改是整篇文档，此时用户需要选中文字后，在“纸张方向”选项下选择好需要的纸张方向，再单击“页面设置”按钮，进入“页面设置”选项，单击“应用于”的下拉按钮，选择“所选文字”选项，单击“确定”按钮即可设置成功。

技巧9 指定文档每页包含行数与每行字数

在Word 2010中，系统会根据用户设定的纸张类型、文字大小、页面边距等各种参数，自动设置每页的行数和每行字数，用户也可以根据需要自行设定文档的行数和每行字数。具体的操作方法将在下面详细介绍。

1 单击“页面布局”选项卡下的“页面设置”选项组中的按钮（ ），进入“页面设置”对话框。

2 切换到“文档网络”选项卡，在“网格”选项下选择 “指定行和字符网络”单选项，激活“字符数”和“行数”选项。

3 在“字符数”选项下的“每行（E）”中输入需要设定的每行字符数目（在1-47之间），在“跨度（T）”中输入需要设定的字符间距，如设置每行25个字符，跨度18.15磅。

4 在“行数”选项下的“每页（R）”中输入设定的每页行数（在1-45之间），在“跨度(T)”中输入需要设定的行间距，如设置每页23行，跨度28.3磅。

5 设置完成后，单击“确定”按钮，完成对页面行数和每行字数设定，如图1-18所示。

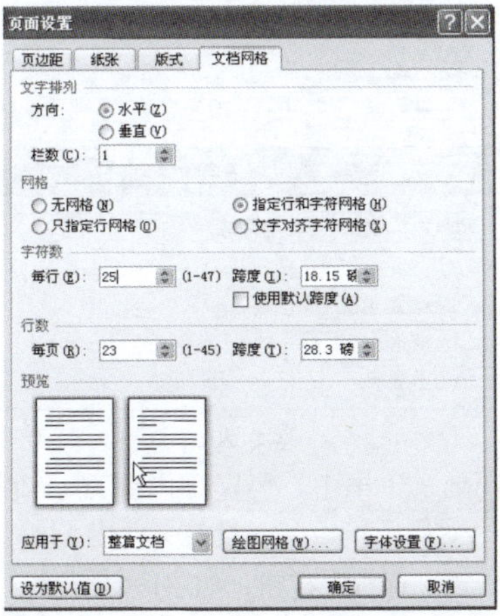

图1-18

技巧10 改变新建文档时默认的页面大小

在Word 2010中，默认的页面都是A4纸张的大小，如果用户常用纸张大小不是A4，可以根据自已的需要来修改默认的设置，方便以后新建时的快速使用。

1 单击“文件”选项卡下的“新建”标签，单击“空白文档”，单击“创建”按钮，此时新建一张页面，如图1-19所示。

2 单击“页面布局”选项卡下的“页面设置”按钮（ ），进入“页面设置”对话框。

3 在打开的“页面设置”对话框中，切换到“纸张”选项卡，单击“纸张大小”栏的“下三角按钮（ ）”选择需要设置的纸张大小或者通过“自定义大小”选项设置纸张大小。如用户将纸张大小设置为“32K”，选中“32开

（13×18.4厘米）”单击“确定”按钮即可完成设定，如图1-20所示。

图1-19

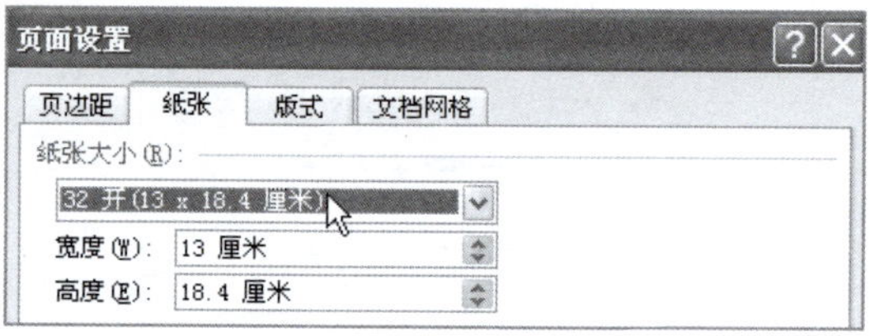

图1-20

❹ 在“文件”选项卡下单击 “另存为”标签，弹出“另存为”选项菜单，选择保存位置为“受信任模板”，设置文件名，如“Doct2”，“保存类型”为“Word模板”单击“保存”按钮，如图1-21所示。

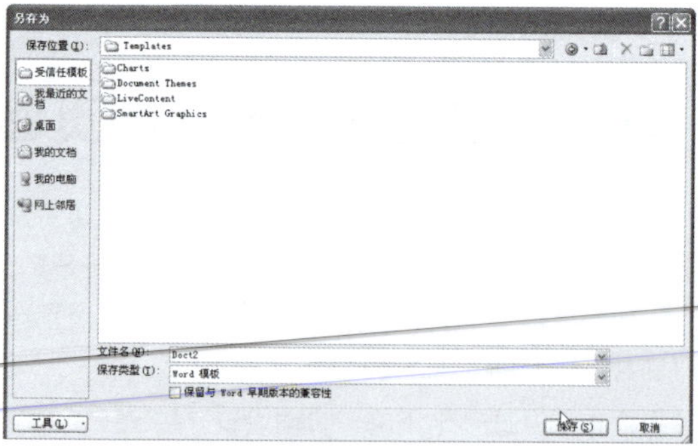

图1-21

❺ 关闭所有Word窗口，打开“我的电脑”下的“本地磁盘（C）”，打开“Documents and Settings”文件夹下的“Administrator”文件夹，如图1-22所示。

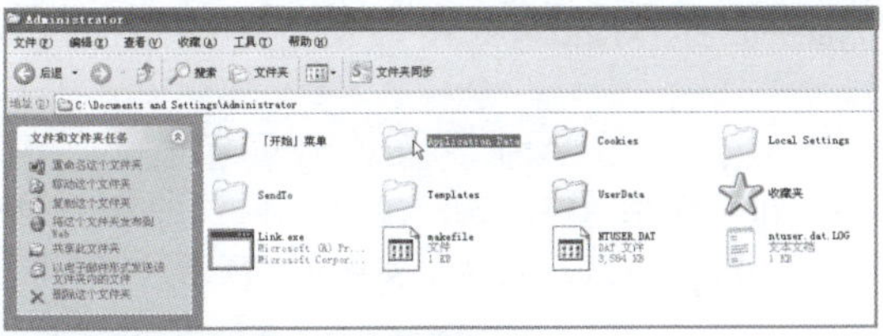

图1-22

6 打开“Application Data”文件夹，选择“Microsoft”文件夹下的“Templates”子文件夹，如图1-23所示。

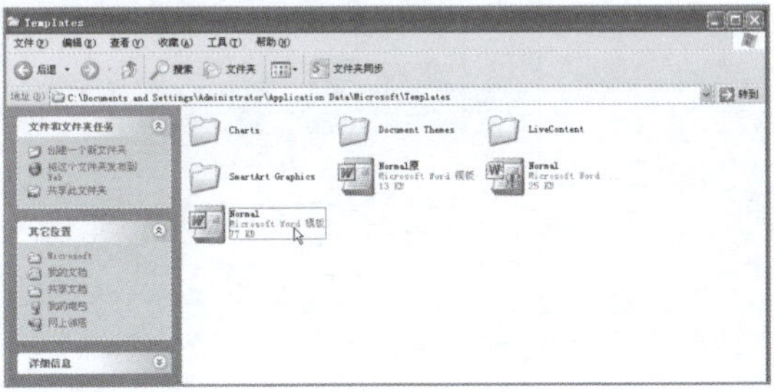

图1-23

7 把原来存在的“Normal.dot”文件重新命名，将新建的文件改为“Normal.dot”。

8 打开Word程序，新建文档，发现新建的文档都已默认为用户自定义的纸张大小。

提 示

在改变新建文档默认的页面大小的操作过程中，“Application Data”是隐藏文件夹，用户无法看到。此时用户可以在“工具”选项卡下选择“文件夹选项…”，在“查看”选项卡下的“高级设置”中选中“显示所有文件和文件夹”，单击“应用”按钮，此时可查看到隐藏文件夹。

技巧11 实现不等宽分栏效果

在编辑文档过程中，将文本分为多栏便于排版和阅览，而分栏在实际过程中，用户往往会根据自身的需要设置不等栏宽，实现不同的分栏效果，具体的操作方法如下。

1 单击“页面布局”选项卡下，“页面设置”选项组中的“分栏”选项。

2 在“分栏”选项里单击“更多分栏（C）”，如图1-24所示。

❸ 在打开的“分栏”对话框中，在“栏数”栏中输入需要设置的分栏数，如“3栏”。

❹ 取消“栏宽相等”的复选项，在激活“宽度和间距”选项栏下输入需要设定的每栏字符数和间距如：1栏，宽度8字符，间距2.02字符；2栏，宽度14字符，间距2.02字符；3栏，宽度17.14字符，如图1−25所示。

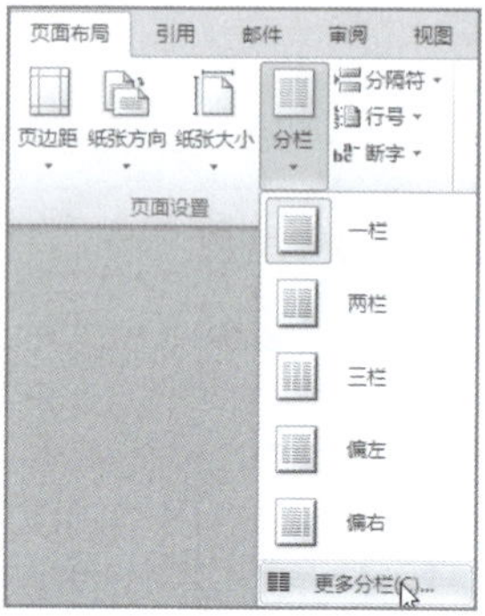

图1−24

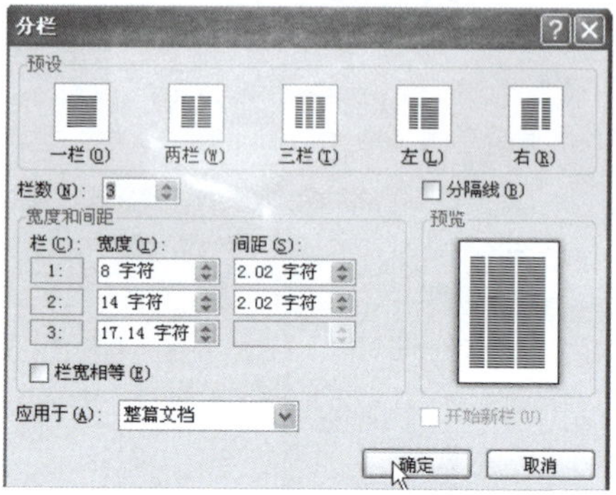

图1−25

❺ 设置完成后，单击“确定”按钮即完成不等宽的分栏设置，如图1−26所示。

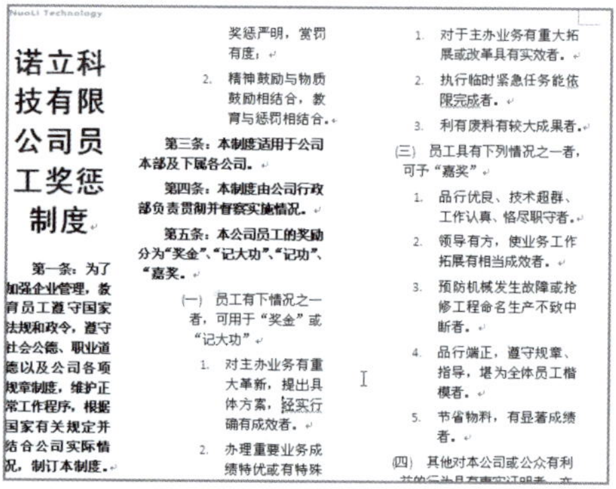

图1−26

技巧12 实现文档混合分栏

实际的写作过程中经常会遇到部分的文字需要分两栏或三栏而其余的文字不需要分栏，或者需要分更多的栏数，这就遇到一个多栏混排的问题，如何轻松快速地实现混合分栏，下面将详细介绍。

❶ 选中需要设置栏数的文字，单击“页面布局”选项卡中“页面设置”选

项组中的“分栏”选项，如图1–27所示。

❷ 在“分栏”选项里单击“更多分栏（C）”。

❸ 在打开的“分栏”对话框中，在“栏数”栏中输入需要设置的分栏数，如“3栏”，如图1–28所示。

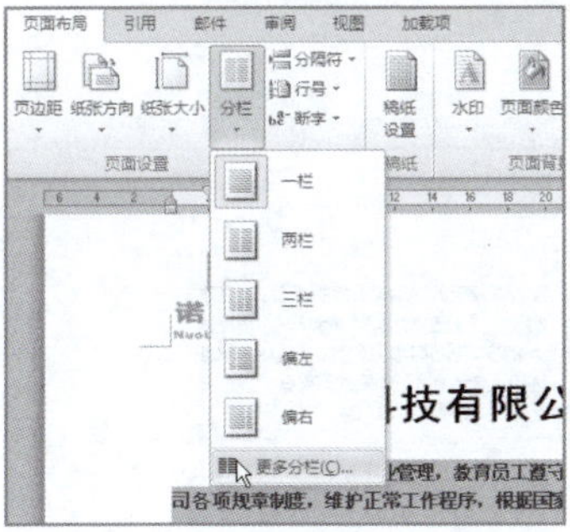

图1–27

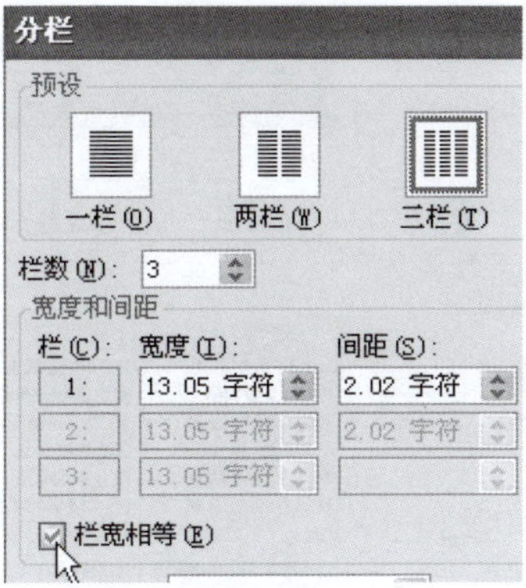

图1–28

❹ 系统默认情况下栏宽和间距是相等的，用户可选中“栏宽相等”选项，即可在 “宽度和间距”选项栏下输入需要设定的字符数和间距如：栏数为3栏，1栏宽度为8字符，间距是3字符；2栏宽度为13.58字符，间距是1字符；3栏宽度是17.61字符，如图1–29所示。

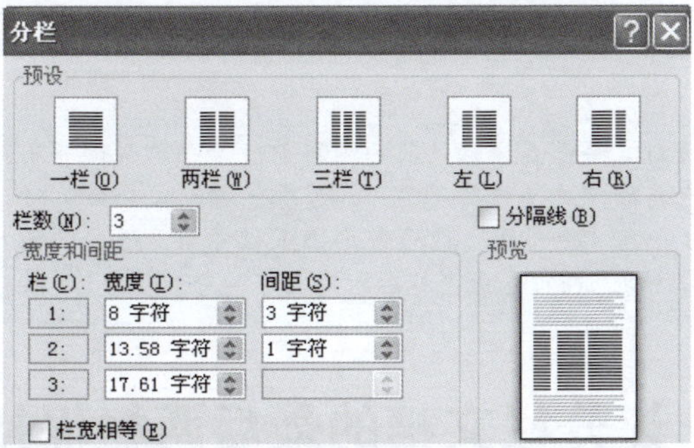

图1–29

❺ 在“应用于”选项中单击下拉按钮，选择“所选文字”选项，如图1–30所示。

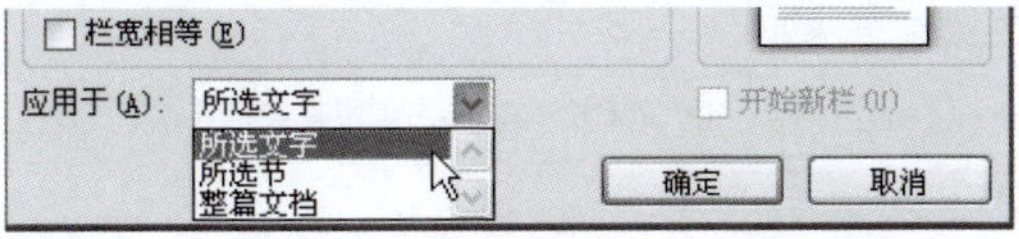

图1–30

6 设置完成后，单击“确定”按钮即完成所选文字的分栏设置，如图1-31所示。

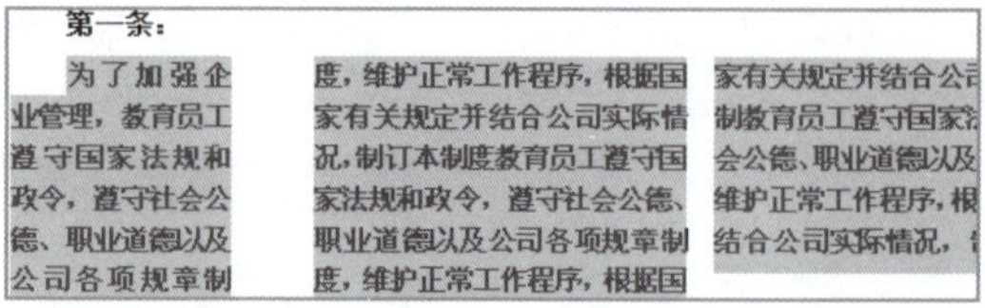
第一条：
为了加强企业管理，教育员工遵守国家法规和政令，遵守社会公德、职业道德以及公司各项规章制
度，维护正常工作程序，根据国家有关规定并结合公司实际情况，制订本制度教育员工遵守国家法规和政令，遵守社会公德、职业道德以及公司各项规章制度，维护正常工作程序，根据国
家有关规定并结合公司实际情况，制教育员工遵守国家法规和政令，遵守社会公德、职业道德以及公司各项规章制度，维护正常工作程序，根据国家有关规定并结合公司实际情况，制订本制

图1-31

7 重复1～6的步骤，完成其他所选文字的栏数设置，即可实现文档混合分栏，效果如图1-32所示。

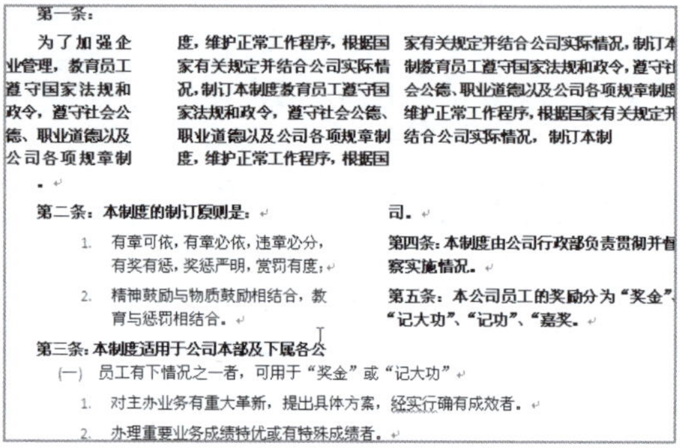
第一条：
为了加强企业管理，教育员工遵守国家法规和政令，遵守社会公德、职业道德以及公司各项规章制
度，维护正常工作程序，根据国家有关规定并结合公司实际情况，制订本制度教育员工遵守国家法规和政令，遵守社会公德、职业道德以及公司各项规章制度，维护正常工作程序，根据国
家有关规定并结合公司实际情况，制订本制教育员工遵守国家法规和政令，遵守社会公德、职业道德以及公司各项规章制度维护正常工作程序，根据国家有关规定并结合公司实际情况，制订本制
。
第二条：本制度的制订原则是：
1. 有章可依，有章必依，违章必分，有奖有惩，奖惩严明，赏罚有度；
2. 精神鼓励与物质鼓励相结合，教育与惩罚相结合。
第三条：本制度适用于公司本部及下属各公
司。
第四条：本制度由公司行政部负责贯彻并督察实施情况。
第五条：本公司员工的奖励分为“奖金”、“记大功”、“记功”、“嘉奖”。
（一） 员工有下情况之一者，可用于“奖金”或“记大功”
1. 对主办业务有重大革新，提出具体方案，经实行确有成效者。
2. 办理重要业务成绩特优或有特殊成绩者。

图1-32

提 示

把光标移到需要设置分栏效果的文字前，单击“页面布局”的选项卡下的分栏选项，选择“更多分栏（C）”选项，进入“分栏”对话框，选择需要设置的栏数，在“应用于”选项中单击下拉按钮，选择“插入点之后”，单击“确定”按钮，即可完成光标后所有文字的分栏设置。

技巧13 让分栏文档的最后两栏保持水平

分栏后的文字在文档的最后通常不能保证与前面分的栏在一条水平线上，从视觉上看不美观，打印出来的效果也不满意，所以让文档的最后两栏保持水平是关键，具体的操作方法如下。

1 把光标放在已分好栏的文档的最后，此时文档的最后两栏有较明显的差距，如图1-33所示。

2 在“页面布局”选项卡下，单击“页面设置”选项组中的“分隔符”选项，在其下拉选项中选择“分节符”下的“连续”选项，如图1-34所示。

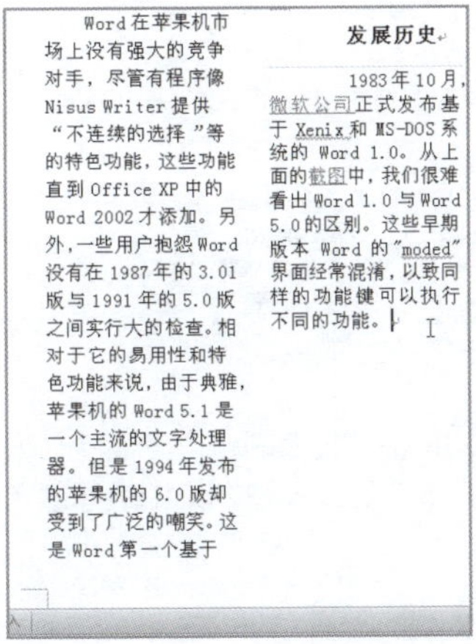

图1-33

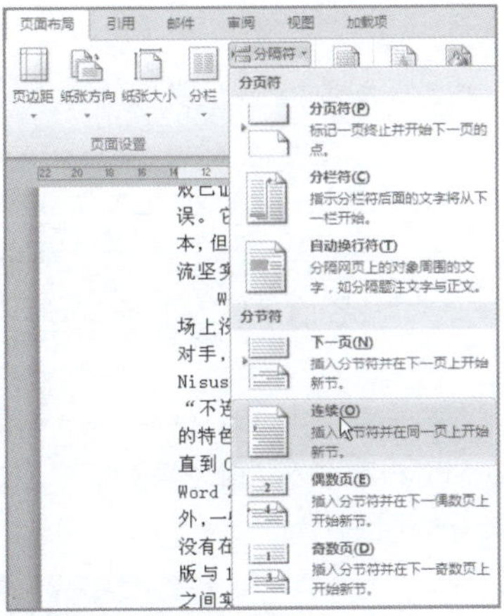

图1-34

3 此时可看到最后两栏文档已经保持水平状态了，如图1-35。

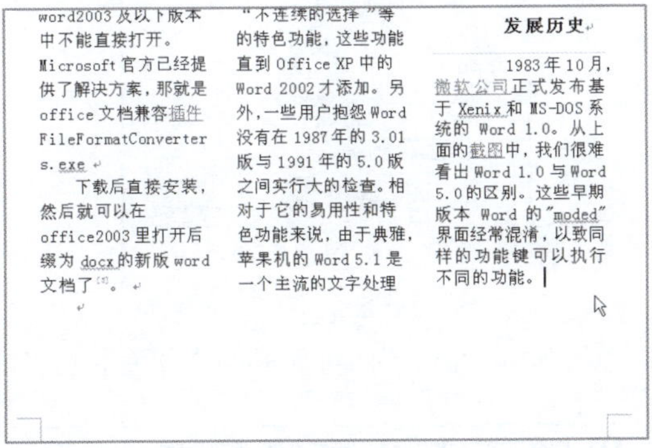

图1-35

技巧14 将页面设置为自己喜欢的颜色

在Word 2010中，系统默认的页面文档底色是白色的，用户也可以根据自己的喜好自由设定页面的颜色，设置页面的颜色填充可以是单色，也可以是渐变颜色，具体的设置方式将分别介绍。

1 单击“页面布局”选项卡下“页面背景”选项组中的“页面颜色”选项。

2 在“页面颜色”下拉选项的“主题颜色”中，单击想设定的页面单色，如图1-36。

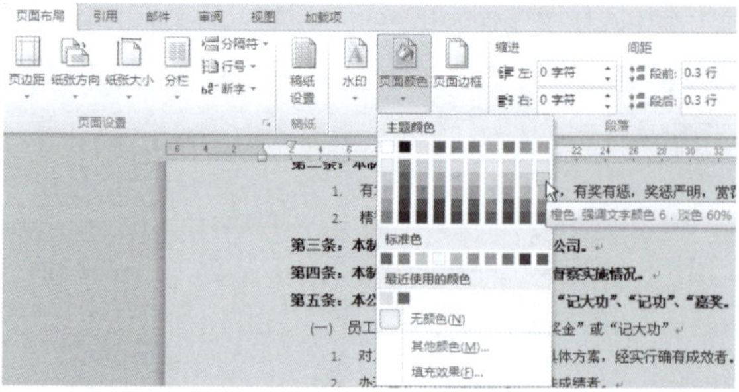

图1-36

3 如果用户没有找到合适的颜色选项，单击“页面颜色”下的“其他颜色（M）…”进入“颜色”对话框，选择“标准”选项，在色谱中选择颜色，如图1- 37。

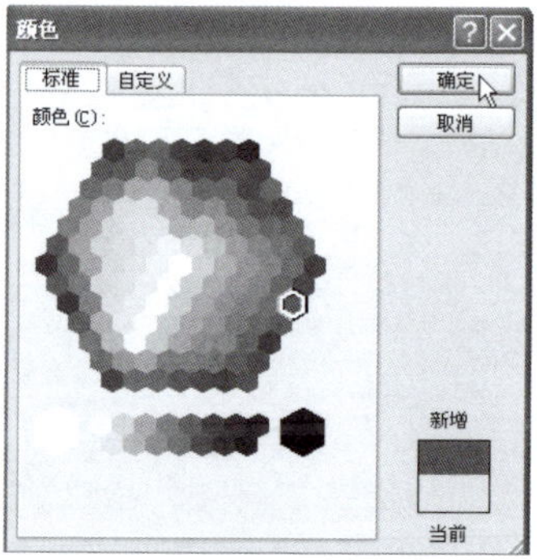

图1-37

4 设置完成后，单击“确定”按钮即可完成对页面单色的设置。

技巧15 设置页面为渐变颜色

在Word 2010中，系统默认的页面文档底色是白色的，用户也可以根据自己的喜好自由设定页面的颜色，设置页面的颜色填充可以是单色，也可以是渐变颜色，具体的设置方式将分别介绍。

1 单击“页面布局”选项卡下“页面背景”选项组中的“页面颜色”选项，在“页面颜色”下拉选项中选择“填充效果（F）…”，弹出“填充效果”对话框，如图1- 38所示。

2 切换到“渐变”选项卡中，在“颜色”选项中选择“单色”单选项，单击右侧的“颜色1（1）”下拉按钮，选择渐变的主色，在“深（K）浅”的滚动条中调整黑色（辅色）的饱和度。如图选择颜色为“黄色”，如图1- 39所示。

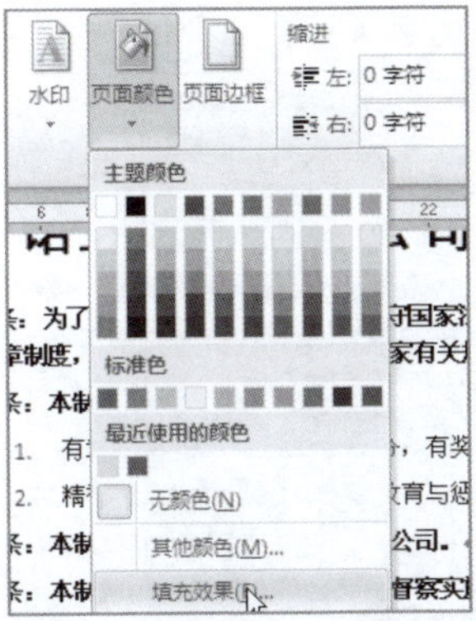

图1-38

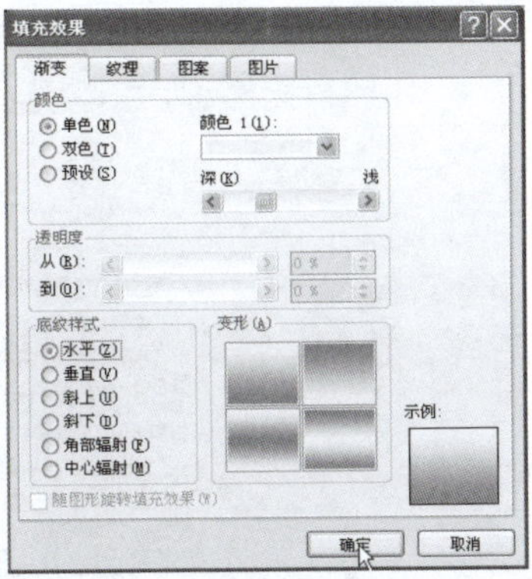

图1-39

3 或在“颜色”选项中选择“双色”单选项，单击“颜色1（1）”下拉按钮，选择一种颜色，如果绿色，再单击“颜色 2（2）”下拉按钮，选一种颜色，如天蓝色，如图1- 40所示。

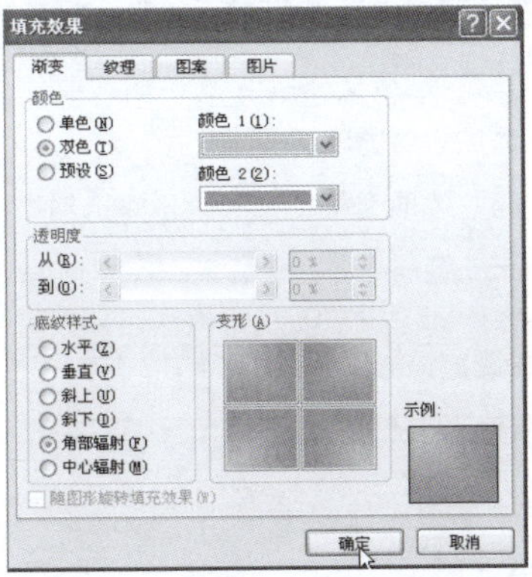

图1-40

4 在“底纹样式”选项中单击想要的渐变形式，在“变形（A）”中单击喜欢的变形效果图，如选择双色填充，底纹样式为“角部辐射”，变形为第一种变形图。

5 设置完成后，单击“确定”按钮即可完成页面的渐变颜色设定，如图1- 41所示。

提 示

在“页面布局”选项卡下单击“页面颜色”选项，在“页面颜色”的下拉选项中，单击“其他颜色（M）…”进入“颜色”对话框，选择“自定义”选项，在“红色（R）”、“绿色(G)”、“蓝色（B）”中输入相应的RGB数值，单击“确定”按钮完成对精确颜色的页面颜色设置。

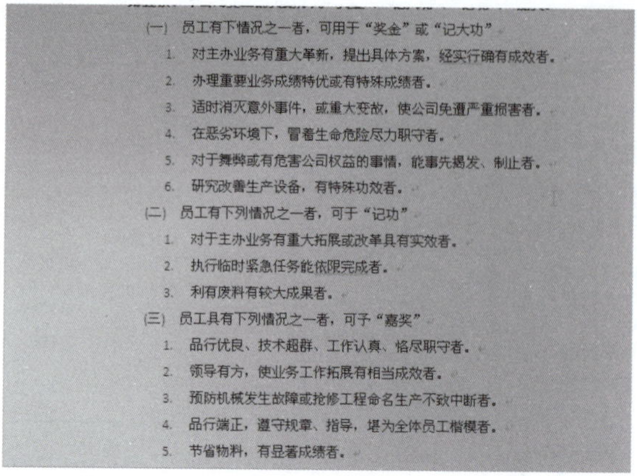

(一) 员工有下情况之一者，可用于“奖金”或“记大功”

1. 对主办业务有重大革新，提出具体方案，经实行确有成效者。
2. 办理重要业务成绩特优或有特殊成绩者。
3. 适时消灭意外事件，或重大变故，使公司免遭严重损害者。
4. 在恶劣环境下，冒着生命危险尽力职守者。
5. 对于舞弊或有危害公司权益的事情，能事先揭发、制止者。
6. 研究改善生产设备，有特殊功效者。

(二) 员工有下列情况之一者，可予“记功”

1. 对于主办业务有重大拓展或改革具有实效者。
2. 执行临时紧急任务能依限完成者。
3. 利有废料有较大成果者。

(三) 员工具有下列情况之一者，可予“嘉奖”

1. 品行优良、技术超群、工作认真、恪尽职守者。
2. 领导有方，使业务工作拓展有相当成效者。
3. 预防机械发生故障或抢修工程命名生产不致中断者。
4. 品行端正，遵守规章、指导，堪为全体员工楷模者。
5. 节省物料，有显著成绩者。

图1-41

技巧16 快速设置文档文字水印效果

文档中的文字水印指的是在文档的背景中加入部分文字，作为标记识别作用，传递某种信息，具体的设置方法分别如下。

❶ 单击“页面布局”选项卡下“页面背景”选项组中的“水印”选项，打开“水印”的下拉对话框。

❷ 拉动滚动条，选择需要设定的水印形式，如单击“紧急”选项下的“紧急1”即可完成水印效果设定，如图1- 42所示。

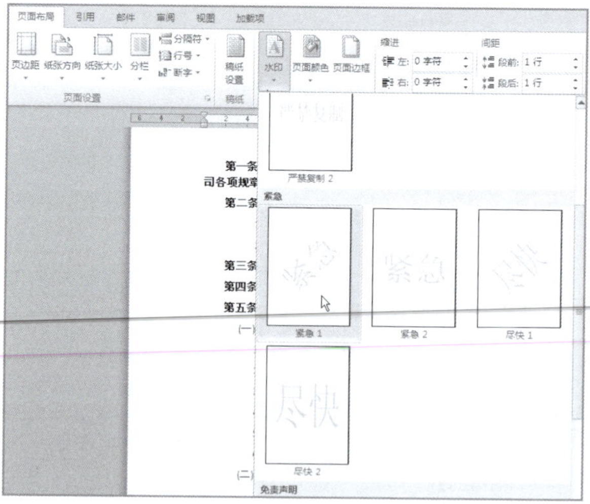

图1-42

技巧17　自定义文档文字水印

文档中的文字水印指的是在文档的背景中加入部分文字，作为标记识别作用，传递某种信息，具体的设置方法分别如下。

❶ 单击“页面布局”选项卡下“页面背景”选项组中的“水印”选项，打开“水印”的下拉选项对话框。

❷ 选择“自定义水印（W）...”选项，弹出“水印”对话框，如图1-43所示。

❸ 选择“文字水印”单选项，单击“语言（国家/地区）(L)”选项下的下拉菜单，选择要设定的语言；单击“文字（T）”下拉菜单，可在系统提供的水印文字中选择，也可根据需要自行输入文字，如图1-44所示。

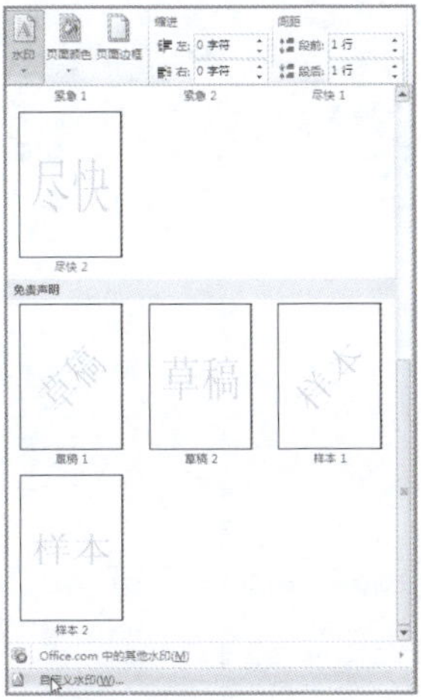

图1-43

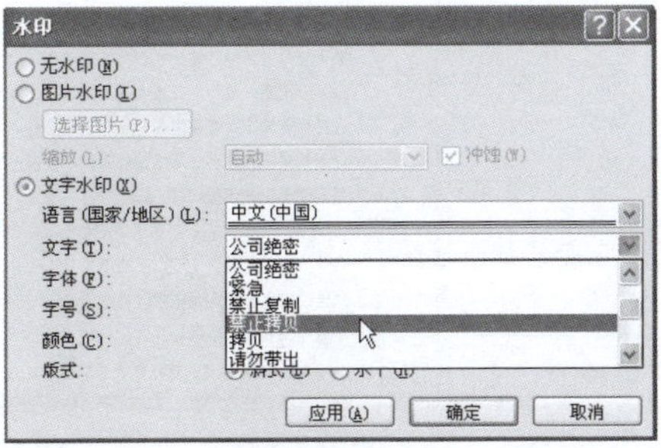

图1-44

❹ 分别单击“字体（F）”，“字号（S）”，“颜色（C）”的下拉菜单，进行水印文字的相应设置，如图1-45所示。

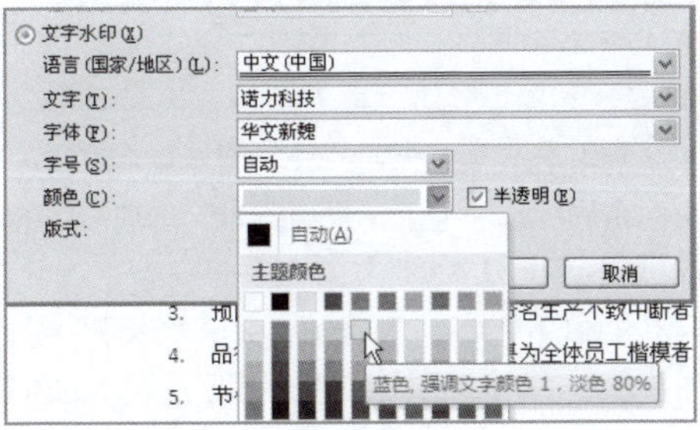

图1-45

5 如设置语言：“中文”，文字：“诺力科技”，字体：“华文新魏”，字号：“自动”，颜色：“蓝色”，半透明，版式：“斜式”，如图1－46所示。

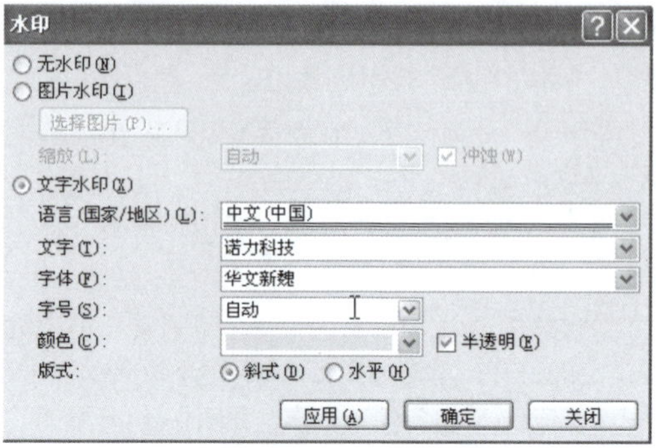

图1－46

6 单击确定完成自定义水印的设置，如图1－47所示。

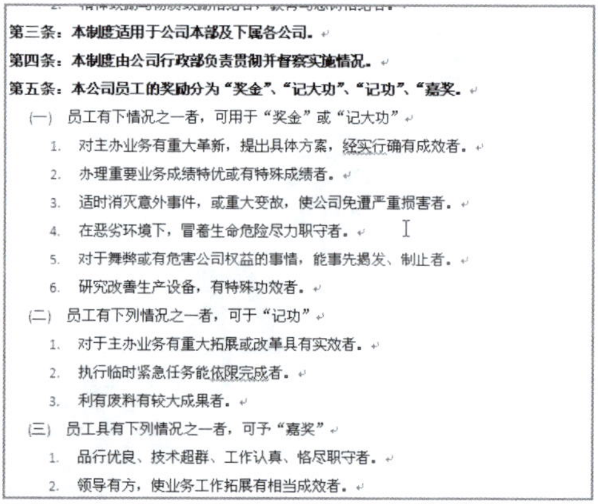
第三条：本制度适用于公司本部及下属各公司。
第四条：本制度由公司行政部负责贯彻并督察实施情况。
第五条：本公司员工的奖励分为“奖金”、“记大功”、“记功”、“嘉奖。
(一) 员工有下情况之一者，可用于“奖金”或“记大功”
1. 对主办业务有重大革新，提出具体方案，经实行确有成效者。
2. 办理重要业务成绩特优或有特殊成绩者。
3. 适时消灭意外事件，或重大变故，使公司免遭严重损害者。
4. 在恶劣环境下，冒着生命危险尽力职守者。
5. 对于舞弊或有危害公司权益的事情，能事先揭发、制止者。
6. 研究改善生产设备，有特殊功效者。
(二) 员工有下列情况之一者，可于“记功”
1. 对于主办业务有重大拓展或改革具有实效者。
2. 执行临时紧急任务能依限完成者。
3. 利有废料有较大成果者。
(三) 员工具有下列情况之一者，可予“嘉奖”
1. 品行优良、技术超群、工作认真、恪尽职守者。
2. 领导有方，使业务工作拓展有相当成效者。

图1－47

技巧18 设置文档图片水印效果

水印可以设置为文字，也可以设置为图片，优美的图片不仅提高了阅读的观赏性，也增强了文档的美观性，下面具体介绍设置的方法。

1 单击“页面布局”选项卡下“页面背景”选项组中的“水印”选项，打开“水印”的下拉选项，如图1－48所示。

2 选择“自定义水印（W）...”选项，弹出“水印”对话框。

3 选择“图片水印”单选项，激活图片水印选项下的所有选项，如图1－49所示。

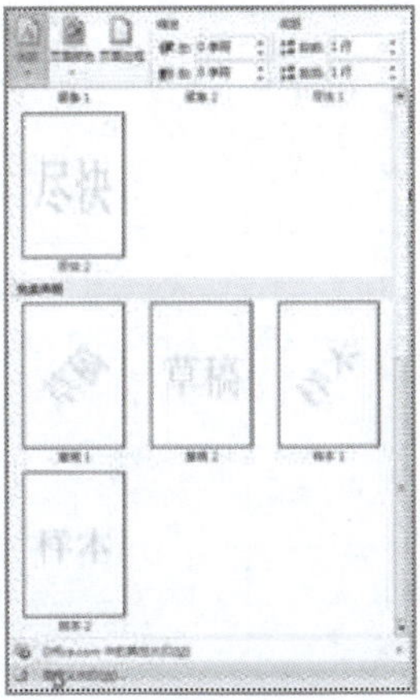

图1-48

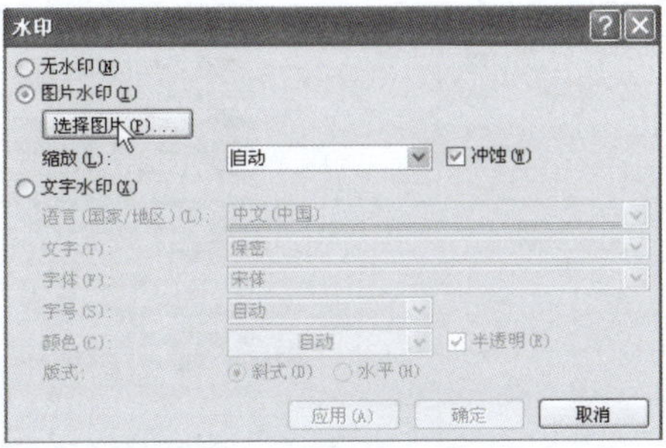

图1-49

4 单击“选择图片（P）…”，找到设置为水印图片的位置，单击“插入”按钮，如图1-50所示。

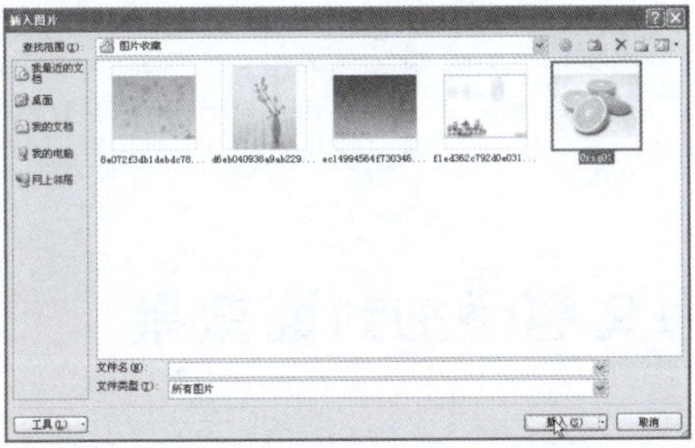

图1-50

5 在“缩放（L）…”的下拉选项，选择适合的缩放比例。

6 例如选择好图片，设置缩放比例为“200%”，选中“冲蚀”选项，如图1-51所示。

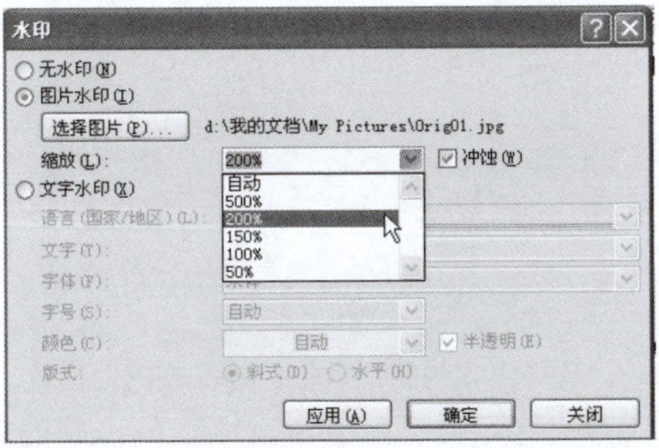

图1-51

7 单击“应用”或“确定”按钮，即完成图片水印效果的设定，效果如图1-52所示。

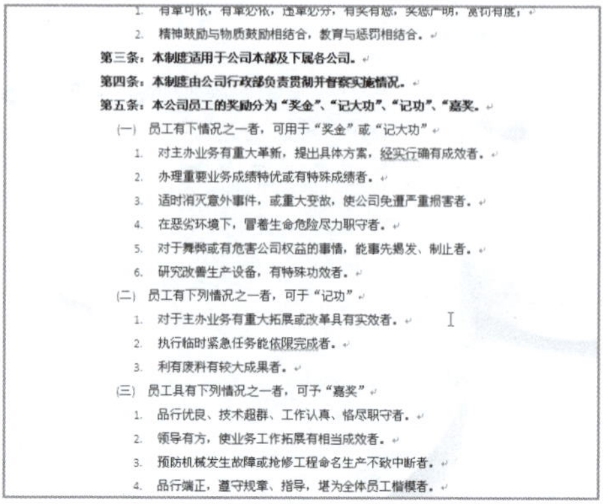
1. 有章可依，有章必依，违章必究，有奖有惩，奖惩严明，赏罚有度；
2. 精神鼓励与物质鼓励相结合，教育与惩罚相结合。

第三条：本制度适用于公司本部及下属各公司。

第四条：本制度由公司行政部负责贯彻并督察实施情况。

第五条：本公司员工的奖励分为“奖金”、“记大功”、“记功”、“嘉奖。

(一) 员工有下情况之一者，可用于“奖金”或“记大功”
1. 对主办业务有重大革新，提出具体方案，经实行确有成效者。
2. 办理重要业务成绩特优或有特殊成绩者。
3. 适时消灭意外事件，或重大变故，使公司免遭严重损害者。
4. 在恶劣环境下，冒着生命危险尽力职守者。
5. 对于舞弊或有危害公司权益的事情，能事先揭发、制止者。
6. 研究改善生产设备，有特殊功效者。

(二) 员工有下列情况之一者，可于“记功”
1. 对于主办业务有重大拓展或改革具有实效者。
2. 执行临时紧急任务能依限完成者。
3. 利有废料有较大成果者。

(三) 员工具有下列情况之一者，可予“嘉奖”
1. 品行优良、技术超群、工作认真、恪尽职守者。
2. 领导有方，使业务工作拓展有相当成效者。
3. 预防机械发生故障或抢修工程命名生产不致中断者。
4. 品行端正，遵守规章、指导，堪为全体员工楷模者。

图1-52

提 示

“半透明”和“冲蚀”均是指对设置水印的文字或者图片进行色彩饱和度降低的处理，能更美观地将水印表现在文档内，也不会因为颜色过深影响对文档正文的阅读，导致水印和正文主次不分。

技巧19 为文档添加封面效果

在Word 2010中，系统提供了多种文档的封面效果供用户选择，用户可以自己挑选喜欢模板添加给文档作为封面效果，具体的操作方法如下。

1 单击“插入”选项卡下“页”选项组中的“封面”选项，打开“封面”的下拉选项，如图1- 53所示。

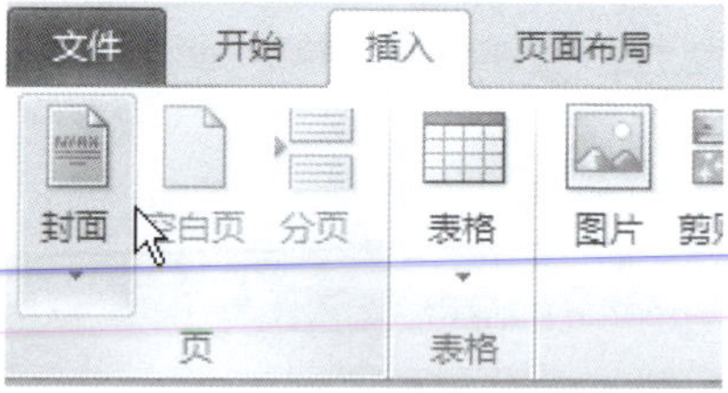

图1-53

2 拉动滚动条，选择喜欢的封面效果，单击该封面样式，如图1-54所示。

3 在插入文档里的封面样式里，单击该封面样式提供的文本框，根据实际需要编辑内容。

4 如选择“对比度”样式的封面模板，对该封面进行编辑，如图1-55所示。

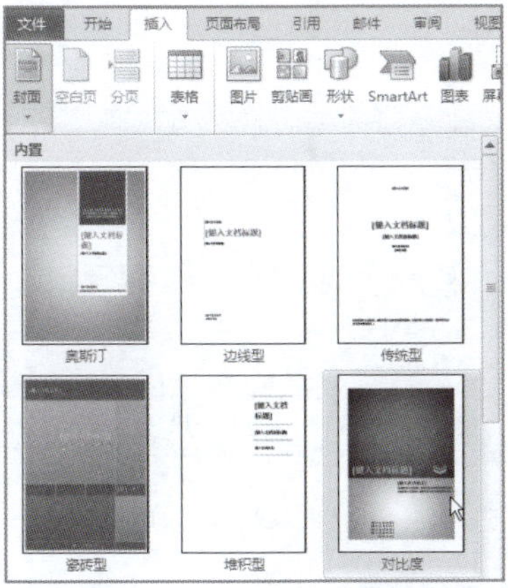

图1-54

图1-55

技巧20 直接套用主题来美化文档

当用户需要快速地变换主题风格时，Word 2010中的“主题”功能就可以达成用户的心愿，系统提供了多种主题元素供用户选择，具体操作方式如下。

1 单击“页面布局”选项卡下的“主题”选项组中的“主题”选项，打开“主题”的下拉菜单选项，如图1- 56所示。

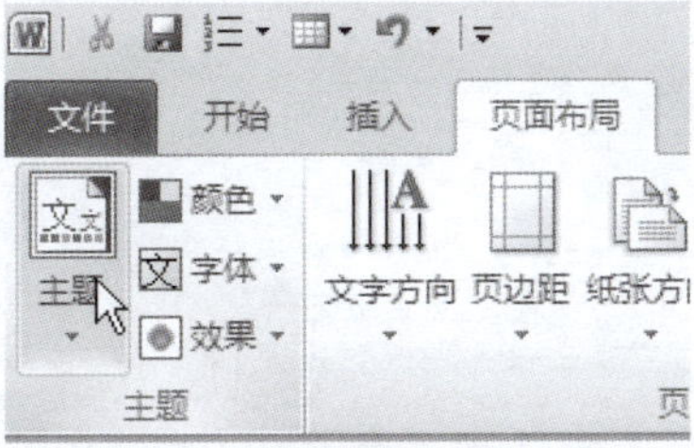

图1-56

2 拉动滚动条，选择喜欢的主题效果，当指针放在某一主题样式上时，用户可以在工作区内看到该主题的最终显示效果，如图1- 57所示。

3 单击喜欢的主题风格，即可完成用主题美化文档的效果设定。

4 右图是没有进行主题美化的原文档内容，如图1- 58所示。

5 再单击“视点”主题后的文档美化效果，用户可看到字体、颜色、样式均发生了变化，如图1- 59所示。

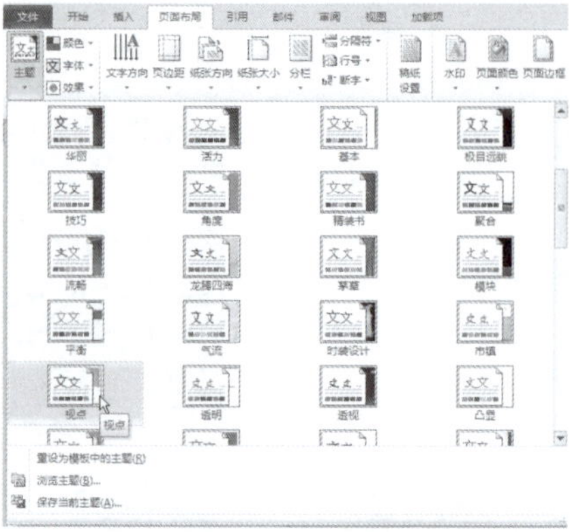

图1-57

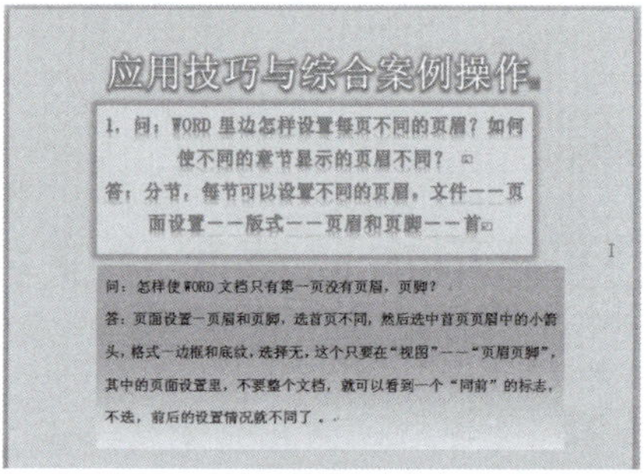

图1-58

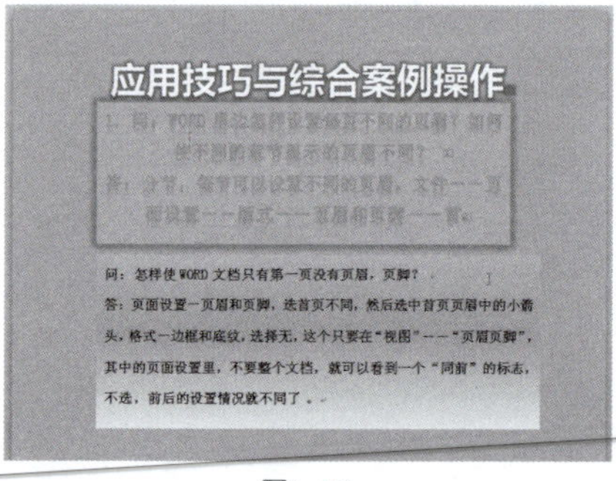

图1-59

提 示

主题的设置对默认格式下的纯文本文档是没有作用的，只针对与文档本身已经设定了部分的字体、颜色等艺术效果的情况下，用户才可以根据操作步骤，直接套用已有的主题，看到不同风格的主题样式。

第2章

页眉页脚与页码

技巧1 快速套用“页眉样式”来设置页眉

页眉是指文档顶端的空白区域，在文档的页眉里用户可以根据需要编辑附加信息、图片、文字等不同的元素。在Word 2010中，页眉的设置方式也有多种选择，下面将具体分别介绍。

❶ 单击“插入”选项卡下 “页眉和页脚”选项组中的“页眉”选项，打开“页眉”的下拉选项，如图2–1所示。

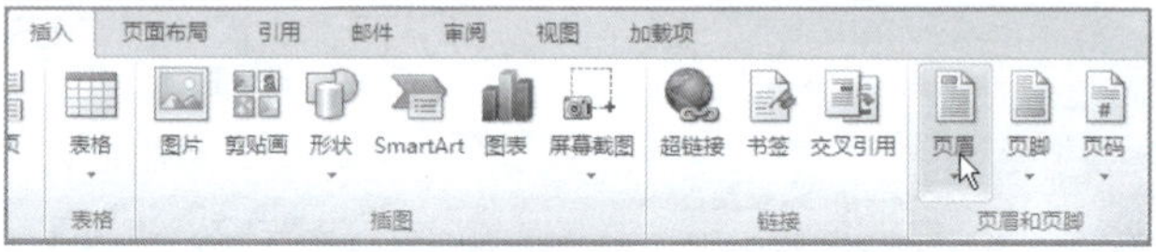

图2–1

❷ 拉动滚动条，单击喜欢的页眉样式，需注意的是系统提供的页眉样式分普通的页眉和奇偶页眉，用户可灵活根据需要选择，如图2–2所示。

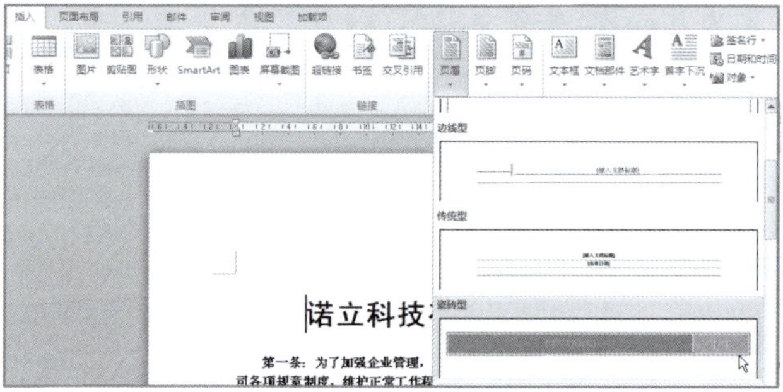

图2–2

❸ 在插入文档的页眉样式里，单击页眉样式提供的文本框，编辑内容，如图2–3所示。

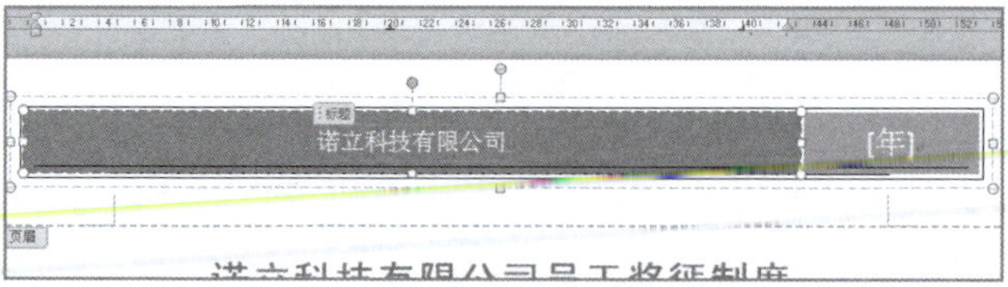

图2–3

❹ 单击页眉，菜单栏切换到“页眉和页脚工具设计”选项卡，在“页眉顶端距离”栏中输入页眉的距离，设置完成后单击“关闭页眉和页脚”按钮，确定设置，如图2–4所示。

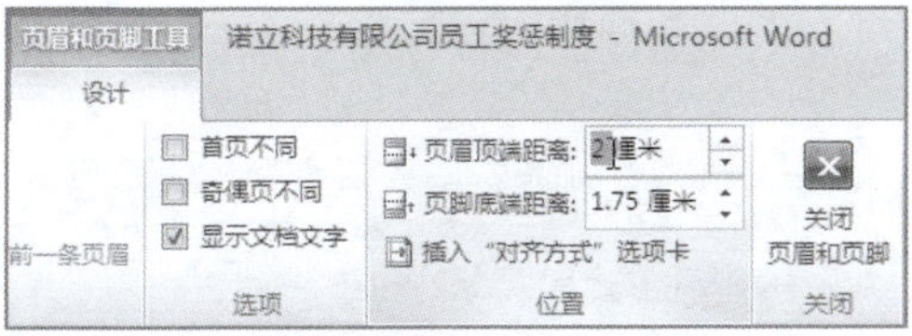

图2-4

5 如选择“瓷砖型”样式的页眉模板，对该封面进行编辑，设置“页眉顶端距离”为2厘米，如图2-5所示。

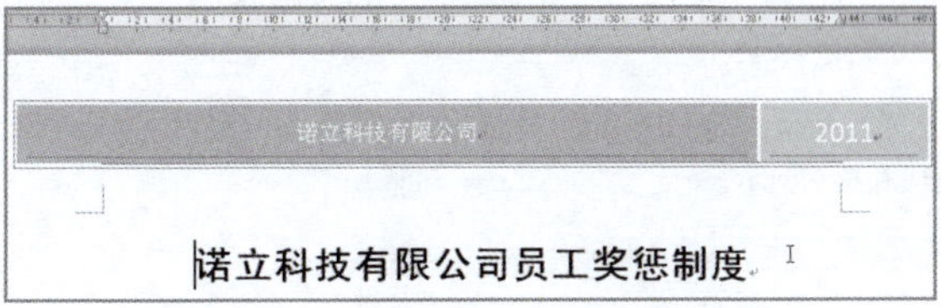

图2-5

技巧2 插入当前日期来标识页眉

对于一些特殊的文档为了便于管理，需要在页眉中注明当前文档拟定的日期，这时可以通过以下操作来实现。

1 单击“插入”选项卡下“页眉和页脚”选项组中的“页眉”选项，打开“页眉”的下拉选项。选择“编辑页眉（E）”，文档顶端会自动添加页眉，如图2-6所示。

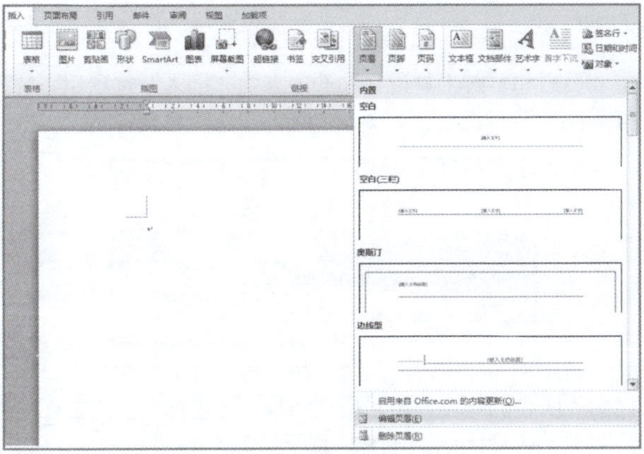

图2-6

2 在插入文档的页眉中编辑内容。单击“页眉和页脚工具设计”选项下的“插入”选项组，单击 “日期和时间”按钮，弹出“日期时间”对话框，如图2–7所示。

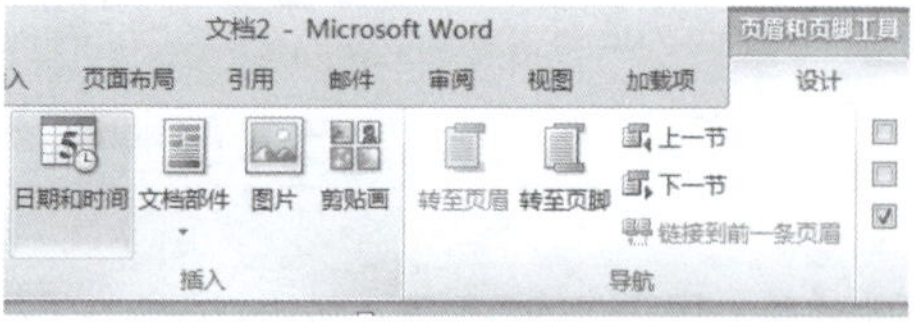

图2–7

❸ 在“可用格式（A）：”中选择适合的日期格式，在选项栏中编辑具体的时间类型，如图2–8所示。

❹ 如选择日期格式为2011年8月4日（系统默认为当天的日期），单击“确定”按钮，如图2–9所示。

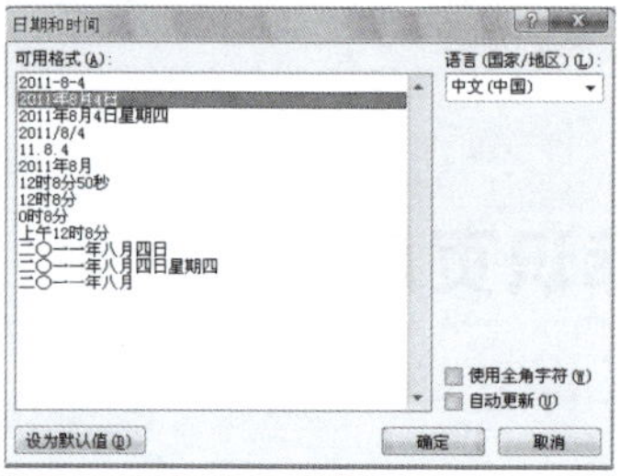

图2–8

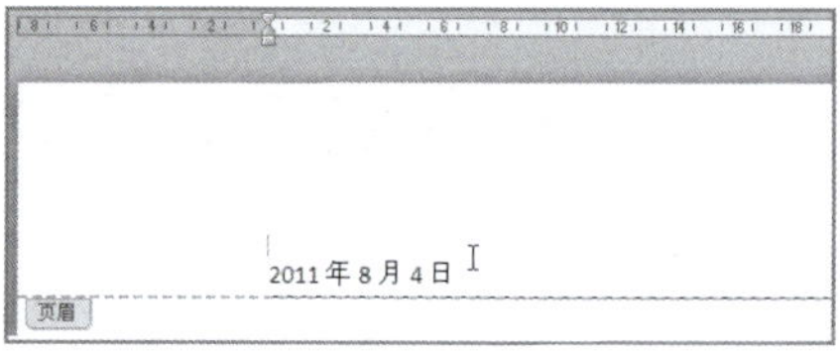

图2–9

技巧3 插入图片来修饰页眉

可以通过插入图片来修饰页眉，方法如下。

❶ 单击“页眉和页脚工具设计”选项卡中“插入”选项组下的“图片”按钮，弹出“插入图片”对话框，如图2–10所示。

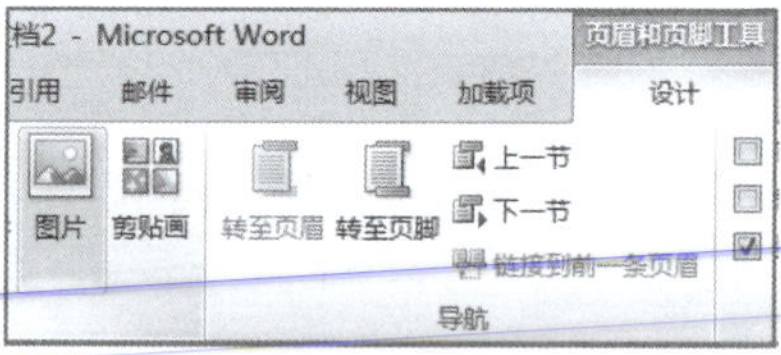

图2–10

❷ 选择图片所在的路径，单击所选图片，点击插入，完成图片的插入，在页眉中将图片缩放至合适比例，如图2–11所示。

❸ 单击插入页眉的图片，切换到“图片工具格式”选项卡，在“图片格式”选项组中，单击“图片边框”打开下拉选项，选择适合的边框颜色应用到图

片，如图2-12所示。

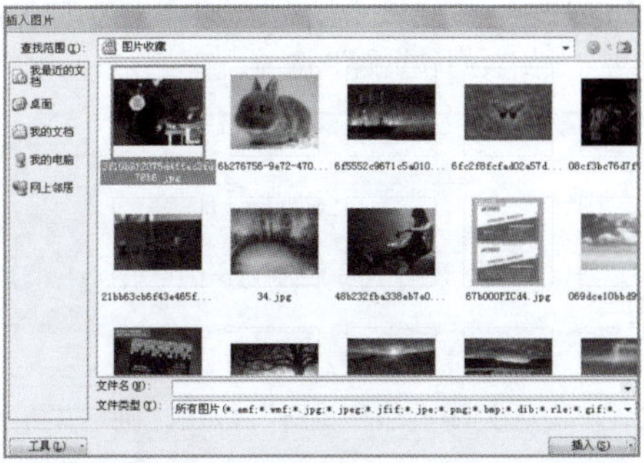

图2-11

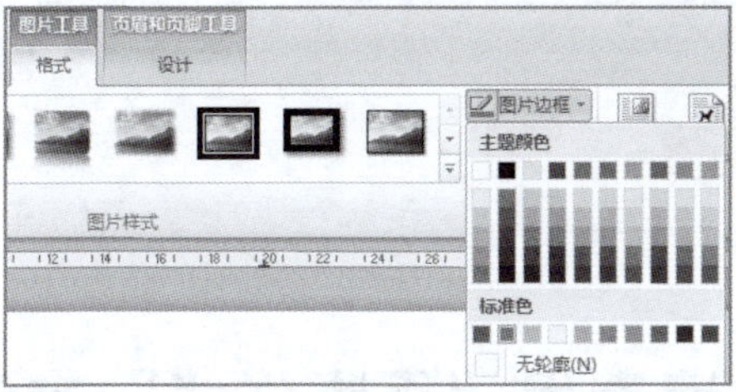

图2-12

❹ 单击“图片效果”选项打开下拉选项，选择需要的边框样式进行效果应用，如选择“阴影”中“外部”的“向左偏移”效果，如图2-13所示。

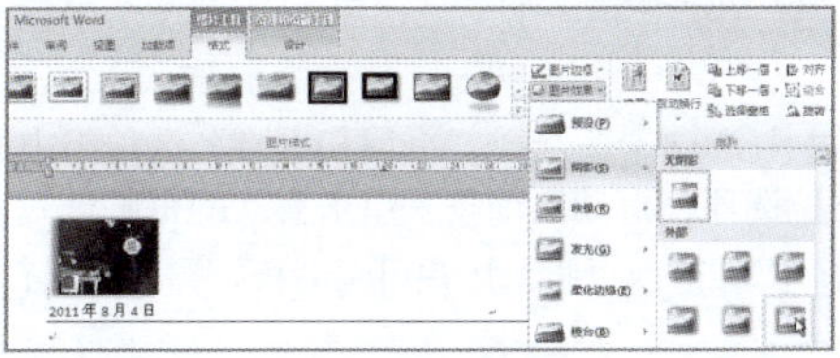

图2-13

❺ 在页眉中输入文字，单击鼠标右键，文字样式修改选项中，修改文字的字体、字号等基本信息，如改为“华文新魏”、“小五”号字，如图2-14所示。

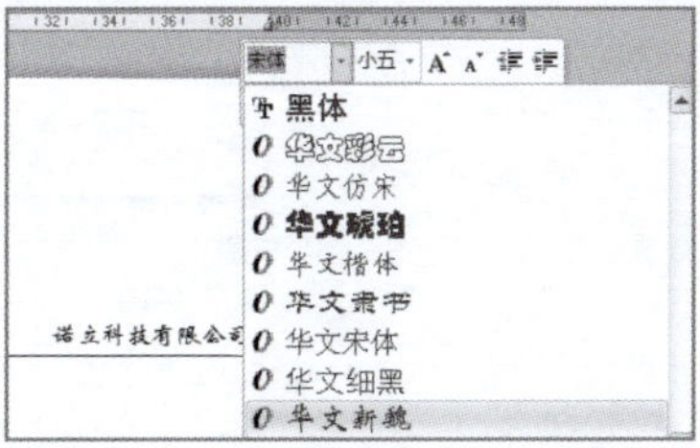

图2-14

6 选择“页眉和页脚工具设计”选项卡下“位置”选项组，在“页眉顶端距离”栏中输入页眉的距离，如设置“页眉顶端距离”为1厘米。设置完成后单击“关闭”选项组中的“关闭页眉和页脚”选项，确定设置，如图2-15所示。

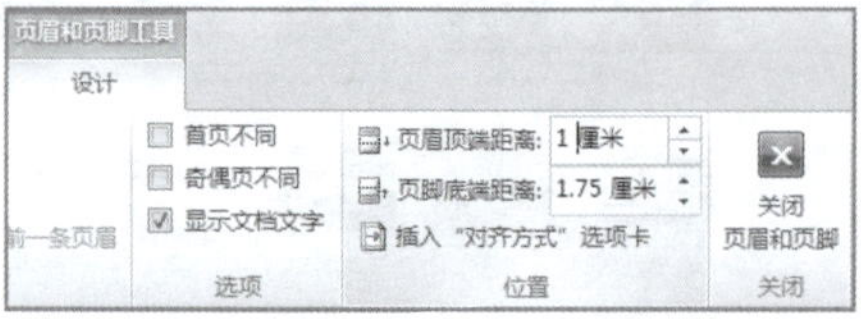

图2-15

7 设置完成后单击“关闭页眉和页脚”按钮，确定并完成设置，如图2-16所示。

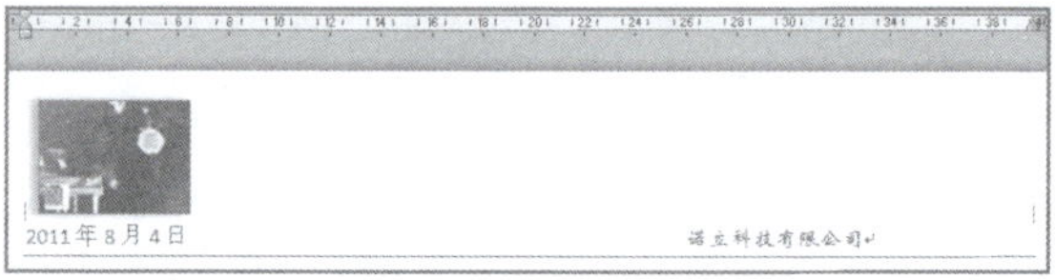

图2-16

技巧4 快速套用“页脚样式”来设置页脚

文档的页脚是指页面底部的留白区域，一般填写文档的附加信息、页脚和页眉的设置基本相同，也可以插入图片、文字等不同的元素信息，具体的设置方法分别如下。

1 单击“插入”选项卡，选择“页眉和页脚”选项组中的“页脚”选项，打开“页脚”的下拉选项，滑动滚动条，单击喜欢的页脚样式，系统提供的页脚样式也分有普通的页脚和奇偶页脚，用户可灵活根据需要选择，如图2-17所示。

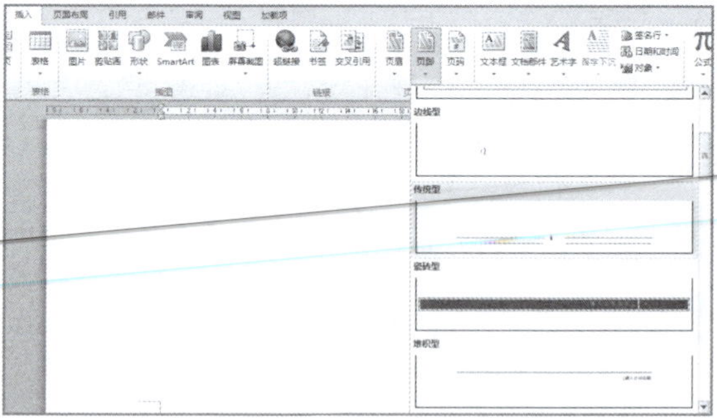

图2-17

2 在插入文档的页脚样式里，单击页脚样式提供的文档空格位置，编辑内容，如输入日期或者文字，如图2−18所示。

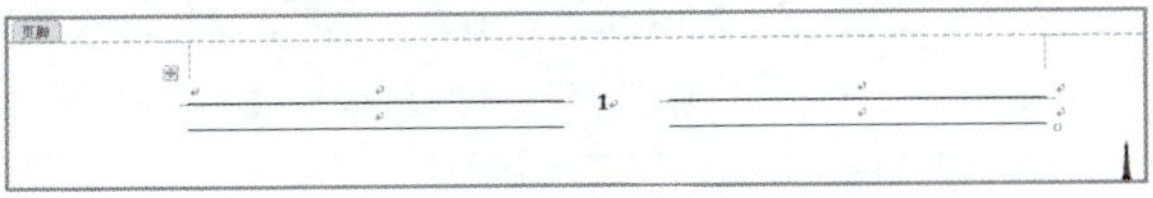

图2−18

❸ 在设置“页脚”状态下，菜单栏切换到“页眉和页脚工具设计”选项卡，在“位置”选项组中的“页脚底端距离”栏中输入合适距离，设置完成后单击“关闭”选项组中“关闭页眉和页脚”按钮，确定设置，如图2−19所示。

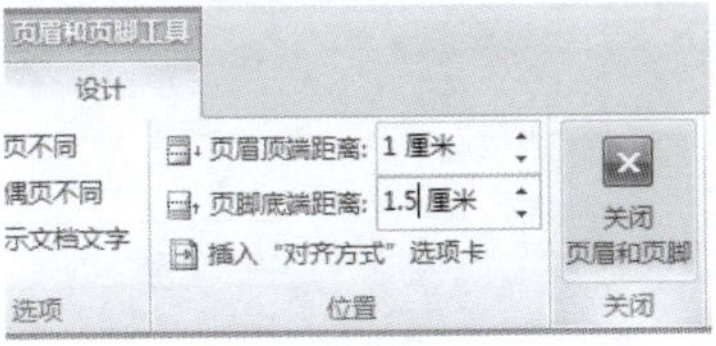

图2−19

❹ 如选择“传统型”样式的页脚模板，对该页脚进行编辑，设置“页脚底端距离”为1.5厘米，如图2−20所示。

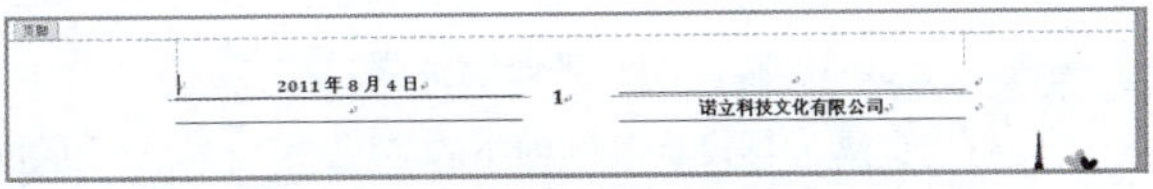

图2−20

技巧5　插入当前日期来标识页脚

在文档中可以插入当前日期来标识页脚，通过下面的介绍来实现。

❶ 单击“插入”选项卡，选择“页眉和页脚”选项组中的“页脚”选项，打开“页脚”的下拉选项，拉动滚动条，选择“编辑页脚（E）”，文档会自动插入新建的页脚，如图2−21所示。

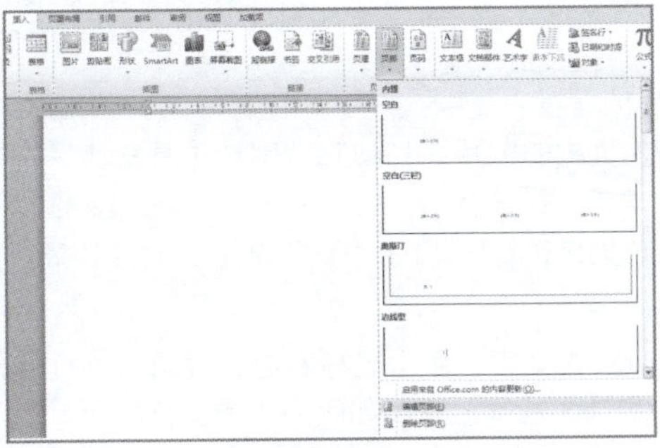

图2−21

2 在插入文档的页眉中编辑内容。单击“页眉和页脚工具设计”选项下的“日期和时间”按钮，弹出“日期时间”对话框，如图2-22所示。

3 在“可用格式（A）：”中选择适合的日期格式，在选项栏中编辑具体的时间类型，如选择2011年8月4日，单击“确定”按钮，如图2-23所示。

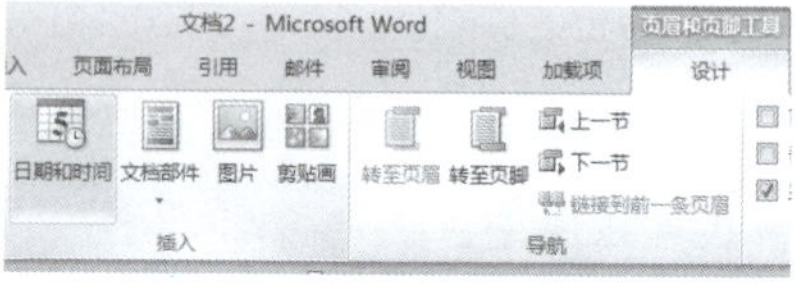

图2-22

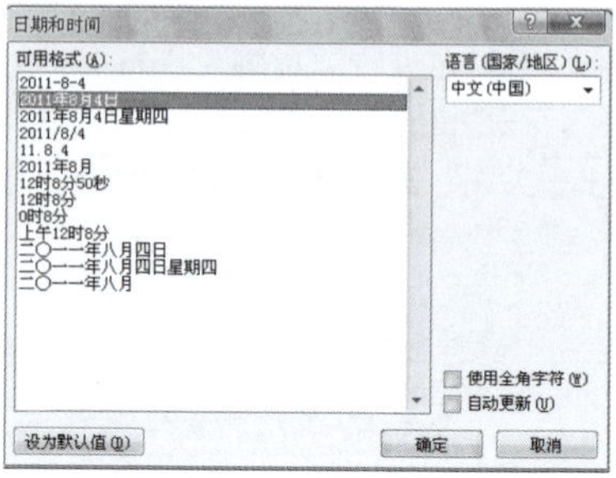

图2-23

技巧6 插入图片来修饰页脚

根据用户需要，可以通过插入图片来修饰页眉。

1 单击“页眉和页脚工具设计”选项下的“图片”按钮，如图2-24所示。弹出“插入图片”对话框，选择图片所在的路径，单击所选图片，单击“插入”按钮，在页脚中将图片缩放至合适比例，放在适当的位置，如图2-25所示。

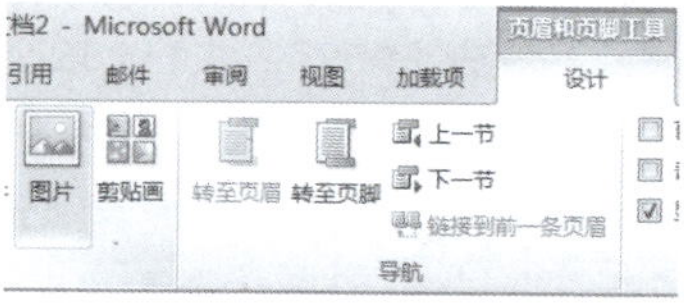

图2-24

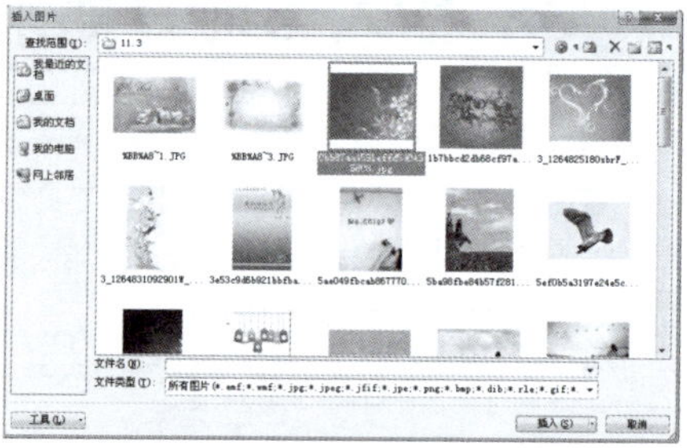

图2-25

2 单击插入页脚的图片，切换到“图片工具格式”选项卡，在“图片样式”选项组中单击“图片效果”选项打开下拉选项，选择适合的效果应用到图片，如选择“柔化边缘”下的“5磅”效果，对图片周边进行效果设置，如图2-26所示。

3 在页脚中输入文字，单击鼠标右键，弹出文字样式修改选择框，调整文字的字体、字号等基本信息，如改为“华文行楷”，“小五”号字体，如图2-27所示。

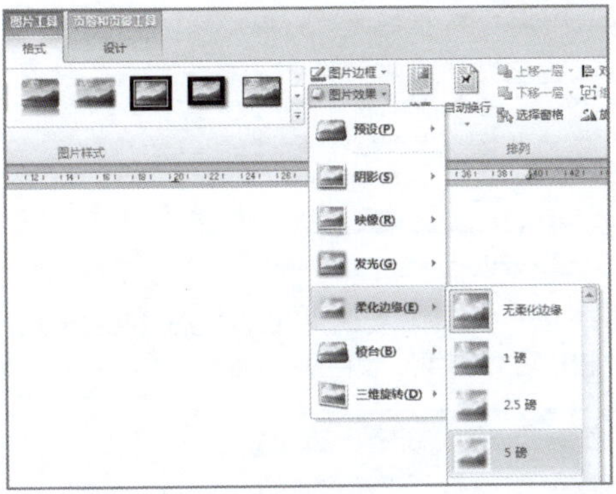

图2-26

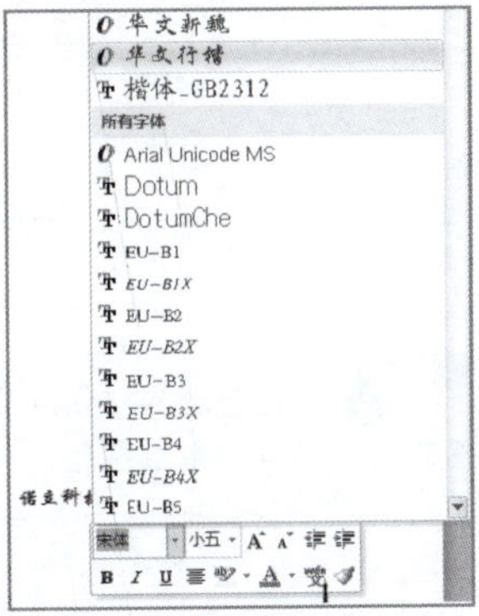

图2-27

4 在页脚中也可以设置不同形式的页码样式，具体的操作方法将在本章技巧13和技巧14中详细介绍。

5 在“页眉和页脚工具设计”选项卡的“页脚底端距离”栏中设置页脚的距离，如设置“页脚底端距离”为2厘米，如图2-28所示。

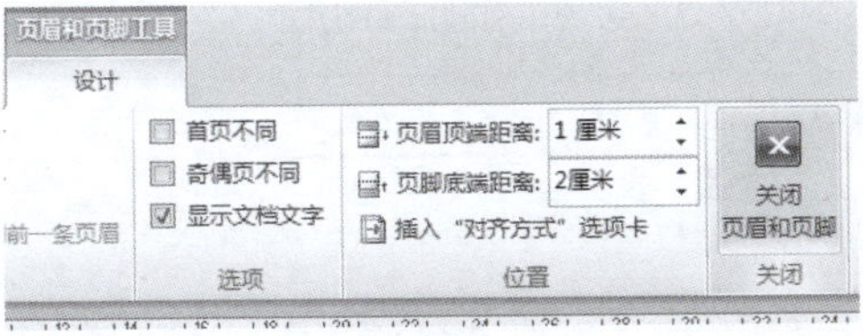

图2-28

6 设置完成后单击“关闭页眉和页脚”按钮，确定并完成自定义，如图2-29所示。

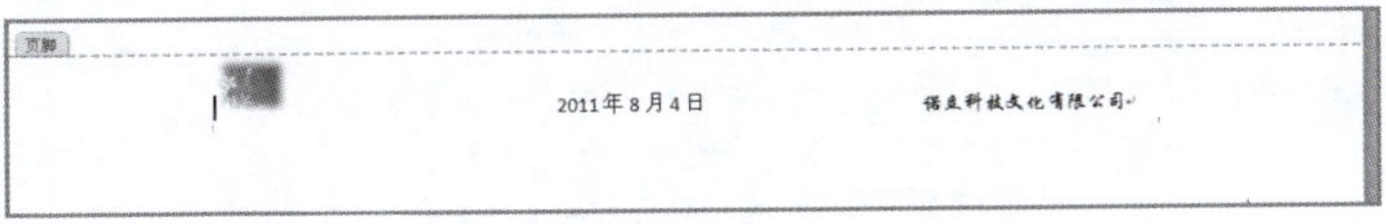

图2-29

技巧7 设置首页页眉页脚不同

在Word 2010中，设置的页眉和页脚是对整篇文档全部产生作用的，可对于部分文档，首页的页眉页脚往往不同于其他文档的设置，具体的操作方法如何呢？下面具体介绍设置首页页眉和页脚不同的操作步骤。

1 双击文档中的页眉，激活“页眉和页脚工具设计”选项卡，在“选项”选项组中，选中“首页不同”复选框，如图2-30所示。

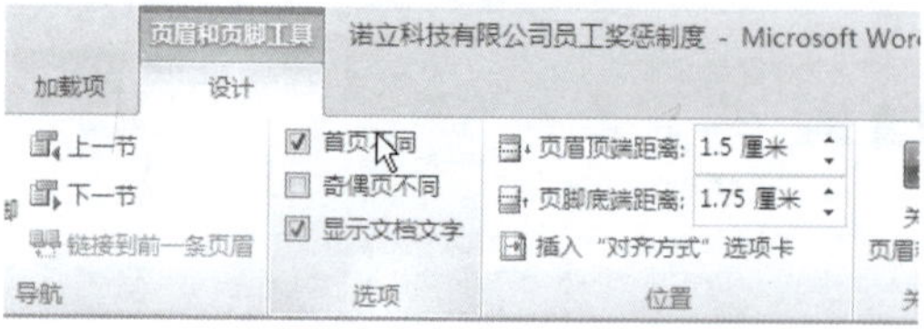

图2-30

2 文档自动调整到首页页眉，用户可根据需要编辑首页页眉的特殊内容，编辑方法请参考本章技巧1、技巧2和技巧3来实现，如图2-31所示。

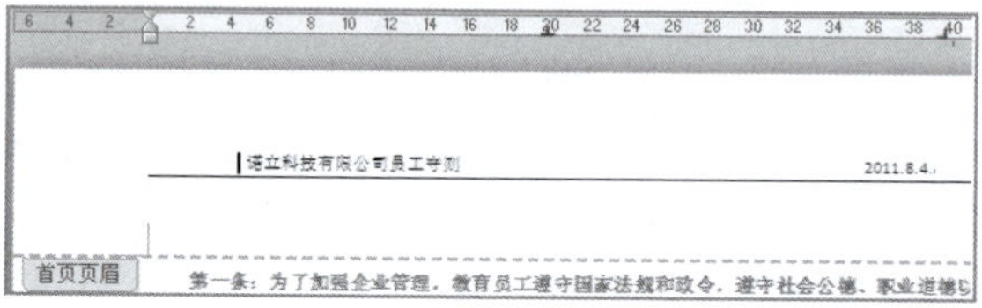

图2-31

3 调整文档到首页页脚，用户可自定义首页页脚的内容，编辑方法请参考本章技巧1、技巧2和技巧3来实现，如图2-32所示。

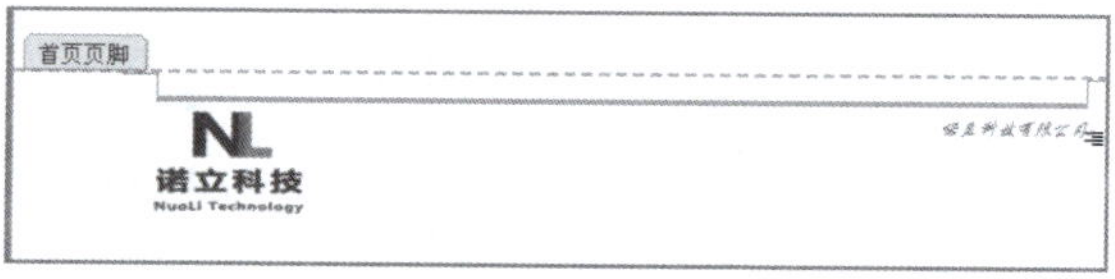

图2-32

4 首页页眉和页脚编辑完成后，单击“页眉和页脚工具设计”选项卡下“关闭”选项组中的“关闭页眉和页脚”选项，如图2-33所示。

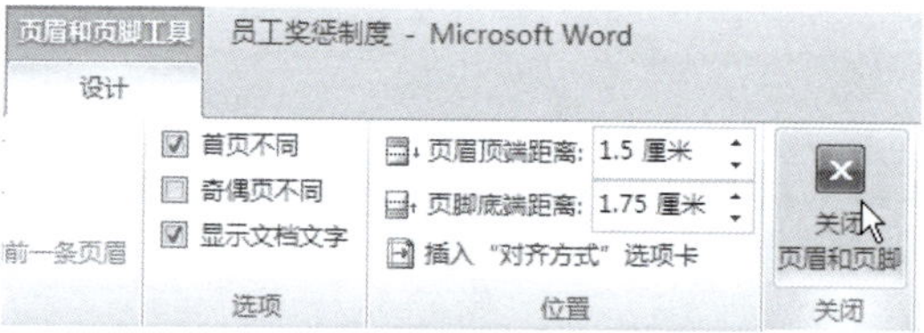

图2-33

5 确定完成设置后，用户可拉动页面的滚动条，查看首页和其他页面页眉页脚的不同，如图2-34所示。

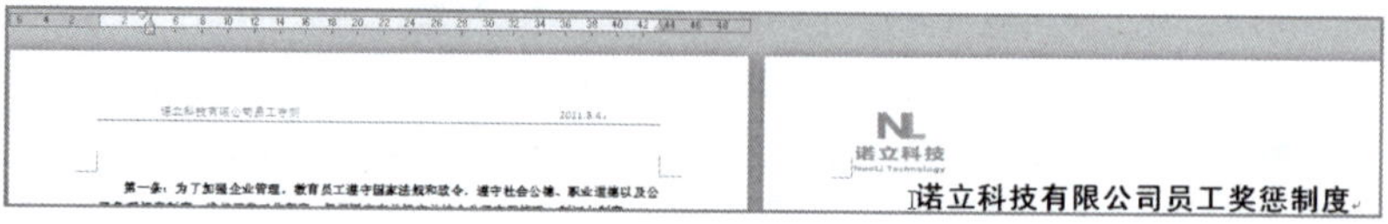

图2-34

技巧8 设置奇偶页页眉页脚不同

前面在设置文档的页眉和页脚中，均提到页眉和页脚的设置分有奇数页和偶数页，奇偶页的设置便于文档的装订，也更符合读者的阅读习惯，设置奇偶页页眉页脚不同的操作方法如下。

❶ 单击“插入”选项卡下 “页眉和页脚”选项组中的“页脚”选项，打开“页脚”的下拉选项，选择“编辑页脚（E）”。

❷ 在工具栏中的“页眉和页脚工具设计”选项卡下，选中“奇偶页不同”复选框，如图2-35所示。

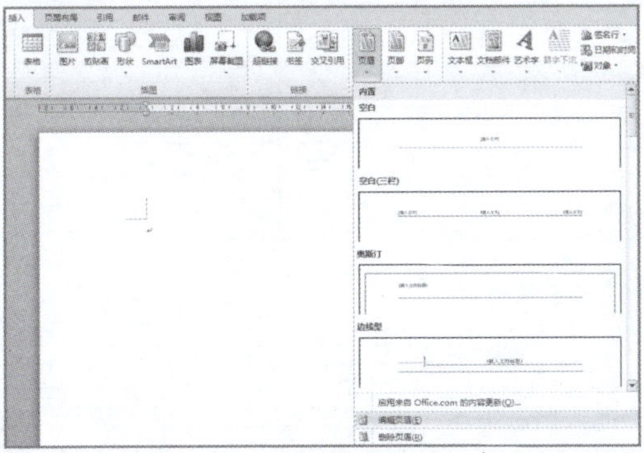

图2-35

❸ 编辑奇数页和偶数页的页眉和页脚，编辑方法请参考本章的技巧1、技巧2、技巧3、技巧4、技巧5、技巧6的页眉和页脚设置。

❹ 奇偶页页眉和页脚编辑完成后，单击“页眉和页脚工具设计”选项卡的“关闭页眉和页脚”选项，如图2-36所示。

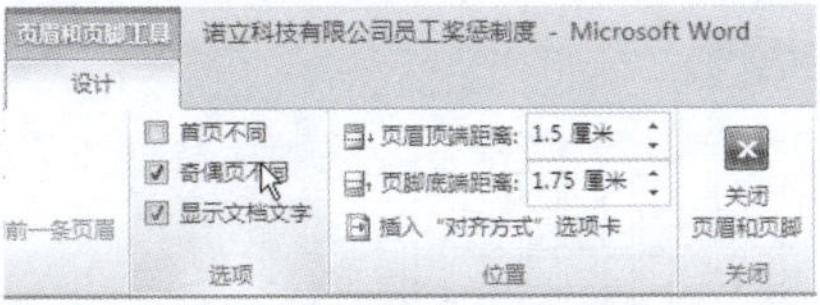

图2-36

❺ 确定完成的设置后，可拉动滚动条查看设置后的效果，效果图展示的是奇偶页页眉的不同，页脚与页眉效果基本相似，如图2-37所示。

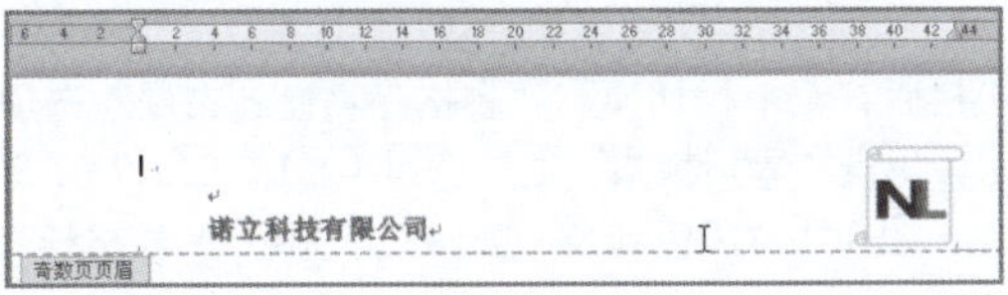

图2-37

技巧9 将表格作为页眉

可以设置成页眉的元素多种多样，不仅仅局限在图片和文字，同样也可以插入表格作为页眉，具体的操作该如何进行呢？下面将具体向读者介绍。

❶ 单击“插入”选项卡，选择“页眉和页脚”选项组中 “页眉”选项，打开“页眉”的下拉选项，选择“编辑页眉（E）” ，如图2-38所示。

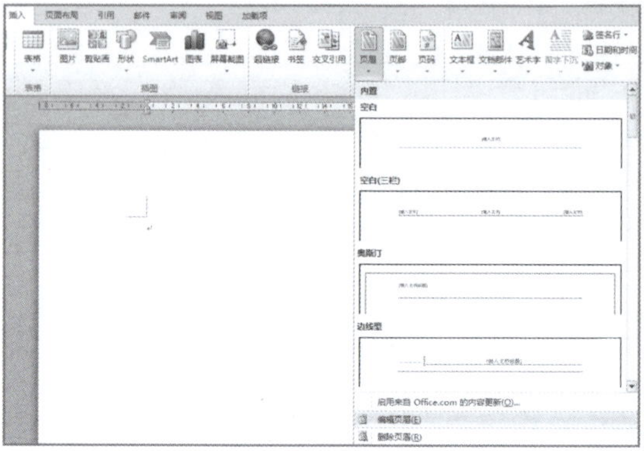

图2-38

❷ 单击“插入”选项卡， “表格”选项组中的“表格”按钮，鼠标放在表格栏拖动即可设置添加表格的行数和列数，单击鼠标左键即可添加，如添加“6×2”的表格，如图2-39所示。

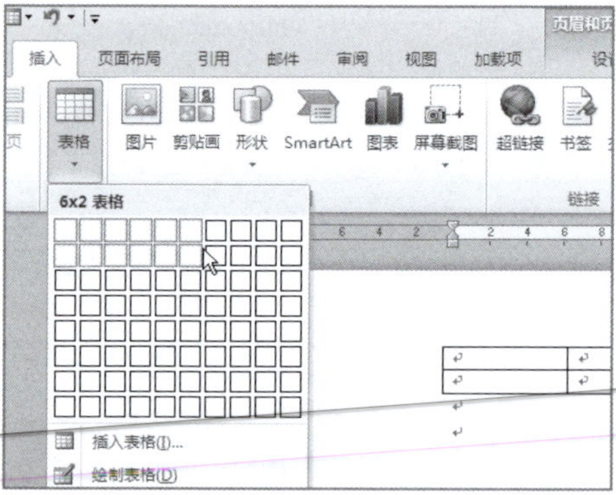

图2-39

❸ 插入表格后，菜单栏切换至“表格工具设计布局”选项卡，再切换到“设计”选项卡，单击“表格样式”下拉按钮（ ），打开更多的表格样式，根据需要选定样式，如选择“浅色列表—强调文字颜色5”表格样式，单击左键确定，如图2-40所示。

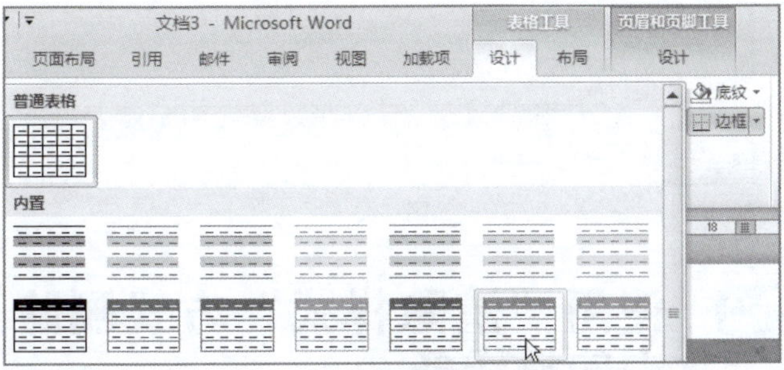

图2-40

4 单击“表格样式”选项组中的“边框”按钮，打开“边框”的下拉选择框，选择需要的边框格式，如果需要多种格式叠加，只需分别单击不同的框线，如果不需要该格式，需再单击该格式则取消选择，如图2-41所示。

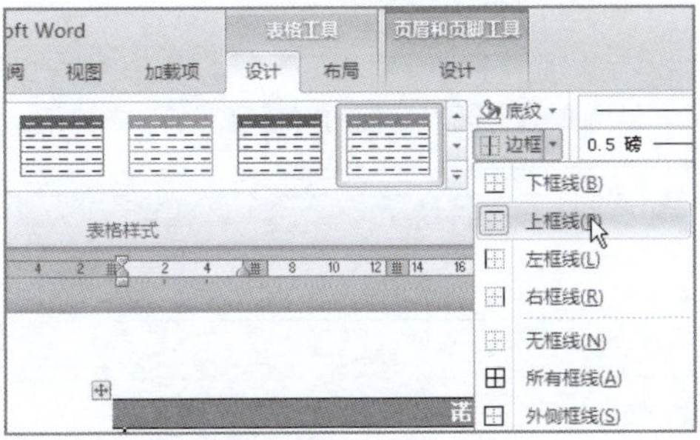

图2-41

5 选中需要填充颜色的行或列，单击“表格样式”选项组中的“底纹按钮”，选择填充的底纹颜色，单击左键完成设置，如选择“浅蓝”为底纹，如图2-42所示。

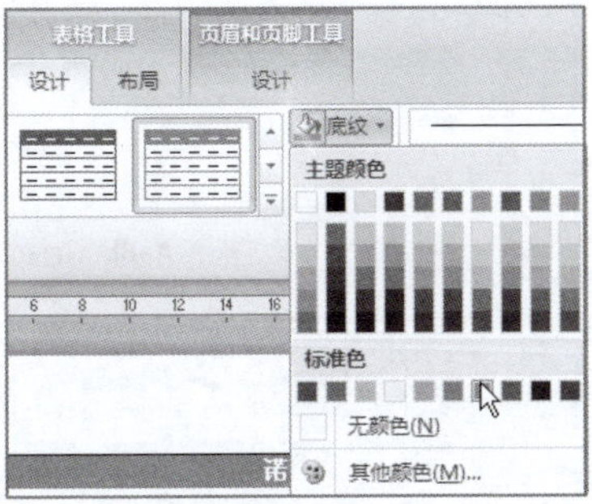

图2-42

6 在表格中键入文字，设置字体样式，则完成对表格页眉的设置，如图2-43所示。

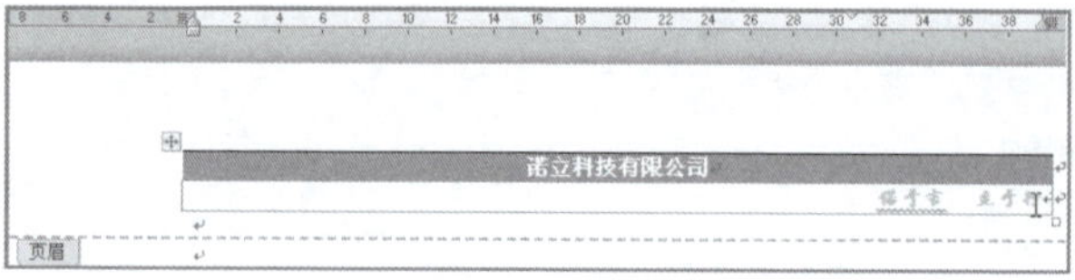

图2-43

技巧10 使用“清除样式”方式删除页眉中的横线条

在Word 2010中，自定义添加的页眉都会自动添加一条横线，在页眉的设置中，横线的存在有时影响了美观，也阻碍了用户自主地设置页眉，那将横线删除的方法是什么呢？下面将分别介绍几种常用的方法。

❶ 打开“插入”选项卡下“页眉和页脚”选项组中的“页眉”选项，单击“编辑页眉”选项，插入页眉，插入文档的页眉自带了一条横线，如图2-44所示。

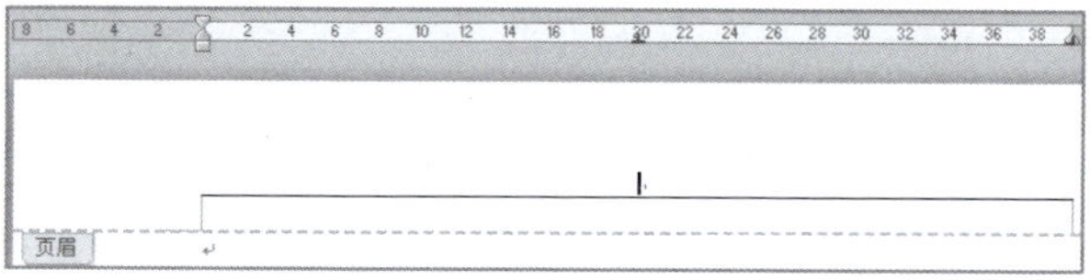

图2-44

❷ 右击文档中页眉的虚线，弹出选项菜单，单击“样式”打开样式选项，选择“清除格式（C）”，如图2-45所示。

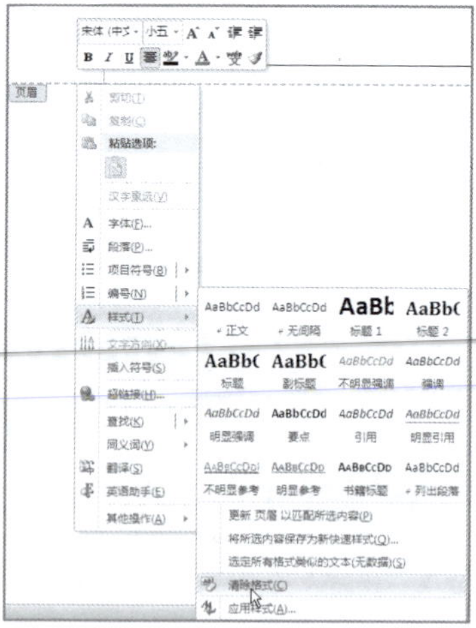

图2-45

3 单击“清除格式”选项后，即可删除页眉横线的设置，用户可以自定义页眉样式。

技巧11　使用“设置底纹”方式删除页眉中的横线条

1 打开“插入”选项卡下“页眉和页脚”选项组中的“页眉”选项，单击“编辑页眉”选项，插入页眉。

2 在“开始”选项卡中单击“段落”选项组中的“边框和底纹”按钮，打开下拉菜单，选择“边框和底纹（O）…”，如图2-46所示。

图2-46

3 弹出“边框和底纹”对话框，切换到“边框”选项，在“设置”中选择“无”，然后单击“应用于”下拉按钮，选择“段落”，如图2-47所示。

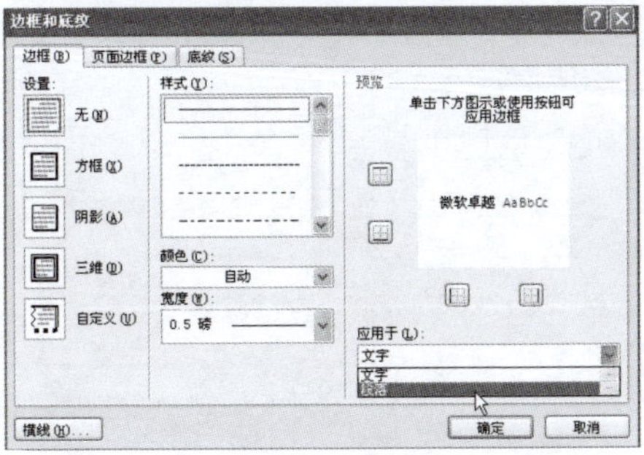

图2-47

4 单击“确定”按钮，完成删除横线的设置。

技巧12 永久删除页眉中的横线条

❶ 单击插入文档中的页眉，在“开始”选项卡，选择“样式”选项组，打开下拉选项，选择“应用样式（A）…”，如图2-48所示。

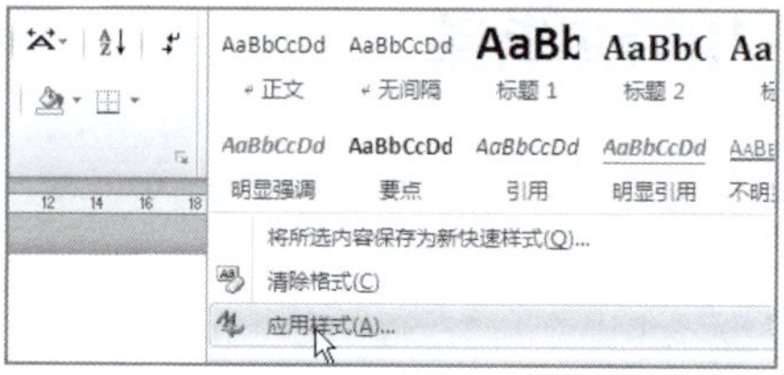

图2-48

❷ 弹出“应用样式”对话框，单击“修改”选项，进入“修改样式”，如图2-49所示。

❸ 在“修改样式”中，选择最下方的“基于该模板的新文档”单选项，如图2-50所示。

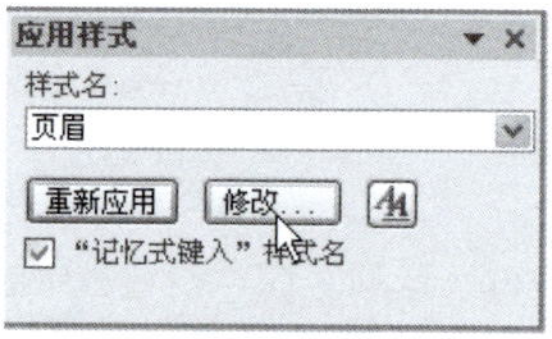

图2-49

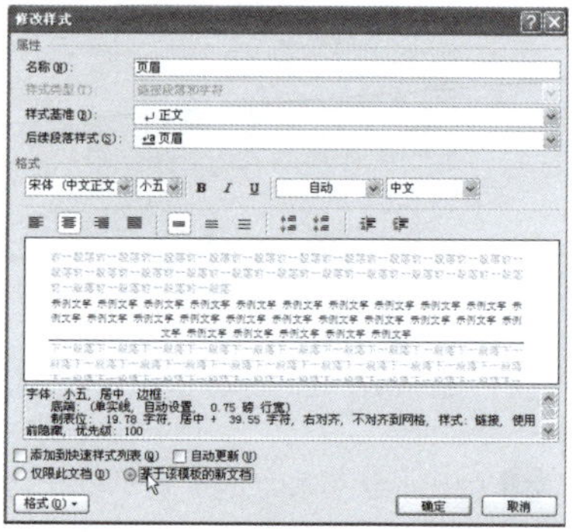

图2-50

❹ 在“修改样式”中，单击“格式”选项，打开下拉选项，选择“边框（B）…”，如图2-51所示。

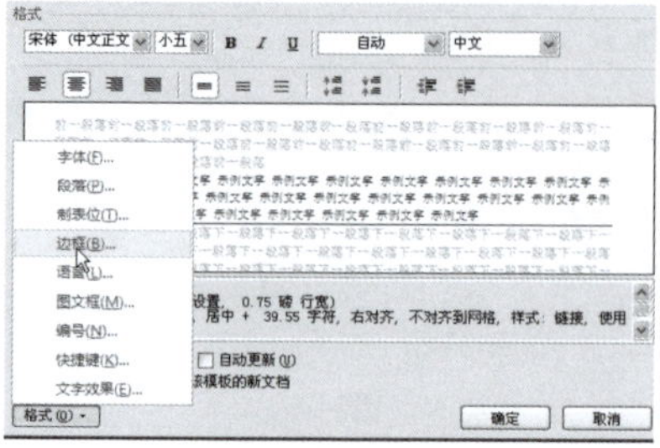

图2-51

❺ 在“边框和底纹”对话框中，切换到“边框”选项，在“设置”中选择“无”，然后单击“应用于”下拉按钮，选择“段落”，单击“确定”按钮，如图2-52所示。

❻ 在“应用样式”选项中，单击“重新应用”选项，最后单击“关闭”对话框。完成上述操作后，在以后的新建页眉中，横线也不再会出现，真正做到了永远删除横线，如图2-53所示。

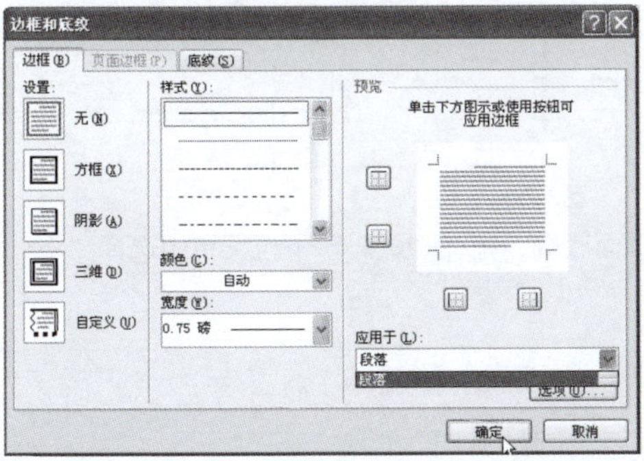

图2-52

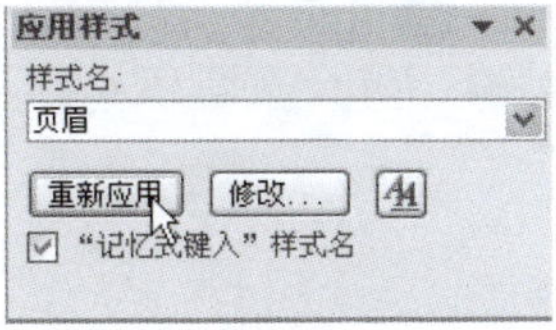

图2-53

技巧13　在页面顶端、底端、侧边和其他位置添加页码

Word 2010中有很多预置的页码样式，并且可以在页面顶端、底端、侧边和其他位置添加页码。

❶ 打开尚未设置页眉的文档，单击“插入”选项卡，在“页眉和页脚”选项组中单击“页码”按钮，在弹出的下拉菜单中选择“页面顶端”选项，再在弹出的页码样式中选择一种，如图2-54所示。

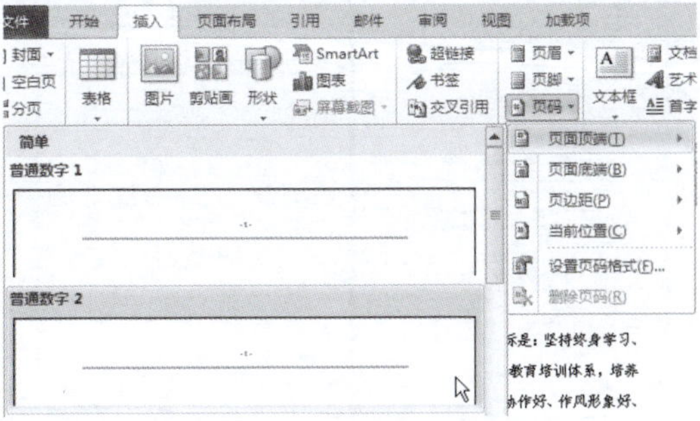

图2-54

❷ 单击选中的页码样式即可应用于文档中，如图2-55所示。

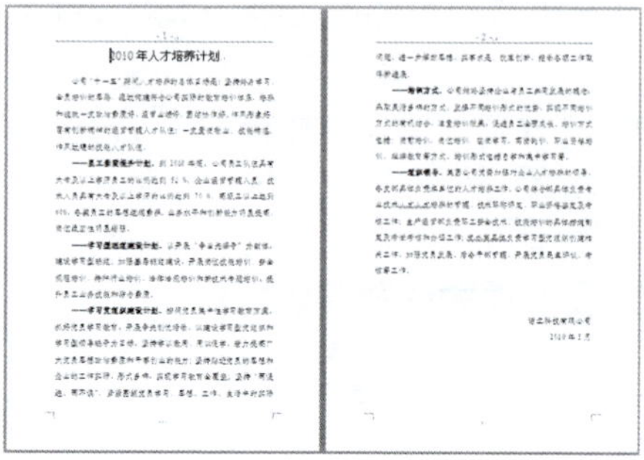

图2-55

❸ 如果需要将页码设置在页面底端，则在“页码”下拉菜单中选择“页面底端”按钮，如图2-56所示。

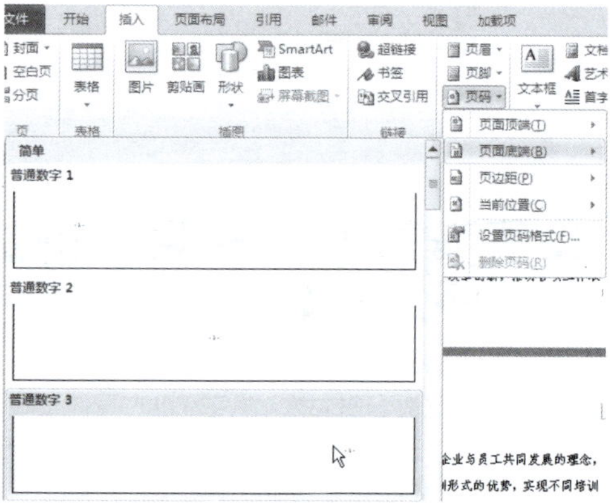

图2-56

❹ 选择一种页码样式单击即可应用于文档中，如图2-57所示。

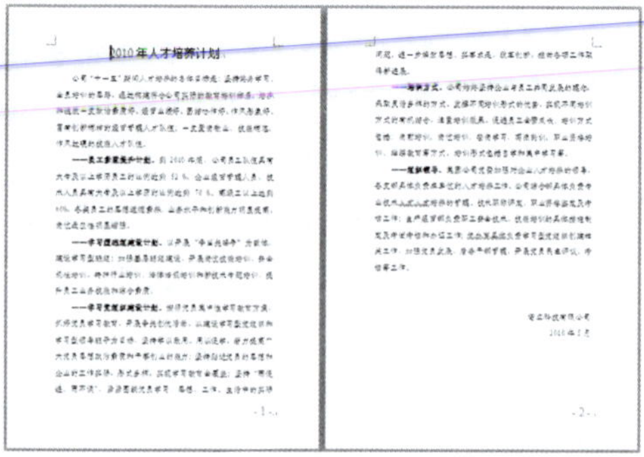

图2-57

5 如果需要将页码设置在页面侧边，则在“页码”下拉菜单中选择“页边距”按钮，如图2-58所示。

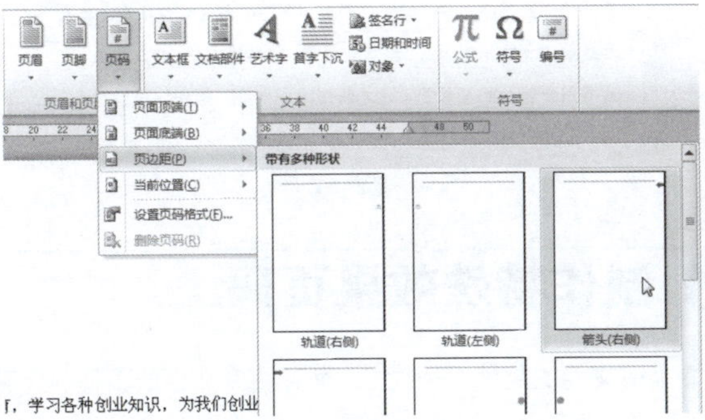

图2-58

6 选择一种页码样式单击即可应用于文档中，如图2-59所示。

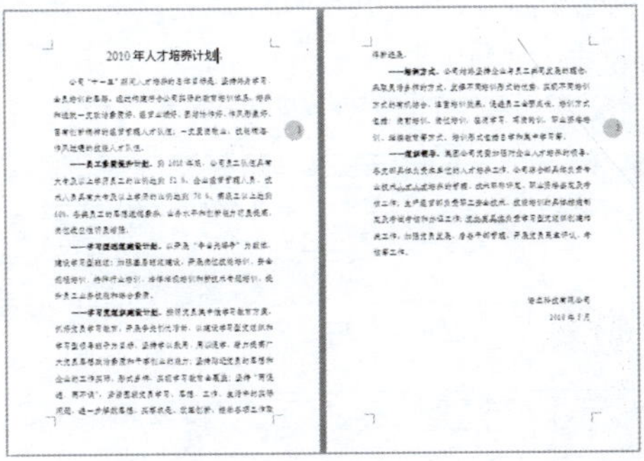

图2-59

7 可以看到在“页码”下拉菜单中还有一个“当前位置”选项，这项设置可以将页码添加到当前光标所在位置，单击该选项，选择一种页码样式，如图2-60所示。

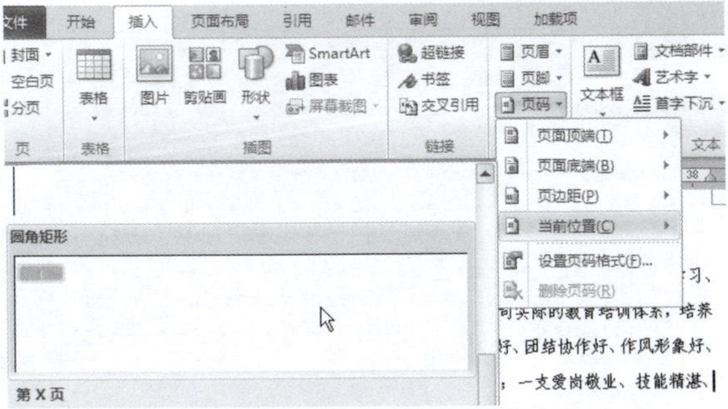

图2-60

8 单击该页码样式即可将其应用于文档中，如图2-61所示。

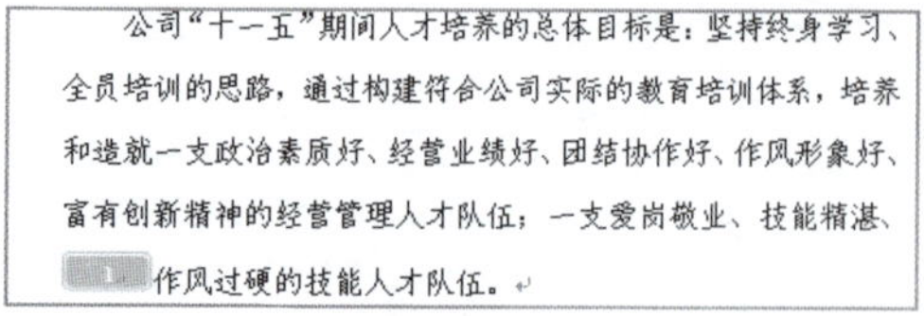

公司"十一五"期间人才培养的总体目标是：坚持终身学习、全员培训的思路，通过构建符合公司实际的教育培训体系，培养和造就一支政治素质好、经营业绩好、团结协作好、作风形象好、富有创新精神的经营管理人才队伍；一支爱岗敬业、技能精湛、作风过硬的技能人才队伍。

图2-61

技巧14 制作特殊效果页码

在默认情况下文档的起始页码为1，有时希望文档的页码从0开始，可以对页码进行重新设置，有时为了打印的需要，文档的首页或者奇偶页需要设置不同的页码样式，本技巧将介绍如何制作特殊的页码样式。

1 打开尚未设置页眉的文档，单击"插入"选项卡，在"页眉和页脚"选项组中单击"页码"按钮，在弹出的下拉菜单中选择"页面底端"选项，再在弹出的页码样式中选择一种，单击选中的页码样式即可应用于文档中，如图2-62所示。

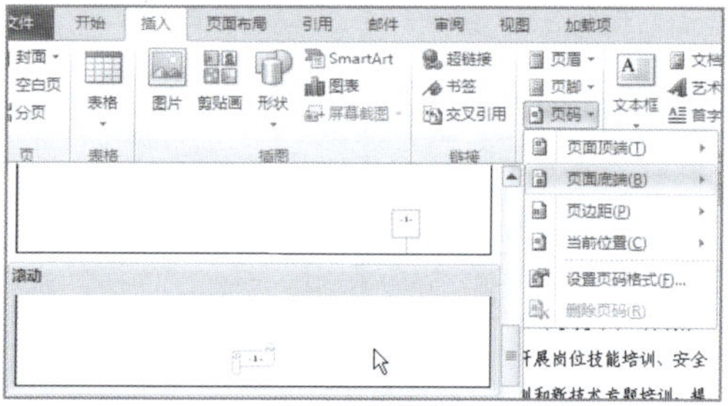

图2-62

2 打开"设计"选项卡，在"页眉和页脚"选项组中单击"页码"按钮，在弹出的下拉菜单中选择"设置页码格式"选项，如图2-63所示。

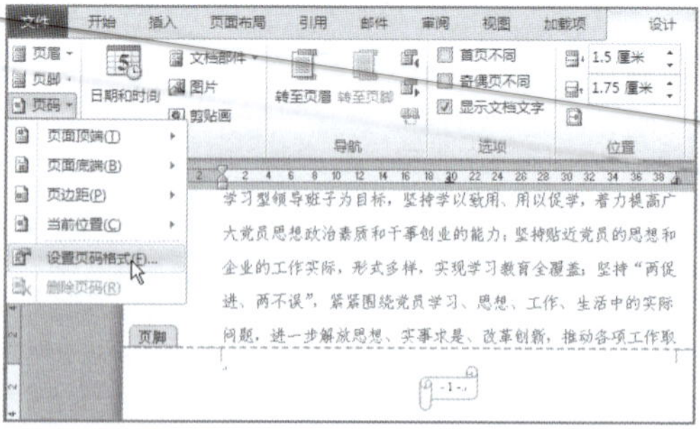

图2-63

3 弹出“页码格式”对话框，在这里可以重新设置编号的格式等，在“页码编号”栏下选择“起始页码”单选项，并设置起始页码为“0”，单击“确定”按钮，如图2-64所示。

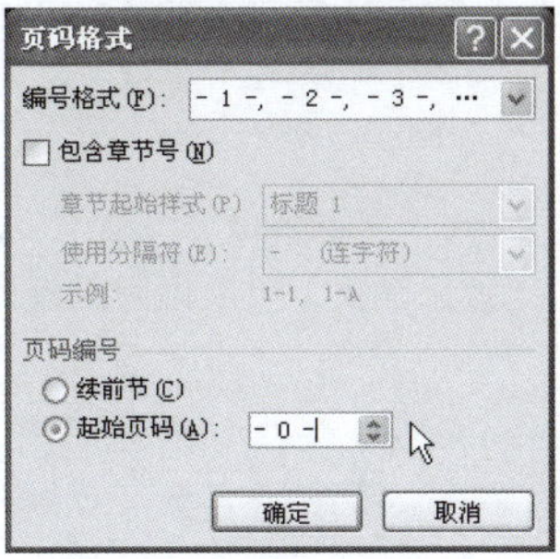

图2-64

4 选择一种页码样式单击即可应用于文档中，如图2-65所示。

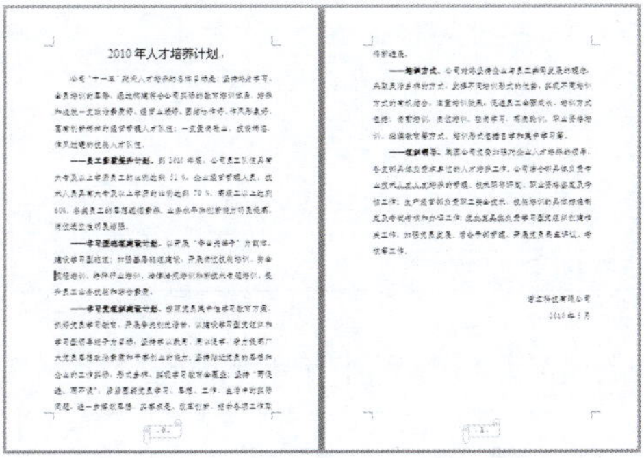

图2-65

5 还可以为文档的首页或者奇偶页设置不同的页码，重新为文档添加一种页码样式，如图2-66所示。

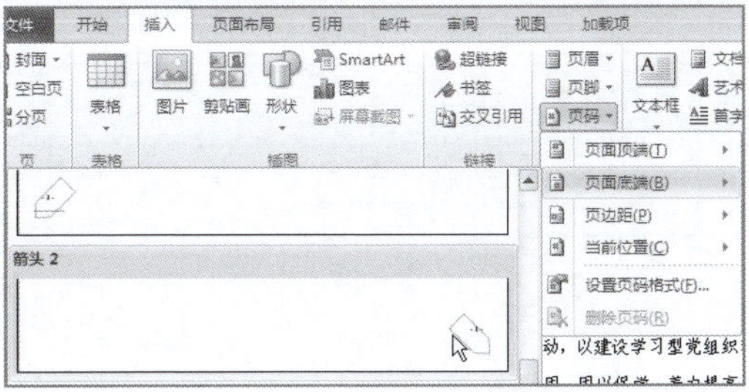

图2-66

6 单击“设计”选项卡，在“选项”选项组中选中“奇偶页不同”复选框，如图2-67所示。

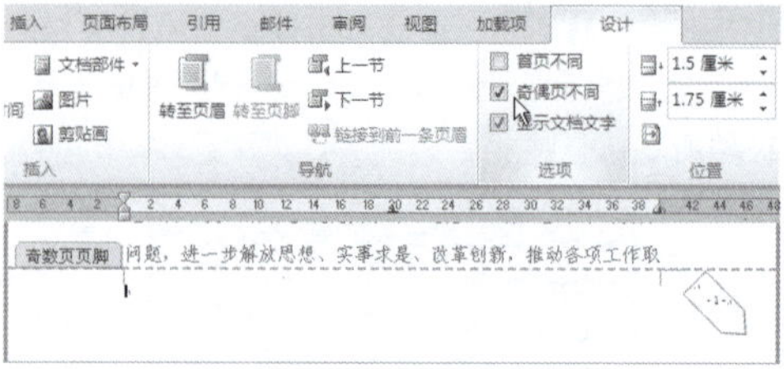

图2-67

7 此时偶数页的页码效果消失，可以再为偶数页设置一种页码样式，如图2-68所示。

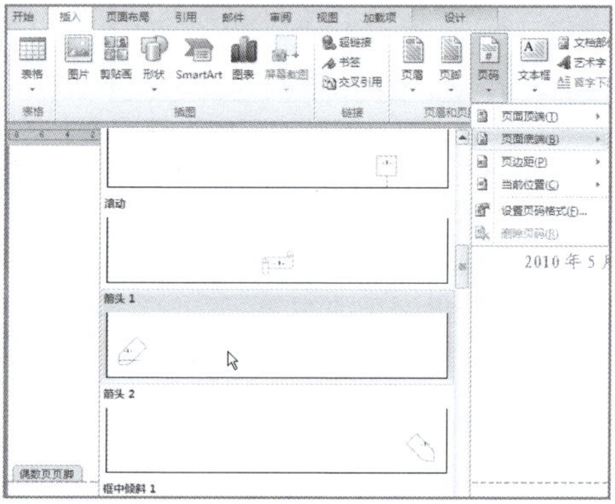

图2-68

8 现在文档奇偶页即拥有不同的页码样式，如图2-69所示。

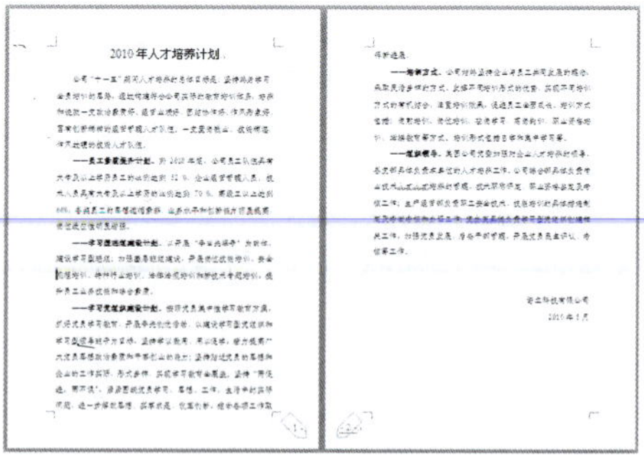

图2-69

第3章

文本操作与设置

技巧1 通过鼠标快速选中指定区域文本

在编辑文档时经常需要对文本进行选中操作，选中的方法通常有鼠标操作、键盘操作和命令操作等，本技巧介绍鼠标操作选中指定区域文本的方法。

① 打开Word文档，移动光标至文中，按住鼠标左键拖动即可选中文本，如图3-1所示。

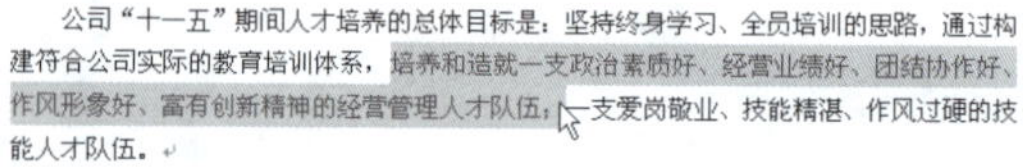
公司“十一五”期间人才培养的总体目标是：坚持终身学习、全员培训的思路，通过构建符合公司实际的教育培训体系，培养和造就一支政治素质好、经营业绩好、团结协作好、作风形象好、富有创新精神的经营管理人才队伍，一支爱岗敬业、技能精湛、作风过硬的技能人才队伍。

图3-1

② 将光标定位到想要选取短语的任意位置，双击鼠标左键即可将该短语内容选中，如图3-2所示。

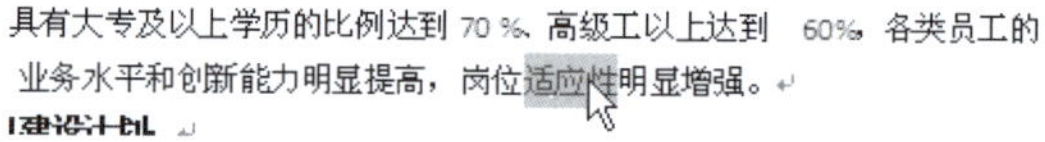
具有大专及以上学历的比例达到 70 %、高级工以上达到 60%，各类员工的业务水平和创新能力明显提高，岗位适应性明显增强。

图3-2

③ 将光标定位到想要选取语句的任意位置，单击鼠标左键三次即可将该语句内容选中，如图3-3所示。

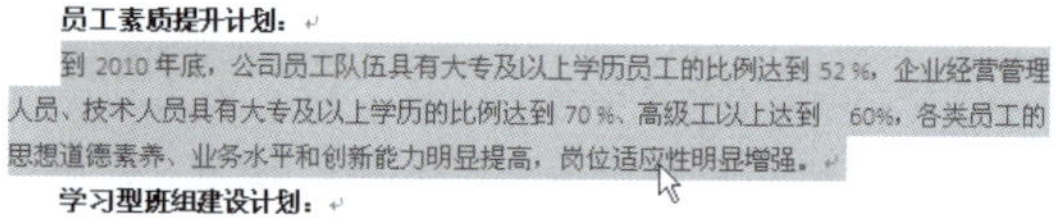
员工素质提升计划：
到 2010 年底，公司员工队伍具有大专及以上学历员工的比例达到 52 %，企业经营管理人员、技术人员具有大专及以上学历的比例达到 70 %、高级工以上达到 60%，各类员工的思想道德素养、业务水平和创新能力明显提高，岗位适应性明显增强。
学习型班组建设计划：

图3-3

④ 将光标移动到某行的左边，当光标变成⇗形状时单击可选中此行，双击可选中该行所在的整个段落，连续地快速单击三次可选中全文，如图3-4所示。

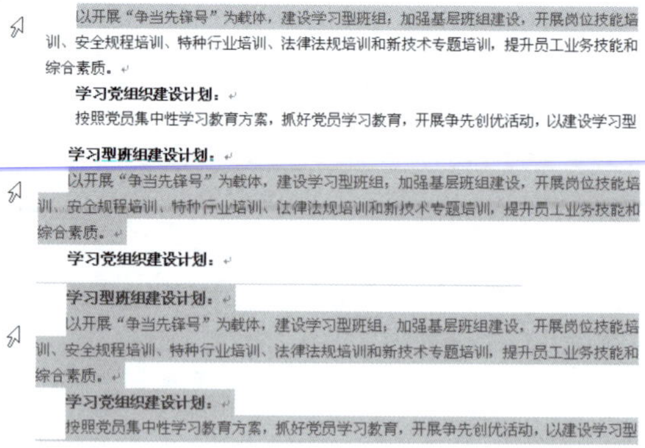
以开展“争当先锋号”为载体，建设学习型班组，加强基层班组建设，开展岗位技能培训、安全规程培训、特种行业培训、法律法规培训和新技术专题培训，提升员工业务技能和综合素质。
学习党组织建设计划：
按照党员集中性学习教育方案，抓好党员学习教育，开展争先创优活动，以建设学习型

学习型班组建设计划：
以开展“争当先锋号”为载体，建设学习型班组，加强基层班组建设，开展岗位技能培训、安全规程培训、特种行业培训、法律法规培训和新技术专题培训，提升员工业务技能和综合素质。
学习党组织建设计划：

学习型班组建设计划：
以开展“争当先锋号”为载体，建设学习型班组，加强基层班组建设，开展岗位技能培训、安全规程培训、特种行业培训、法律法规培训和新技术专题培训，提升员工业务技能和综合素质。
学习党组织建设计划：
按照党员集中性学习教育方案，抓好党员学习教育，开展争先创优活动，以建设学习型

图3-4

⑤ 将光标移动到某行的左边，当光标变成⇗形状时按下鼠标左键不放在垂

直方向上进行拖动，可自由选中若干个连续行，如图3-5所示。

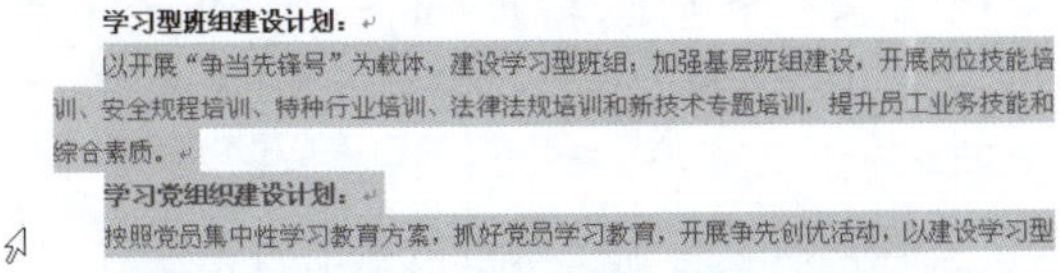
学习型班组建设计划：
以开展“争当先锋号”为载体，建设学习型班组；加强基层班组建设，开展岗位技能培训、安全规程培训、特种行业培训、法律法规培训和新技术专题培训，提升员工业务技能和综合素质。
学习党组织建设计划：
按照党员集中性学习教育方案，抓好党员学习教育，开展争先创优活动，以建设学习型

图3-5

提 示

选中文本的方法有很多，用户可以根据实际情况灵活操作。

技巧2 通过键盘快捷键选中特定区域文本

使用键盘快捷键操作也可以快速地选中文本。

❶ 打开Word文档，按下“Ctrl+A”组合键，即可实现将当前文档内容全部选取，包括文档内的文字、表格、图像及某些不可见的Word标记等，如图3-6所示。

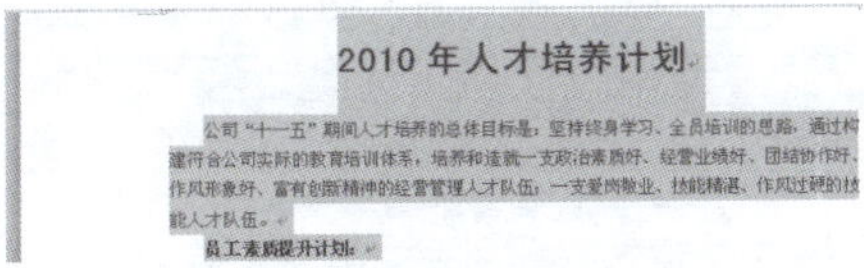
2010年人才培养计划
公司“十一五”期间人才培养的总体目标是：坚持终身学习、全员培训的思路，通过构建符合公司实际的教育培训体系，培养和造就一支政治素质好、经营业绩好、团结协作好、作风形象好、富有创新精神的经营管理人才队伍；一支爱岗敬业、技能精湛、作风过硬的技能人才队伍。
员工素质提升计划：

图3-6

❷ 按下“Shift+PageUp”组合键，可从光标处向上选中一屏，按下“Shift+PageDown”组合键，可从光标处向下选中一屏（一屏区域大小和Word窗口大小及工具栏多少有关），如图3-7所示。

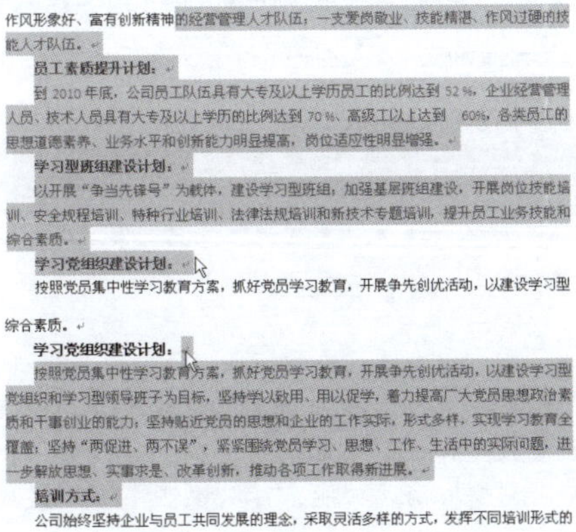
作风形象好、富有创新精神的经营管理人才队伍；一支爱岗敬业、技能精湛、作风过硬的技能人才队伍。
员工素质提升计划：
到2010年底，公司员工队伍具有大专及以上学历员工的比例达到52%，企业经营管理人员、技术人员具有大专及以上学历的比例达到70%，高级工以上达到60%，各类员工的思想道德素养、业务水平和创新能力明显提高，岗位适应性明显增强。
学习型班组建设计划：
以开展“争当先锋号”为载体，建设学习型班组；加强基层班组建设，开展岗位技能培训、安全规程培训、特种行业培训、法律法规培训和新技术专题培训，提升员工业务技能和综合素质。
学习党组织建设计划：
按照党员集中性学习教育方案，抓好党员学习教育，开展争先创优活动，以建设学习型
综合素质。
学习党组织建设计划：
按照党员集中性学习教育方案，抓好党员学习教育，开展争先创优活动，以建设学习型党组织和学习型领导班子为目标，坚持学以致用、用以促学，着力提高广大党员思想政治素质和干事创业的能力；坚持贴近党员的思想和企业的工作实际，形式多样，实现学习教育全覆盖；坚持“两促进、两不误”，紧紧围绕党员学习、思想、工作、生活中的实际问题，进一步解放思想、实事求是、改革创新，推动各项工作取得新进展。
培训方式：
公司始终坚持企业与员工共同发展的理念，采取灵活多样的方式，发挥不同培训形式的

图3-7

3 按下“Shift+←”组合键可选中光标左边第一个字符，按下“Shift+→”组合键可选中光标右边第一个字符，按下“Shift+↑”组合键可选中从光标处至上行同列之间的字符，按下“Shift+↓”组合键可选中从光标处至下行同列之间的字符，如图3-8所示。

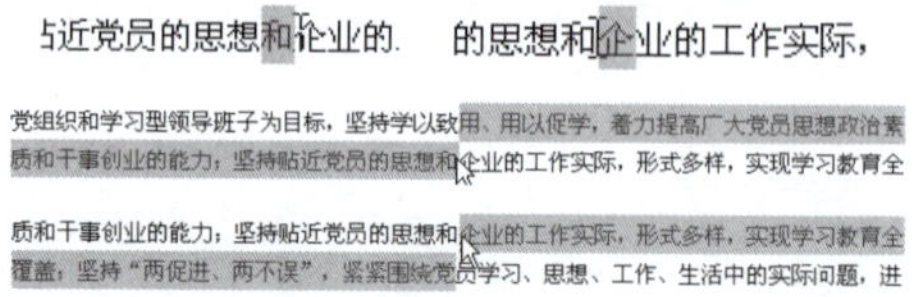

图3-8

4 按下“Ctrl+Shift+↑”组合键可选中光标至段首的范围，按下“Ctrl+Shift+↓”组合键可选中光标至段尾的范围，如图3-9所示。

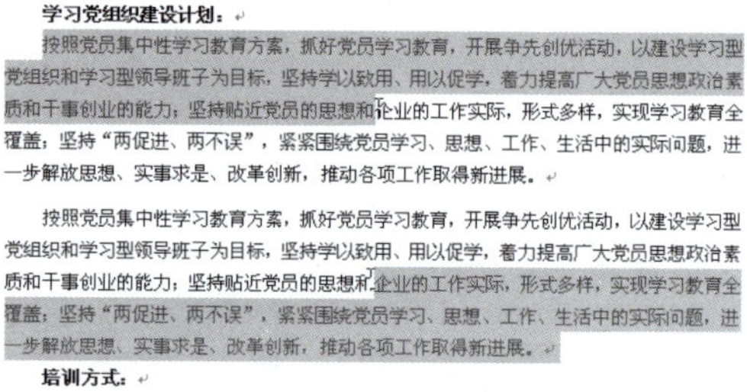

图3-9

5 若要将光标所在位置之前或之后的内容全部选中，可以在定位光标位置之后，按下“Ctrl+Shift+Home”组合键或者“Ctrl+Shift+End”组合键，即可将光标之前或之后的内容全部选中，如图3-10所示。

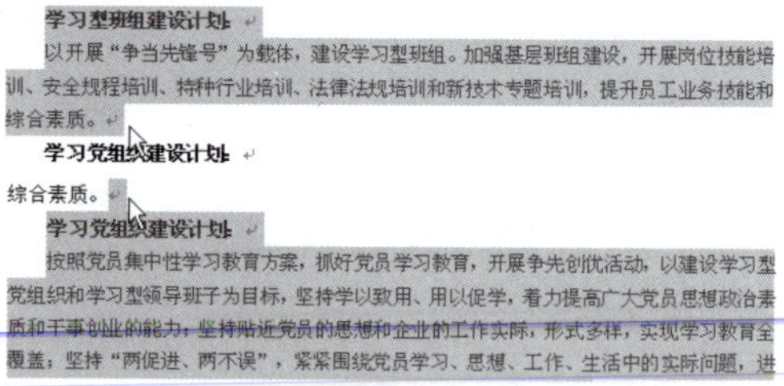

图3-10

提示

在使用“F8”键的过程中，也可以配合鼠标或方向键操作来改变选中的范围，如果光标放在段尾回车符前面的话，只需连续按三次F8键即可选中一段，依此类推；如果需要取消此功能，可以按下“Esc”键或者切换到其他的Word文档窗口。

技巧3 通过命令快速选中特定区域文本

用户还可用其他的方法快速的选中文本，比如使用命令操作的方法。

❶ 打开Word文档，单击“开始”选项卡，在“编辑”选项组中单击“选择”按钮，在弹出的下拉列表中单击“全选”命令，即可实现将当前文档内容全部选取，包括文档内的文字、表格、图像及某些不可见的Word标记等，如图3-11所示。

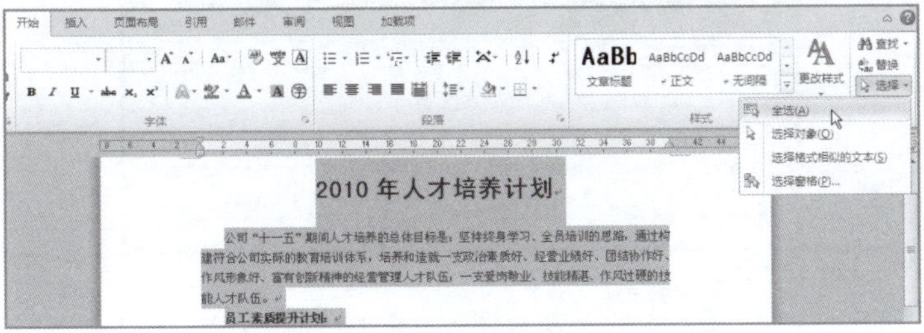

图3-11

❷ 在“编辑”选项组中单击“查找”按钮旁边的小三角，在弹出的下拉列表中选择“高级查找”选项，如图3-12所示。

❸ 弹出“查找和替换”对话框，在“查找”内容中输入需要查找的字符，单击下面的“更多”按钮，在打开的扩展选项中可以做其他设置，如图3-13所示。

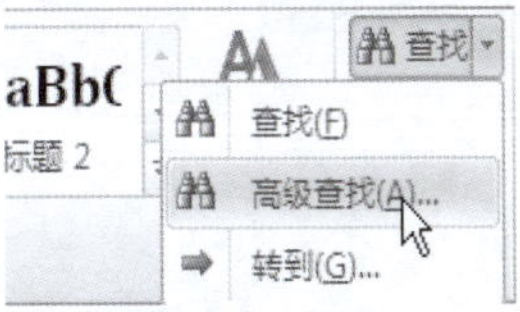

图3-12

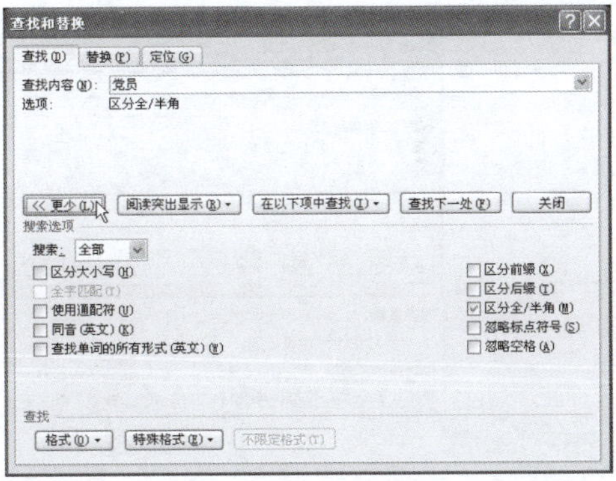

图3-13

❹ 单击“阅读突出显示”按钮，在弹出的下拉列表中选择“全部突出显示”选项，如图3-14所示。

❺ 即可将查找的内容以有色底纹显示出来，如图3-15所示。

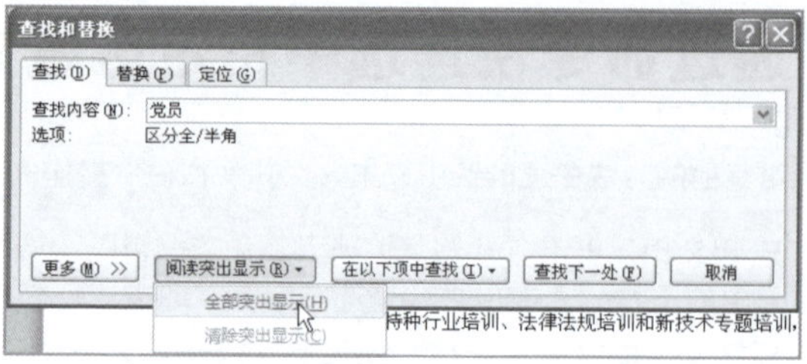

图3-14

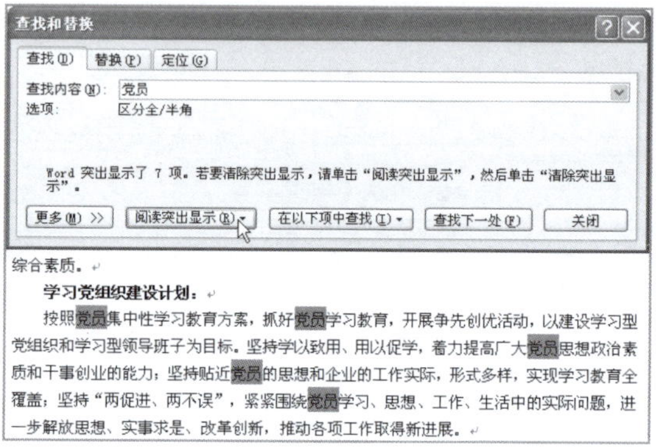

图3-15

6 依次单击“查找下一个”按钮即可在有色底纹的文字处再次加深底色来依次显示每个查找到的内容，查找完成后单击“关闭”按钮即可，如图3-16所示。

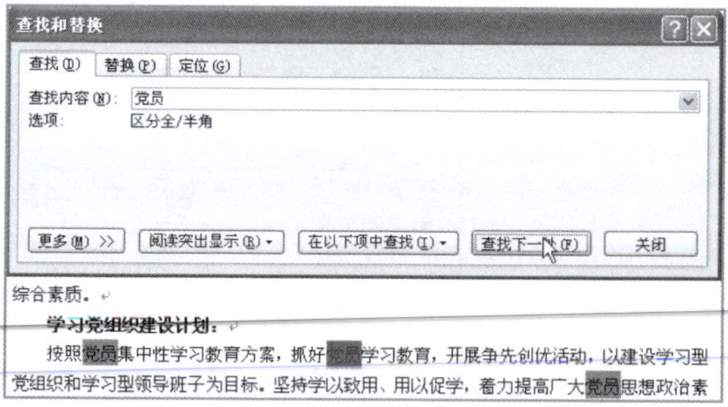

图3-16

提 示

使用命令操作的方法来选中文本也有其独特的用处，比如使用“查找”命令来查找文本会非常快速与方便。

技巧4 通过其他操作快速选中指定区域文本

还可以通过一些其他的方法来选中文本，例如鼠标加快捷键等。

❶ 当需要同时选取文档中的多处内容时，先使用鼠标拖拽的方法将需要选取的第一处内容选中，再按住“Ctrl”键不放，继续用鼠标拖拽的方法选取其他的内容，直到最后一处内容选取完成后，松开“Ctrl”键即可，如图3-17所示。

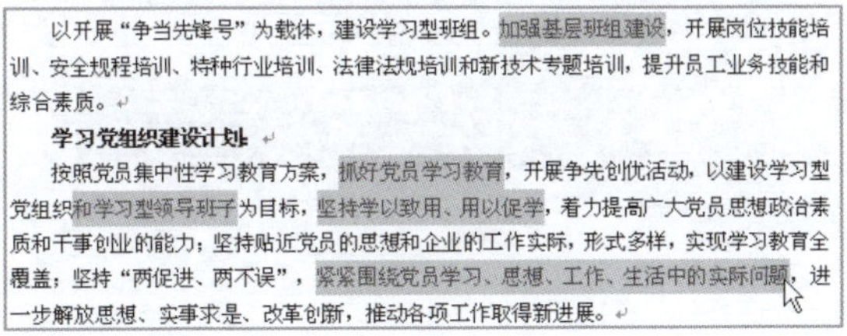
以开展“争当先锋号”为载体，建设学习型班组。加强基层班组建设，开展岗位技能培训、安全规程培训、特种行业培训、法律法规培训和新技术专题培训，提升员工业务技能和综合素质。

学习党组织建设计划：

按照党员集中性学习教育方案，抓好党员学习教育，开展争先创优活动，以建设学习型党组织和学习型领导班子为目标，坚持学以致用、用以促学，着力提高广大党员思想政治素质和干事创业的能力；坚持贴近党员的思想和企业的工作实际，形式多样，实现学习教育全覆盖；坚持“两促进、两不误”，紧紧围绕党员学习、思想、工作、生活中的实际问题，进一步解放思想、实事求是、改革创新，推动各项工作取得新进展。

图3-17

❷ 有时需要选取文档中某个块区域的内容，可以将光标定位在想要选取块区域的开始位置处，按住“Alt”键不放，利用鼠标拖拽至结束位置处，即可实现块区域内容选取，如图3-18所示。

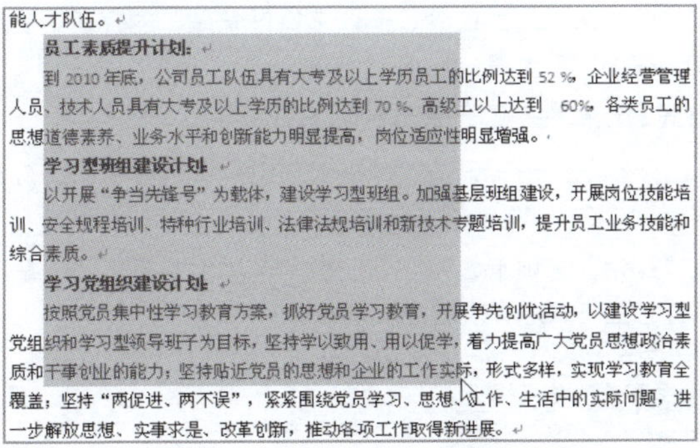
能人才队伍。

员工素质提升计划：

到2010年底，公司员工队伍具有大专及以上学历员工的比例达到52%，企业经营管理人员、技术人员具有大专及以上学历的比例达到70%，高级工以上达到60%，各类员工的思想道德素养、业务水平和创新能力明显提高，岗位适应性明显增强。

学习型班组建设计划：

以开展“争当先锋号”为载体，建设学习型班组。加强基层班组建设，开展岗位技能培训、安全规程培训、特种行业培训、法律法规培训和新技术专题培训，提升员工业务技能和综合素质。

学习党组织建设计划：

按照党员集中性学习教育方案，抓好党员学习教育，开展争先创优活动，以建设学习型党组织和学习型领导班子为目标，坚持学以致用、用以促学，着力提高广大党员思想政治素质和干事创业的能力；坚持贴近党员的思想和企业的工作实际，形式多样，实现学习教育全覆盖；坚持“两促进、两不误”，紧紧围绕党员学习、思想、工作、生活中的实际问题，进一步解放思想、实事求是、改革创新，推动各项工作取得新进展。

图3-18

❸ 当需要选取的文档内容跨度较大时，可以先将鼠标定位在想要选取内容的开始位置处，再利用鼠标滑轮或者Word编辑窗口右边的滑动杆，将光标移动到需要选区内容的结尾处，按下“Shift”键单击鼠标左键，即可将两次鼠标定位之间的内容一次性全部选中，如图3-19所示。

提 示

利用鼠标加快捷键的方法，可以灵活地选择要复制的区域，尤其是在选择的文本具有跨度的时候，选取起来更加方便快捷。

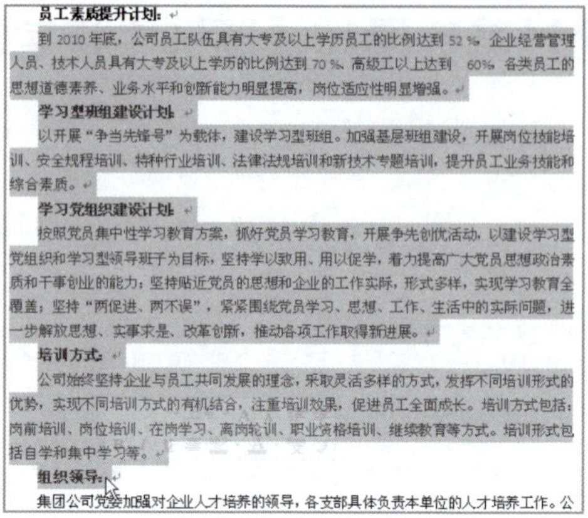
员工素质提升计划：

到2010年底，公司员工队伍具有大专及以上学历员工的比例达到52%，企业经营管理人员、技术人员具有大专及以上学历的比例达到70%，高级工以上达到 60%，各类员工的思想道德素养、业务水平和创新能力明显提高，岗位适应性明显增强。

学习型班组建设计划：

以开展“争当先锋号”为载体，建设学习型班组。加强基层班组建设，开展岗位技能培训、安全规程培训、特种行业培训、法律法规培训和新技术专题培训，提升员工业务技能和综合素质。

学习党组织建设计划：

按照党员集中性学习教育方案，抓好党员学习教育，开展争先创优活动，以建设学习型党组织和学习型领导班子为目标，坚持学以致用、用以促学，着力提高广大党员思想政治素质和干事创业的能力；坚持贴近党员的思想和企业的工作实际，形式多样，实现学习教育全覆盖；坚持“两促进、两不误”，紧紧围绕党员学习、思想、工作、生活中的实际问题，进一步解放思想、实事求是、改革创新，推动各项工作取得新进展。

培训方式：

公司始终坚持企业与员工共同发展的理念，采取灵活多样的方式，发挥不同培训形式的优势，实现不同培训方式的有机结合，注重培训效果，促进员工全面成长。培训方式包括：岗前培训、岗位培训、在岗学习、离岗轮训、职业资格培训、继续教育等方式。培训形式包括自学和集中学习等。

组织领导：

集团公司党委加强对企业人才培养的领导，各支部具体负责本单位的人才培养工作。公

图3-19

技巧5 无格式的选择性粘贴

Word 2010在使用过程中，有多种不同的便捷工具配合使用，“复制”和“粘贴”是在办公中常用到的命令，而“选择性粘贴”的存在更使用户的选择多元化，灵活性增强。

使用无格式的选择性粘贴，只复制文本的内容。：

❶ 选择需要复制的内容，按“Ctrl+C”组合键进行复制，将光标定位在要文本复制的位置，如图3-20所示。

❷ 单击“开始”选项卡，在“剪贴板”选项组中单击“粘贴”按钮，打开下拉菜单，选择“选择性粘贴”选项，如图3-21所示。

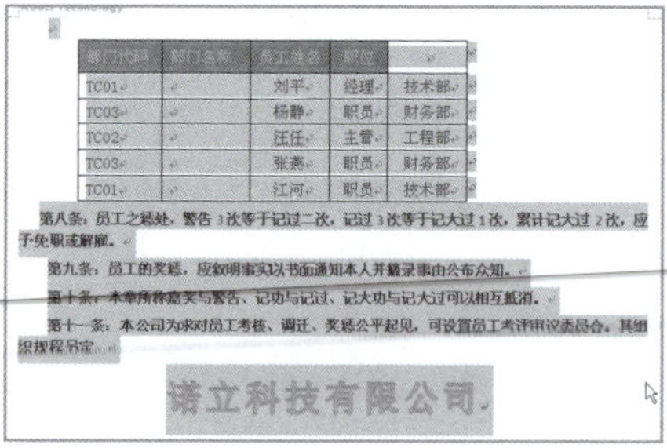

图3-20

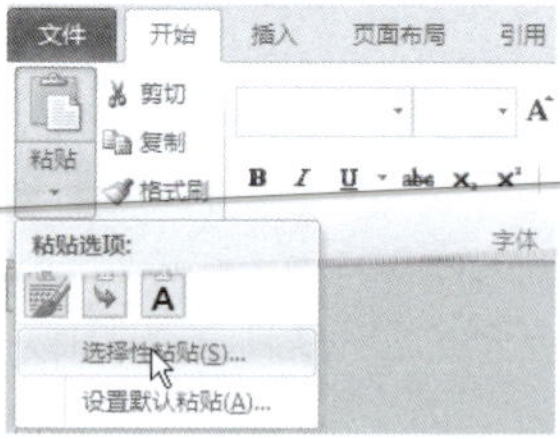

图3-21

❸ 打开“选择性粘贴”对话框，在“粘贴”的单选项中选择“无格式文本”选项，单击“确定”按钮，如图3-22所示。

❹ 文本被取消所有格式纯文本的复制在光标所在的位置，如图3-23所示。

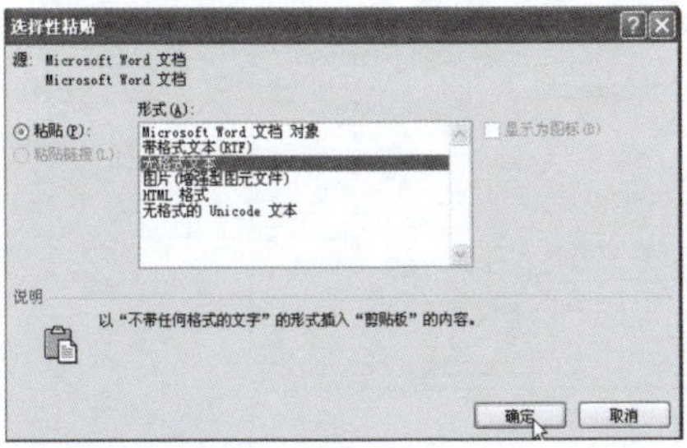

图3-22

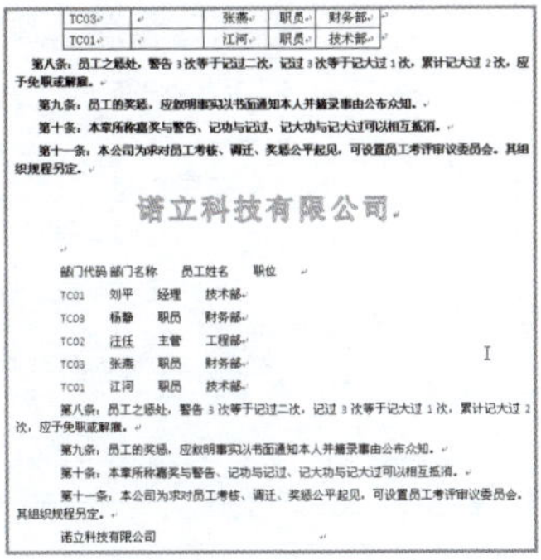

图3-23

> **提示**
>
> 在"选择性粘贴"对话里，选择"无格式文本"系统只粘贴复制文本的内容。

技巧6 文本转为图片的选择性粘贴

有些时候需要将文本转化为图片，此时可以利用选择性粘贴里的"图片"来达到，具体操作方法如下。

❶ 选择需要复制的内容，按"Ctrl+C"组合键进行复制，将光标定位在要将文本复制的位置，如图3-24所示。

❷ 单击"开始"选项卡，在"剪贴板"选项组中单击"粘贴"按钮，打开下拉菜单，选择"选择性粘贴"选项，如图3-25所示。

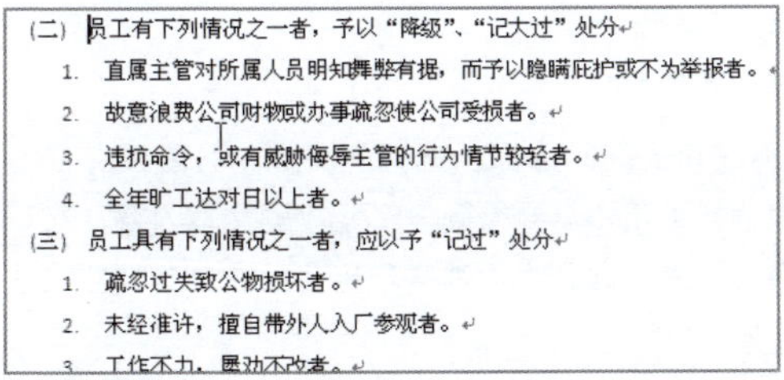
(二) 员工有下列情况之一者，予以"降级"、"记大过"处分
1. 直属主管对所属人员明知舞弊有据，而予以隐瞒庇护或不为举报者。
2. 故意浪费公司财物或办事疏忽使公司受损者。
3. 违抗命令，或有威胁侮辱主管的行为情节较轻者。
4. 全年旷工达对日以上者。
(三) 员工具有下列情况之一者，应以予"记过"处分
1. 疏忽过失致公物损坏者。
2. 未经准许，擅自带外人入厂参观者。
3. 工作不力，屡劝不改者。

图3-24

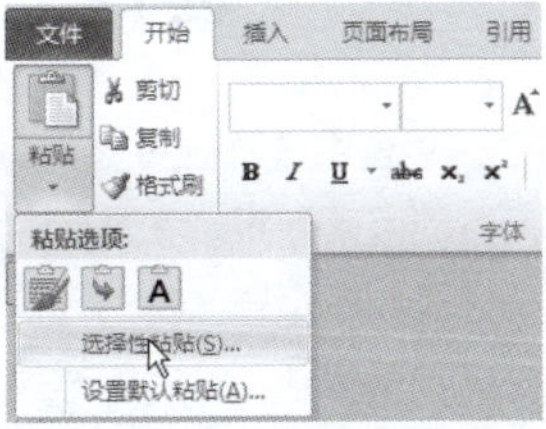

图3-25

❸ 打开"选择性粘贴"对话框，在"粘贴"的单选项中选择"图片（增强型图元文件）"选项，单击"确定"按钮，如图3-26所示。

❹ "选择性粘贴"对话框自动关闭，原文档以图片的形式被复制在光标所在的位置，如图3-27所示。

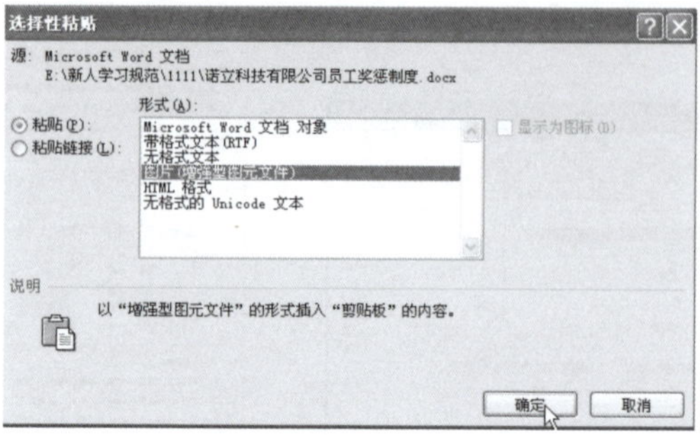

图3-26

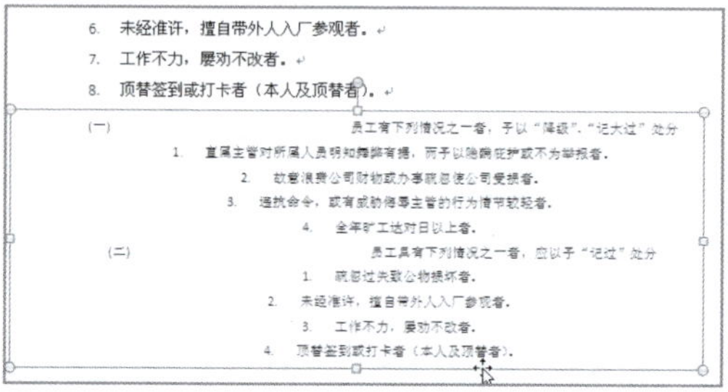

图3-27

提 示

将原文本转换为图片形式粘贴后，文本只具备图片的格式和功能，而不能继续被修改。

技巧7 巧用多区域复制与粘贴实现无空格选择

文档中选择往往是跳跃，不连续的间断选择；选择的文档中可能还存在着大量的段落间距，在复制过程中，如果用户需要得到一个紧凑的文本内容，又不想慢慢删除那些无用的段落间距，该怎么做到呢？其实巧用多区域复制与粘贴就可以轻松实现，具体的操作方法如下。

❶ 选择需要复制的内容，将光标定位在文档的开始，滑动鼠标选择文档，如图3-28所示。

❷ 再按住"Ctrl"键，滚动鼠标，按照顺序依次选择不连续的文档内容。

❸ 单击鼠标右键，打开选项框，选择"复制（C）"，或者按"Ctrl+C"键快速复制选项，如图3-29所示。

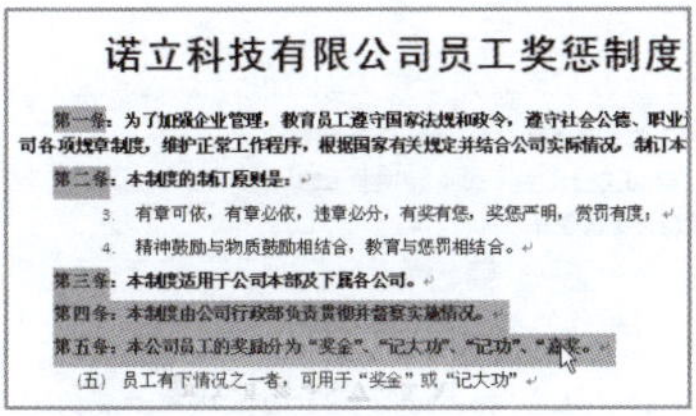

图3-28

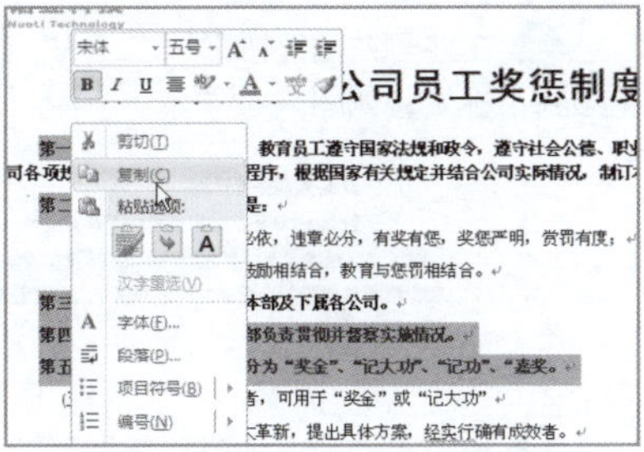

图3-29

4 在需要将文本复制的位置处，单击鼠标左键，将光标移动至此，按"Ctrl+V"可完成粘贴。文本则完成保留原有样式，无空格按照所选顺序复制，如图3-30所示。

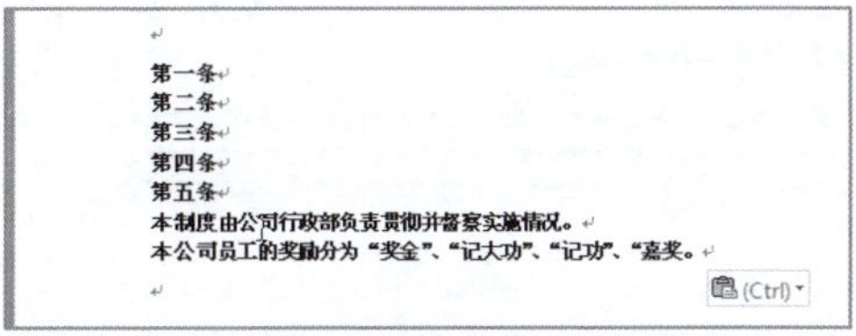

图3-30

提 示

多区域复制要注意什么呢？

多区域的复制与粘贴需要一直按住"Ctrl"键进行，在选择过程中如果需要将一行的内容复制在一起，切记在选择的过程中不可中断，否则虽然可以补选，但是在复制过程中可以清楚地看到内容已经分行了，因为这种选择是有序记忆的，一定要按照先后顺序依次选择。

技巧8 快速复制粘贴

文档的编辑过程中，复制与粘贴是最常用的命令，为了更快速地编辑文档可以巧妙地使用快捷键和鼠标，节约写作时间。

1 选中需要复制的文本，按住"Ctrl+C"组合键，即可将选中内容复制到剪贴板，如图3-31所示。

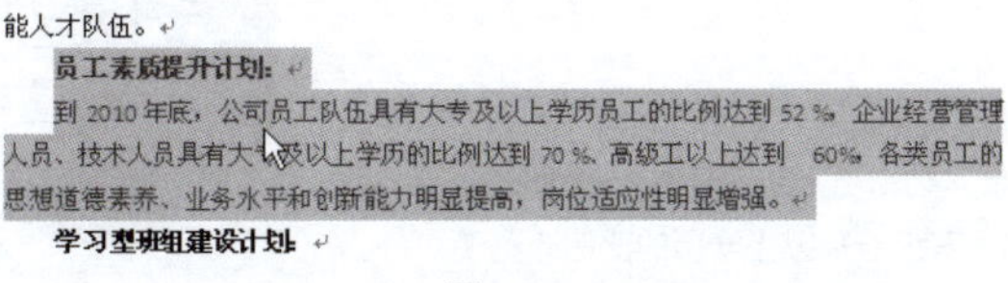

图3-31

2 在需要粘贴处按下“Ctrl+V”组合键，即可将刚才复制内容按照原格式粘贴到目标处，如图3-32所示。

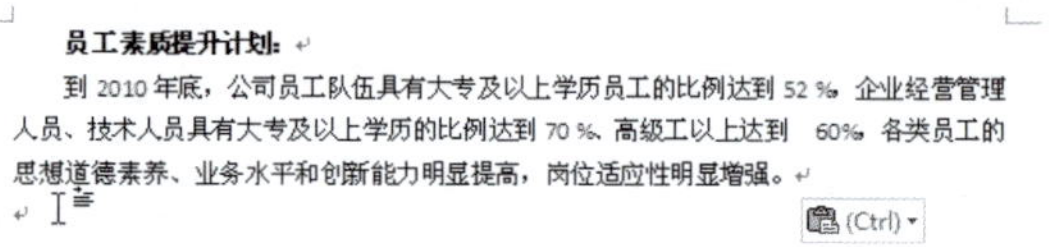

图3-32

3 选中文本或其他对象后按下“Ctrl”键不放，按住鼠标左键将其拖动，此时鼠标左键变成形状，拖到目标处松开左键即可，如图3-33所示。

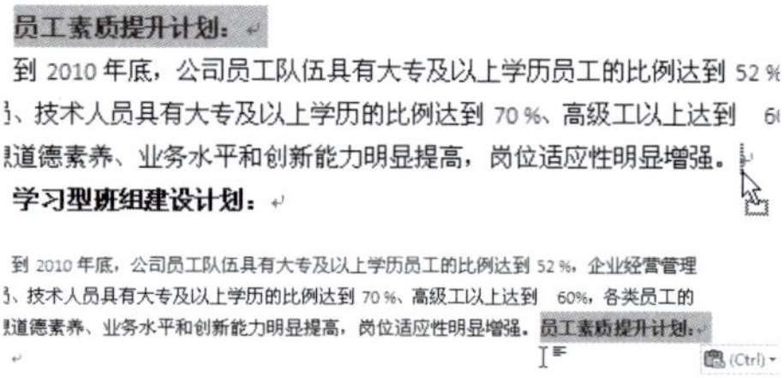

图3-33

4 选中文本或其他对象后，在选中区域按下鼠标右键不放拖动到目标位置松开左键，这时会弹出一个快捷菜单，选择快捷菜单中的“复制到此位置”命令即可，如图3-34所示。

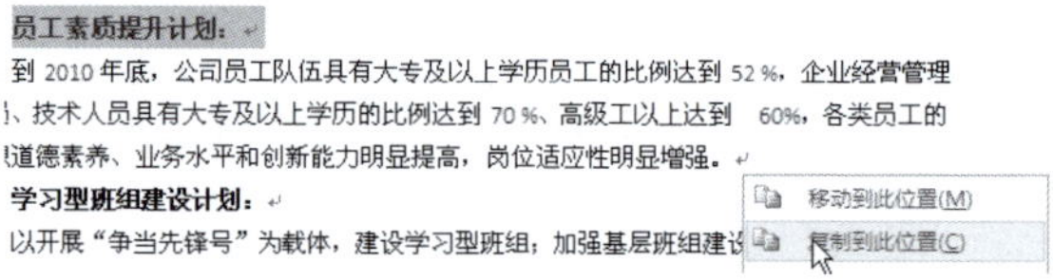

图3-34

5 选中文本或其他对象后按下“Shift+F2”组合键，在将光标定位到目标位置，此时光标变成虚线形状，按下“Enter”键即可将选中内容复制粘贴到目标位置，如图3-35所示。

6 若要复制图形，先选中要复制的图形，按下“Ctrl+D”组合键即可进行一次复制粘贴，继续按下此组合键即可连续产生新的复制图形，如图3-36所示。

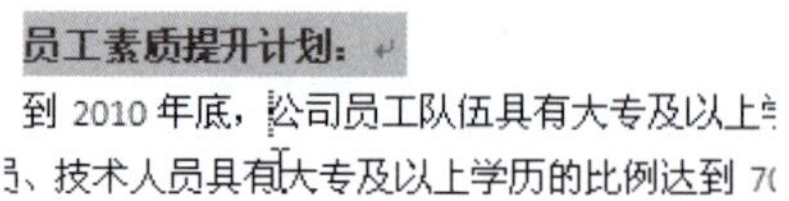

图3-35

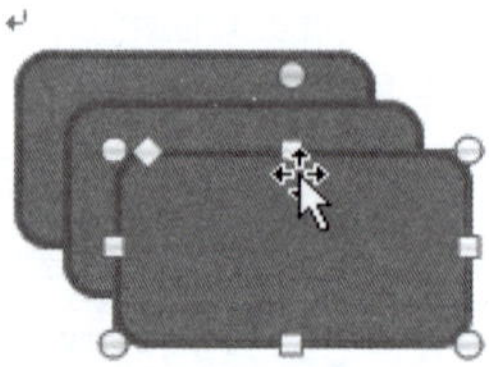

图3-36

提 示

快速复制的方法也有很多种，用户在日常工作中可以根据实际需要，选择一种合适的方式即可。

技巧9 移动文本块和段落的几种方法

文本块和段落的移动在文档的编辑过程经常被反复使用，快速地移动文本块和段落可以有效地提高文档编辑的效率。

❶ 选中需要移动位置的文字或段落，单击鼠标右键在弹出的菜单中选择“剪切”命令，或者按下“Ctrl+X”组合键，将文本剪贴到剪贴板，如图3-37所示。

❷ 将光标定位到文本需要移动到的目标位置，单击鼠标右键选择“粘贴选项”下面“保留源格式”命令(📋)，或者按下“Ctrl+V”组合键，即可将刚才的文本移动到该处，如图3-38所示。

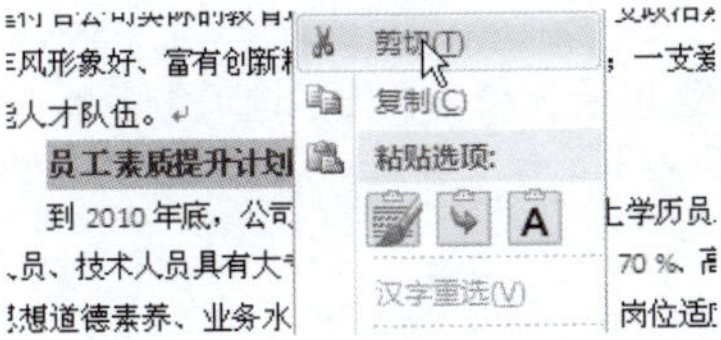

图3-37

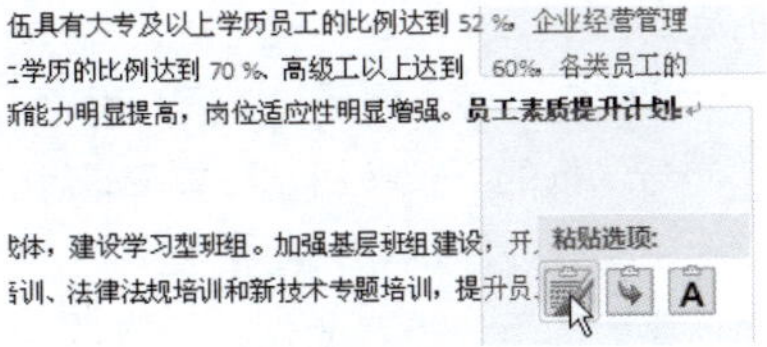

图3-38

❸ 选中文字或者段落，按下鼠标左键不放，将光标移动到目标位置，松开鼠标左键，即可将刚才选中的文字移动到目标处，如图3-39所示。

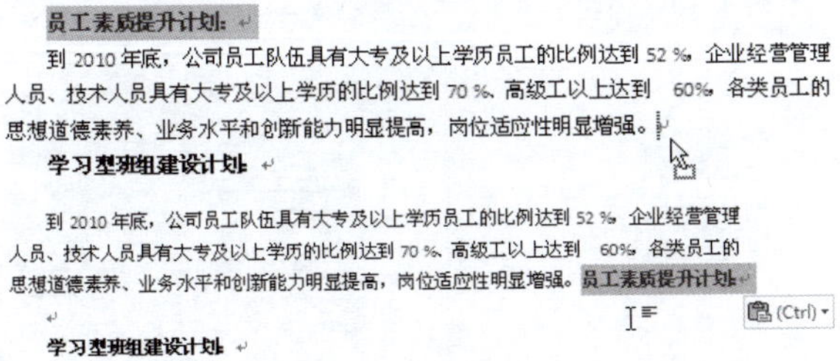

图3-39

❹ 选中文字或者段落，在选中区域按下鼠标右键不放拖动到目标位置松开左键，这时会弹出一个快捷菜单，选择快捷菜单中的“移动到此位置”命令即可，如图3-40所示。

❺ 选中文字或者段落后按下“F2”键，将光标定位到目标处，然后按下

“Enter”键即可；或者选中文字或者段落后按下“Ctrl”键不放，再在目标处单击鼠标右键。这些方法都可以快速将文本块或段落移动到目标处。

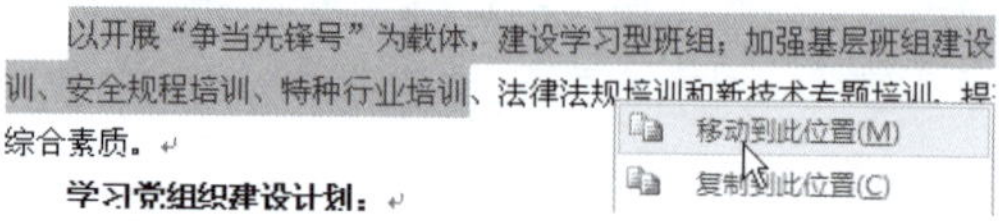

图3-40

提 示

选中的文本块可以是单一区域，也可以是连续区域。

技巧10 随心所欲设置字号

在Word 文档中的不同位置、不同设置中，字号的大小均是不相同的，合适的字号大小使文章布局更合理，字号的调整在文档的编辑过程中更会经常使用到，随心所欲地设置字号增强了编辑的灵活性，下面就具体介绍几种较为使用的方法。

1 选中要设置的文本，打开“开始”选项卡，在“字体”选项组中单击“字号”框的下拉按钮，在Word默认字号列表里选择“初号~八号”、“5~72磅”中的一种，如图3-41所示。

2 选中要设置的文本，直接在“字号”框里输入用户想要的字号，按“Enter”键确定，可以设置1～1638磅范围内的任意字号，如图3-42所示。

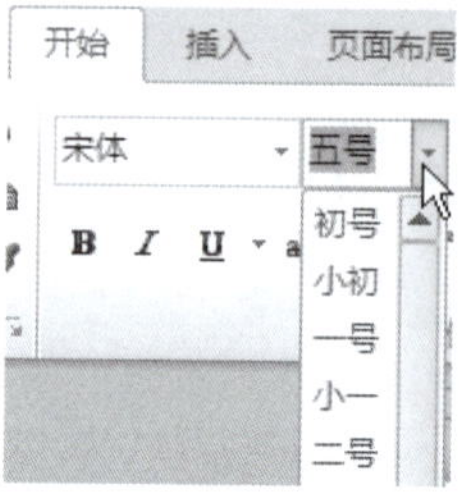

图3-41

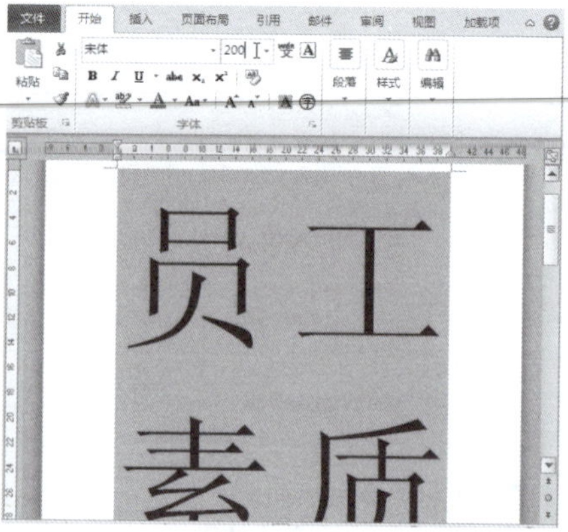

图3-42

3 选中要设置的文本，按下“Ctrl+Shift+P”组合键，会弹出“字体”对话框，此时Word会自动选中“字号”框内的字号值，这时用户可以之间键入字号值，也可以按键盘上的方向键“↑”键或“↓”键来选择字号列表中的字号，最后按“Enter”键或单击“确定”按钮可完成字号的设置，如图3-43所示。

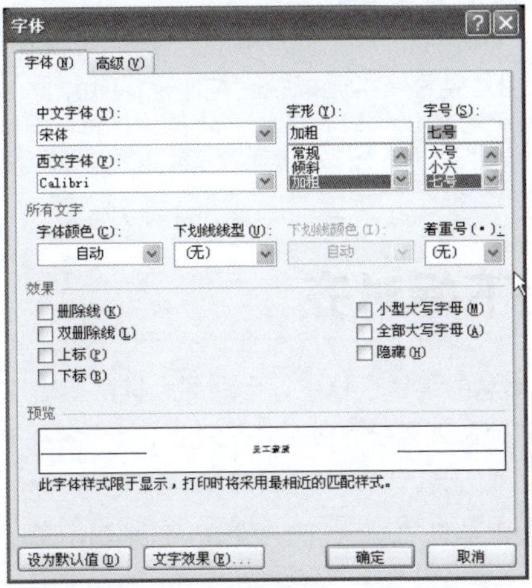

图3-43

❹ 另外还有一些快捷键可以用来快速调整文本字号，如图3-44所示。

组合键	功 能
Ctrl+[	逐磅缩小字号
Ctrl+]	逐磅增大字号
Ctrl+Shift+,	逐级缩小字号
Ctrl+Shift+.	逐级增大字号

图3-44

❺ 使用以上快捷键来调整字号还可以同步放大或缩小所选文本的字号，当同时选中两个或以上不同大小的字符时使用快捷键改变它们的大小，可以将它们同步放大或缩小，如图3-45所示。

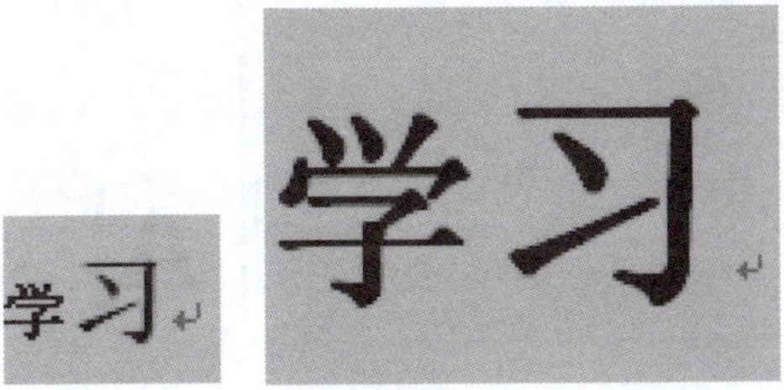

图3-45

提 示

Word中快捷键如何设置字体大小？

在Word中按“Ctrl+Shift+>”组合键增大字号；“Ctrl+Shift+<”组合键减小字号；“Ctrl+]”组合键逐磅增大字号；按“Ctrl+[”组合键逐磅减小字号，如果是不同大小的字体被同时选择，使用快捷键时可以将它们同步放大或缩小。

技巧11 上下标对齐

在涉及到数字信息的编辑过程中，会遇到大量需要输入上下标的内容，并要求上下标对齐，如何做到轻松的输入对齐的上下标内容呢？主要有三种方法，即“合并字形”、“双行合一”、“公式编辑”。

1 在文档中输入字母“A”，在“段落”选项组中单击“中文版式”按钮，在弹出的下拉菜单中选择“双行合一”命令，如图3-46所示。

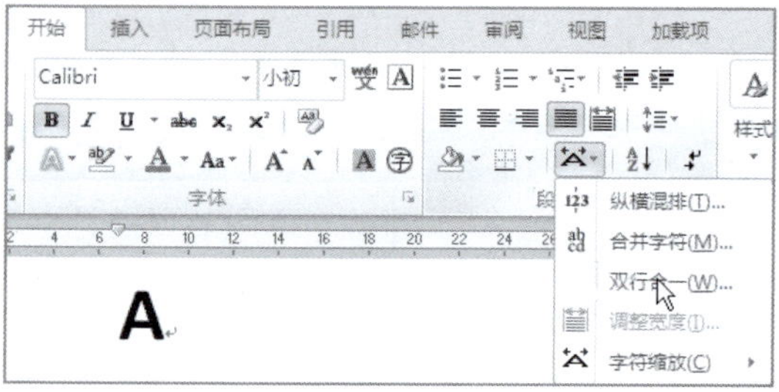

图3-46

2 弹出“双行合一”对话框，在“文字”文本框中输入“1 2”，注意“1”后面有个半角空格，下面的“预览”中可以看到当前的效果，单击“确定”按钮，即可将上下标对齐，如图3-47所示。

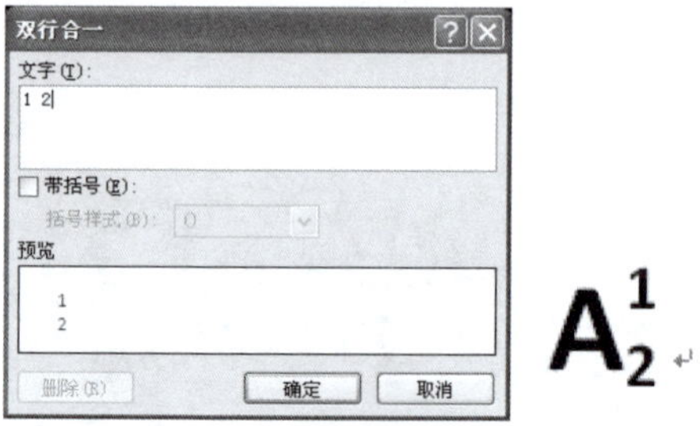

图3-47

3 在文档中输入字母“A”，在“段落”选项组中单击“中文版式”按钮

(✲▾)，在弹出的下拉菜单中选择“合并字符”命令，如图3-48所示。

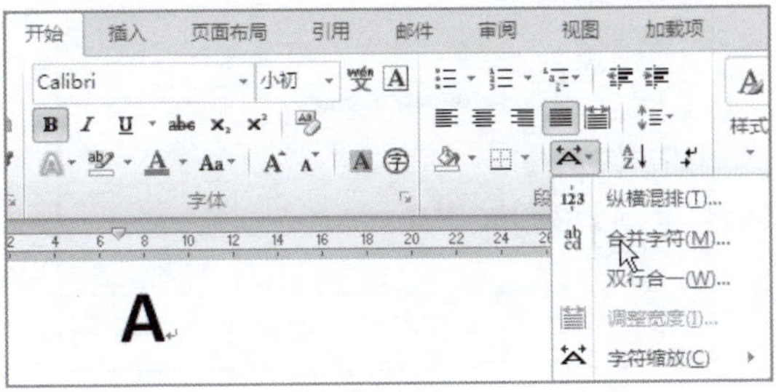

图3-48

❹ 弹出“合并字符”对话框，在“文字”文本框中输入“1 2”，注意“1”后面有个半角空格，下面的“预览”中可以看到当前的效果，单击“确定”按钮，即可将上下标对齐，如图3-49所示。

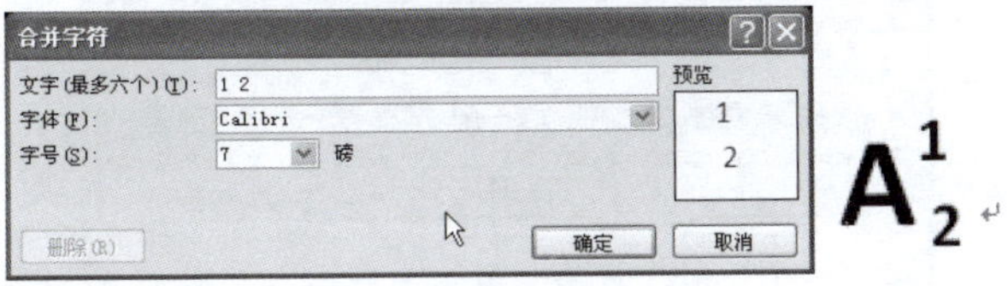

图3-49

❺ 若要单独改变上标或下标的大小，可以选中已经做好的上下标，按“Shift+F9”组合键即可得到{eq \o(\s\up 18(1),\s\do 6(2))}这种形式，然后分别选中大括号中的“1”和“2”，修改它们的字体大小，再按“Shift+F9”组合键即可还原成上下标的形式，如图3-50所示。

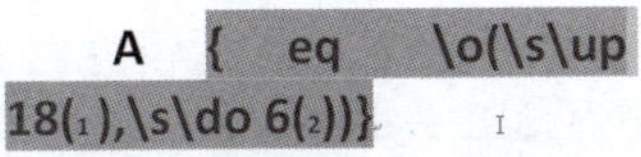

图3-50

❻ 还可以使用编辑公式的方法插入上下标：打开“插入”选项卡，在“文本”选项组中单击“对象”按钮，如图3-51所示。

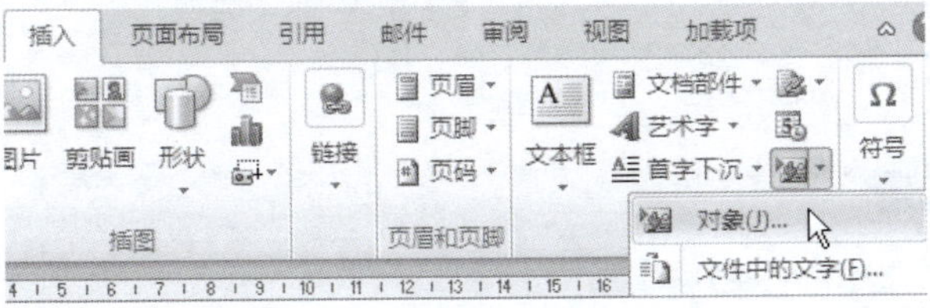

图3-51

❼ 弹出“对象”对话框，选择“新建”选项卡，在“对象类型”中选择“Microsoft 公式 3.0”，如图3-52所示。

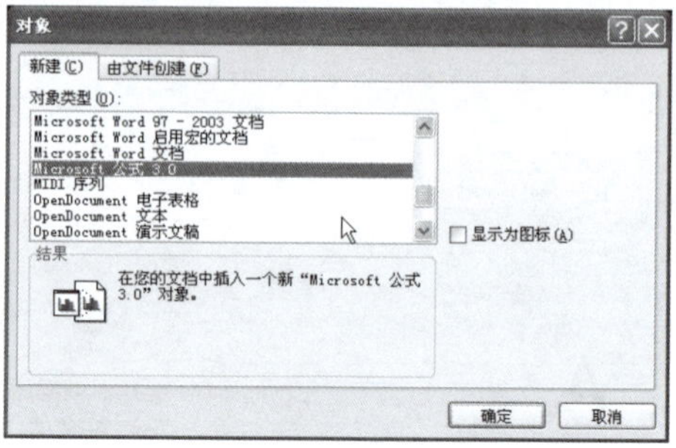

图3-52

8 单击“确定”按钮，进入公式编辑状态，弹出“公式”浮动工具栏，接着单击“上标和下标模板”按钮，在下拉列表中选择按钮并单击，如图3-53所示。

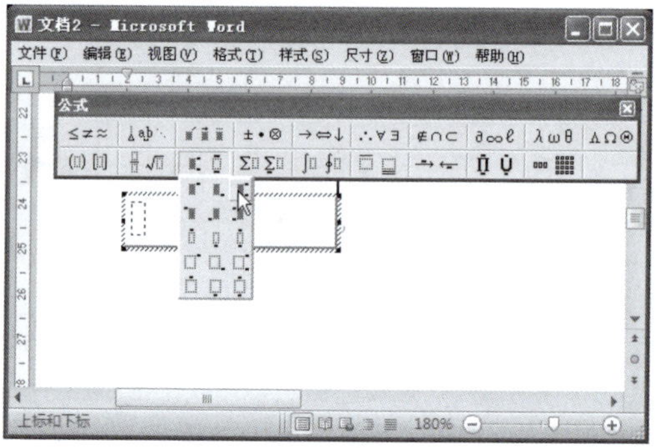

图3-53

9 在模板位置输入上标和下标，再将光标移至模板最左边，输入字母“A”，再在空白处双击即可退出公式编辑状态回到页面视图，如图3-54所示。

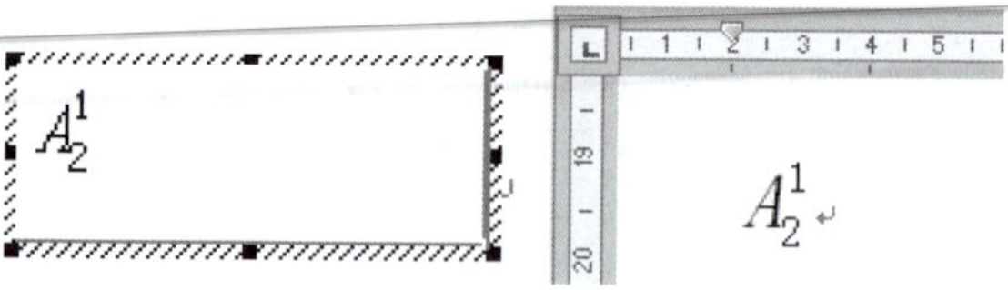

图3-54

知识点

上下标输入后如何修改？

上下标在输入后如果需要单独修改某一部分是无法完成的，必须在选中后，按照上述的方法重新设置，在设置中有选项可以重新设置字体和字号，完成后又为一个整体，用户只能整体进行设置和修改。

技巧12 神奇的“格式刷”按钮

Word 2010中的“格式刷”按钮，能使格式刷所到之处的文本内容格式复制到所选文字上面，减少了编辑文档时的重复劳动，有效地缩短了排版时间。“格式刷”的使用也有其自身的特点和方法，下面就详细介绍如何妙用神奇的“格式刷”按钮。

❶ 选中已设置好字体的文字，打开“开始”选项卡，在“剪贴板”选项组中单击“格式刷”按钮，如图3-55所示。

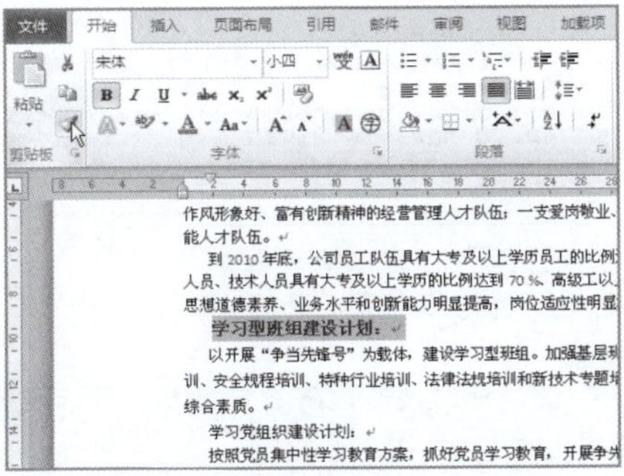

图3-55

❷ 此时光标变成一把小刷子形状()，将光标放在需要改变文字上，按住鼠标左键拖动，如图3-56所示。

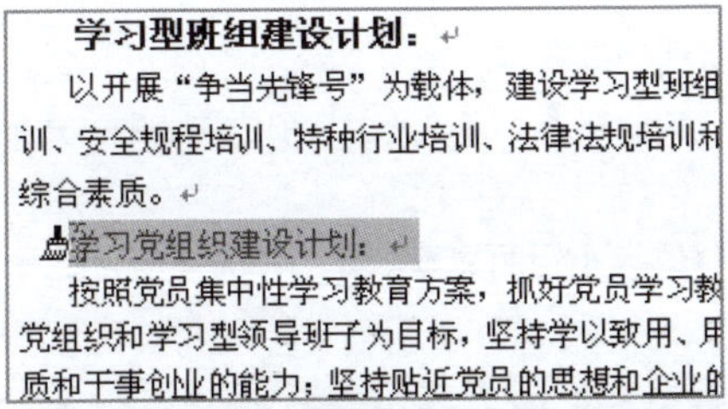

图3-56

❸ 松开左键即可改变字体样式，此时光标形状恢复正常状态，如图3-57所示。

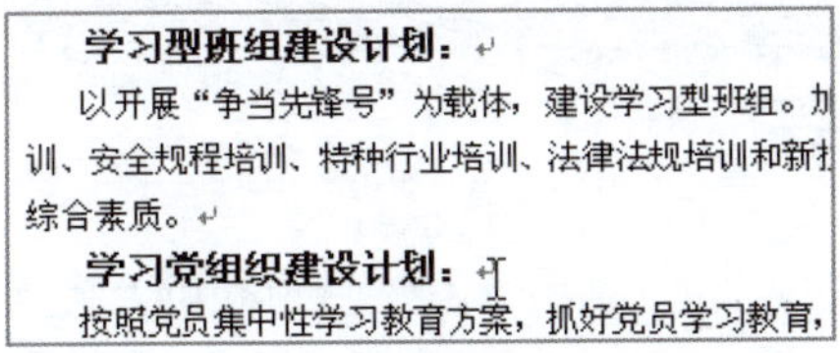

图3-57

④ 如果再选中已设置好字体的文字后双击“格式刷”按钮，则可以多次使用格式刷来改变段落文字字体，设置完成后再单击“格式刷”按钮即可退出格式刷状态，如图3-58所示。

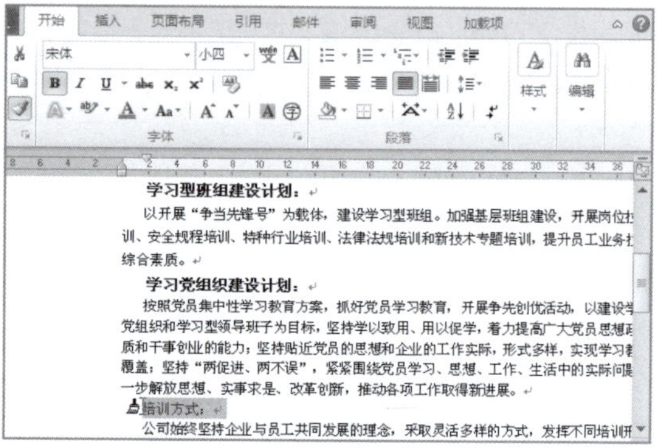

图3-58

知识点

利用“格式刷”功能可以快速地将指定文本、段落或图形的格式复制到目标文本、段落或图形上。

技巧13 英文字母大小写快速转换

在处理Word文档的过程中，部分文档字母的大小写切换是大量重复的工作，如果一个个更改耗时耗力，可以通过选项的快捷的方法批量的转换英文字母的大小写。

① 选择需要修改大小写的文本。如选择的文本为小写的文本，如图3-59所示。

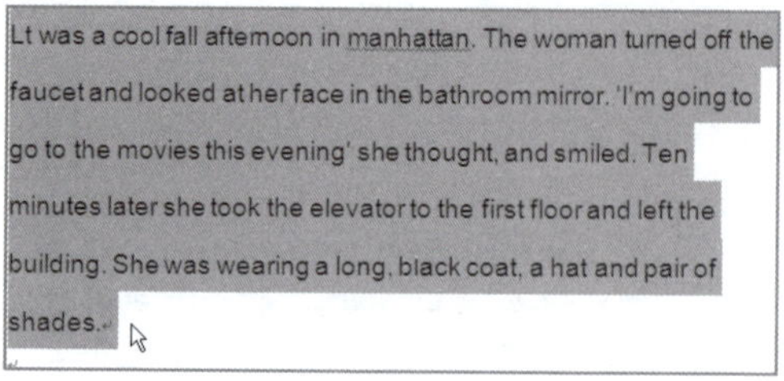

图3-59

② 在“开始”选项卡下选择“字体”选项组中的“更改字体大小写”按钮（Aa▾），打开下拉选项，选择“全部大写（U）”选项，如图3-60所示。

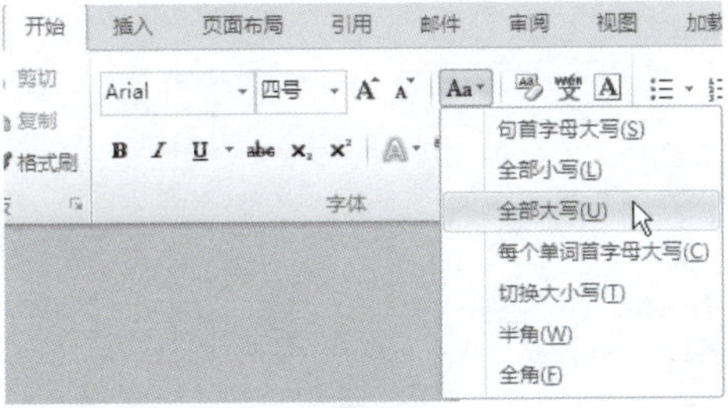

图3-60

❸ 原文本中选中的字母全部更改为大写状态，在空白处单击鼠标，退出选择状态，如图3-61所示。

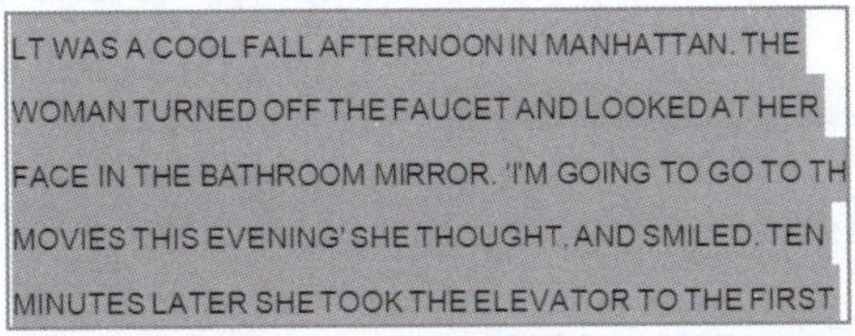

图3-61

知识点

在“更改字体大小写”按钮的下拉菜单中，“句首字母大写（S）”选项可以将每个整句首字母切换成大写；“全部小写（L）”选项可将选中的文档所有的字母更改为小写；“每个单词首字母大写（C）”选项可更改以单词为单位的首字母为大写；“切换大小写（I）”选项可在选中的文档中进行大小写的相互转换；“半角（W）”和“全角（F）”选项是对字母和数字的全半角的转换。

技巧14　快速将数字转换为大写人民币

在做公司财务类的文档时，涉及到大写人民币的输入，一般来说如果通过拼写输入也能完成，但较为耗时而且在进行大篇幅的大写人民币输入时，工作量也无形增加了很多。有什么方法可以减少工作量呢？下面将介绍快捷的应用方法。

❶ 输入数字并选中文档中需要转为大写人民币的数字，如果很多数字需要转换，只能一个个选取，如选择“568978”，如图3-62所示。

❷ 在“插入”选项卡下选择“符号”选项组中的“编号”选项，如图3-63所示。

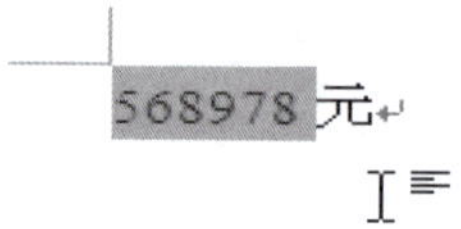

图3-62

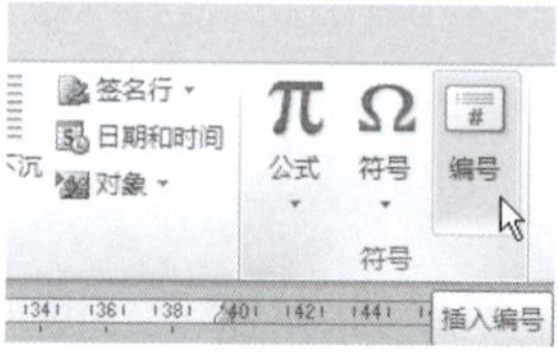

图3-63

3 打开“编号”对话框，在“编号（N）”选项中，自动增加选择的数字，如自动添加“568978”，在“编号类型（T）”选项下，滚动鼠标选择“壹贰叁…”类型，单击“确定”按钮，如图3-64所示。

4 系统自动关闭“编号”对话框，回到文本框中，选中的数字已经转换成大写人民币。如转换成“伍拾陆萬捌仟玖佰柒拾捌”，如图3-65所示。

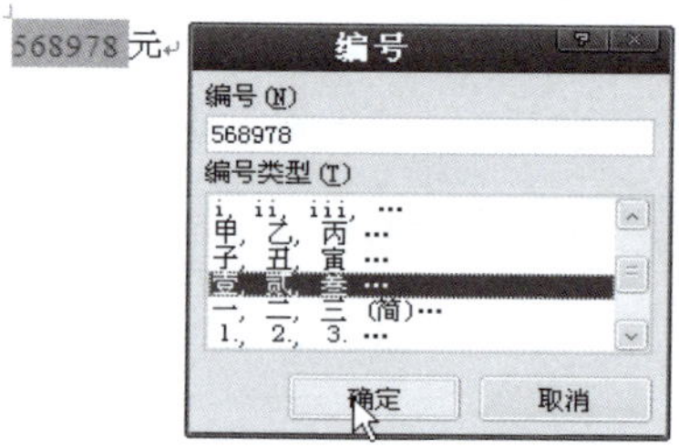

图3-64

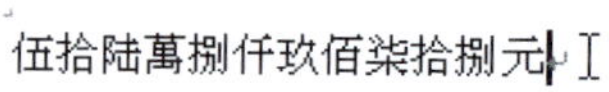

图3-65

知识点

用户还可以使用此方法来将输入的阿拉伯数字转换为其他形式。

技巧15 轻松输入商标、版权符号

商标和版权等特殊符号的输入在Word 2010编辑中虽不常用，但是在需要输入时，大部分用户却找不到这些特殊符号在哪，从而浪费较多的时间。下面就告诉用户如何轻松输入商标和版权符号。

1 打开文档，按下“Alt+Ctrl+T”组合键可以输入商标符号“™”，如图3-66所示。

2 按下“Alt+Ctrl+C”组合键可以输入版权符号“©”，如图3-67所示。

图3-66

图3-67

3 按下“Alt+Ctrl+R”组合键可以输入注册商标符号“®”，如图3−68所示。

4 在中文输入法状态下按下“Shift+4”组合键可以输入人民币符号“¥”，如图3−69所示。

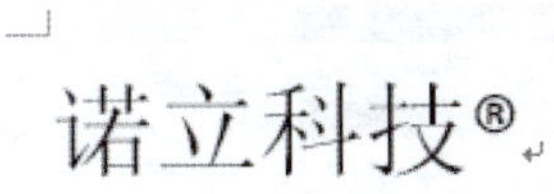

图3−68

图3−69

5 在英文输入法状态下按下“Shift+4”组合键可以输入美元符号“$”，如图3−70所示。

6 按下“Alt+Ctrl+E”组合键可以输入欧元符号“€”，如图3−71所示。

图3−70

图3−71

提 示

熟练掌握这些快捷键可以让文档编辑更加方便快捷。

技巧16 输入音标的方法

在英文写作过程中，会遇到平时不常用的音标输入，在Word 2010里如何完成音标的输入成了部分用户困扰的问题，下面就详细介绍如何完成音标的正常输入。

1 音标的插入需要专业的音标字体，用户可以在网上下载“Ksphonet.ttf”字体到电脑中备用，如图3−72所示。

2 以Windows XP系统为例，在系统的“开始”菜单下，选择“控制面板”选项，打开“控制面板”里的“字体”文件夹，如图3−73所示。

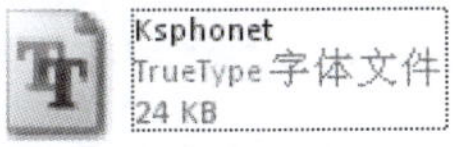

图3−72

图3−73

❸ 将“Ksphonet.ttf”字体复制进“字体”文件夹中，系统会有一个较短时间的安装字体过程，如图3-74所示。

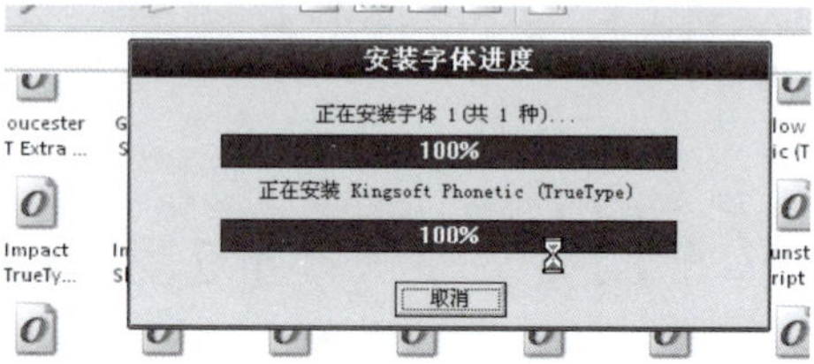

图3-74

❹ 安装完成字体后，原本的字体库中新增“Kingsoft Phonetic Plain”字体，该字体为音标输入的专业字体，如图3-75所示。

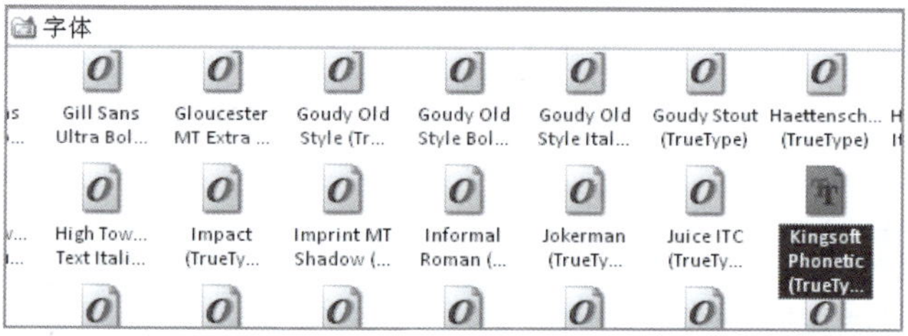

图3-75

❺ 打开需要输入音标的Word文档，在“插入”选项卡下的“符号”选项组中，单击“符号”按钮，打开下拉选项，选择“其他符号（M）…”，如图3-76所示。

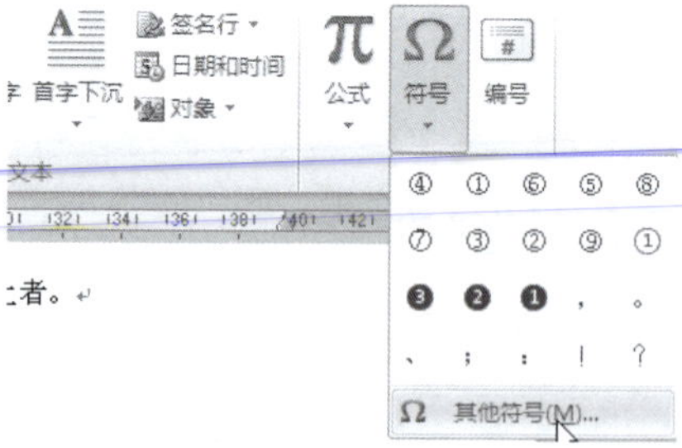

图3-76

❻ 打开“符号”对话框，在“符号（S）”选项下的“字体（F）”选项中单击下拉按钮，选择“Kingsoft Phonetic Plain”字体，下方的显示框自动切换到“Kingsoft Phonetic Plain”的字体显示，根据需要分别单击“插入（I）”按钮，插入适合的音标，如图3-77所示。

❼ 插入所有的音标后，单击“（ ）”按钮，关闭“符号”对话框，完成音标的插入，如图3-78所示。

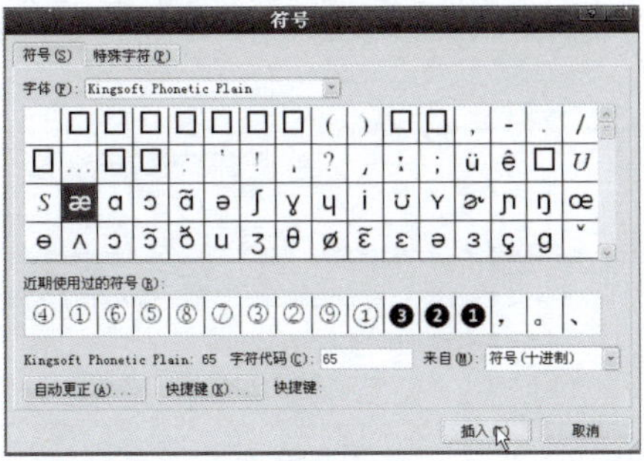

图3-77

图3-78

提 示

熟练掌握这些快捷键可以让文档编辑更加方便快捷。

技巧17 神奇的F4键

“F4”功能键经常在电脑的各个领域被应用，在Word 2010文档的编辑过程中，“F4”功能键也有它神奇的妙用之处，灵活的使用，可以有效的节省工作时间。

❶ 在文档中输入文字内容，最后的“队伍”二字是连打，如图3-79所示。

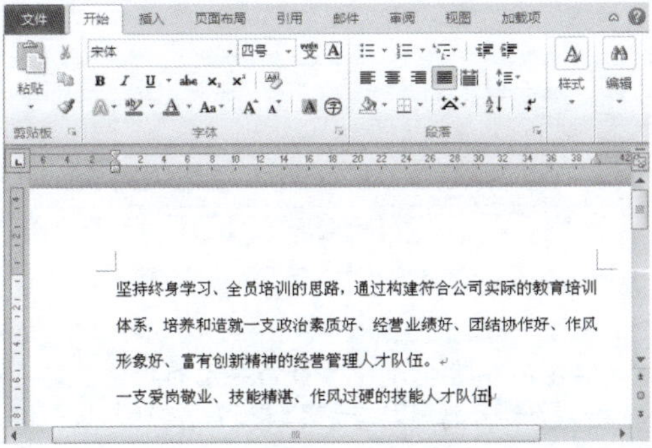

图3-79

❷ 按下“F4”键，重复最后一次的操作，即增加“队伍”二字，如图3-80所示。

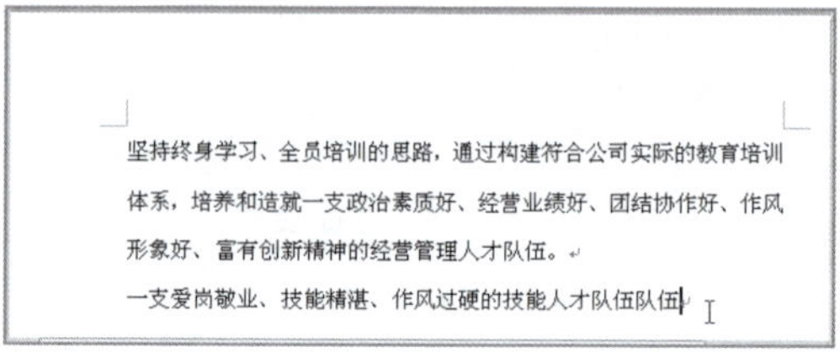

图3-80

❸ 选中第一段文字，先将其设置为斜体，再为其设置字体颜色为蓝色，如图3-81所示。

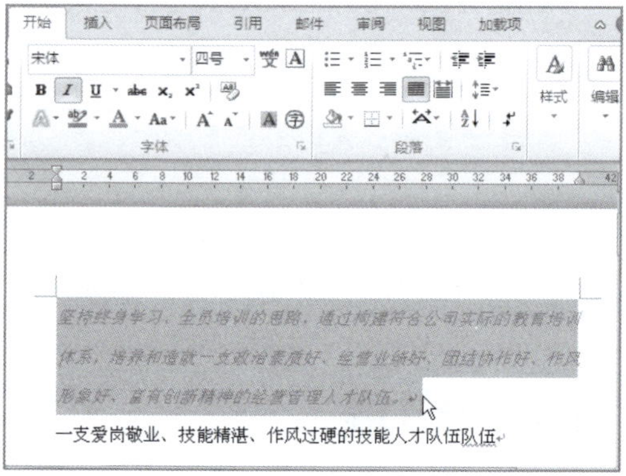

图3-81

❹ 选中第二段文字，按下“F4”键，即可重复上一步操作，将字体颜色改为蓝色，如图3-82所示。

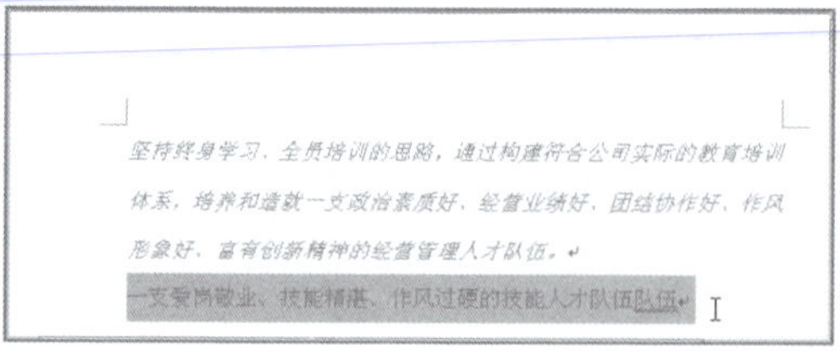

图3-82

知识点

“F4”功能键在Word中只能重复最后一次的操作，用户一定要清楚最后一次操作的含义，如插入特殊符号、艺术字、页眉页脚、图片等操作通过“F4”是不能被重复的。

技巧18 Esc键的妙用

在Word中“Esc”键主要用于在编辑的过程中取消Word的某些功能、退出某种状态、关闭对话框等。

1 退出“格式刷”状态：当“格式刷”功能使用完毕后，按下“Esc”键可以将光标从刷I形状恢复到正常编辑状态下的I形状，如图3-83所示。

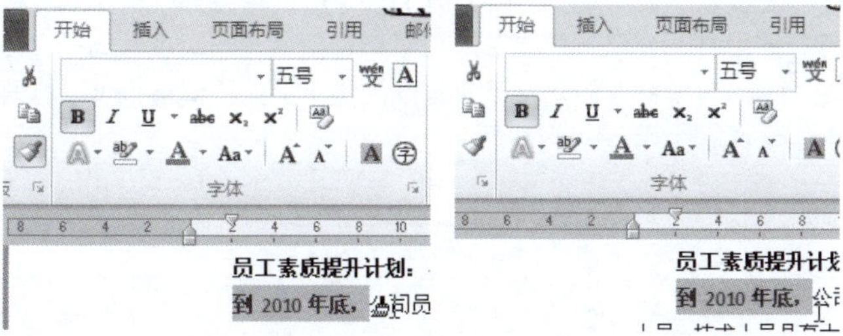

图3-83

2 取消粘贴时出现的智能标记(Ctrl)▾和自动更正标记。

3 退出单个或多个对象选中状态，退出“F8”键的扩展选择状态。

4 取消使用组合键“Ctrl+Alt+‘+’（小键盘上的“+”）”后光标变成的⌘形状，使光标恢复到I形状。

知识点

熟练使用“Esc”键将明显提高操作的效率。

技巧19 被人遗忘的快速访问键

Word 2010中有较多的快速访问键，用户在使用过程中常常忽略通过快速访问键提高工作效率。

1 打开Word文档，按下“Alt”键，这时“开始”选项卡高亮显示，如图3-84所示。

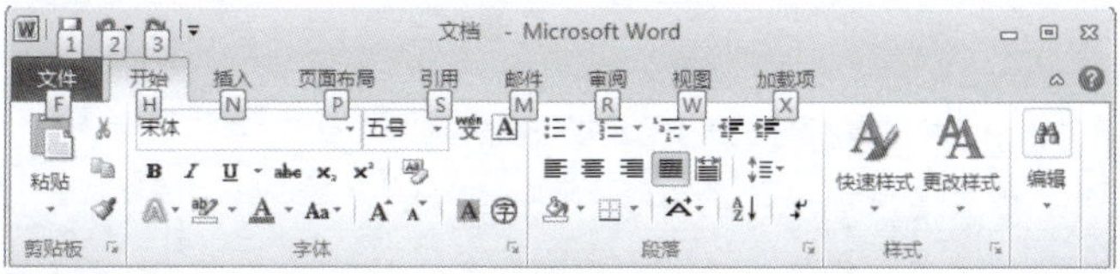

图3-84

2 “开始”选项卡旁边显示的快捷键为“H”，按下“H”键，即可切换到“开始”选项卡下面的快捷键，如图3-85所示。

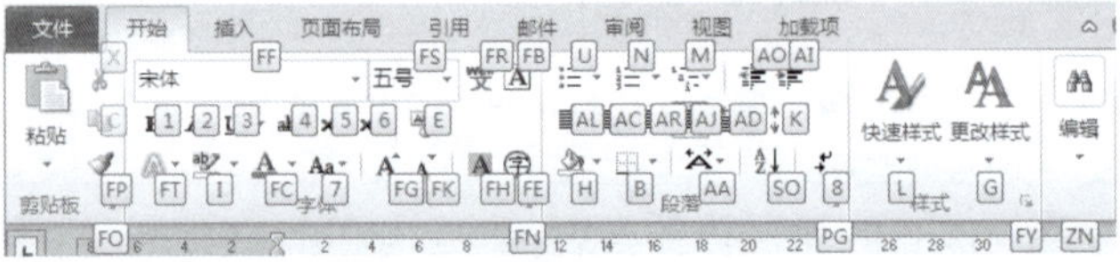

图3-85

❸ 可以看到“文本效果”按钮()旁边的快捷键为“FT”，再按下“FT”键，即可打开“文本效果”下拉菜单，使用方向键可以选择合适的文本效果，按“Enter”键即可应用该效果；继续按下面的快捷键也可以打开相应列表，如图3-86所示。

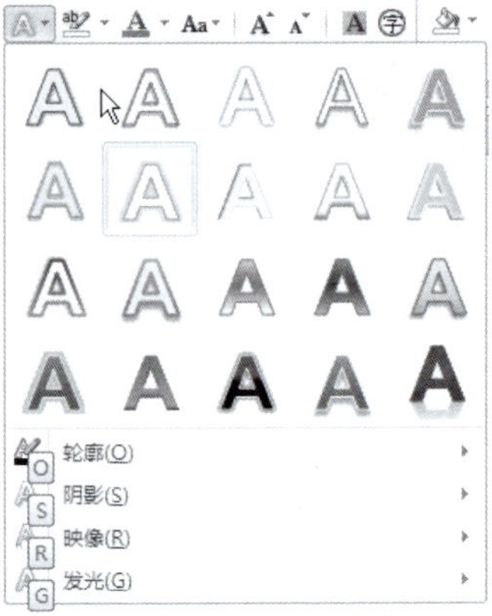

图3-86

知识点

这种快速访问键在操作界面上有字母提示，不需要记忆，操作时先后按下这些组合键中的各键，无需同时按下。

第4章

查找与替换

技巧1 快速“通过导航”查找指定文本内容

在Word 2010中查找和替换的功能相比较早版本有了较大的改进，不仅保留有原来基本的功能，还增加扩展了较多的新功能和新应用。在Word 2010中查找和替换字符串的具体操作步骤如下。

❶ 单击“开始”选项卡下 “编辑”选项组中的“查找”按钮，打开下拉选项，选择“查找（F）”选项调出“导航”窗口。也可直接通过“Ctrl+F”快捷键调出“导航”窗口，如图4-1所示。

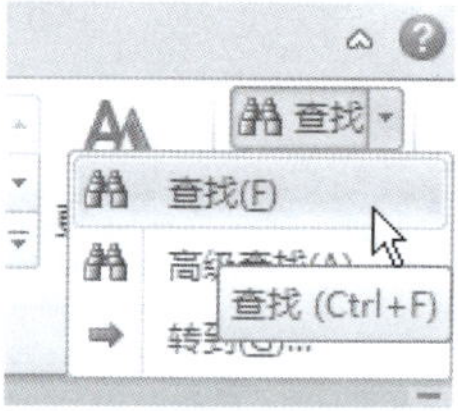

图4-1

❷ 在“导航”菜单栏里，输入需要查找的文字。如“办法”，文档中的对应字符自动被标注出来，如图4-2所示。

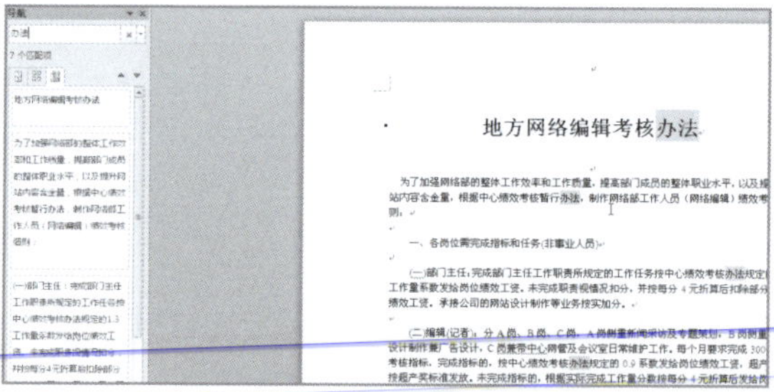

图4-2

❸ 在“导航”栏下的“浏览您当前搜索的结果（▤）”选项下，单击显示的匹配项，页面自动调整到对应查找的字符段落，用户可以方便查看，如图4-3所示。

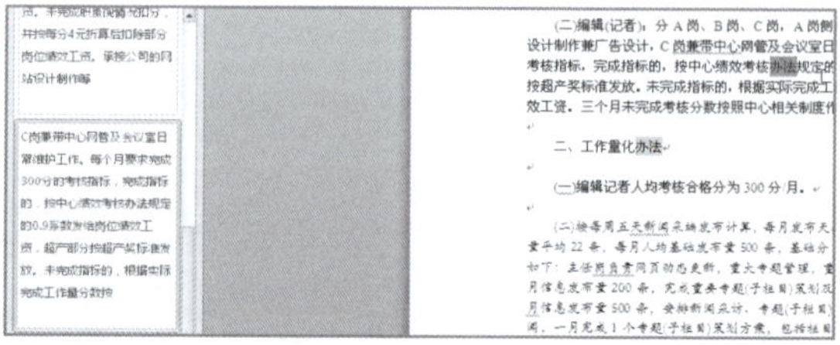

图4-3

技巧2　查找指定文本内容并全部突出显示出来

根据用户需要，查找指定文本内容并全部突出显示出来，具体操作步骤如下。

❶ 单击“开始”选项卡下 “编辑”选项组中的“查找”按钮，打开下拉选项，选择“高级查找（A）…”，如图4-4所示。

❷ 打开“查找和替换”对话框，在“查找内容（N）”中输入需要查找的字符，如“办法”。

❸ 单击“格式”选项，打开下拉菜单，选择查找的格式，如“字体（F）…”，单击该选项，如图4-5所示。

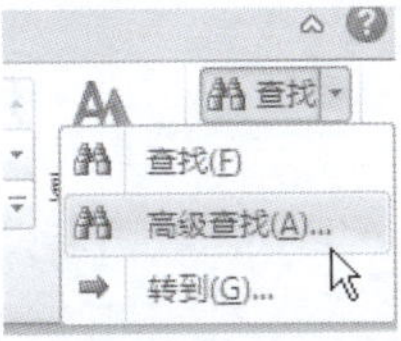

图4-4

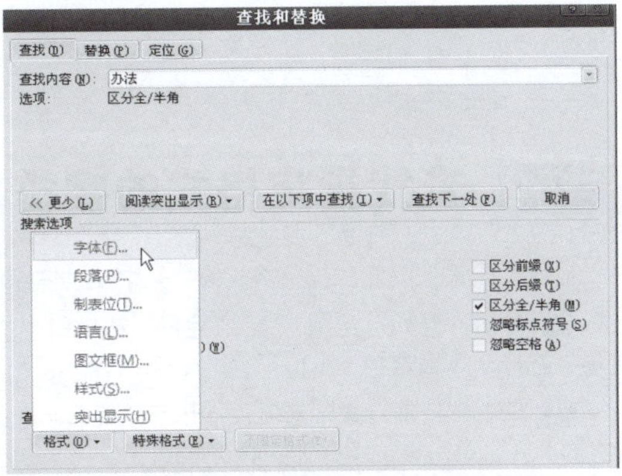

图4-5

❹ 打开“查找字体”对话框，在相应的选项下输入查找字体的设置，如查找字符为“华文楷体”和“五号”字号，分别在“中文字体(T)”和“字号”栏下选择相应选项。单击“ ”按钮，关闭对话框，如图4-6所示。

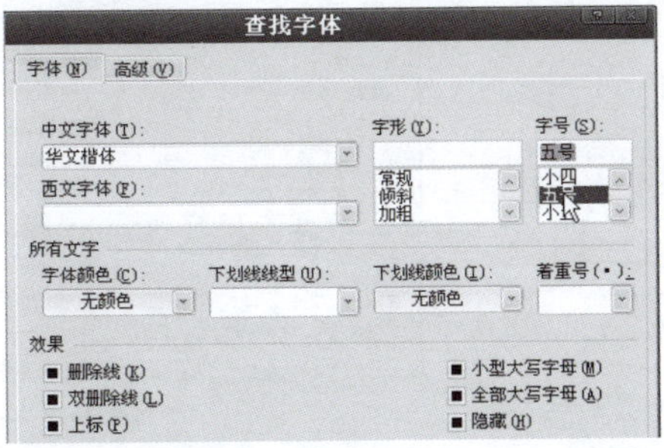

图4-6

5 在“查找和替换”的对话框中，单击“阅读突出显示”选项，打开下拉选项，选择“全部突出显示（H）”，此时查找的字符就自动被标注出来，再关闭“查找和替换”对话框，如图4-7所示。

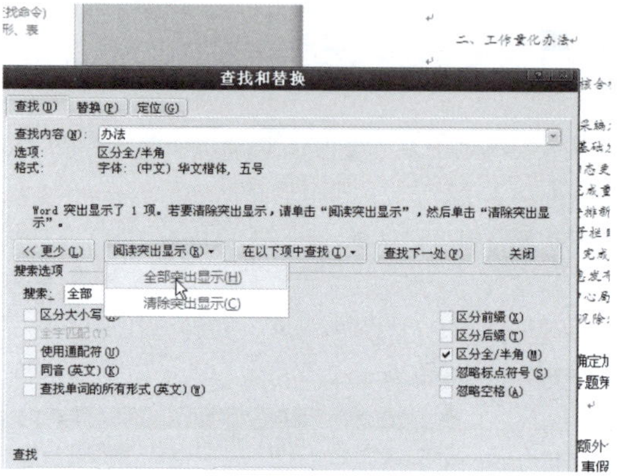

图4-7

技巧3 查找指定格式的字符串

根据用户需要，查找指定格式的字符串，具体操作步骤如下。

1 单击“开始”选项卡下 “编辑”选项组中的“查找”按钮，打开下拉选项，选择“高级查找（A）…”，如图4-8所示。

2 单击“特殊格式”选项，打开下拉菜单，选择查找的格式，如“任意数字（G）”，单击该选项，如图4-9所示。

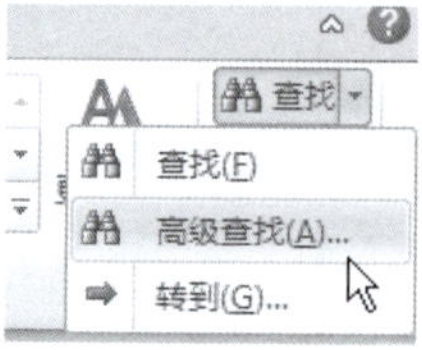

图4-8

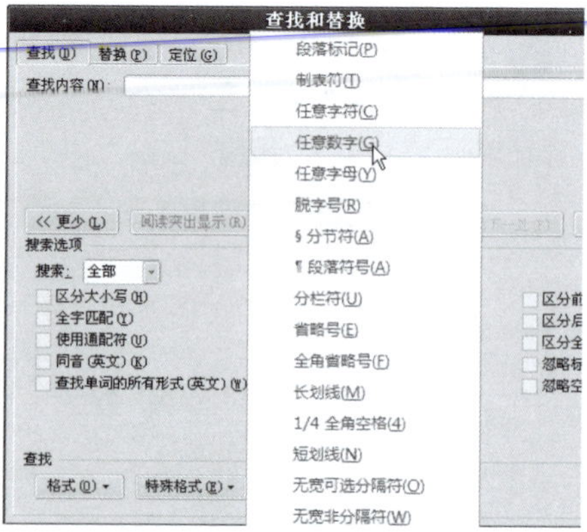

图4-9

3 在“查找内容（N）”中，自动输入代表任意数字的通配符（^#）。在

“搜索”选项中单击下拉按钮，选择“全部”选项，如图4-10所示。

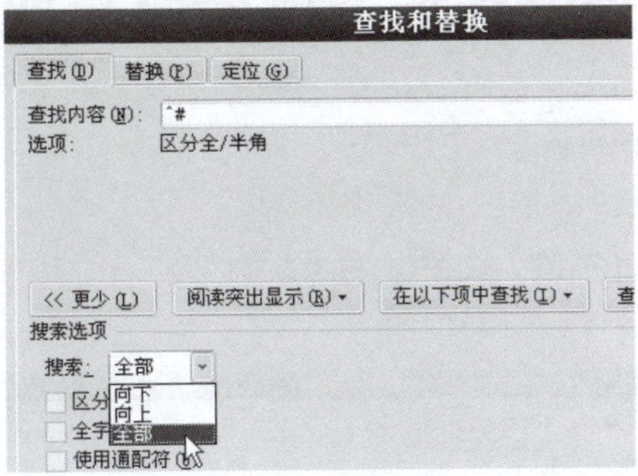

图4-10

4 在“查找和替换”的对话框中，单击“阅读突出显示”选项，打开下拉选项，选择“全部突出显示（H）”，此时文本中全部数字被自动标注出来，再关闭“查找和替换”对话框，完成查找，如图4-11所示。

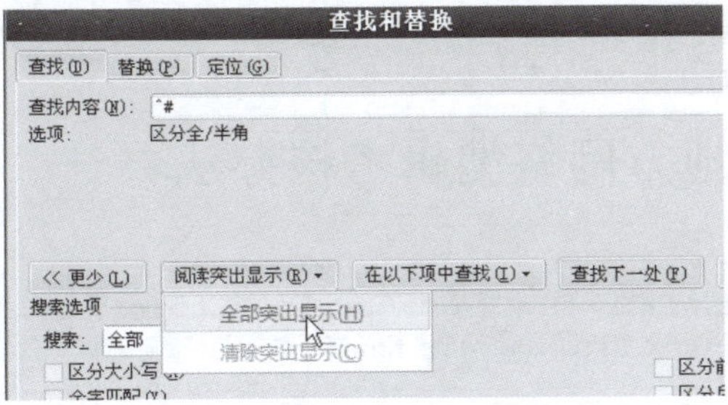

图4-11

5 文档中所有的数字均标注完成，用户可以快速浏览文本所有的数字以查找位置，如图4-12所示。

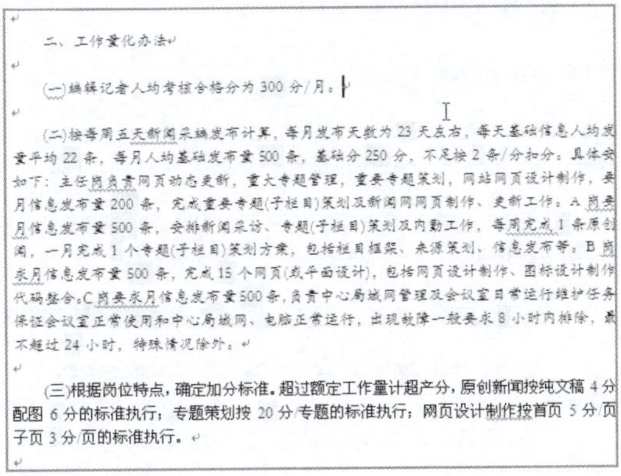

二、工作量化办法

(一)编辑记者人均考核合格分为 300 分/月。

(二)按每周五天新闻采编发布计算，每月发布天数为 23 天左右，每天基础信息人均发量平均 22 条，每月人均基础发布量 500 条，基础分 250 分，不足按 2 条/分扣分。具体安如下：主任岗负责网页动态更新，重大专题管理，重要专题策划，网站网页设计制作，要月信息发布量 200 条，完成重要专题(子栏目)策划及新闻网网页制作、更新工作。A 岗要月信息发布量 500 条，安排新闻采访、专题(子栏目)策划及内勤工作，每周完成 1 条原创闻，一月完成 1 个专题(子栏目)策划方案，包括栏目框架、来源策划、信息发布等。B 岗求月信息发布量 500 条，完成 15 个网页(或平面设计)，包括网页设计制作、图标设计制作代码整合。C 岗要求月信息发布量 500 条，负责中心局域网管理及会议室日常运行维护任务保证会议室正常使用和中心局域网、电脑正常运行，出现故障一般要求 8 小时内排除，最不超过 24 小时，特殊情况除外。

(三)根据岗位特点，确定加分标准。超过额定工作量计超产分，原创新闻按纯文稿 4 分配图 6 分的标准执行；专题策划按 20 分/专题的标准执行；网页设计制作按首页 5 分/页子页 3 分/页的标准执行。

图4-12

技巧4 查找对话框关闭以后也能查找

查找和替换是非常方便的Word实用功能，在完成一次查找后，关闭了对话框能否可以继续实现查找呢？当然可以，下面介绍两种不同的技巧方式来实现关闭对话框后继续查找的功能。

❶ 在“查找和替换”对话框中的“查找内容”中，输入好查找对象并关闭“查找和替换”对话框，如图4-13所示。

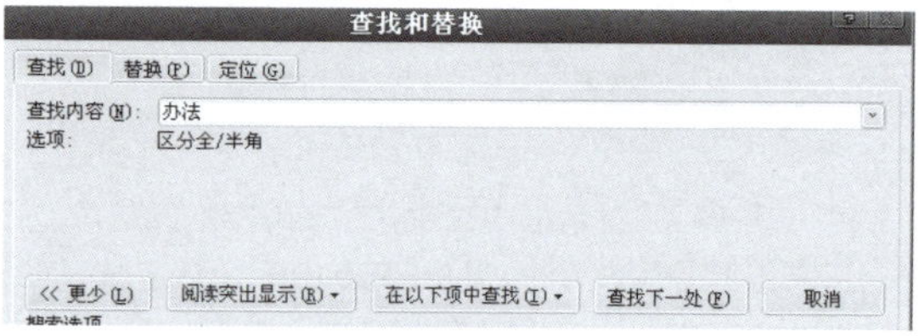

图4-13

❷ 如果用户需要继续上次的查找，按“Shift+F4”快捷键，可以继续重复上次的查找，如查找“办法”，如图4-14所示。

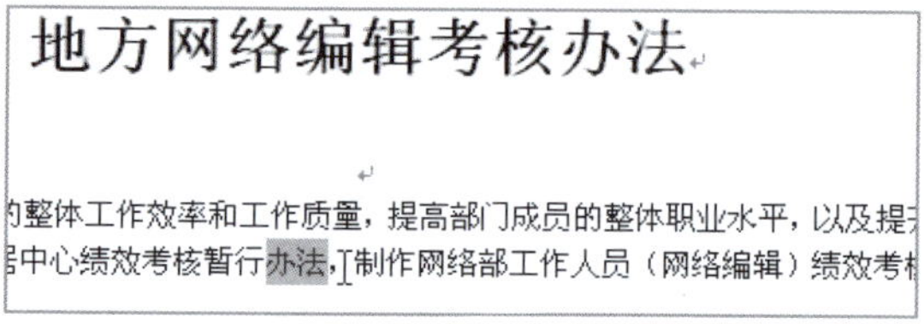

图4-14

❸ 每按一次快捷键，就继续选择下一个需要查找的对象，直到全部查找完毕，系统弹出警示对话框，提示用户“Word已到达文档结尾处，是否继续从开始处搜索？”。用户根据需要单击“是（T）”“否(N)”按钮，如图4-15所示。

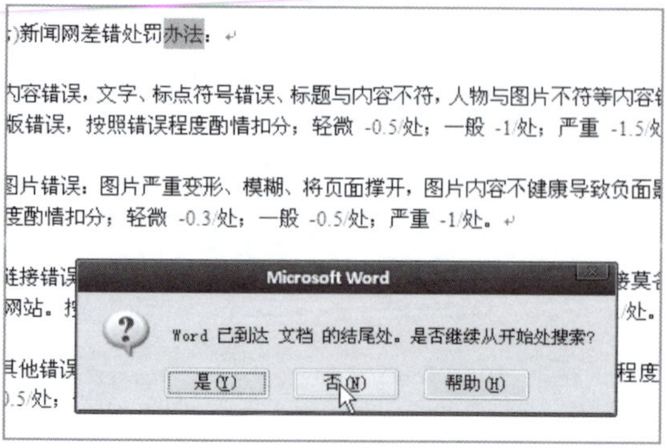

图4-15

技巧5 通过通配符批量查找超链接中的网址

从网络上或者其他文本中复制过来的文档大多数包含有大量的链接，在Word 2010中编辑文档时，当需要对该链接编辑时，操作起来不方便，在大段的文档中寻找很不便捷，如何快速查找链接，替换链接呢？下面将具体介绍。

❶ 单击“开始”选项卡下“编辑”选项组中的“查找”按钮，打开下拉选项，选择“高级查找（A）…”，打开“查找和替换”对话框，如图4-16所示。

❷ 单击“更多（M）”选项打开隐藏选项，选中“使用通配符（U）”单选项，在“查找内容（N）”栏中输入“http*html”通配符。在“阅读突出显示（R）”选项下选择“全部突出显示（H）”项，关闭对话框，如图4-17所示。

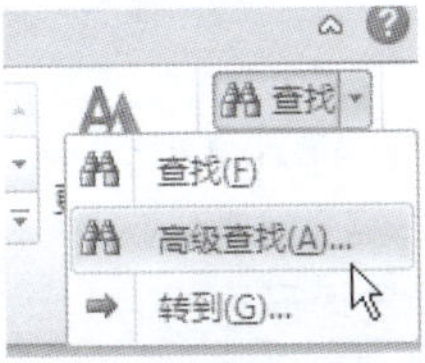

图4-16

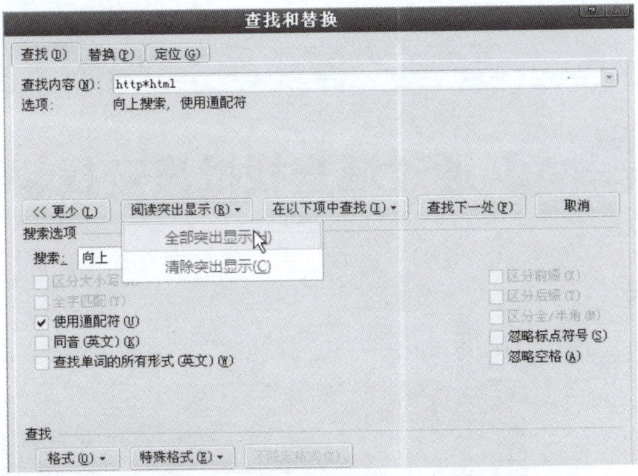

图4-17

❸ 文本中所有的链接均被标注出来，缩短用户的查找时间，如图4-18所示。

经济犯罪相关法律条文 http://www.docin.com/p-121339081.html
人力资源常用法律条文 http://www.docin.com/p-54789312.html

常用法律条文英文版本 http://www.docin.com/p-183745340.html
刑事诉讼中常用法律条文 http://www.docin.com/p-121337988.htm

宋朝历史简介 http://www.docin.com/p-141238987.html
宋朝历代皇帝 http://www.docin.com/p-113457320.html
宋朝历代皇帝 http://www.docin.com/p-113457320.html

图4-18

提 示

通配符的查找在Word中是高级的查找内容，不同的通配符代表着不同的意思，查找时直接输入通配符缩短了查找的时间，更能将查找范围扩大。“?”通配符代表任意单个字符，“*”通配符代表任意字符串，“[ ]”通配符代表指定字符之一，“[-]”通配符代表指定范围内任意单个字符，“[!]”通配符代表方括号内字符以外的任意单个字符，“[!x-z]”通配符代表方括号内指定字符范围以外的任意单个字符，“{n}”通配符代表 n 个重复的前一字符或表达式，“{n,}”通配符代表至少 n 个前一字符或表达式，“{n,m}”通配符代表 n 到 m 个前一字符或表达式，“@”通配符代表一个以上的前一字符或表达式，“<”通配符代表单词起始，“>”通配符代表单词结尾。

在使用通配符的过程中还要注意可使用括号括住通配符和文字，以指明处理次序。例如，可以通过输入“<(pre)*(ed)>”来查找“presorted”和“prevented”。

在通配符的使用中切记不可随心随意地省略代码内容，如链接的通配符是“http*html”，如果省略为“h*l”，在查找的过程中如果链接中有字母“l”，那么只能被标注到字母“l”处，而不能对整个链接进行标注。

技巧6 通过域查找批量查找超链接中的网址

在Word 2010中，通过域查找批量查找超链接中的网址，具体操作步骤如下。

❶ 使用“Ctrl+A”组合快捷键，将文章内容全部选中，如图4-19所示。

图4-19

❷ 按“Shift+F9”快捷键，将所有的超链接转为域代码，如图4-20所示。

❸ 单击“开始”选项卡下“编辑”选项组中的“查找”按钮，打开下拉选项，选择“高级查找（A）…”。

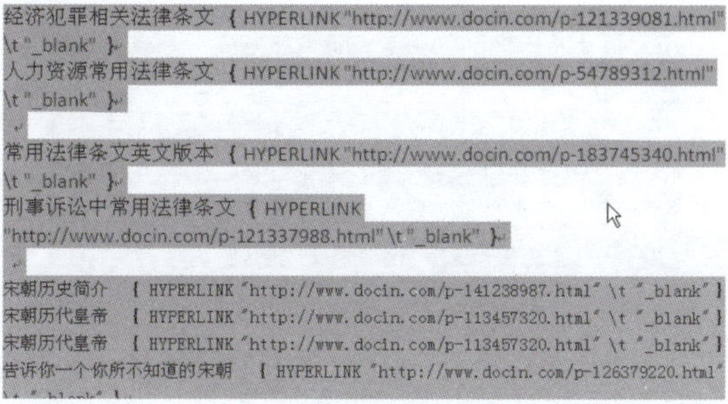

图4-20

4 打开"查找和替换"的对话框，单击"更多（M）"选项打开隐藏选项，单击"特殊格式"选项，打开下拉选项，选择"域（D）"选项，如图4-21所示。

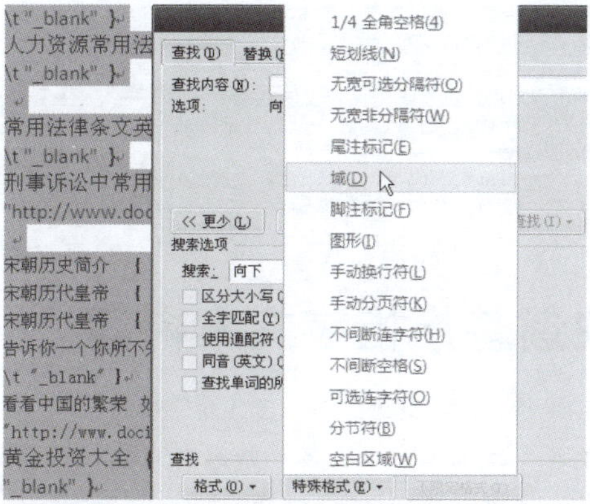

图4-21

5 在"搜索"选项中单击下拉按钮，选择"全部"选项，并在"阅读突出显示（R）"选项下选择"全部突出显示（H）"项，如图4-22所示。

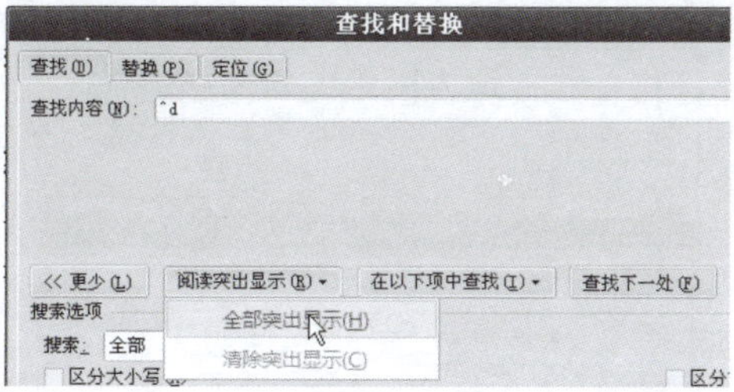

图4-22

6 文本中的所有域均被查找到并被标注出来，用户可以方便地查找，如图4-23所示。

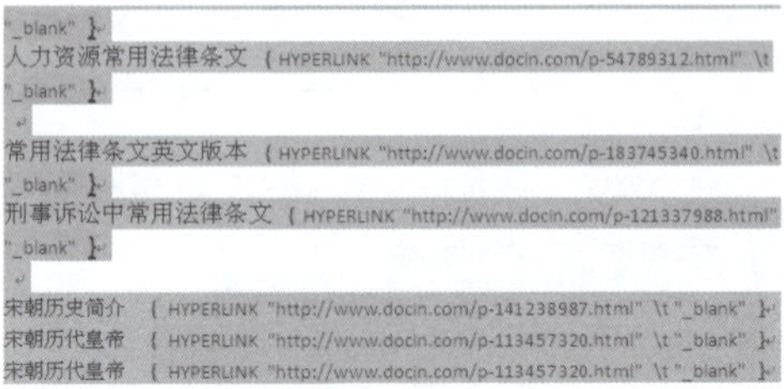

图4-23

7 虽然域被查找出来但毕竟不是原来的链接，所以，再按“Shift+F9”，还原所有域为链接形式，此时所标注的均是超级链接，大大减少了用户的查找时间，如图4-24所示。

图4-24

技巧7 快速替换指字文本内容

在Word 2010中替换指字文本内容，具体操作步骤如下。

1 单击“开始”选项卡下 “编辑”选项组中的“替换”按钮，打开“查找和替换”对话框，或者按“Ctrl+H”快捷键调出该对话框。

2 在“替换（P）”选项下的“查找内容（N）”中输入查找字符，在“替换为（I）”输入栏中输入替换内容，如查找“办法”字符，替换为“方法”，如图4-25所示。

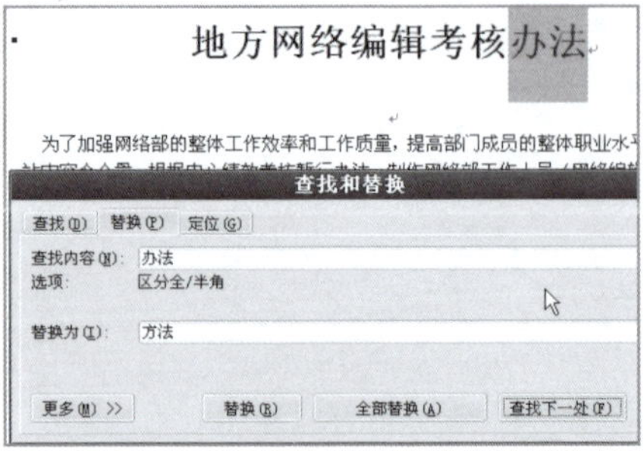

图4-25

3 单击“替换（R）”按钮一次，自动选中一个查找项，再单击“替换（R）”按钮，替换选择的查找项并自动再次选择下一个查找内容。如果用户不想替换选中的查找项，单击“查找下一处（F）”，系统跳选中的内容，自动查找下一处，需要替换时再单击“替换（R）”按钮，如图4-26所示。

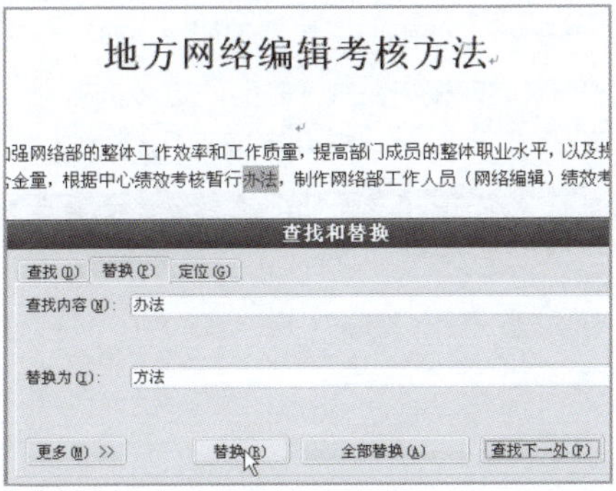

图4-26

4 如果用户要对文档内所有字符进行替换，在输入好查找内容和替换内容后，单击“全部替换（A）”按钮，系统会自动完成所有替换，并弹出提示框，提示完成几处替换，如图4-27所示。

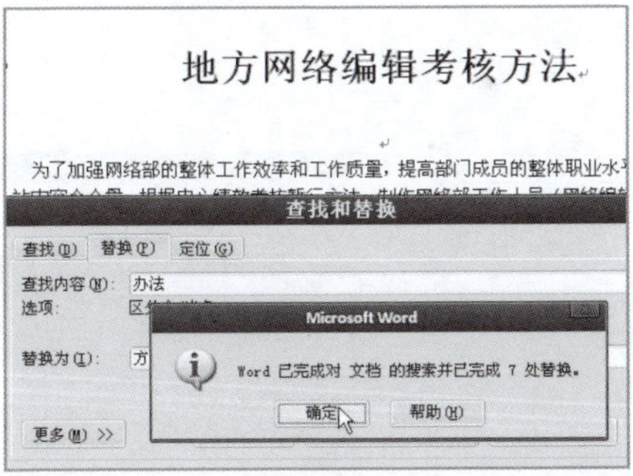

图4-27

5 此时文档内所有的查找内容均被替换，如将“办法”替换为“方法”，如图4-28所示。

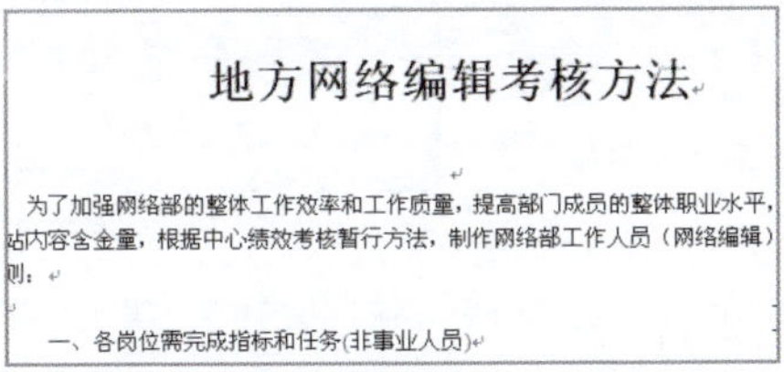

图4-28

技巧8 替换指定格式

根据用户需要，替换指定格式，具体操作步骤如下。

❶ 单击“开始”选项卡下 “编辑”选项组中的“替换”按钮，打开“查找和替换”对话框，或者按“Ctrl+H”快捷键调出该对话框。

❷ 单击“更多（M）”按钮，打开隐藏的更多选项，“更多（M）”按钮变为“更少（L）”按钮，单击可互相切换，如图4-29所示。

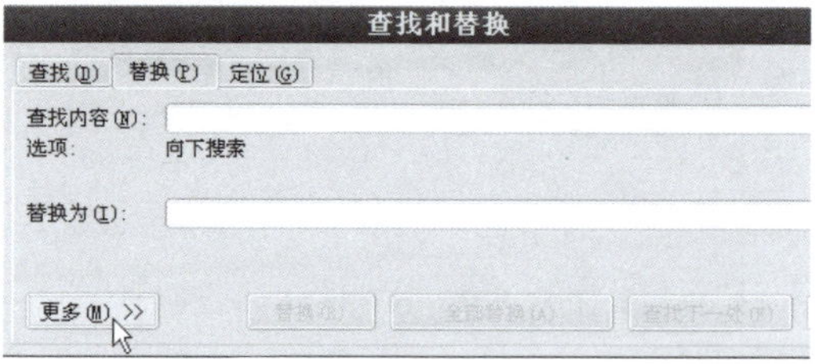

图4-29

❸ 打开隐藏选项，单击“查找内容（N）”输入框，定位光标，再单击“格式（O）”选项打开下拉选项，选择“字体（F）”，如图4-30所示。

❹ 打开“查找字体”对话框，在“字体（N）”选项卡下，设置需要查找的字体样式，如“中文字体”为“宋体”，“字号”为“五号”，单击“确定”按钮，如图4-31所示。

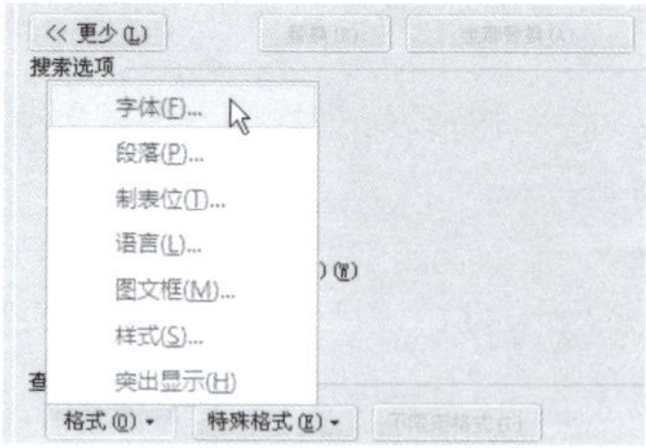

图4-30

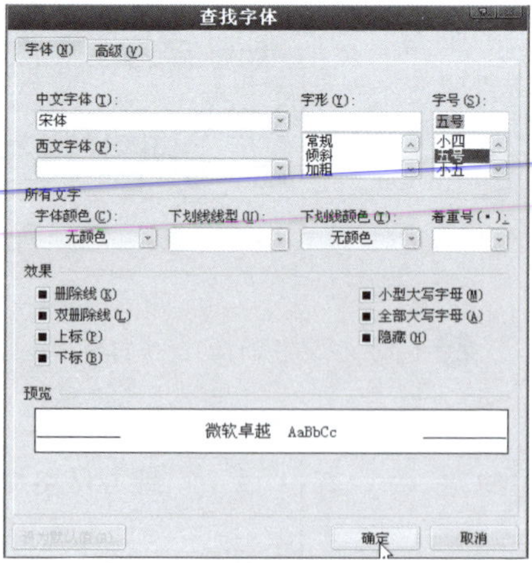

图4-31

❺ 将光标定位在“替换为（I）”输入栏中，再单击“格式（O）”选项打开下拉选项，选择“字体（F）”，如图4-32所示。

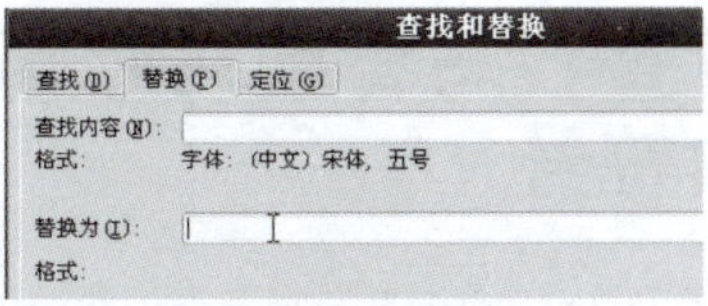

图4-32

❻ 打开"替换字体"对话框，在"字体（N）"选项卡下，设置需要替换的字体样式，如"中文字体"为"隶书"，"字号"为"小四"，单击下方的"确定"按钮（确定），如图4-33所示。

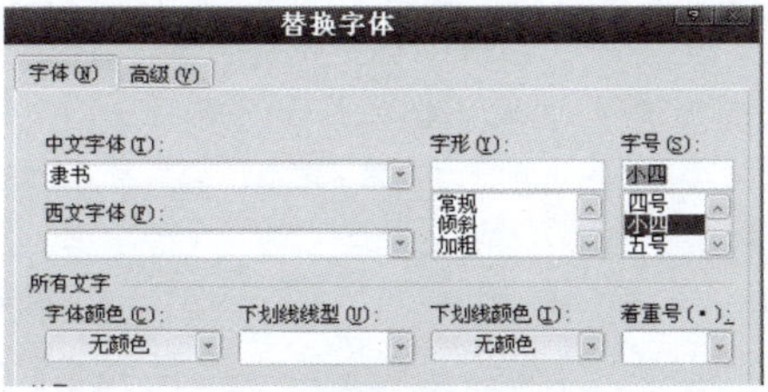

图4-33

❼ 单击"全部替换（A）"按钮，系统会自动完成对查找字体格式的全部替换，并弹出提示框，提示完成几处替换，如图4-34所示。

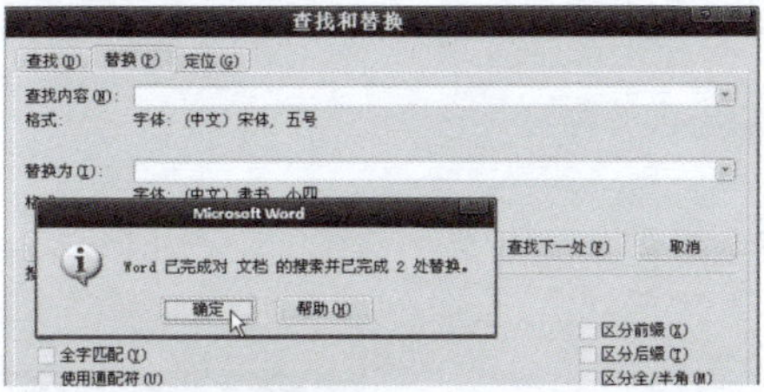

图4-34

❽ 关闭"查找和替换"对话框，文档中的字符原有格式已经完成全部的替换，如图4-35所示。

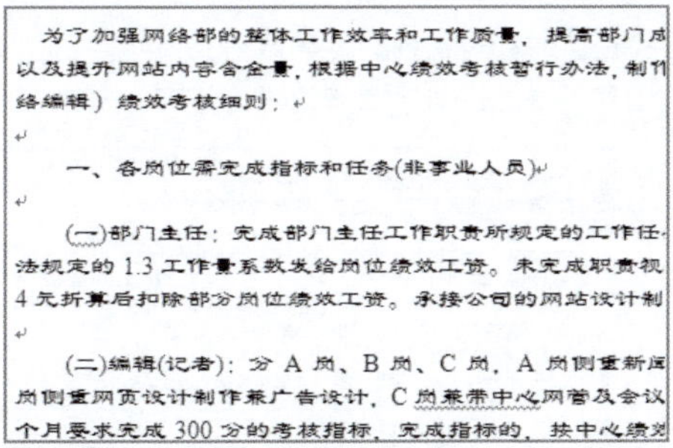
为了加强网络部的整体工作效率和工作质量，提高部门成
以及提升网站内容含金量，根据中心绩效考核暂行办法，制
络编辑）绩效考核细则：

一、各岗位需完成指标和任务(非事业人员)

(一)部门主任：完成部门主任工作职责所规定的工作任
法规定的 1.3 工作量系数发给岗位绩效工资。未完成职责规
4 无折算后扣除部分岗位绩效工资。承接公司的网站设计制

(二)编辑(记者)：分 A 岗、B 岗、C 岗，A 岗侧重新闻
岗侧重网页设计制作兼广告设计，C 岗兼带中心网管及会议
个月要求完成 300 分的考核指标，完成指标的，按中心绩效

图4-35

技巧9 通过查找与替换巧妙删除文档中的空白符号

在文档的编辑过程中当用户在复制其他地方出处的文档时，经常会在文档中显示大量的空白符号，让文档看起来松散不美观；打印时也要占用大量的页面，浪费纸张；一个个删除既浪费时间，也容易丢三落四，那有什么样方法快速删除呢？下面将详细介绍。

1 单击“开始”选项卡下“编辑”选项组中的“替换”按钮，打开“查找和替换”对话框，或者按“Ctrl+H”快捷键调出该对话框。

2 在“查找内容（N）”栏中输入空格，替换为（I）”中不输入任何字符，单击“全部替换（A）”选项，如图4-36所示。

3 系统自动搜索文中所有的空白符号，并被替换为无字符，即删除了空白符号。完成所有替换后，自动弹出提示对话框。如弹出提示框显示“Word已完成对文档的搜索并已完成361处替换”，用户单击“确定”按钮，如图4-37所示。

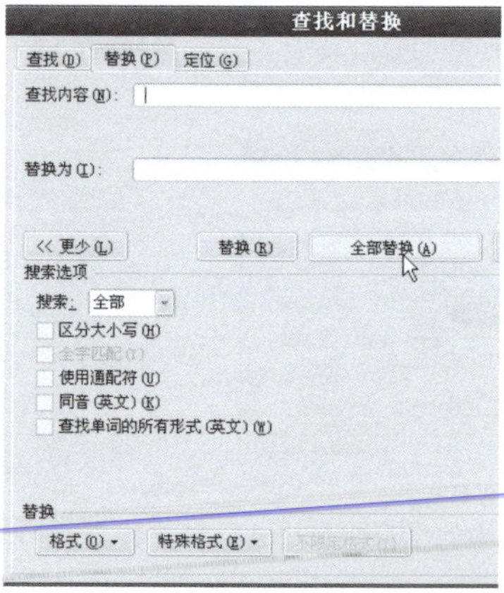

图4-36

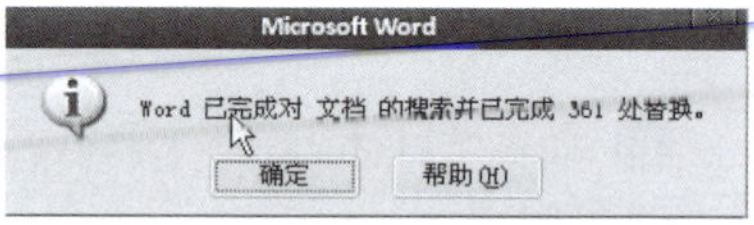

图4-37

4 单击“查找和替换”对话框的关闭按钮，返回到文档中，文档中的空白符号已全部删除，用户可以通过对比查看效果，如图4-38所示。

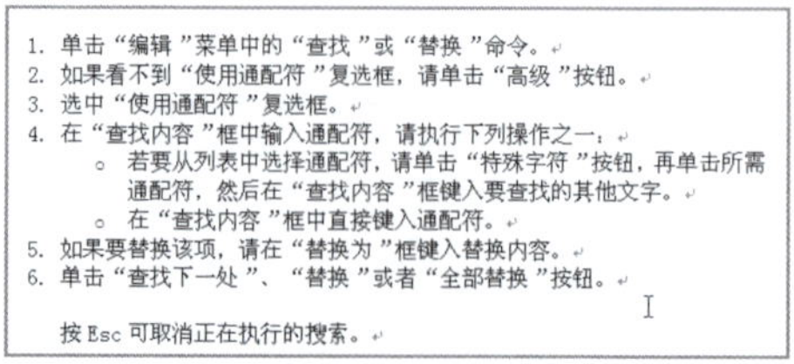

1. 单击“编辑”菜单中的“查找”或“替换”命令。
2. 如果看不到“使用通配符”复选框，请单击“高级”按钮。
3. 选中“使用通配符”复选框。
4. 在“查找内容”框中输入通配符，请执行下列操作之一：
   - 若要从列表中选择通配符，请单击“特殊字符”按钮，再单击所需通配符，然后在“查找内容”框键入要查找的其他文字。
   - 在“查找内容”框中直接键入通配符。
5. 如果要替换该项，请在“替换为”框键入替换内容。
6. 单击“查找下一处”、“替换”或者“全部替换”按钮。

按Esc可取消正在执行的搜索。

图4-38

技巧10　通过查找与替换巧妙删除文档中的空白段落（空行）

在Word 2010中处理文档时，用户会发现总会有一些空白的段落和空行在文档中间，如果仅靠手动删除，未免浪费时间，那是否有除了手动删除以外的更便捷的方法呢，下面将具体介绍实用又快捷的方法。

❶ 打开文档，清楚地看到文档中的空白段落较多，文档不紧凑。将光标定位在任意处，如图4-39所示。

❷ 单击“开始”选项卡下“编辑”选项组中的“替换”按钮，打开“查找和替换”对话框，或者按“Ctrl+H”快捷键调出该对话框。

❸ 单击“更多（M）”选项打开隐藏选项，将光标定位在“查找内容（N）”中，单击“特殊格式”选项，打开下拉选项，选择“段落标记（P）”选项，如图4-40所示。

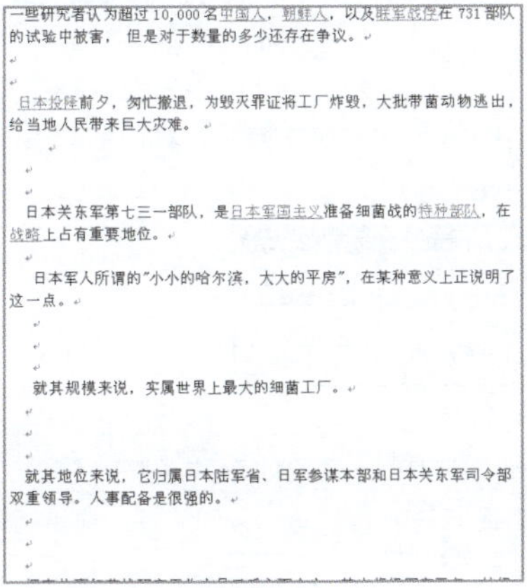

图4-39

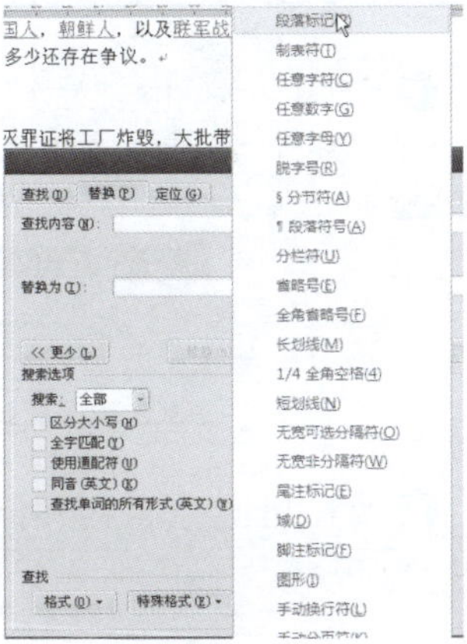

图4-40

❹ 在“查找内容（N）”中自动输入“^P”通配符，再次单击“特殊格式”选项，选择“段落标记（P）”选项，“查找内容（N）”栏中显示为“^P^P”，在“替换为”输入栏中输入“^P”，选择“全部替换（A）”选项，如图4-41所示。

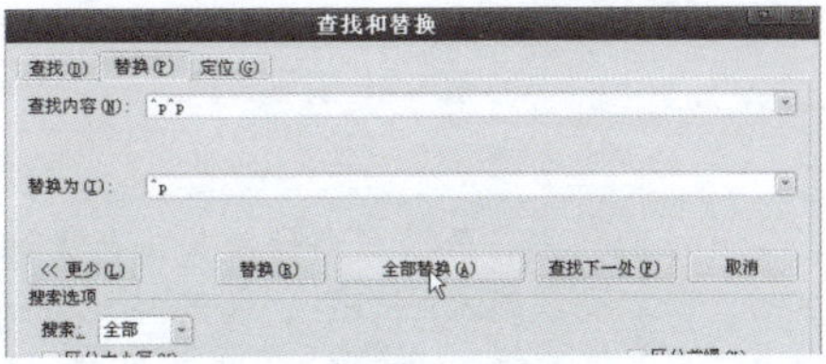

图4-41

❺ 系统自动查找空行并替换，完成后弹出提示框，显示替换多少处，如“Word已完成对文档的搜索并已完成12处替换”，单击“确定”按钮，如图4-42所示。

❻ 单击“查找和替换”对话框的关闭按钮（ ），返回到文档中，用户可能发现并不是所有的空行均被删除，还留有部分空行，如图4-43所示。

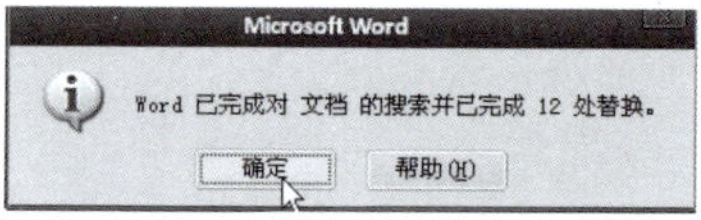

图4-42

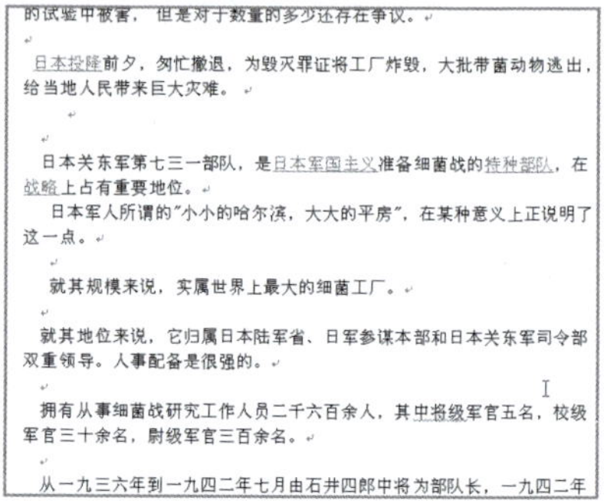
的试验中被害，但是对于数量的多少还存在争议。

日本投降前夕，匆忙撤退，为毁灭罪证将工厂炸毁，大批带菌动物逃出，给当地人民带来巨大灾难。

日本关东军第七三一部队，是日本军国主义准备细菌战的特种部队，在战略上占有重要地位。

日本军人所谓的“小小的哈尔滨，大大的平房”，在某种意义上正说明了这一点。

就其规模来说，实属世界上最大的细菌工厂。

就其地位来说，它归属日本陆军省、日军参谋本部和日本关东军司令部双重领导。人事配备是很强的。

拥有从事细菌战研究工作人员二千六百余人，其中将级军官五名，校级军官三十余名，尉级军官三百余名。

从一九三六年到一九四二年七月由石井四郎中将为部队长，一九四二年

图4-43

❼ 用户可重复“全部替换”的操作，直至提示框提示用户“Word已完成对文档的搜索并已完成0处替换”为止，再单击“查找和替换”对话框的关闭按钮（ ），返回到文档中，如图4-44所示。

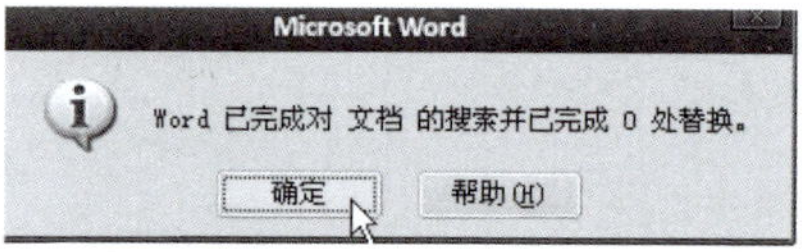

图4-44

❽ 文档中的空行完全被删除完毕，用户可以清楚地看到最终的效果，如图4-45所示。

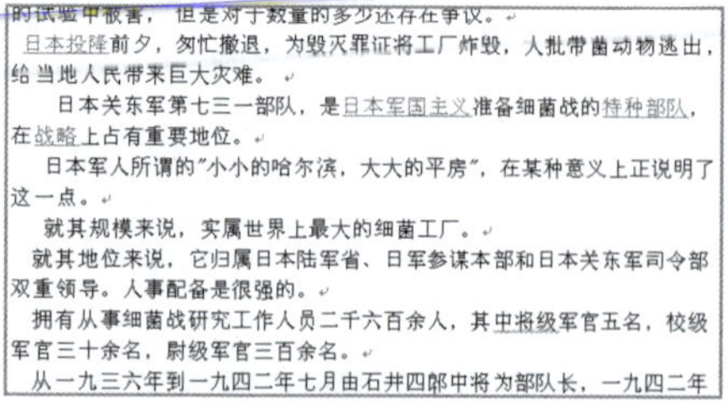
的试验中被害，但是对于数量的多少还存在争议。
日本投降前夕，匆忙撤退，为毁灭罪证将工厂炸毁，大批带菌动物逃出，给当地人民带来巨大灾难。
日本关东军第七三一部队，是日本军国主义准备细菌战的特种部队，在战略上占有重要地位。
日本军人所谓的“小小的哈尔滨，大大的平房”，在某种意义上正说明了这一点。
就其规模来说，实属世界上最大的细菌工厂。
就其地位来说，它归属日本陆军省、日军参谋本部和日本关东军司令部双重领导。人事配备是很强的。
拥有从事细菌战研究工作人员二千六百余人，其中将级军官五名，校级军官三十余名，尉级军官三百余名。
从一九三六年到一九四二年七月由石井四郎中将为部队长，一九四二年

图4-45

提 示

“^P”代表的是硬性的回车符号，空白的段落正是文档在输入过程中多次键入回车键产生的，所以查找两次“^P”，将其替换为一个“^P”，就可将多余的回车键删除，多次执行命令可达到彻底删除空白段落的目的。

技巧11 巧妙互换全角与半角双引号

在文档的写作过程中全角和半角的引号需要经常切换，对整篇文档来说，如果将全部的半角引号更改为全引号是个浩大的工程，有什么方便快捷的方法可以完成呢？其实通过替换就可以轻松实现，具体操作步骤如下（这里将半角双引号转为全角双引号为例）。

❶ 单击“开始”选项卡下 “编辑”选项组中的“替换”按钮，打开“查找和替换”对话框，或者按“Ctrl+H”快捷键打开对话框。

❷ 复制需要替换的一边半角符号，将光标定位在“查找内容（N）”中，粘贴复制内容，如图4–46所示。

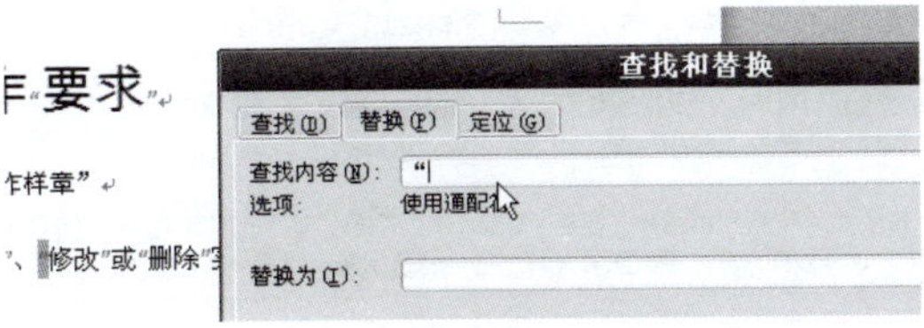

图4–46

❸ 再复制替换后的一边全角符号，将光标定位在“替换为（I）”输入栏中，单击“更多（M）”选项，打开隐藏选项，再单击“特殊格式”选项打开下拉菜单，选择“‘剪贴板’内容（C）”选项，如图4–47所示。

❹ 在“查找和替换”选项中选择“全部替换（A）”选项单击完成替换，如图4–48所示。

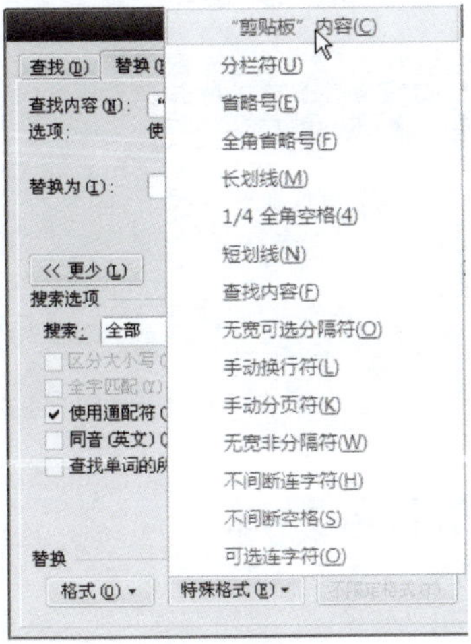

图4–47

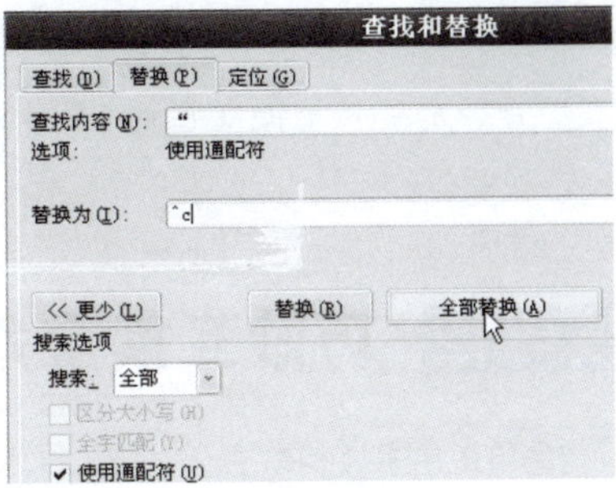

图4–48

5 系统自动替换所有查找到的半角符号并全部替换成全角符号，完成后弹出提示框，显示如“Word已完成对文档的搜索并已完成35处替换”，单击“确定”按钮，如图4-49所示。

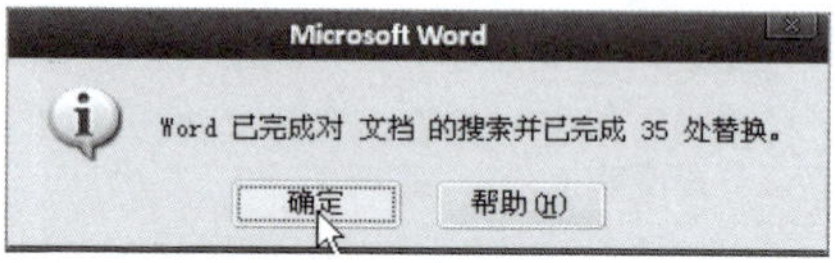

图4-49

6 文档完成半边的全角替换，效果如图4-50所示。

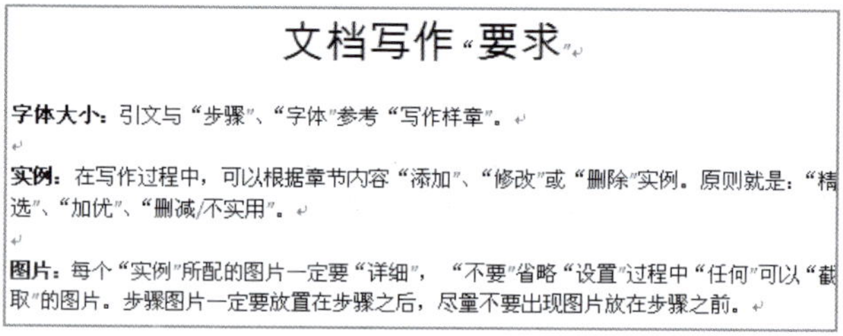

文档写作“要求”

字体大小：引文与“步骤”、“字体”参考“写作样章”。

实例：在写作过程中，可以根据章节内容“添加”、“修改”或“删除”实例。原则就是：“精选”、“加优”、“删减/不实用”。

图片：每个“实例”所配的图片一定要“详细”，“不要”省略“设置”过程中“任何”可以“截取”的图片。步骤图片一定要放置在步骤之后，尽量不要出现图片放在步骤之前。

图4-50

7 再复制另一边的半角符号，重复步骤2、3、4、5，完成半角符号转为全角符号的全部操作，如图4-51所示。

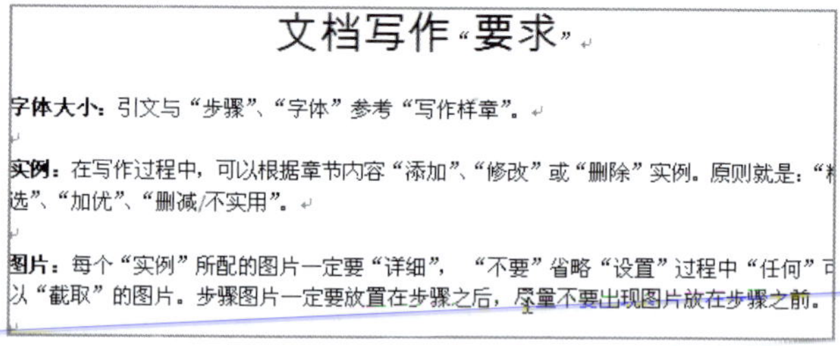

文档写作“要求”

字体大小：引文与“步骤”、“字体”参考“写作样章”。

实例：在写作过程中，可以根据章节内容“添加”、“修改”或“删除”实例。原则就是：“精选”、“加优”、“删减/不实用”。

图片：每个“实例”所配的图片一定要“详细”，“不要”省略“设置”过程中“任何”可以“截取”的图片。步骤图片一定要放置在步骤之后，尽量不要出现图片放在步骤之前。

图4-51

提示

将全角双引号转为半角双引号的操作方法同上，用户可以自己操作一下。

技巧12 巧妙互换全角与半角数字

全角半角字母和数字在写作过程中经常相互转换，从网络或者其他文档复制过来的文字里，大都掺杂使用全角和半角，文章整体效果不佳。有什么办法可以快速地将整个文档中所有的字母或者数字统一地转换为全角或者是半角呢？下面就具体介绍实现的方法。

❶ 单击“开始”选项卡下 “编辑”选项组中的“查找”按钮，打开下拉选项选择“高级查找（A）”选项。

❷ 打开“查找和替换”对话框，在“查找（D）”选项卡下单击“更多（M）”选项，打开隐藏菜单，单击“特殊格式”打开下拉菜单，选择“任意数字（G）选项”，如图4-52所示。

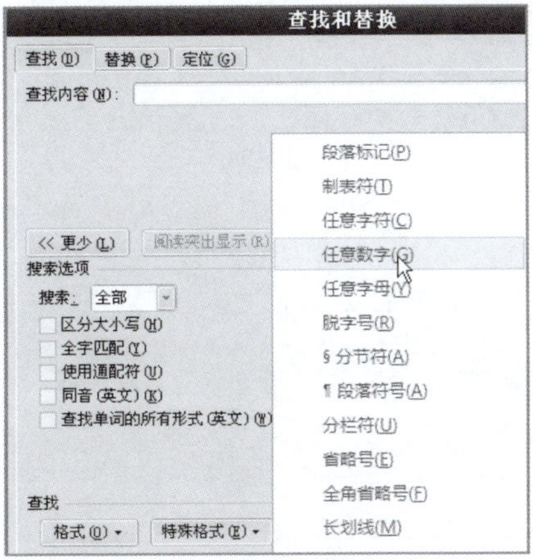

图4-52

❸ “查找内容（N）”中自动输入“^#”的通配符代码，在“阅读突出显示（R）”的下拉选项中选择“全部突出显示（H）”，单击关闭按钮（ ），关闭对话框，如图4-53所示。

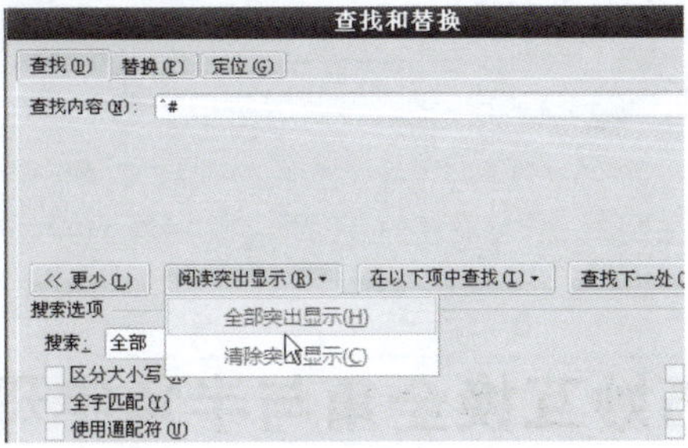

图4-53

❹ 返回到文档中，所有的数字均被选中，并标注出来，用户能够一目了然，如图4-54所示。

❺ 在“开始”选项卡中的“字体”选项组中，单击“（ Aa ）”按钮，打开下拉选项，选择“半角（W）”选项，如图4-55所示。

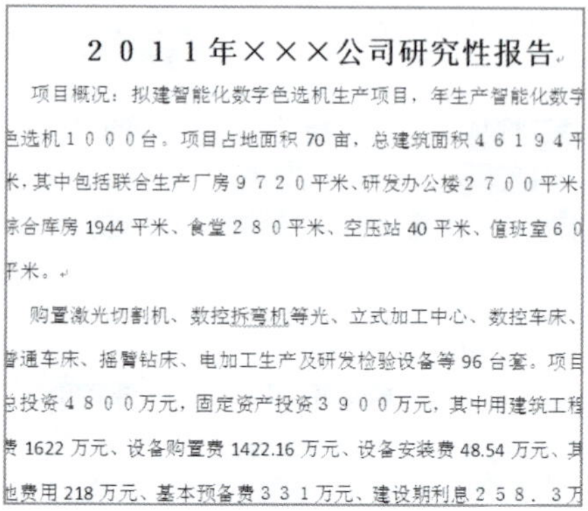

２０１１年×××公司研究性报告

项目概况：拟建智能化数字色选机生产项目，年生产智能化数字色选机１０００台。项目占地面积 70 亩，总建筑面积４６１９４平米，其中包括联合生产厂房９７２０平米、研发办公楼２７００平米、综合库房 1944 平米、食堂２８０平米、空压站 40 平米、值班室６０平米。

购置激光切割机、数控拆弯机等光、立式加工中心、数控车床、普通车床、摇臂钻床、电加工生产及研发检验设备等 96 台套。项目总投资４８００万元，固定资产投资３９００万元，其中用建筑工程费 1622 万元、设备购置费 1422.16 万元、设备安装费 48.54 万元、其他费用 218 万元、基本预备费３３１万元、建设期利息２５８．３万

图4-54

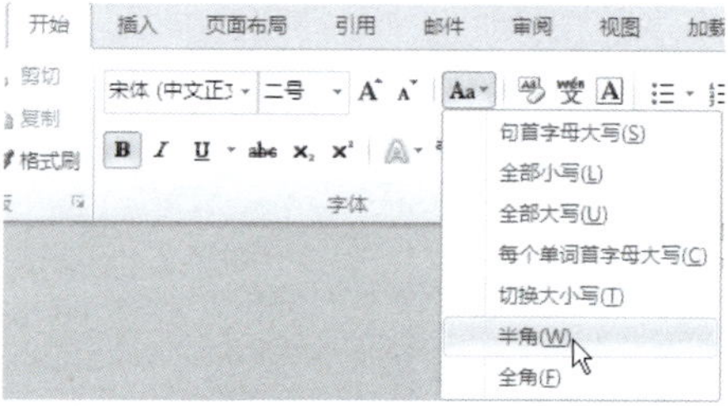

图4-55

6 完成对标注的所有数字的全部更改，整个文档的数字被统一设置为半角数字，如图4-56所示。

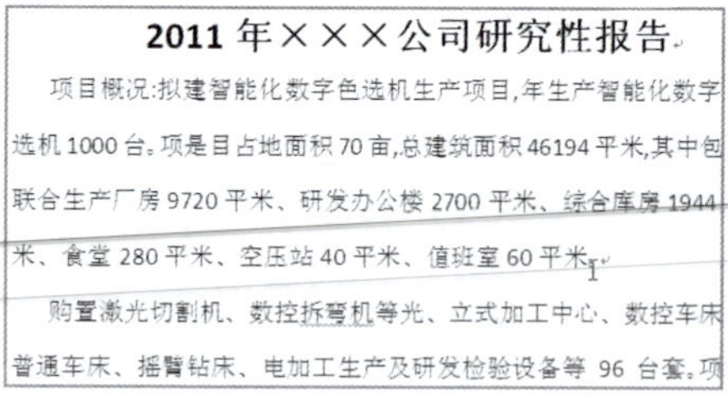

2011 年×××公司研究性报告

项目概况:拟建智能化数字色选机生产项目,年生产智能化数字选机 1000 台。项是目占地面积 70 亩,总建筑面积 46194 平米,其中包联合生产厂房 9720 平米、研发办公楼 2700 平米、综合库房 1944 米、食堂 280 平米、空压站 40 平米、值班室 60 平米。

购置激光切割机、数控拆弯机等光、立式加工中心、数控车床普通车床、摇臂钻床、电加工生产及研发检验设备等 96 台套。项

图4-56

技巧13 巧妙互换全角与半角字母

1 单击“开始”选项卡下 “编辑”选项组中的“查找”按钮，打开下拉选项选择“高级查找（A）”选项。

2 打开“查找和替换”对话框，在“查找（D）”选项卡下单击“更多（M）”选项，打开隐藏菜单，单击“特殊格式”打开下拉菜单，选择“任意字

母（Y）选项”，如图4−57所示。

❸ “查找内容（N）”中自动输入“^$”的通配符代码，在“阅读突出显示（R）”的下拉选项中选择“全部突出显示（H）”，单击关闭按钮（ ），关闭对话框，如图4−58所示。

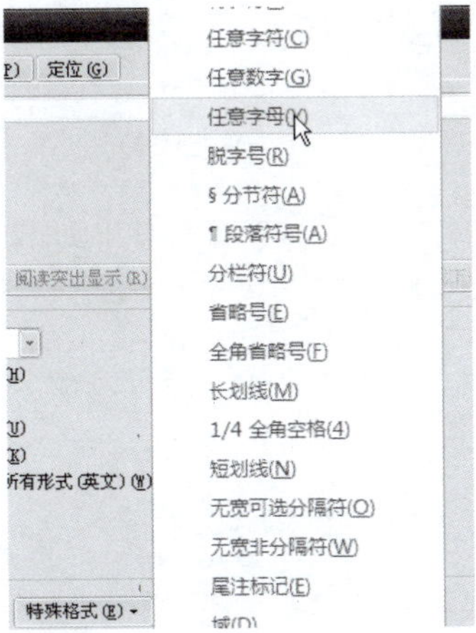

图4−57

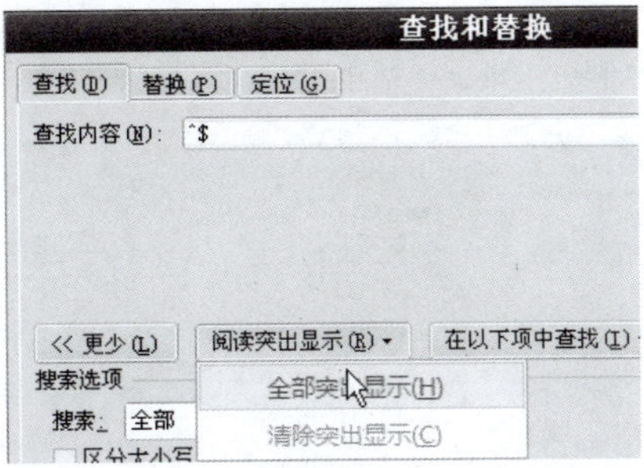

图4−58

❹ 其他的操作步骤同操作的4、5、6，该实例是将全角字母转换为半角字母，如图4−59所示。

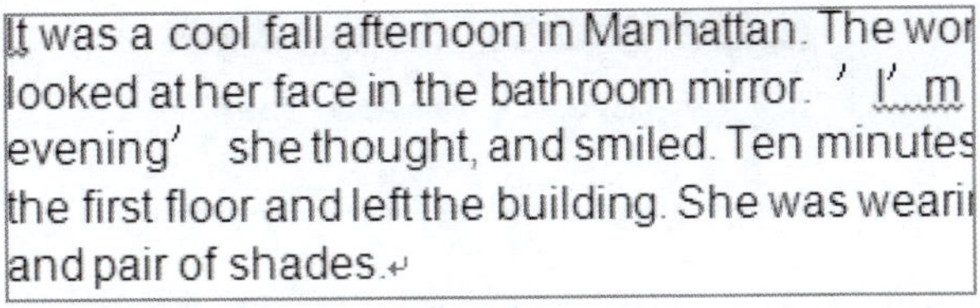

图4−59

技巧14　将数字中的句号替换为小数点

在Word文档中，经常会看到数字后面不是小数点而是句号，从网络上复制的文档中同样可能遇到小数点变成句号的问题。一个个地修改耗时耗力，如何快速将文档中所有数字中的句号改为小数点却不改变正常句号的使用呢？查找和替换就可以解决，下面将具体介绍方法。

❶ 单击“开始”选项卡下 “编辑”选项组中的“替换”按钮，打开“查找和替换”对话框，或者按“Ctrl+H”快捷键打开对话框。

❷ 在“替换（P）”选项下的“查找内容（N）”栏中输入“([0−9]{1,})。

([0-9]{1,})”通配符代码，在“替换为（I）”栏中输入“\1.\2”代码，如图4-60所示。

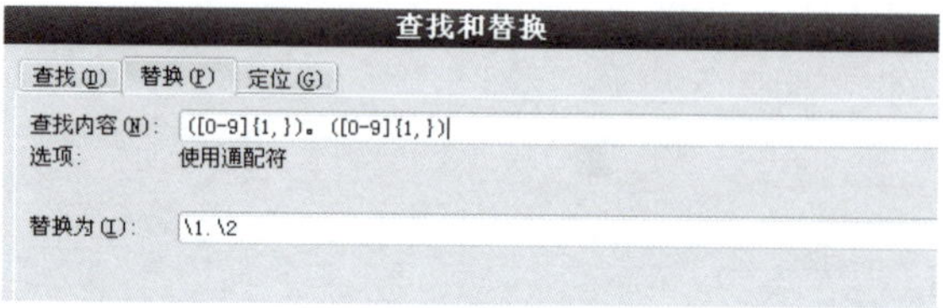

图4-60

❸ 单击“更多（M）”选项，打开隐藏的选项，选中其中的“使用通配符（U）”选项，再单击“全部替换（A）”按钮，如图4-61所示。

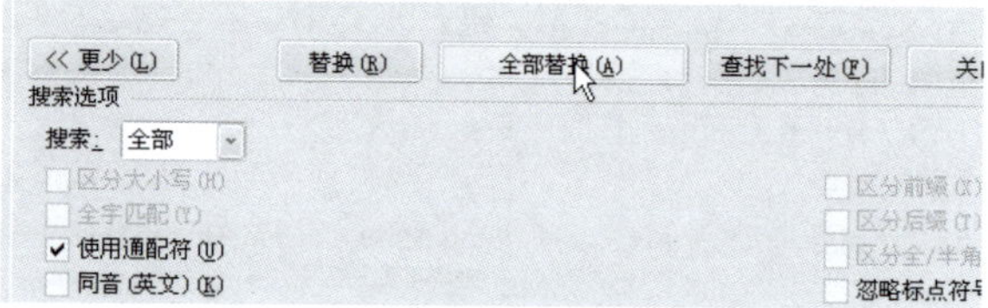

图4-61

❹ 系统自动查找并进行替换，用户可重复多次“全部替换”的操作，直到系统弹出对话框提示“Word已完成对文档的搜索并已完成0处替换”为止，如图4-62所示。

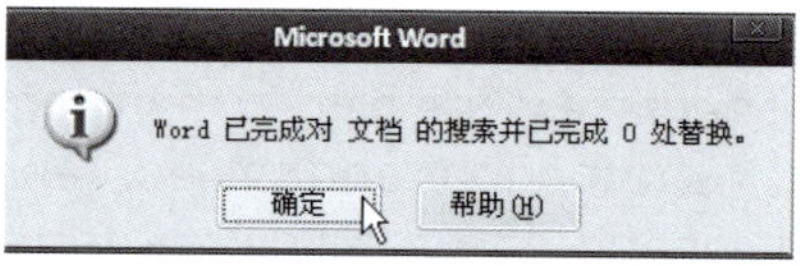

图4-62

❺ 完成所有的替换，单击“查找和替换”对话框的关闭按钮（ ），文档已完成将数字中的句号改为小数点的操作，用户可以清晰地看到最终的效果，如图4-63所示。

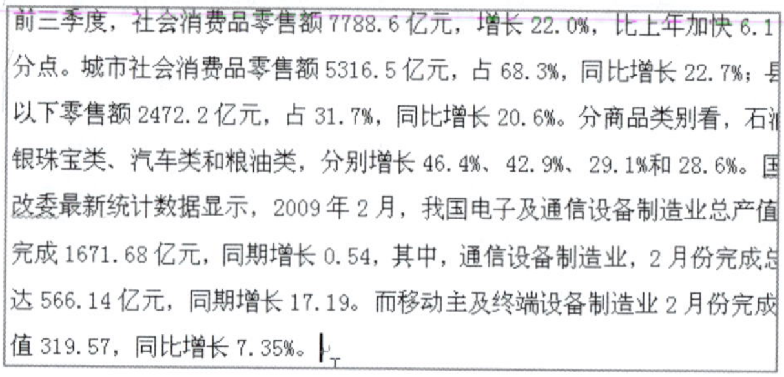
前三季度，社会消费品零售额 7788.6 亿元，增长 22.0%，比上年加快 6.1
分点。城市社会消费品零售额 5316.5 亿元，占 68.3%，同比增长 22.7%；
以下零售额 2472.2 亿元，占 31.7%，同比增长 20.6%。分商品类别看，石
银珠宝类、汽车类和粮油类，分别增长 46.4%、42.9%、29.1%和 28.6%。国
改委最新统计数据显示，2009 年 2 月，我国电子及通信设备制造业总产值
完成 1671.68 亿元，同期增长 0.54，其中，通信设备制造业，2 月份完成
达 566.14 亿元，同期增长 17.19。而移动主及终端设备制造业 2 月份完成
值 319.57，同比增长 7.35%。

图4-63

提 示

通过对该实例的一点修改，就可以巧妙快速地实现班级输入。如在文档中输入“3.5”、“6. 2”、“2.1”等数字，打开“查找和替换”对话框，在“查找内容（N）”栏中输入“([0-9]{1,}).([0-9]{1,})”通配符代码，在“替换为（I）”栏中输入“\1年级\2班”代码，单击“全部替换（A）”按钮，文档中的数字被替换，如“3年级5班”、“6年级2班”、“2年级1班”。

技巧15 在文档中删除连续重复的段落

在Word 2010中复制大量的文档，或者在修改文档时，经常出现重复性段落，段落的重复阻碍了文档的连续性，无论是删除连续还是不连续的段落，手动删除都很耗费时间，其实在Word 2010中可以通过查找和替换功能快速实现这一功能，具体的操作方法如下。

1 单击“开始”选项卡下 “编辑”选项组中的“替换”按钮，打开“查找和替换”对话框，或者按“Ctrl+H”快捷键打开对话框。

2 在“替换（P）”选项下的“查找内容（N）”栏中输入“(?{1,}^13)\1”通配符代码，在“替换为（I）”栏中输入“\1”代码，如图4-64所示。

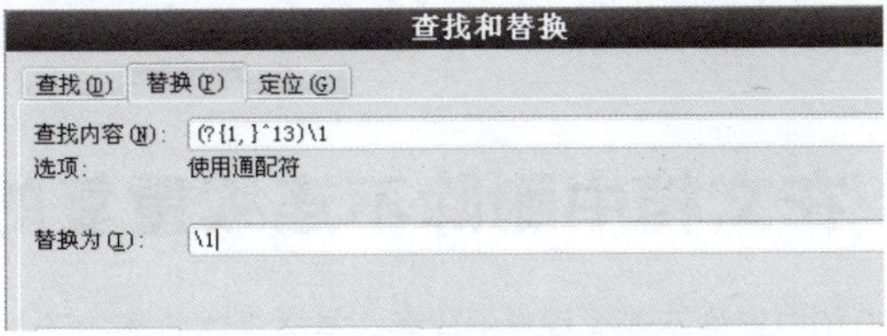

图4-64

3 单击“更多（M）”选项，打开隐藏的选项，选中其中的“使用通配符（U）”选项，再单击“全部替换（A）”按钮，如图4-65所示。

图4-65

4 系统自动查找重复段落，并进行替换，完成后自动弹出提示对话框，用户可重复多次“全部替换”的操作，直到系统弹出对话框提示“Word已完成对文档的搜索并已完成0处替换”为止，如图4-66所示。

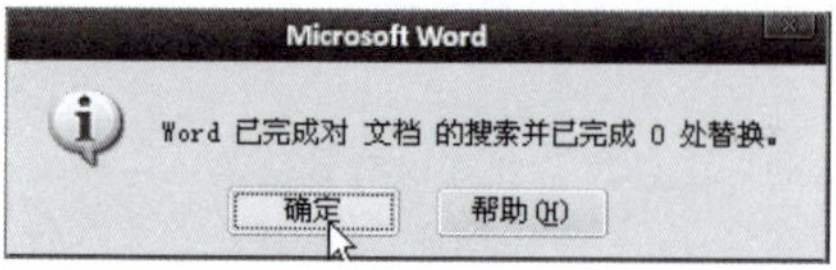

图4-66

❺ 完成所有的替换，单击“查找和替换”的关闭按钮，文档已完成对连续的重复段落删除的命令，如图4-67所示。

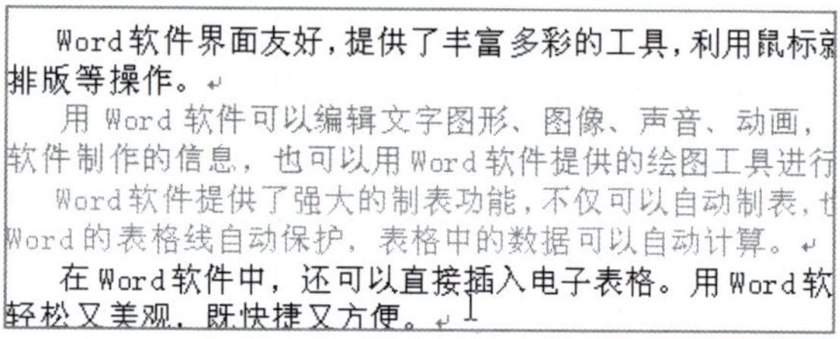

图4-67

提 示

“？”代表任意字符，“{1，}^13”表示一个以上的段落标记，而“\1”是通配符的输入规则，在这里指的是重复“(?{1,}^13)”的命令，此通配符的整句意思就是指查找一个以上的重复段落。通过通配符的合理运用，“(*^13)\1”、“(^13[!^13@^13]\1”也可以实现查找连续的重复段落。

技巧16 在文档中删除不连续重复的段落

在Word 2010中删除不连续重复的段落，具体操作步骤如下。

❶ 单击“开始”选项卡下“编辑”选项组中的“替换”按钮，打开“查找和替换”对话框，或者按“Ctrl+H”快捷键打开对话框。

❷ 在“替换（P）”选项下的“查找内容（N）”栏中输入“^13(?{1,}^13)(*)\1”通配符代码，在“替换为（I）”栏中输入“^13\1\2”代码，如图4-68所示。

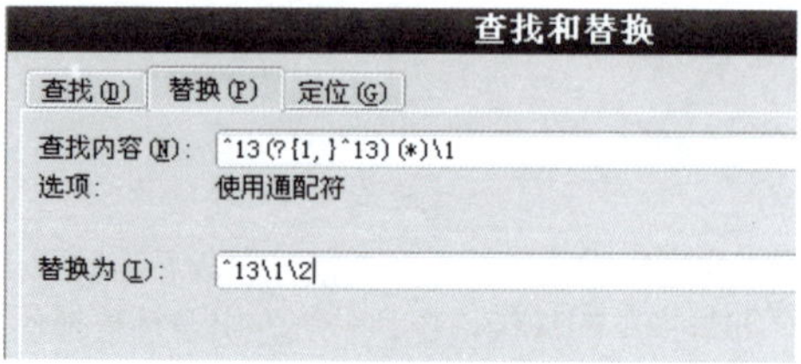

图4-68

❸ 单击“更多（M）”选项，打开隐藏的选项，选中“使用通配符（U）”选项，再单击“全部替换（A）”按钮，如图4-69所示。

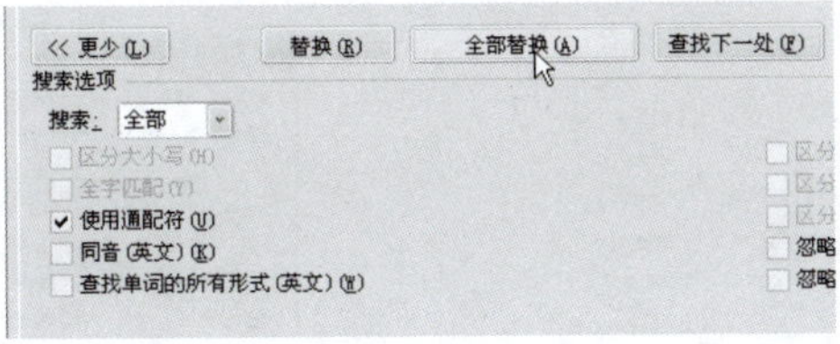

图4-69

❹ 系统自动查找重复段落，并进行替换，完成后弹出提示对话框，用户可重复多次“全部替换”的操作，直到系统弹出对话框提示“Word已完成对文档的搜索并已完成0处替换”为止，如图4-70所示。

❺ 完成所有的替换，单击“查找和替换”的关闭按钮，文档已完成对不连续的重复段落删除的命令，如图4-71所示。

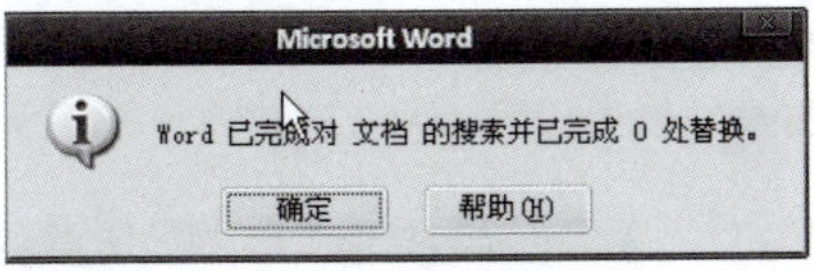

图4-70

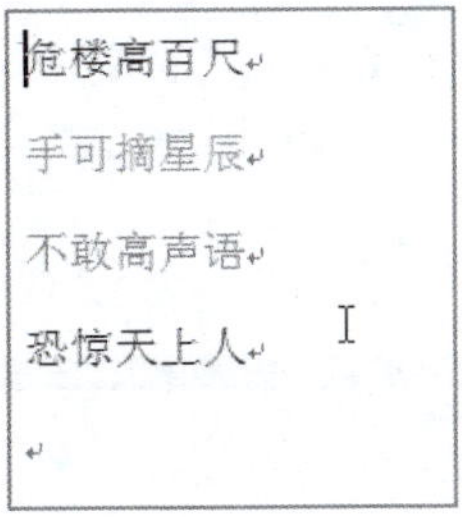

图4-71

技巧17 巧用查找与替换删除文档中图片

在Word 2010中不仅有文字的处理，还包括图片、表格等各种元素，对于图片的应用中，如何做到灵活对图片进行替换和删除呢？也许有人会说选中一个个删除就可以了，但是对于整个文档的所有图片来说，效率较低了，那快捷的方法是什么呢？下面将详细介绍。

❶ 单击“开始”选项卡下 “编辑”选项组中的“替换”按钮，打开“查找和替换”对话框，或者按“Ctrl+H”快捷键调出该对话框。

❷ 单击“更多（M）”选项打开隐藏选项，将光标定位在“查找内容（N）”中，单击“特殊格式”选项，打开下拉选项，选择“图形（I）”选项，如图4-72所示。

❸ 将光标定位在“替换为”输入栏中，单击“特殊格式”选项，打开下拉选项，选择“段落标记（P）”选项，如图4-73所示。

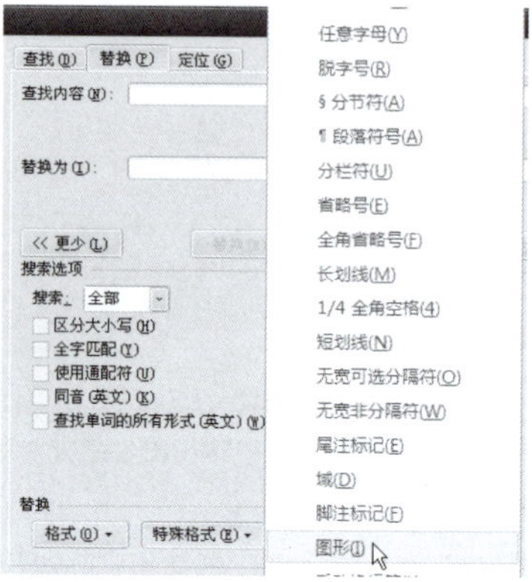

图4-72

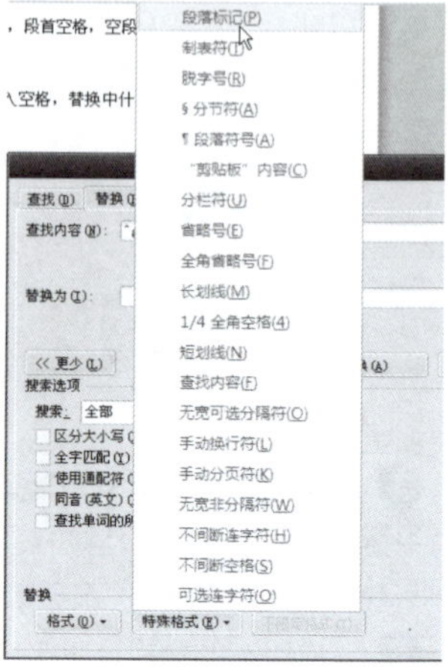

图4-73

4 在“查找内容（N）”输入栏中显示为“^g”通配符，“替换为”输入栏中显示为“^p”通配符，用户在熟悉各通配符的意思后，可直接输入省去繁杂的操作。再单击“全部替换（A）”选项按钮，如图4-74所示。

5 系统自动替换所有图片，完成后弹出提示框，显示如“Word已完成对文档的搜索并已完成3处替换”，单击“确定”按钮，如图4-75所示。

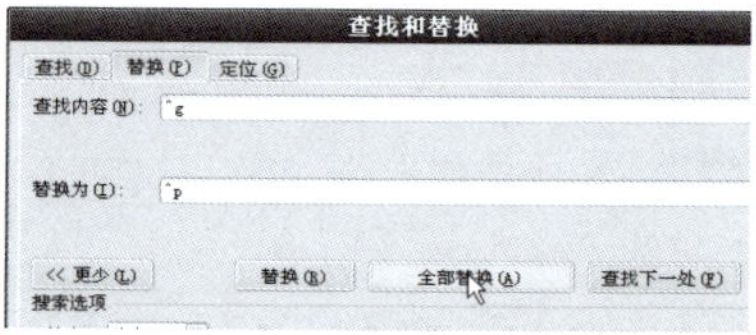

图4-74

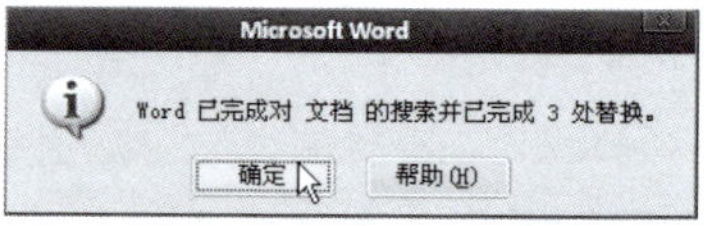

图4-75

6 单击“查找和替换”对话框的关闭按钮（ ），返回到文档中，原本所有的图片均被替换成段落标记，如图4-76所示。

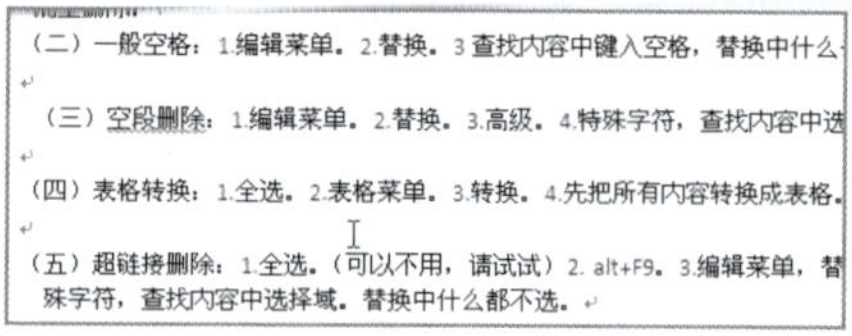
（二）一般空格：1.编辑菜单。2.替换。3.查找内容中键入空格，替换中什么

（三）空段删除：1.编辑菜单。2.替换。3.高级。4.特殊字符，查找内容中选

（四）表格转换：1.全选。2.表格菜单。3.转换。4.先把所有内容转换成表格。

（五）超链接删除：1.全选。（可以不用，请试试）2. alt+F9。3.编辑菜单，替殊字符，查找内容中选择域。替换中什么都不选。

图4-76

第5章

项目符号与编号

技巧1 给标题样式添加自动编号

自动编号的合理添加可以使文章条理清晰，逻辑分明，突出重点，方便读者在阅读时进行查找和分类。巧妙地添加项目编号可以提高编辑效率，但是添加自动编号又包含较多的技巧，下面从标题样式入手，介绍如何添加自动编号。

1 选中需要添加自动编号文本内容。

2 在选择范围内单击鼠标右键，打开快捷选项菜单，选择“编号（N）”选项，如图5-1所示。

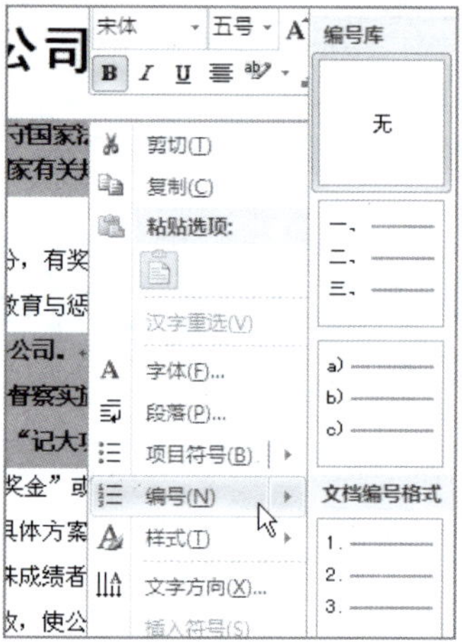

图5-1

3 或者在“开始”选项卡下的“段落”选项组中，选择“（ ）”编号按钮，打开下拉选项，如图5-2所示。

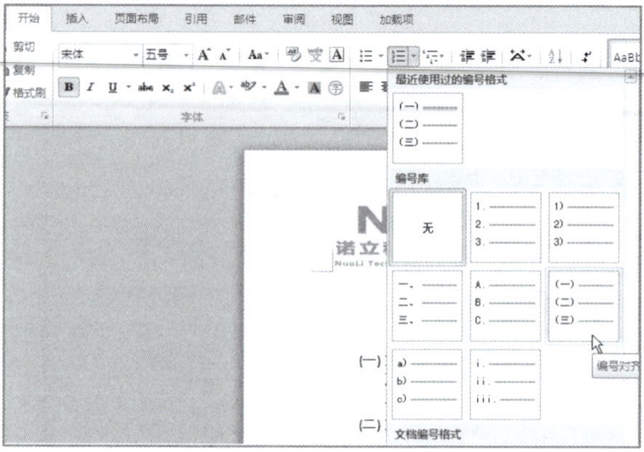

图5-2

❹ 滑动鼠标在选项栏中的“编号库”内选择适合的编号样式，此时选中的文档会自动添加显示效果，用户可以根据显示效果进行合理的挑选。如选择“编号对齐方式：左对齐”样式，如图5-3所示。

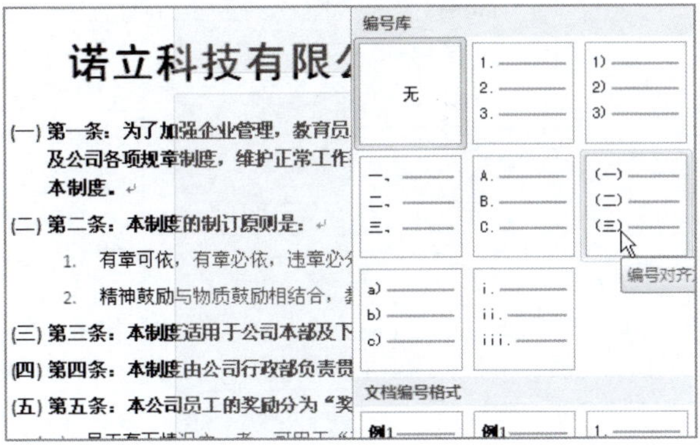

图5-3

❺ 单击选中样式，自动关闭对话框，完成自动编号样式的最终添加，如图5-4所示。

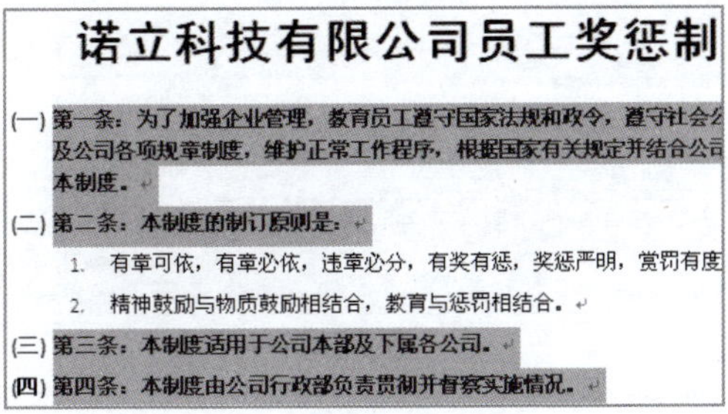

图5-4

技巧2　编号与文字“零距离”接触

编号与文字的“零距离”接触是指在添加完成的编号样式后面没有较大距离的留白显示，使得内容和编号之间的连接更紧密，也使文章紧凑感加强。在日常的操作中，如何才能实现“零距离”的接触呢？有什么巧妙的方法呢？下面将详细介绍。

❶ 选中已经完成好项目编号添加的文本，在“开始”选项卡下的“段落”选项组中选择“多级列表”按钮（ ），打开下拉菜单，选择“定义新的多级列表（D）”选项，如图5-5所示。

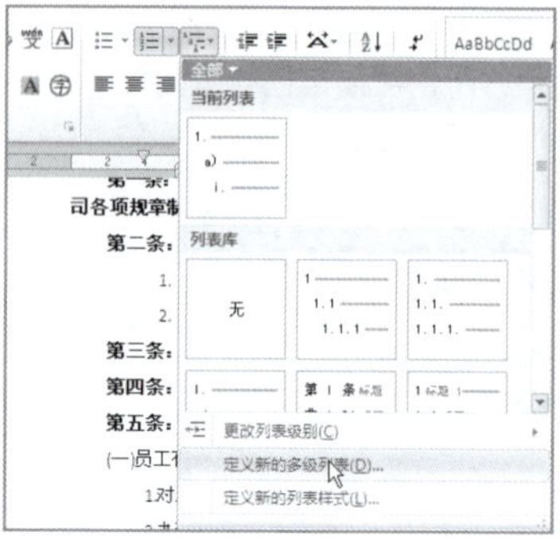

图5-5

2 打开“定义新多级列表”选项，单击“更多(M)”按钮，打开更多的隐藏选项，在“编后之后（M）”选项下，单击下拉按钮，选择“不特别标注选项”单击“确定”按钮，完成设置，如图5-6所示。

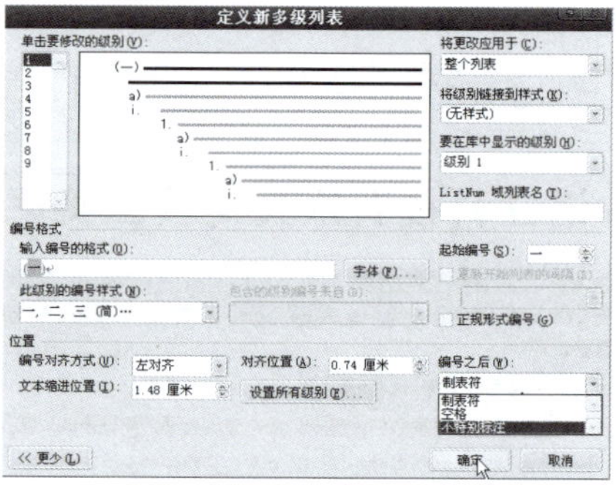

图5-6

3 系统自动返回到文档中，原项目编号后与文字之间的空白区域已经完成删除，完成了编号与内容“零距离”的设置，通过对比，清楚地看到最终的效果。如图5-7为设置前，图5-8为设置后。

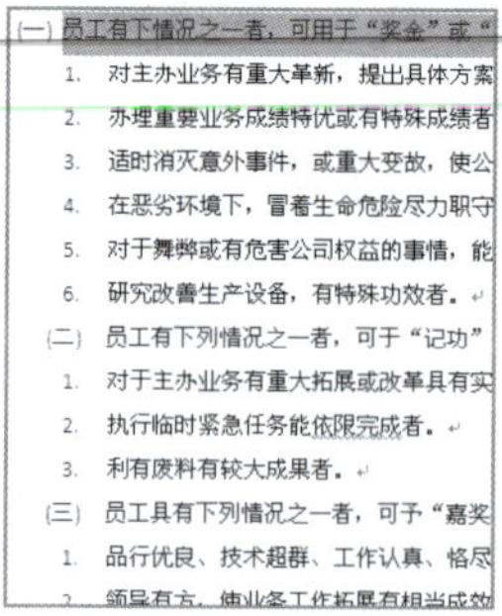

图5-7

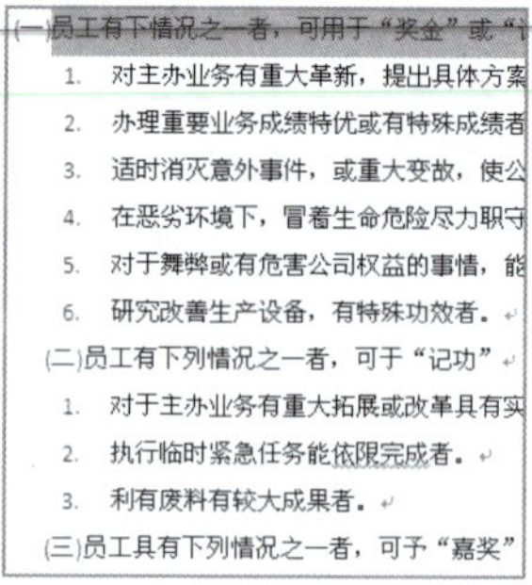

图5-8

❹ 选择其他的编号样式，重复操作“1”、“2”、“3”，完成最终文本和编号的“零距离”设置。有些文本在设置后，对齐方式发生了改变，用户可选中编号，点击鼠标左键不放，出现“悬挂缩进”调整线，拖动鼠标，调整对齐方式。如调整缩进“2”个字符，如图5-9所示。

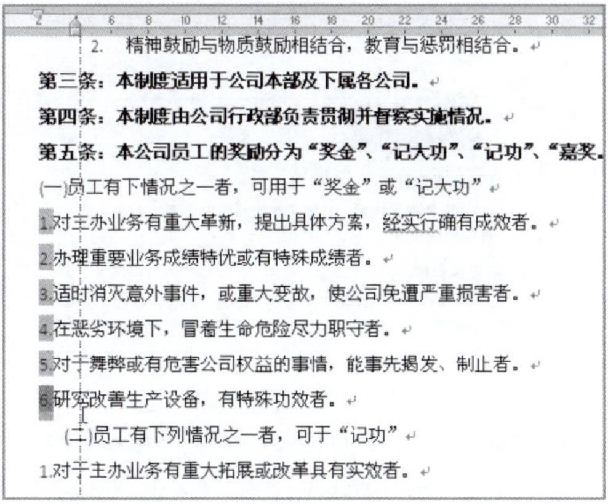
2.　精神鼓励与物质鼓励相结合，教育与惩罚相结合。

第三条：本制度适用于公司本部及下属各公司。

第四条：本制度由公司行政部负责贯彻并督察实施情况。

第五条：本公司员工的奖励分为“奖金”、“记大功”、“记功”、“嘉奖。

(一)员工有下情况之一者，可用于“奖金”或“记大功”

1.对主办业务有重大革新，提出具体方案，经实行确有成效者。

2.办理重要业务成绩特优或有特殊成绩者。

3.适时消灭意外事件，或重大变故，使公司免遭严重损害者。

4.在恶劣环境下，冒着生命危险尽力职守者。

5.对于舞弊或有危害公司权益的事情，能事先揭发、制止者。

6.研究改善生产设备，有特殊功效者。

(二)员工有下列情况之一者，可于“记功”

1.对于主办业务有重大拓展或改革具有实效者。

图5-9

❺ 分别调整其他编号样式，完成所有设置后即实现了文档“编号和文字‘零距离’”最终效果，如图5-10所示。

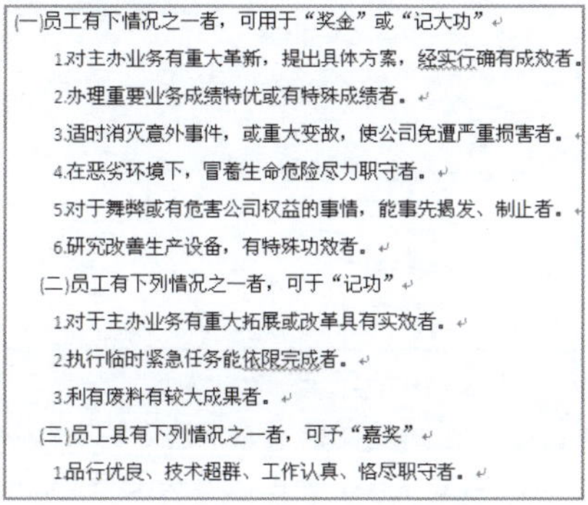
(一)员工有下情况之一者，可用于“奖金”或“记大功”

1.对主办业务有重大革新，提出具体方案，经实行确有成效者。

2.办理重要业务成绩特优或有特殊成绩者。

3.适时消灭意外事件，或重大变故，使公司免遭严重损害者。

4.在恶劣环境下，冒着生命危险尽力职守者。

5.对于舞弊或有危害公司权益的事情，能事先揭发、制止者。

6.研究改善生产设备，有特殊功效者。

(二)员工有下列情况之一者，可于“记功”

1.对于主办业务有重大拓展或改革具有实效者。

2.执行临时紧急任务能依限完成者。

3.利有废料有较大成果者。

(三)员工具有下列情况之一者，可予“嘉奖”

1.品行优良、技术超群、工作认真、恪尽职守者。

图5-10

提 示

在Word文档中，同样的编号样式只要是一次性被全部应用的，即没有被中断使用，那么在修改编号样式时，只需设置其中一个包含该编号样式的文档，其他位置的同样编号样式也能完成应用；而同样的编号样式，在使用中被多次单独设置和应用，在修改过程中，则需要分别对属于整体的样式修改，意味着对同样的编号样式需要进行多次设置。

技巧3 标题级别的调整

在不同的文档中，标题的级别也有不同的设置，灵活修改标题级别可以有效地突出文章中不同重点，如何调整标题级别呢？下面将具体介绍。

❶ 选中需要添加更改级别的标题，如文中选中的标题为一级的，如图5-11所示。

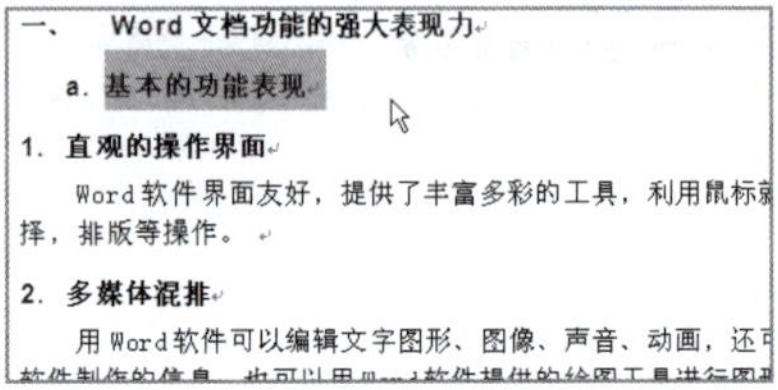

图5-11

❷ 在“开始”选项卡下的“段落”选项组中，选择“（ ）”编号按钮，打开下拉选项，鼠标滑动至“更改列表等级（C）”选项，打开右侧的选项栏，选择适合调整后的编号等级，如单击选择“第二个，2级”选项，如图5-12所示。

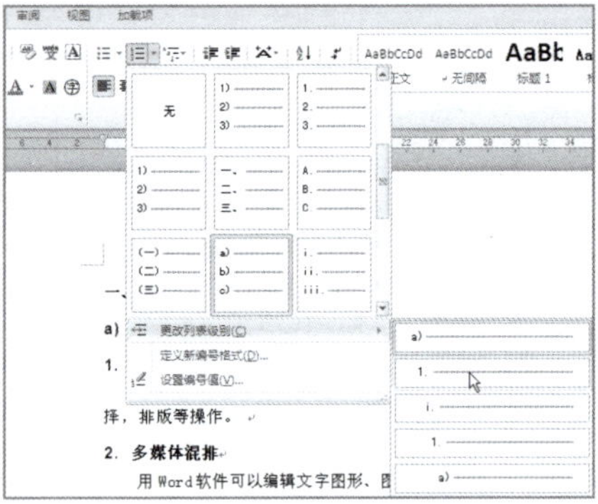

图5-12

❸ 完成选择后，自动返回至文档，原来选中的一级标题已更改为二级标题，如果用户对调整后的编号样式不满意，可以按照下面的操作方式修改，如图5-13所示。

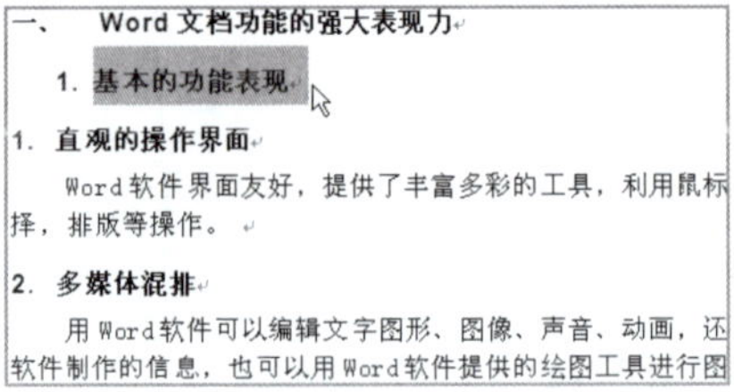

图5-13

4 单击“开始”选项卡下的“段落”选项组，单击“（）”编号按钮，打开下拉选项，选择“定义新编号格式（D）”选项，如图5-14所示。

5 打开“定义新编号格式”对话框，在编号样式（N）”的选项栏中单击下拉按钮，选择适合的编号样式，如选择“a,b,c, …”样式。单击“确定”按钮，完成设置，如图5-15所示。

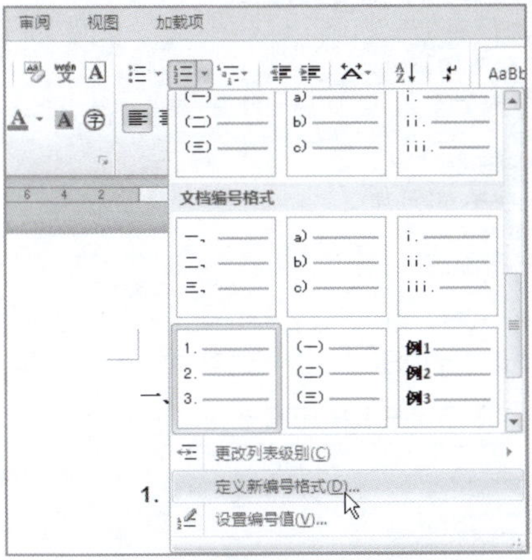

图5-14

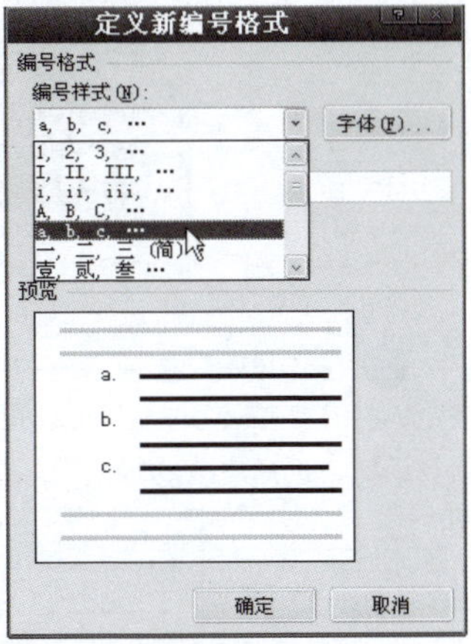

图5-15

6 返回至原文档中，编号样式已完成全部更改，由最初的一级标题更改为适合样式的二级标题，如图5-16所示。

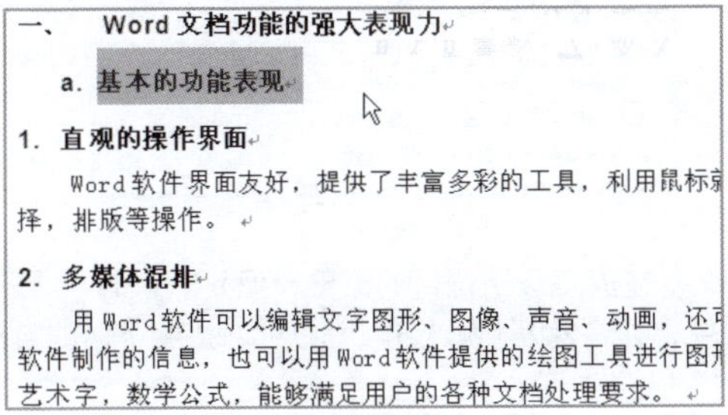

图5-16

技巧4 多级别符号的调整

项目符号指在一些段落的前面加上完全相同的符号对部分段落进行标记，在Word文档中经常会遇到多级别符号的添加；列表样式在Word中也被广泛应用，但无论是多级别符号还是列表样式都会遇到调整问题，如何正确地调整呢？下面将具体介绍。

❶ 整个文档包含有较多的项目符号，却没有分级别，显得有些混乱，选中需要调整多级别符号的文档内容，如图5-17所示。

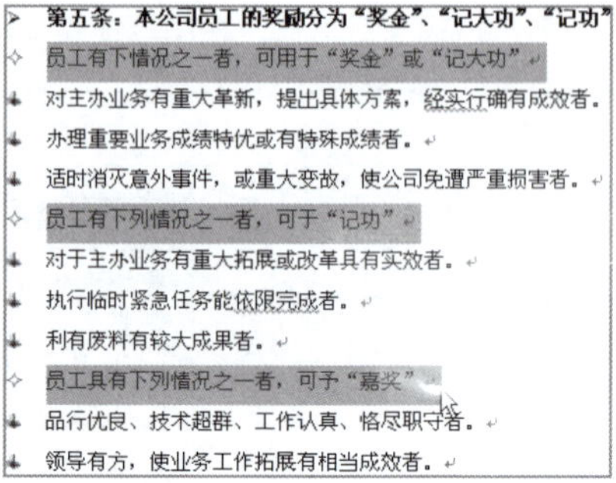

图5-17

❷ 在“开始”选项卡下的“段落”选项组中，选择“（ ）”项目符号按钮，打开下拉选项，滑动鼠标至“更改列表级别（C）”选项，打开右侧的选项对话框，选择更改的级别，如选择“2级”，如图5-18所示。

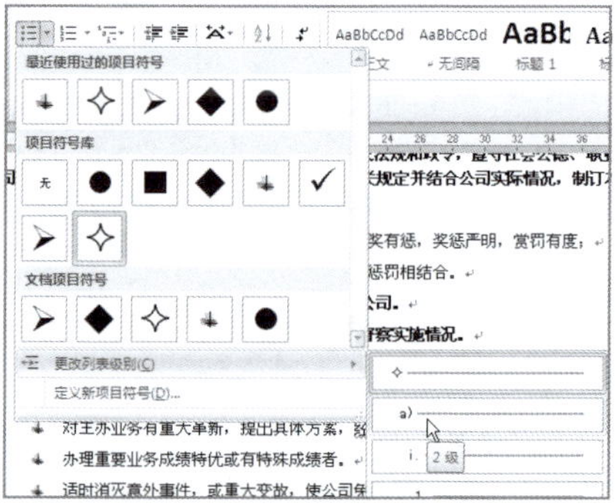

图5-18

❸ 选中的文本完成多级别符号的调整，但是默认的“2级”项目符号可能不满足用户的需要，如“2级”为“a)”用户可以按照下面的方法自行修改，如图5-19所示。

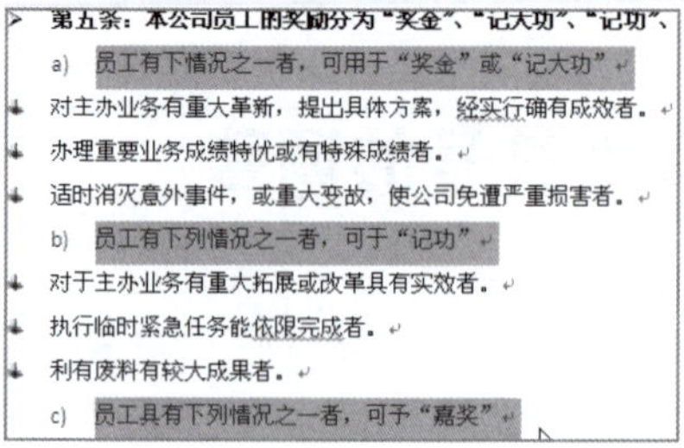

图5-19

4 继续单击“开始”选项卡下“段落”选项组中的“（☰▾）”项目符号按钮，打开下拉选项，选择“题目符号库”内适合的符号，如选择“✧”符号，如图5-20所示。

5 选定的文本完成设置多级别符号的调整，用户可以继续对其他项目符号进行调整，如图5-21所示。

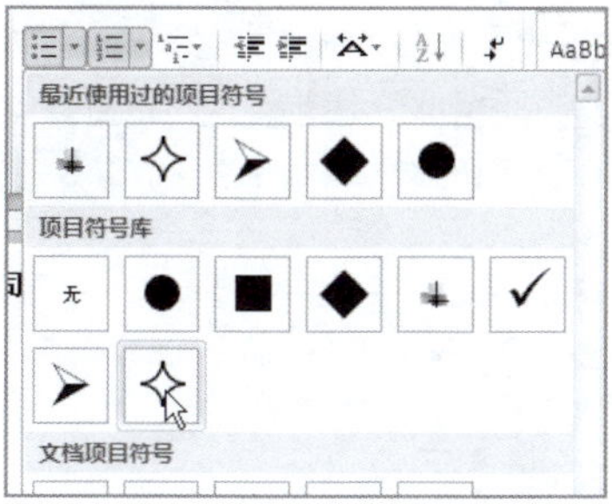

图5-20

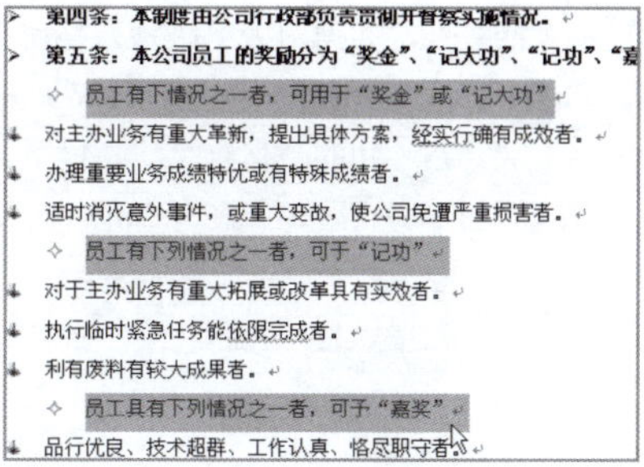

图5-21

6 选择需要继续调整的文本，在“开始”选项卡下的“段落”选项组中，选择“（☰▾）”项目符号按钮，打开下拉选项，滑动鼠标至“更改列表级别（C）”选项，打开右侧的选项对话框，选择更改的级别，如选择“3级”，如图5-22所示。

7 重复“3～5”的操作步骤，完成多级别符号的全部调整，如图5-23所示。

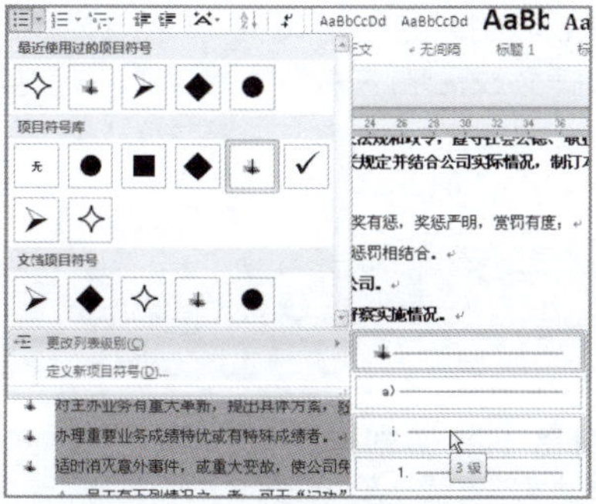

图5-22

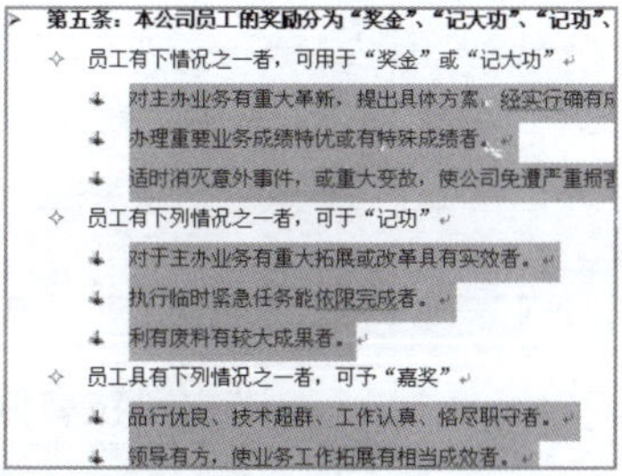

图5-23

知识点

列表样式级别的调整和多级别符号的调整方法类似，用户单击“开始”选项卡中的“段落”选项组下的“（☷▾）”多级列表按钮，选择“更改列表级别”选项，打开右侧的选项菜单，选择调整的级别，其他的操作参考多级别符号的调整方法，即可完成最后的设置。

技巧5 大纲级别的调整

大纲级别是为文档中的段落指定等级结构的段落格式，Word提供九级大纲级别并且和标题样式提供的九级样式是相互对应的，如果用户在设置了大纲样式的某一级别，在标题样式中也会显示同一级别。在大纲视图或文档结构图中可以预览大纲级别，如何对大纲级别调整使用户轻松应用呢？下面就具体介绍。

❶ 选择“视图”选项卡下“文档视图”选项组中的“大纲视图”按钮，或者单击文档右下角的“自定义状态栏”，选择“大纲视图”按钮（▤），切换到“大纲视图”编辑区，如图5-24所示。

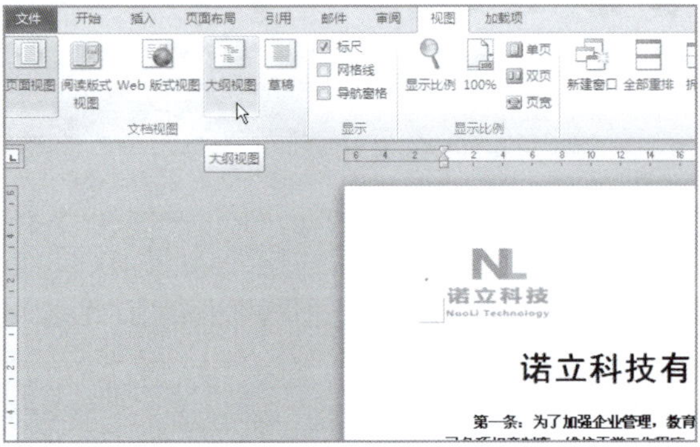

图5-24

❷ 在大纲视图中，用户可以看到有不同的符号显示在每行文档的开始处，“⊕”指的是段落下包含有从属关系，如果该段落是“2级”大纲级别，那该段落下就包含有“3级”或“4级”等其他大纲级别。“⊖”指得是被从属于某一大纲级别，“●”指的是无大纲级别设置，如图5-25所示。

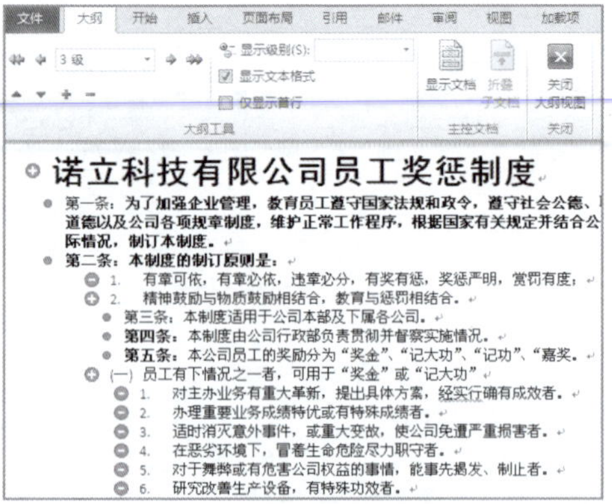

图5-25

3 选中需要调整的大纲级别，单击“大纲级别”调整栏，打开下拉菜单选择适合的级别，或者单击“➔”按钮，进行调整。如选择“2级”大纲级别，如图5-26所示。

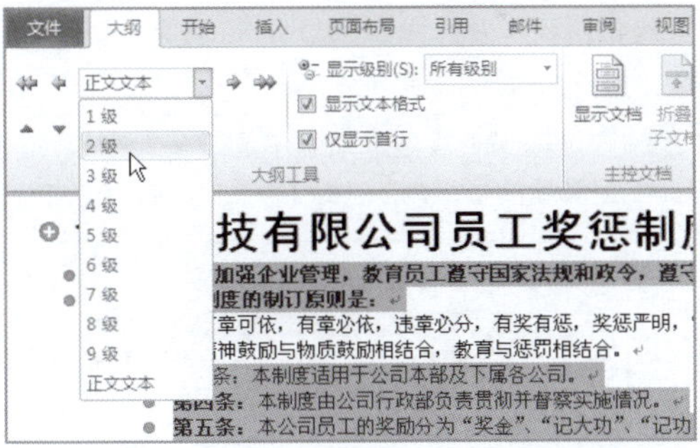

图5-26

4 用户对“2级”大纲级别的默认字体不满意，可以单击“开始”选项卡，在“字体”选项组中单击“字号”栏和“字体”栏进行调整，如选择将调整后的“2级”大纲级别改为“小四”号字体，如图5-27所示。

5 用户可重复步骤“3”，分别对文档中的其他段落进行调整，完成后单击“关闭大纲视图”选项退出大纲视图编辑状态或者单击按“自定义状态栏”，选择按钮（▤）返回到“页面视图”编辑区，如图5-28所示。

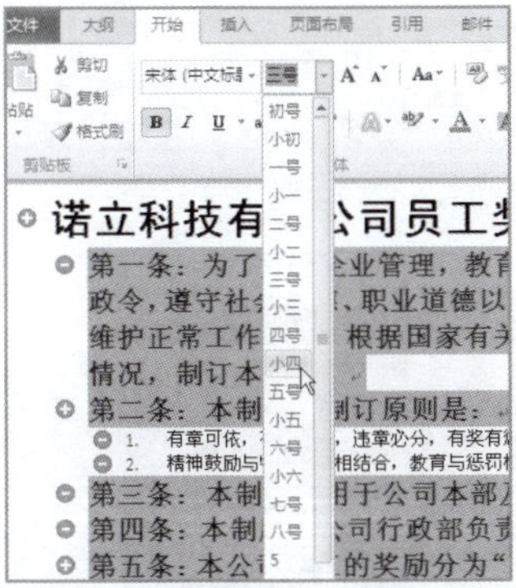

图5-27

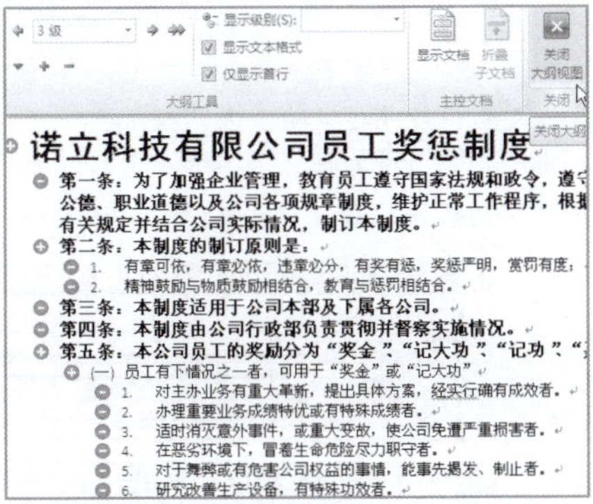

图5-28

知识点

在“大纲工具”选项组中，“✚”号和“━”号分别是展开和隐藏从属段落的按钮，“➔➔”指将光标所在段落降为“正文文本样式”。“⇐⇐”指将光标所在段落提升到“标题1”级别样式。“显示级别（S）”里，可随意设置只显示的大纲级别，选中“显示文本格式”复选框，所有文本按照设置的字体和样式显示，不选则按普通纯文本显示，无任何的字体样式。

技巧6 多级符号与各级标题样式的链接

在Word文档的设置中，有时需要将多级符号与各级标题样式进行链接，如将多级符号“1”级链接到标题样式“1级”，可快速方便设置，如何进行链接呢？链接的效果如何呢？下面将详细介绍。

1 单击“开始”选项卡下段落选项组中的“多级列表”按钮（），打开下拉选项，选择“定义新的多级列表（D）…”选项，如图5-29所示。

图5-29

2 打开“定义新多级列表”选项，单击下方的“更多（M）”按钮，打开其他的隐藏选项。在级别中选“1”，在“将级别链接到样式（K）”选项下，单击下拉按钮，选择“标题1”，如图5-30所示。

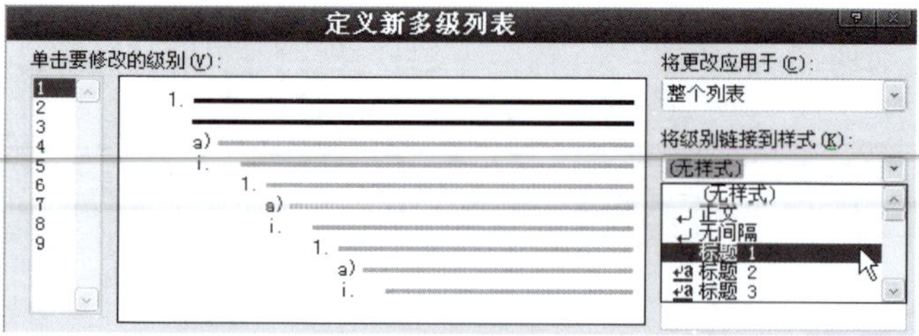

图5-30

3 完成一组链接后，如果需要可以继续对其他级别进行链接设置，如分别选择级别中的“2”、“3”，链接样式选项中的“标题2”和“标题3”，完成后单击“确定”按钮，完成所有的多级符号和标题样式的链接，如图5-31所示。

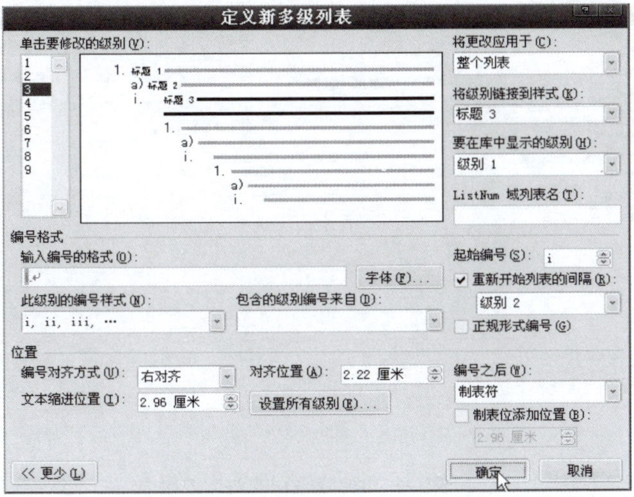

图5-31

技巧7 自定义多级列表域

在Word中系统提供了多种多级列表域供用户选择，用户在不满足需要的情况下，可以自行设置多级列表域，扩大自己的选择范围，方法是什么呢？下面将具体介绍。

❶ 单击“插入”选项卡，在“文本”选项组中单击“文档部件”按钮，打开下拉菜单，选择“域（F）”选项，如图5-32所示。

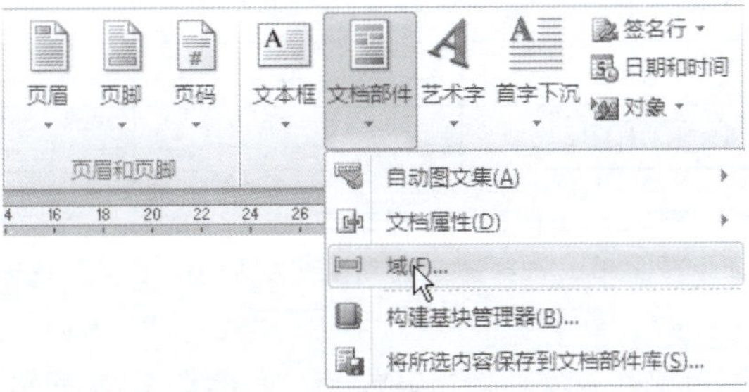

图5-32

❷ 打开“域”对话框，在“请选择域类别（C）”中单击下拉按钮，选择“编号”，单击“ListNum ”域，在“域属性列表名称”栏中出现了三个列表域，分别是“LegalDdefault”、“NumberDefault”、“OutlineDefault”，如图5-33所示，三种不同的列表域在九种列表级别表现均不同，如表5-1所示。

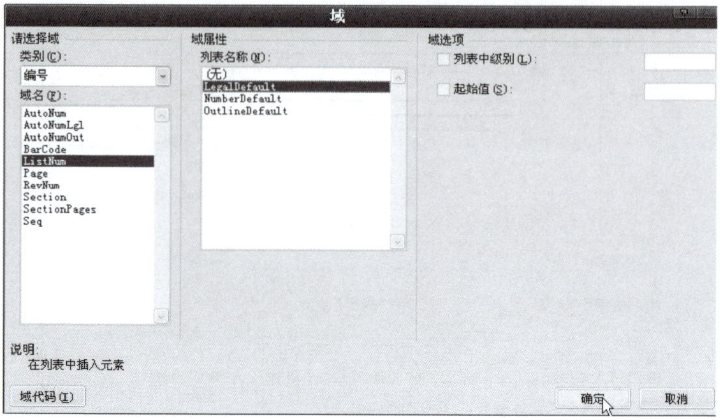

图5-33

表5-1 3种域级别的对应效果表

级别	LegalDdefault	NumberDefault	OutlineDefault
1	1.	1)	I
2	1.1.	a)	A
3	1.1.1.	i)	1.
4	1.1.1.1.	(1)	a)
5	1.1.1.1.1.	(a)	(1)
6	1.1.1.1.1.1.	(i)	(a)
7	1.1.1.1.1.1.1.	1	(i)
8	1.1.1.1.1.1.1.1.	a	(a)
9	1.1.1.1.1.1.1.1.1.	i	(i)

❸ 在“开始”选项卡下的“段落”选项组中单击“多级列表”按钮（![]），打开下拉菜单，选择“定义新的多级列表（D）”选项，如图5-34所示。

❹ 打开“定义新多级列表”选项，在“单击要修改的级别（Y）”选项下，分别单击9个级别，在“编号格式”下分别进行设置，如“1”级在“输入编号的格式”中输入样式“一、”，“2级”在“输入编号的格式”中输入“样式（一）、”在“位置”栏下分别设置编号对齐方式、对齐位置等选项。完成设置后，在“ListNum域列表名（I）”中输入新建的域名，如“NewList”，单击“确定”按钮，如图5-35所示。

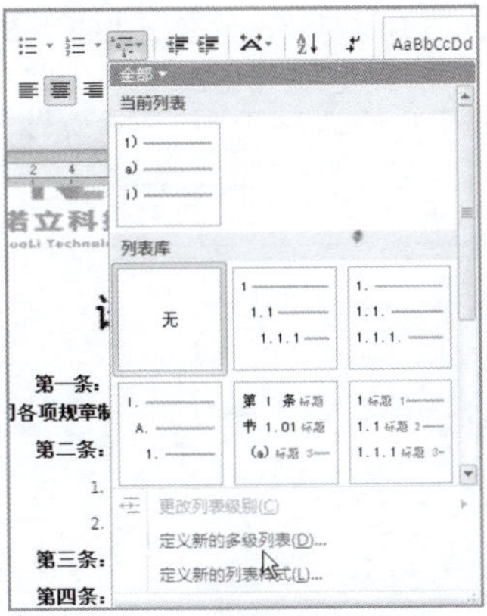

图5-34

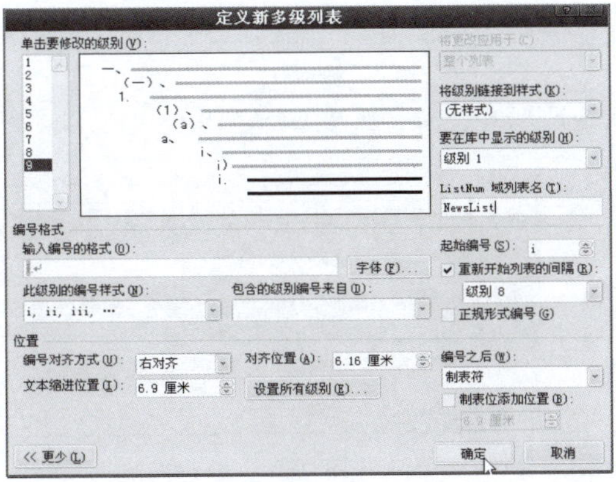

图5-35

5 按照操作“1”打开域对话框，在“编号”类别的域中，单击“ListNum”域名，在“列表名称（N）”中显示新自定义列表域，如设置的“NewList”域，如图5-36所示。

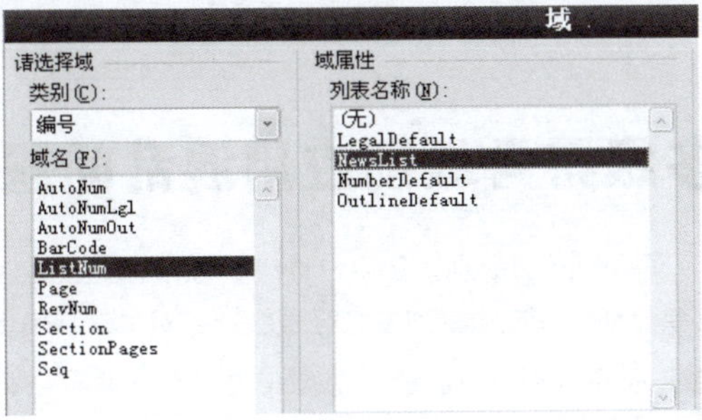

图5-36

6 返回至文档中，选中需要设置列表样式的文本内容，鼠标右键击弹出快捷菜单，选择“编号（N）”选项弹出选项栏，滑动鼠标至“更改列表级别（C）”，弹出新建的9个不同级别的选项，用户可根据需要，选择此处的级别，如选择3级“i--------”选项，如图5-37所示。

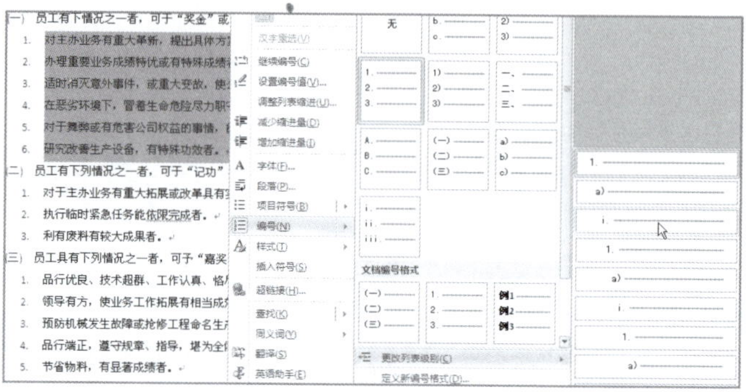

图5-37

7 文本完成设置更改，按照新设置列表级别样式显示文本内容，如图5-38所示。

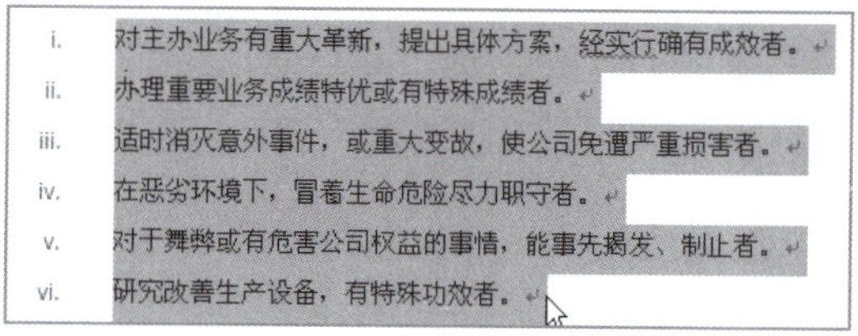

图5-38

提 示

自定义的多级列表域并不能保存在“ListNum”域中，在以后应用中自设的会丢失，用户要重新设置，但如果自定义的多级列表是最后一次使用的，在“定义新多级列表”选项中有显示记录，可查阅。

技巧8 多级符号级别应用混乱问题

在Word中，多级符号的级别在使用过程中，经常也是较为混乱的，有时并不能按照用户需要自动添加成适合的多级符号级别，对付这种使用混乱的问题，下面将详细介绍几个较为实用的方法。

1 选中实用混乱多级符号的段落文档，如文档中“1.1.1硬件系统分类”等内容应该是“1.2.1”；而“1.1电脑的软件系统”应该是“1.3”，在多级符号级别使用中都出现了混乱，如图5-39所示。

❷ 单击“多级列表”按钮（![icon]），打开下拉选项，选择“定义新的多级列表（D）…”选项，如图5-40所示。

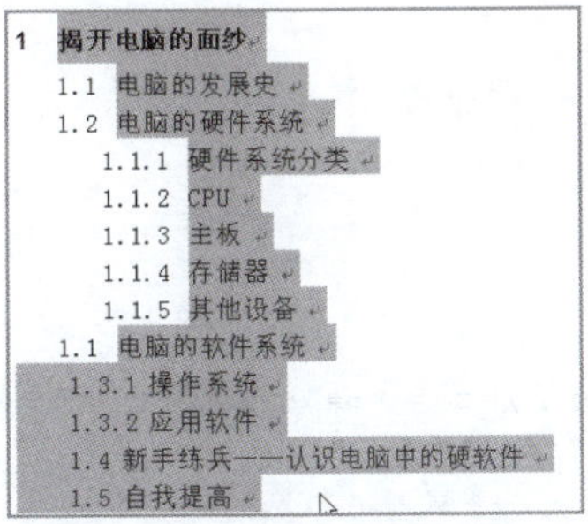

图5-39

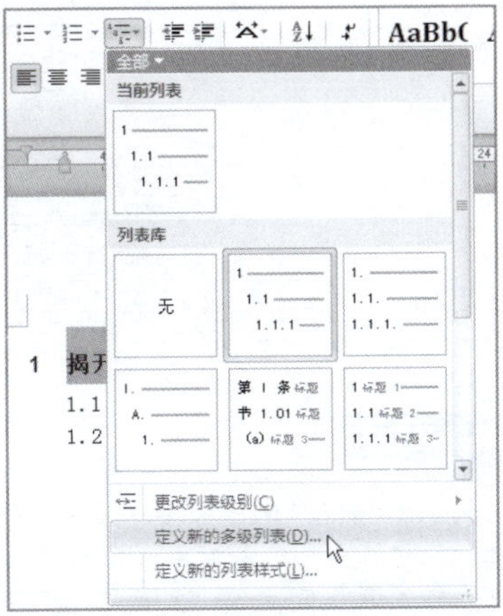

图5-40

❸ 打开“定义新多级列表”对话框，单击“更多（M）”按钮，打开更多隐藏选项；然后在“单击要修改的级别（Y）：”分别选择需要修改的级别，在“将级别链接到样式（K）：”选项下，单击下拉按钮，分别链接到对应的标题，如选择级别“4”，链接到“标题4”完成所有的链接，单击“确定”按钮，如图5-41所示。

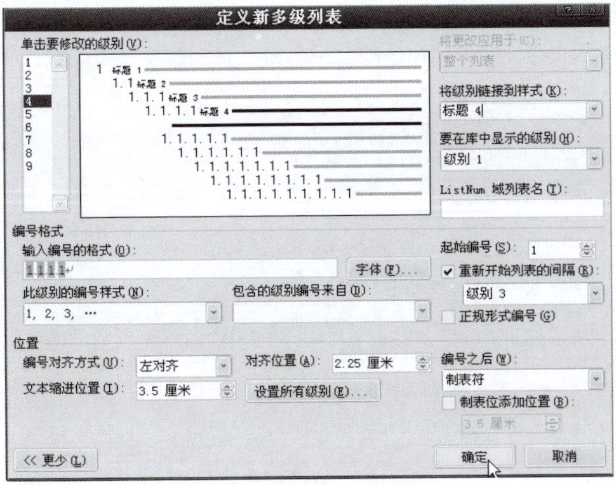

图5-41

4 返回至文档中，选中的原本较为混乱的多级别符号使用问题已经解决，如图5-42所示。

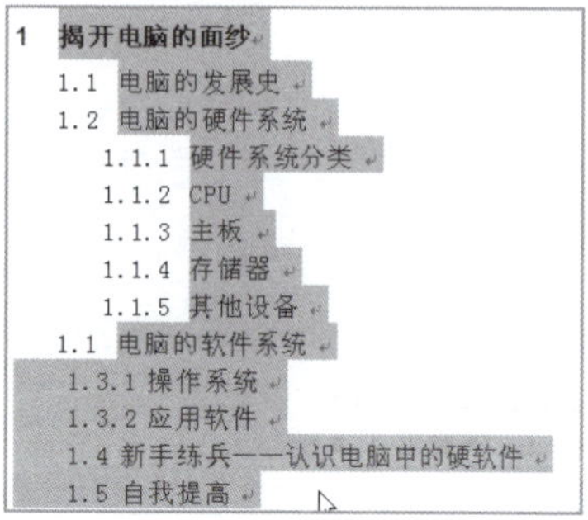
1 揭开电脑的面纱
1.1 电脑的发展史
1.2 电脑的硬件系统
1.1.1 硬件系统分类
1.1.2 CPU
1.1.3 主板
1.1.4 存储器
1.1.5 其他设备
1.1 电脑的软件系统
1.3.1 操作系统
1.3.2 应用软件
1.4 新手练兵——认识电脑中的硬软件
1.5 自我提高

图5-42

知识点

如果在按照操作设置后，还有二级或三级等标题符号没有更正，可以将光标定位在有问题的标题段落，然后单击“开始”选项卡下“样式”选项组中的样式调整对话框，选择相应的级别即可完成多级符号级别的调整。

技巧9 批量更改题注引用的标题编号级别

在较长的文档中，更改文档中所有的标题编号级别是一件浩大的工程，而且很容易遗漏，效率低速度慢，如何批量更改标题编号级别呢？下面就介绍一种利用查找功能快速解决问题的办法。

1 打开文档，按下“Alt+F9”组合键，将文档域切换成域代码形式，如图5-43所示。

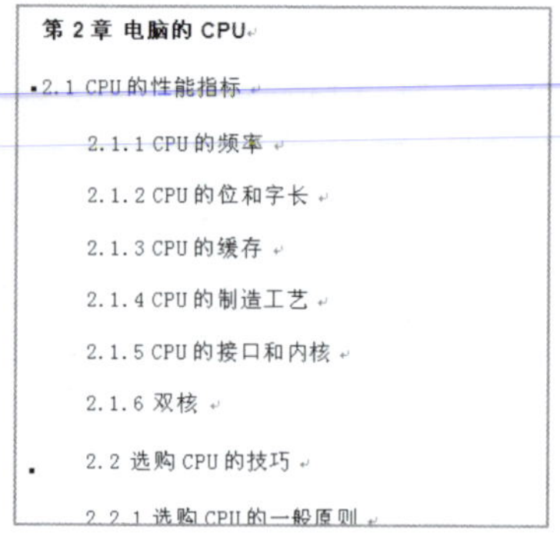
第 2 章 电脑的 CPU
2.1 CPU 的性能指标
2.1.1 CPU 的频率
2.1.2 CPU 的位和字长
2.1.3 CPU 的缓存
2.1.4 CPU 的制造工艺
2.1.5 CPU 的接口和内核
2.1.6 双核
2.2 选购 CPU 的技巧
2.2.1 选购 CPU 的一般原则

图5-43

❷ 按下“Ctrl+H”组合键，打开“查找和替换”对话框，在“替换（P）”选项下的“查找内容（N）”中输入需要替换的标题级别如查找“STYLEREF 2”，在“替换为（I）”中键入“STYLEREF 3”，单击“全部替换（A）”按钮，如图5-44所示。

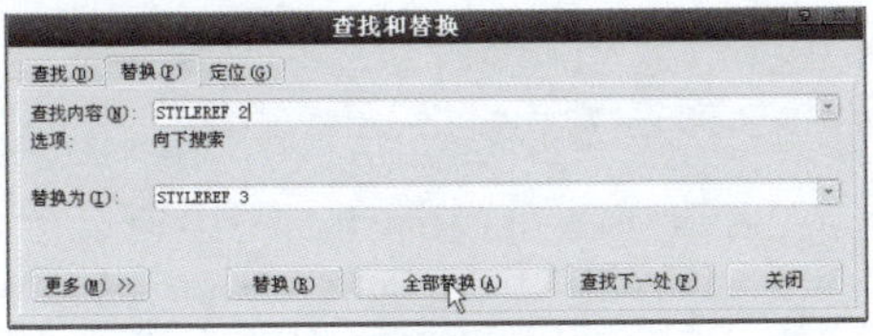

图5-44

❸ 系统自动查找所有内容，并进行替换，完成后弹出提示对话框，用户可多次重复操作“全部替换（A）”按钮，直到系统弹出对话框显示“Word已完成对文档的搜索并已完成0处替换”为止，单击“确定”按钮，关闭对话框，如图5-45所示。

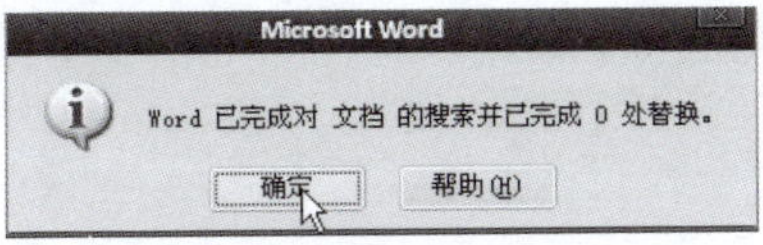

图5-45

❹ 返回至文档中，文档中需要替换的标题已替换完成。按下“Alt+F9”即可显示效果，如果不见效果，可按“F9”键刷新一下，如图5-46所示。

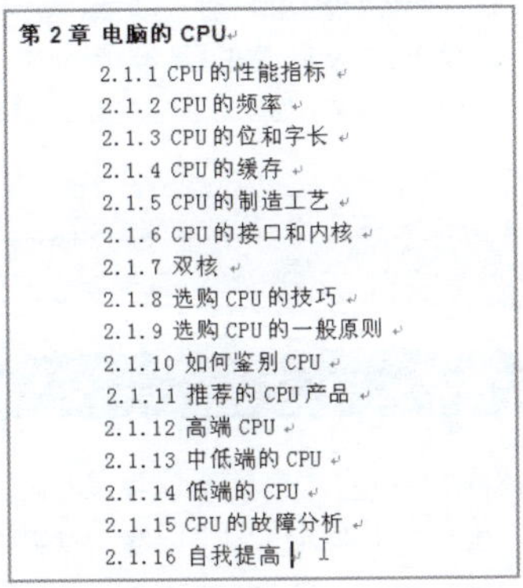

图5-46

技巧10 取消回车后自动产生的编号

在使用自动编号编辑文档时，按下回车键就可继续产生自动编号，虽然方便，但并非在编辑文档时回车键只用于产生编号，还有其他的用途，如何取消回车后自动产生的编号呢？下面就详细介绍。

一、通过快捷键

❶ 打开编辑的文档，插入自动编号，每按回车键一次，就自动增加新的编号，例如该文档所示，如图5-47所示。

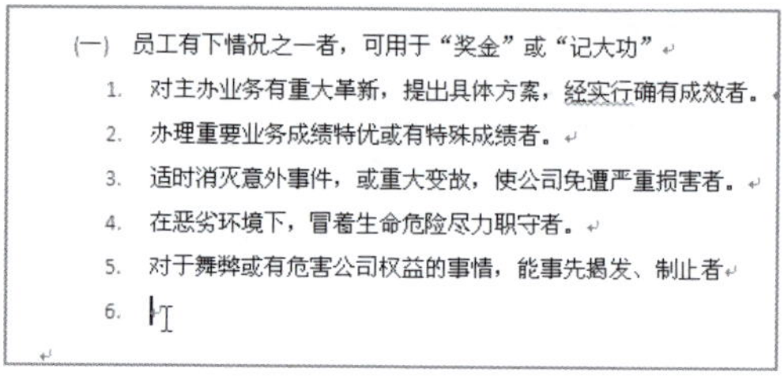

图5-47

❷ 用户在产生新的自动编号后，可再按一次回车键，该段落的自动编号被取消，回车符号自动更改至文档最左端；也可按“Ctrl+Z”组合键临时取消自动编号，如图5-48所示。

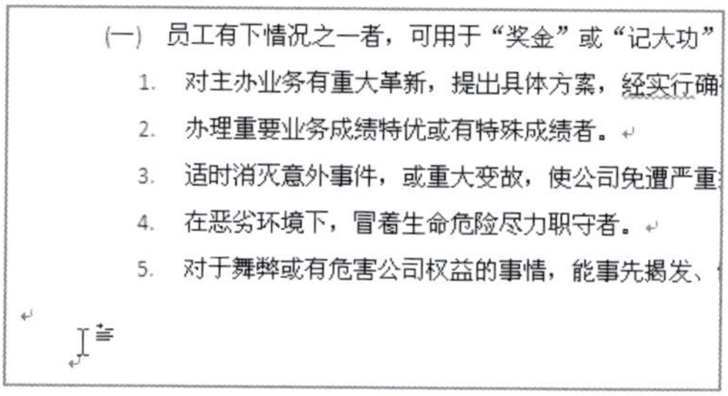

图5-48

二、永久性取消

❶ 单击Word工具栏左上角的“自定义快速访问工具栏”按钮，打开“自定义快速访问工具栏”，选择“其他命令（M）…”选项；或单击“文件”选项卡下的“选项”标签，如图5-49所示。

❷ 或单击“文件”选项卡下的“选项”标签，如图5-50所示。

❸ 打开“Word选项”对话框，选择“高级”标签，在“编辑选项”下，取消“保持格式跟踪（E）”复选框的选中状态，单击“确定”按钮，完成设置，如图5-51所示。

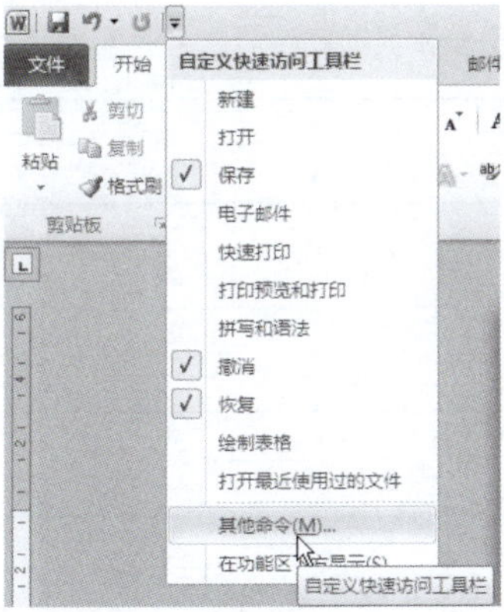

图5-49

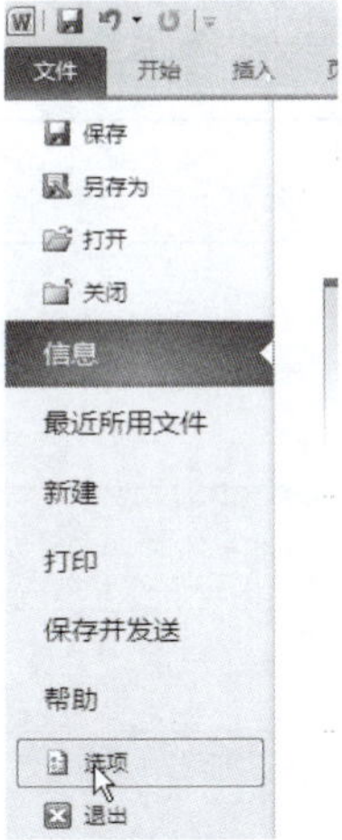

图5-50

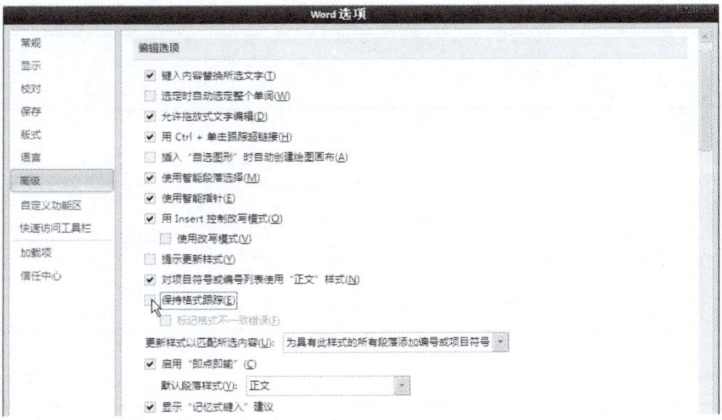

图5-51

❹ 返回至文档中，按下回车键也不会再自动产生编号了，需要用时再选中“保持格式更综（E）”复选框就可恢复，如图5-52所示。

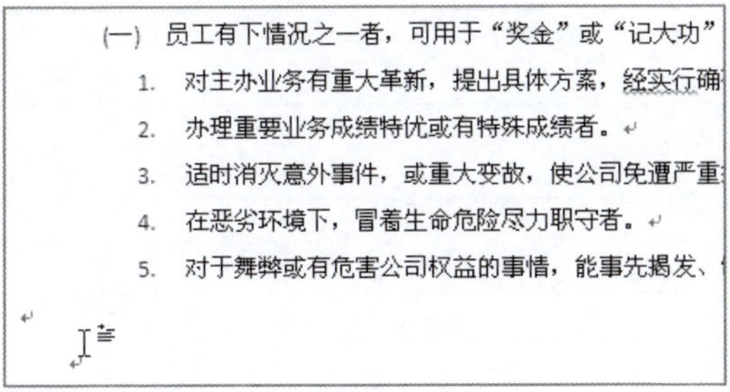

图5-52

读书笔记

第6章

样式与格式

技巧1 直接套用自带样式来设置文档

文档的不同部分有不同的样式，例如标题通常要居中，字号较大，正文部分通常开头空两格等，Word中自带了一些文字段落样式可以直接套用在当前编辑的文档中直接套用自带样式。

❶ 新建一个Word文档，输入文字，默认的字体样式是“Calibri”、“五号”，如图6-1所示。

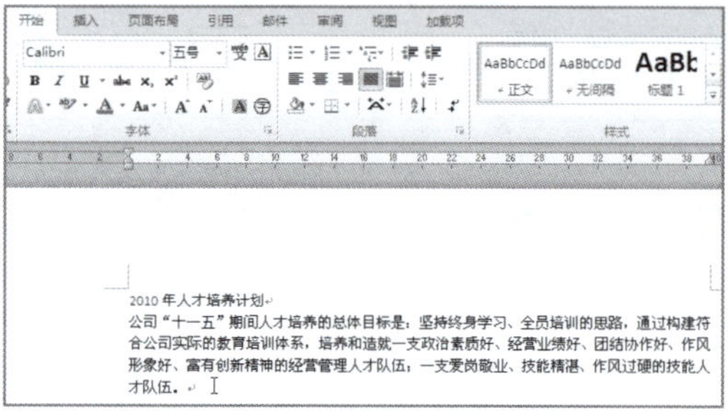

图6-1

❷ 选中要作为标题的文字，打开“开始”选项卡，在“样式”选项组中单击“样式”下拉按钮“⊽”，如图6-2所示。

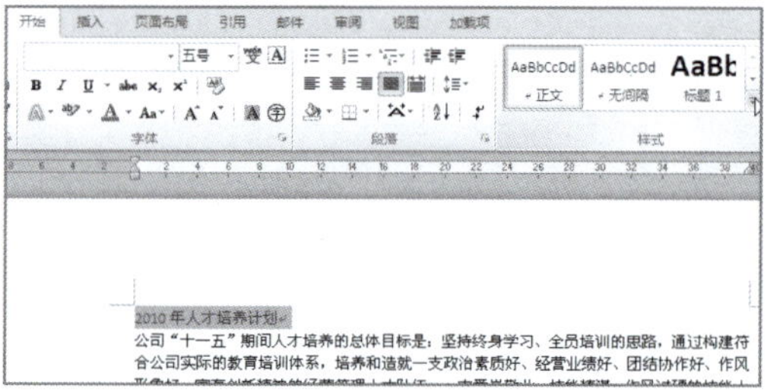

图6-2

❸ 在弹出的下拉列表中选择一种标题样式，单击即可将样式应用于所选文字，如图6-3所示。

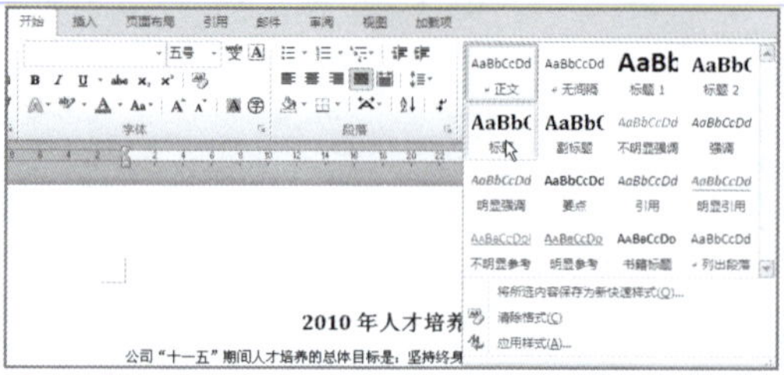

图6-3

❹ 选择正文部分文字，打开“样式”下拉列表，选择“列出段落”文字样式，如图6-4所示。

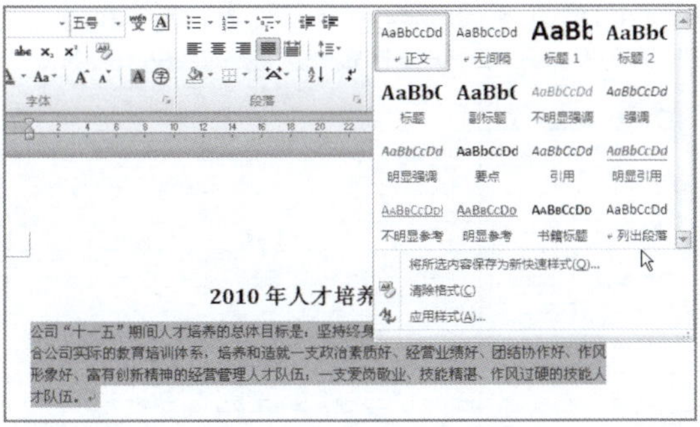

图6-4

❺ 单击即可将该样式应用于所选文字，设置好样式的文字效果如图6-5所示。

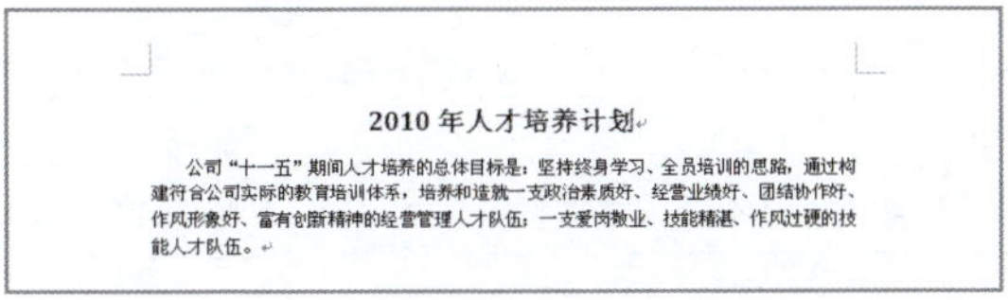

图6-5

技巧2 根据办公需要自定义新样式

除了Word中自带的一些样式以外用户还可以自定义常用的样式作为新样式并保存起来，在以后的使用中直接进行套用，

❶ 选中标题文字，设置字体样式为“黑体”、“二号”、“加粗”，段落样式设置为“居中”，如图6-6所示。

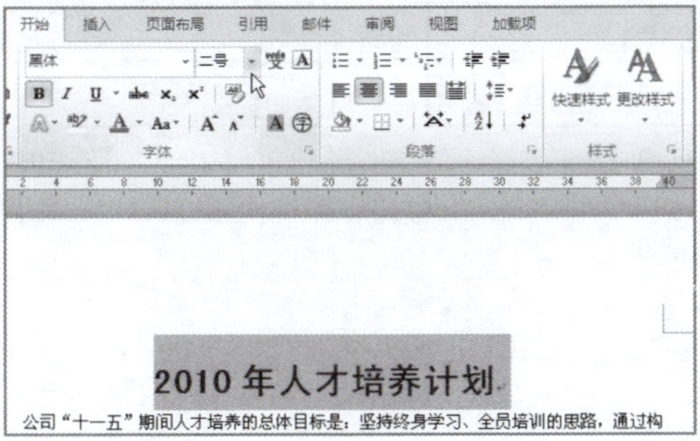

图6-6

2 单击“段落”选项组右下角的 按钮，打开“段落”对话框，将段后间距调整为“18磅”，单击“确定”按钮，如图6-7所示。

3 选中设置好样式的标题文字，单击“样式”选项组中的“样式”下拉菜单，选择“将所选内容保存为新快速样式”选项，如图6-8所示。

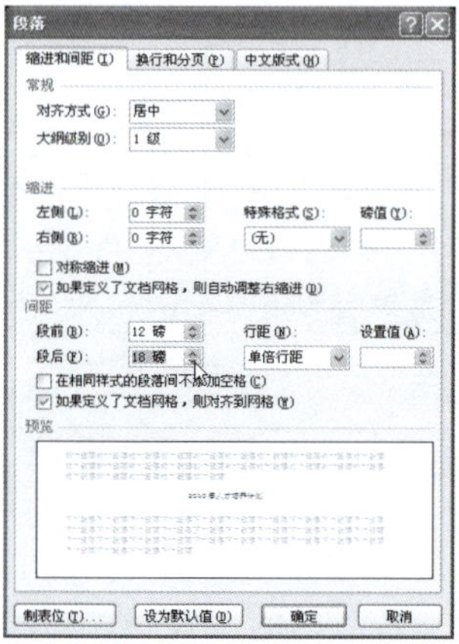

图6-7

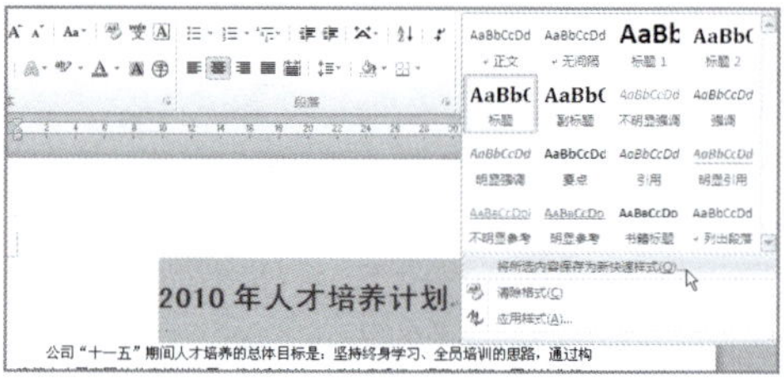

图6-8

4 弹出“根据格式设置创建新样式”对话框，输入新样式的名称，单击“修改”按钮，如图6-9所示。

5 可以继续对新样式进行修改，如图6-10所示。

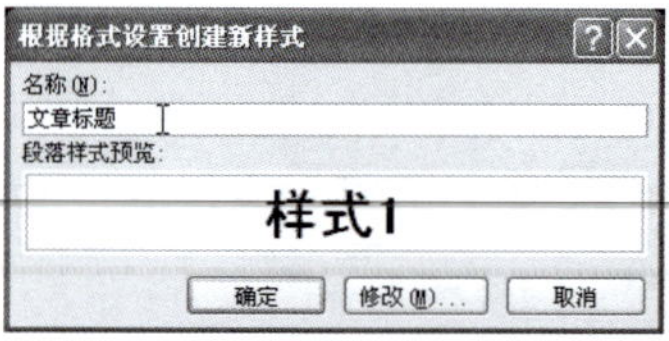

图6-9

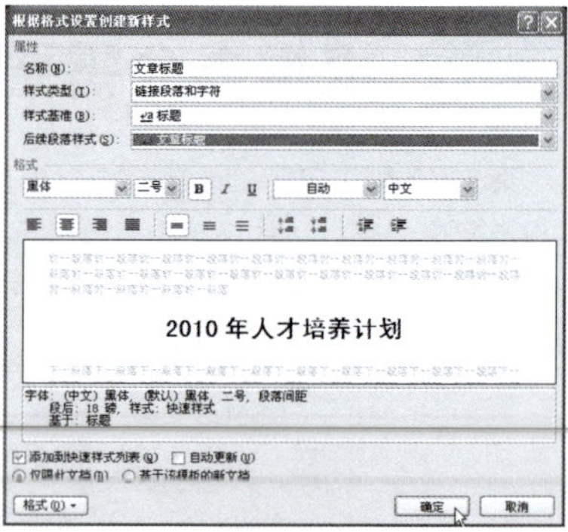

图6-10

6 修改完成后单击“确定”按钮，即可将新设置的样式添加到“样式”列表中，如图6-11所示。

提 示

将常用的、Word中没有自带的样式保存起来定义为新样式可以让之后的编辑工作更加方便。

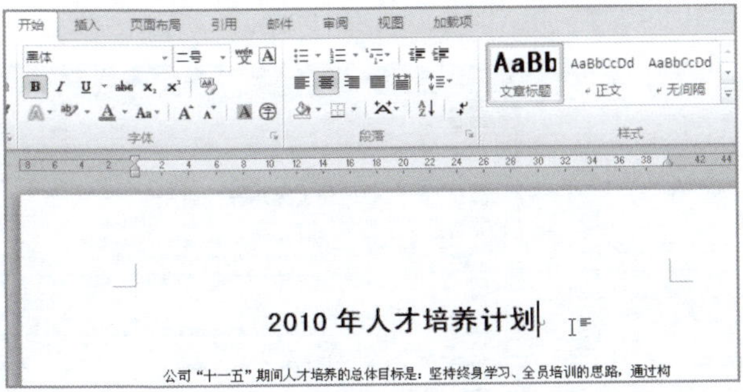

图6–11

技巧3 纵览全文各部分应用的样式和格式

有的时候用户需要实时查看文档各部位都应用了哪些样式和格式，方便修改，如何纵览全文样式和格式的应用呢？下面就具体介绍。

❶ 打开“开始”选项卡，单击“样式”选项组右下角的按钮，打开“样式”任务窗格，再单击“样式”任务窗格下方的“样式检查器”按钮，如图6–12所示。

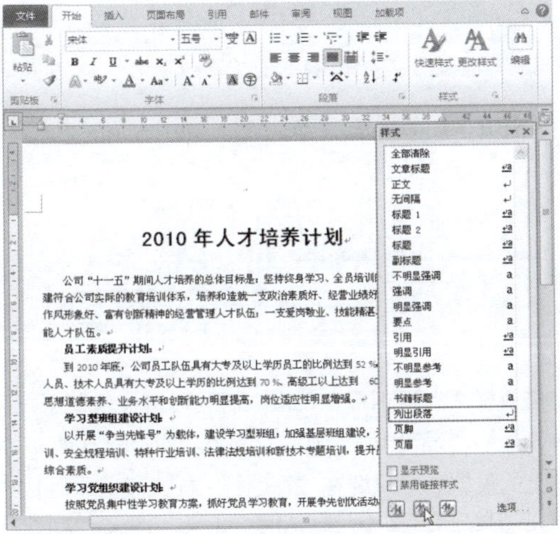

图6–12

❷ 打开“样式检查器”任务窗格，单击“样式检查器”任务窗格下方的“显示格式”按钮，如图6–13所示。

❸ 此时在页面右侧出现“显示格式”任务窗格，单击文档中任意位置即可在“显示格式”任务窗格中显示当前文字的格式，要修改当前的格式直接在“样

式”任务窗格中单击某一格式即可，如图6-14所示。

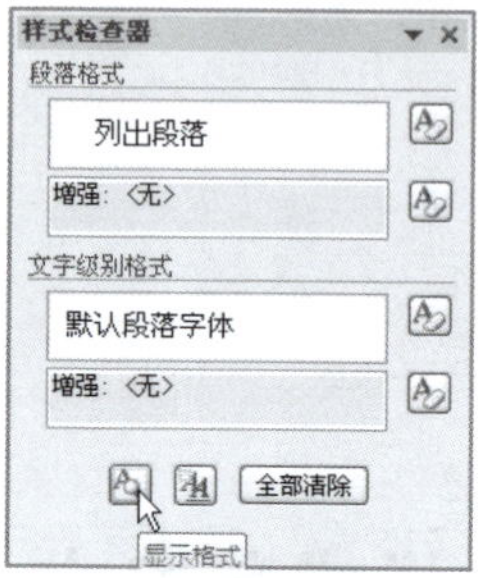

图6-13

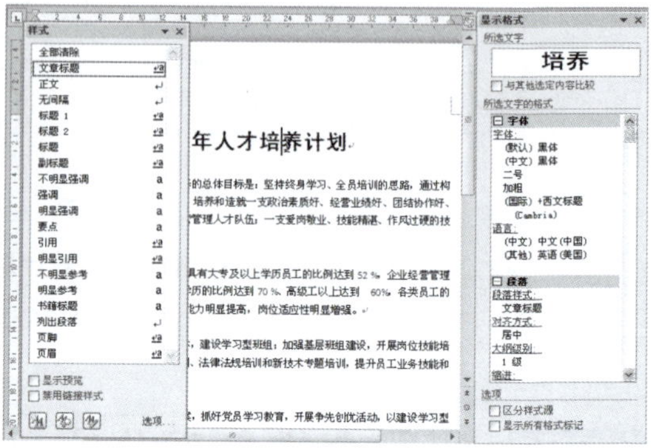

图6-14

技巧4 后续段落继承或中断当前段落样式

在文档编辑的过程中，按“Enter”键后新生成的段落与当前段落的样式有些是相同的，有些是不同的，这里介绍如何自定义后续段落继承或中断当前段落样式。

❶ 打开“开始”选项卡，在“样式”选项组中选择一个快速样式，例如“标题1”，单击右键在弹出的菜单中单击“修改”命令，如图6-15所示。

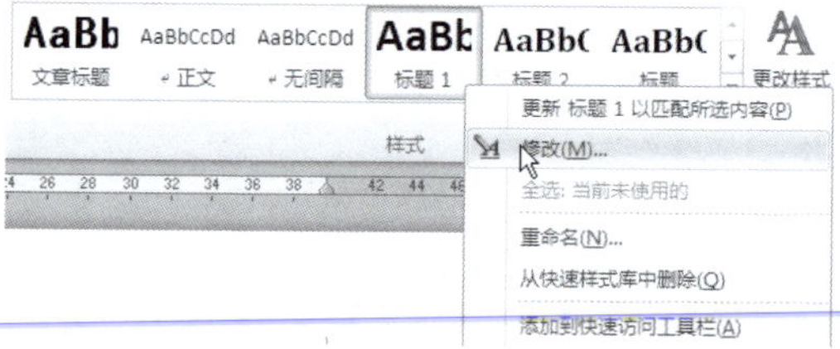

图6-15

❷ 弹出“修改样式”对话框，单击“后续段落样式”下拉列表，选中一个样式，例如“标题1”，然后单击“确定”按钮，如图6-16所示。

❸ 通过以上的设置后，只要在“标题1” 样式段落末尾按“Enter”键，下一个段落样式就是“标题1”而不是默认的“正文”样式，如图6-17所示。

提 示

在“修改样式”对话框中的设置默认是仅应用于当前文档，若希望此设置能应用于之后的所有文档则需选择“基于该模板的新文档”单选项。

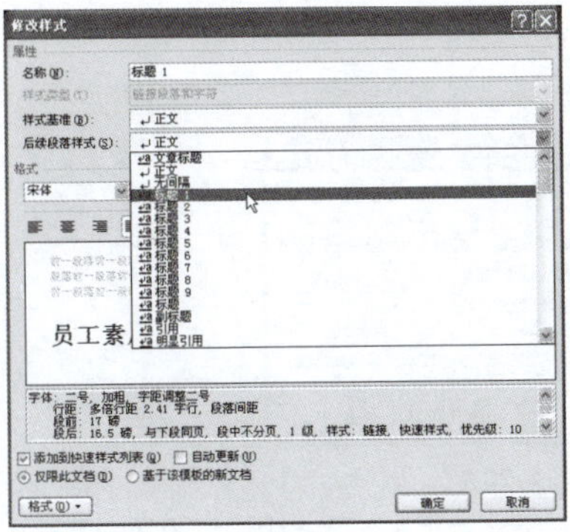

图6-16

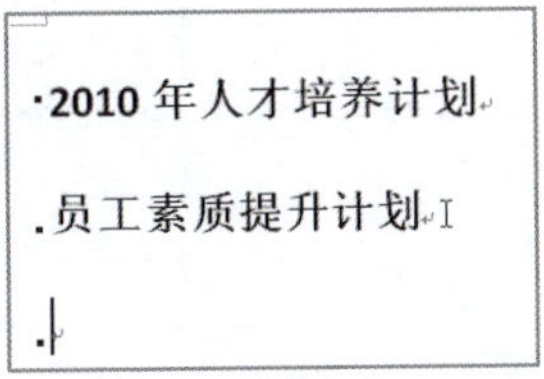

图6-17

技巧5　不许别人动我的样式或格式

当需要将文档交给其他人编辑时，有时不希望别人改变原有的文档中的样式，或者不希望某些样式被应用于文档中，这时可以使用格式设置限制的功能对文档进行加密保护。

❶ 打开“审阅”选项卡，在“保护”选项组中单击“限制编辑”按钮，如图6-18所示。

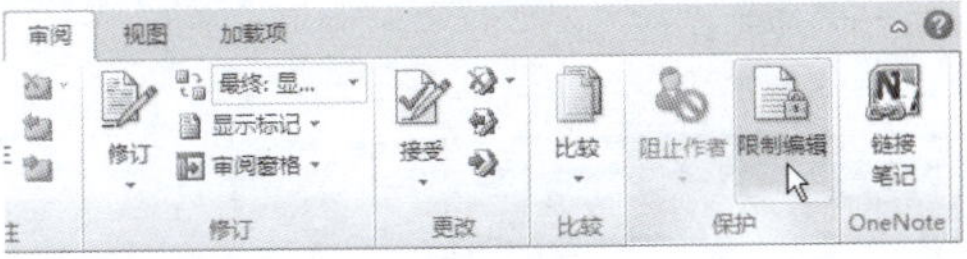

图6-18

❷ 右侧弹出“限制格式和编辑”任务窗格，选中“限制对选定的样式设置格式”复选框，单击下面的“设置...”，在弹出的“格式设置限制”对话框中选择自己当前允许使用的样式，如“标题1”、“标题2”、“标题6”，然后单击“确定”按钮，如图6-19所示。

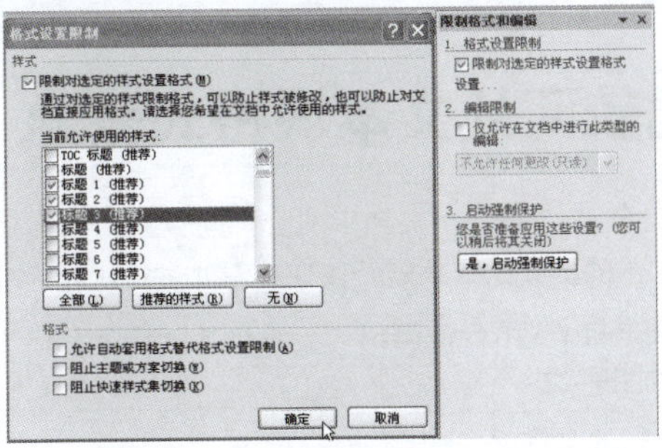

图6-19

3 再单击任务窗格中的“是，启动强制保护”按钮，在弹出的“启动强制保护”对话框中输入保护密码，不输入也可以，如图6-20所示。

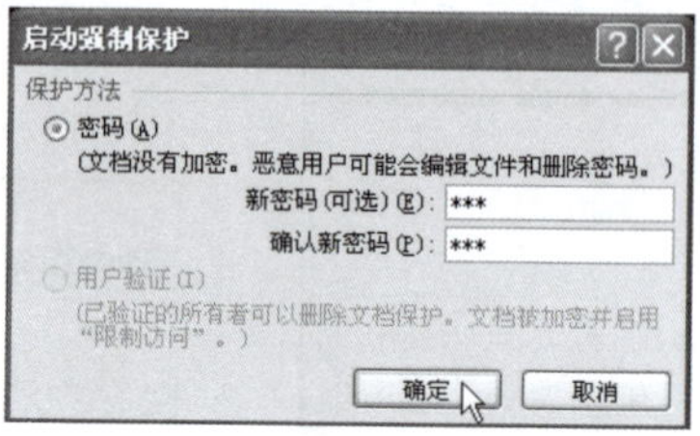

图6-20

4 单击“确定”按钮后，在“开始”选项卡下面的格式设置的按钮都成为非激活状态，除了刚才选中的允许使用的样式外其他样式将不可用，如图6-21所示。

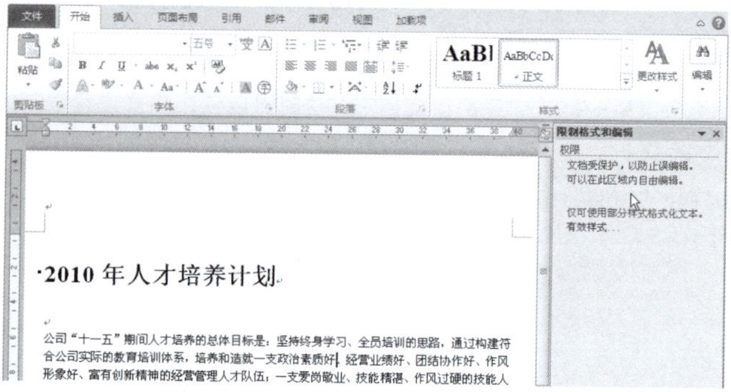

图6-21

提 示

在步骤2中，未选中的样式将被清除掉，文档中不会出现它们的应用，最终文档中只出现已选中的样式。

技巧6 比较两处文本块格式差异

当用户需要比较或查看一份文档中两个不同位置上文本格式上的差异时，可利用Word 2010中的格式比较功能，快速查看并进行比较。

1 按下“Shift+F1”组合键调出“显示格式”任务窗口（一般在工作区的最左边打开），如图6-22所示。

2 选中要比较的文本之一，如图6-23所示。

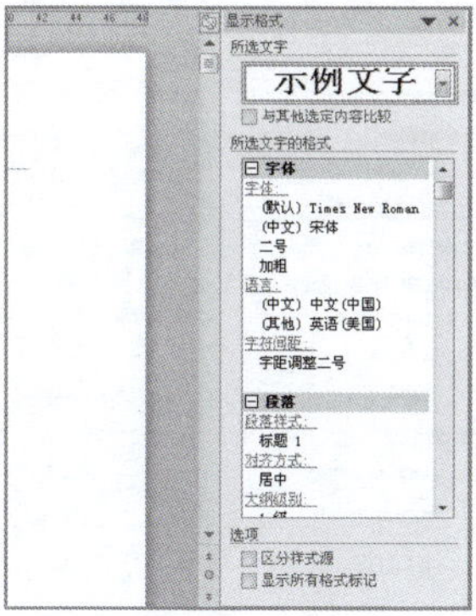

图6-22

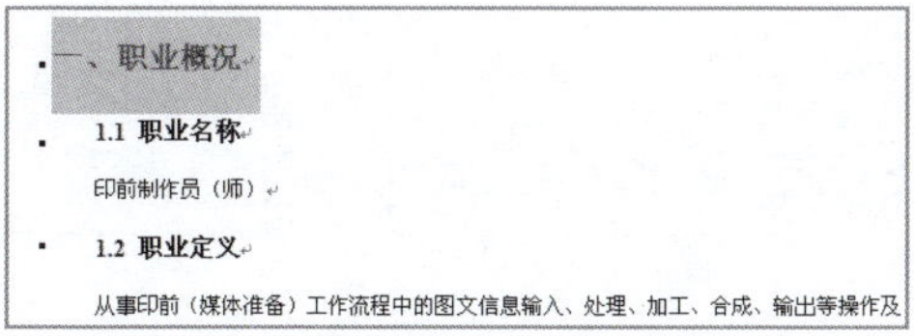

图6-23

3 选中“显示格式”任务窗格下的“与其他选定内容比较”复选框，再选中另一个要比较的文本内容，如图6-24所示。

4 此时两者的差异很快在“显示格式”的任务窗格下“格式差异”中比较出，用户可以查看两处文本块格式上有哪些不同，如图6-25所示。

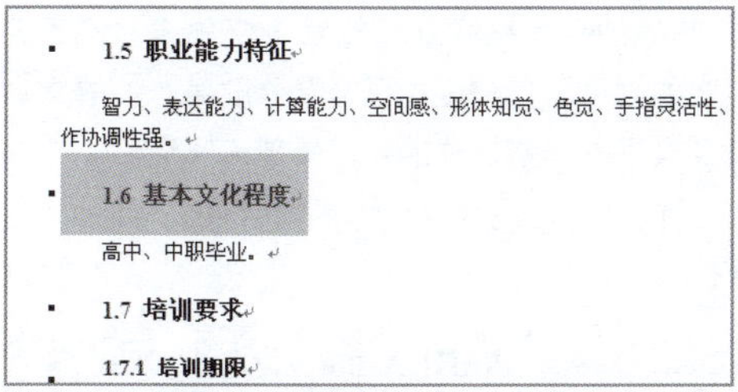

图6-24

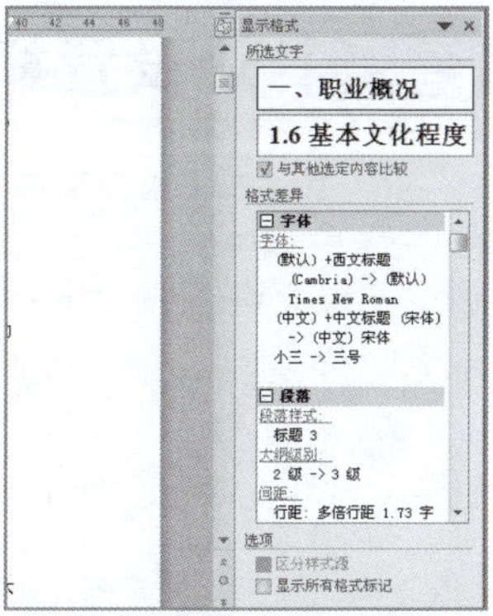

图6-25

技巧7　关闭任务窗格中格式的变化

在设置文档的各种格式时，“样式和格式”任务窗格中各种相应的格式会即发生变化，通过简单的设置可以取消该功能。具体的操作方法如下所示。

1 单击“文件”选项卡下的“选项”标签，如图6-26所示。

2 打开“Word选项”对话框，单击“高级”标签，取消“保持格式跟踪”的复选框的选中状态，单击“确定”按钮，完成设置，如图6-27所示。

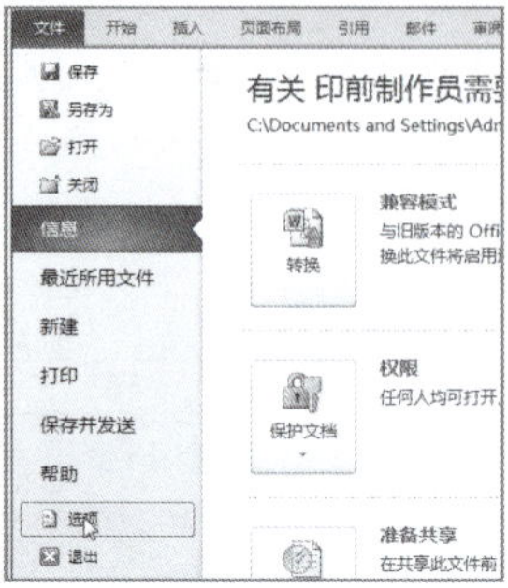

图6–26

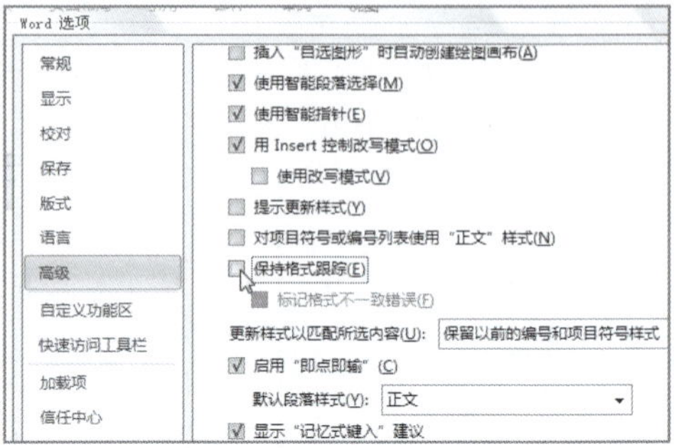

图6–27

注 意

取消此功能后，在文本处单击鼠标右键，在弹出的快捷菜单中"样式"选项下的"选择格式相似的文本"命令将不能被激活。

技巧8 让设置样式进行自动更新

在一份文档中多处文本往往会引用同样的样式和格式，当用户在修改文档时改动了其中的一处文本格式，其他的文本格式就可能发生变化或"格式丢失"，但有的时候这并不是用户希望的效果，用户可能只需要修改某一处的文本格式，而不是全部，该如何做呢？其实可以调整样式的自动更新来实现。

❶ 单击"开始"选项卡下的"样式"选项组中样式的下拉按钮，选择"应用样式（A）"选项，如图6–28所示。

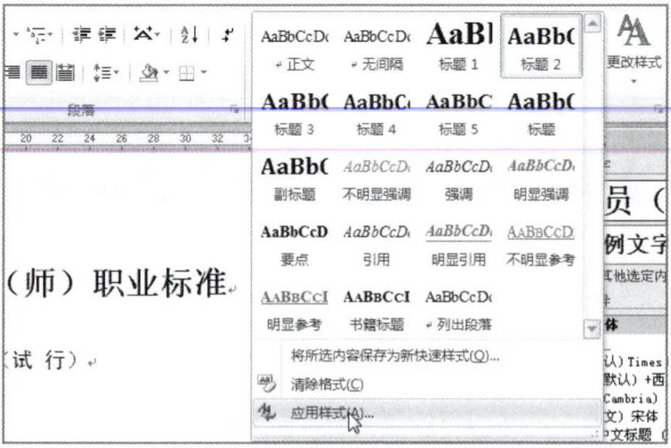

图6–28

❷ 弹出"应用样式"对话框，单击"修改"按钮，如图6–29所示。

③ 打开“修改样式”对话框，选中下方的“自动更新（U）”复选框，单击“确定”按钮，如图6-30所示。

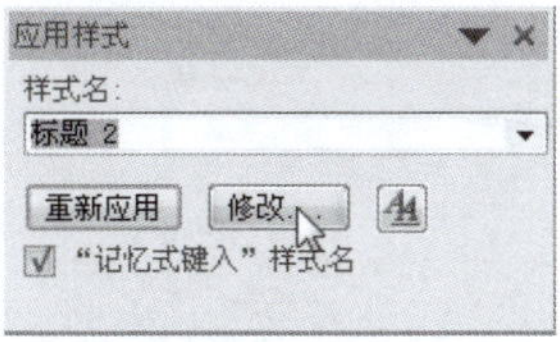

图6-29

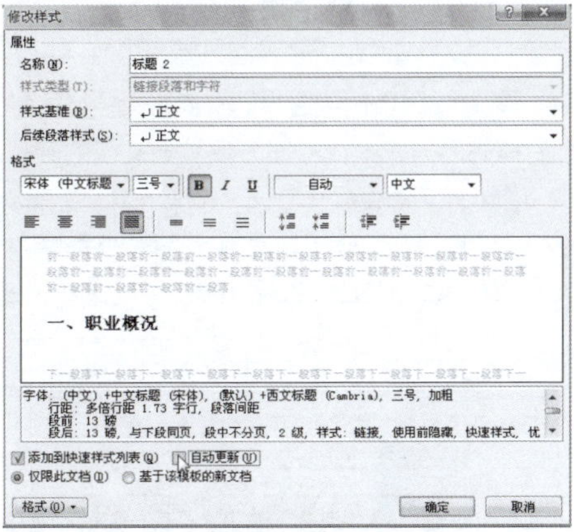

图6-30

④ 完成设置后，用户再修改某一处样式，其他应用同样样式的文本格式将不会修改。

技巧9　使用样式集快速设置文档格式

Word 2010程序提供了一些可以直接套用的样式集，各级目录及正文都进行了格式设置，通过样式集的套用，可以快速设置整篇文档的格式。

① 单击“开始”选项卡下的“样式”选项组，选择“更改样式”按钮，打开下拉选项，选择“样式集”选项，打开左侧的弹出，选择合适的样式集，如选择“现代”样式集。如图6-31所示。

② 单击“现代”样式集，文本被应用该样式，效果如图6-32所示。

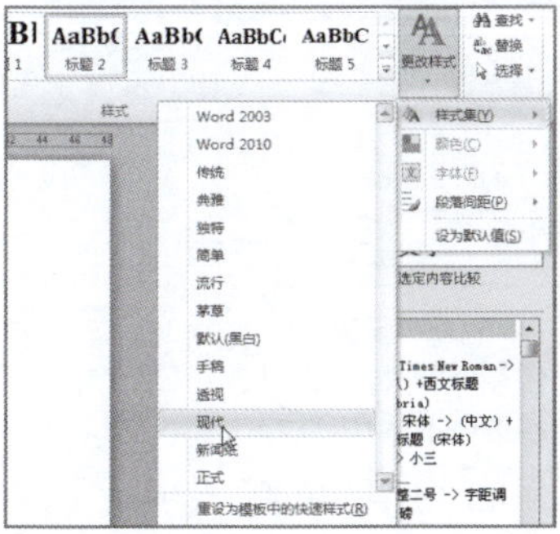

图6-31

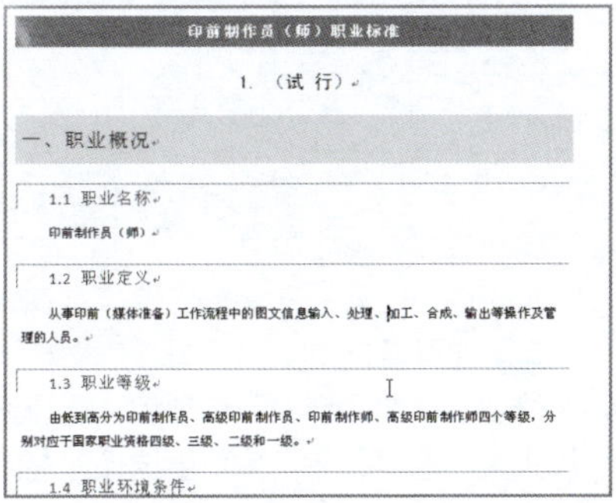

图6-32

技巧10 将当前文档使用的样式建立为样式集

Word 2010不但提供了较多的文档样式集可供选择，用户也可以自己建立适合的样式为样式集，从而方便其他文档的套用，具体方法如下。

❶ 打开设置好的文本，单击“开始”选项卡下的“样式”选项组，选择“更改样式”按钮，打开下拉选项，选择“样式集”选项，展开“样式集”下拉选项菜单。在下拉选项菜单中选择“另存为快速样式集（O）”选项，如图6–33所示。

图6–33

❷ 打开“保存快速样式集”对话框，设置保存文件名（注意不要改变保存位置），如图6–34所示。

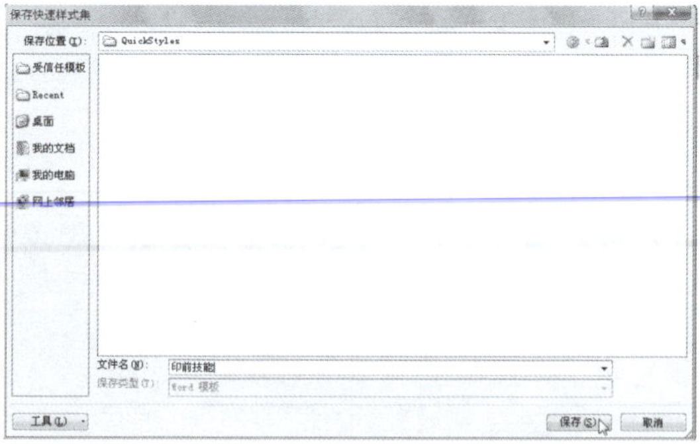

图6–34

❸ 保存后退出文档，当其他文档也需要使用相同的样式时，可以单击“开始”选项卡下的“样式”选项组，选择“更改样式”按钮，打开下拉选项，选择“样式集”选项，在子菜单中选择保存的样式集，如“印前技能”选项，单击该样式集，如图6–35所示。

❹ 打开的文本被应用为该样式，效果如图6-36所示。

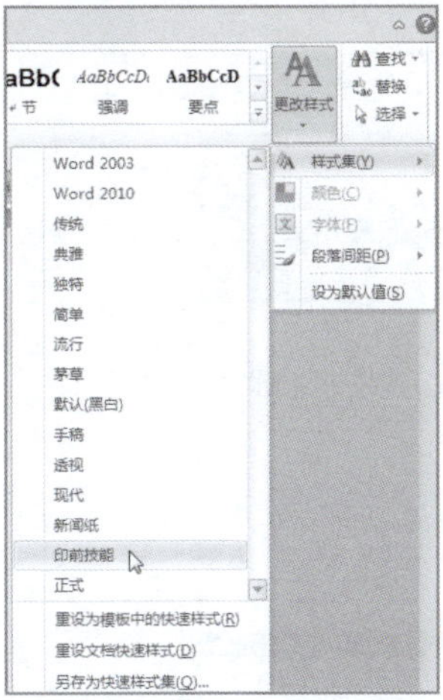

图6-35

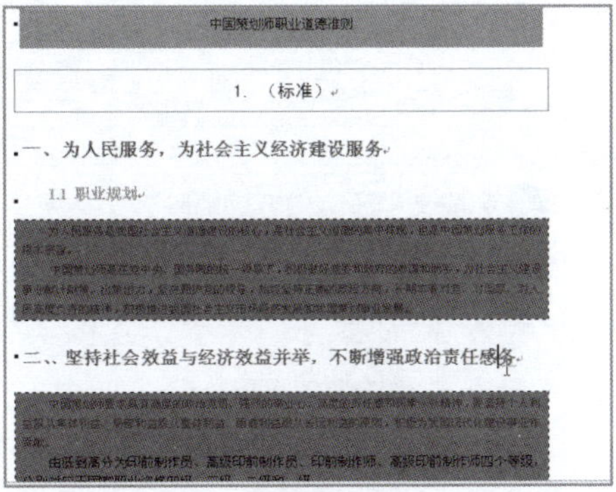

图6-36

技巧11　快速清除文档中不需要的格式

在设置文档格式后，如果需要清除所有格式，可以分别按如下方法操作。

一、清除整篇文档的格式

❶ 按“Ctrl+A”全选整篇文档内容，如图6-37所示。

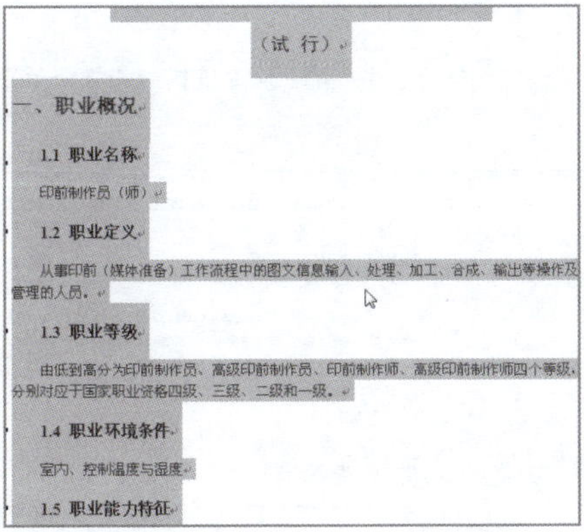

图6-37

❷ 单击“开始”选项卡下的“样式”选项组中样式的下拉按钮，选择“清除格式（C）”选项，如图6-38所示。

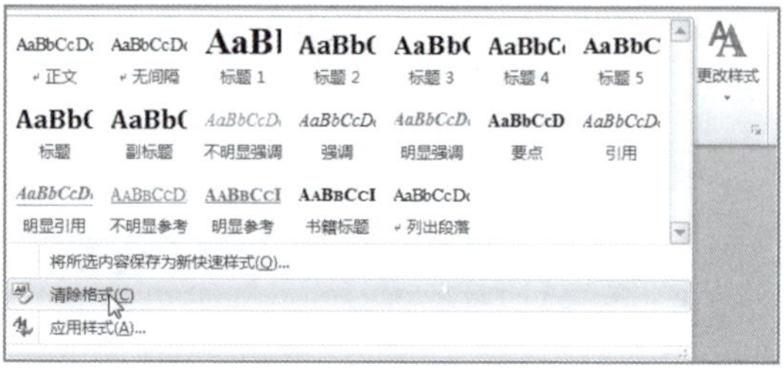

图6-38

3 完成文档所有内容的清除，文档恢复到无格式状态，如图6-39所示。

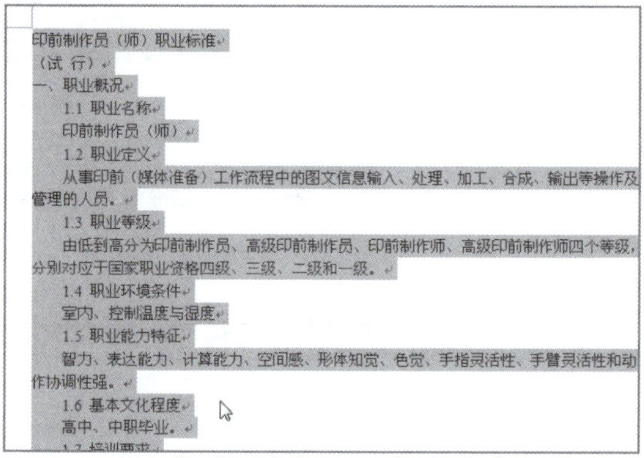

图6-39

二、清除部分文档的格式

方法1:

1 可选择部分文档内容，按照清除全部文档内容的其他操作进行，如图6-40所示。

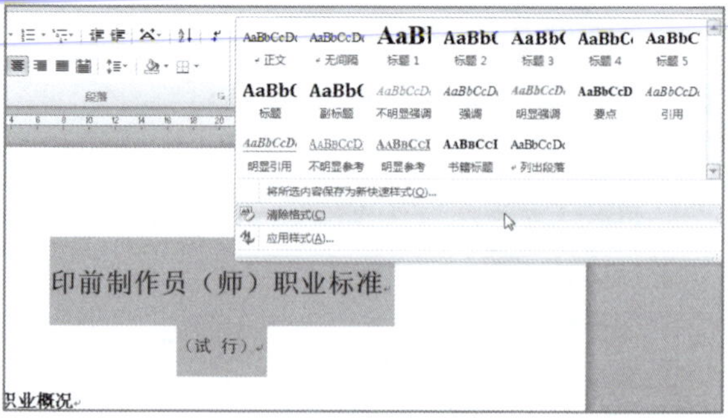

图6-40

2 完成部分文档格式的清除，效果如图6-41所示。

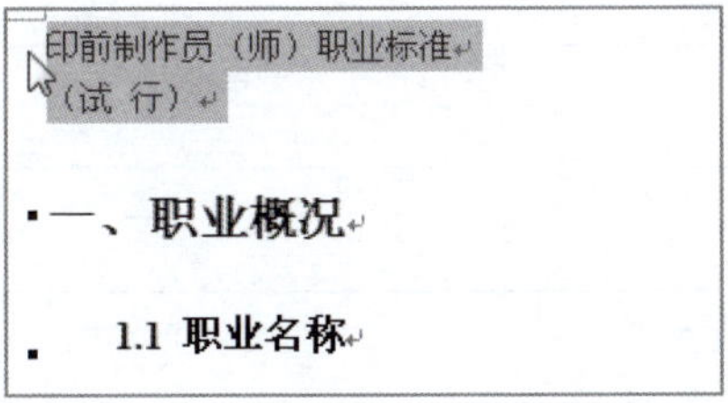

图6-41

方法2:

1 选择要清除的部分文档内容，如图6-42所示。

2 按下“Shift+F1”组合键调出“显示格式”任务窗口，单击“所选文字”选项框的下拉按钮，选择“清除格式（C）”选项，如图6-43所示。

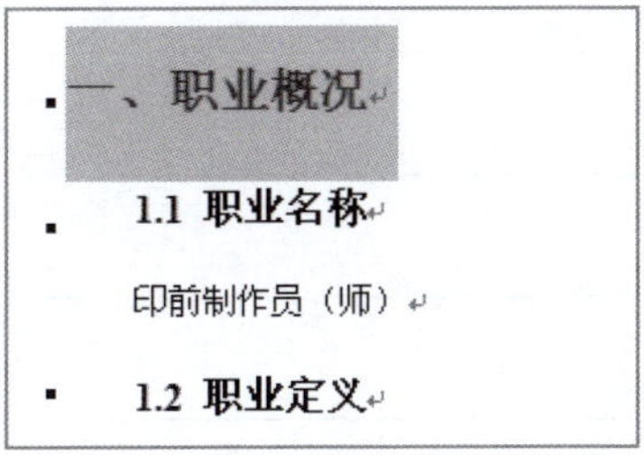

图6-42

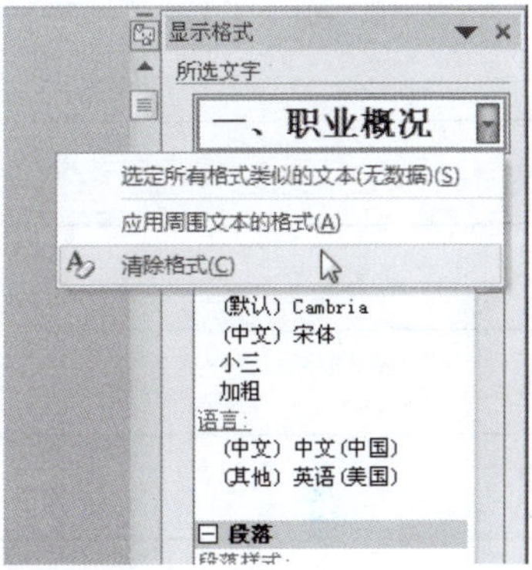

图6-43

3 完成部分文档格式的清除，效果如图6-44所示。

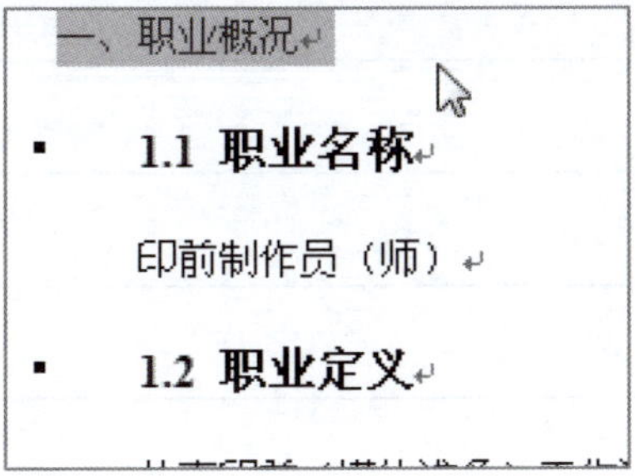

图6-44

读书笔记

第7章

文档中表格的应用

技巧1 表格文本的随意转换

在编辑文档时如果事先没有插入表格，也可以先将表格中的信息有序地输入，然后将文本转换成表格。

❶ 输入数据信息，在输入文字或数据时每个项目之间应该用逗号、制表符或空格键断开（逗号必须是半角），选中文本内容，打开“插入”选项卡，在“表格”选项组中单击“表格”按钮，在弹出的下拉菜单中单击“文本转换成表格”命令，如图7-1所示。

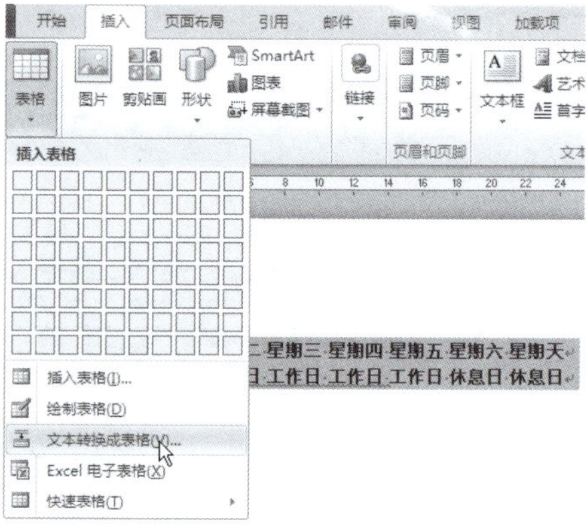

图7-1

❷ 打开“将文字转换成表格”对话框，对行、列数和表格格式进行适当调整，如图7-2所示。

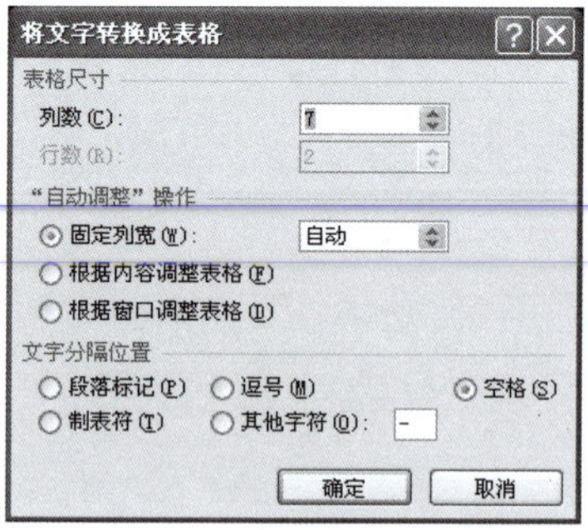

图7-2

❸ 单击“确定”按钮即可将选中文本转换为表格，如图7-3所示。

星期一	星期二	星期三	星期四	星期五	星期六	星期天
工作日	工作日	工作日	工作日	工作日	休息日	休息日

图7-3

技巧2 表格行与列的快捷添加

在Word中编辑表格时经常需要插入行或列，这里将介绍如何快速插入行或列。

❶ 将光标放在需要插入行的前面一行末尾的段落标记处，按下“Enter”键，即可在光标后插入一行，如图7-4所示。

星期一	星期二	星期三	星期四	星期五	星期六	星期天
工作日	工作日	工作日	工作日	工作日	休息日	休息日

图7-4

❷ 将光标放在需要插入列的单元格处，右击鼠标，在弹出的菜单中选择“插入”，再选择需要插入的位置，如图7-5所示。

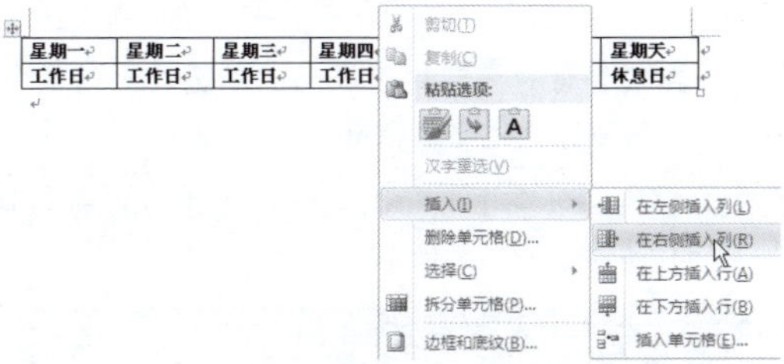

图7-5

❸ 单击即可插入行或列单元格，如图7-6所示。

星期一	星期二	星期三	星期四		星期五	星期六	星期天
工作日	工作日	工作日	工作日		工作日	休息日	休息日

图7-6

❹ 当需要插入一个单元格时，可以将光标放在需要插入单元格处，右击鼠标，在弹出的菜单中选择“插入”，再单击“插入单元格”命令，如图7-7所示。

❺ 打开“插入单元格”对话框，如果需要在当前单元格的上方插入单元格则选择“活动单元格下移”单选项，如图7-8所示。

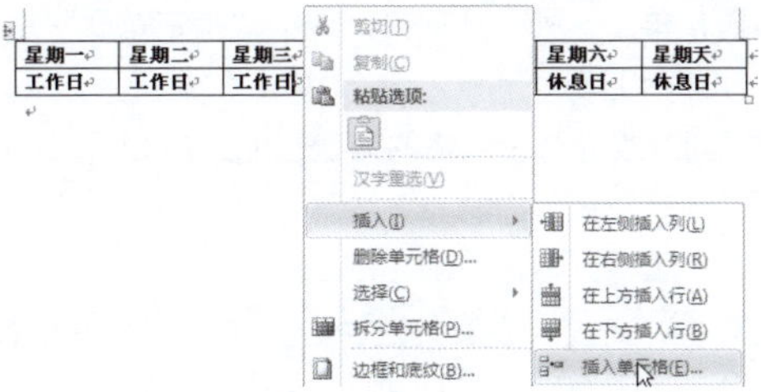

图7-7

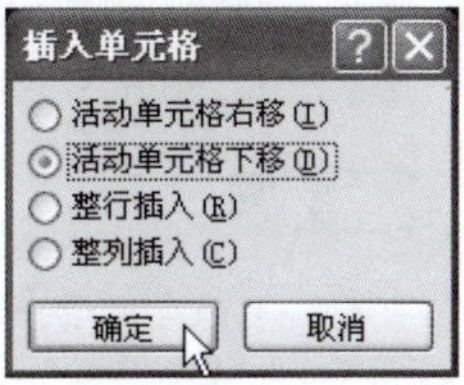

图7-8

6 单击“确定”按钮即可在当前单元格的上方插入一个单元格，同时在下方也补齐了相应的单元格，如图7-9所示。

星期一	星期二	星期三	星期四	星期五	星期六	星期天
工作日	工作日		工作日	工作日	休息日	休息日
		工作日				

图7-9

知识点

在插入一行或者一列之后按下“Ctrl+Y”组合键或者“F4”键即可重复插入行或列。

技巧3 批量调整表格多列的宽度

在Word中编辑表格时有时需要更改表格的列宽，手动逐个更改十分不方便，这里介绍如何一次性更改表格多列宽度。

1 选中整个表格内容，在上面右击鼠标，在弹出的菜单中单击“表格属性”命令，如下图7-10所示。

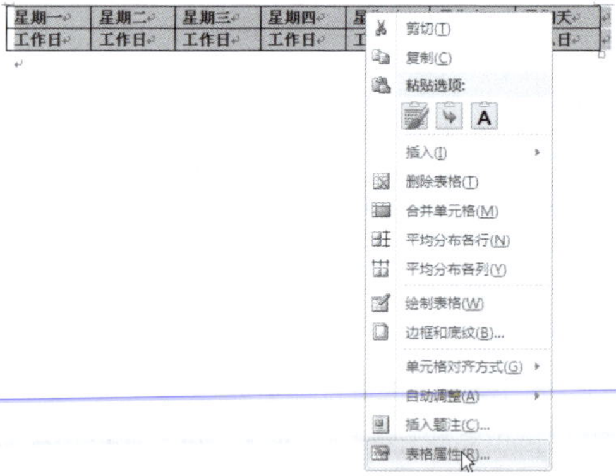

图7-10

2 打开“表格属性”对话框，单击“列”选项卡，选中“指定宽度”复选框，并在后面调整需要的列宽，如图7-11所示。

3 单击“确定”按钮，即可同时改变整个表格的列宽，如图7-12所示。

提 示

本例还可应用于一次性改变多行高度，在应用选择时，将列宽改为行高进行调整即可。

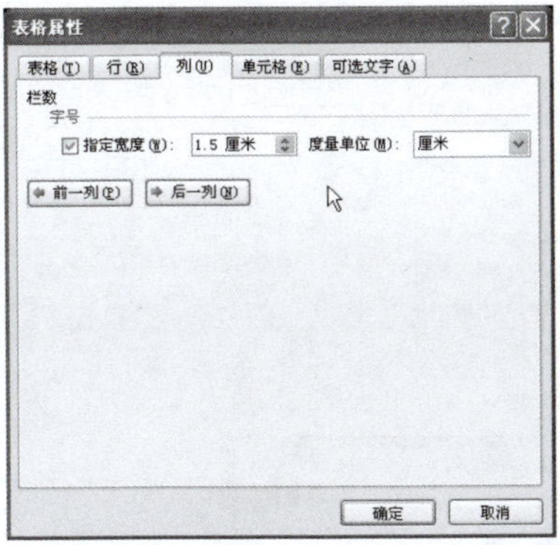

图7-11

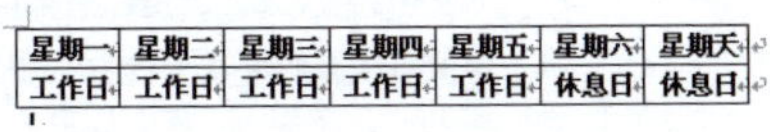

图7-12

技巧4 巧用“Alt”键调整表格精确的行高和列宽

直接使用鼠标拖动表格分隔线来调整表格行高与列宽时，其幅度太大有时会不满足实际需求，使用“Alt”键可以解决这一问题。

❶ 在需要调整行高或列宽的行或列分割线上按住鼠标左键不放。

❷ 再按住“Alt”键，向上下或左右拖动鼠标即可随意调整行高或列宽，如图7-13所示。

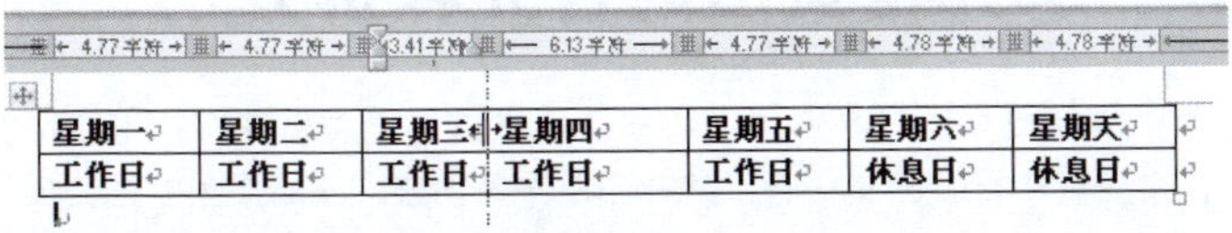

图7-13

技巧5 平均分布表格各行各列

在表格制作过程中可能会使行列分布比较混乱，使用平均分布行列功能可以快速统一表格行高或列宽。

❶ 选中表格，在表格上右击鼠标，在弹出的菜单中单击“平均分布各行”命令，即可将表格所有行平均分布，如图7-14所示。

❷ 选中表格，在表格上右击鼠标，在弹出的菜单中单击“平均分布各列”命令，如图7-15所示。

❸ 即可将表格所有列平均分布，如图7-16所示。

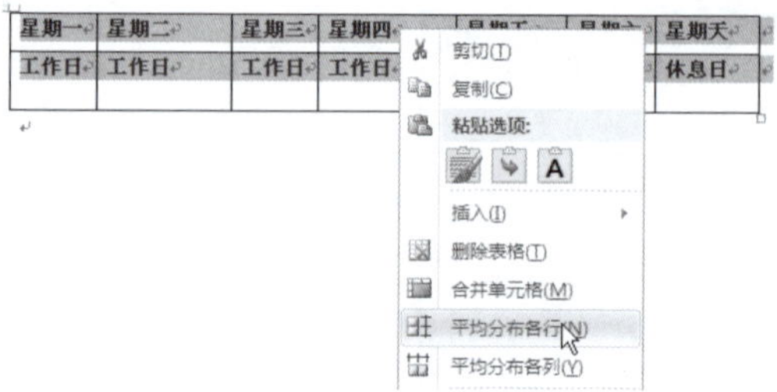

图7-14

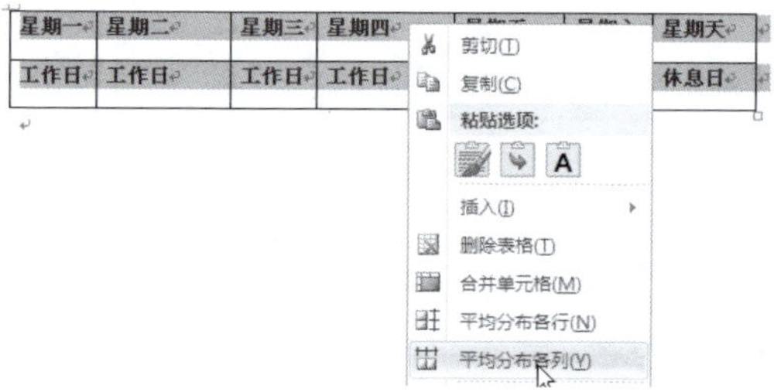

图7-15

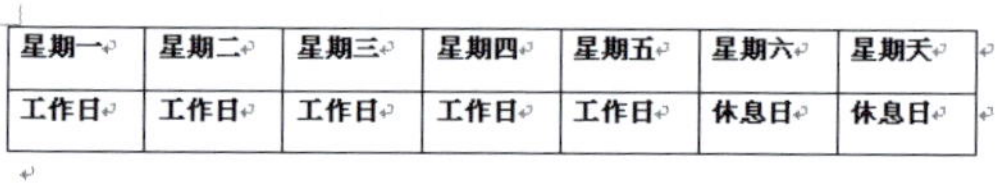

星期一	星期二	星期三	星期四	星期五	星期六	星期天
工作日	工作日	工作日	工作日	工作日	休息日	休息日

图7-16

技巧6 单元格灵活的合并和拆分

在表格编辑过程中经常需要进行合并或者拆分单元格操作，单元格的合并与拆分，常应用于行政、文秘等日常办公操作中，该方法给广大的办公操作人员带来了很大的便利。

❶ 选中需要合并的单元格，在上面右击鼠标，在弹出的菜单中单击“合并单元格”命令，如图7-17所示。

❷ 即可将选中单元格合并为一个单元格，如图7-18所示。

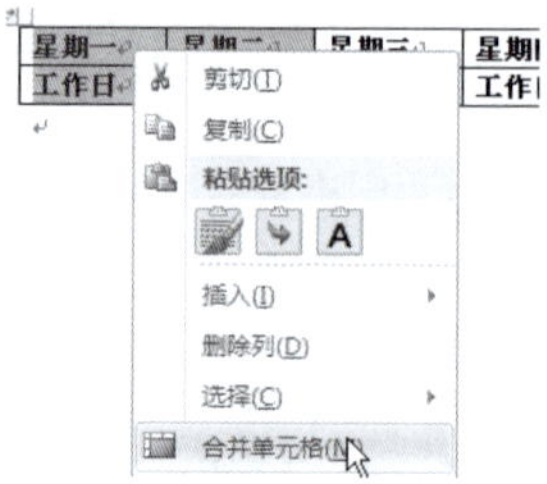

图7-17

图7-18

❸ 选中需要进行拆分的单元格区域，在上面右击鼠标，在弹出的菜单中单击“拆分单元格”命令，如图7-19所示。

❹ 打开“拆分单元格”对话框，设置需要拆分的列数和行数，如图7-20所示。

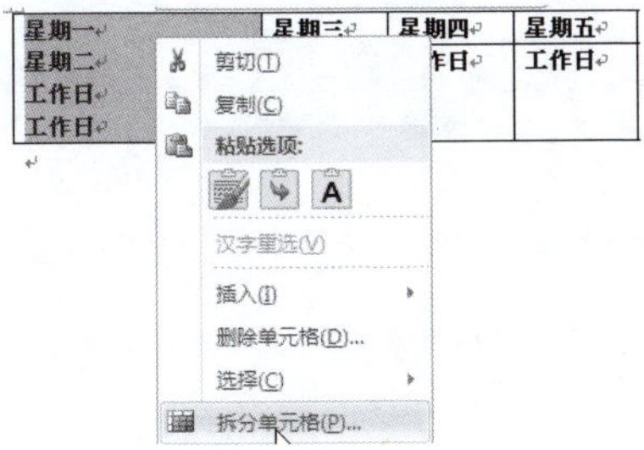

图7-19

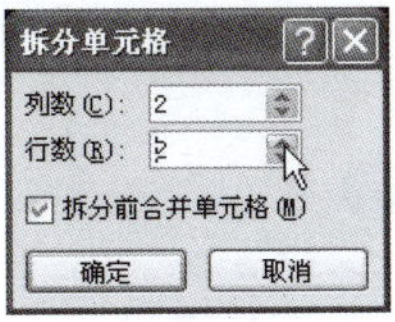

图7-20

❺ 单击“确定”按钮即可将所选单元格拆分为需要的单元格，如图7-21所示。

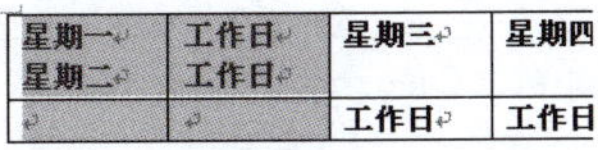

图7-21

技巧7 表格线条的绘制

除了用命令操作的方法来制作表格外，还可以手动绘制表格，根据实际需要来进行绘制。

❶ 打开“插入”选项卡，在“表格”选项组中单击“表格”按钮，在弹出的下拉菜单中单击“绘制表格”命令，如图7-22所示。

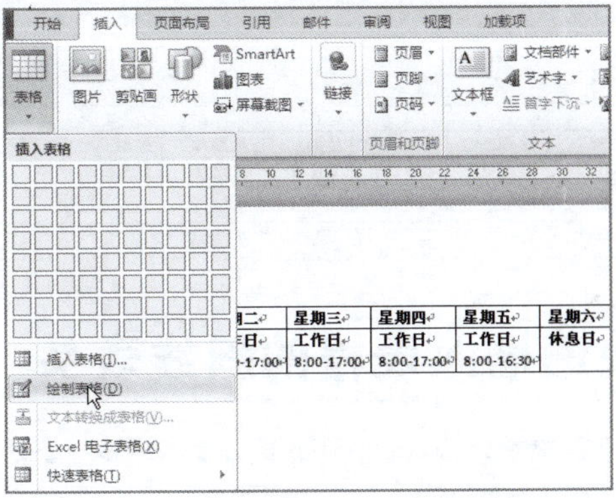

图7-22

❷ 在“设计”选项卡下的“绘图边框”选项组设置绘图线条样式，如图7-23所示。

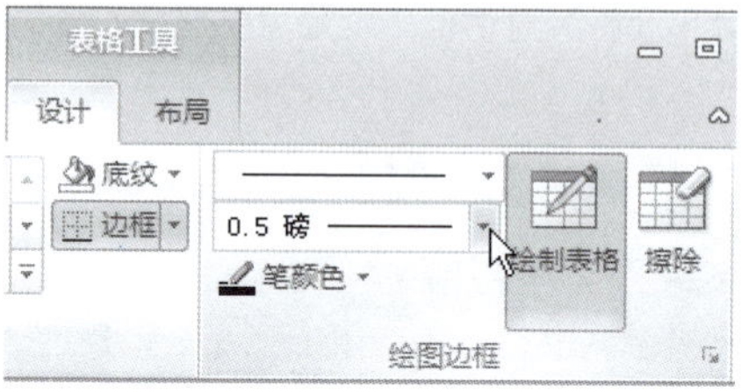

图7-23

❸ 将光标放在要绘制的起始处单击，再将光标拖动到绘制结束处，此时光标是一支铅笔形状()，在起始处与光标处有虚线连接，如图7-24所示。

星期一	星期二	星期三	星期四	星期五	星期六	星期天
工作日	工作日	工作日	工作日	工作日	休息日	休息日
8:00-17:00	8:00-17:00	8:00-17:00	8:00-17:00	8:00-16:30		

图7-24

❹ 再单击一下鼠标即可绘制线条，如图7-25所示。

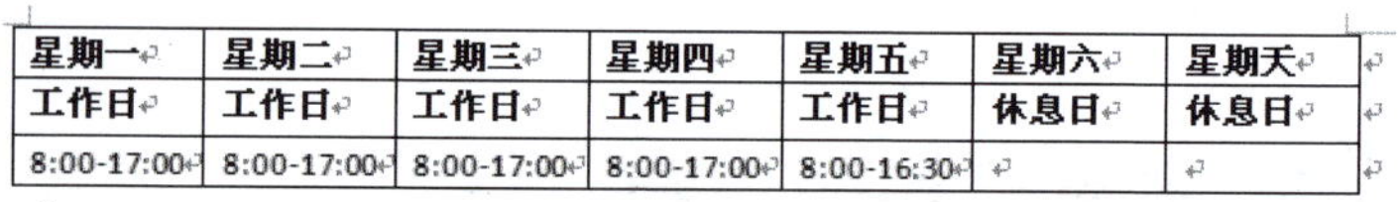

星期一	星期二	星期三	星期四	星期五	星期六	星期天
工作日	工作日	工作日	工作日	工作日	休息日	休息日
8:00-17:00	8:00-17:00	8:00-17:00	8:00-17:00	8:00-16:30		

图7-25

❺ 单击“绘图边框”选项组中的“擦除”按钮，光标变成橡皮擦形状()，在不需要的线条上单击即可将线条擦除，如图7-26所示。

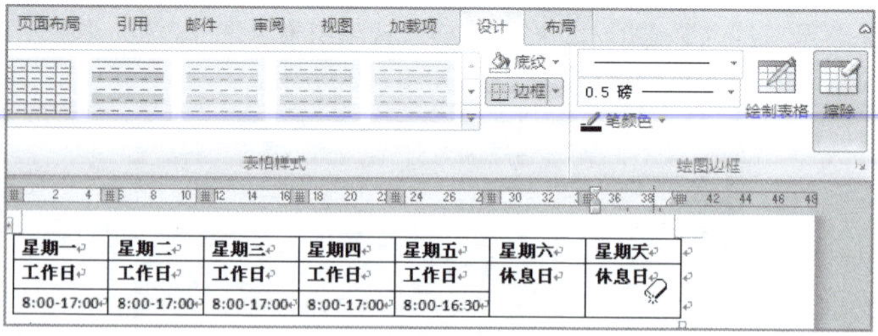

图7-26

技巧8 快速插入表格的斜线表头

当一张表格中包含多项内容时在表格中就需要使用一个斜线箭头用来标注表格主体内容的各个不同部分。

❶ 打开“插入”选项卡，在“表格”选项组中单击“表格”按钮，在弹出的下拉菜单中单击“绘制表格”命令，如图7-27所示。

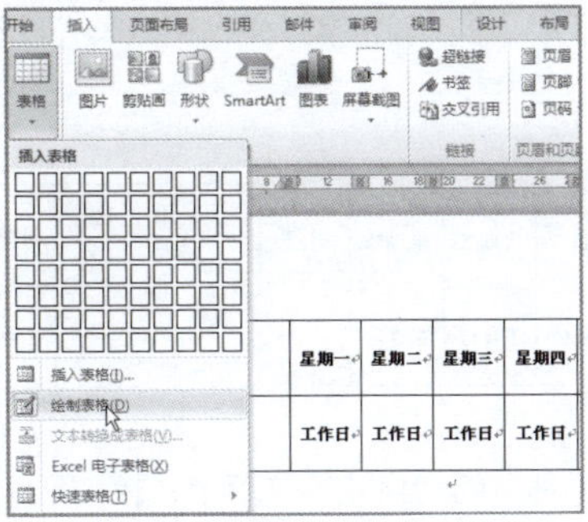

图7-27

❷ 在“设计”选项卡下的“绘图边框”选项组设置绘图线条样式，然后在单元格左上角至右下角之间绘制一条斜线，如图7-28所示。

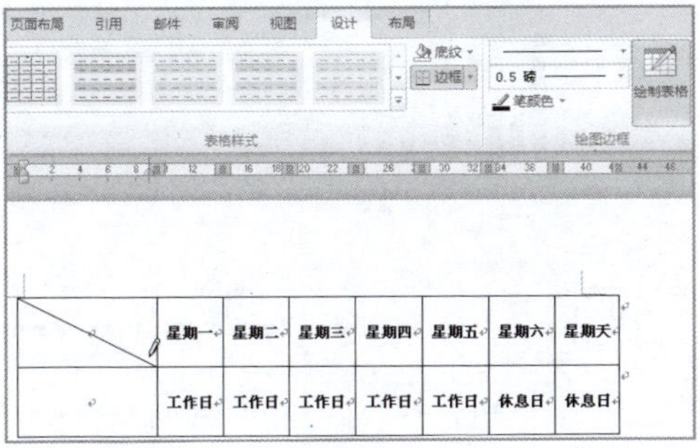

图7-28

❸ 在“插入”选项卡的“文本”选项组中单击“文本框”按钮，在弹出的下拉菜单中单击“绘制文本框”命令，如图7-29所示。

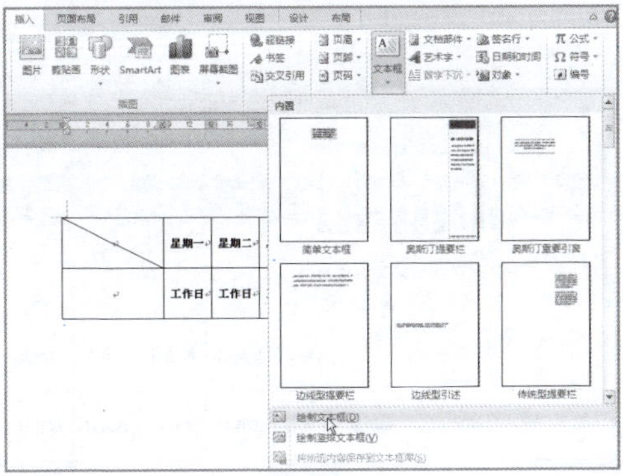

图7-29

4 此时光标变成十字形状，将光标移动到斜线上方按住鼠标左键绘制一个合适大小的文本框后松开左键，如图7-30所示。

5 在文本框内输入汉字，调整字体样式和文本框的大小使之刚好在单元格以内斜线上方，如图7-31所示。

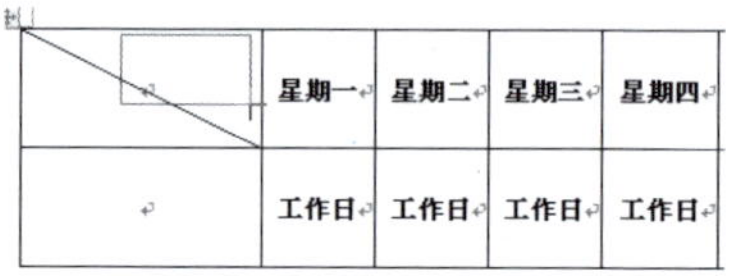

图7-30

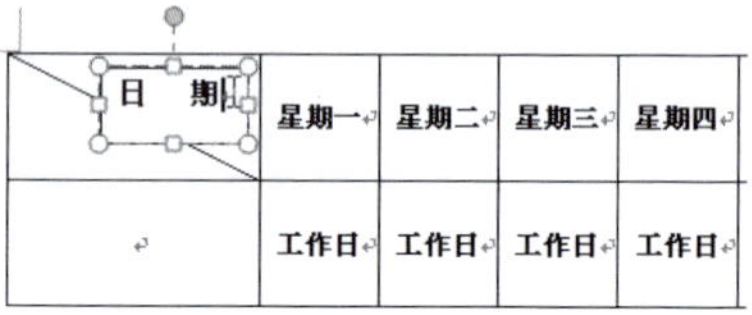

图7-31

6 打开“绘图工具”的“格式”选项卡，在“形状样式”选项组中单击“形状填充”按钮，在弹出的下拉菜单中选择“无填充颜色”选项，如图7-32所示。

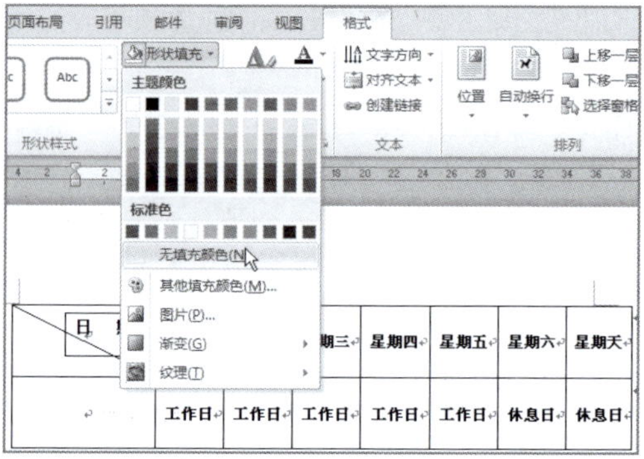

图7-32

7 再在“形状样式”选项组中单击“形状轮廓”按钮，在弹出的下拉菜单中选择“无轮廓”选项，如图7-33所示。

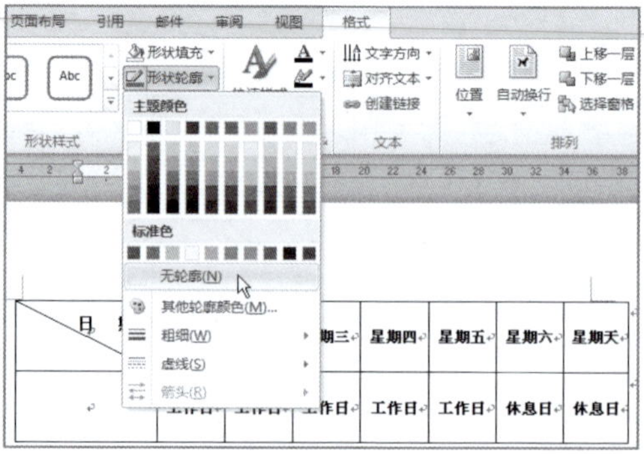

图7-33

8 即可将文本框的颜色和填充色都变为透明（图7-34），在斜线下方添加文字与以上操作相同。

日　期	星期一	星期二	星期三	星期四	星期五	星期六	星期天
	工作日	工作日	工作日	工作日	工作日	休息日	休息日

图7-34

技巧9 实现表格序列的自动编号

当使用表格做一些记录时往往需要给单元格编上序号，手动输入编号速度慢而且容易出错，在Word中可以让表格序列自动编号。

1 选中要设置编号值的所有单元格，如果单元格不连续，可使用“Ctrl”键配合鼠标选取，打开“开始”选项卡，在“段落”选项组中单击“编号”按钮旁边的小三角(⁝☰ ▾)，在弹出的下拉菜单中单击“定义新编号格式”命令，如图7-35所示。

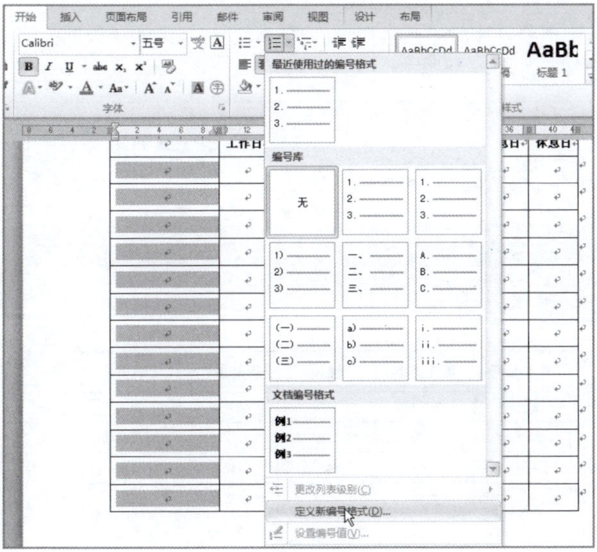

图7-35

2 打开“定义新编号格式”对话框，单击“字体”按钮可以设置字体样式，在“编号格式”里可以设置编号的样式，在下面的“预览”中可以看到当前的设置结果预览，如图7-36所示。

❸ 单击“确定”按钮即可将所选单元格进行编号，如图7-37所示。

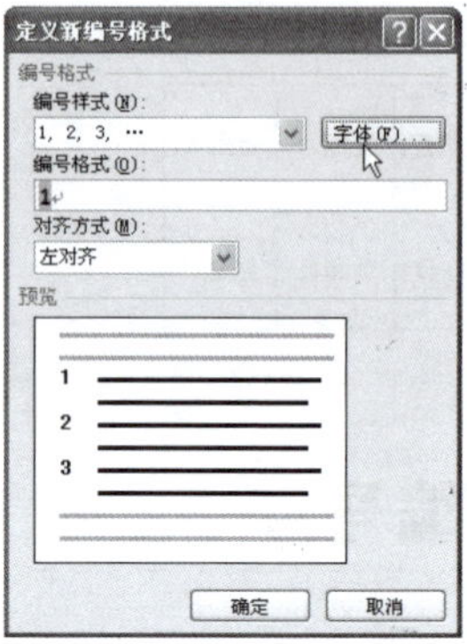

图7-36

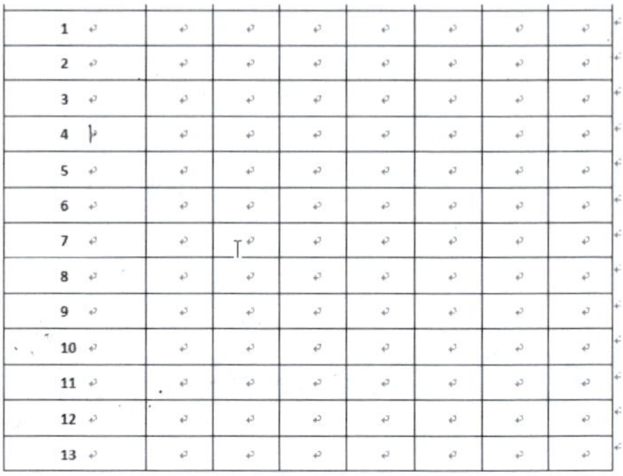

图7-37

技巧10 将表格中的数据自动排列

当表格中数据较多时有时需要对其中的数据进行排序以便更好的观察数据，在Word中可以将表格中的数据自动排列。

❶ 选中需要排序的单元格列，在“布局”选项卡的“数据”选项组中单击“排序”按钮，如图7-38所示。

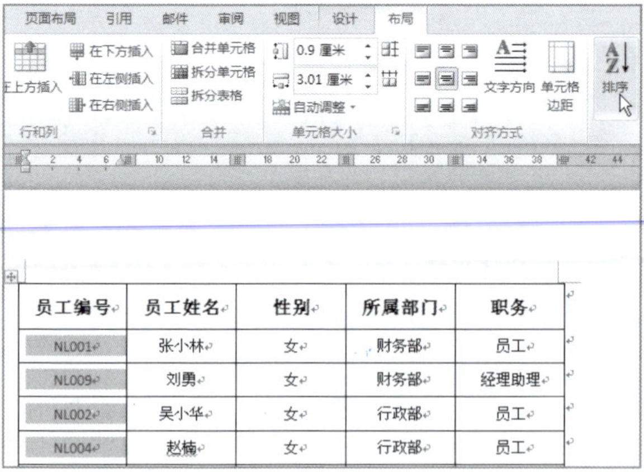

图7-38

❷ 弹出“排序”对话框，在这里设置主要关键字和次要关键字以及排序方法，如图7-39所示。

❸ 单击“确定”按钮即可将所选单元格按照排序规则进行排序，如图7-40所示。

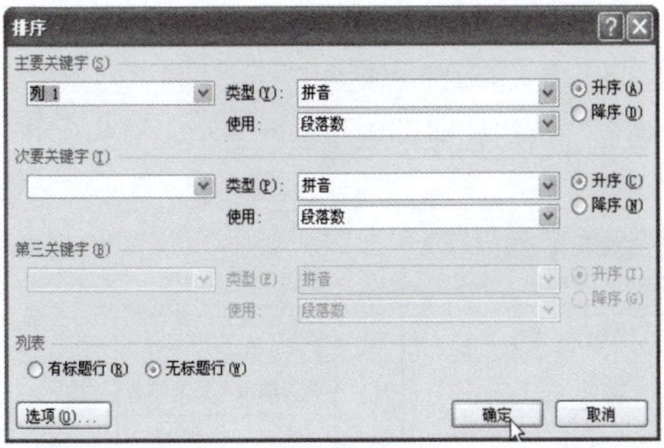

图7-39

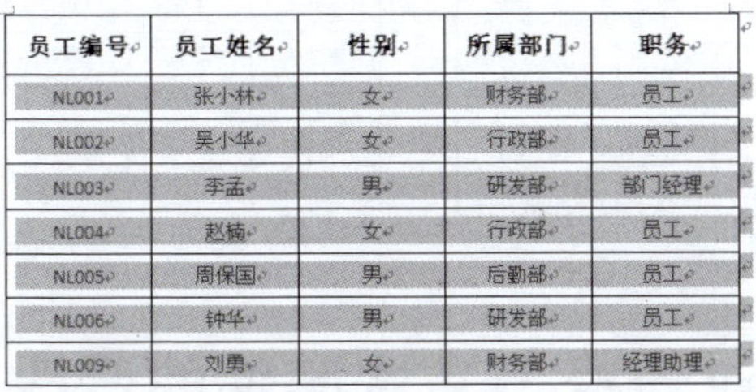

员工编号	员工姓名	性别	所属部门	职务
NL001	张小林	女	财务部	员工
NL002	吴小华	女	行政部	员工
NL003	李孟	男	研发部	部门经理
NL004	赵楠	女	行政部	员工
NL005	周保国	男	后勤部	员工
NL006	钟华	男	研发部	员工
NL009	刘勇	女	财务部	经理助理

图7-40

技巧11　表格尺寸和大小的自定义

在文档编辑时经常需要调整其中表格的大小以便与整个文档相协调，这里介绍如何自定义表格的尺寸与大小。

❶ 单击表格左上角的⊞按钮即可选中整个表格，在表格上单击鼠标右键，在弹出的菜单中选择“表格属性”选项，如图7-41所示。

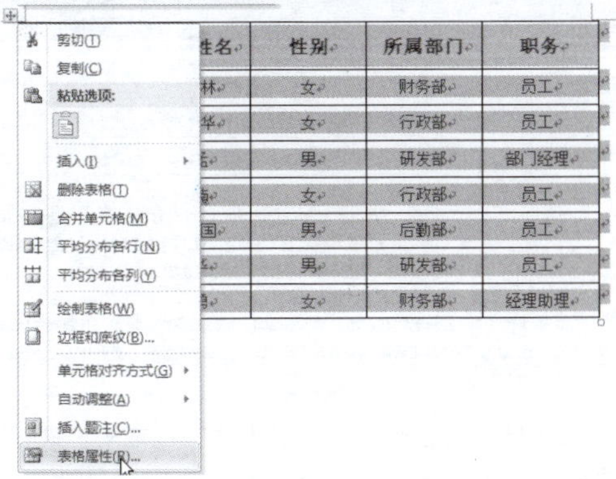

图7-41

❷ 打开“表格属性”对话框，单击“表格”选项卡，选择“指定宽度”复选框，并设置合适的宽度，如图7-42所示。

❸ 单击“确定”按钮，即可重新设置整个表格的尺寸大小，如图7-43所示。

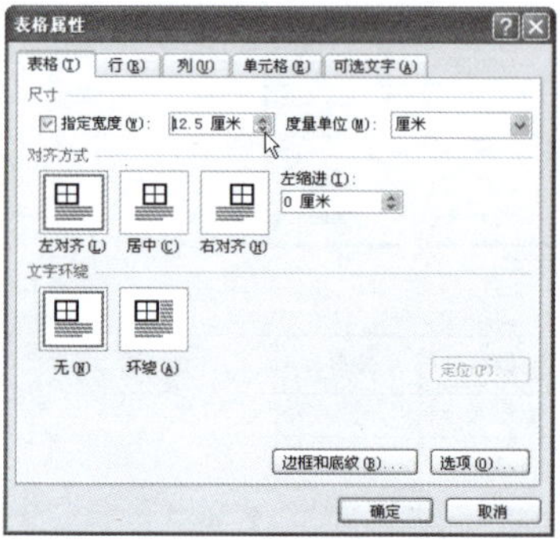

图7-42

员工编号	员工姓名	性别	所属部门	职务
NL001	张小林	女	财务部	员工
NL002	吴小华	女	行政部	员工
NL003	李孟	男	研发部	部门经理
NL004	赵楠	女	行政部	员工
NL005	周保国	男	后勤部	员工
NL006	钟华	男	研发部	员工
NL009	刘勇	女	财务部	经理助理

图7-43

技巧12 对表格与文本属性的修改

有时候为了使排版更加美观可能需要对表格与文本进行嵌入或环绕排列。

❶ 选中整个表格，单击鼠标右键，在弹出的菜单中选择“表格属性”选项，如图7-44所示。

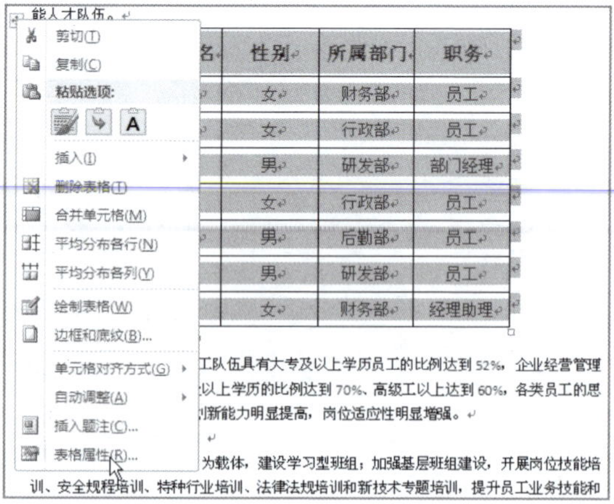

图7-44

❷ 打开“表格属性”对话框，单击“表格”选项卡，选择一种对齐方式和文字环绕方式，如图7-45所示。

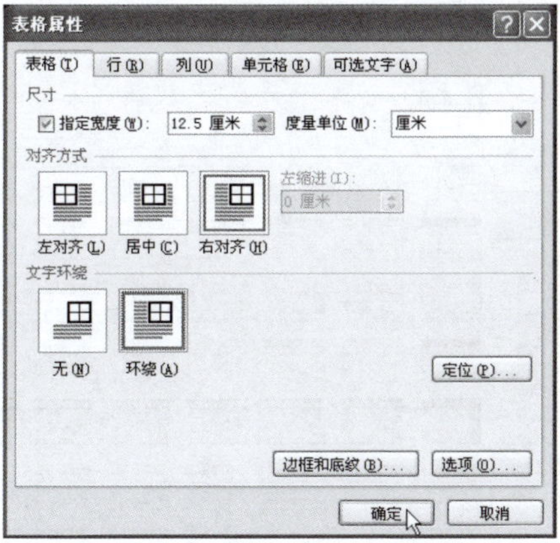

图7-45

❸ 单击“确定”按钮即可将表格进行右对齐并且将文字环绕在表格周围，如图7-46所示。

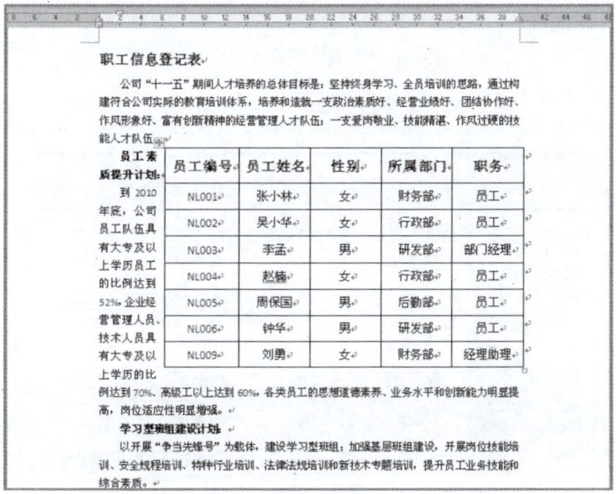
职工信息登记表

公司“十一五”期间人才培养的总体目标是：坚持终身学习、全员培训的思路，通过构建符合公司实际的教育培训体系，培养和造就一支政治素质好、经营业绩好、团结协作好、作风形象好、富有创新精神的经营管理人才队伍；一支爱岗敬业、技能精湛、作风过硬的技能人才队伍。

员工素质提升计划：

到2010年底，公司员工队伍具有大专及以上学历员工的比例达到52%，企业经营管理人员、技术人员具有大专及以上学历的比例达到70%、高级工以上达到60%，各类员工的思想道德素养、业务水平和创新能力明显提高，岗位适应性明显增强。

员工编号	员工姓名	性别	所属部门	职务
NL001	张小林	女	财务部	员工
NL002	吴小华	女	行政部	员工
NL003	李孟	男	研发部	部门经理
NL004	赵楠	女	行政部	员工
NL005	周保国	男	后勤部	员工
NL006	钟华	男	研发部	员工
NL009	刘勇	女	财务部	经理助理

学习型班组建设计划

以开展“争当先锋号”为载体，建设学习型班组；加强基层班组建设，开展岗位技能培训、安全规程培训、特种行业培训、法律法规培训和新技术专题培训，提升员工业务技能和综合素质。

图7-46

技巧13 利用样式快速美化表格

为了使表格更加美观，可以对表格进行一些美化操作，Word中预置了一些表格样式可以直接套用。

❶ 在表格上任意位置单击，打开“表格工具”选项卡，再在下面单击“设计”选项卡，在“表格样式”选项组中单击下拉按钮(▾)，在弹出的下拉菜单中选择合适的表格样式，如图7-47所示。

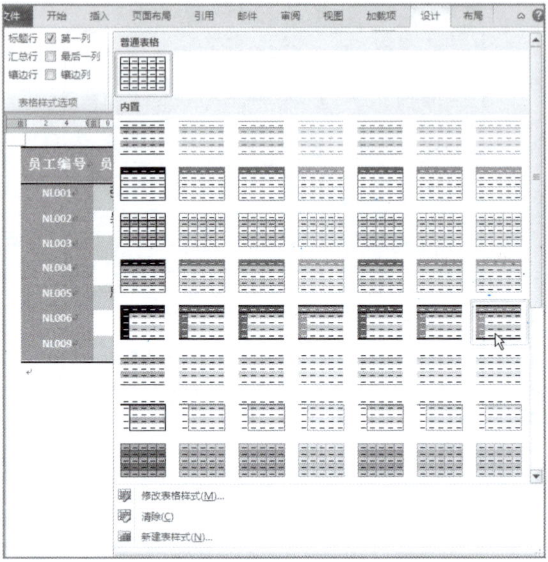

图7-47

2 单击该表格样式，即可将样式应用于表格，如图7-48所示。

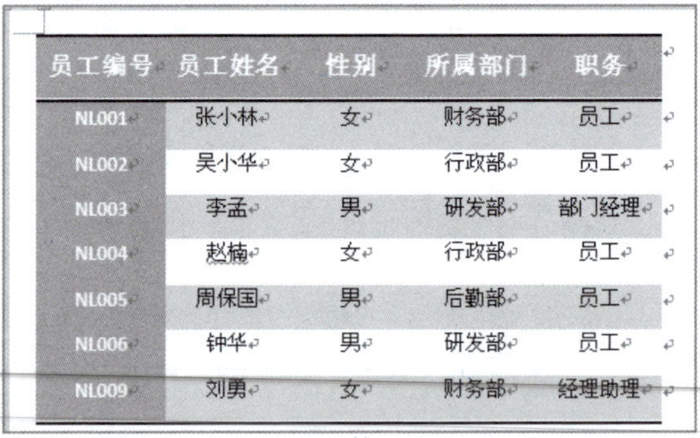

员工编号	员工姓名	性别	所属部门	职务
NL001	张小林	女	财务部	员工
NL002	吴小华	女	行政部	员工
NL003	李孟	男	研发部	部门经理
NL004	赵楠	女	行政部	员工
NL005	周保国	男	后勤部	员工
NL006	钟华	男	研发部	员工
NL009	刘勇	女	财务部	经理助理

图7-48

技巧14 创建特殊的表格样式

除了系统中预置的一些表格样式外，用户还可以自己创建一些特定的表格样式，并保存到表格样式列表中供以后使用。

1 在表格上任意位置单击，打开“表格工具”选项卡，再在下面单击“设计”选项卡，在“表格样式”选项组中单击下拉按钮(▾)，在弹出的下拉菜单中选择“新建表样式”命令，如图7-49所示。

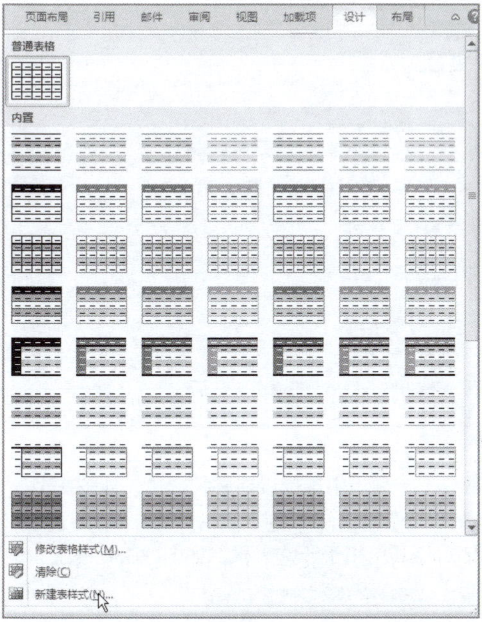

图7–49

❷ 打开“根据格式设置创建新样式”对话框在字体设置中设置合适的字体，在后面的颜色下拉菜单选择一种字体颜色，如图7–50所示。

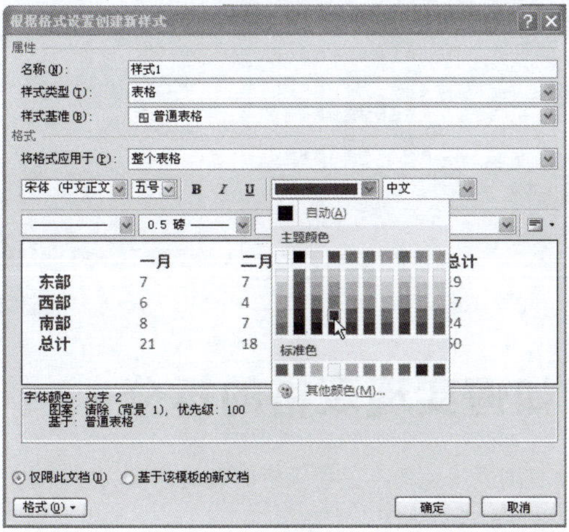

图7–50

❸ 在字体设置下方设置表格边框线的样式和颜色，在边框线样式下拉列表中选择边框样式，如图7–51所示。

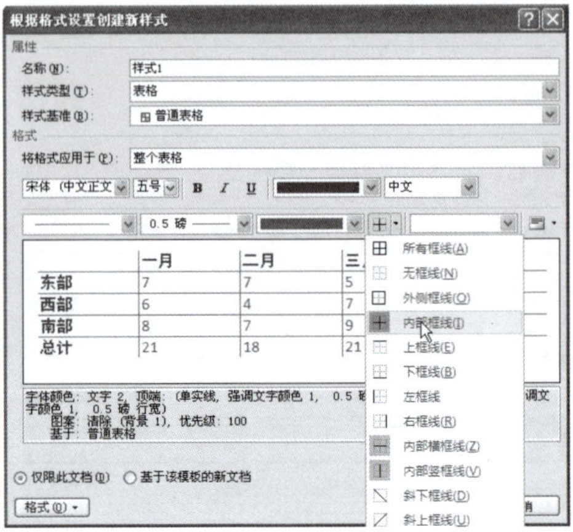

图7-51

4 在表格底纹下拉列表中选择表格底纹颜色，如图7-52所示。

5 单击“确定”按钮，此时在“表格样式”组中就出现了刚才新建的样式，单击该样式即可将其应用于所选表格，如图7-53所示。

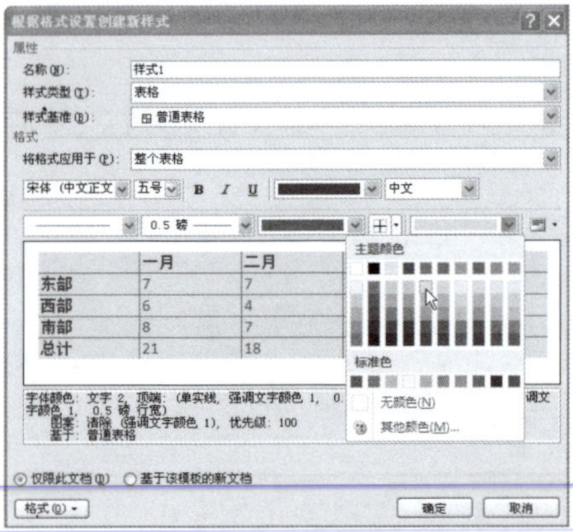

图7-52

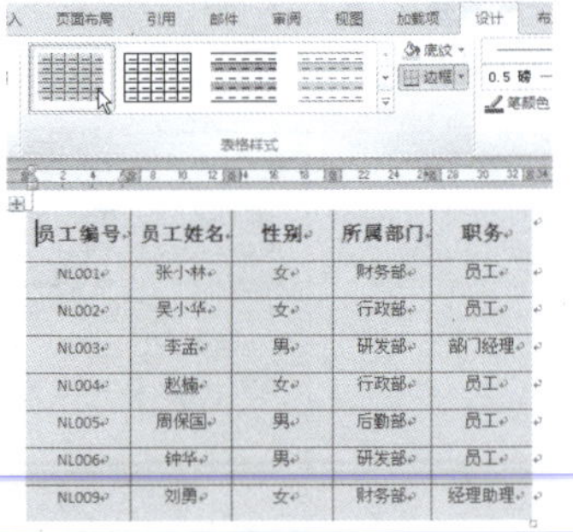

图7-53

技巧15 如何实现表格的拆分

当一些表格表的逻辑关系不是很紧密时有时需要将表格进行拆分，这里介绍如何将一个表格垂直拆分为两个表格。

1 将光标定位于要拆分的位置，若是表格的所有列都为有用数据，可在需要拆分处单击鼠标右键，在弹出的菜单中选择“插入”选项，单击“在右侧插入列”，如图7-54所示。

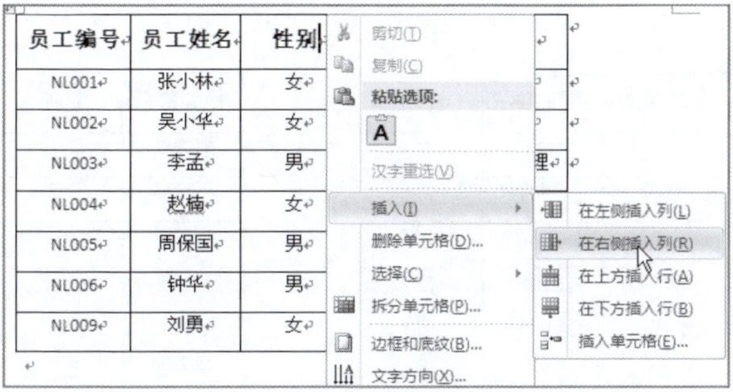

图7-54

2 选中插入的列，单击鼠标右键，在弹出的菜单中选择“边框和底纹”选项，如图7-55所示。

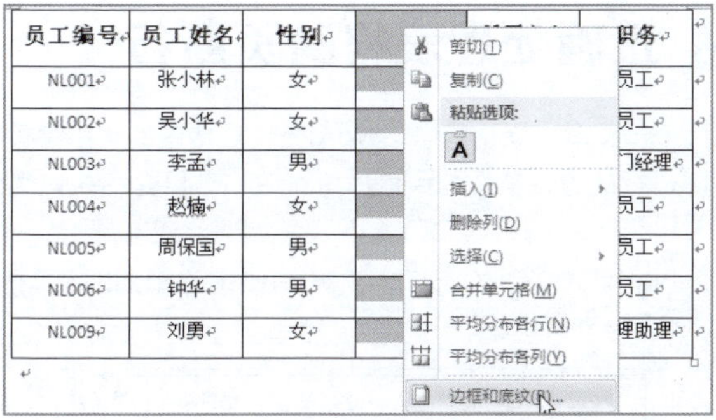

图7-55

3 打开“边框和底纹”对话框，单击“边框”选项卡，在预览区单击上边框、中线条和底边框，即可将这几条线删除，仅保留左边框和右边框，如图7-56所示。

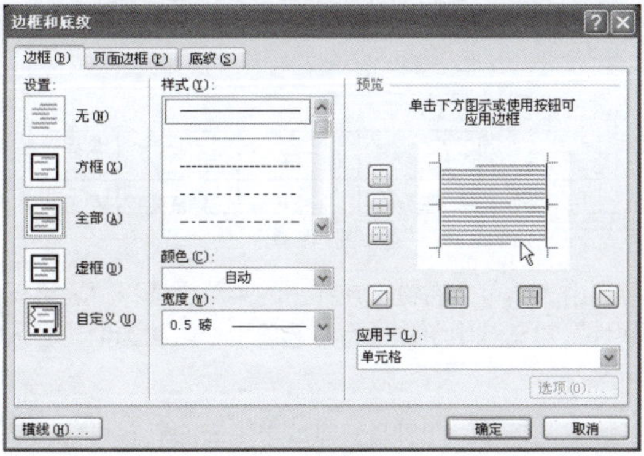

图7-56

❹ 单击“确定”按钮即可看到表格被垂直拆分开，如图7-57所示。

员工编号	员工姓名	性别
NL001	张小林	女
NL002	吴小华	女
NL003	李孟	男
NL004	赵楠	女
NL005	周保国	男
NL006	钟华	男
NL009	刘勇	女

所属部门	职务
财务部	员工
行政部	员工
研发部	部门经理
行政部	员工
后勤部	员工
研发部	员工
财务部	经理助理

图7-57

技巧16 正确处理表格跨页断行

当表格大于一页时，默认状态下Word允许表格中的文字跨页拆分，这就导致表格中同一行的内容被拆分到前后两页中，这里介绍如何避免这种情况发生。

❶ 当单元格内容较多，在跨页时可能会出现一个单元格内容被分到两个单元格的情况，如图7-58所示。

NL021	杨静	女	销售部	员工
NL022	汪任	男	销售部	经理
				助理
NL023	张燕	女	销售部	员工

图7-58

❷ 此时可选中表格单击右键，在弹出的菜单中选择“表格属性”选项，在打开的“表格属性”对话款中单击“行”选项卡，取消选中“允许跨页断行”复选框，如图7-59所示。

❸ 单击“确定”按钮，即可将一页放不下去的内容自动调整到第二页，如图7-60所示。

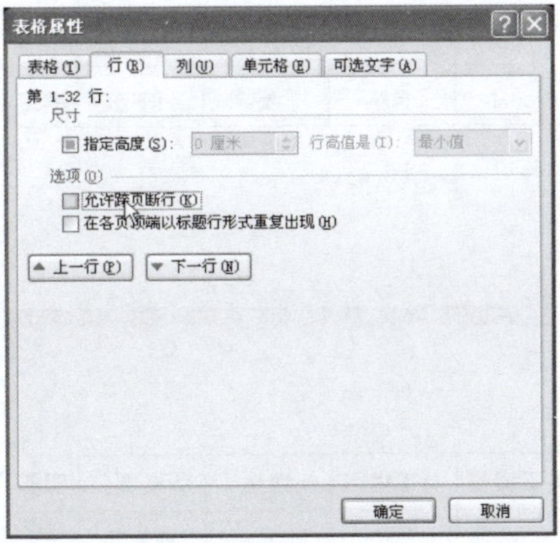

图7-59

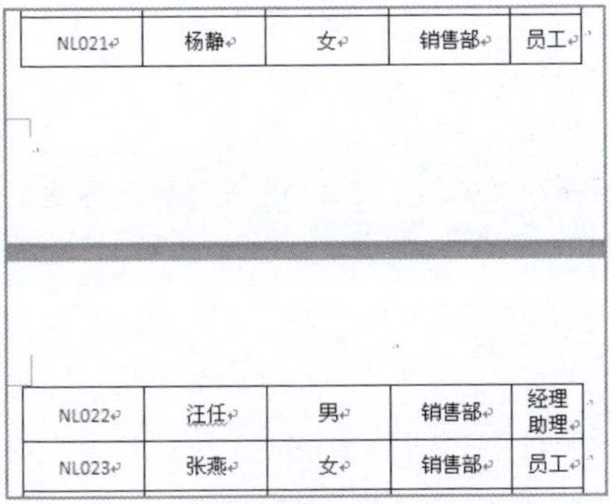

图7-60

技巧17 让跨页的表格实现每页均有表头

当表格超过一页时，后面的列中将看不到列标题，这样就很难分辨每一列的主题是什么，这里介绍如何设置可以让列标题在每一列中都可见。

❶ 选中表格中的第一行或多行表头，打开"布局"选项卡，在"数据"选项组中单击"重复标题行"按钮，如图7-61所示。

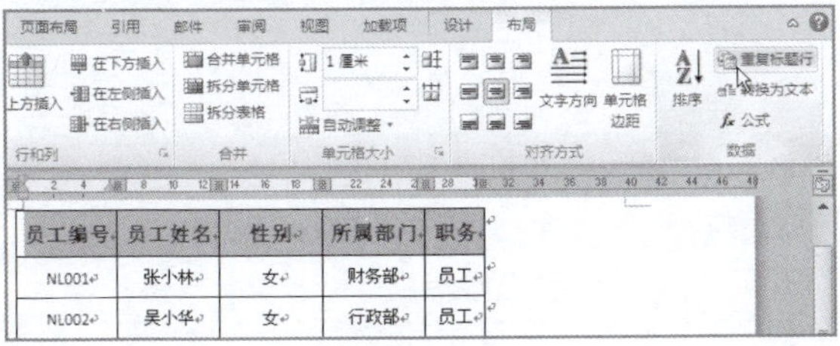

图7-61

2 即可将其他页的表格也加上表头，如图7-62所示。

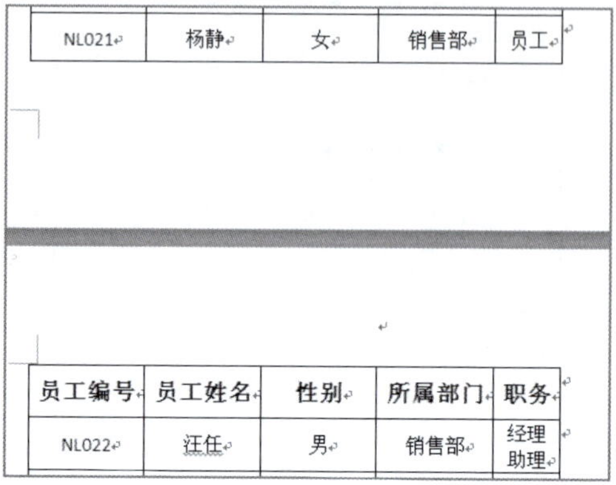

NL021	杨静	女	销售部	员工

员工编号	员工姓名	性别	所属部门	职务
NL022	汪任	男	销售部	经理助理

图7-62

知识点

只有Word在自动分页时，才能自动重复表格的标题，如果是手工插入分页符，表格的标题将不会重复。

第8章

图片、形状与SmartArt

技巧1 调整图片大小与旋转图片

在编辑文档时有时需要插入一些图片，并对图片进行一些简单的处理，这里介绍如何调整图片大小和进行图片旋转，方便在行政办公领域的应用。

❶ 单击选中图片，此时在图片的四个角及四边上分别出现了4个控制点，将光标移动到图片右下角，此时光标变成十字形，按住鼠标左键进行拖动可改变图片大小，分别拖动其他控制点同样可以改变图片大小，如图8-1所示。

图8-1

❷ 打开“图片工具”的“格式”选项卡，在“大小”选项组中也可以对图片大小进行调整：用鼠标单击高度和宽度输入框的下拉按钮，可对高度和宽度进行调整，也可自行输入数字来进行调整，在这里高度和宽度之间的比例与原图相同，也就是当宽度改变时高度也同时发生改变，有效地保证了图像的比例，如图8-2所示。

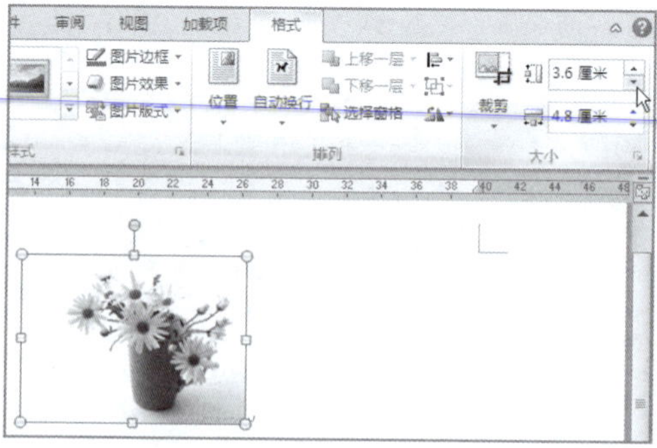

图8-2

❸ 单击“大小”选项组右下角的按钮，或者在图片上单击右键，在弹出的菜单中选择“大小和位置”选项，如图8-3所示。

❹ 打开“布局”对话框，在“大小”选项卡中也可以设置图片的高度和宽度，如果取消“缩放”栏下面的“锁定纵横比”复选框，则在改变高度时宽度将不随之发生变化，如图8-4所示。

图8-3

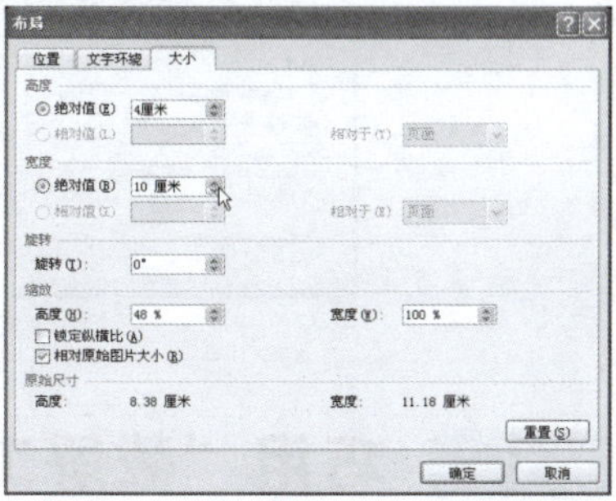

图8-4

❺ 选中图片后单击图片上方的绿色圆形控制按钮，此时光标变成一个环形，按住鼠标左键拖动，即可对图片进行旋转，旋转到需要的位置松开左键即可，如图8-5所示。

❻ 在“排列”选项组中单击“旋转”按钮()，在弹出的下拉菜单中可以选择四种旋转方式直接进行旋转，如图8-6所示。

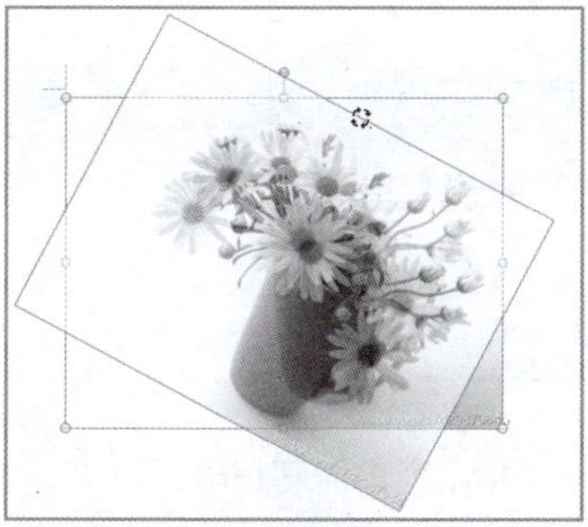

图8-5

图8-6

❼ 在“旋转”下拉菜单中选择“其他旋转选项”就可以打开“布局”对话框，在下面的“旋转”栏中可以设置任意的旋转角度，设置完成后单击“确定”按钮即可，如图8-7所示。

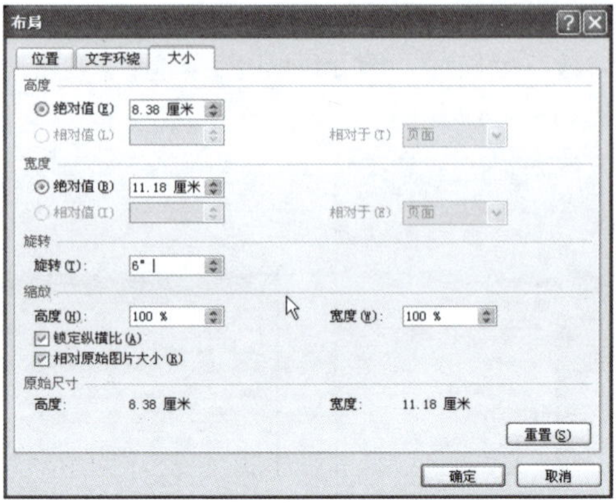

图8-7

技巧2 巧用“截屏工具”截图

Office 2010自带了一个简单的屏幕截图工具，用户可以直接以鼠标拖曳的方式截取屏幕的特定区域，截屏工具支持多种截图模式，并且能够自动缓存当前打开窗口的截图，单击一下鼠标即可将截图插入文档，十分方便。

❶ 打开“插入”主菜单，在“插图”选项组中单击“屏幕截图”按钮，弹出下拉菜单，在“可用视窗”下是当前桌面上除了本文档以外正在运行的程序界面，选中需要的图像，如图8-8所示。

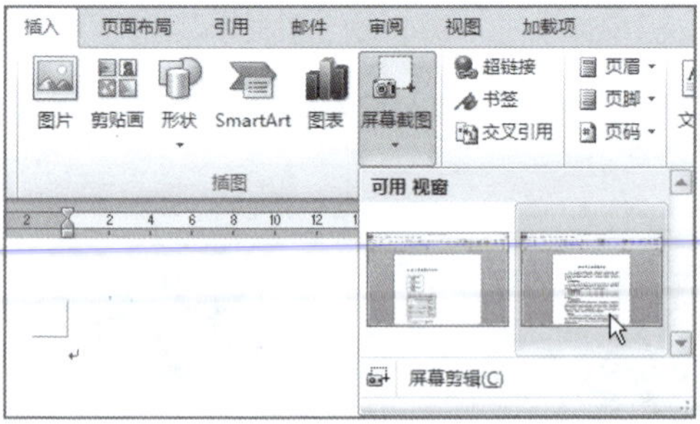

图8-8

❷ 单击该图像即可将该程序界面作为图片粘贴到当前文档中，如图8-9所示。

❸ 当前桌面上没有其他程序运行时，“屏幕截图”下拉菜单中就只有“屏幕剪辑”项，单击该选项，如图8-10所示。

❹ 此时整个屏幕被浅色盖住，光标变成十字形，按住鼠标左键拖动即可选择需要截取的区域，如图8-11所示。

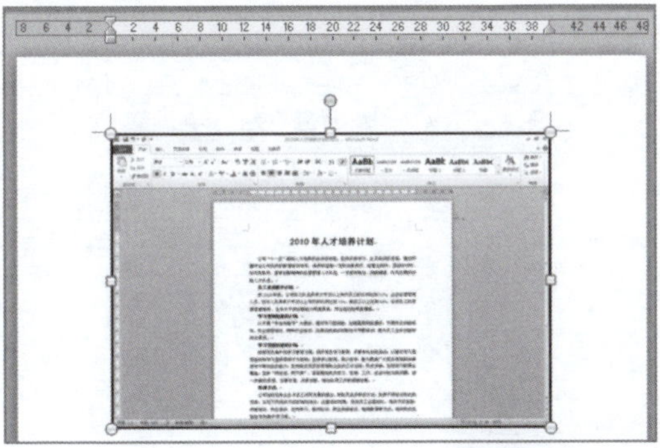

图8-9

图8-10

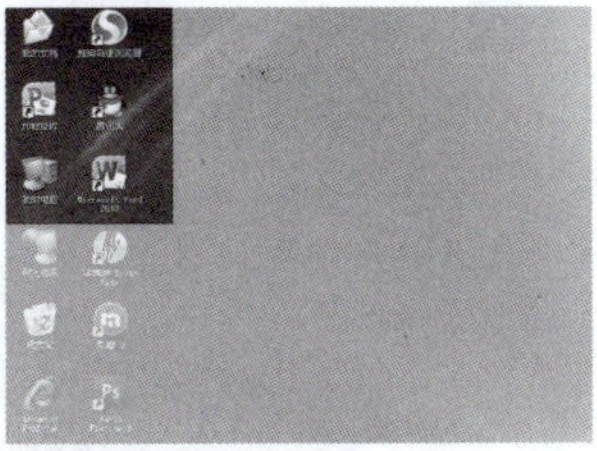

图8-11

5 松开左键即可将截取到的图片粘贴到当前文档中，如图8-12所示。

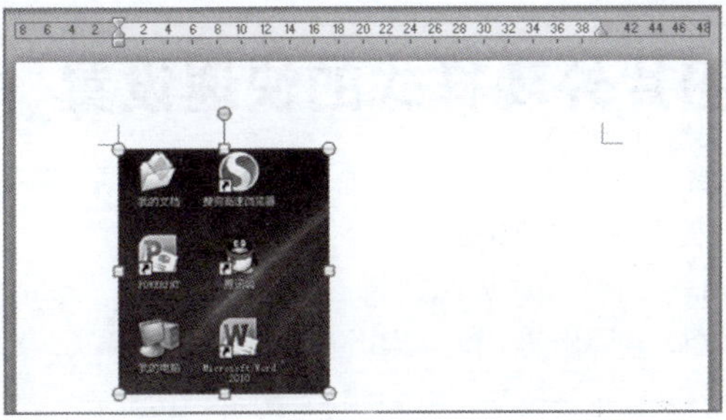

图8-12

技巧3 修改调整图片的色彩比例

在Word中可以对图片进行简单的调整编辑，在文档编辑时可以直接使用，非常的方便，这里介绍如何对图片的颜色进行调整。

1 选中图片，打开“图片工具”的“格式”选项卡，在“调整”选项组中单击“颜色”按钮，在弹出的下拉菜单中选择合适的“颜色饱和度”、“色调”和“重新着色”样式，如图8-13所示。

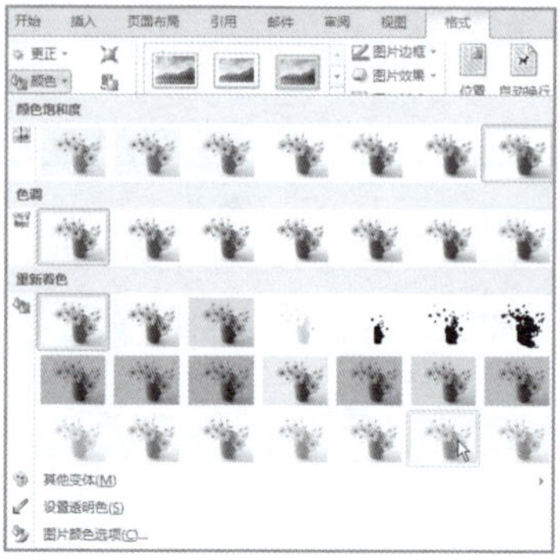

图8-13

❷ 设置完成后的图片效果如图8-14所示。

图8-14

技巧4 图片外观样式的快速设置

Word中预置了很多种图片外观样式，用户可以根据实际需求直接进行套用，更能够达到美化图片的效果。

❶ 选中图片，打开“图片工具”的“格式”选项卡，在“图片样式”选项组中单击下拉按钮，在弹出的下拉列表中选择一种合适的样式，如图8-15所示。

❷ 单击该样式即可将效果应用于图片，如图8-16所示。

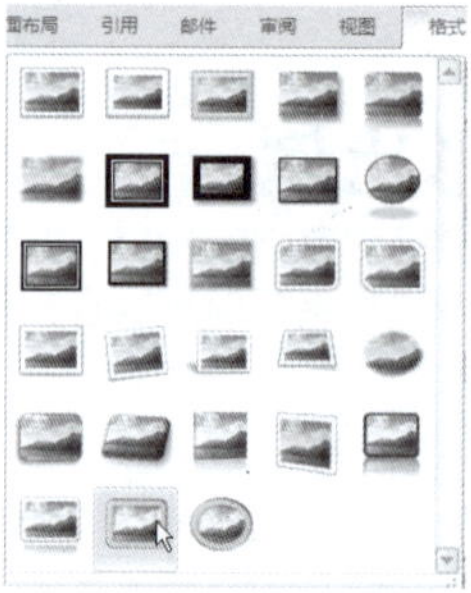

图8-15

图8-16

技巧5 自定义图片的各种特效

在文档编辑时有时需要对图片进行一些简单处理，例如图片映像、边缘柔化等，Word中提供了这些功能，使用起来非常简单方便。

❶ 选中图片，打开“图片工具”的“格式”选项卡，在“图片样式”选项组中单击“图片效果”按钮，在弹出的下拉菜单中选择“映像”，再在弹出的“映像变体”列表中选择合适的样式，如图8-17所示。

图8-17

❷ 单击该样式即可应用于所选图片，如图8-18所示。

❸ 选中图片，在“图片效果”下拉菜单中选择“柔化边缘”，再在弹出列表中选择合适的柔化效果，如图8-19所示。

图8-18

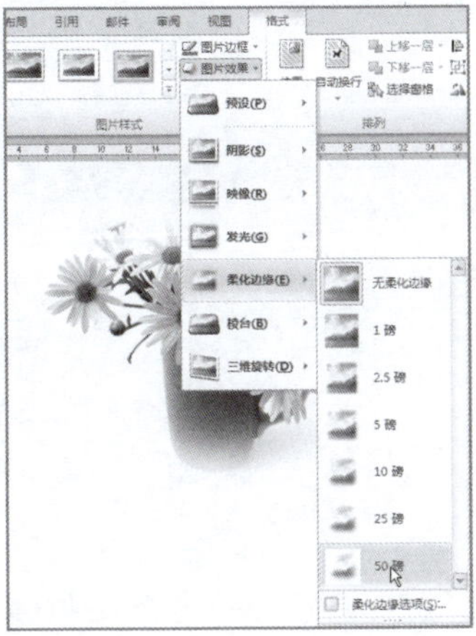

图8-19

4 单击该样式即可应用于所选图片，如图8-20所示。

图8-20

提 示

本例中以该特效作为例子，系统提供了多种实例，用户可以根据需要自行尝试其他不同的特效，均能有不同的效果，使图片更美丽。

技巧6 插入图形的外观样式的调整

在Word中插入自选图形后，同样可以对插入的图形外观进行设置调整，下面就介绍如何更改插入图形的外观样式。

1 打开“插入”选项卡，在“插图”选项组中单击“形状”按钮，在弹出的下拉列表中选择一种形状进行绘制，如图8-21所示。

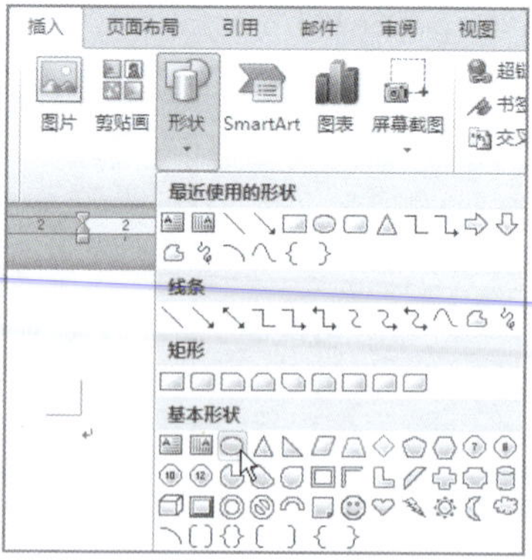

图8-21

2 单击绘制好的图片，在“图片工具”的“格式”选项卡中单击“形状样式”下拉按钮，选择一种合适的外观样式，单击即可应用于所选图形，如图8-22所示。

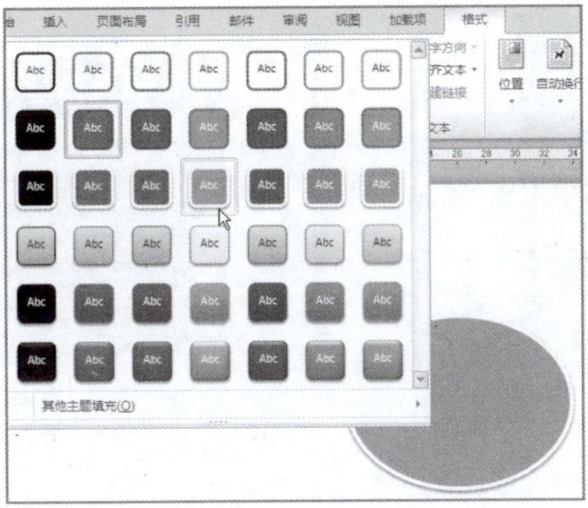

图8-22

技巧7　自定义绘制后的图形形状

有时绘制出来的图形不能满足当前的需求，这时就可以对图片的形状进一步进行修改，改变绘制后的图形形状常应用于行政、文秘等日常办公操作中，给广大的办公操作人员带来了很大的便利。

❶ 打开“插入”选项卡，在“插图”选项组中单击“形状”按钮，在弹出的下拉列表中选择需要的形状进行绘制，如图8-23所示。

❷ 按住鼠标左键绘制一个图形，如图8-24所示。

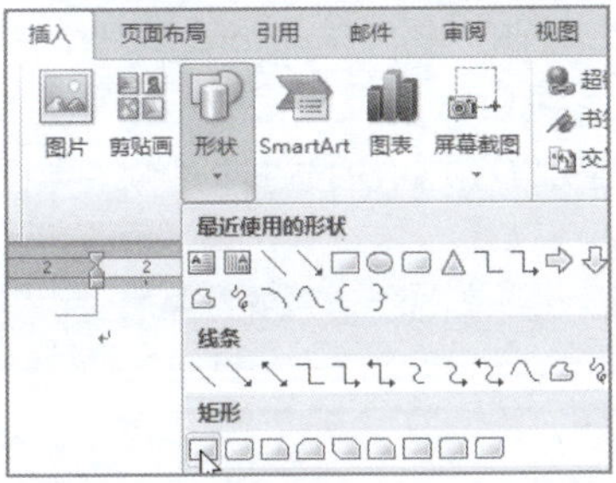

图8-23

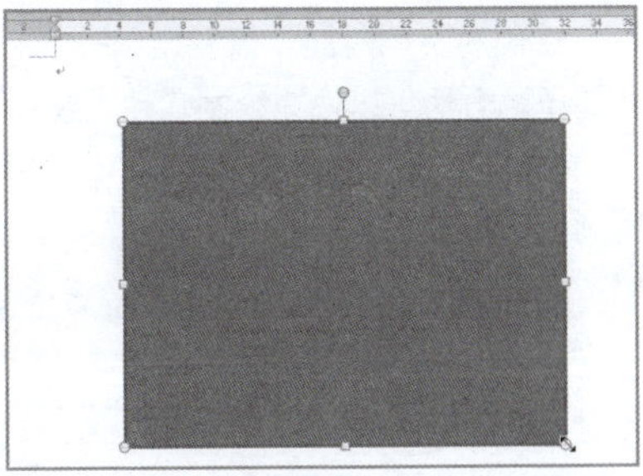

图8-24

❸ 在绘制的图形上单击右键，在弹出的菜单中选择“编辑顶点”命令，如图8-25所示。

❹ 此时图形的顶点上出现黑色控制点，单击某个顶点，该顶点两侧边上出现白色控制点，此时光标变成◈形状，按住鼠标左键拖动可改变角的位置，如图8-26所示。

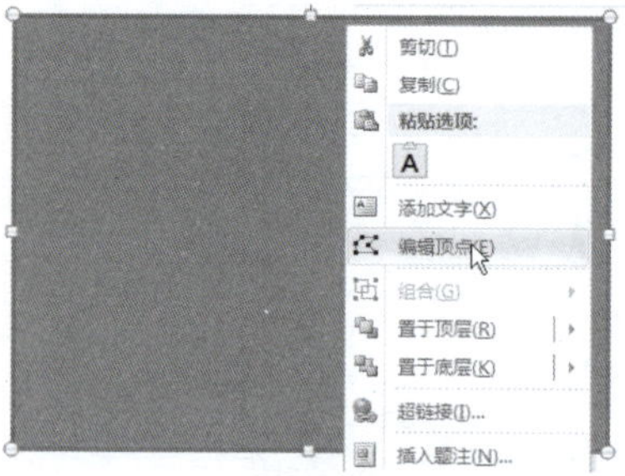

图8-25

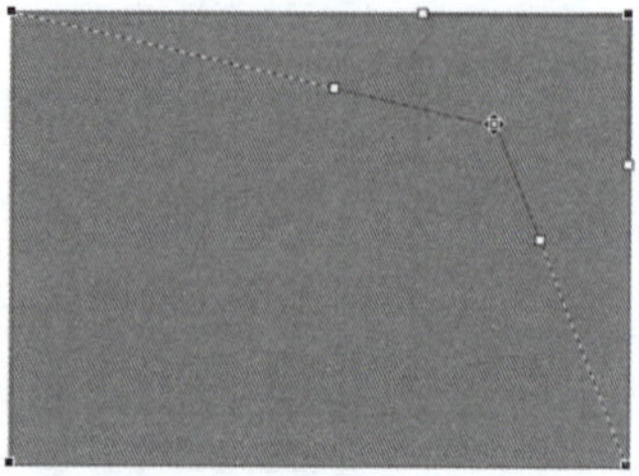

图8-26

5 单击角两侧边上的白色控制点，按住鼠标左键拖动可以白色控制点与顶点之间的连线为切线改变该条边的形状，如图8-27所示。

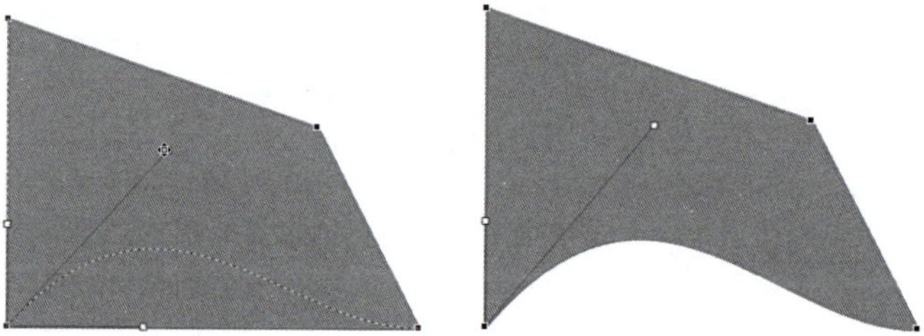

图8-27

技巧8 直线的快速绘制

在编写文档时经常需要绘制一些间隔线来隔开一些内容，Word中提供了一些简单的方法可以快速绘制几种直线来作为间隔线。

1 打开Word文档，输入三个“=”（等号符号），按下“Enter”键，即可得到一条双直线，如图8-28所示。

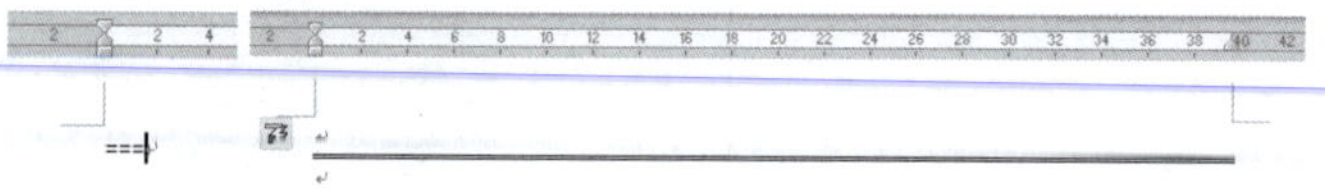

图8-28

2 输入三个“~”（波浪符号），按下“Enter”键，即可得到一条波浪线，如图8-29所示。

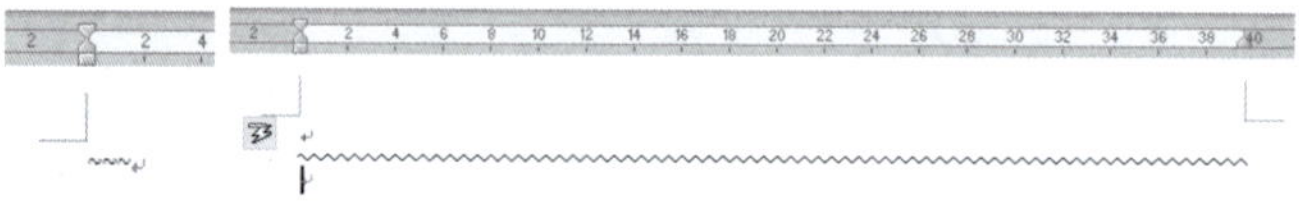

图8-29

③ 输入三个“*”或“-”或“#”，按〈Enter〉键，分别能得到一种线条形状，如图8-30所示。

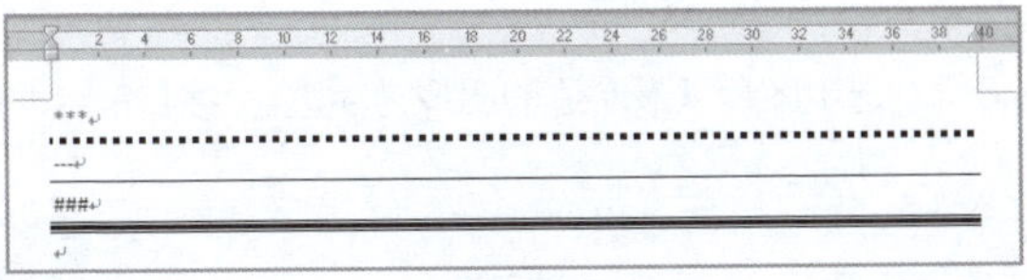

图8-30

④ 如果不希望输入的符号自动变为线条，可单击线条边的自动更正按钮，在弹出的菜单中单击“撤销边框线”命令即可，如图8-31所示。

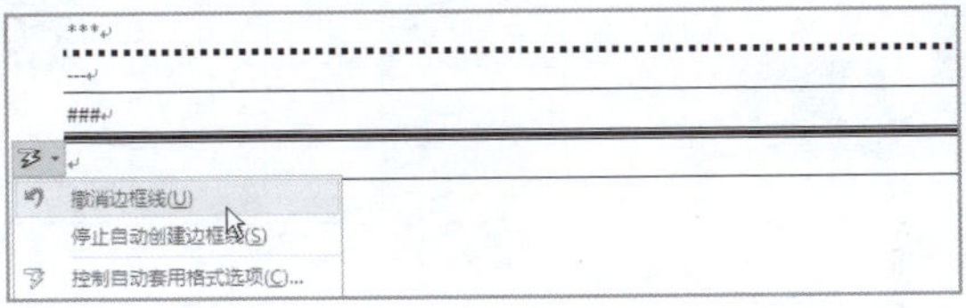

图8-31

⑤ 如果上述操作没有得到以上的线条效果，可打开“文件”选项卡，在左侧栏中单击“选项”按钮，在弹出的“Word选项”对话框左侧选择“校对”选项，在右侧单击“自动更正选项”按钮，弹出“自动更正”对话框，单击“键入时自动套用格式”选项卡，选择“框线”复选框，单击“确定”按钮即可，如图8-32所示。

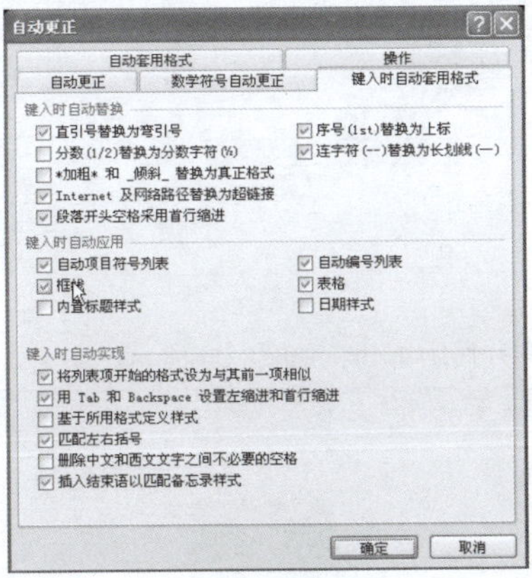

图8-32

技巧9　多个图形或图片的快速排列

当文档中的图片较多时为了使图片的排列更加快速方便，可以使用Word的对齐功能，快速将较多的图形或图片整齐排列。

❶ 按住“Ctrl”键选中所有需要对齐的图片或图形，打开“图片工具”的“格式”选项卡，在“排列”选项组中单击“对齐”按钮，在弹出的下拉菜单中单击“左对齐”命令，如图8-33所示。

❷ 即可将所有选中图片以最左边的图片为准进行左对齐，如图8-34所示。

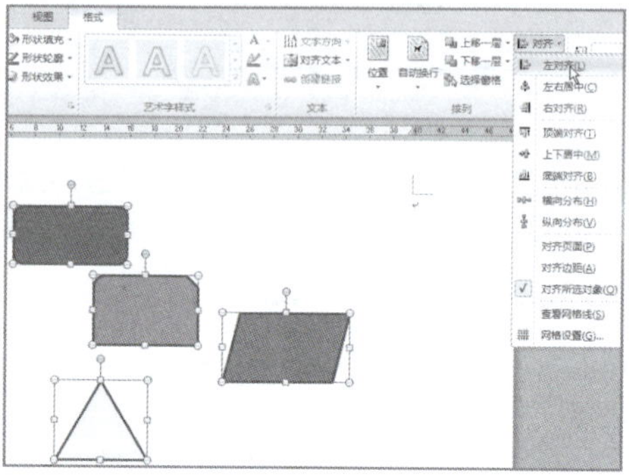

图8-33

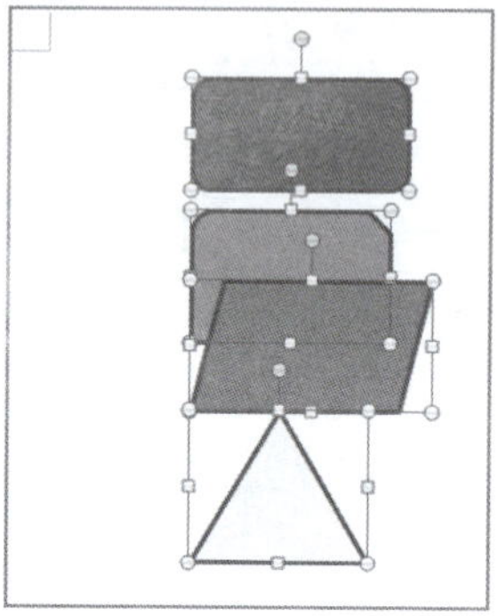

图8-34

❸ 再次选中所有图片，在“对齐”下拉菜单中选择“左右居中”命令，如图8-35所示。

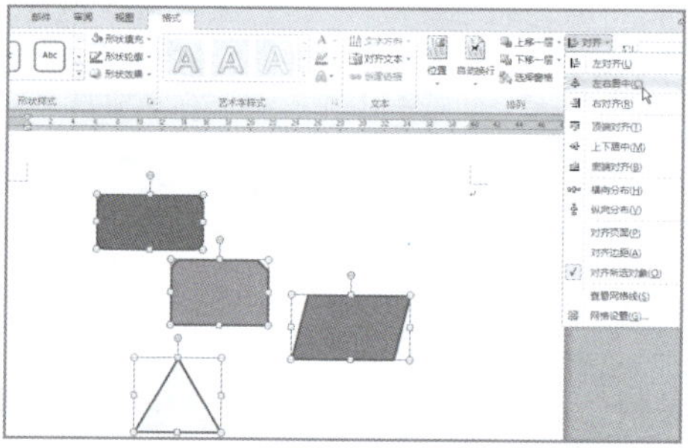

图8-35

❹ 即可将选中图片居中排列，如图8-36所示。

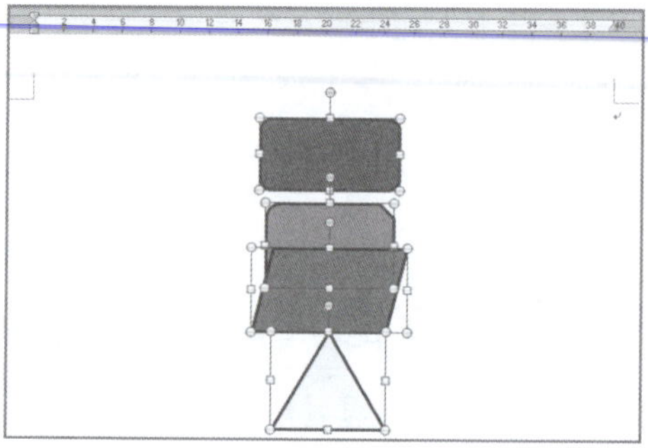

图8-36

❺ 选中所有图片，在“对齐”下拉菜单中选择“顶端对齐”命令，如图8-37所示。

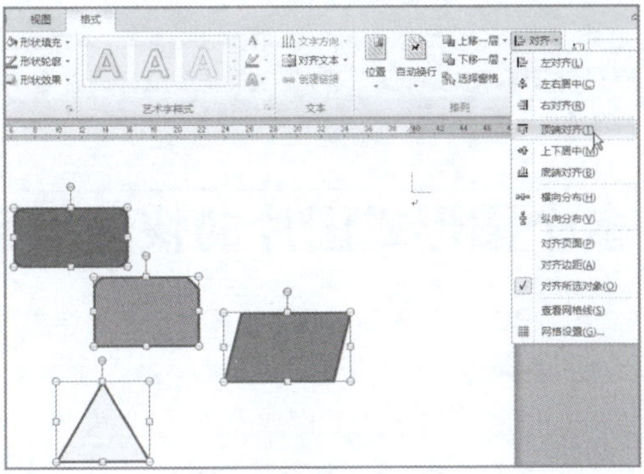

图8-37

❻ 即可将所有选中图片以最顶端的图片为准进行顶端对齐，如图8-38所示。

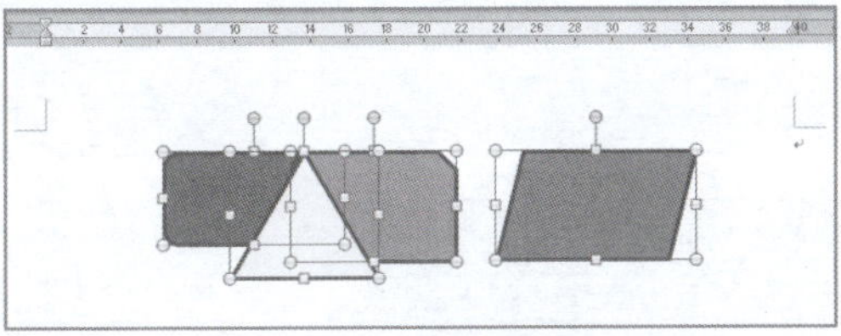

图8-38

❼ 选中所有图片，在“对齐”下拉菜单中选择“纵向分布”命令，如图8-39所示。

❽ 即可将所有图片在垂直方向上进行平均分布，如图8-40所示。

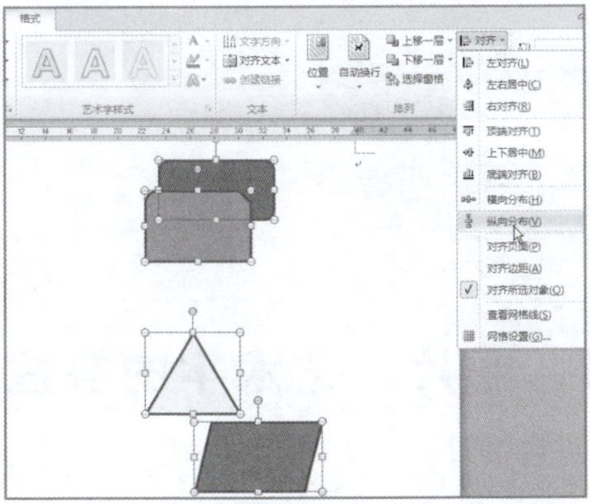

图8-39

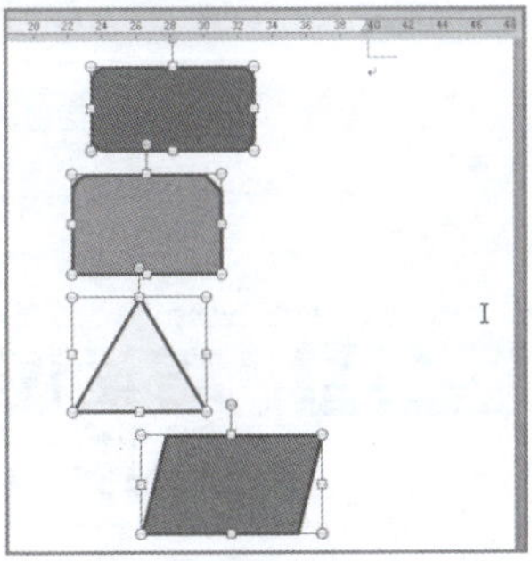

图8-40

注 意

在“对齐”下拉菜单下默认的对齐方式是“对齐所选对象”，此时以当前的对象（图形或图片等）位置为对齐标准，当选择“对齐页面”和“对齐边距”时将分别以页面和页边距位置为对齐标准来执行对齐操作。

技巧10　多个图形或图片的快速组合

在进行图形或图片编辑时有时可以将多个图片进行组合后再来操作，这样就可以对所有图片进行移动或整体进行编辑。

❶ 按住“Ctrl”键选中需要组合的图片或图形，打开“图片工具”的“格式”选项卡，在“排列”选项组中单击“组合”按钮，如图8-41所示。

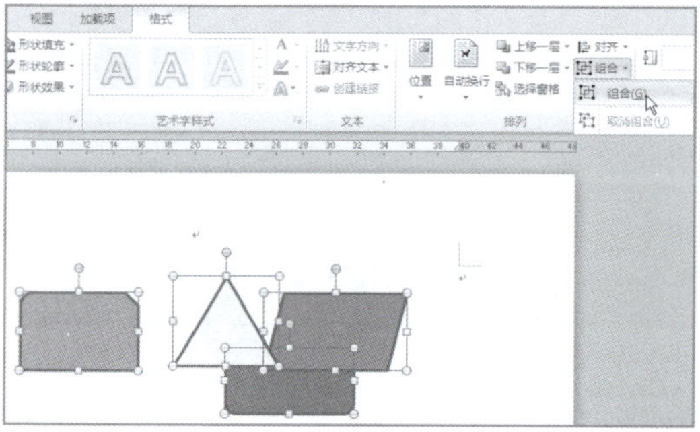

图8-41

❷ 组合后的图片将作为一个整体进行移动、改变形状等操作，如图8-42所示。

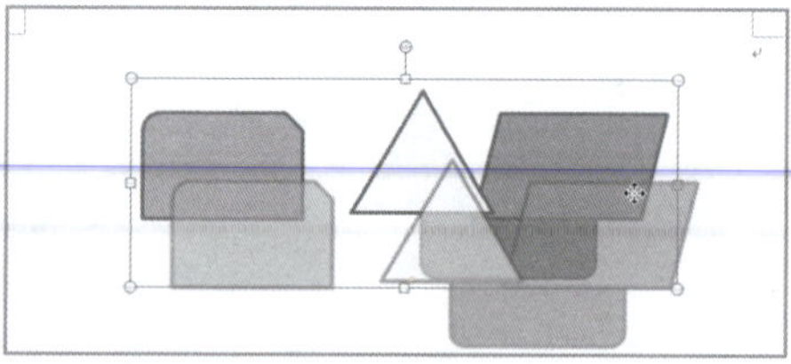

图8-42

技巧11　巧设图形、图片、艺术字的叠放次序

由于插入图片的顺序各不相同，从而导致有些图片的有用信息被重叠、覆

盖的情况，这时就需要根据实际需求重新调整图片的叠放次序。

❶ 选中处在某张图片下面的图片，单击右键，在弹出的菜单中单击“置于顶层”选项，再在弹出的列表中选择“置于顶层”，如图8-43所示。

❷ 即可将该图片置于所有其他图片上方，如图8-44所示。

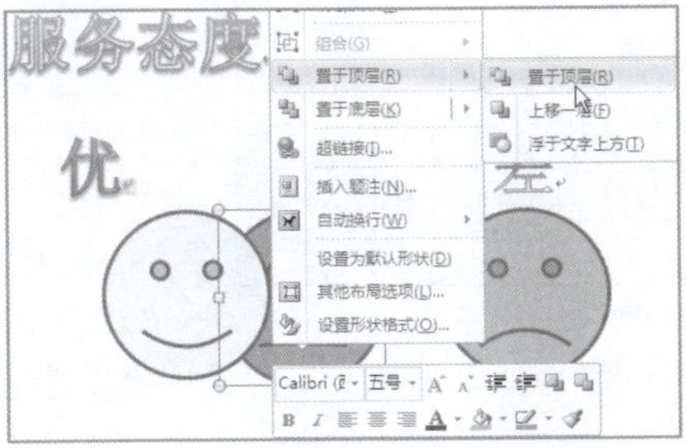

图8-43

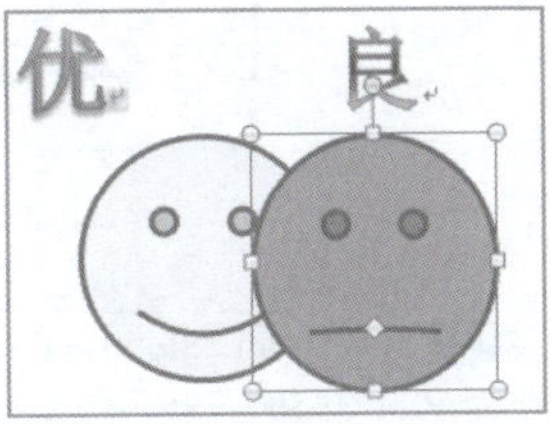

图8-44

❸ 有时候艺术字被图片遮住，可在艺术字上单击右键，在弹出的菜单中单击“置于顶层”选项，再在弹出的列表中选择“浮于文字上方”，如图8-45所示。

❹ 即可将艺术字放到图片的上方，如图8-46所示。

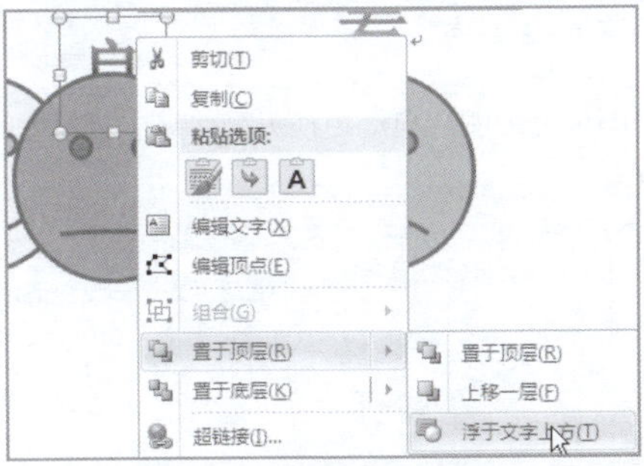

图8-45

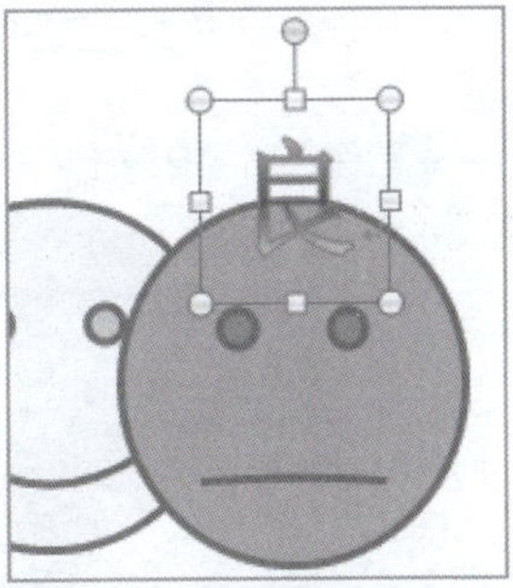

图8-46

技巧12　以链接的方式在文档中插入图片

如果部分文档中所插入的图片需要经常更新，这时可以将图片以链接方式插入，这样当文件中的图片更新时文档中的图片也会同步更新，减少了操作时间，提高效率。

❶ 打开“插入”选项卡，在“插图”选项组中单击“图片”按钮，打开“插入图片”对话框，选择一张图片，单击下面“插入”按钮右侧的小三角，在弹出的下拉菜单中单击“链接到文件”命令，如图8-47所示。

图8-47

❷ 此时当插入的图片的源文件发生改变时，例如更换一张图片并以之前的名字命名，如图8-48所示。

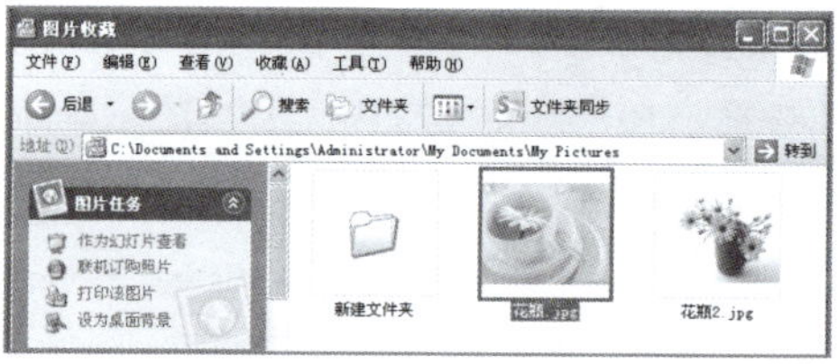

图8-48

❸ 保存后关闭文档，再次打开即可发现图片自动更换为文件夹中更新后的图片，如图8-49所示。

图8-49

技巧13 不规则多边形图形的插入

Word 2010中提供了很多种多边形形状，但实际工作中有时需要绘制一些特殊的多边形。利用系统提供的工具可以快速添加多边形。

❶ 打开“插入”选项卡，在“插图”选项组中单击“形状”按钮，在弹出的下拉菜单中选择“线条”下方的“任意多边形”选项(△)，如图8-50所示。

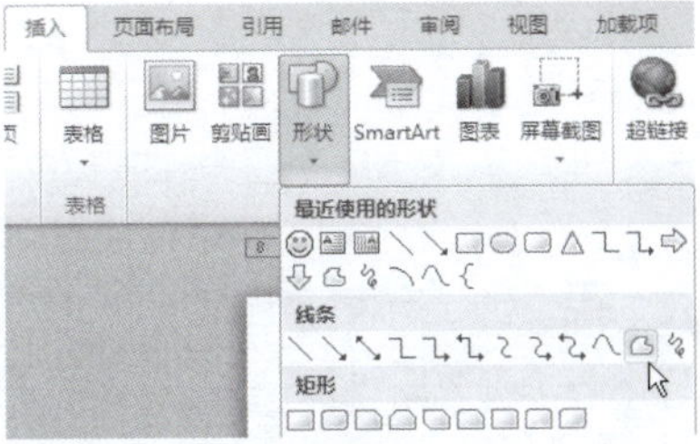

图8-50

2 此时光标变成十字形，在需要绘制图形的位置单击一下鼠标左键，确定多边形的第一个顶点，然后拖动鼠标拉出直线，再次单击鼠标绘制第二个顶点，重复以上操作，如图8-51所示。

3 当光标与第一个顶点重合时单击鼠标左键即可完成整个封闭的多边形的绘制，如图8-52所示。

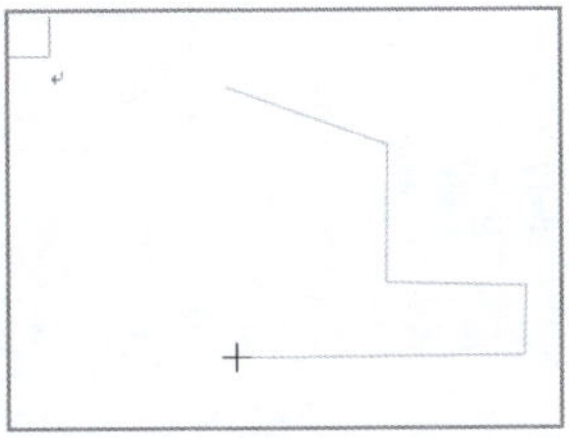

图8-51

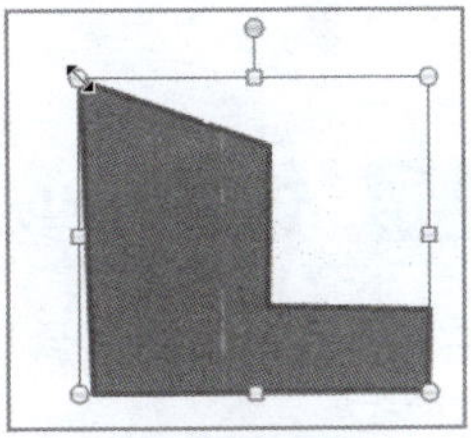

图8-52

技巧14 巧妙安排图片与文字的显示

文档在排版时，提供了较多的图片格式供用户选择，为了美观可以让文字环绕图片来显示。

1 在图片上单击鼠标右键，在弹出的菜单中选择“大小和位置”选项，如图8-53所示。

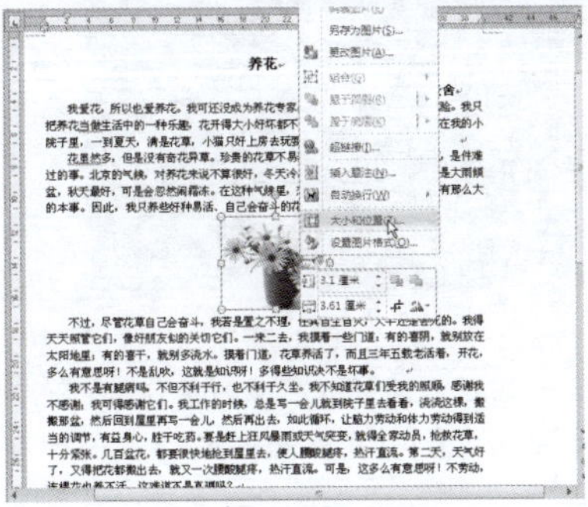

图8-53

❷ 打开“布局”对话框，单击“文字环绕”选项卡，在“环绕方式”下面选择“四周型”，如图8-54所示。

❸ 单击“确定”按钮即可让文字环绕在图片四周，如图8-55所示。

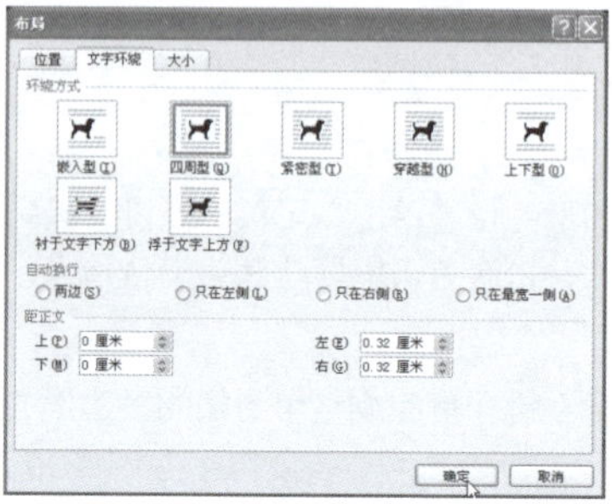

图8-54

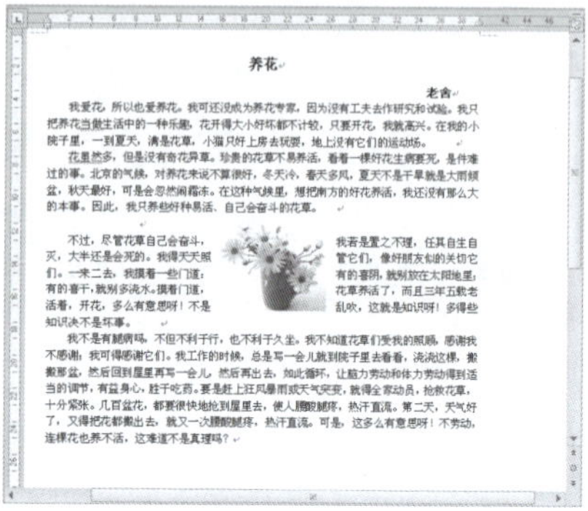

图8-55

技巧15 快速去除图片背景

去除图片的背景有助于突出或强调图片的主题，在实际工作中经常根据需要将图片的背景去除。

❶ 选中要去除背景的图片，在“图片工具”的“格式”选项卡中单击“去除背景”按钮，如图8-56所示。

图8-56

❷ 此时图片上的背景部分被其他颜色遮盖住，可通过鼠标来调整需要保留和删除的部分，如图8-57所示。

❸ 单击“保留更改”按钮即可将图片背景去除，如图8-58所示。

图8-57

图8-58

技巧16　利用文本框预留插入图片位置

在制作海报、报纸等，为了排版的方便，需要在文档中预留一些插入图片的地方，就可以利用文本框来提前预留出图片的位置，实现排版要求。

❶ 使用绘制文本框命令在文档中适当位置绘制一个文本框，在文本框上单击右键，在弹出的菜单中单击“设置形状格式”选项，如图8-59所示。

❷ 打开“设置形状格式”对话框，在左侧选择“线条颜色”选项，在右侧选中“无线条”单选项，单击“关闭”按钮，如图8-60所示。

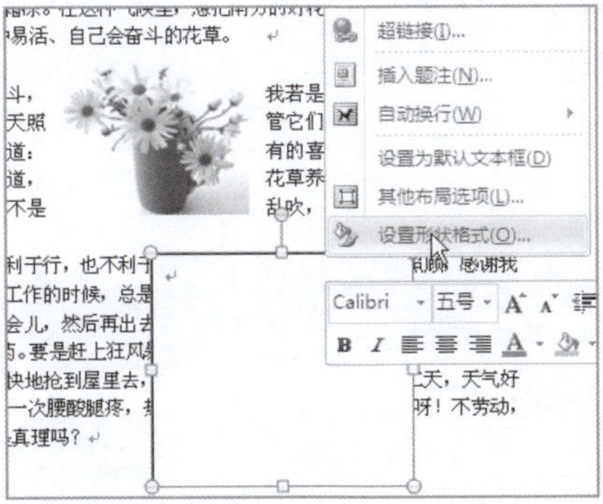

图8-59

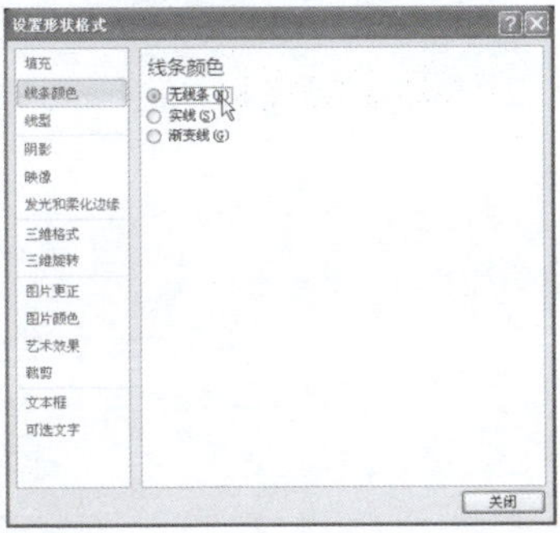

图8-60

❸ 可将文本框的框线颜色去掉，再在文本框上单击右键，在弹出的菜单中选择“自动换行”，在弹出的样式中选择“四周型环绕”，如图8-61所示。

❹ 调整文本框位置，可将该文本框复制粘贴到文档中其他处。将光标定位在文本框中，再进行图片插入即可，如图8-62所示。

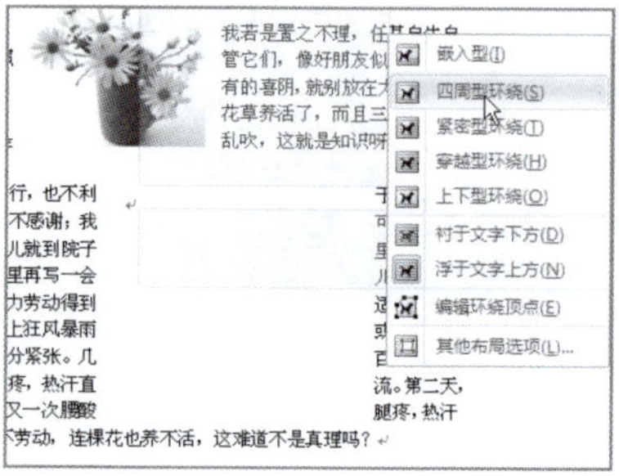

图8-61

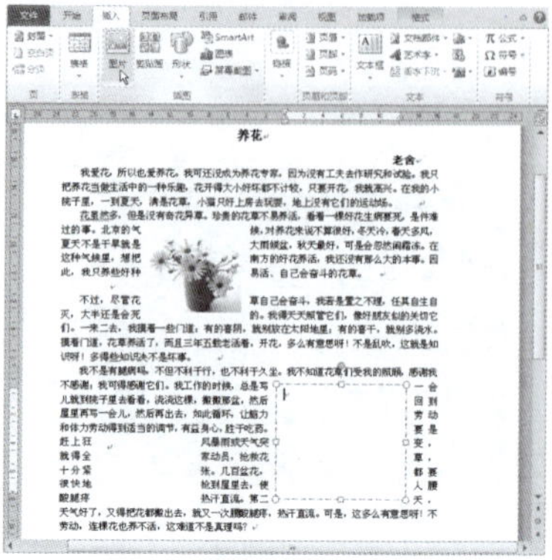

图8-62

5 插入图片后的效果如图8-63所示。

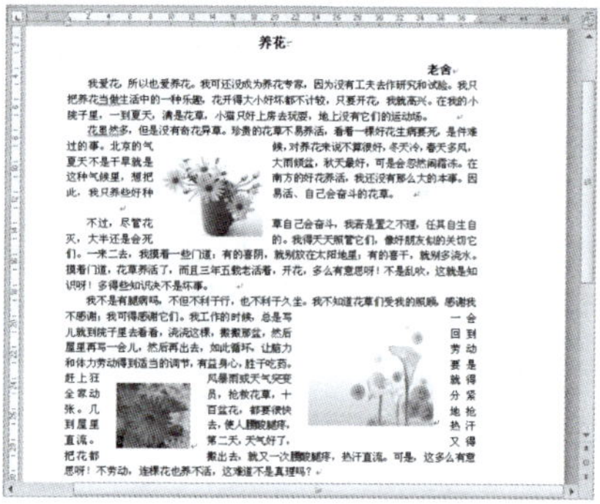

图8-63

第9章

目录、注释、引文与索引的应用

技巧1 手动插入目录

目录是文档的结构，是办公人员在文档处理过程中一个重要的环节。要使文档内容清晰、有条理，首先需要一个条理清晰的文档目录结构，才能创建好的目录。

❶ 将光标置于文档开头，如图9-1所示。

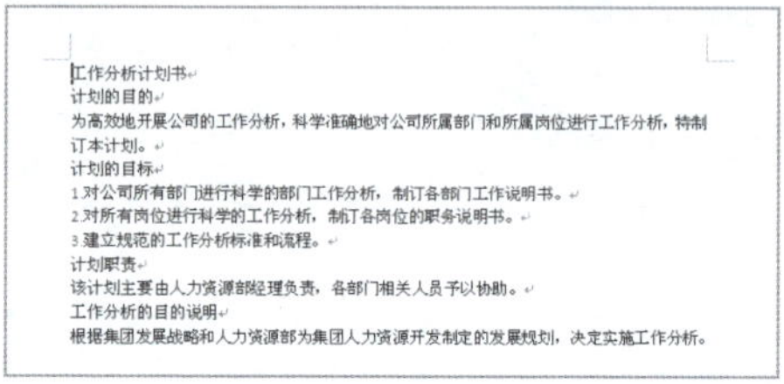

图9-1

❷ 单击“引用”选项卡，在“目录”选项组中选中“目录”按钮，如图9-2所示。

❸ 在下拉列表中选择“手动目录”选项，如图9-3所示。

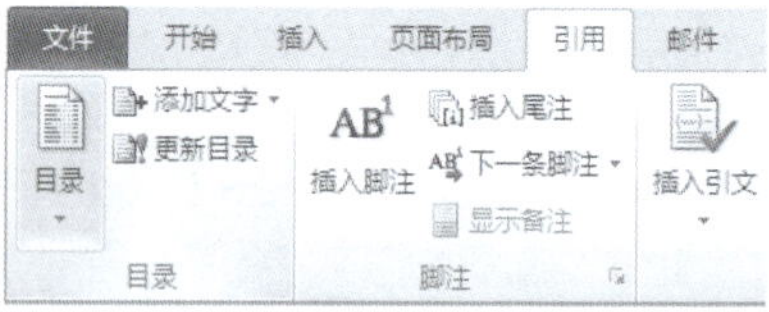

图9-2

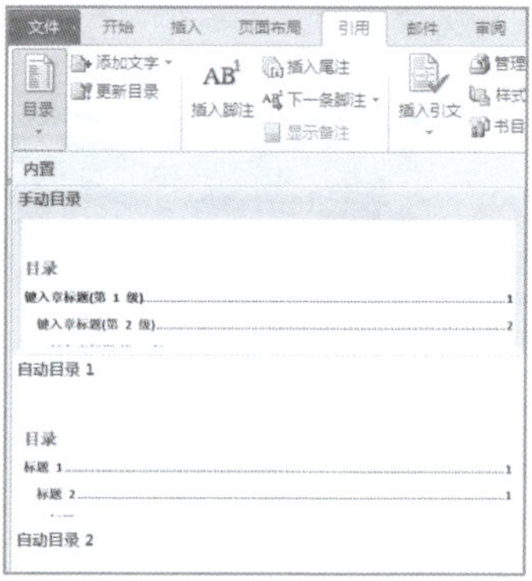

图9-3

❹ 选择的目录样式将插入到光标位置，如图9-4所示。

❺ 在插入的目录样式中，分别输入目录标题，即可完成目录的创建，如图9-5所示。

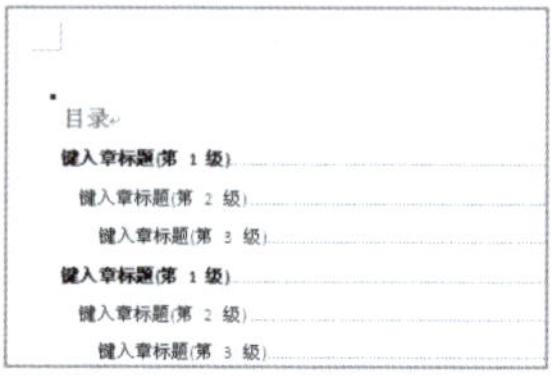

图9-4

图9-5

技巧2 套用自带目录样式生成文本目录

在创建文档目录时，用户可以使用系统自带的面板手动创建目录，也可以使用系统在文档中自动插入目录，自动目录功能能够使系统根据文档的层次结构自动创建文档目录。

1 将光标置于文档开头处，如图9-6所示。

2 单击“引用”选项卡，在“目录”选项组中选中“目录”按钮，如图9-7所示。

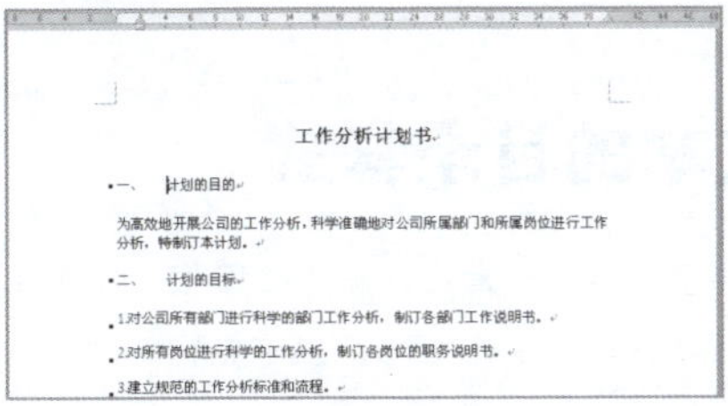

图9-6

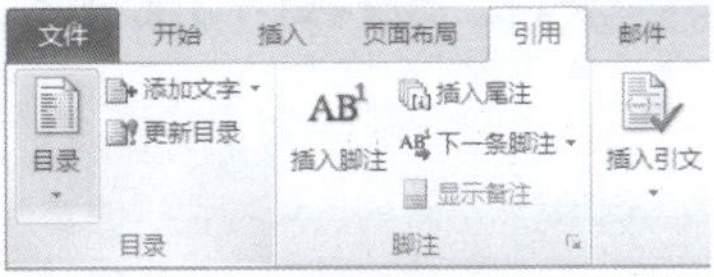

图9-7

3 在下拉列表中选中“插入目录”，如图9-8所示。

4 弹出“目录”对话框，在对话框中，可以对其进行设置，如图9-9所示。

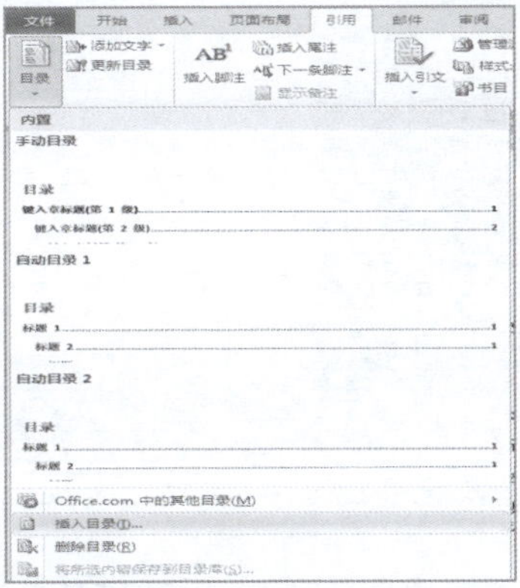

图9-8

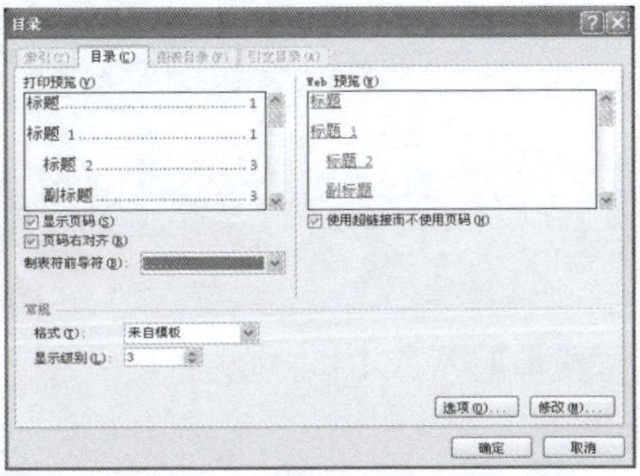

图9-9

5 设置完成，单击“确定”按钮即可，如图9-10所示。

提 示

在“目录”下拉列表中，为用户提供了两种自动创建目录的内置选项，分别为自动目录1和自动目录2。用户只需要选择其中一项，即可自动创建一个目录。

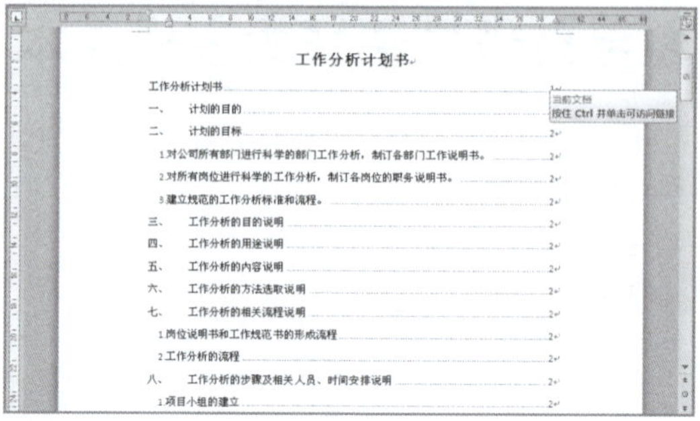

图9-10

技巧3 编辑和删除文本的目录样式

当编辑好文档目录后，再对文档中的内容进行增加、删除等操作，或者在文档中添加了新的目录项，这时需要重新编制目录以适应该文档的结构变化，此时就会用到更新文档目录的功能。

❶ 选择文档目录，目录以灰色显示，如图9-11所示。

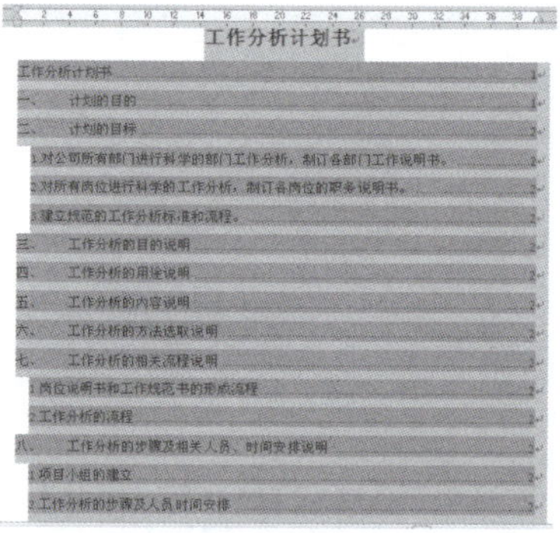

图9-11

❷ 单击“引用”选项卡，在“目录”选项组中选中“更新目录”按钮，如图9-12所示。

❸ 弹出“更新目录”对话框，选择要更新的对象，例如：选中“更新整个目录”单选项，如图9-13所示。

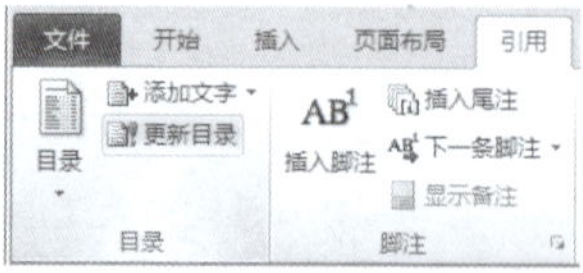

图9-12

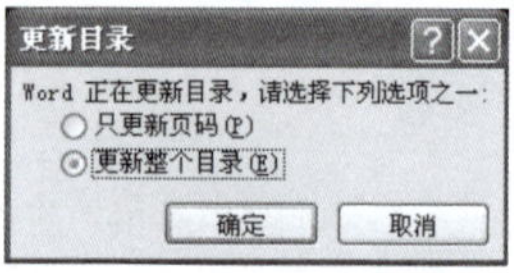

图9-13

知识点

在“更新目录”对话框中，包括两个单选按钮，只更改新页码是指只更改目录中的页码；更改整个目录是指将目录中的页码及内容都进行更新。

技巧4　图片题注的快速插入

如果Word文档中含有大量图片，为了能更好地管理这些图片，可以为图片添加题注，方便查阅每个图片的信息。

1 打开文档，选中需要添加题注的图片，如图9-14所示。

2 单击“引用”选项卡，在“题注”选项组中选中“插入题注”按钮，如图9-15所示。

图9-14

图9-15

3 打开“插入题注”对话框，如图9-16所示。

4 在“选项”文本框下，单击“标签”右侧的下拉按钮，在下拉列表中选择需要的标签，如图9-16所示。

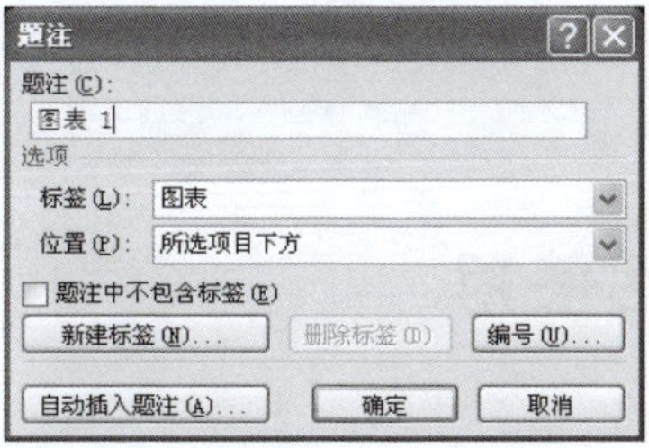

图9-16

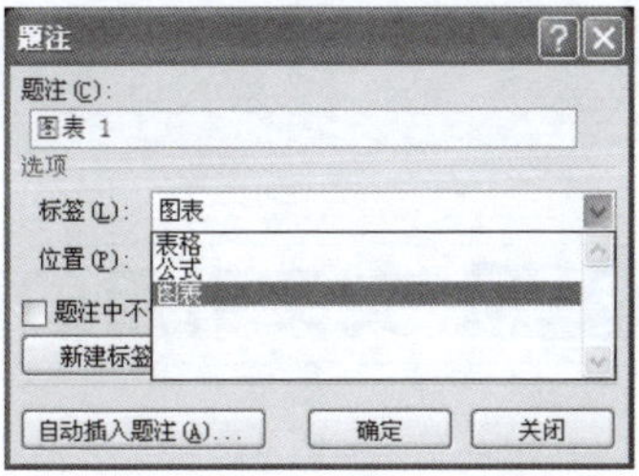

图9-17

5 单击“位置”右侧的下拉按钮，在下拉列表中选择题注的位置，如图9-18所示。

6 单击“编号”按钮，打开“题注编号”对话框，单击“格式”下拉三角按钮，在打开的格式列表中选择合适的编号格式，单击“确定”按钮，如图9-19所示。

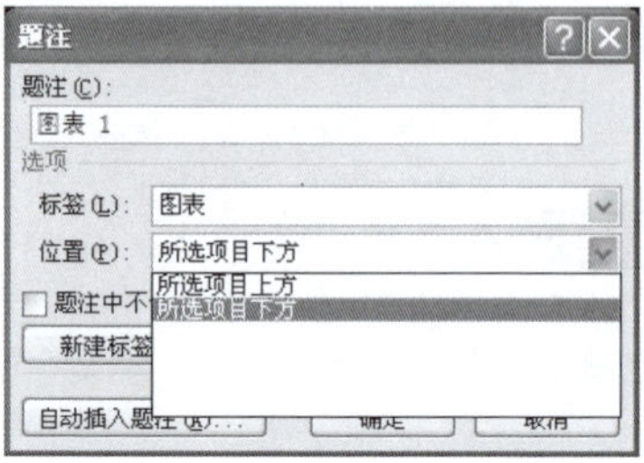

图9-18

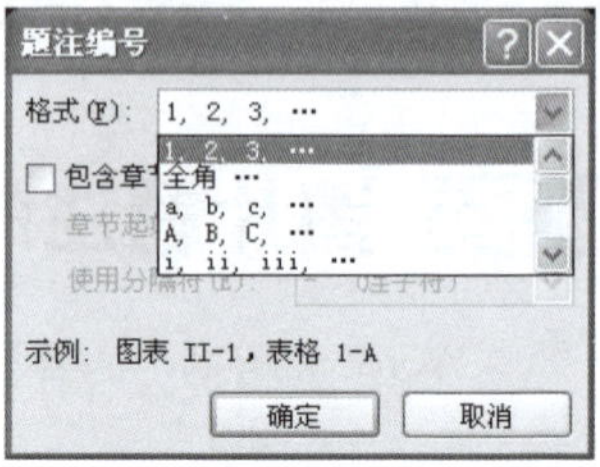

图9-19

7 设置完毕单击“确定”按钮即可在文档中添加图片题注，如图9-20所示。

图9-20

提 示

插入题注对话框用户也可以采取另一种方法，鼠标右键单击选中的图片，然后在弹出的快捷菜单中选中“插入题注”命令，打开“题注”对话框。

技巧5 交叉引用的灵活使用

交叉引用就是在文档的一个位置引用另一个位置的内容，交叉引用常用于需要互相应用的地方，可以使用户尽快找到想找的内容，同时能够保证文档的结构条理清晰，在Word 2010中使用交叉引用可以帮助用户快速浏览Word长文档。

1 将插入点光标放置到需要实现交叉引用的位置，输入“（返回）”字样，并将光标置于“返回”的后面，如图9-21所示。

2 单击“引用”选项卡，在“题注”选项组中选中“交叉引用”按钮，如图9-22所示。

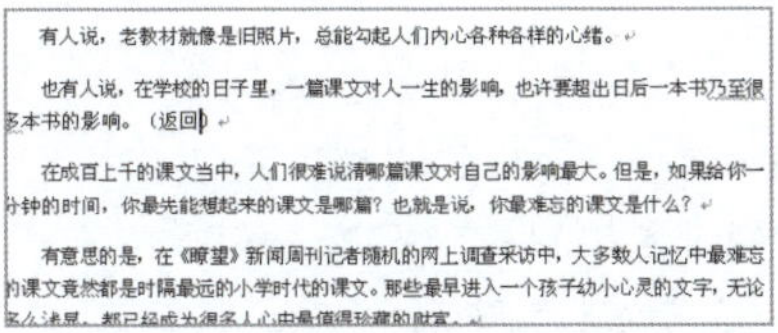

图9-21

图9-22

3 打开“交叉引用”对话框，在“引用类型”下拉列表框中选中“标题”选项，在“引用内容”下拉列表框中选中“标题文字”选项，在“引用哪一个标题”文本框中选中“真情永远”选项，如图9-23所示。

4 设置完成后单击“插入”按钮，在插入点光标处插入一个交叉引用，如图9-24所示。

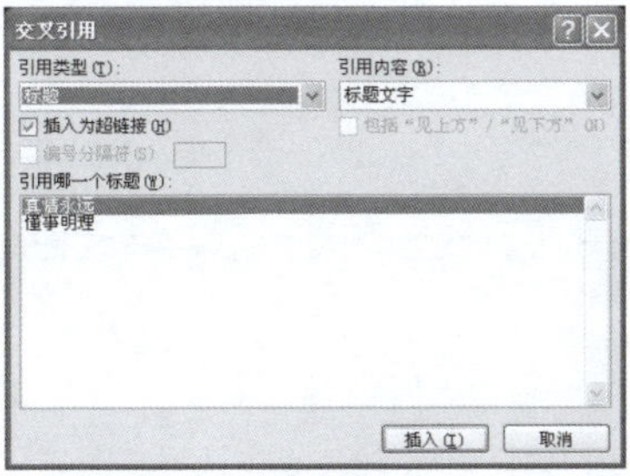

图9-23

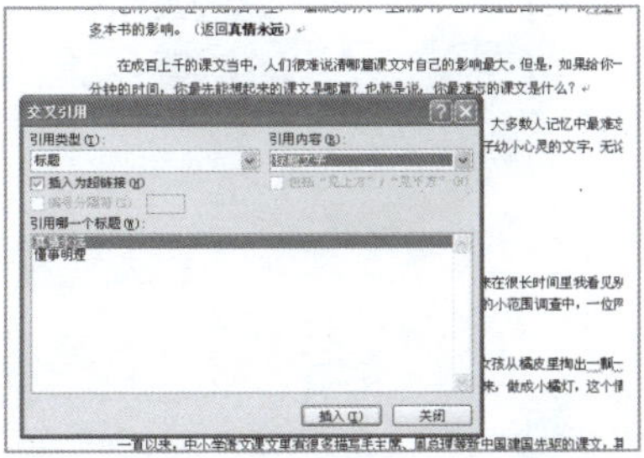

图9-24

5 单击“关闭”按钮即可关闭“交叉引用”对话框，如图9-25所示。

6 按住“Ctrl”键的同时单击此处即可返回到目标位置，如图9-26所示。

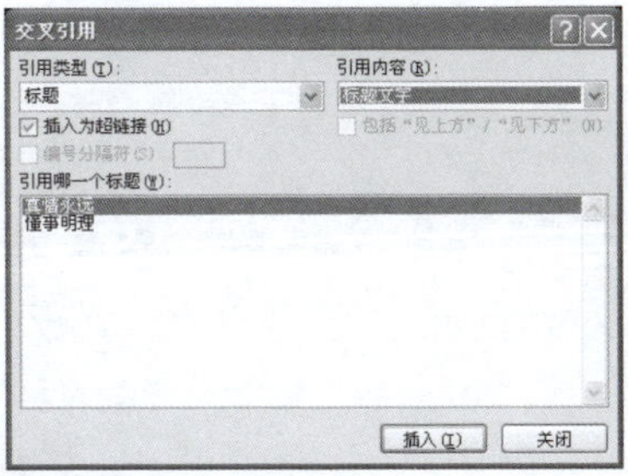

图9-25

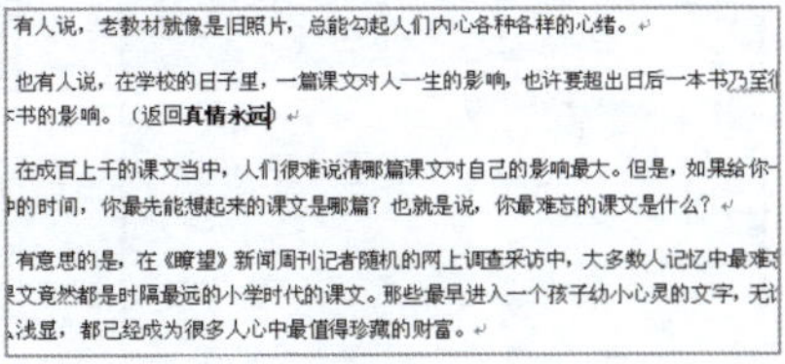

图9-26

注 意

如果需要对交叉引用修改，在文档中选中插入的交叉引用后，再次打开“交叉引用”对话框，选中线的引用项目。

技巧6 利用“交叉引用”实现文本中自动编号的引用

对插入的图片进行编号后，而文档内容中相对应的位置却没有标注。这时，可以使用“交叉引用”功能来完成文档内容中的标注。

1 将光标定位到文档中需要插入编辑的位置，如图9-27所示。

2 单击“引用”选项卡，在“题注”选项组中选中“交叉引用”按钮，如图9-28所示。

图9-27

图9-28

3 打开“交叉引用”对话框，在“引用类型”框下拉列表中选择“图表”选项，如图9-29所示。

4 在“引用哪一个题注”列表中，显示了当前文档所使用的图片编号，选中需要引用的图片编号，如图9-30所示。

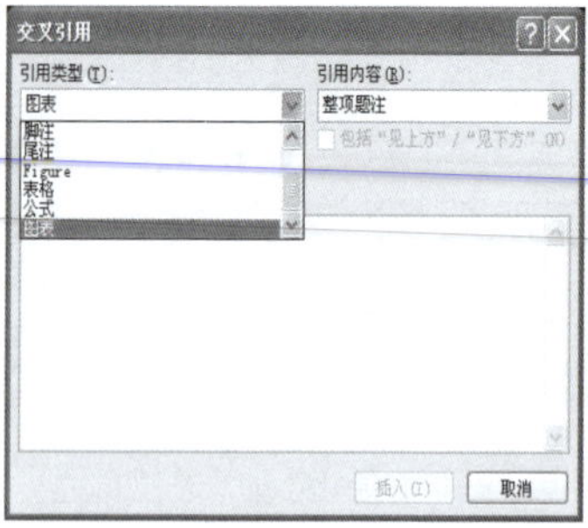

图9-29

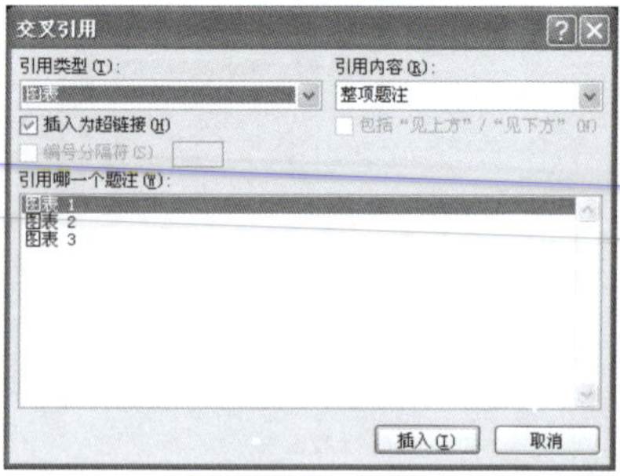

图9-30

5 单击“插入”按钮即可将编辑插入到文档中，如图9-31所示。

6 单击“光闭”按钮即可完成全部的设置。

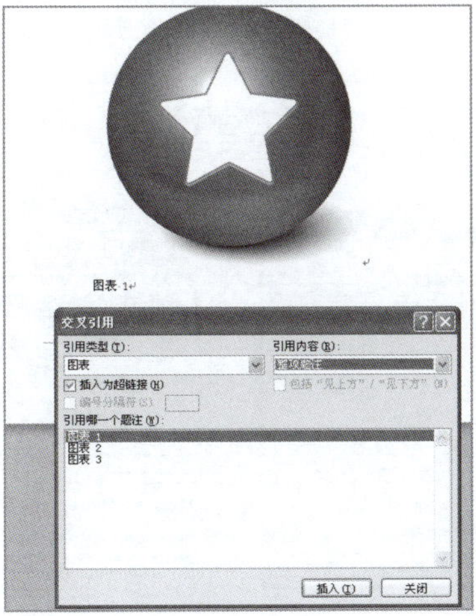

图9–31

技巧7 索引项的快速标记

索引的主要作用是列出文档的重要信息和相关页码，方便读者快速查找。要编制索引，首先要在文档中标记索引项。

❶ 选中标记为索引的内容，如图9–32所示。

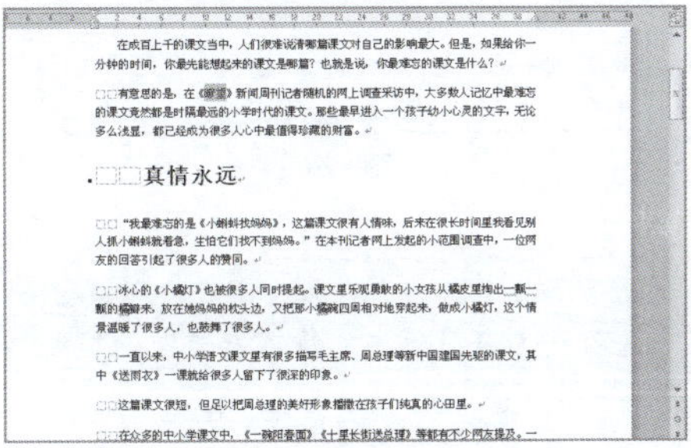
在成百上千的课文当中，人们很难说清哪篇课文对自己的影响最大。但是，如果给你一分钟的时间，你最先能想起来的课文是哪篇？也就是说，你最难忘的课文是什么？

有意思的是，在《[illegible]》新闻周刊记者随机的网上调查采访中，大多数人记忆中最难忘的课文竟然都是时隔最远的小学时代的课文。那些最早进入一个孩子幼小心灵的文字，无论多么浅显，都已经成为很多人心中最值得珍藏的财富。

真情永远

"我最难忘的是《小蝌蚪找妈妈》，这篇课文很有人情味，后来在很长时间里我看见别人抓小蝌蚪就着急，生怕它们找不到妈妈。"在本刊记者网上发起的小范围调查中，一位网友的回答引起了很多人的赞同。

冰心的《小橘灯》也被很多人同时提起。课文里乐观勇敢的小女孩从橘皮里掏出一瓣一瓣的橘瓣来，放在她妈妈的枕头边，又把那小橘碗四周相对地穿起来，做成小橘灯，这个情景温暖了很多人，也鼓舞了很多人。

一直以来，中小学语文课文里有很多描写毛主席、周总理等新中国建国先驱的课文，其中《送雨衣》一课就给很多人留下了很深的印象。

这篇课文很短，但足以把周总理的美好形象播撒在孩子们纯真的心田里。

在众多的中小学课文中，《一碗阳春面》《十里长街送总理》等都有不少网友提及。一

图9–32

❷ 单击"引用"选项卡，在"索引"选项组中选中"标记索引项"按钮，如图9–33所示。

图9–33

3 打开“标记索引项”对话框，在“主索引”中自动显示选择内容，单击“标记”按钮，如图9-34所示。

4 标记为索引后，系统会自动在选择的文本后插入一个XE域，如图9-35所示。

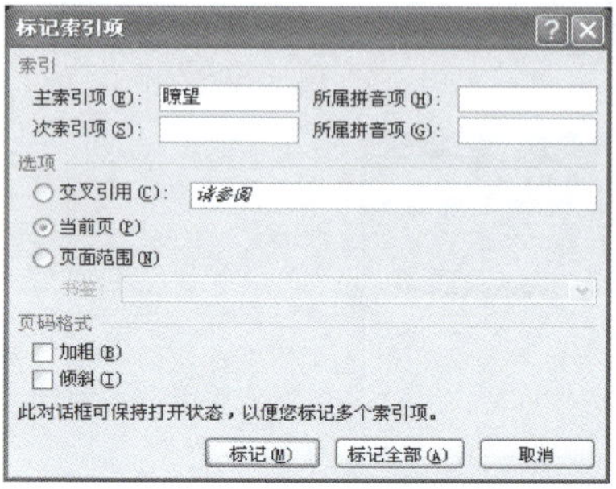

图9-34

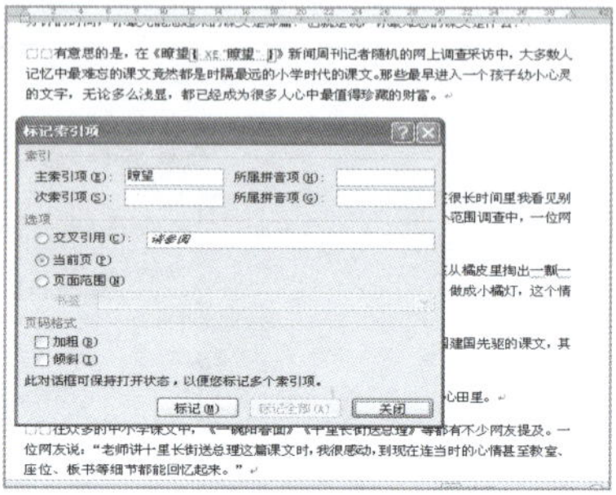

图9-35

5 单击“关闭”按钮即可，如图9-36所示。

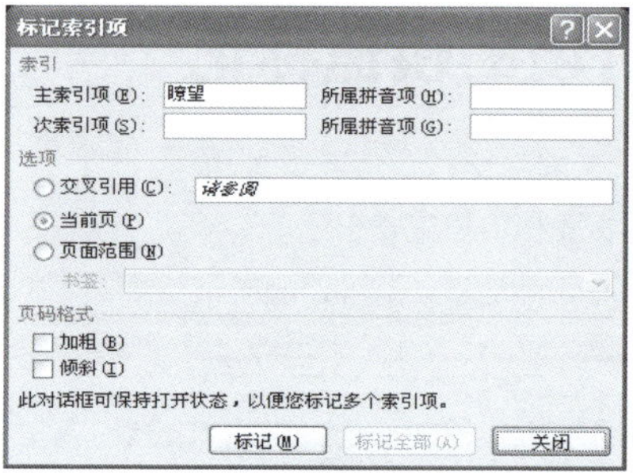

图9-36

注 意

不论选中哪个选项，主索引项文本框不能为空，否则单击“标记”按钮后会出现“此项为空”的提示。

技巧8 如何在固定位置插入索引内容

为了能够在文档中快速查找信息，可以利用Word为用户提供的索引功能将文档中的关键字词标注出来，以便日后查找，标记了索引项后，可按下面的步骤创建索引。

1 将插入点定位到要插入索引的位置，如图9-37所示。

❷ 单击“引用”选项卡，在“索引”选项组中选中“插入索引”按钮，如图9-38所示。

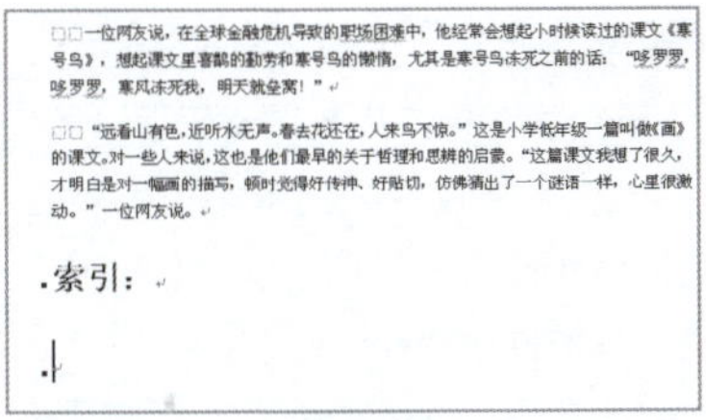

图9-37

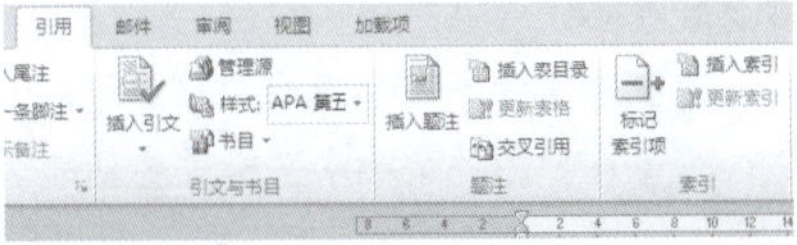

图9-38

❸ 打开“索引”对话框，如图9-39所示。

❹ 在“索引”对话框中，选中“页码右对齐”复选框，设置“栏数”为1，选择“排序依据”为“拼音”，如图9-40所示。

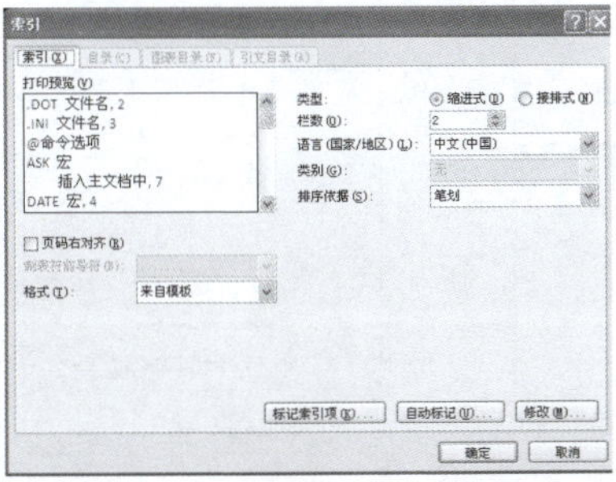

图9-39

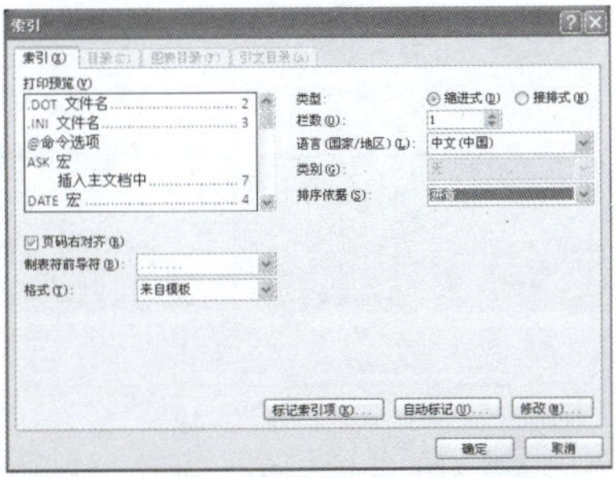

图9-40

❺ 单击“确定”按钮，创建的索引如图9-41所示。

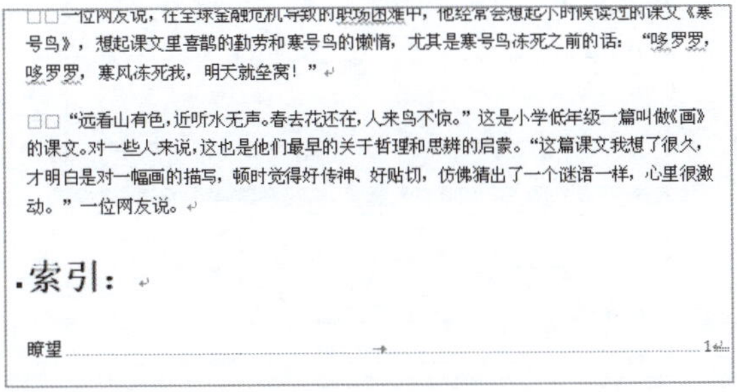

图9-41

提　示

索引是一个Index域，它根据XE域的内容来生成索引，如果索引标记中的索引项文本被修改，一定要对该索引进行更新。

技巧9 现实索引的更新

索引的主要作用是列出文档的重要信息和相关页码，方便读者快速查找，在更改了索引项或者索引项所在的页码发生了改变后，用户应该更新索引以适应所做的更改。

1. 在需要更新的索引中右击鼠标，如图9-42所示。
2. 在弹出的菜单中选择“更新域”选项，如图9-43所示。

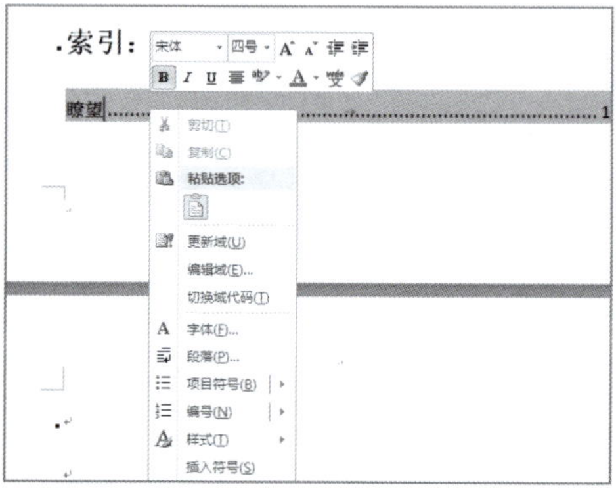

图9-42

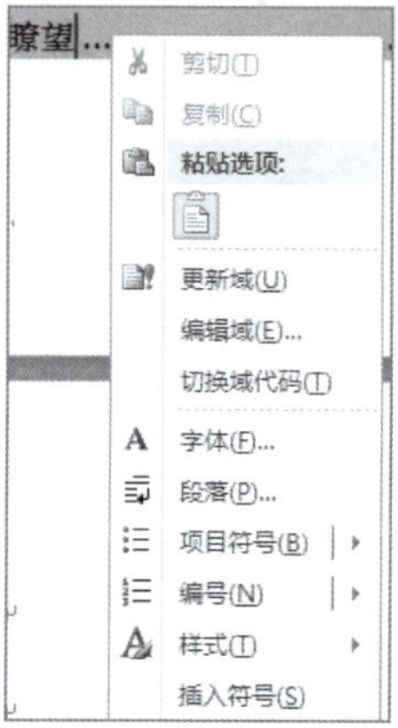

图9-43

3. 即可更新索引，如图9-44所示。

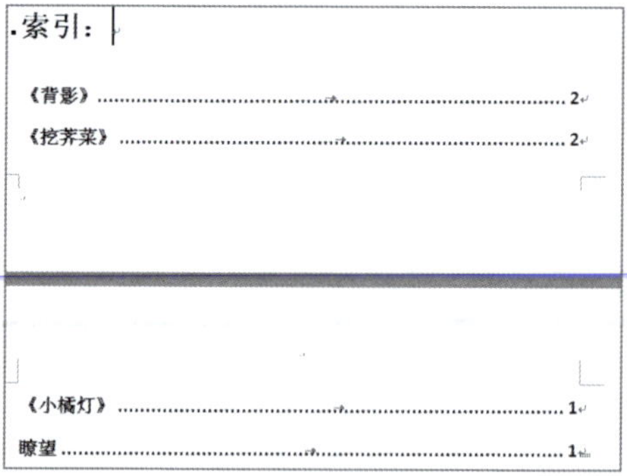

图9-44

知识点

用户也可以利用创建索引的方法更新索引，新创建的索引完成后，会弹出一个对话框询问是否替换原有的索引，单击“确定”按钮即可。

第10章

审阅与批注的应用

技巧1 用文档结构图方式阅读长文档内容

“导航窗格”是Word 2010新增功能，一般长文档都具有清晰的目录结构，要查看长文档内容，可以通过显示文档导航来查看。

❶ 运行Word 2010，打开文档，单击“视图”选项卡，如图10-1所示。

❷ 在“显示”选项组中选中“导航窗口”复选框，如图10-2所示。

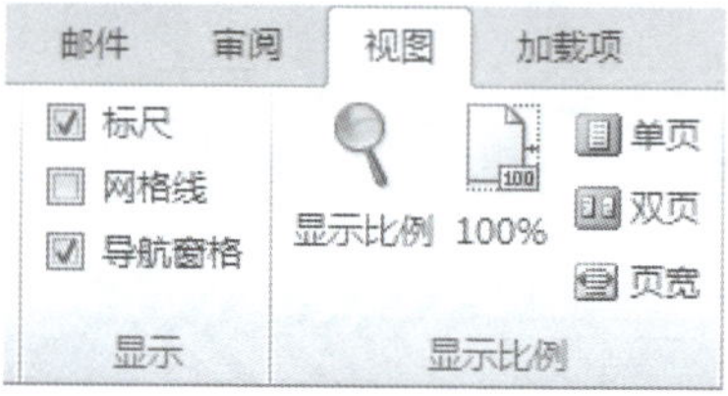

图10-1

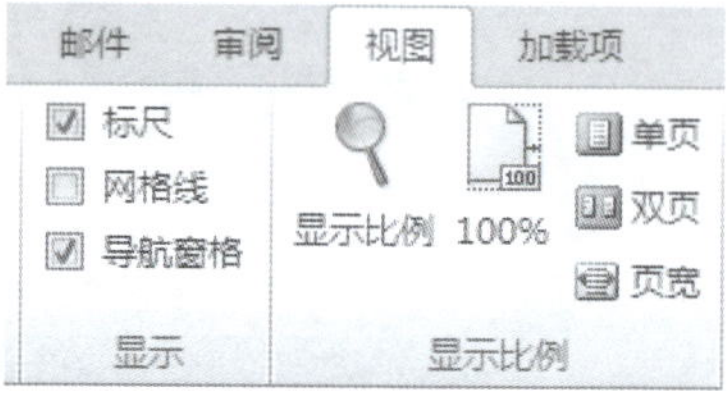

图10-2

❸ 在打开的导航窗格中，单击“浏览您的文档中的标题”按钮可以查看文档结构图，如图10-3所示。

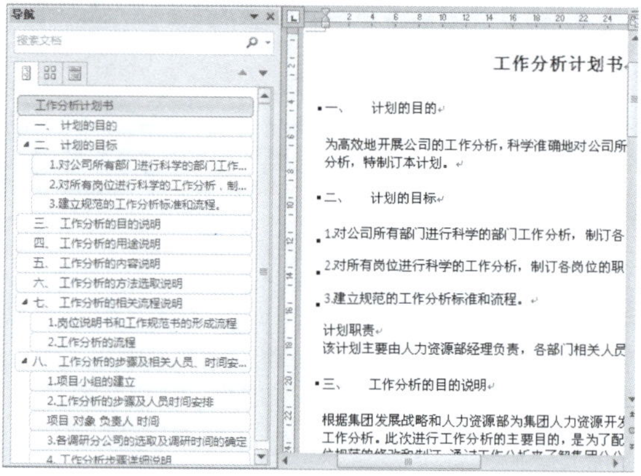

图10-3

提 示

同一级目录对齐显示，如果目录具有下级目录，前面就会显示◢符号，单击一次则会隐藏下级目录，再次单击则会展开下级目录。

技巧2 用缩略图方式阅读长文档内容

在Word 2010新添加的“导航窗格”中查看文档结构图和页面缩略图，在文档窗口中显示“文档结构图”和“页面缩略图”，下面介绍以缩略图方式查看长文档内容。

❶ 打开文档。

❷ 单击“视图”选项卡，在“显示”工具栏中选中“导航窗口”复选框，如图10-4所示。

❸ 在打开的导航窗格中，单击“浏览您的文档中的页面”按钮可以查看到文档页面缩放图，如图10-5所示。

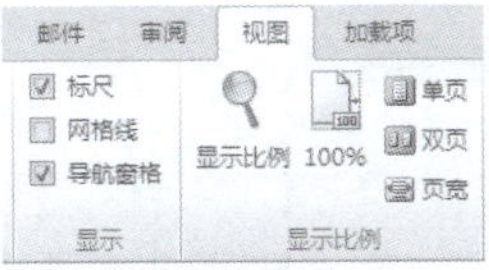

图10-4

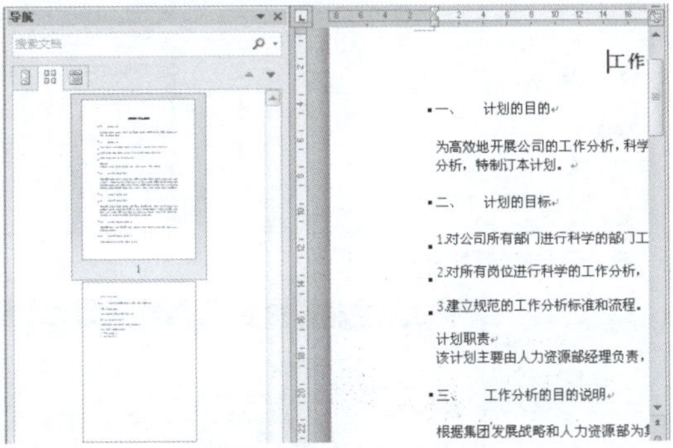

图10-5

提 示

如果想要取消显示导航窗格，则在“视图”功能区的“显示”分组中取消“导航窗格”复选项的选中状态即可。

技巧3 过宽长文档内容的显示

当利用大纲或普通方式打开文档时，有时会发现文档内容不能完整地在屏幕上显示出来，例如查看时需要不断拖动水平滚动条，通过下面的设置，则可以让文档随窗口宽度自动换行。

❶ 单击“开始”选项卡，在下拉菜单中选中“选项”标签，如图10-6所示。

❷ 打开“Word选项”对话框，如图10-7所示。

❸ 选择“高级”选项，在右侧的“显示文档内容”栏下选中“文档窗口内显示文字自动换行”复选框，如图10-8所示。

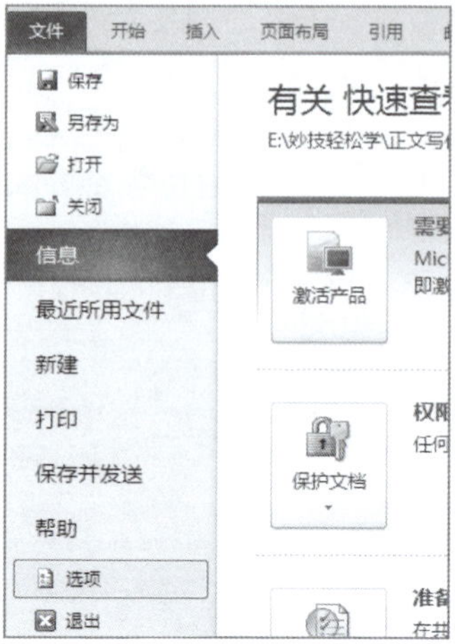

图10–6

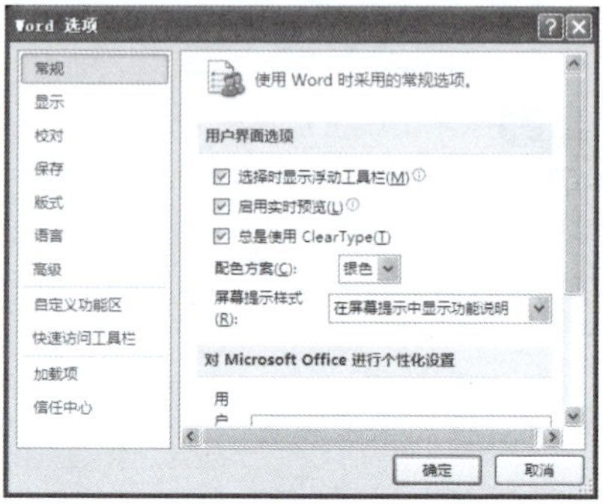

图10–7

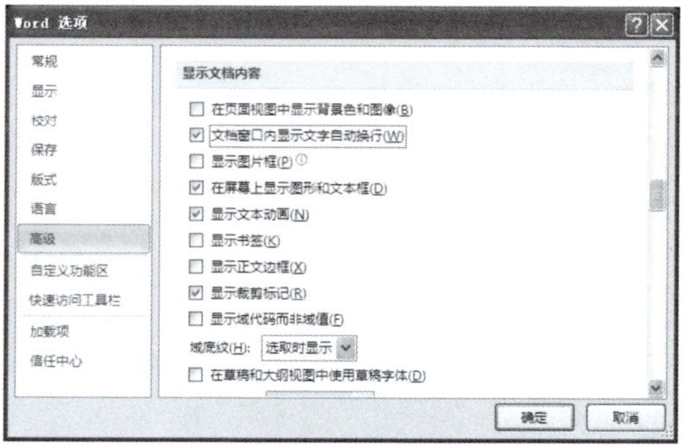

图10–8

注 意

设置文档窗口内显示文字自动换行只适用于大纲视图与普通视图下显示的文本，在页面视图下调整窗口的大小只会增大或减小整篇文档的显示比例。

技巧4 快速返回上一次编辑文档的位置

在文档的某个位置进行编辑时，可能需要查看上一次的编辑位置，这时再回到原先编辑处，对应长文档来说则是一件比较费时的事情。Word 2010提供的快速恢复编辑位置的功能可使这个操作非常简单。

1 若要回到前次编辑的位置，只需要按“Shift+F5”组合键即可。

2 它使光标在最后编辑过的三个位置之间循环。

知识点

当文档关闭的时候，Word 2010也会记录此时文档的编辑位置，再次打开此文档的时候，按组合键“Shift+F5”就回到了关闭文档时的编辑位置。

技巧5 文档不同部分的同时编辑

在长文档编辑过程中，由于文档包含多页，当文档下面的内容需要参考上面的内容进行编辑时，则可以将文档拆分为两个窗口，在两个窗口中分别定位在不同的位置，从而方便编辑、比较参考。

1 打开长文档，单击“视图”选项卡，在“窗口”选项组中选中“拆分”按钮，如图10-9所示。

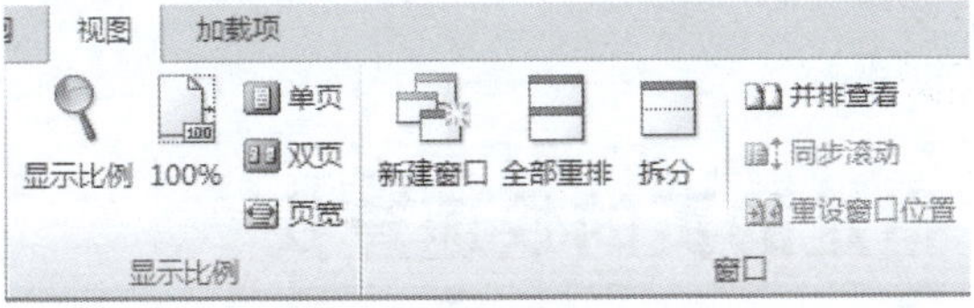

图10-9

2 关闭则变成一条水平直线，如图10-10所示。

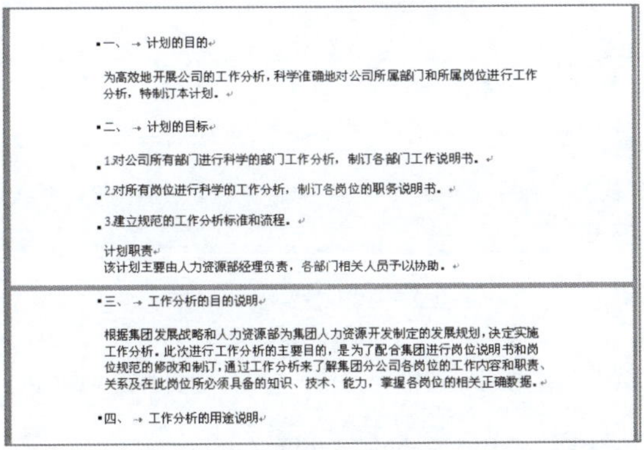

一、计划的目的

为高效地开展公司的工作分析，科学准确地对公司所属部门和所属岗位进行工作分析，特制订本计划。

二、计划的目标

1.对公司所有部门进行科学的部门工作分析，制订各部门工作说明书。

2.对所有岗位进行科学的工作分析，制订各岗位的职务说明书。

3.建立规范的工作分析标准和流程。

计划职责

该计划主要由人力资源部经理负责，各部门相关人员予以协助。

三、工作分析的目的说明

根据集团发展战略和人力资源部为集团人力资源开发制定的发展规划，决定实施工作分析。此次进行工作分析的主要目的，是为了配合集团进行岗位说明书和岗位规范的修改和制订，通过工作分析来了解集团分公司各岗位的工作内容和职责、关系及在此岗位所必须具备的知识、技术、能力，掌握各岗位的相关正确数据。

四、工作分析的用途说明

图10-10

3 在需要拆分的位置上单击一次鼠标，即可将当前窗口拆分为两个窗口，如图10-11所示。

4 在每一个窗格中均可查看与编辑文档的任意部分。

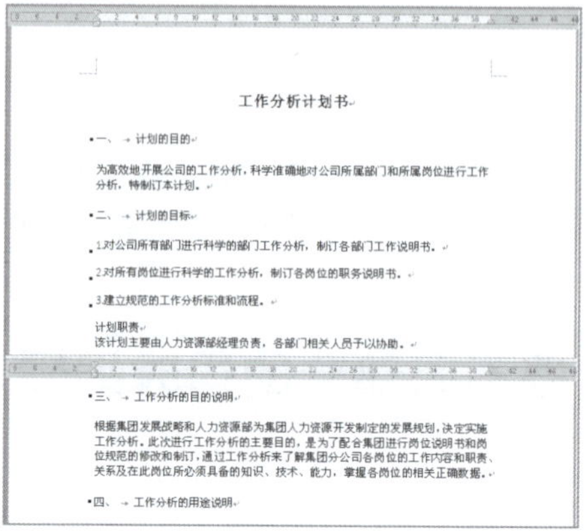
工作分析计划书

一、计划的目的

为高效地开展公司的工作分析，科学准确地对公司所属部门和所属岗位进行工作分析，特制订本计划。

二、计划的目标

1.对公司所有部门进行科学的部门工作分析，制订各部门工作说明书。

2.对所有岗位进行科学的工作分析，制订各岗位的职务说明书。

3.建立规范的工作分析标准和流程。

计划职责

该计划主要由人力资源部经理负责，各部门相关人员予以协助。

三、工作分析的目的说明

根据集团发展战略和人力资源部为集团人力资源开发制定的发展规划，决定实施工作分析。此次进行工作分析的主要目的，是为了配合集团进行岗位说明书和岗位规范的修改和制订，通过工作分析来了解集团分公司各岗位的工作内容和职责、关系及在此岗位所必须具备的知识、技术、能力，掌握各岗位的相关正确数据。

四、工作分析的用途说明

图10-11

知识点

编辑完毕后，单击“窗口”选项组中的“取消拆分”按钮即可将两个窗格还原成一个窗口。

技巧6 指定的页的快速查找

在编辑长文档时，为了查找其中某一页（如28页）的内容，利用鼠标滚动的方法会很浪费时间，利用如下技巧可以快速定位到某一页，或定位到指定的对象。

1 单击“开始”选项卡，如图10-12所示。

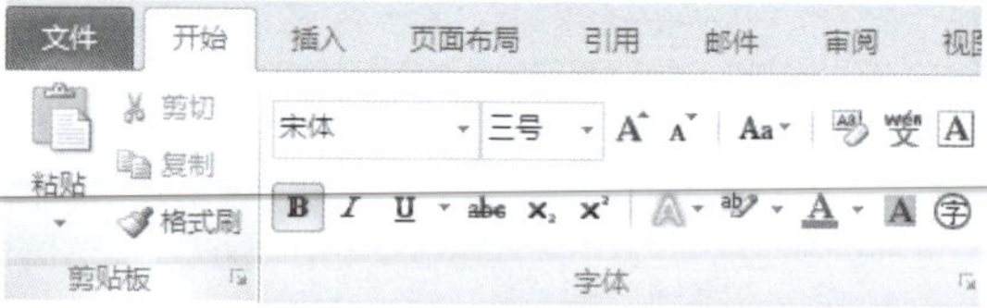

图10-12

2 在“编辑”选项组中选中“替换”按钮，如图10-13所示。

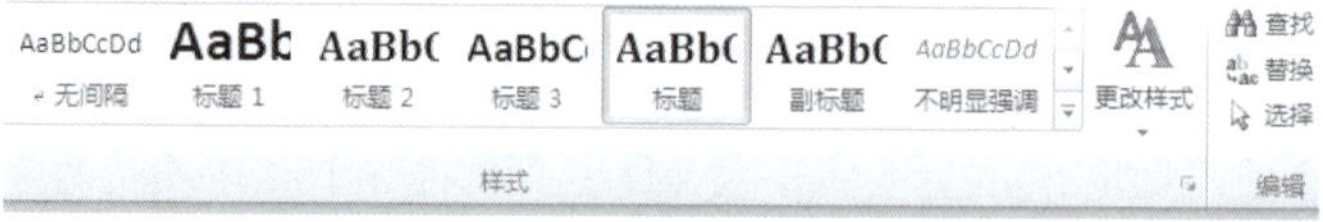

图10-13

3 打开“查找和替换”对话框，选择“定位”选项，在“定位目标”列表框中选中“页”选项，接着在“输入页号”文本框中输入查找的页码（如28），如图10-14所示。

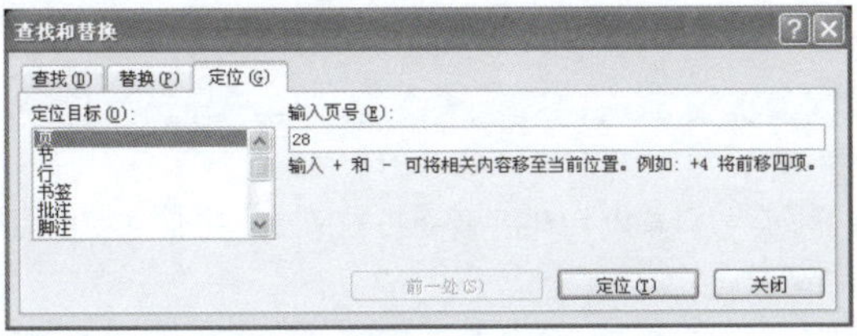

图10-14

❹ 单击“定位”按钮即可快速定位到指定页。

提 示

在“定位目标”列表中选择“节”、“行”选项，然后设置节号、行号，也可以快速定位到指定位置。

技巧7 在长文档中书签标识的快速添加

在编辑较长的Word文档时，可以把需要经常引用或查看的文档中某一部分内容建立成一个书签。当需要查看时，即可以快速查看，下面介绍在长文档中添加书签标识。

❶ 选中想要做成书签的内容或者将光标定位到特定位置上，如图10-15所示。

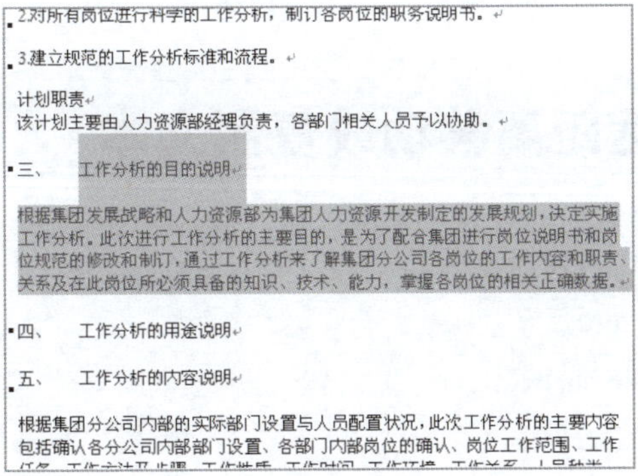
2.对所有岗位进行科学的工作分析，制订各岗位的职务说明书。

3.建立规范的工作分析标准和流程。

计划职责
该计划主要由人力资源部经理负责，各部门相关人员予以协助。

三、　工作分析的目的说明

根据集团发展战略和人力资源部为集团人力资源开发制定的发展规划，决定实施工作分析。此次进行工作分析的主要目的，是为了配合集团进行岗位说明书和岗位规范的修改和制订，通过工作分析来了解集团分公司各岗位的工作内容和职责、关系及在此岗位所必须具备的知识、技术、能力，掌握各岗位的相关正确数据。

四、　工作分析的用途说明

五、　工作分析的内容说明

根据集团分公司内部的实际部门设置与人员配置状况，此次工作分析的主要内容包括确认各分公司内部部门设置、各部门内部岗位的确认、岗位工作范围、工作

图10-15

❷ 单击“插入”选项卡，在“链接”选项组中选中“书签”按钮，如图10-16所示。

图10-16

3 打开“书签”对话框，在“书签名”文本框中输入该内容的书签名，如图10-17所示。

4 在“书签名”文本框中输入该内容的书签名，单击“添加”按钮即可，如图10-18所示。

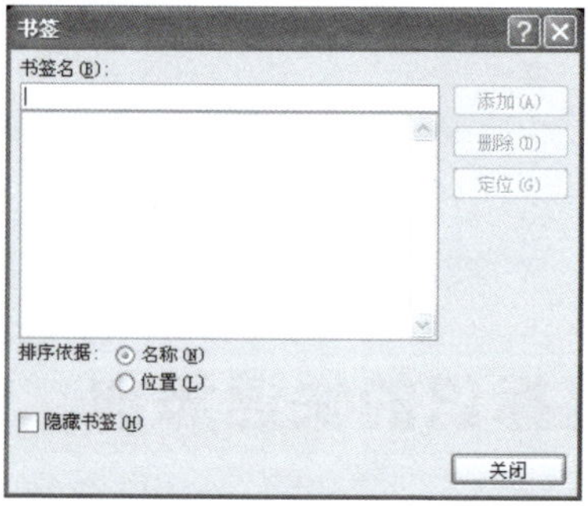

图10-17

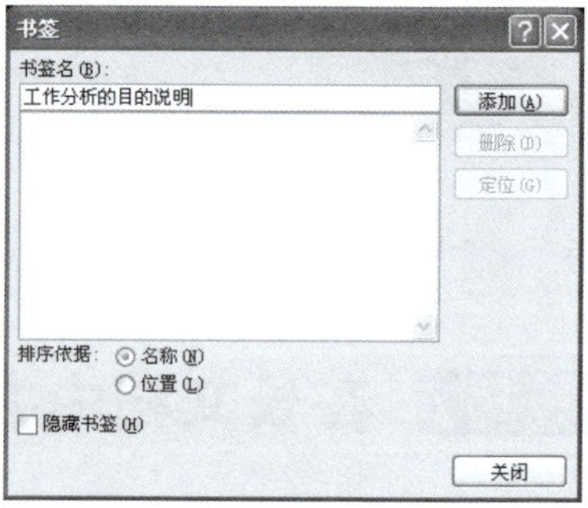

图10-18

知识点

当需要使用或查看书签内容时，再次打开“书签”对话框，选中书签名，单击“定位”按钮即可快速找到所需要的内容。

技巧8 远距离移动或复制文本

当文本的移动、复制操作只在当前页中进行时，可以直接利用拖动的方法移动文本或是利用“Ctrl”键复制文本，但如果需要远距离移动、复制，则可以使用如下技巧来实现。

1 选中要移动的文本，按“F2”键（如果要复制文本，则按“Shift+F2”组合键），窗口左下角显示“移到何处？”字样，如图10-19所示。

2 将光标插入该段文本要移动到的位置处，此时的光标变为闪动的虚线，如图10-20所示。

3 按回车键，即可完成所选文本的移动，如图10-21所示。

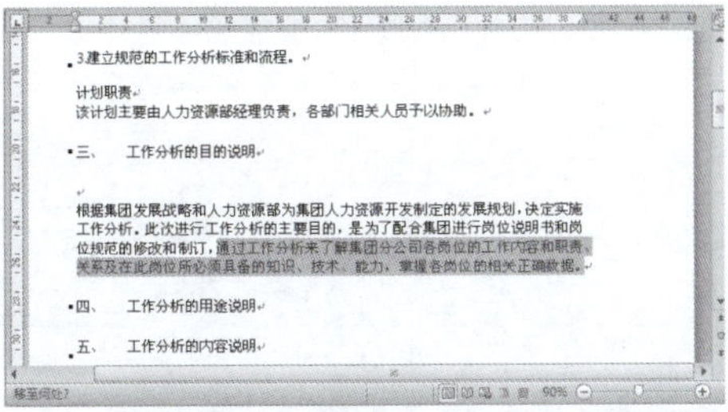
3.建立规范的工作分析标准和流程。
计划职责
该计划主要由人力资源部经理负责，各部门相关人员予以协助。
三、　工作分析的目的说明
根据集团发展战略和人力资源部为集团人力资源开发制定的发展规划，决定实施工作分析。此次进行工作分析的主要目的，是为了配合集团进行岗位说明书和岗位规范的修改和制订，通过工作分析来了解集团分公司各岗位的工作内容和职责、关系及在此岗位所必须具备的知识、技术、能力，掌握各岗位的相关正确数据。
四、　工作分析的用途说明
五、　工作分析的内容说明

图10-19

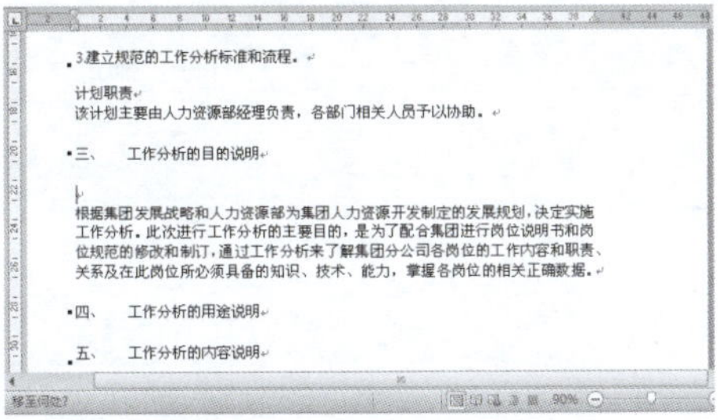
3.建立规范的工作分析标准和流程。
计划职责
该计划主要由人力资源部经理负责，各部门相关人员予以协助。
三、　工作分析的目的说明
根据集团发展战略和人力资源部为集团人力资源开发制定的发展规划，决定实施工作分析。此次进行工作分析的主要目的，是为了配合集团进行岗位说明书和岗位规范的修改和制订，通过工作分析来了解集团分公司各岗位的工作内容和职责、关系及在此岗位所必须具备的知识、技术、能力，掌握各岗位的相关正确数据。
四、　工作分析的用途说明
五、　工作分析的内容说明

图10-20

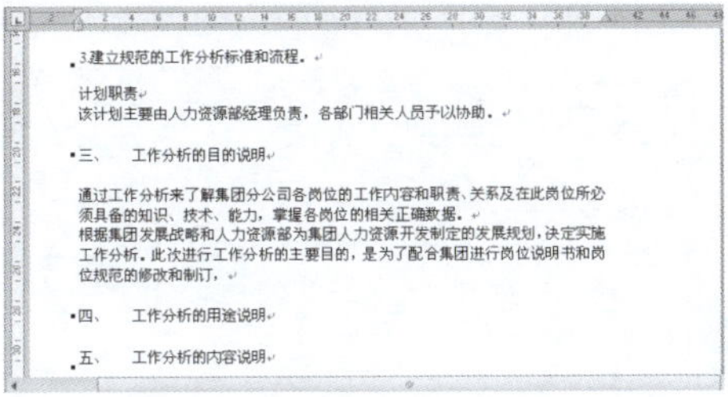
3.建立规范的工作分析标准和流程。
计划职责
该计划主要由人力资源部经理负责，各部门相关人员予以协助。
三、　工作分析的目的说明
通过工作分析来了解集团分公司各岗位的工作内容和职责、关系及在此岗位所必须具备的知识、技术、能力，掌握各岗位的相关正确数据。
根据集团发展战略和人力资源部为集团人力资源开发制定的发展规划，决定实施工作分析。此次进行工作分析的主要目的，是为了配合集团进行岗位说明书和岗位规范的修改和制订，
四、　工作分析的用途说明
五、　工作分析的内容说明

图10-21

知识点

在作近距离的文本移动时，一般的操作方法是：首先选定要移动的文本，然后把鼠标移到所选的区域中，待光标变为左指键头时，再按下鼠标左键并拖至所要的位置。如果在按鼠标左键之前先按下Ctrl键再进行拖曳还可实现文本的复制功能。

技巧9　显示标记在修订时如何设置

为了防止您不经意地分发包含修订和批注的文档，在默认情况下，Word 显示修订和批注，“显示标记的最终状态”是“显示以供审阅”框中的默认选项。

❶ 单击“审阅”选项卡，在“修订”选项组中选中“显示标记”按钮，如图10-22所示。

图10-22

❷ 在下拉菜单中选择“批注框”选项，如图10-23所示。

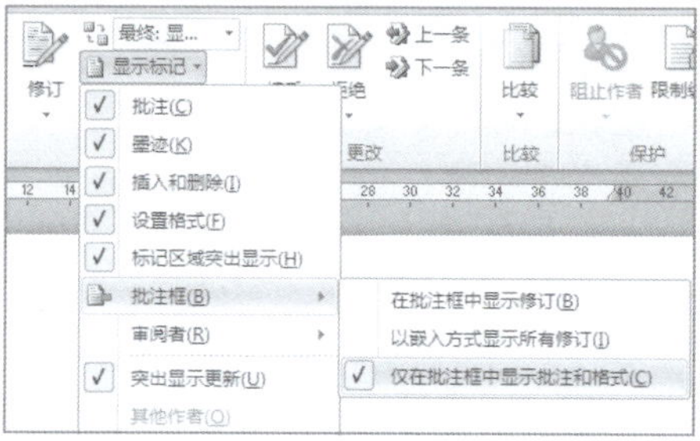

图10-23

❸ 在右侧的下拉列表框中选择“在批注框中显示修订”，如图10-24所示。

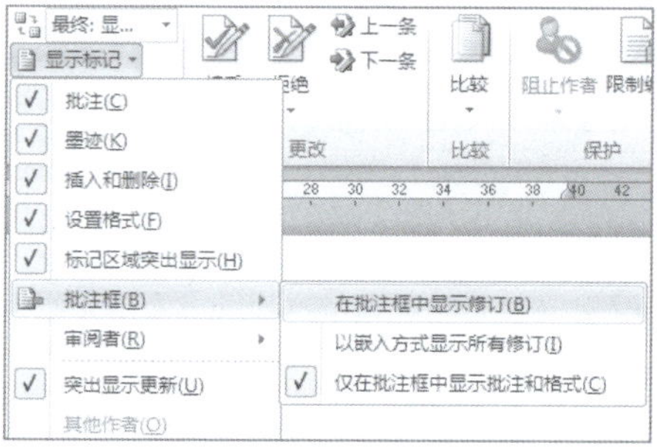

图10-24

❹ 即可完成设置在批注框中显示修订。

技巧10 文稿修订颜色的设置

每一个用户对修订的文档，可以设置自己便于理解的标记符，因此，用户在编辑之前，可以执行“修订选项”命令。例如：办公人员编辑好公司管理计划，设置文稿修订颜色等。

❶ 单击“审阅”选项卡，在“修订”选项组中选中“修订”按钮，如图10-25所示。

❷ 在下拉菜单中选择“修订选项”选项，如图10-26所示。

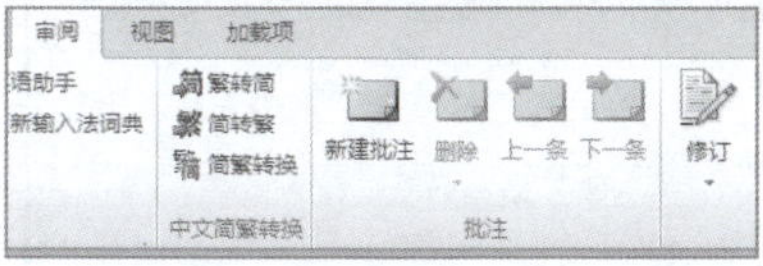

图10-25

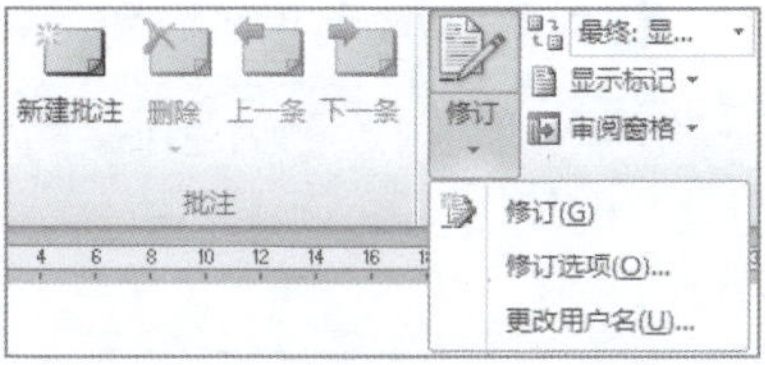

图10-26

❸ 弹出“修订选项”对话框，如图10-27所示。

❹ 在“标记”栏下右侧的颜色中设置需要的颜色，如图10-28所示。

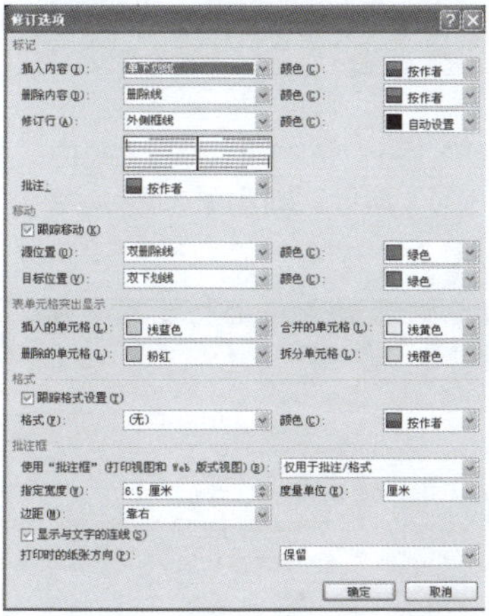

图10-27

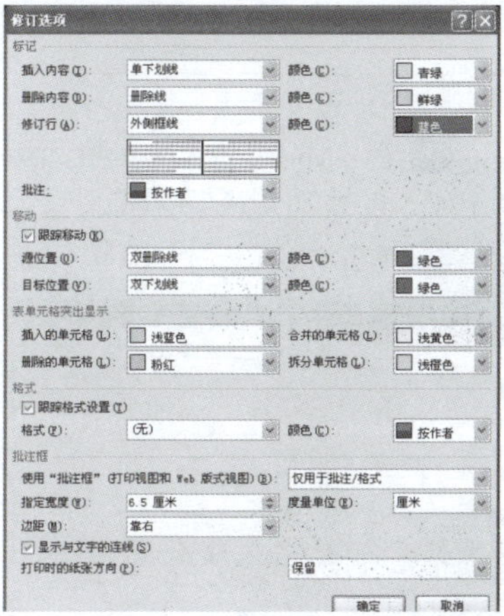

图10-28

❺ 单击“确定”按钮即可。

技巧11　修订者名称的正确设置

多用户在编辑文档时，为区别所显示的标记，可以设置不同的用户名，多应用于行政、文秘、人力资源等领域。下面介绍设置修订者的名称如何操作实现。

❶ 单击“审阅”选项卡，在“修订”选项组中选中“修订”按钮，如图10-29所示。

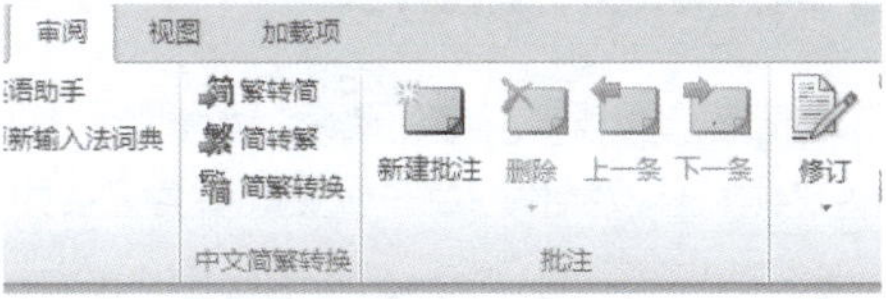

图10-29

❷ 在下拉菜单中选择“更改用户名”选项，如图10–30所示。

❸ 弹出“Word选项”对话框，如图10–31所示。

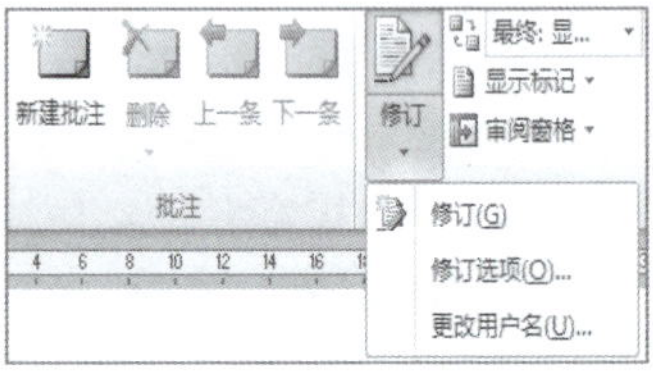

图10–30

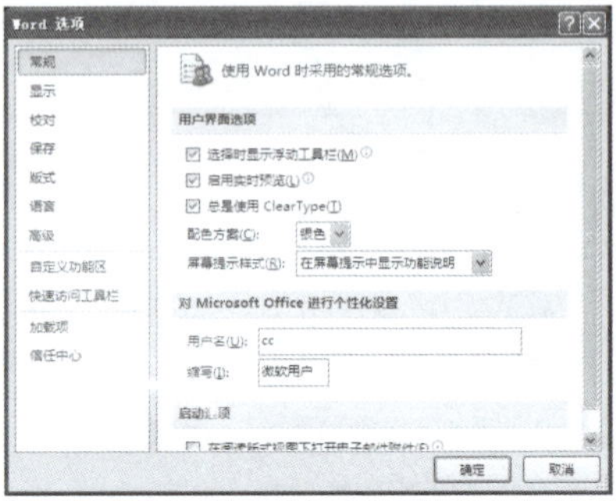

图10–31

❹ 在“Microsoft Word进行个性化设置”栏下，在“用户名”右侧的文本框中输入要更改的用户名，如：cy，设置“缩写”即可，如图10–32所示。

❺ 单击“确定”按钮即可，如图10–33所示。

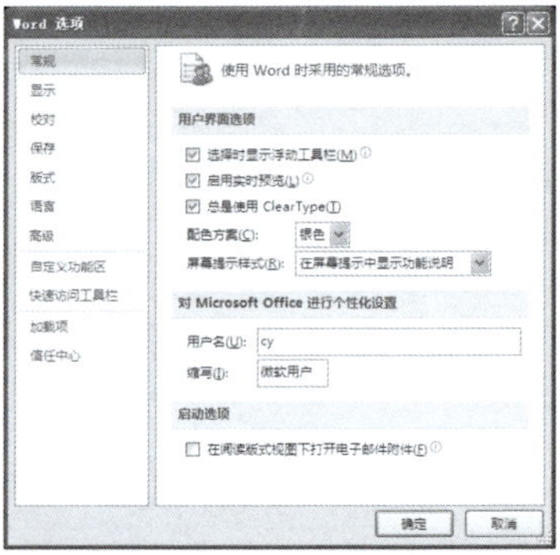

图10–32

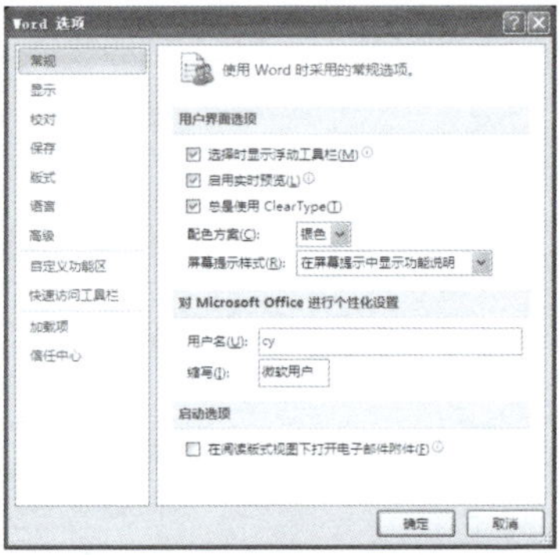

图10–33

提 示

如果需要关闭修订状态，则可以再次单击“修订”按钮。

技巧12 对文稿进行修改

在Word中修订是指显示文档中所做的修改，如删除、插入等操作，用户可以直接对文档中的内容进行修改操作，每一个更改都会记录并显示出来。

❶ 单击“审阅”选项卡，在“修订”选项组中选中“修订”按钮，如图10–34所示。

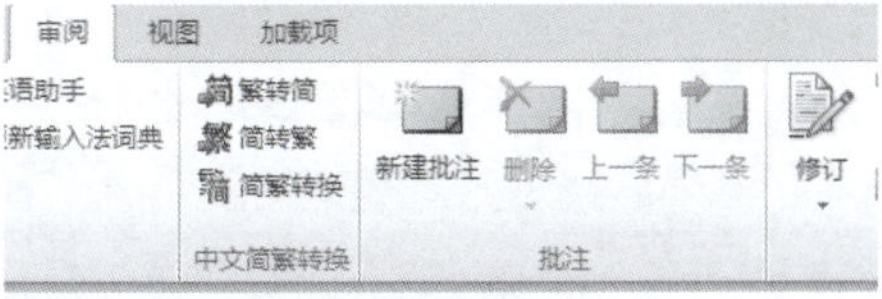

图10-34

❷ 在下拉菜单中选择“修订”选项，进入修订状态，如图10-35所示。

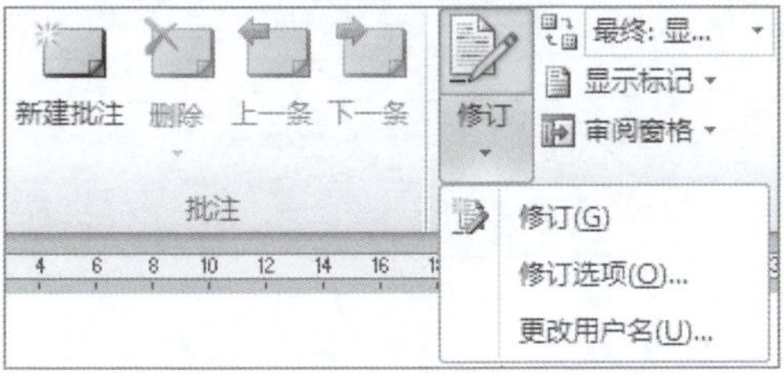

图10-35

❸ 当用户在文档中进行编辑，即可对修改位置进行标记，同时会在修订的左侧显示修订行，如图10-36所示。

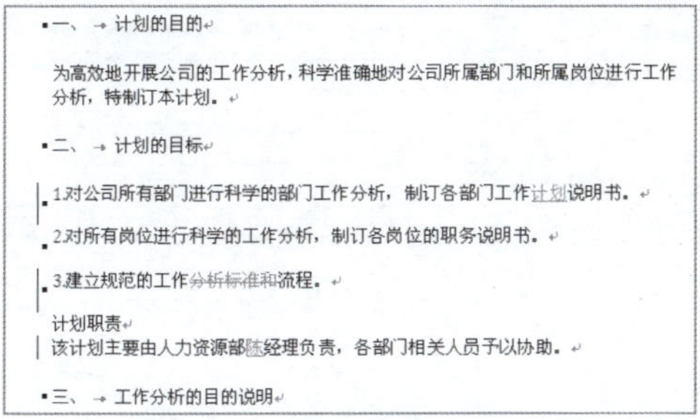
一、 → 计划的目的

为高效地开展公司的工作分析，科学准确地对公司所属部门和所属岗位进行工作分析，特制订本计划。

二、 → 计划的目标

1.对公司所有部门进行科学的部门工作分析，制订各部门工作计划说明书。

2.对所有岗位进行科学的工作分析，制订各岗位的职务说明书。

3.建立规范的工作~~分析标准和~~流程。

计划职责

该计划主要由人力资源部陈经理负责，各部门相关人员予以协助。

三、 → 工作分析的目的说明

图10-36

提 示

鼠标右键单击修订的文档，在弹出的快捷菜单中选择“修订”选项，此时文档处于修订状态。

技巧13　利用审阅窗格查看修订内容

Word 2010中有垂直审阅窗格和水平审阅窗格，因此可以在审阅中查看前面修订的文档。

❶ 单击“审阅”选项卡，在“修订”选项组中选中“审阅窗格”按钮，如图10-37所示。

图10-37

❷ 在下拉菜单中选择“垂直审阅窗格”选项，如图10-38所示。

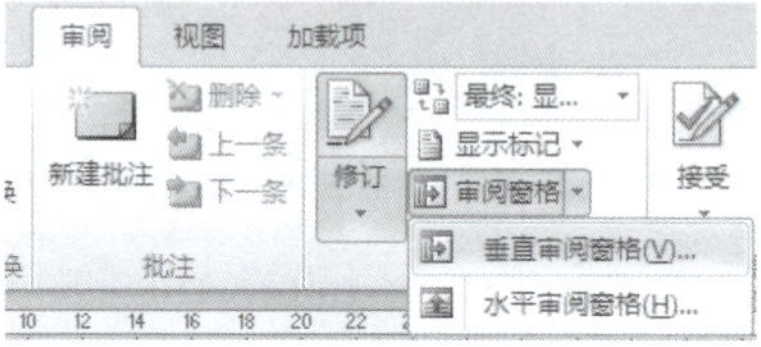

图10-38

❸ 在垂直审阅窗格中显示修改内容的效果，如图10-39所示。

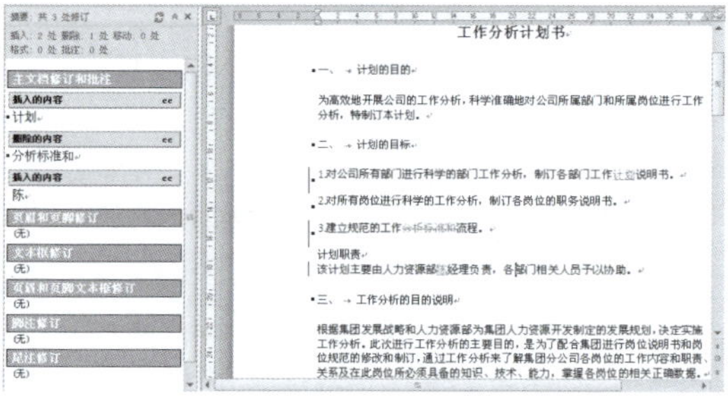

图10-39

知识点

用户在“修订”选项组中单击“修订”的下三角按钮，在展开的下拉列表中单击“更改用户名”选项，即可弹出“Word选项”对话框，切换到“常规”选项卡，可在此重新设置用户名。

技巧14 接受与拒绝修订的设置

对于审阅者做出的修订，作者查看后可以选择接受或拒绝修订，可以一条一条地接受，也可以一次性接受文档中的修订，对于不符合需要的修订，作者可以拒绝。

一、接受修订

❶ 单击“审阅”选项卡，在“更改”选项组中选中“接受”按钮，如

图10−40所示。

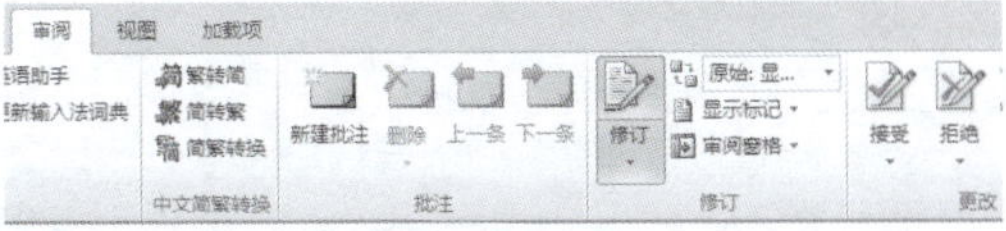

图10−40

❷ 在下拉菜单中选择“接受并移到下一条”选项，如图10−41所示。

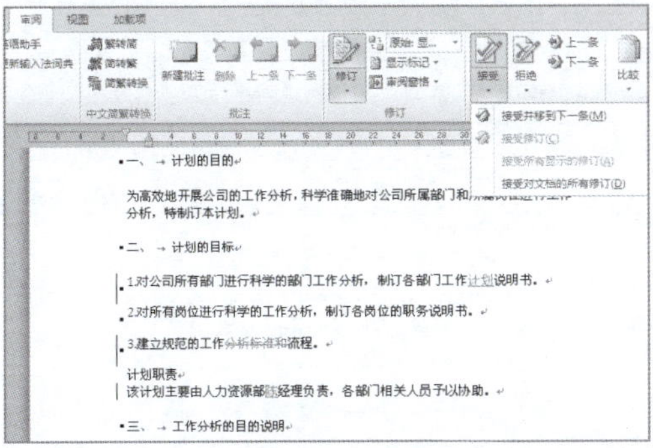

图10−41

❸ 对于已接受的修订，文档会显示修订后的状态，并且删除该修订标记，然后自动移到下一条，如图10−42所示。

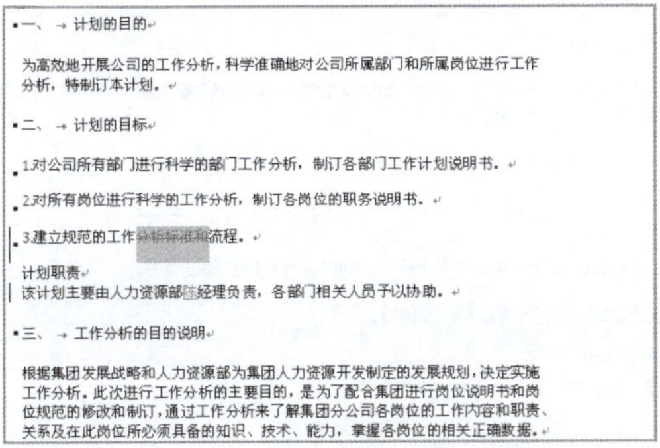

图10−42

提 示

如果不接受审阅者的修订，可以拒绝修订。

二、拒绝修订

❶ 单击“审阅”选项卡，在“更改”选项组中选中“拒绝”按钮，如

图10-43所示。

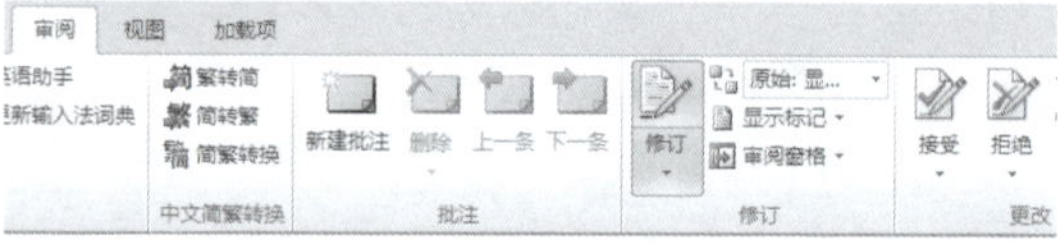

图10-43

❷ 在下拉菜单中选择“拒绝并移到下一条”选项，如图10-44所示。

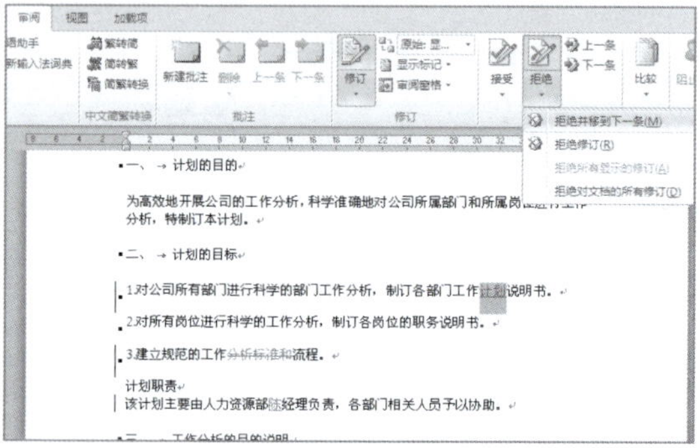

图10-44

❸ 对于已拒绝的修订，文档会删除当前修订的还原文档，如图10-45所示。

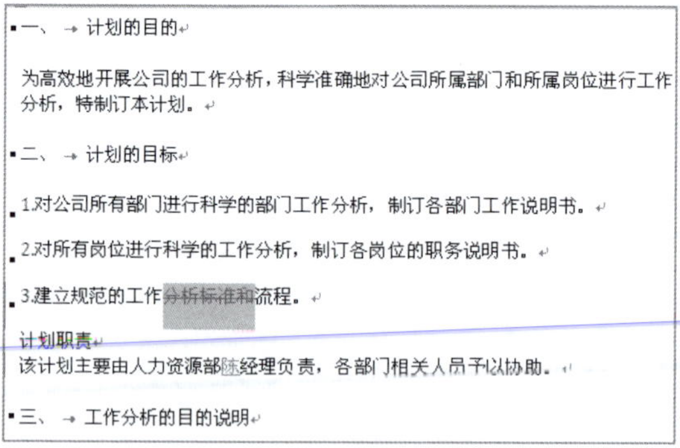
一、 → 计划的目的

为高效地开展公司的工作分析，科学准确地对公司所属部门和所属岗位进行工作分析，特制订本计划。

二、 → 计划的目标

1.对公司所有部门进行科学的部门工作分析，制订各部门工作说明书。

2.对所有岗位进行科学的工作分析，制订各岗位的职务说明书。

3.建立规范的工作分析标准和流程。

计划职责

该计划主要由人力资源部陈经理负责，各部门相关人员予以协助。

三、 → 工作分析的目的说明

图10-45

提 示

如果要接受审阅者对文档所做的所有修订，可以在“更改”选项组中选中“接受”按钮，在下拉列表中选择“接受对文档的所有修订”；如果要快速还原，可以在“更改”选项组中选中“拒绝”按钮，在下拉列表中选择“拒绝对文档的所有修订”。

技巧15 批注说明的正确使用

通过修订功能，审阅者可以直接对文稿进行修改，但审阅者有时可能不会直接对文档进行修改，而是对文稿提出建议，此时，就需要使用批注功能。

❶ 在文档中选择要插入批注的文字或对象，如图10-46所示。

❷ 单击“审阅”选项卡，在“批注”组中选中“新建批注”按钮，如图10-47所示。

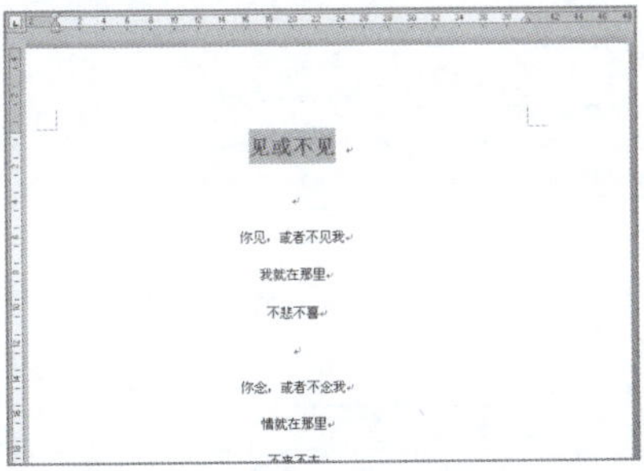

图10-46

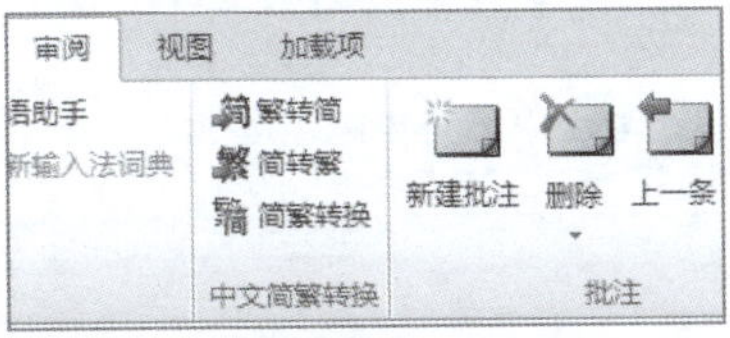

图10-47

❸ 此时，所选择的文字，将以“红色”括号括起来，并以“红色底纹”突出显示而在右边距位置显示批注框，如图10-48所示。

❹ 在批注框中输入批注内容即可，如图10-49所示。

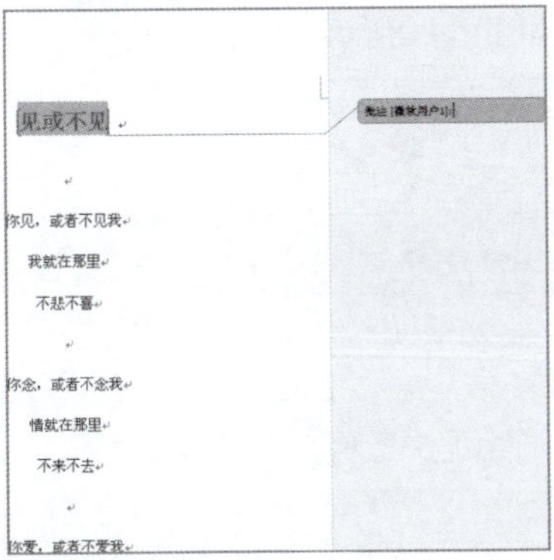

图10-48

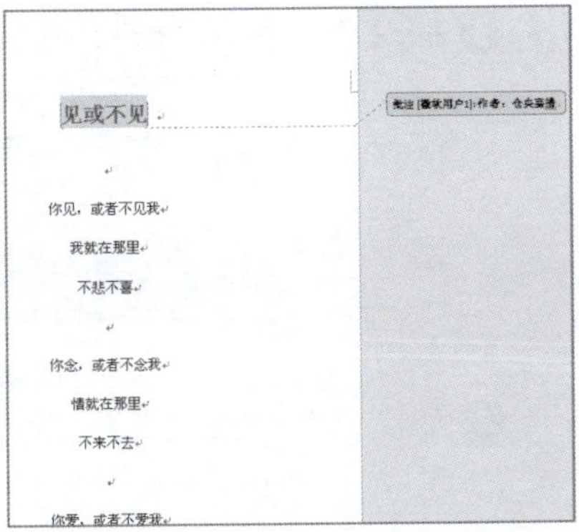

图10-49

知识点

当用户添加多个批注后，可以在“批注”选项组中单击“上一条”按钮或“下一条”按钮，查看不同位置的批注内容。

技巧16 对不需要的批注进行删除

在添加批注后，对于不需要的批注，可以进行删除，在行政办公中常用到，下面介绍删除不需要的批注的具体方法。

❶ 在文档中选择要删除的批注，如图10-50所示。

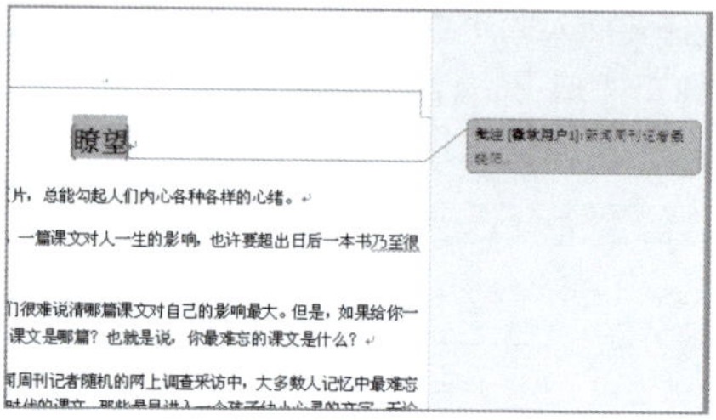

图10-50

❷ 单击“审阅”选项卡，在“批注”组中选中“删除”按钮，如图10-51所示。

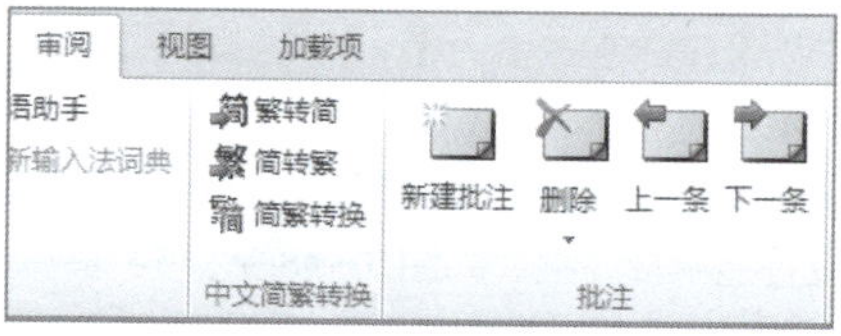

图10-51

❸ 在下拉菜单中选择“删除”选项，如图10-52所示。

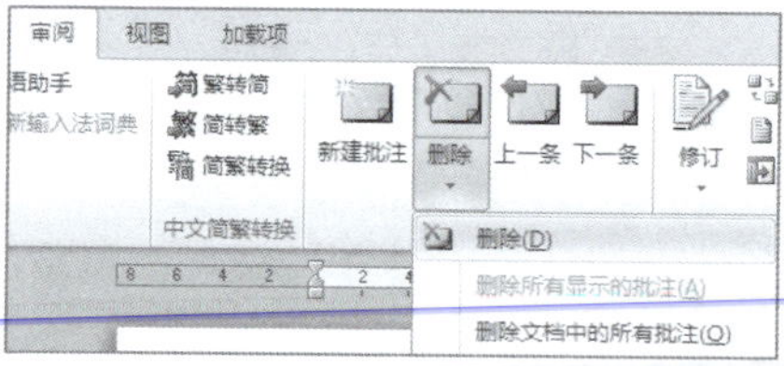

图10-52

❹ 操作完成，即可删除当前的批注，如图10-53所示。

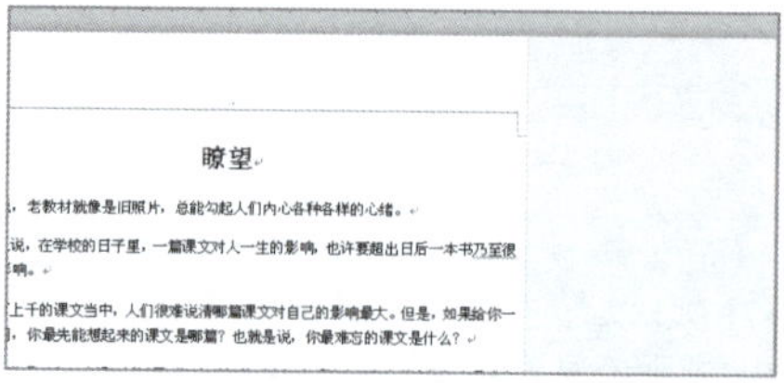

图10-53

第11章

文档的安全打印

技巧1 加密文档进行保护

Word 2010为文档提供了密码保护功能，设置密码可有效防止他人随意打开文档、编辑文档，下面介绍为文档加密。

❶ 打开要设置密码保护的文档。

❷ 单击“文件”选项卡，在下拉菜单中选中“信息”标签，单击右侧的“保护文档”下拉按钮，如图11-1所示。

图11-1

❸ 在下拉列表中选中“用密码进行加密”选项，如图11-2所示。

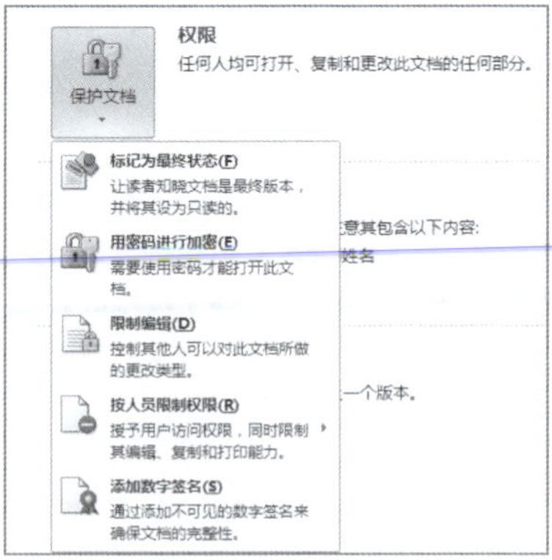

图11-2

❹ 打开“加密文档”对话框，在文本框中输入密码，如图11-3所示。

❺ 在“确认密码”文本框中重新输入密码，单击“确定”按钮，如图11-4所示。

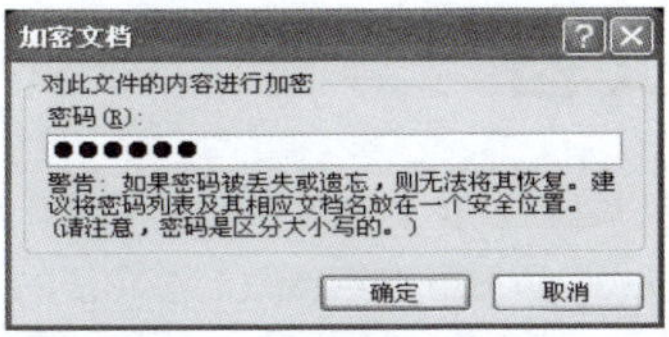

图11-3

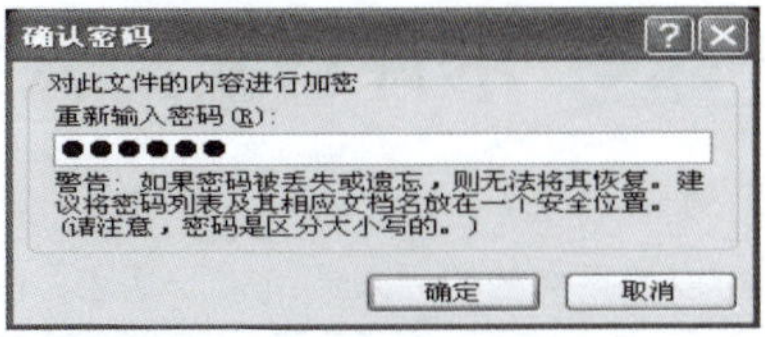

图11-4

技巧2 标记文档为最终状态

当文档编辑工作全部完成后，可以将其标记为最终状态，将文档标记为最终状态后，将禁用键入、编辑等操作，文档的属性为“最终状态”。

❶ 单击“文件”选项卡，在下拉菜单中选中“信息”标签，单击右侧的“保护文档”下拉按钮，如图11-5所示。

❷ 在下拉列表中选中“标记为最终状态”选项，如图11-6所示。

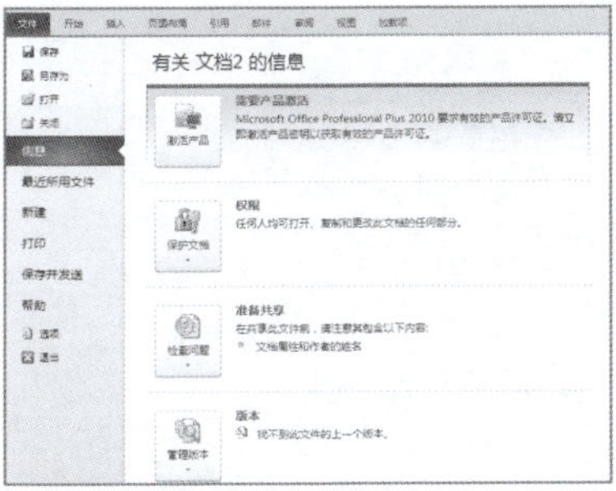

图11-5

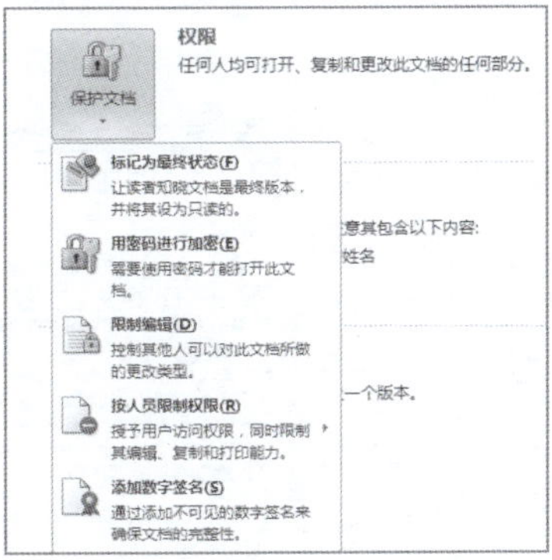

图11-6

❸ 弹出提示对话框，单击“确定”按钮，如图11-7所示。

❹ 再次弹出提示对话框，单击“确定”按钮，即可将该文档标记为最终状态，如图11-8所示。

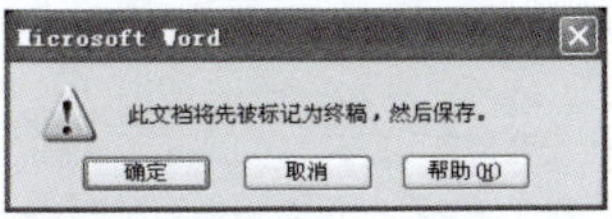

图11-7

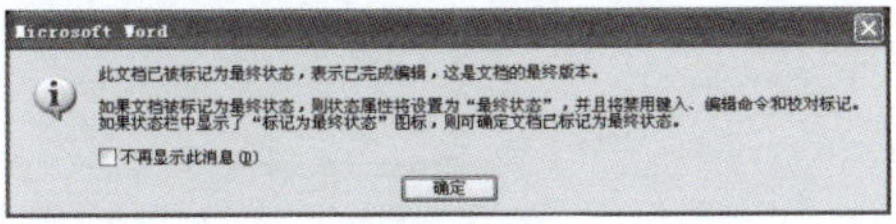

图11-8

知识点

学习该技巧，用户可以根据需要将编辑好的，不需要编辑和修改的文档标记为最终状态。

技巧3 不许动我的保护文档

对于重要的文档，用户可以禁止其他用户编辑，在文档编辑完成以后，用户可以使用文档的“限制编辑”功能，进行格式设置限制及编辑限制等功能的设置，从而对文档进行保护。

❶ 打开要设置密码保护的文档。

❷ 单击“审阅”选项卡，在“保护”选项组中选中“限制编辑”，如图11-9所示。

图11-9

❸ 窗口右侧打开“限制格式和编辑”任务窗格，如图11-10所示。

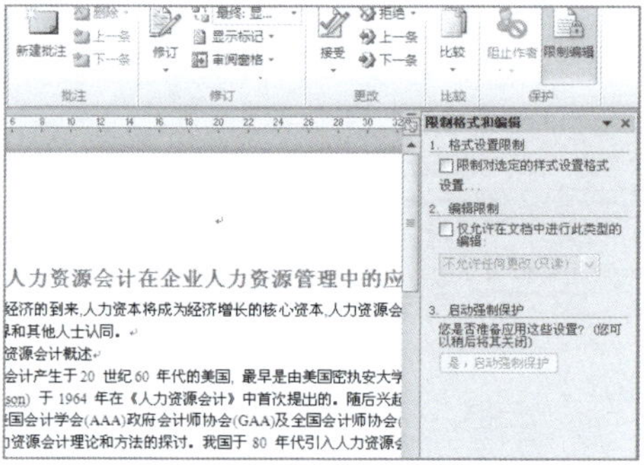

图11-10

❹ 选中“限制对选定的样式设置格式”复选框和“仅允许在文档中进行此类编辑”复选框，在下拉列表中选中“不允许任何人更改（只读）”选项，在“例外项”选项组中选中“每个人”复选框，如图11-11所示。

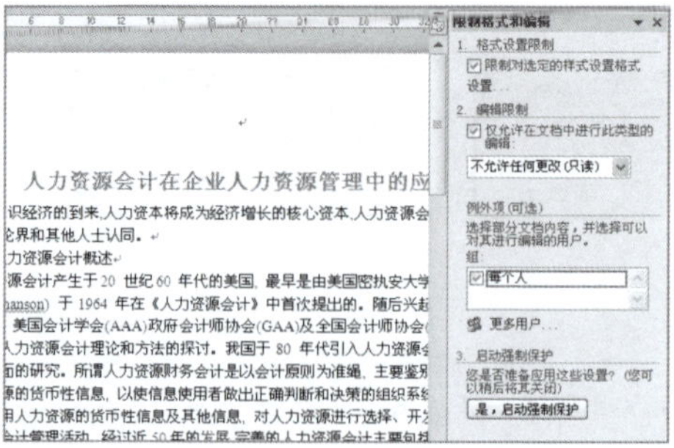

图11-11

5 设置完成后，单击“是，启动强制保护”按钮，如图11-12所示。

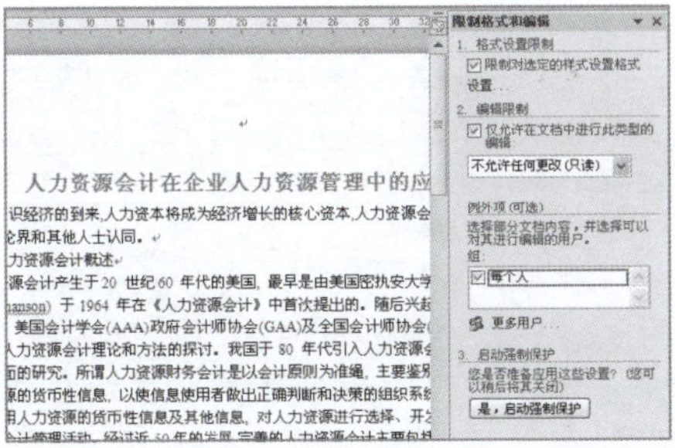

图11-12

6 打开“启动强制保护”对话框，设置密码，如图11-13所示。

7 设置密码完成后，可以看到关于文档编辑操作的命令按钮都呈现红色，如图11-14所示。

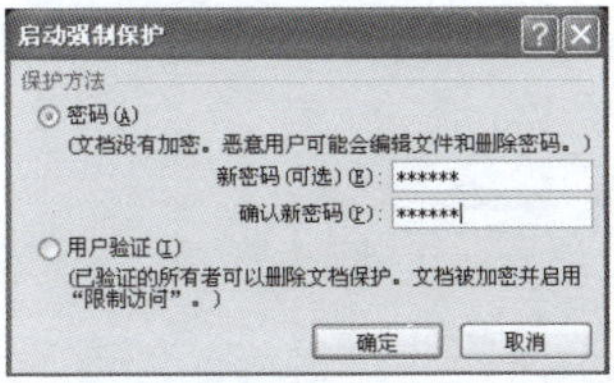

图11-13

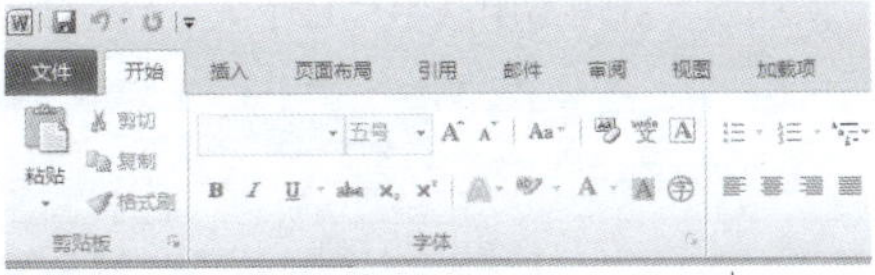

图11-14

提 示

若要加密文档，使得只有文档的授权拥有者才能解除保护，则选中“用户验证”单选按钮。

技巧4 文档可编辑区域的指定

通过文档保护的功能可以将整篇文档保护起来不被修改，如果不需要对整篇文档进行保护，则可以将不需要保护的部分指定为文档的可编辑区域，未被指定的部分则为保护区域。

1 打开要设置密码保护的文档。

2 单击“审阅”选项卡，在“保护”选项组中选中“限制编辑”，如图11-15所示。

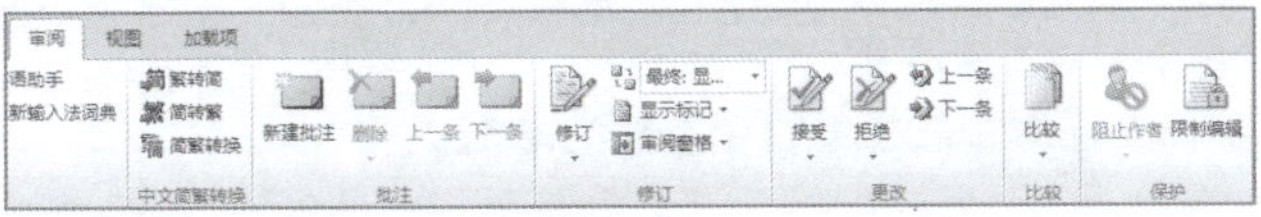

图11-15

③ 窗口右侧打开“限制格式和编辑”任务窗格，如图11-16所示。

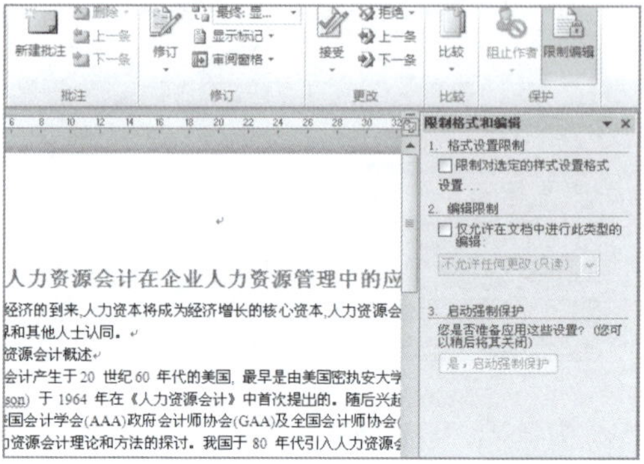

图11-16

④ 在文档中选中不需要保护的文字，选中“仅允许在文档中进行此类编辑”复选框，并在其下拉列表框中选择“不允许任何更改（只读）”选项，在“例外项”选项组中选中“每个人”复选框，如图11-17所示。

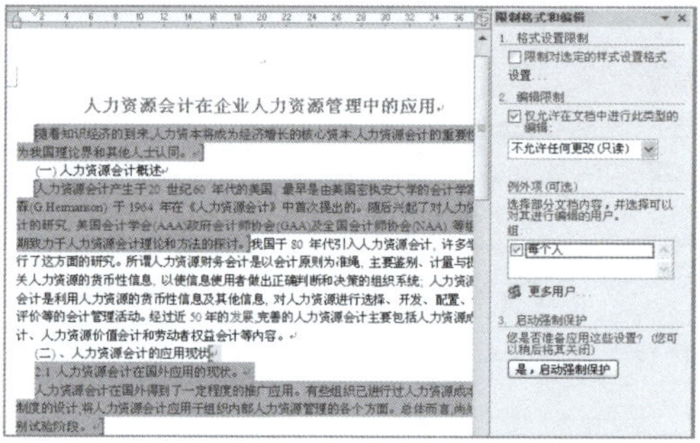

图11-17

⑤ 设置完成后，单击“是，启动强制保护”按钮，如图11-18所示。

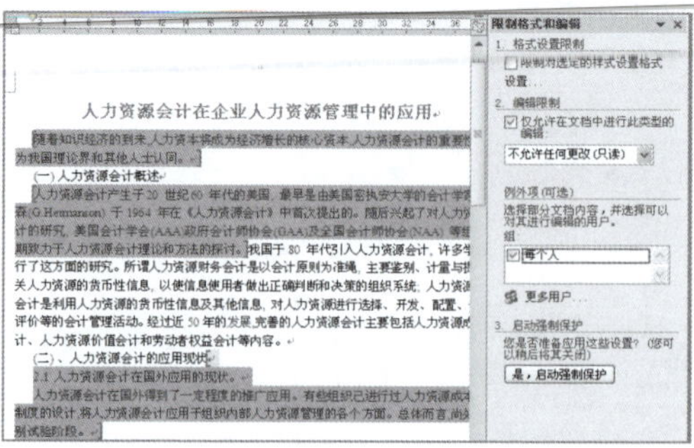

图11-18

❻ 打开“启动强制保护”对话框，设置密码，如图11-19所示。

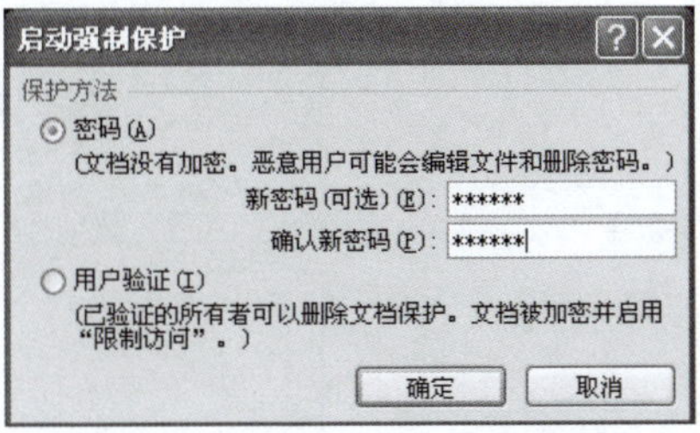

图11-19

❼ 设置密码完成后，可以看到文档中可编辑的区域以高亮显示，其他受保护的文字原样显示，但却不能进行修改操作，如图11-20所示。

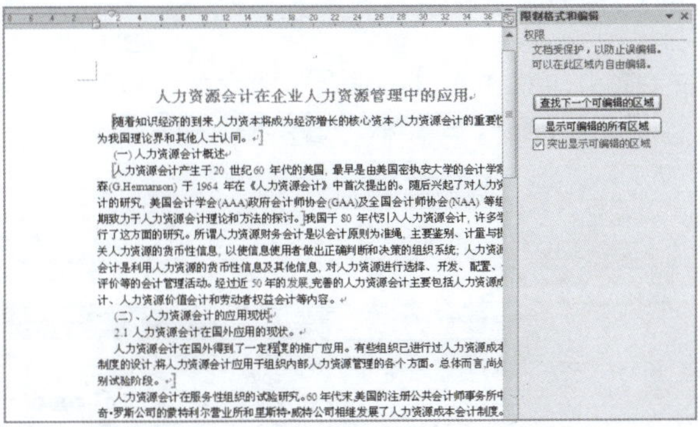

图11-20

技巧5 保护文件的“保护窗口”

利用窗体保护文件，可以有效防止他人随意修改文档，要为文档设置窗体保护，可以通过下面的步骤来完成。

❶ 打开要设置密码保护的文档。

❷ 单击“审阅”选项卡，在“保护”选项组中选中“限制编辑”，如图11-21所示。

图11-21

❸ 窗口右侧打开“限制格式和编辑”任务窗格，如图11-22所示。

4 选中“仅允许在文档中进行此类编辑”复选框，并在其下拉列表框中选择“填写窗体”选项，如图11-23所示。

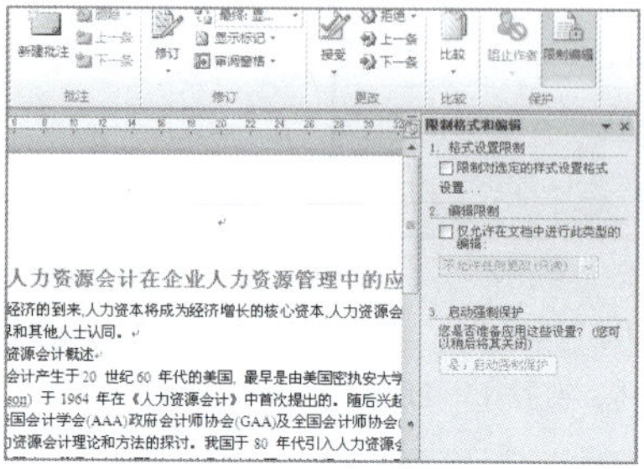

图11-22

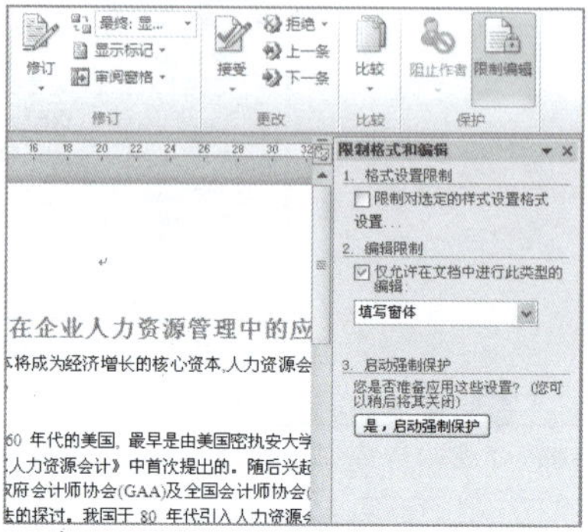

图11-23

5 设置完成后，单击“是，启动强制保护”按钮，如图11-24所示。

6 打开“启动强制保护”对话框，设置密码，如图11-25所示。

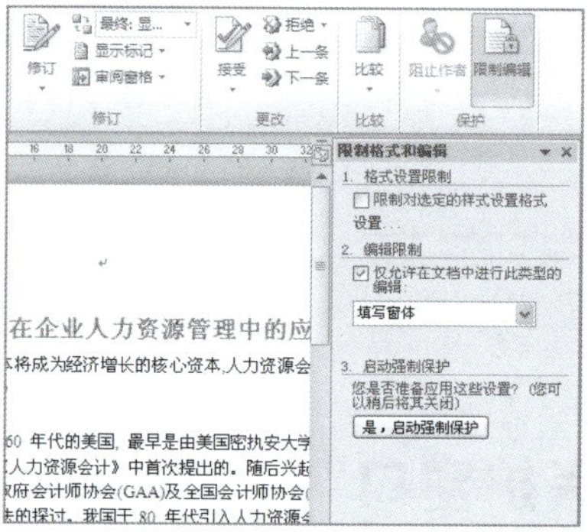

图11-24

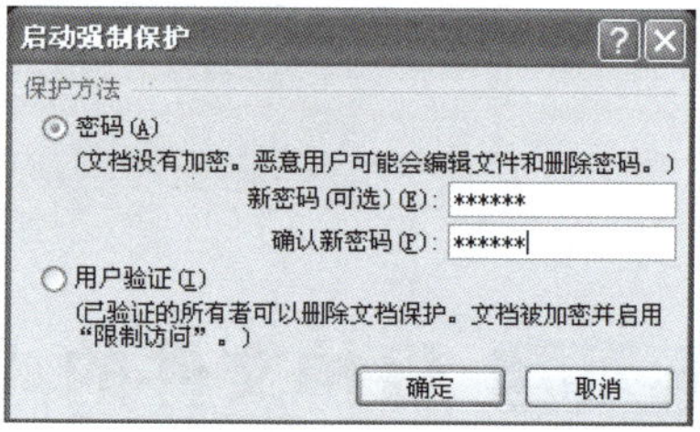

图11-25

7 使用窗体保护后，当前文档不能被编辑，光标也停留在文档起始的位置，即使用“另存为”命令把文档保存或其他文件名，再次打开也照样无法操作。

提 示

本技巧设置的密码为“131313”，其他技巧密码也都一样。

技巧6 保护窗口如何保护文档部分内容

利用窗体保护文件，可以有效防止他人随意修改文档，如果只想保护文档中的部分内容，利用保护窗体的方法也可以实现。

❶ 将光标定位在不需要保护的内容的起始位置，单击“页面布局”选项卡，在“页面设置”选项组中选中“分隔符”按钮，从下拉菜单中选中“连续”命令，如图11–26所示。

❷ 将光标移动不需要保护内容的结束位置，单击“页面布局”选项卡，在“页面设置”选项组中选中“分隔符”按钮，从下拉菜单中选中“连续”命令，如图11–27所示。

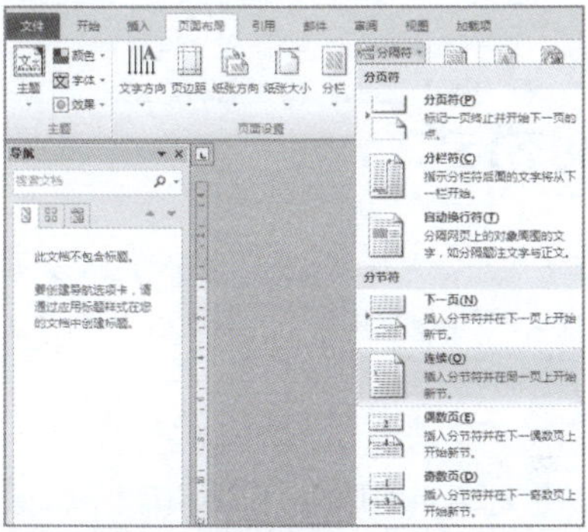

图11–26

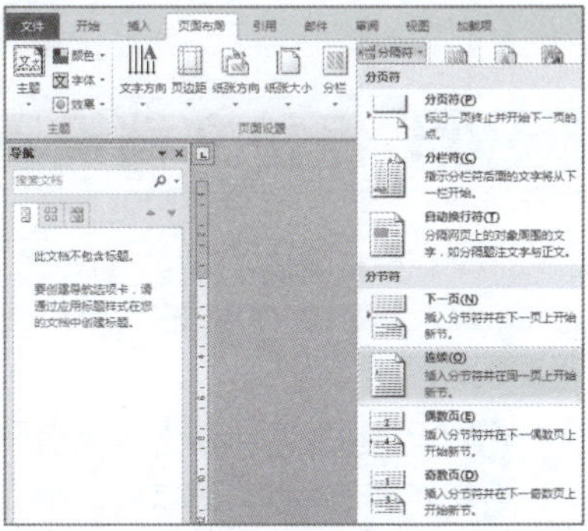

图11–27

❸ 打开“限制格式和编辑”任务窗格，选中“仅允许在文档中进行此类编辑”复选框，并在其下拉列表框中选择“填写窗体”选项，如图11–28所示。

❹ 单击“选择节”链接，如图11–29所示。

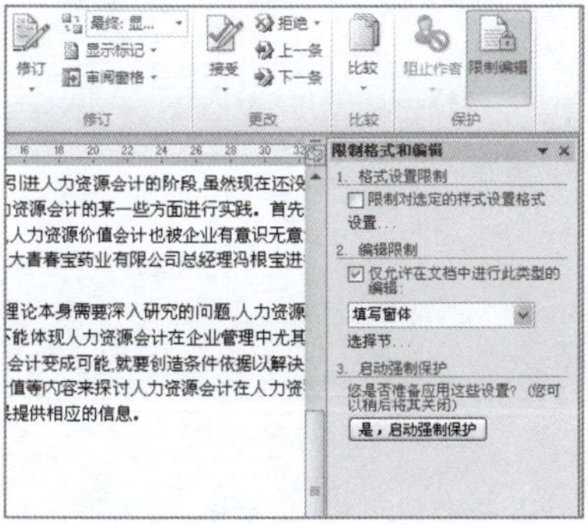

图11–28

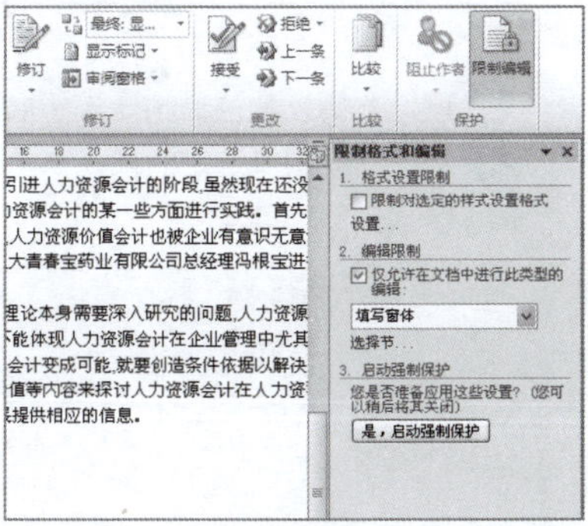

图11–29

❺ 打开“节保护”对话框，在“受保护的节”列表框中取消选中不需要保护的节（默认全部选中），如图11–30所示。

❻ 设置完成，单击“确定”按钮，单击“启动强制保护”对话框，设置密码，如图11–31所示。

❼ 设置完成后，单击“确定”按钮。经过上述设置，被选中的节都受保护，而不被选中的节则可以被编辑。

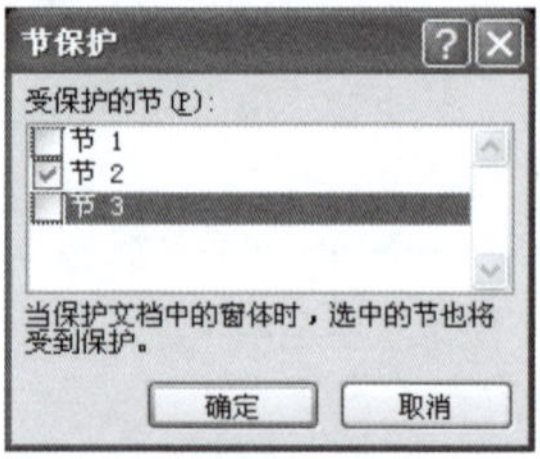

图11-30

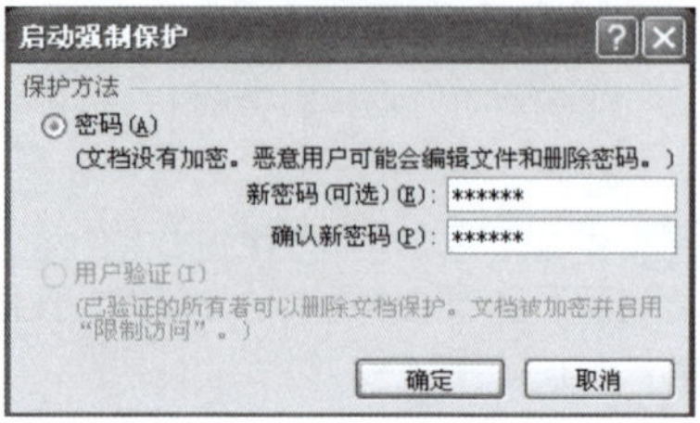

图11-31

技巧7 保护文档设置的格式

将文档格式保护之后，则可以防止非法用户任意设置文档格式，也可以防止非法用户直接将格式应用于文本，要设置文档的格式限制，可以通过下面的方法来实现。

❶ 打开要设置密码保护的文档。

❷ 单击“审阅”选项卡，在“保护”选项组中选中“限制编辑”，如图11-32所示。

图11-32

❸ 窗口右侧打开“限制格式和编辑”任务窗格，如图11-33所示。

❹ 选中“限制对选定的样式”复选框，如图11-34所示。

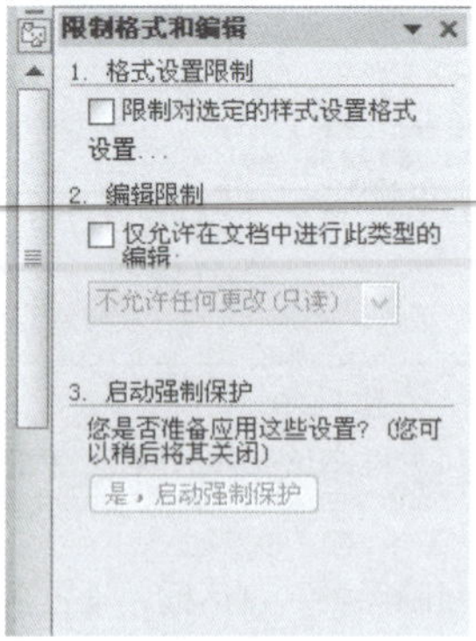

图11-33

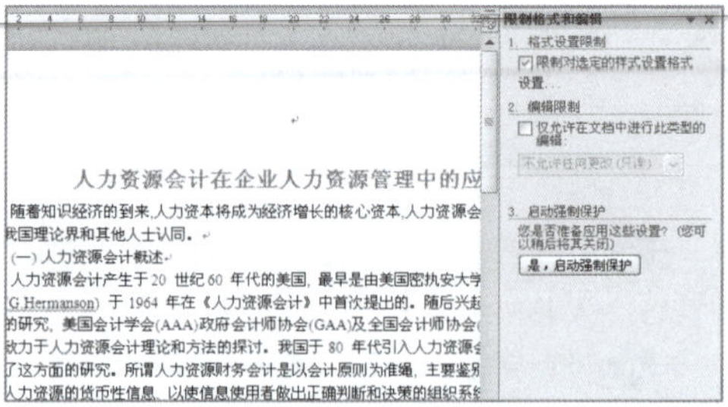

图11-34

❺ 设置完成后，单击“是，启动强制保护”按钮，如图11-35所示。

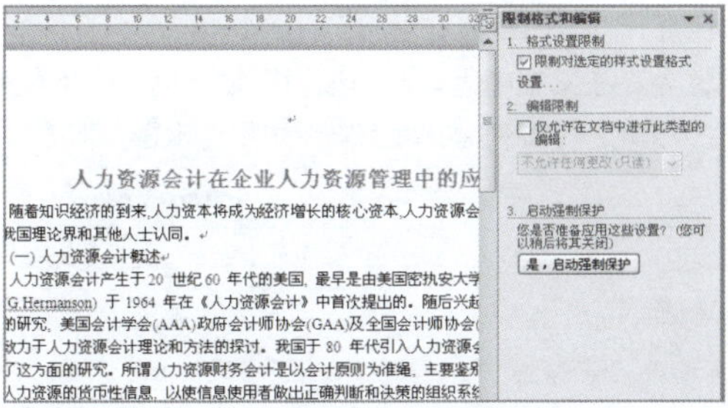

图11-35

6 打开“启动强制保护”对话框，设置密码，如图11-36所示。

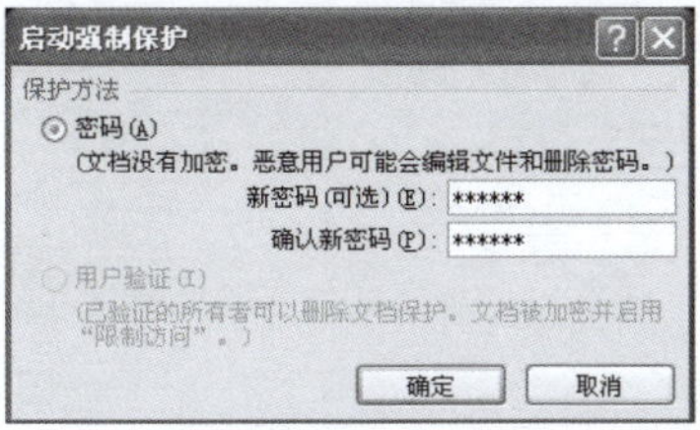

图11-36

7 单击“确定”按钮即可完成操作。

提 示

本例可以对文档进行编辑、删除等操作，但不能进行任何格式设置。

技巧8 对文档编辑权限的设置

Word 2010还提供了强大的编辑权限设置功能，可以选择相应的文档内容，并指定可以编辑该段内容的用户，在文档编辑完成以后，用户可以设置文档的编辑权限，从而对文档进行保护。

1 打开要设置密码保护的文档，在文档中选中需要设置编辑权限的内容，可一次选中多个区域。

2 单击“审阅”选项卡，在“保护”选项组中选中“限制编辑”，如图11-37所示。

图11-37

3 窗口右侧打开“限制格式和编辑”任务窗格，如图11-38所示。

4 选中“仅允许在文档中进行此类编辑”复选框，在下拉列表中选中“不允许任何人更改（只读）”选项，单击“更多用户”链接，如图11-39所示。

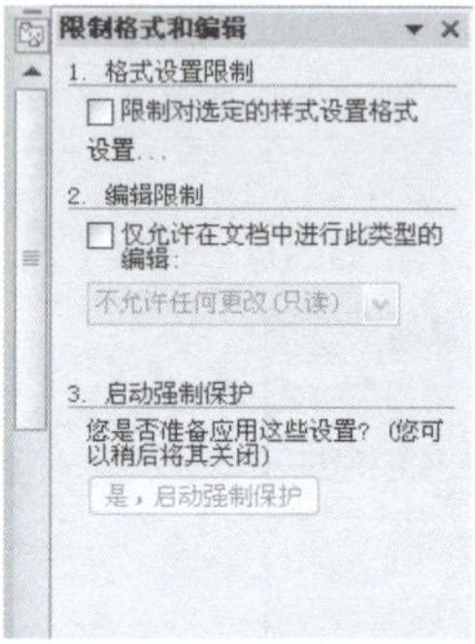

图11-38

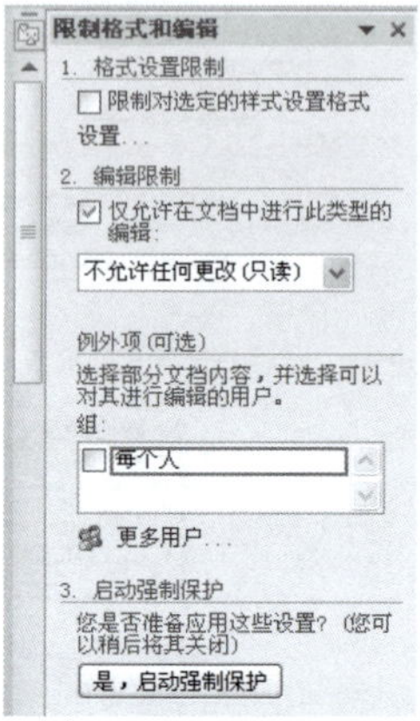

图11-39

5 打开“添加用户”对话框，按照提示添加相应的用户，如图11-40所示。

6 单击“确定”按钮后即可将该用户添加到列表中，选中它们前面的复选框，如图11-41所示。

图11-40

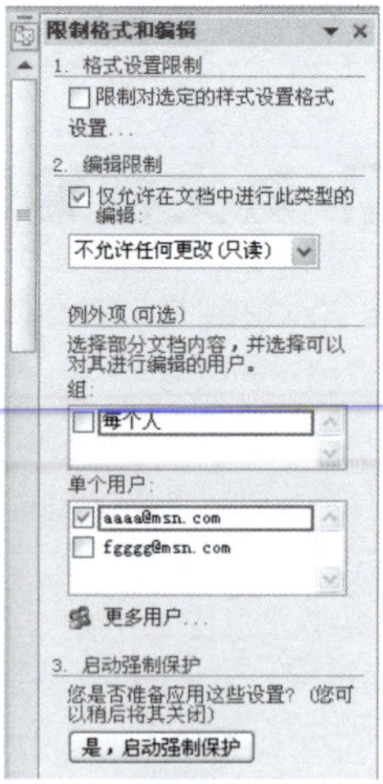

图11-41

7 设置完成后，单击“是，启动强制保护”按钮，如图11-42所示。

8 打开“启动强制保护”对话框，设置密码，如图11-43所示。

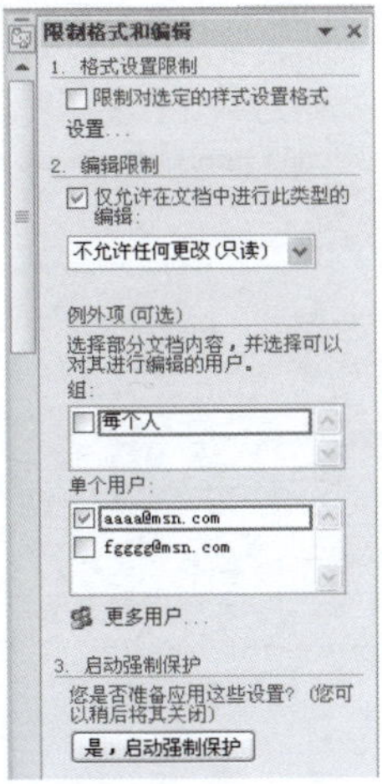

图11-42

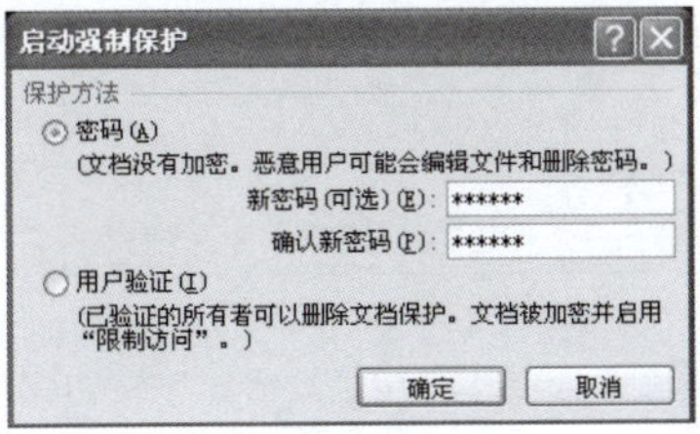

图11-43

9 单击"确定"按钮即可完成操作。

提 示

只有指定的用户才能对选定的文档进行编辑操作，其他用户则无权对其进行编辑。

技巧9 指定页的正确打印

当文档页数较多时，有时打印的内容只是其中的部分页，这时可以只将需要内容打印出来，下面介绍打印指定页的具体方法。

1 打开要打印的文档。

2 单击"文件"选项卡，在下拉菜单中选中"打印"标签，如图11-44所示。

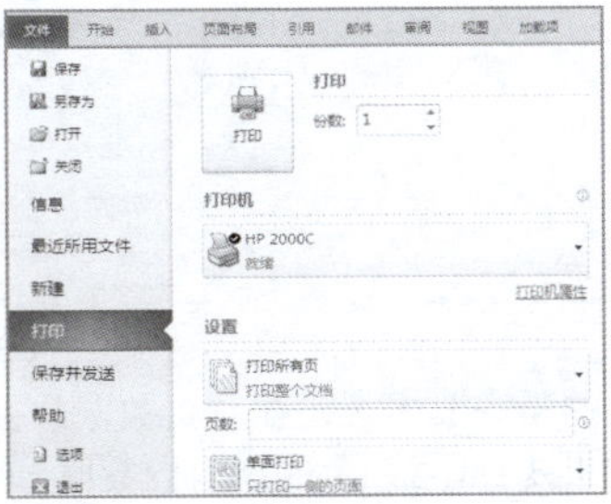

图11-44

3 在右侧的“设置”文本框下，单击“打印所有页”下拉按钮，在下拉菜单中选择“打印自定义范围”，如图11-45所示。

4 在“页数”的编辑框中输入要打印的页码，如图11-46所示。

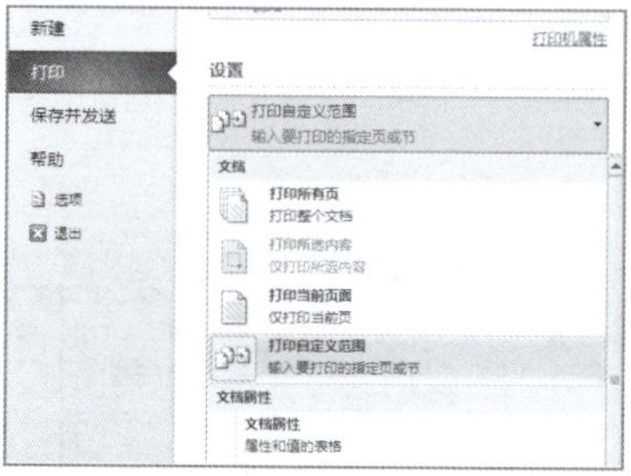

图11-45

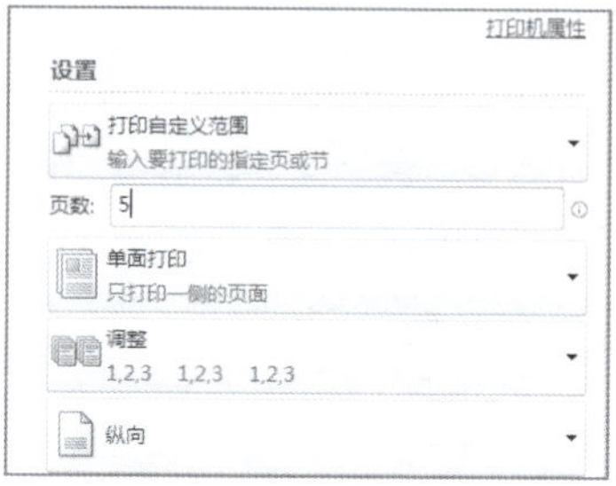

图11-46

5 输入完毕，单击“确定”按钮即可。

技巧10 特定章节的内容的打印

除了可以将特定的整页内容打印出来外，Word 2010还支持打印特定章节的内容，且包括打印连续章节和不连续章节，下面介绍打印文档特定章节的内容的方法。

1 打开要打印的文档。

2 单击“文件”选项卡，在下拉菜单中选中“打印”标签，如图11-47所示。

3 在右侧的“设置”文本框下，单击“打印所有页”下拉按钮，在下拉菜单中选择“打印自定义范围”，如图11-48所示。

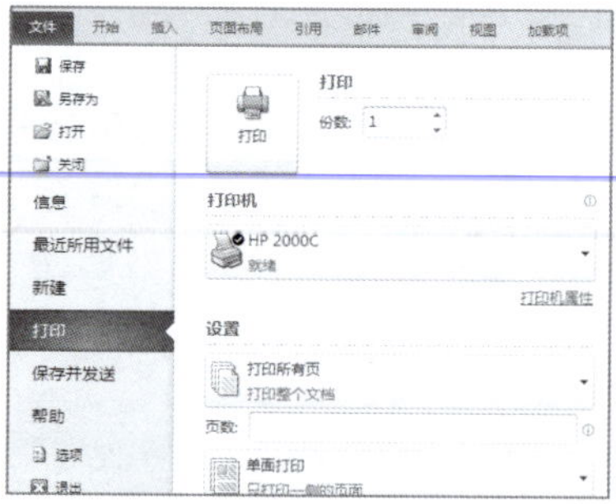

图11-47

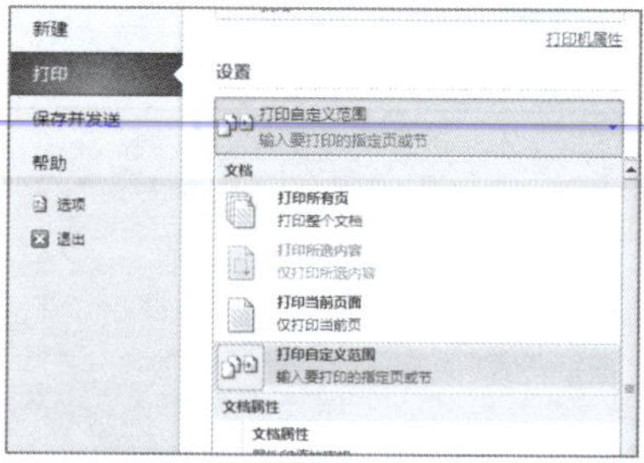

图11-48

4 若要打印指定的某一节内容，在“页数”的编辑框中输入“sn”(其中n为具体的节号)，如果要打印第3节的所有内容时，只要输入“s3”即可，如图11-49所示。

❺ 若要打印特定节的指定页面，在“页数”的编辑框中输入“pmsn”（其中m为特定节的指定页码），如果要打印第3节的第2页到第4页内容时，只要输入“p2s3–p4s3”即可，如图11–50所示。

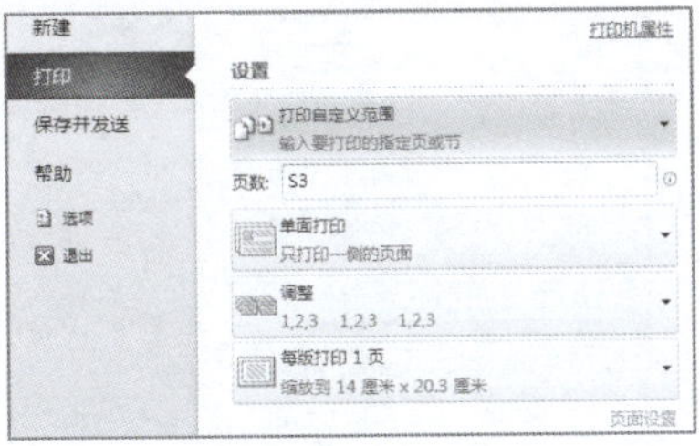

图11–49

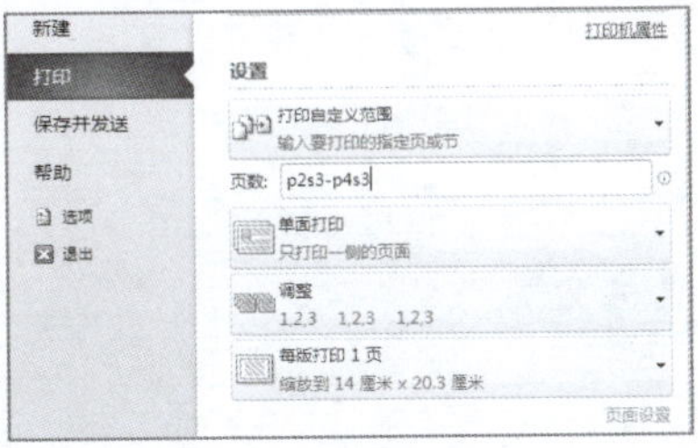

图11–50

❻ 也能够选择打印跨越多个节的连续页面，如要打印第2节的第4页到第3节的第2页之间的所有内容时，只要输入“p4s2–p2s3”（其中“p4s2”表示起始页面的页码和节号，“p2s3”表示结束页面的页码和节号）即可，如图11–51所示。

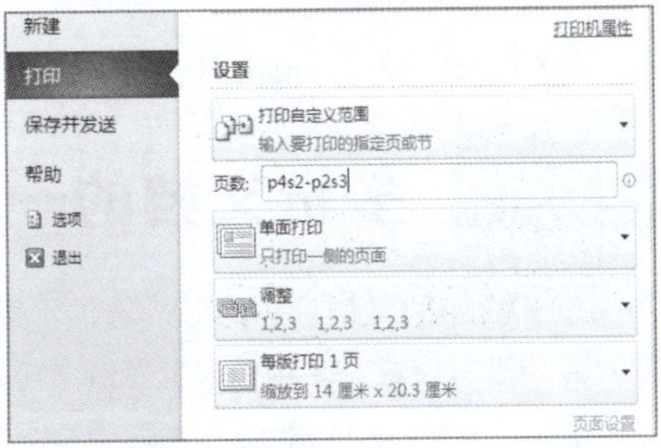

图11–51

知识点

Word 2010可以打印指定的一个、多个节或多个节的若干页，根据用户的需要可自行调整。

技巧11　打印指定页面范围的奇数或偶数页

在篇幅较长或比较正规的Word 2010文档中，往往需要只打印指定页面范围的奇数页或偶数页，要实现这个目的很简单，下面介绍只打印指定页面范围的奇数页或偶数页的方法。

❶ 打开要打印的文档。

❷ 单击“文件”选项卡，在下拉菜单中选中“打印”标签，如图11–52所示。

❸ 在右侧的“设置”文本框下，单击“打印所有页”下拉按钮，在下拉菜单中选择“仅打印奇数页”或“仅打印偶数页”（本例选择“仅打印奇数页”），如图11–53所示。

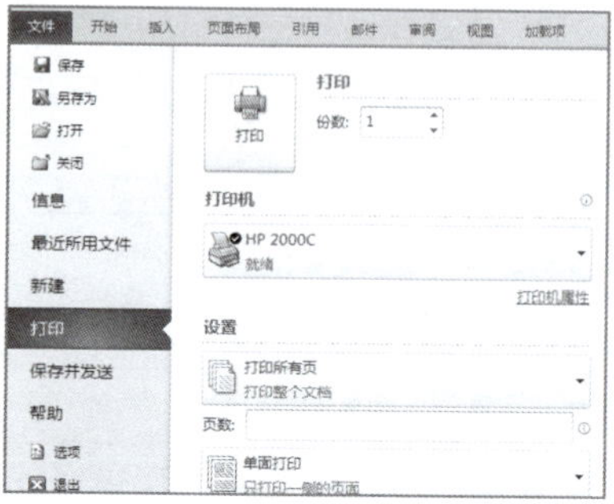

图11-52

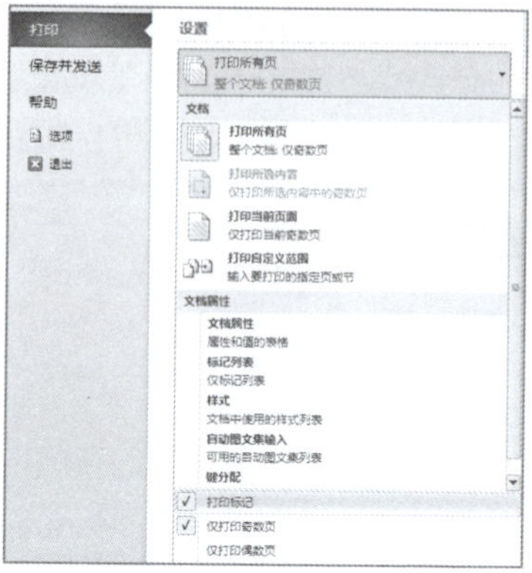

图11-53

4 设置完成后，单击“确定”按钮即可打印出指定页面范围的奇数页。

技巧12 多份文档的一次打印

默认打印的文档只是打印一份，如果要一次打印多份文档，则在打印前需要对文档进行设置，要实现一次多份文档，可以通过下面介绍来实现。

1 打开要打印的文档。

2 单击“文件”选项卡，在下拉菜单中选中“打印”标签，如图11-54所示。

3 在右侧的“份数”数值框中输入要打印的份数，如图11-55所示。

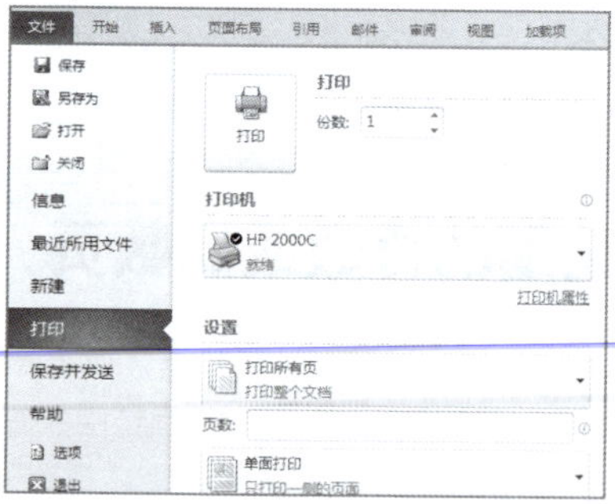

图11-54

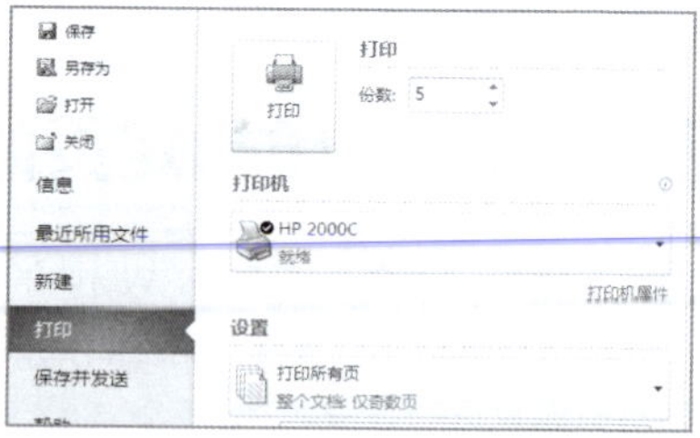

图11-55

4 设置完成后，单击“确定”按钮即可按设置的份数打印文档。

知识点

学习该技巧，用户可以根据实际需要来打印文档的份数，方便了用户在日常办公中的使用。

第12章 工作簿与工作表操作

技巧1 在Excel 程序中打开工作簿

要对工作簿内容进行编辑，首先要打开工作簿。打开工作簿的方法有多种，下面介绍在Excel 程序中打开的方法。

❶ 打开Excel 2010，按下“Ctrl+O”组合键。

❷ 弹出的“打开”对话框中找到需要打开的工作簿文件并将其选中，单击“打开”按钮，即可将选中的工作簿打开，如图12-1所示。

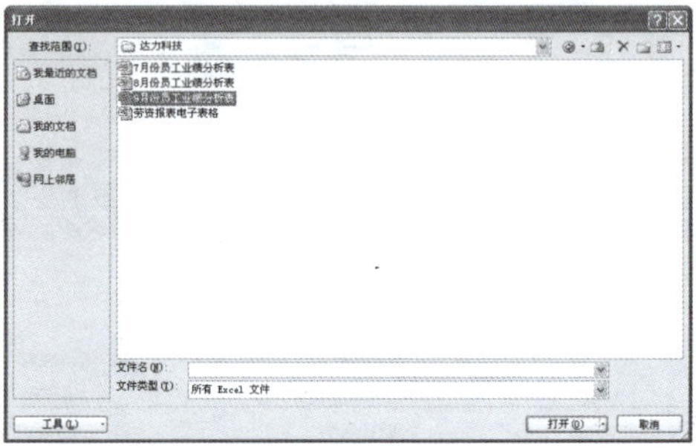

图12-1

提 示

如果用户想一次打开多个工作簿，可以在资源管理器中将多个工作簿文件同时选中，接着鼠标右键单击任意一个被选中的工作簿文件，在弹出的右键菜单中选择“打开”命令即可。

技巧2 启动Excel 时打开指定的工作簿

如果每次打开Excel后，都需要打开一个相同的工作簿，可以通过如下方法，设置在启动Excel时打开指定的工作簿。

❶ 选中Excel 2010，单击鼠标右键选择“属性”命令。

❷ 弹出“属性”对话框，在常规选项下找到Excel XLstart目录:\Documents and Settings\Administrator\桌面，如图12-2所示。

❸ 将要打开的工作簿的快捷方式放入XLstart目录下，如“公司产品生产计划表”，关闭目录即可。如图12-3所示。

注 意

如果用户想取消启动Excel时打开指定的工作簿，只需要在XLSTART文件夹中将工作簿的快捷方式删除即可。

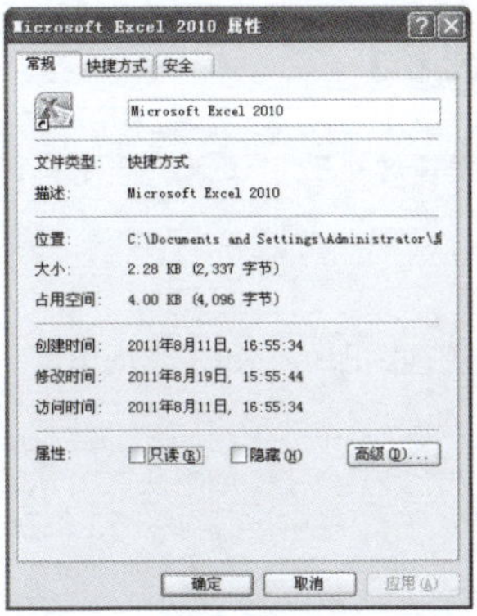

图12-2

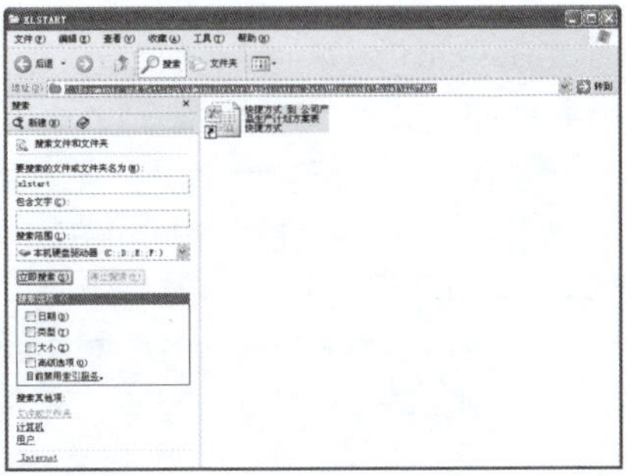

图12-3

技巧3　自定义默认工作簿

Excel 2010默认工作簿使用宋体11号字，普通视图，包含3个工作表。如果想更改这些设置，可以通过如下方法实现。

❶ 在Excel 2010主界面左上角单击“文件”标签，切换到Backstage 视图，单击“选项”命令，打开的“Excel选项”对话框。

❷ 单击左侧窗格中的“常规”项，接着在右侧窗格中的“新建工作簿时”栏中，根据需要对新建工作簿的字体、字号、视图和默认包含的工作表数量进行更改，如图12-4所示。

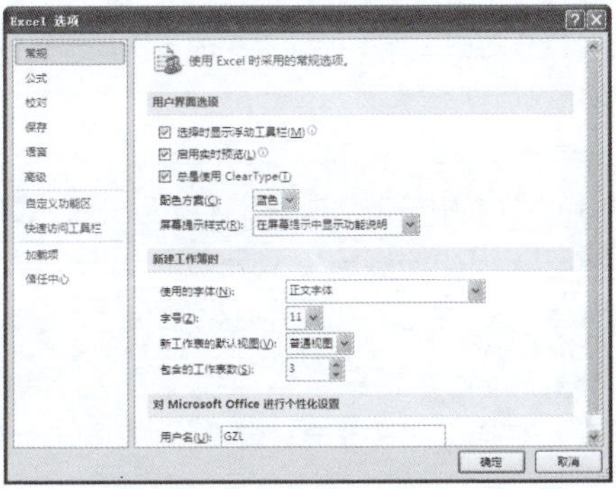

图12-4

知识点

如果用户想恢复新建工作簿时的默认设置，只需要使用相同的方法将修改过的内容修改为默认设置即可。

技巧4 更改工作簿默认的视图

Excel 2010默认的视图方式是普通视图，如果需要更改工作簿的视图，可以通过如下方法来实现。

1 在Excel 2010主界面单击“视图”标签。

2 在“工作簿视图”选项组中单击一种合适的视图即可，如“分页预览”视图，如图12-5所示。

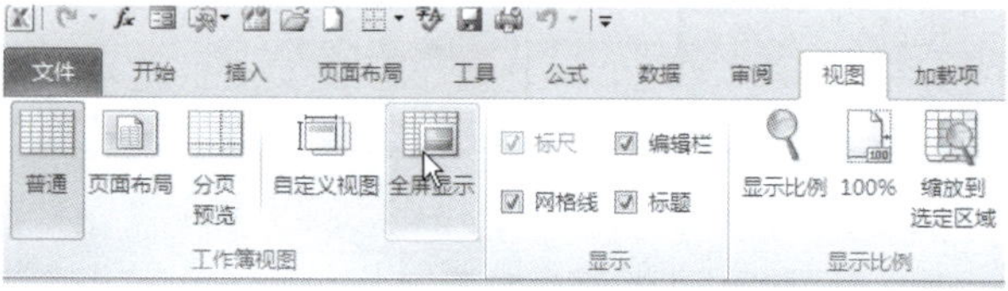

图12-5

知识点

如果浏览的工作表内容比较多，可以在“工作簿视图”选项组中单击“全屏视图”按钮，使用全屏模式，方便浏览。

技巧5 保存当前工作窗口布局

如果经常同时使用多个工作簿工作，那么可以创建一个工作区文件（.xlw文件），下次可以同时打开这些工作簿继续上次的工作，如果想保存当前Excel工作窗口布局，可以通过如下方法实现。

1 保存所有工作簿。

2 在Excel 2010主界面中单击“视图”选项卡，在“窗口”选项组中单击“保存工作区”按钮，如图12-6所示。

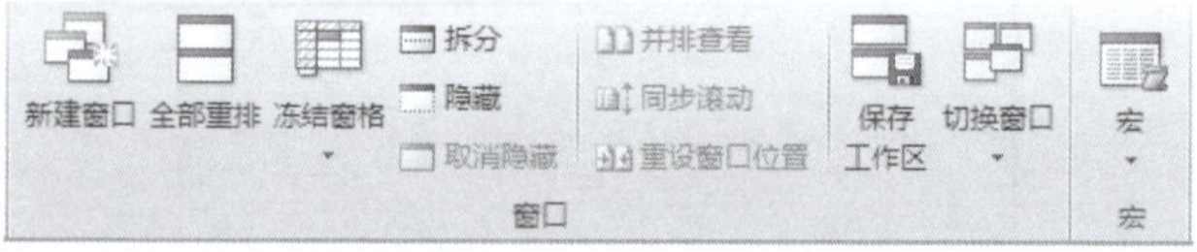

图12-6

3 在弹出的“保存工作区”对话框中设置一下文件的保存路径和文件名，如图12-7所示。

4 单击“保存”按钮，完成文件的保持操作。需要注意的是，工作区文件仅仅包含配置信息，而不包含工作簿和工作表。

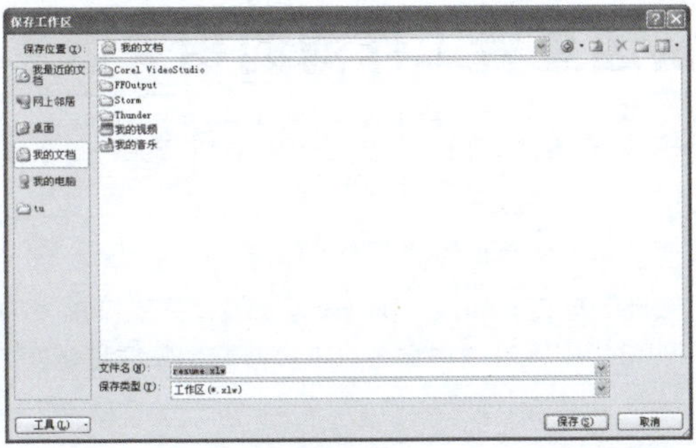

图12-7

知识点

保存了工作区后，在下次需要使用保存的工作区时，打开保存的.xlw文件即可。

技巧6　一次性关闭多个工作簿并退出程序

当对打开的工作簿修改后，或是打开了很多的工作簿，一个一个关闭很烦琐的时候，可以按照下面的步骤一次性关闭打开的所有工作簿，退出程序。

1. 使打开的任意一个工作簿处于活动状态，如“销售数据统计表”。
2. 在按下Shift键的同时单击主窗口标题栏上的“关闭”按钮，如图12-8所示。
3. 单击“全部保存”按钮即可关闭所有打开的工作簿，退出程序，如图12-9所示。

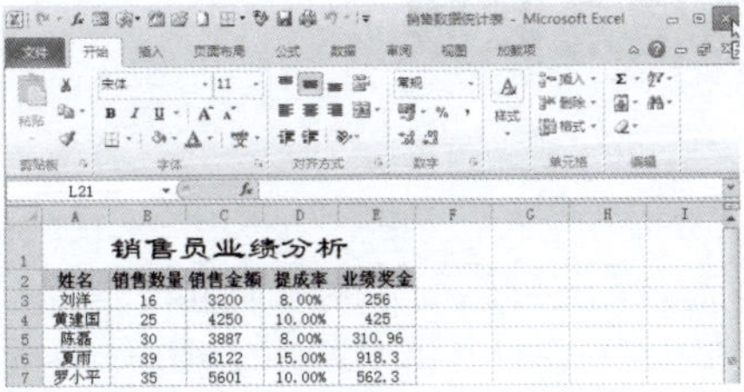

图12-8

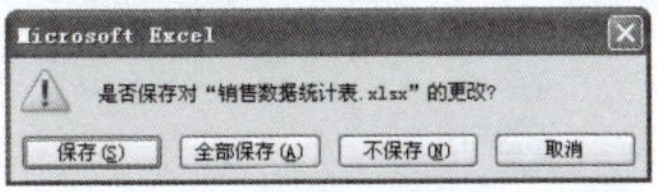

图12-9

知识点

单击“保存”按钮，可以关闭当前的工作簿，并对其进行保存。若要关闭所有打开的工作簿并不保存所修改，单击“不保存”按钮即可。

技巧7 快速查看工作簿的相关信息

如果想要快速地查看工作簿的相关信息，可以在文件下的“信息”选项中查看。

1 打开需要查看工作簿相关信息的工作簿。

2 单击“文件”标签，切换到Backstage 视图，在左侧窗格中单击“信息”项，接着在右侧的窗格中就可以查看到该工作簿的相关信息，如图12-10所示。

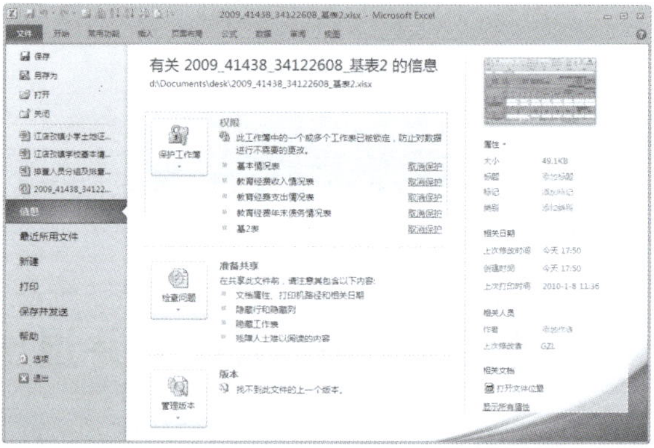

图12-10

知识点

查看完工作簿相关信息后，可以单击“开始”标签返回工作簿，也可以按Esc键退出Backstage 视图，返回工作簿。

技巧8 设置工作簿的信息权限

在Excel 2010中，用户可以在Backstage 视图页面通过对“保护工作簿”的设置，来管理工作簿的信息权限。

1 打开工作簿，单击主界面版上的“文件”标签，切换到Backstage 视图。

2 单击“保护工作簿”按钮，在其下拉列表中可以管理工作簿的信息权限，如“保护当前工作表” 如图12-11所示。

注 意

工作簿的默认权限设置是“人和人都能打开、复制和更改此工作簿的任何部分”通过对权限的设置，可以保护工作簿。

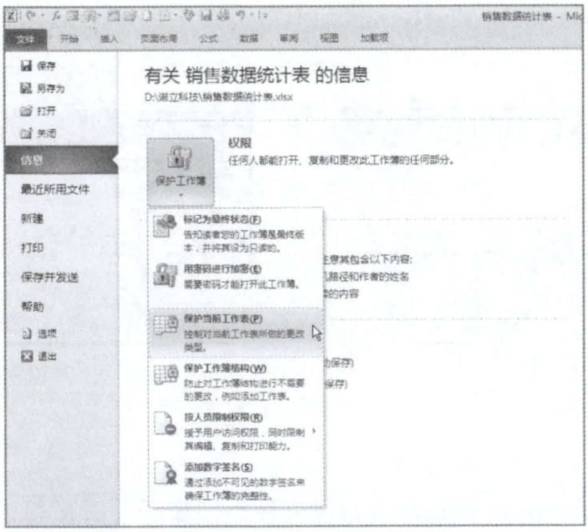

图12-11

技巧9 设置工作簿的访问权限

如果工作簿中涉及重要信息，用户可以通过为工作簿加密来限制其他用户进行访问、修改等操作。

❶ 打开需要加密的工作簿，如：“公司生产成本管理表”，在“文件”菜单下单击“信息”按钮。

❷ 在右侧窗格中的“保护工作簿”选项下拉列表中选择“用密码进行加密”选项，如图12-12所示。

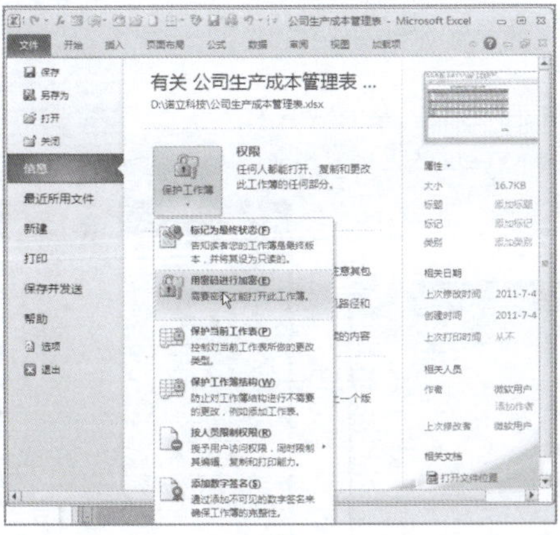

图12-12

❸ 在“加密文档”对话框中的“密码”文本框中输入密码，单击“确定”按钮，弹出“确认密码”对话框，如图12-13所示。

4 在对话框中的“重新输入密码”文本框中再次输入密码，单击“确定”按钮即可，如图12-14所示。

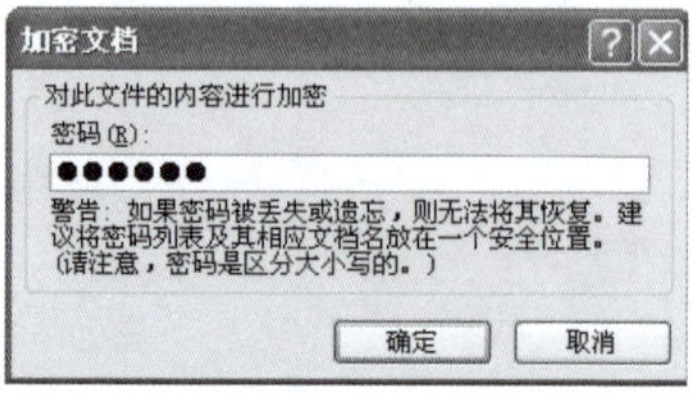

图12-13

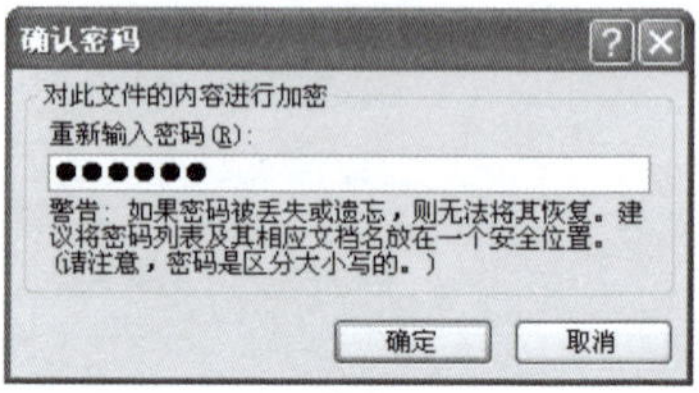

图12-14

知识点

当用户再次打开该工作簿时，便会弹出“密码”对话框，提示该工作簿有密码，用户只需在“密码”文本框中输入设置的密码，单击“确定”按钮即可打开工作簿。

技巧10 为工作簿“瘦身”

工作表中如果存在大量的细小图形对象，那么就可能增大文件体积。如果想要为工作簿瘦身，可以用“定位”查找的方法来查看工作簿中有没有这些细小图形。

1 打开工作簿，按下“Ctrl +G”组合键，打开“定位”对话框，如图12-15所示。

2 单击“定位条件”按钮，在打开的“定位条件”对话框中选中“对象”。

3 单击 “确定”按钮，接着观察工作表上是否会显示被选中的对象，如果有，可按下Backspace键将这些对象删除，如图12-16所示。

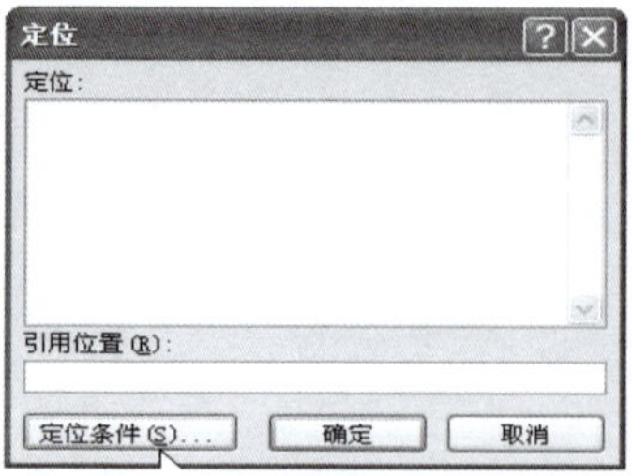

图12-15

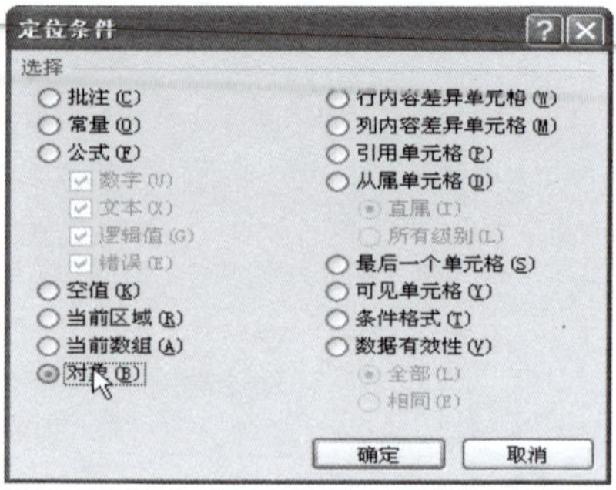

图12-16

知识点

需要在工作簿的每个工作表中用这种方法进行查找。另外，隐藏列或行中的对象利用这种方法无法被找到。

技巧11　保护工作簿结构和窗口

除了可以通过加密对工作簿限制权限外，用户还可以通过设置密码保护工作簿的结构和窗口，保护工作簿不被修改。

1. 打开工作簿，单击“审阅”标签。
2. 单击“更改”选项组中的“保护工作簿”按钮。打开“保护结构和窗口”对话框，如图12-17所示。

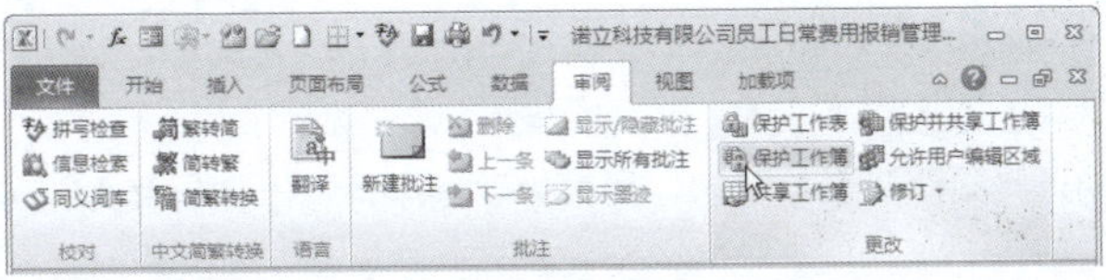

图12-17

3. 在“保护工作簿”栏下选中“结构”和“窗口”复选框，在“密码”文本框中输入密码，如图12-18所示。
4. 再单击“确定”按钮，弹出“确认密码”对话框，在文本框中再次输入密码，单击“确定”按钮即可，如图12-19所示。

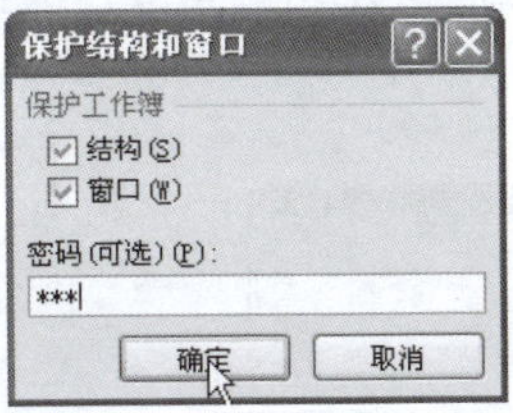

图12-18

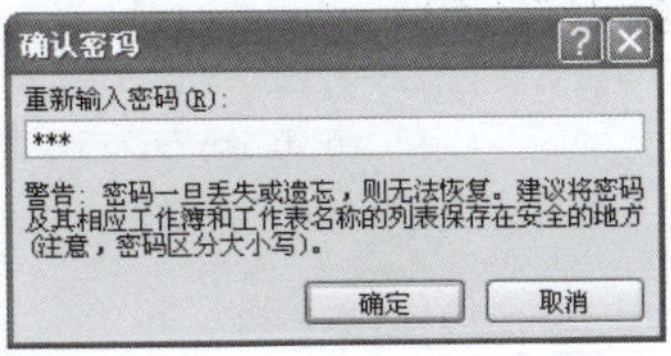

图12-19

知识点

返回工作簿中，可以看到选项卡功能区右侧的“文档控制”按钮消失了，不能对工作簿执行最小化、关闭等多种操作了。

技巧12　更改工作表默认设置

在Excel 2010中，工作簿中默认含有3个工作表，分别为Sheet1，Sheet2，

Sheet3，用户可以更改默认工作表的设置，具体操作如下。

① 打开一个新的Excel 工作簿。

② 双击工作表Sheet1，重命名为表1，以同样的方式将Sheet2、 Sheet3工作表改成表2、表3，如图12-20所示。

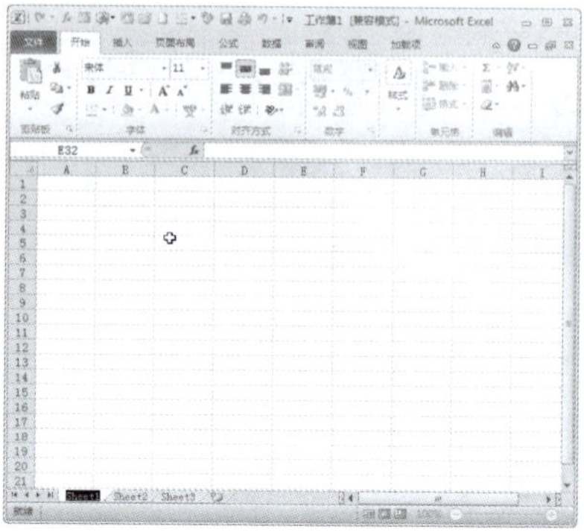

图12-20

③ 选择“文件”菜单下的“另存为”选项，弹出“另存为”对话框，如图12-21所示。

图12-21

④ 将工作表保存到“C:\DocumentsandSettings\Administrator\ApplicationData\Microsoft\Excel\XLSTART”目录下，单击“保存”按钮，关闭工作簿即可，如图12-22所示。

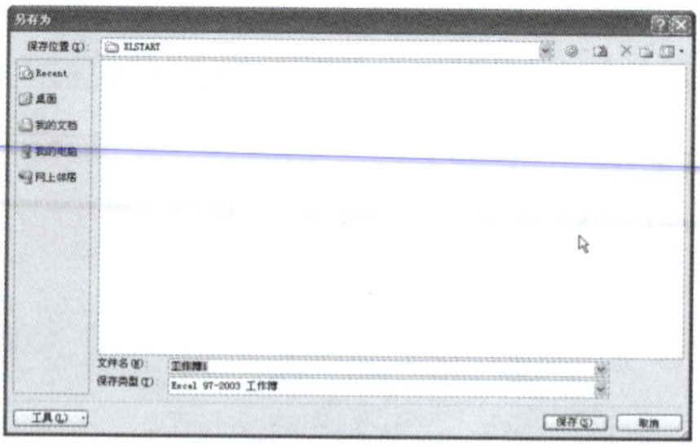

图12-22

知识点

将文件的保存类型更改为“Excel”模板，以后每次打开新表后，显示为更改后的工作表设置。

技巧13　更改工作表网格线颜色

网格线的设计使得各单元格间有了明显的界线，为用户的操作提供了很大的方便。若想更改默认的网格线设置，可以通过如下操作来实现。

❶ 在Excel 2010主界面左上角单击“文件”标签，切换到Backstage 视图，单击“选项”命令，打开的“Excel选项”对话框。

❷ 单击左侧窗格中的“高级”项，接着在右侧窗格中的“此工作表的显示选项”栏中，单击“此工作表的显示选项”下拉列表框，在弹出的菜单中选择一个需要设置网格线的工作表，接着选中“显示网格线”复选框，如图12-23所示。

❸ 单击“网格线颜色”按钮下拉菜单，在弹出的菜单中选择一种合适的颜色，如图12-24所示。

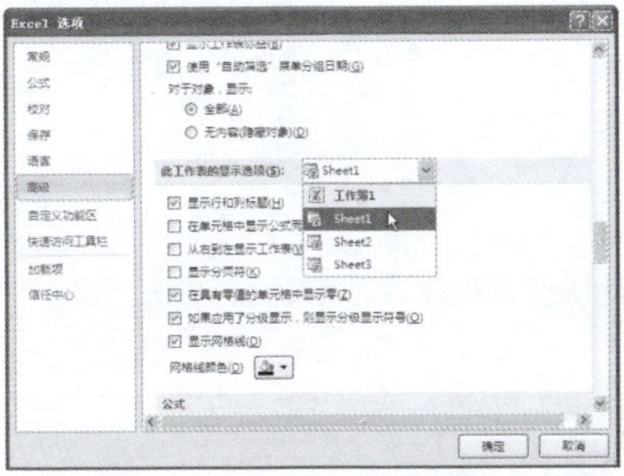

图12-23

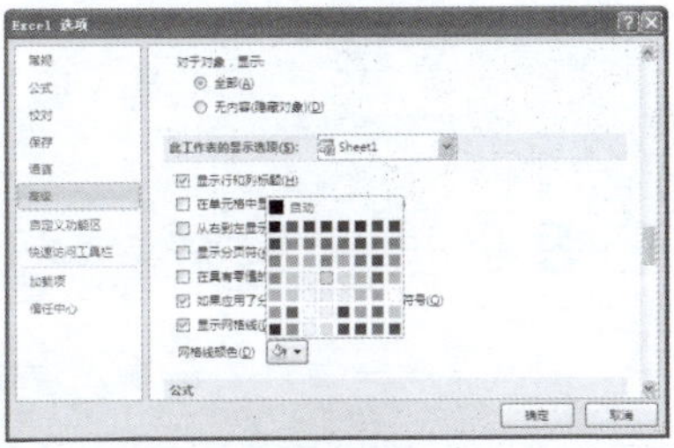

图12-24

❹ 设置完成后，工作表网格线颜色就变成了设置的颜色，如图12-25所示。

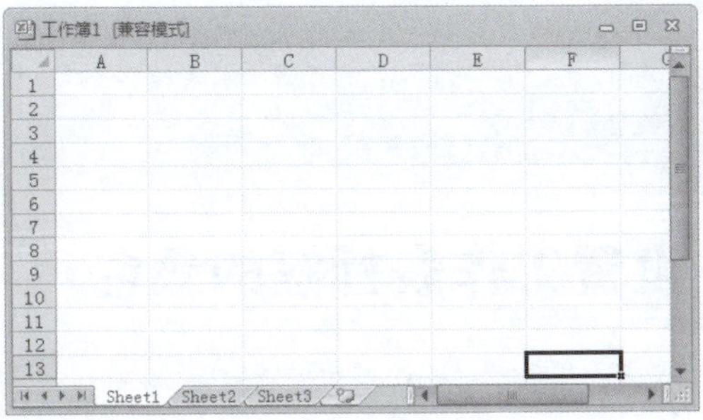

图12-25

知识点

在Excel 2010主界面，单击“视图”菜单，在“显示”选项组中取消选中“网络线”复选框，即可隐藏工作表的默认网格线。

技巧14 重新为工作表命名

默认的工作表名称是Sheet1、Sheet2、Sheet3…若将工作表名称更改为更为直观名称，可以帮助用户的查看工作表，方法如下。

1 鼠标右键单击需要更改名称的工作表标签，在弹出的菜单中选择“重命名”命令，如图12-26所示。

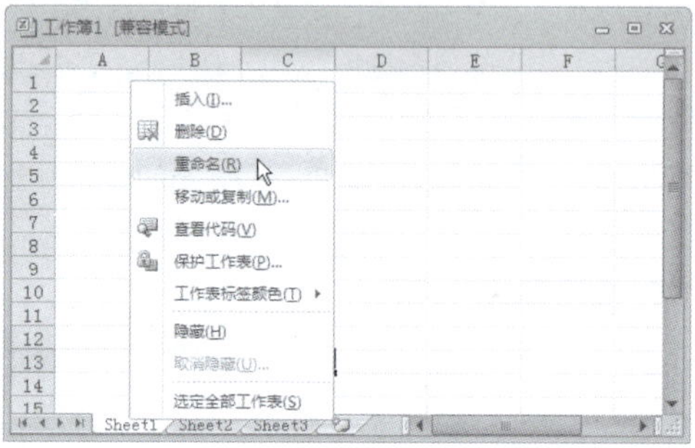

图12-26

2 此时工作表标签名称变成了可编辑状态，键入合适的名称，按下回车键即可，如图12-27所示。

图12-27

知识点

如果几个工作簿中都只用到一个工作表，而且这些工作表的内容是相关的，可以将这几个工作表复制到一个工作簿中，接着给各工作表分别命名，这样可以使查看数据更加方便。

技巧15 设置工作表标签的颜色

默认的工作表颜色都是一样的，如果需要更改工作表标签颜色，可以使用如下方法实现。

1 鼠标右键单击需要更改颜色的工作表标签，在弹出的菜单中，在工作表标签颜色子菜单下选择一种合适的颜色，如图12-28所示。

2 设置完成后，工作表标签的颜色就变成了设置的颜色，如图12-29所示。

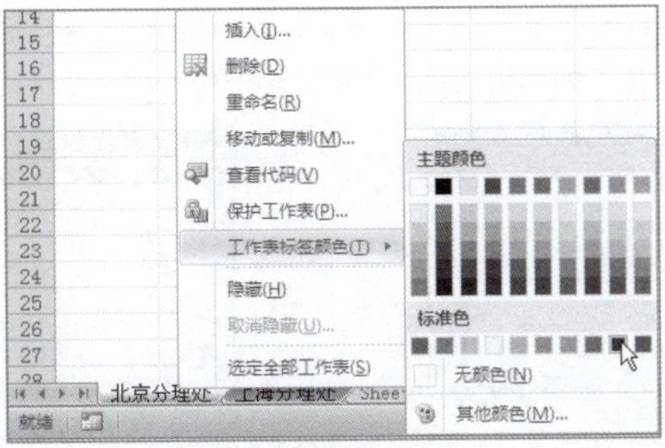

图12-28

图12-29

知识点

如果用户需要还原工作表标签颜色，先选中要还原的工作表标签，在右击下拉菜单中选中“工作表标签颜色→无颜色”选项即可。

技巧16 调整工作表显示比例

在编辑工作表时，用户可以根据需要来调整工作表的显示比例，使其以一定的比例显示，具体操作步骤如下。

❶ 打开要调整的工作表，选择“视图”标签，单击“显示比例”选项组中的“显示比例”按钮，如图12-30所示。

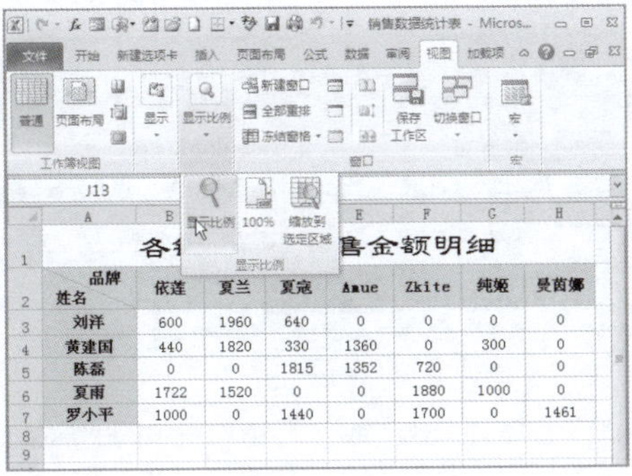

图12-30

❷ 弹出“显示比例”对话框，在对话框中选择要设置的缩放比例，如“75%”，单击确定按钮即可，如图12-31示。

❸ 如果用户只希望工作表只显示当前选择的区域，可选中单元格区域，单击缩放栏下的“恰好容纳选定区域”按钮，如图12-32所示。

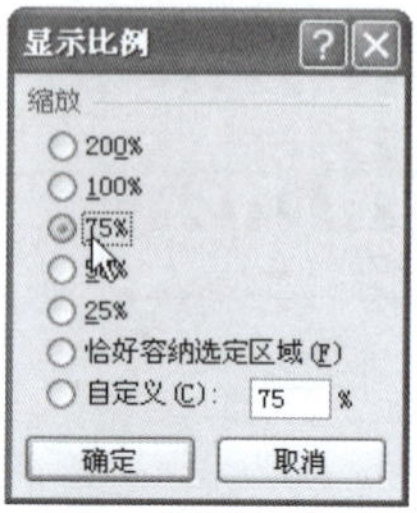

图12-31

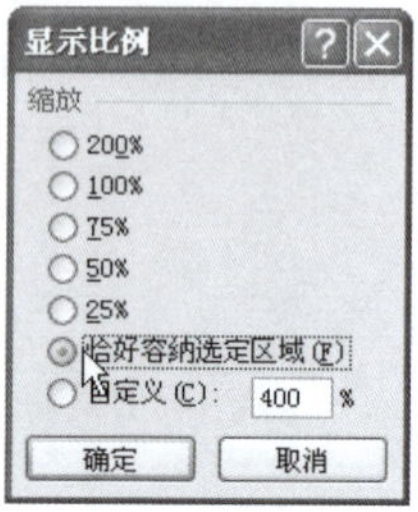

图12-32

知识点

用户还可以在“显示比例”对话框中选择“自定义”选项，在其数值框中输入数值，让工作表以自己设定的比例显示。

技巧17 冻结窗格方便查看工作表数据

用户在制作Excel 表格时，如果行列数较多，向下滚屏时，上面的标题行也会跟着滚动，处理下面数据时往往很难分清数据所对应的标题，影响数据的核对。用户可以通过冻结窗格的方法使工作表的某一部分在其他部分滚动时可以看见，具体方法如下。

❶ 打开工作簿，在工作表中选取需要冻结的位置，如：A4单元格，如图12-33所示。

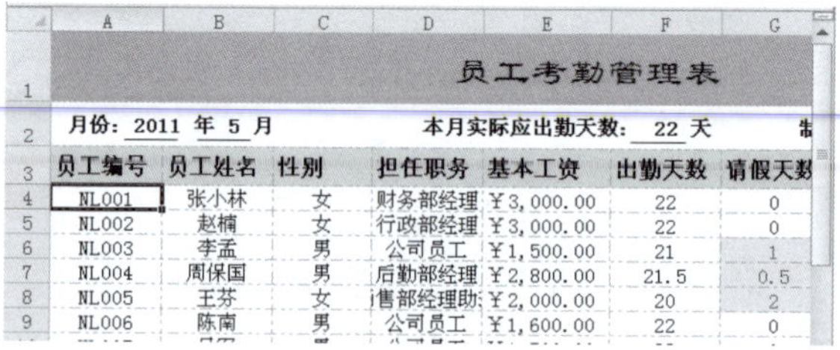

	A	B	C	D	E	F	G
1					员工考勤管理表		
2	月份：2011 年 5 月				本月实际应出勤天数：	22 天	制
3	员工编号	员工姓名	性别	担任职务	基本工资	出勤天数	请假天数
4	NL001	张小林	女	财务部经理	￥3,000.00	22	0
5	NL002	赵楠	女	行政部经理	￥3,000.00	22	0
6	NL003	李孟	男	公司员工	￥1,500.00	21	1
7	NL004	周保国	男	后勤部经理	￥2,800.00	21.5	0.5
8	NL005	王芬	女	售部经理助	￥2,000.00	20	2
9	NL006	陈南	男	公司员工	￥1,600.00	22	0

图12-33

❷ 选择“视图”标签，单击“窗口”选项组中的“冻结窗口”按钮，在其下拉列表中选中“冻结拆分窗格”命令，如图12-34所示。

❸ 返回工作表，当向下滑动鼠标时，其他单元格向上移动，冻结部分的窗格始终保持可见状态，如图12-35所示。

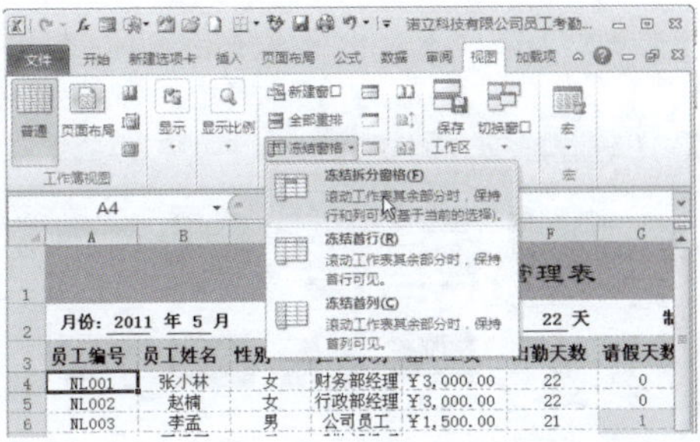

图12-34

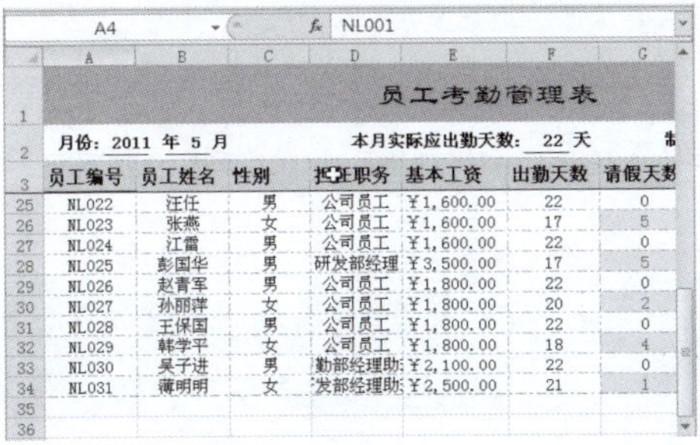

图12-35

知识点

用户不需要冻结窗口时，单击“取消冻结窗格”命令即可。用户还可设置窗格的“冻结首行”或“冻结首列”。

技巧18 设置工作表背景

Excel页面背景默认是白色，这种背景颜色让许多用户感觉太单调。 如果想将背景更换成自己喜欢的图片，可以通过如下方法来实现。

❶ 单击“页面布局”选项卡，接着单击“页面设置”栏中的“背景”按钮， 如图12-36所示。

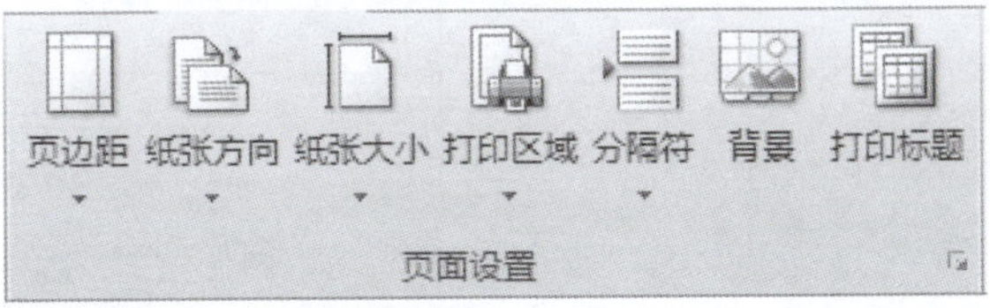

图12-36

❷ 在弹出的“工作表背景”对话框中找到并选中自己喜欢的图片，如图12-37所示。

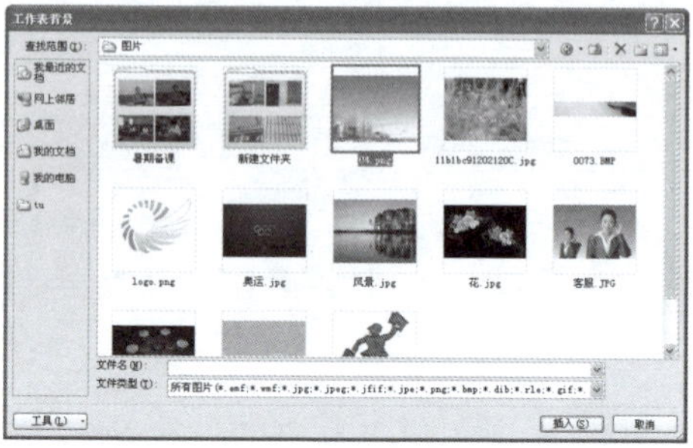

图12-37

❸ 单击“插入”按钮，即可将此图片设置为Excel页面背景。

知识点

如果需要删除背景，在“页面设置”选项组中单击“删除背景”按钮即可。

技巧19 更改表格页边距

Excel表格的默认页边距如果不能满足要求，可以更改表格的页边距，具体方法如下。

❶ 单击“页面布局”选项卡，接着单击“页面设置”栏中的“页边距”按钮下拉菜单，在弹出的菜单中选择一种内置的页边距样式，如“窄”，如图12-38所示。

❷ 如果Excel内置的页边距样式不能满足需要，可以单击“自定义边距”命令，打开“页面设置”对话框，并切换到“页边距”对话框，如图12-39所示。

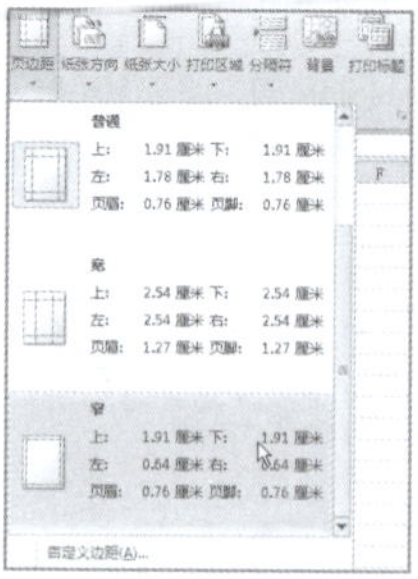

图12-38

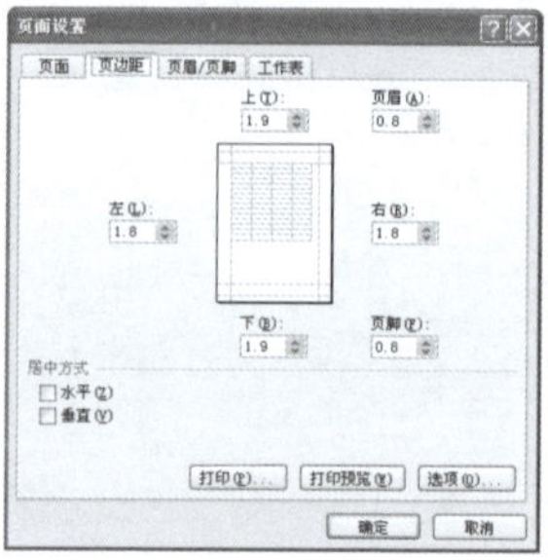

图12-39

3 分别设置工作表的上、下、左、右边距，设置完成后单击“确定”按钮即可。

知识点

在设置页边距时，如果不想手动输入数字，可以单击微调框中的微调按钮调节页边距。

技巧20 更改打印纸张的方向

Excel 工作表默认设置的打印纸张方向为“纵向”，用户可以根据实际工作需要，将纸张的方向改为“横向”，具体方法如下。

1 单击“页面布局”标签，在“页面设置”选项组中单击“纸张方向”按钮下拉菜单，在弹出的菜单中选择一种纸张方向，如“横向”，如图12-40所示。

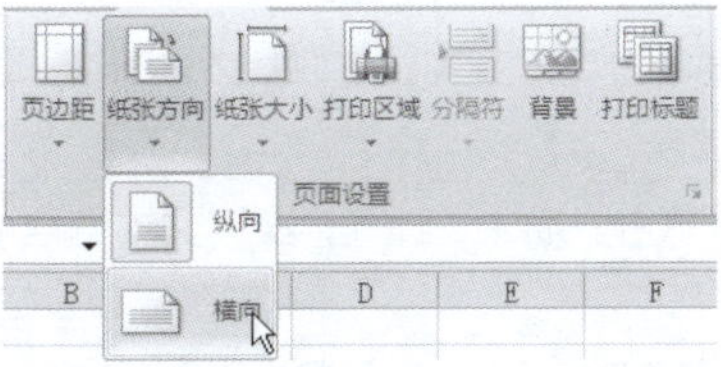

图12-40

2 保存工作簿时设置生效。

知识点

如果需要将表格页面重新设置回纵向，单击“纸张方向”按钮下拉菜单，在弹出的菜单中选择“纵向”命令即可。

技巧21 为表格添加页眉

页眉是文档中每个页面的顶部区域，常用于显示文档的附加信息，如果需要为表格添加页眉，具体操作方法如如下。

1 单击“插入”标签，在“文本”选项组中单击“页眉和页脚”按钮，如图12-41所示。

2 接着Excel会切换到“页面布局”视图，在页面上方会出现一个页眉设置区域，在这区域中共有左、中、右三个文本框可供输入页眉，本例中在中间的文本框中输入页眉文字，如图12-42所示。

图12-41

图12-42

❸ 页面添加完成后，单击Excel主程序右下角的“页面视图”按钮，返回到页面视图，如图12-43所示。

图12-43

知识点

使用相同的方法，在页面的底部同样可以给表格设置页脚。

技巧22 为表格插入自动页眉、页脚效果

用户如果不想手动设置页眉页脚，可以插入Excel 文件中自带的页眉、页脚效果。具体方法如下：

❶ 打开工作表，单击“插入”标签，在“文本”选项组中单击“页眉和页脚”按钮，如图12-44所示。

图12-44

❷ 切换到“页面布局”视图，将光标定位到页眉设置区域中需要插入页眉的文本框中。

❸ 单击“设计”标签，在“页眉”选项下拉列表中选择一种页眉，如：“第1页，共？页”样式，如图12-45所示。

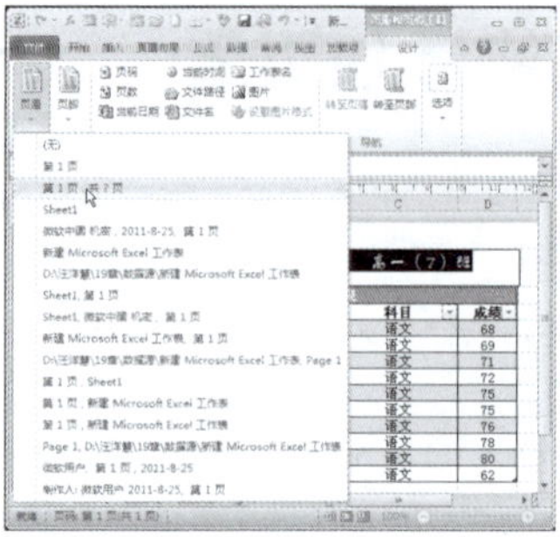

图12-45

4 此时“第1页，共？页”页眉样式就被插入页眉文本框中，如图12-46所示。

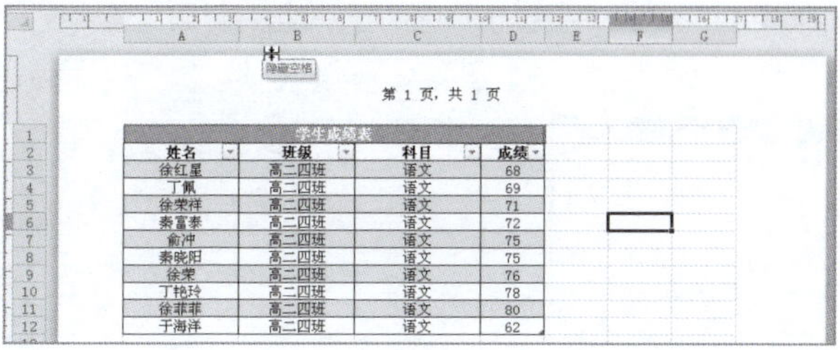

图12-46

知识点

使用相同的方法，在页面的底部同样可以给表格设置自动页脚。

技巧23　设置页脚起始页码为特定的页数

插入页码时，系统往往自动从第1页开始计算页面，用户可以将起始页码设置为所需的页数，具体方法如下。

1 打开工作表，在“页面设置选项组”单击“页面设置”按钮，弹出“页面设置”对话框，如图12-47所示。

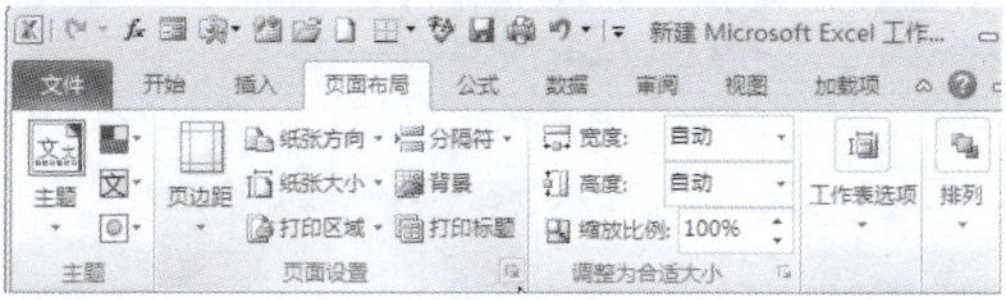

图12-47

2 在“页面设置”对话框中的“起始页码”文本框中输入起始页码，如：2，如图12-48所示。

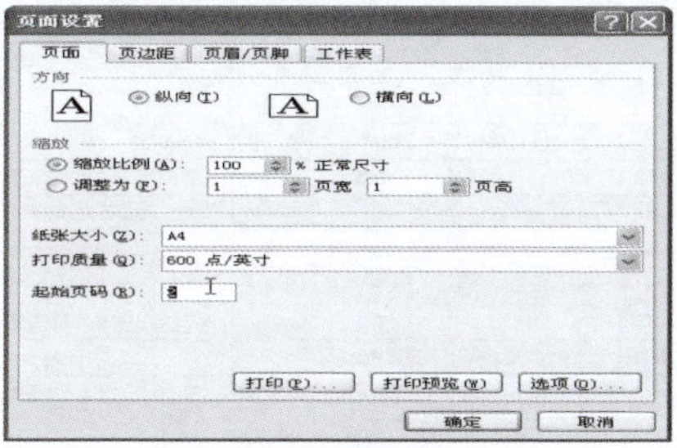

图12-48

3 切换到“页眉/页脚”标签，接着单击“页脚”下拉列表框，在弹出的菜单中选择一种页脚样式，如“第1页，共？页，如图12-49所示。

4 返回“页面布局”视图，则可看尽页脚起始页码为第2 页，如图12-50所示。

图12-49

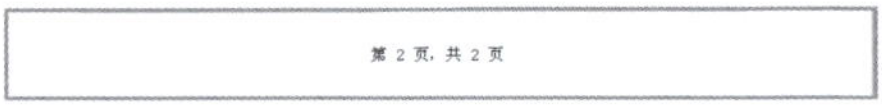

图12-50

知识点

如果需要更改起始页面，只要重复步骤2就可以了。用户也可以根据步骤3更改页脚的样。

技巧24 在指定的位置插入一行（多行）或一列（多列）

在编辑工作表时，时常需要插入行或列，其操作方法很简单，用户可以按如下的两种方法在指定的位置插入一行或一列。

一、一次插入一行

1 在需要插入行的位置单击当前行标题，选中当前行，如图12-51所示。

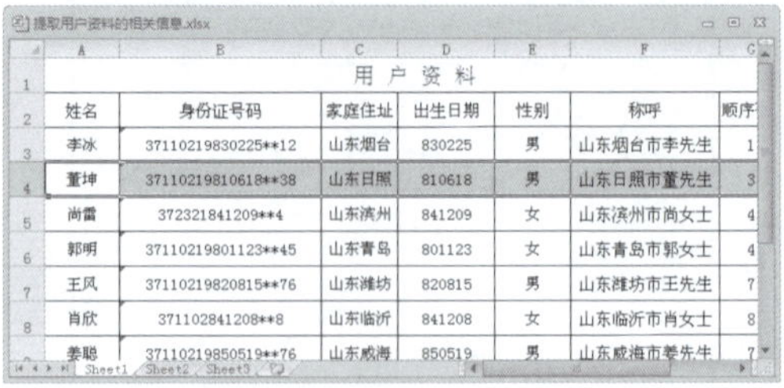

	A	B	C	D	E	F	G
1	用 户 资 料						
2	姓名	身份证号码	家庭住址	出生日期	性别	称呼	顺序
3	李冰	37110219830225**12	山东烟台	830225	男	山东烟台市李先生	1
4	董坤	37110219810618**38	山东日照	810618	男	山东日照市董先生	3
5	尚雷	372321841209**4	山东滨州	841209	女	山东滨州市尚女士	4
6	郭明	37110219801123**45	山东青岛	801123	女	山东青岛市郭女士	4
7	王凤	37110219820815**76	山东潍坊	820815	男	山东潍坊市王先生	7
8	肖欣	37110284120**8	山东临沂	841208	女	山东临沂市肖女士	8
9	姜聪	37110219850519**76	山东威海	850519	男	山东威海市姜先生	7

图12-51

2 单击“开始”标签，在“单元格”选项组中单击“插入”按钮下拉菜单，选择“插入工作表行”命令，如图12-52所示。

3 接着系统会在当前选定行的上方插入一行，如图12-53所示。

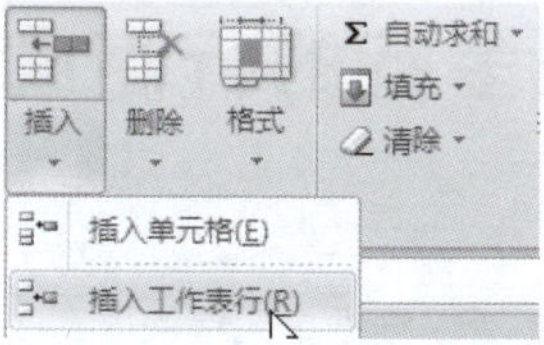

图12-52

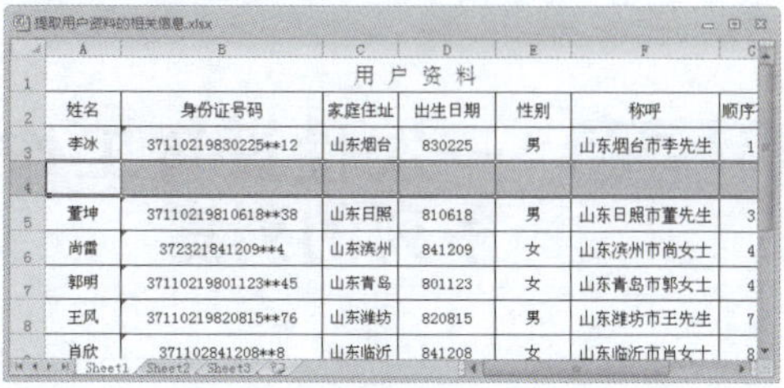

提取用户资料的相关信息.xlsx

姓名	身份证号码	家庭住址	出生日期	性别	称呼	顺序
李冰	37110219830225**12	山东烟台	830225	男	山东烟台市李先生	1
董坤	37110219810618**38	山东日照	810618	男	山东日照市董先生	3
尚雷	372321841209**4	山东滨州	841209	女	山东滨州市尚女士	4
郭明	37110219801123**45	山东青岛	801123	女	山东青岛市郭女士	4
王风	37110219820815**76	山东潍坊	820815	男	山东潍坊市王先生	7
肖欣	371102841208**8	山东临沂	841208	女	山东临沂市肖女士	8

图12-53

二、一次插入多行

1 在需要插入多行的位置，将鼠标移动到需要插入多行的当前行的行标题上，在光标变成 ➔ 状时，按住鼠标左键不放，向下拖动鼠标选中需要的多行，如3行，如图12-54所示。

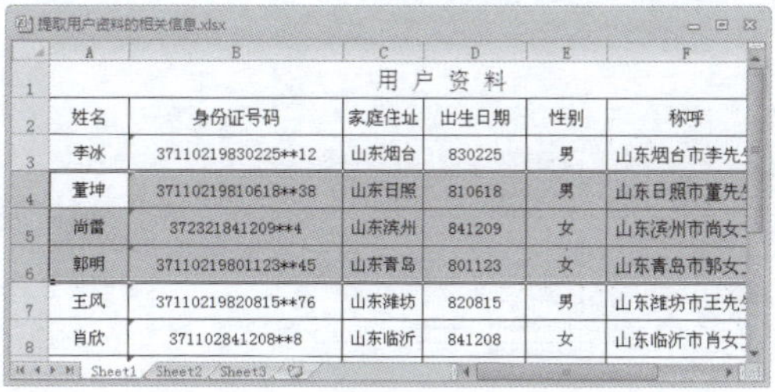

提取用户资料的相关信息.xlsx

姓名	身份证号码	家庭住址	出生日期	性别	称呼
李冰	37110219830225**12	山东烟台	830225	男	山东烟台市李先生
董坤	37110219810618**38	山东日照	810618	男	山东日照市董先生
尚雷	372321841209**4	山东滨州	841209	女	山东滨州市尚女士
郭明	37110219801123**45	山东青岛	801123	女	山东青岛市郭女士
王风	37110219820815**76	山东潍坊	820815	男	山东潍坊市王先生
肖欣	371102841208**8	山东临沂	841208	女	山东临沂市肖女士

图12-54

2 单击“开始”标签，在“单元格”选项组中单击“插入”按钮下拉菜单，选择“插入工作表行”命令。

3 接着系统会在当前选定行的上方插入3行，如图12-55所示。

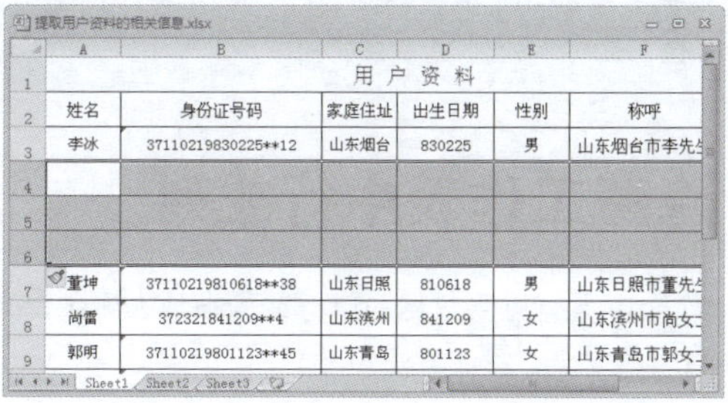

提取用户资料的相关信息.xlsx

姓名	身份证号码	家庭住址	出生日期	性别	称呼
李冰	37110219830225**12	山东烟台	830225	男	山东烟台市李先生
董坤	37110219810618**38	山东日照	810618	男	山东日照市董先生
尚雷	372321841209**4	山东滨州	841209	女	山东滨州市尚女士
郭明	37110219801123**45	山东青岛	801123	女	山东青岛市郭女士

图12-55

知识点

选中一列或多列，使用相同的方法，可以在选中列的前面插入一列或多列。

技巧25 一次性设置工作表多行的行高或多列的列宽

用户在编辑工作表时，如果单元格的内容太多，可以根据单元格的内容来调整行高和列宽，具体操作如下。

1 同时选中需要设置行高的多行。

2 使用鼠标右键单击选中的任意一行的行标题，在弹出的右键菜单中选择“行高”命令，如图12-56所示。

3 在弹出的“行高”对话框中输入一个合适的值，单击“确定”按钮即可，如图12-57所示。

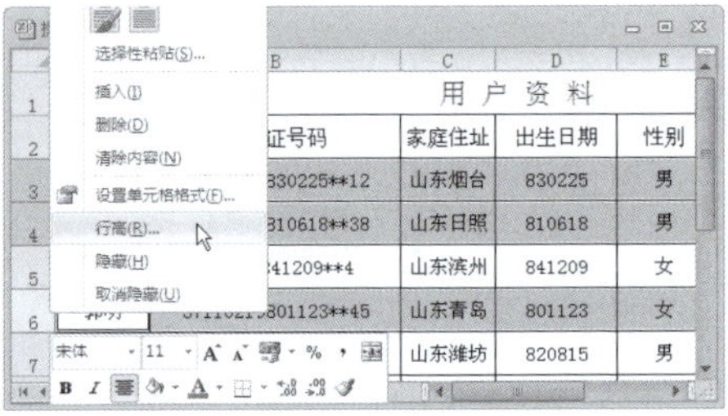

图12-56

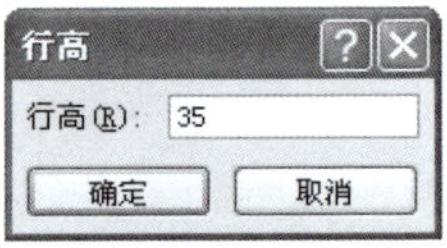

图12-57

知识点

同时选中需要设置行高的多列，使用鼠标右键单击选中的任意一列的列标题，选择“列宽”命令，在弹出的“列宽”对话框中输入一个合适的值，单击“确定”按钮，即可一次设置多列的列宽。

技巧26 隐藏工作表中行或列

如果不想工作表中含有重要数据的单行或列被他人看到，用户可以将其隐藏起来，以保护数据的安全，具体方法如下。

1 打开工作表，在按住Ctrl键的同时选择要隐藏的行或列，如：A5、A8、

A10行，松开Ctrl键。

2 单击“开始”标签，在“单元格”选项组中单击“格式”按钮，在其下拉列表中选择“隐藏和取消隐藏”，如图12-58所示。

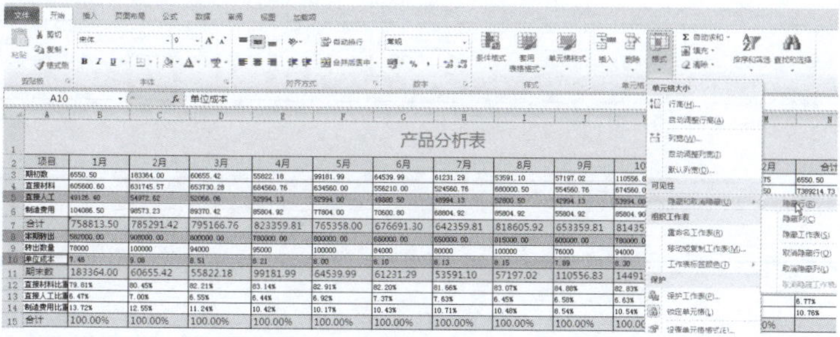

图12-58

3 在弹出的菜单中选择“隐藏行”命令，则工作表中选中的行被隐藏起来了，如图12-59所示。

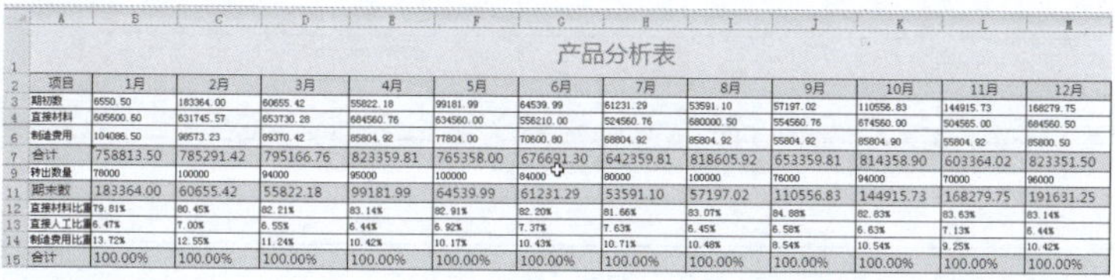

图12-59

知识点

若用户需要取消隐藏时，可一次性选中包含隐藏的多行单元格，在“隐藏和取消隐藏”菜单中选择“取消隐藏行”或“取消隐藏列”即可。

读书笔记

第13章

单元格操作

技巧1 选取多个不连续的单元格

在使用Excel 2010处理表格数据时，如果是选择连续的多个单元格，则非常容易，用鼠标拖动选择即可。而选取不连续的单元格可以按如下方法。

一：利用鼠标选取单元格

❶ 打开工作表，在单元格区域中选中第一个要选取的单元格，如：B2单元格。

❷ 按住Ctrl键不放，用鼠标逐次单击要选取的每一个单元格，选取后松开Ctrl键即可选取，如图13-1所示。

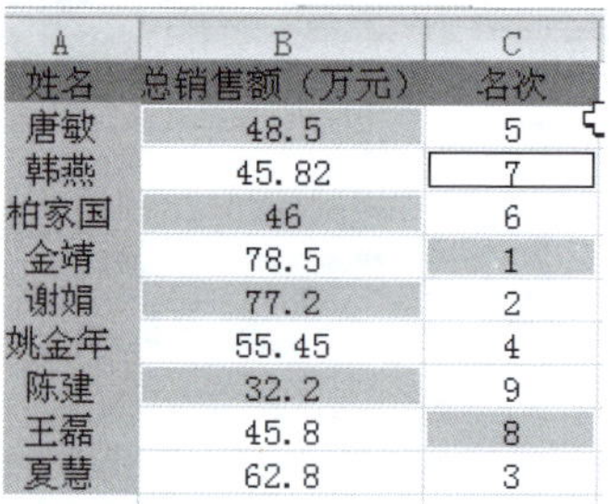

A	B	C
姓名	总销售额（万元）	名次
唐敏	48.5	5
韩燕	45.82	7
柏家国	46	6
金靖	78.5	1
谢娟	77.2	2
姚金年	55.45	4
陈建	32.2	9
王磊	45.8	8
夏慧	62.8	3

图13-1

二：利用名称框选取单元格

❶ 打开工作表，在“名称框”中单击鼠标（编辑栏左边的文本框）。

❷ 在英文状态下输入要选择单元格区域的名称，如：“A4,B5,C6”，如图13-2所示。

❸ 单击Enter键，即可选中单元格，如图13-3所示。

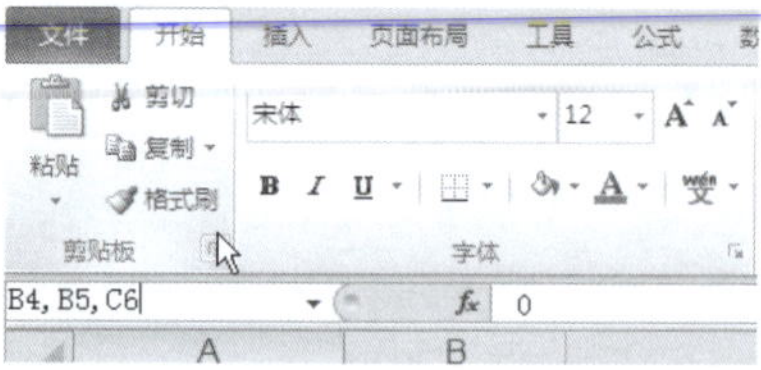

图13-2

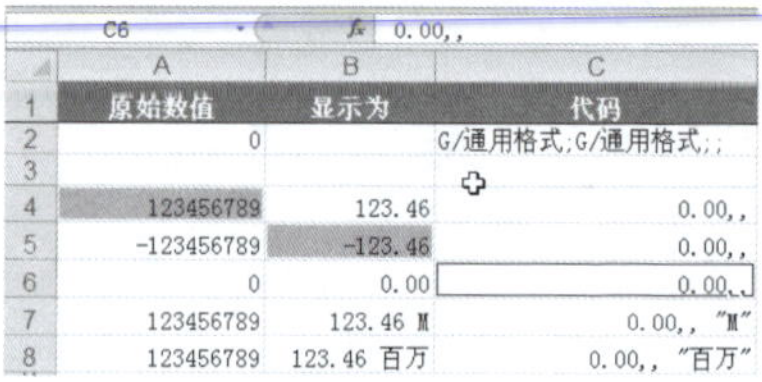

	A	B	C
1	原始数值	显示为	代码
2	0		G/通用格式;G/通用格式;;
3			
4	123456789	123.46	0.00,,
5	-123456789	-123.46	0.00,,
6	0	0.00	0.00,,
7	123456789	123.46 M	0.00,, "M"
8	123456789	123.46 百万	0.00,, "百万"

图13-3

提 示

利用名称框可以选取不连续的单元格，也可以选择连续的单元格，不连续的单元格中间用逗号分隔，连续的单元格区域用冒号连接。

技巧2 一次性选取所有单元格

在工作表中，可以选择单元格、区域、行或列，还可以打开单元格的编辑模式并选择所有或部分单元格内容。

单击工作表左上角的按钮或按下“Ctrl+A”组合键，均可选取工作表中所有单元格，如图13-4所示。

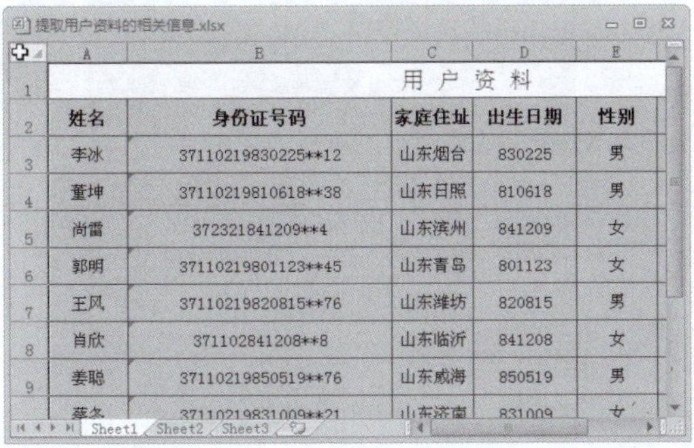

图13-4

注 意

选择所有单元格的这种方法常用于复制整个单元格的数据到另外的单元格内。

技巧3 选择大范围块状区域

利用拖动鼠标的方法可以快速选取需要的块状区域。但是如果需要选中的块状区域范围过大，由于屏幕大小的限制，选取时就麻烦了，有时必须重复几次才能正确选取。此时可以使用如下方法快速精确地操作。

1 打开工作表，将光标定位到“名称框”。

2 在半角状态下输入欲选定的矩形区域的左上角和右下角单元格名称，如：“A2:C50”，如图13-5所示。

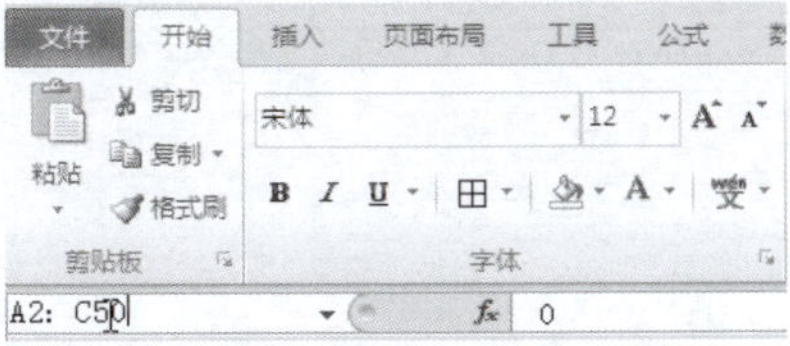

图13-5

3 按Enter键确认，即可选中A2:C50之间的矩形区域，如图13-6所示。

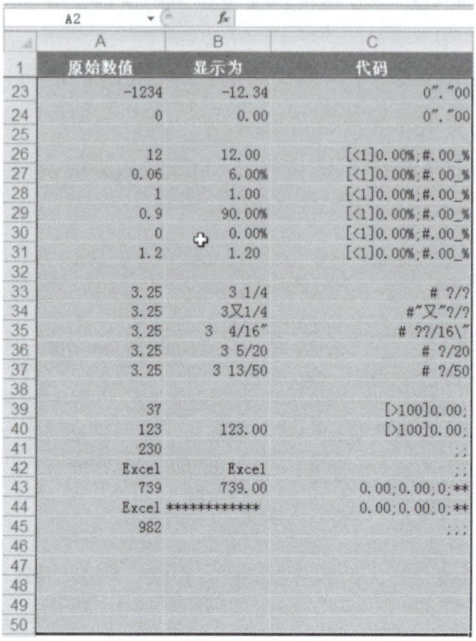

	A	B	C
1	原始数值	显示为	代码
23	-1234	-12.34	0"."00
24	0	0.00	0"."00
25			
26	12	12.00	[<1]0.00%;#.00_%
27	0.06	6.00%	[<1]0.00%;#.00_%
28	1	1.00	[<1]0.00%;#.00_%
29	0.9	90.00%	[<1]0.00%;#.00_%
30	0	0.00%	[<1]0.00%;#.00_%
31	1.2	1.20	[<1]0.00%;#.00_%
32			
33	3.25	3 1/4	# ?/?
34	3.25	3又1/4	#"又"?/?
35	3.25	3 4/16"	# ??/16\"
36	3.25	3 5/20	# ?/20
37	3.25	3 13/50	# ?/50
38			
39	37		[>100]0.00;
40	123	123.00	[>100]0.00;
41	230		;;
42	Excel	Excel	;;
43	739	739.00	0.00;0.00;0;**
44	Excel	************	0.00;0.00;0;**
45	982		;;;
46			
47			
48			
49			
50			

图13-6

知识点

这种方法免去了拖动鼠标带来的麻烦，给用户的操作带来了很多方便。

技巧4 快速扩展选取选定区域

选择某一单元格或单元格区域后，可以按如下方法快速扩展选择区域。

1 首先选中一个单元格，按下F8键打开“扩展式选定”模式。

2 扩展模式中，状态栏中将出现“扩展式选定”。使用鼠标单击工作表中任意其他单元，即可选中以当前单元格与之前选中的单元格之间距离为对角线的矩形区域，如图13-7所示。

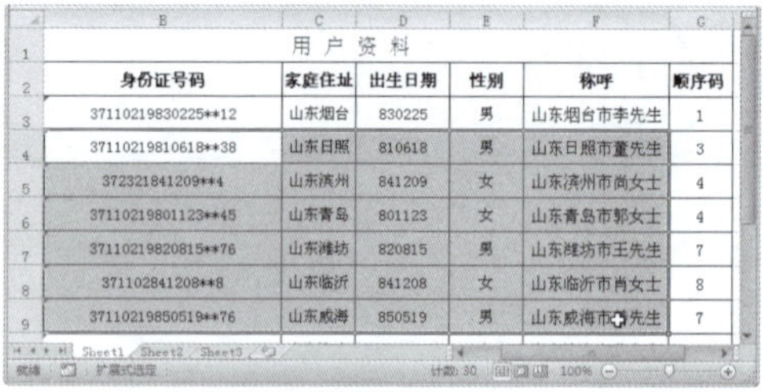

	B	C	D	E	F	G
1	用户资料					
2	身份证号码	家庭住址	出生日期	性别	称呼	顺序码
3	37110219830225**12	山东烟台	830225	男	山东烟台市李先生	1
4	37110219810618**38	山东日照	810618	男	山东日照市董先生	3
5	372321841209**4	山东滨州	841209	女	山东滨州市尚女士	4
6	37110219801123**45	山东青岛	801123	女	山东青岛市郭女士	4
7	37110219820815**76	山东潍坊	820815	男	山东潍坊市王先生	7
8	371102841208**8	山东临沂	841208	女	山东临沂市尚女士	8
9	37110219850519**76	山东威海	850519	男	山东威海市[illegible]先生	7

图13-7

③ 再次按下F8键，退出“扩展式选定”模式。

注 意

在“扩展式选定”模式中，使用方向键同样可以扩展选定区域。

技巧5 选取公式引用的所有单元格

要想查看某一公式中引用了哪些单元格，其操作方法是先选中包含公式的单元格（或单元格区域），然后在英文输入状态下按“Ctrl+[”组合键，便可快速选取该区域中公式所引用的所有单元格。具体操作如下。

① 打开工作表，选中F3单元格，接着按“Ctrl+[”组合键，如图13-8所示。

② 可以看到D3和E3单元格被选中，即F3单元格中的公式引用了D3、E3单元格来进行计算，如图13-9所示。

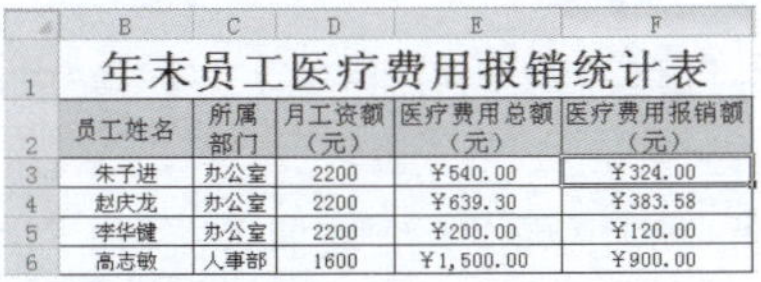

	B	C	D	E	F
1	年末员工医疗费用报销统计表				
2	员工姓名	所属部门	月工资额（元）	医疗费用总额（元）	医疗费用报销额（元）
3	朱子进	办公室	2200	￥540.00	￥324.00
4	赵庆龙	办公室	2200	￥639.30	￥383.58
5	李华键	办公室	2200	￥200.00	￥120.00
6	高志敏	人事部	1600	￥1,500.00	￥900.00

图13-8

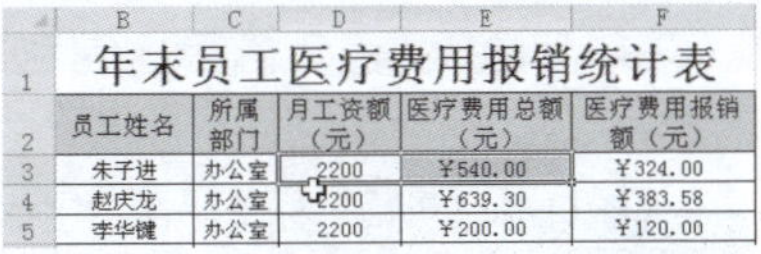

	B	C	D	E	F
1	年末员工医疗费用报销统计表				
2	员工姓名	所属部门	月工资额（元）	医疗费用总额（元）	医疗费用报销额（元）
3	朱子进	办公室	2200	￥540.00	￥324.00
4	赵庆龙	办公室	2200	￥639.30	￥383.58
5	李华键	办公室	2200	￥200.00	￥120.00

图13-9

注 意

选中公式引用的单元格，按下“Ctrl+]”组合键，可以选中引用这些单元格的公式所在的单元格。

技巧6 快速实现行列交换

对工作表操作时，有时需要将行数据进行行列交换，如果一个一个地复制单元格，则很麻烦，这时使用“选择性粘贴”可一次性完成。

① 选中并复制需要转为列的行或行中的单元格。

② 选中并使用鼠标右键单击欲粘贴到的列中一个单元格，在弹出的右键菜单中选择“选择性粘贴”命令，打开“选择性粘贴”对话框。

③ 选中右下角的“转置”复选框，单击“确定”按钮即可，如图13-10所示。

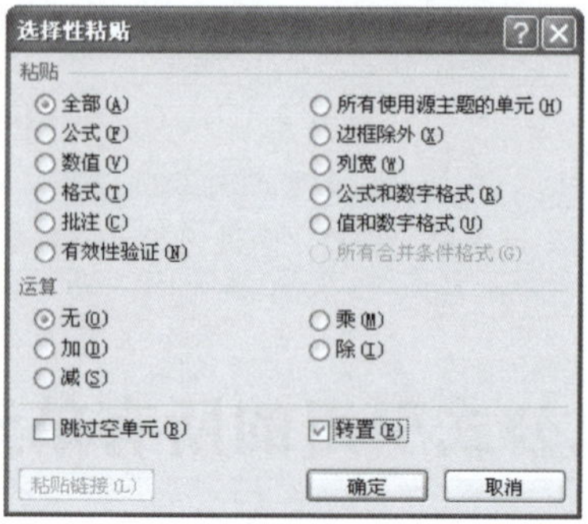

图13-10

提 示

使用相同的方法，同样可以将列转换为行。

技巧7 手动绘制单元格的框线

在一些特殊的情况下，用户可能需要手动绘制单元格的框线，可以通过如下方法实现。

❶ 单击“开始”标签，在“字体”选项组中单击“绘制边框线”按钮下拉菜单，如图13-11所示。

❷ 在弹出的菜单中的“绘制边框”栏中选择一种绘图方式，如“绘图边框网格”，如图13-12所示。

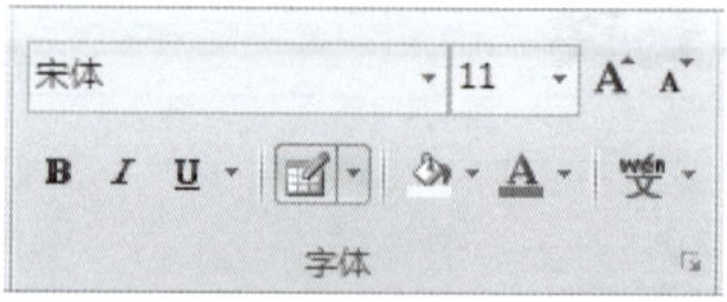

图13-11

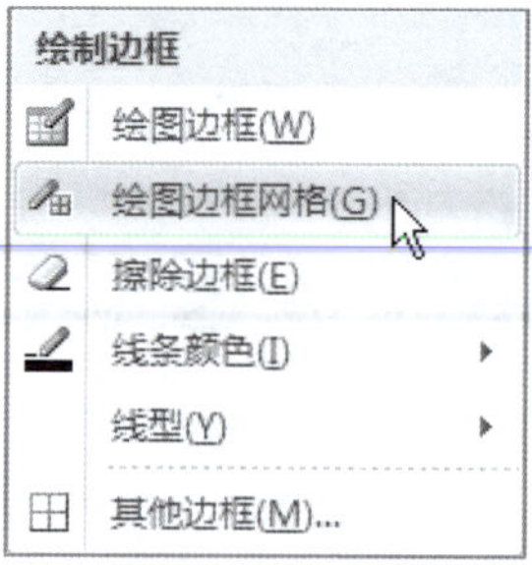

图13-12

❸ 再次单击“绘制边框线”按钮下拉菜单，在弹出的菜单中的“线型”子菜单下选择一种合适的线型，如图13-13所示。

❹ 再次单击“绘制边框线”按钮下拉菜单，在弹出的菜单中的“线条颜色”子菜单下选择一种合适的颜色，如图13-14所示。

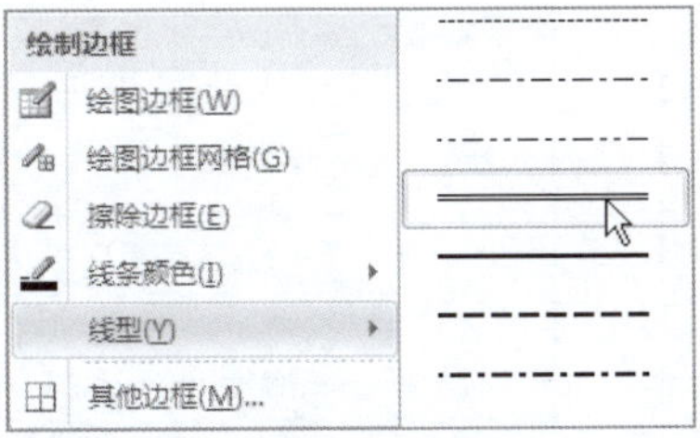

图13-13

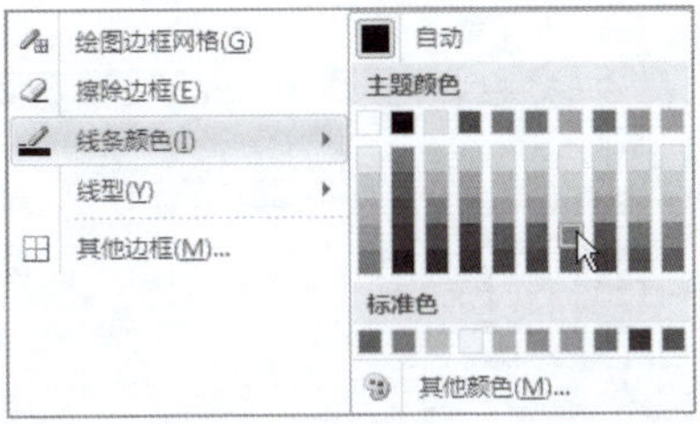

图13-14

5 此时光标会变成✏田 状，单击拖动鼠标左键在需要绘制边框网格的单元格上绘制出网格线，如图13-15所示。

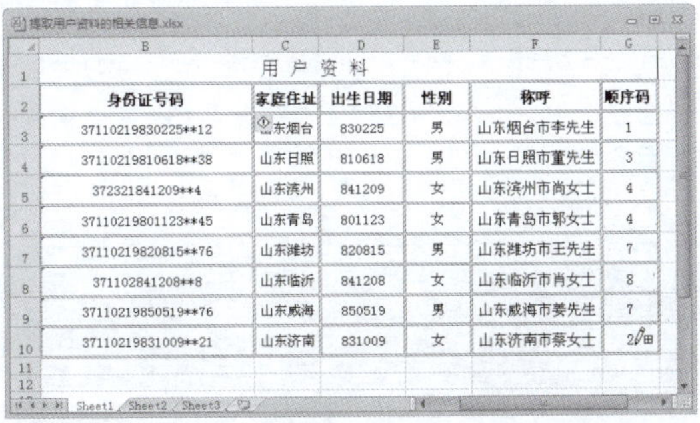

用户资料

身份证号码	家庭住址	出生日期	性别	称呼	顺序码
37110219830225**12	山东烟台	830225	男	山东烟台市李先生	1
37110219810618**38	山东日照	810618	男	山东日照市董先生	3
372321841209**4	山东滨州	841209	女	山东滨州市尚女士	4
37110219801123**45	山东青岛	801123	女	山东青岛市郭女士	4
37110219820815**76	山东潍坊	820815	男	山东潍坊市王先生	7
371102841208**8	山东临沂	841208	女	山东临沂市肖女士	8
37110219850519**76	山东威海	850519	男	山东威海市姜先生	7
37110219831009**21	山东济南	831009	女	山东济南市蔡女士	2

图13-15

6 绘制完成后按Esc键退出绘制状态，光标就会变成原来的箭头状。

注 意

此方法在需要将单元格框线绘制成不同线条和颜色时，非常实用。

技巧8 为单元格设置特效填充效果

默认情况下，单元格是没有填充效果的，如果需要给单元格设置特效填充效果，可以通过如下方法实现。

1 选中并使用鼠标右键单击需要设置填充效果的单元格，在弹出的右键菜单中选择“设置单元格格式”对话框，打开“设置单元格格式”对话框。

2 切换到“填充”标签，单击“填充效果”按钮，如图13-16所示。

3 在打开的“填充效果”对话框中的“颜色”栏中选择一种颜色样式单选项（如“双色”），接着选择需要的颜色。

4 在“底纹样式”栏中选择一种合适的底纹样式，如“角部辐射”，如图13-17所示。

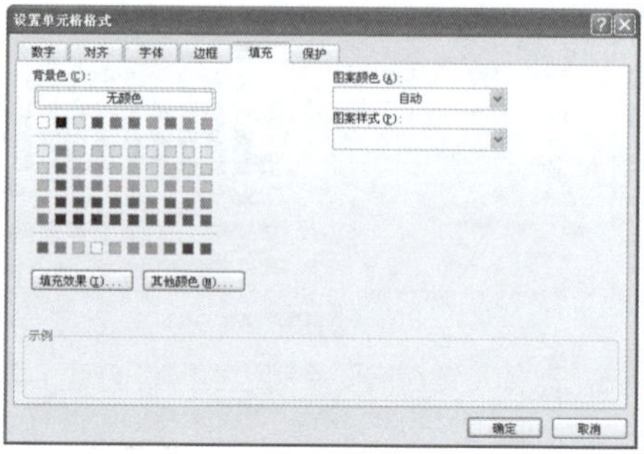

图13-16

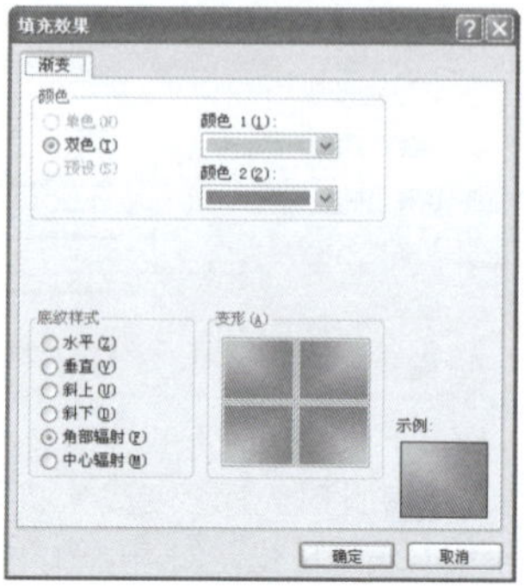

图13-17

5 单击“确定”按钮，返回到“设置单元格格式”对话框，再次单击“确定”按钮，完成设置。本例中效果如图13-18所示。

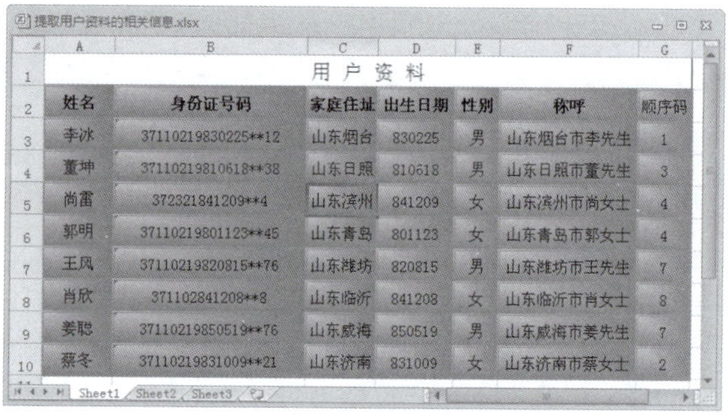

图13-18

注 意

在“设置单元格格式”对话框中切换到“填充”标签，单击“图案样式”下拉列表框，在弹出的菜单中选择一种图案样式，可以为单元设置图案填充。

技巧9 当输入内容超过单元格宽度时自动调整列宽

在单元格中输入数据时，如果数据长度超过了单元格的宽度，则超过的部分无法显示出来，通过对单元格设置“自动调整列宽”，则在输入的内容超过单元格宽度时自动调整列宽。

1 选中所有需要自动调整列宽的列。

❷ 单击“开始”标签，在“单元格”选项组中单击“格式”按钮下拉菜单，在弹出的菜单中单击“自动调整列宽”命令即可，如图13-19所示。

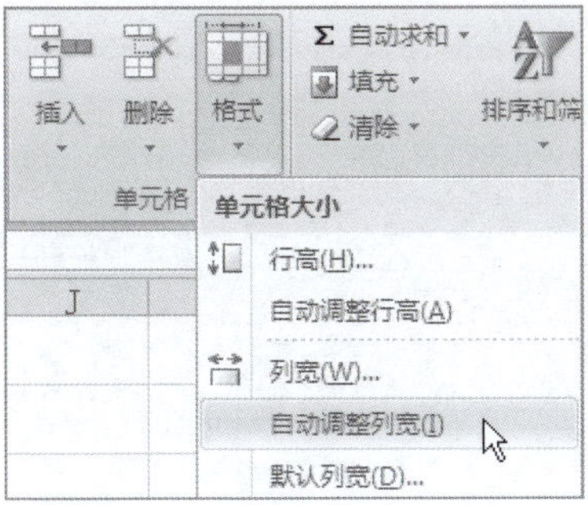

图13-19

注 意

选中所有需要自动调整行高的行，单击“开始”标签，在“单元格”选项组中单击“格式”按钮下拉菜单，在弹出的菜单中单击“自动调整行高”命令，可以自动套装选定行的行高。

技巧10　快速套用表格格式美化表格

Excel 2010提高了自动格式化功能，可以根据预设的样式将制作的表格美化，产生美观的效果，即Excel 2010中常用的自动套用表格样式。

❶ 选中需要套用表格格式的单元格区域，切换到“开始”标签，单击“样式”组中的“套用表格格式”按钮下拉菜单，如图13-20所示。

❷ 在弹出的菜单中根据需要选择一种合适样式即可，如图13-21所示。

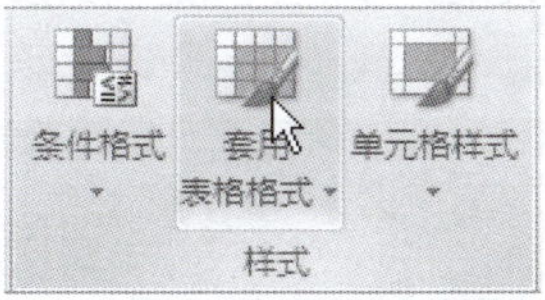

图13-20

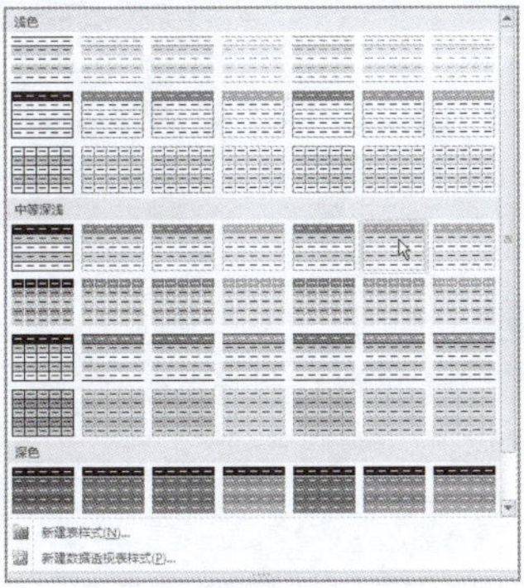

图13-21

3 在弹出的“套用表格式”对话框中单击“确定”按钮即可，效果如图13-22所示。

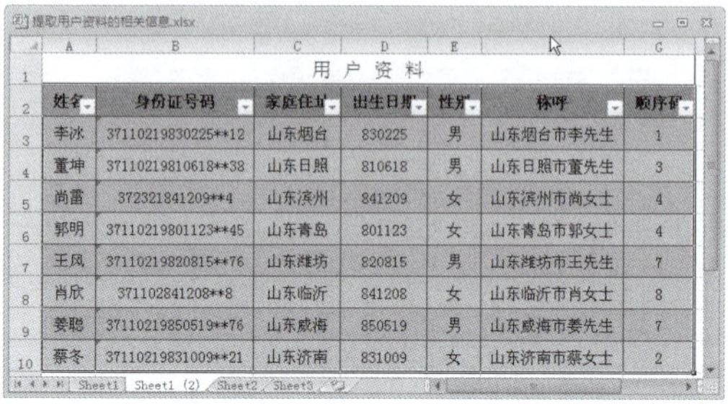

姓名	身份证号码	家庭住址	出生日期	性别	称呼	顺序码
李冰	37110219830225**12	山东烟台	830225	男	山东烟台市李先生	1
董坤	37110219810618**38	山东日照	810618	男	山东日照市董先生	3
尚蕾	372321841209**4	山东滨州	841209	女	山东滨州市尚女士	4
郭明	37110219801123**45	山东青岛	801123	女	山东青岛市郭女士	4
王风	37110219820815**76	山东潍坊	820815	男	山东潍坊市王先生	7
肖欣	371102841208**8	山东临沂	841208	女	山东临沂市肖女士	8
姜聪	37110219850519**76	山东威海	850519	男	山东威海市姜先生	7
蔡冬	37110219831009**21	山东济南	831009	女	山东济南市蔡女士	2

图13-22

注 意

如果已经套用了现有样式还想更改为其他样式，使用同样的方法操作即可。

技巧11 一次性清除表格中所有单元格的格式设置

当在工作表中进行了格式设置（如设置了文字格式、对齐方式等）后，如果不再需要这些格式了，可以一次性清除所有的格式。

1 打开工作表，按“Ctrl +A”组合键选中整张工作表，或者选中要清除格式的单元格区域，如图13-23所示。

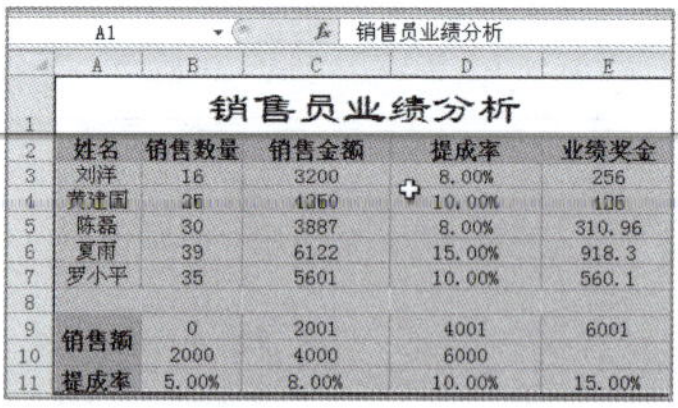

销售员业绩分析				
姓名	销售数量	销售金额	提成率	业绩奖金
刘洋	16	3200	8.00%	256
黄建国	[illegible]	[illegible]	10.00%	[illegible]
陈磊	30	3887	8.00%	310.96
夏雨	39	6122	15.00%	918.3
罗小平	35	5601	10.00%	560.1
销售额	0	2001	4001	6001
	2000	4000	6000	
提成率	5.00%	8.00%	10.00%	15.00%

图13-23

2 切换到“开始”选项卡，在“编辑”选项组中单击“清除”按钮，打开下拉菜单，如图13-24所示。

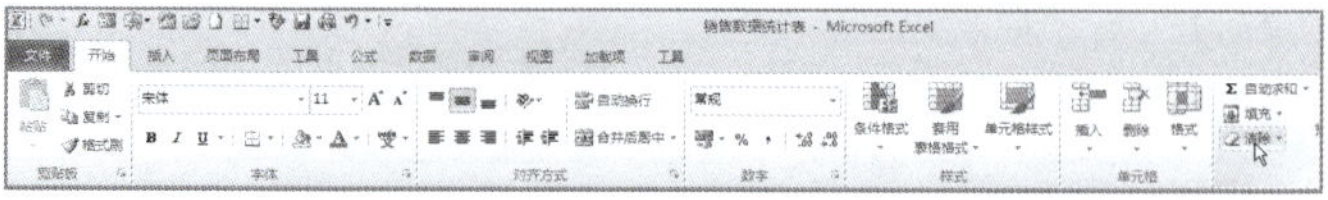

图13-24

3 在下拉菜单中选择“全部清除”命令，即可将工作表中使用的所有格式全部清除，如图13-25所示。

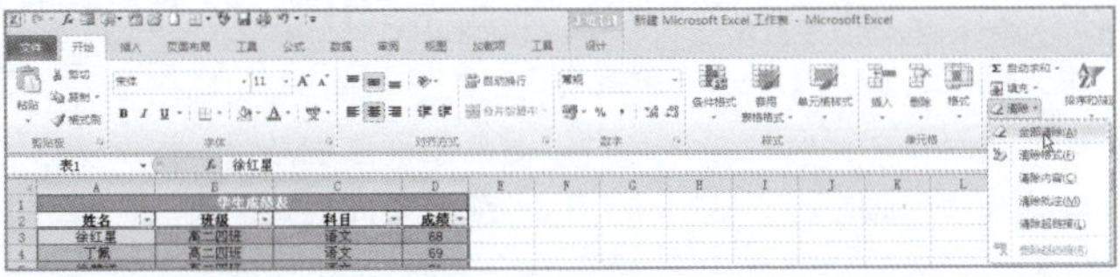

图13-25

注 意

在“清除”按钮下拉菜单中还有“清除格式”“清除批注”等命令，用户可以根据实际需要选择使用。

技巧12 单元格样式的自定义与合并

在Excel 2010工作簿中经常需要对某些单元格或区域设置一些单元格格式，可以将这些单元格格式自定义为单元格样式，接着添加到单元格样式列表中，创建自定义单元格样式后，只能在创建该样式的工作簿中使用。

一、自定义单元格样式

1 在功能区中单击“开始”标签，接着在“样式”选项组中单击“单元格样式”按钮下拉菜单

2 在弹出的菜单中单击“新建单元格样式”命令，弹出“样式”对话框。在“样式名”右侧的文本框中输入一个样式名称，如“宋体9居中边框”，如图13-26所示。

3 单击“格式”按钮，弹出“设置单元格格式”对话框，单击“字体”标签，设置字体为“宋体”，字号为“9”号，如图13-27所示。

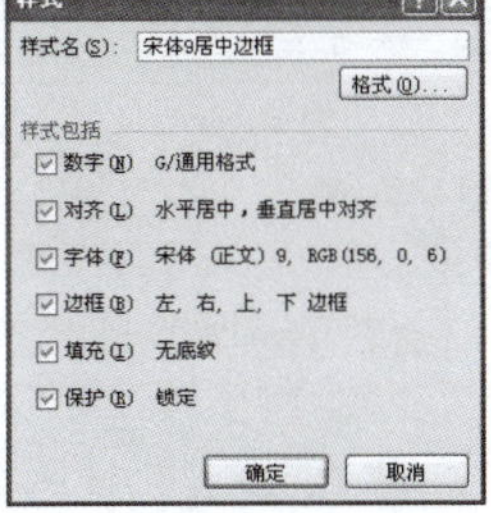

图13-26

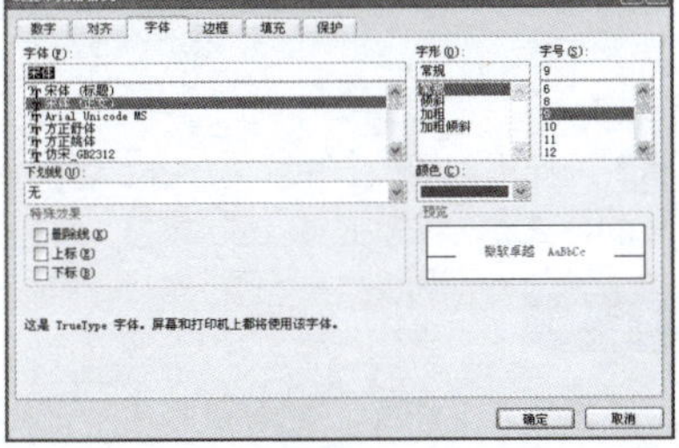

图13-27

4 单击“对齐”标签，设置单元格的对齐方式为垂直居中和水平居中。

5 单“边框”标签，在“线条”栏中选择一种线条样式，接着单击“颜色”下拉列表框，在弹出的菜单中选择一种线条颜色，在“预设”栏或“边框”栏中设置单元格的边框，如图13-28所示。

6 单击两次“确定”按钮完成自定义单元格样式设置。自定义样式将出现在单元格样式列表的顶部。以后要应用这种单元格样式时，只需选择需要设置的单元格或区域，接着单击该样式名称即可，如图13-29所示。

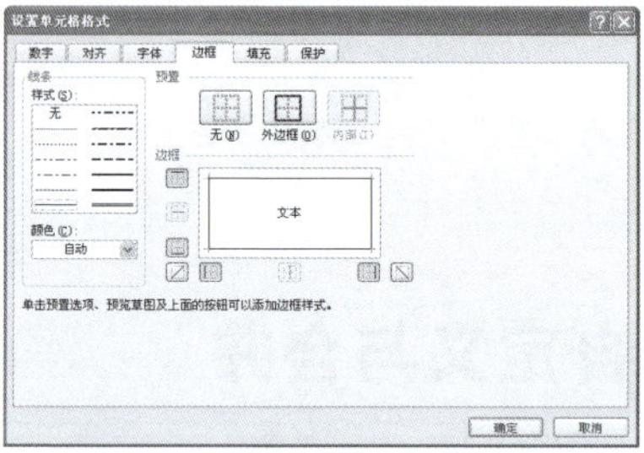

图13-28

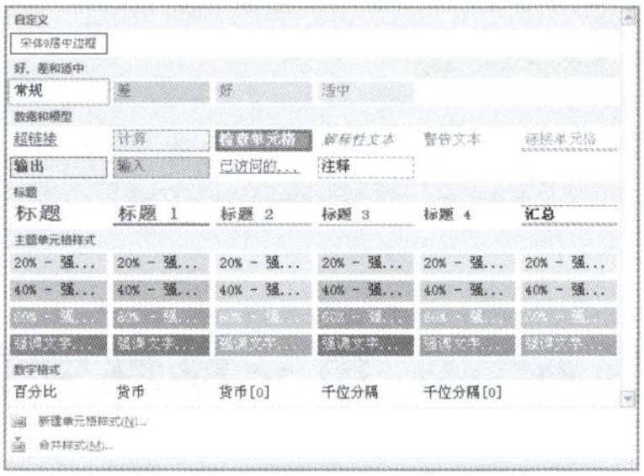

图13-29

二、合并单元格样式

1 打开工作表，找到“开始”菜单下的“样式”选项组，单击“合并样式”命令，弹出“合并样式”对话框，如图13-30所示。

2 在对话框中，选择已经自定义过样式的工作表，如“加班记录表”，单击“确定”按钮，如图13-31所示。

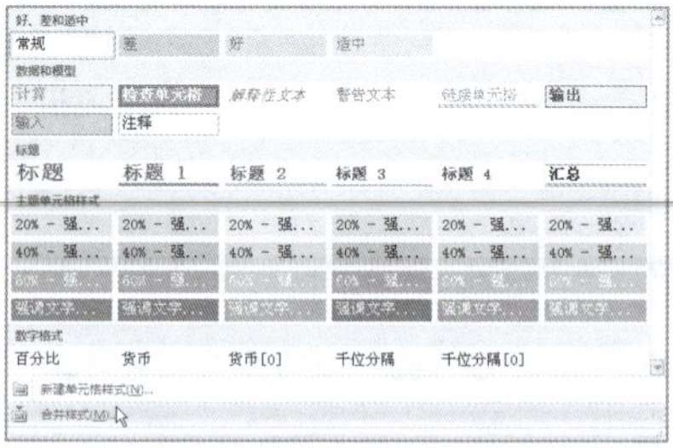

图13-30

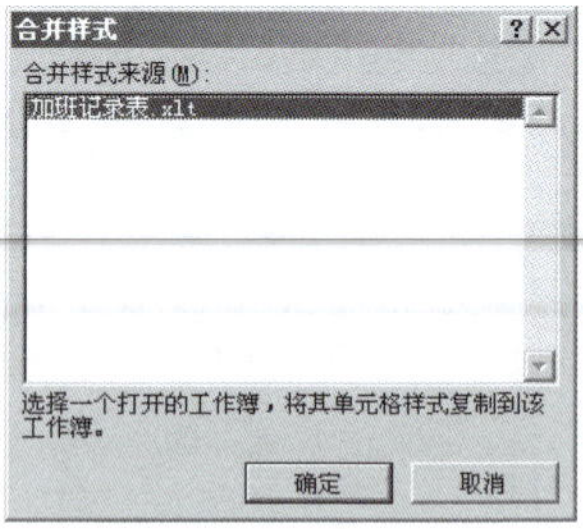

图13-31

3 选择需要更改样式的单元格区域，单击“单元格样式”选项，找到已经自定义的样式，如“我的文档”即可，如图13-32所示。

注 意

以后如果要修改、删除自定义单元格样式，可以在自定义单元格样式名称上单击鼠标右键，在弹出的右键菜单中选择相应的命令即可。

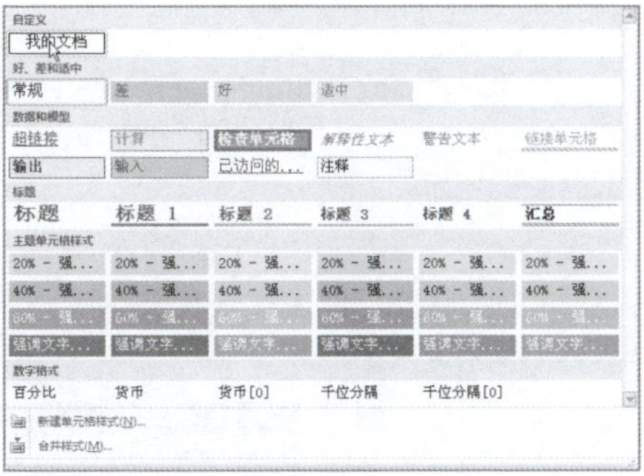

图13-32

技巧13 快速合并单元格

在表格编辑过程中，如果需要将两个或多个单元格合并成一个单元格，可以通过如下方法来实现。

1 选中需要合并的单元格。

2 单击“开始”标签，在“对齐方式”选项组中单击“合并后居中”按钮下拉菜单。

3 在弹出的菜单中选择一种合并方式即可，如“合并后居中”，如图13-33所示。

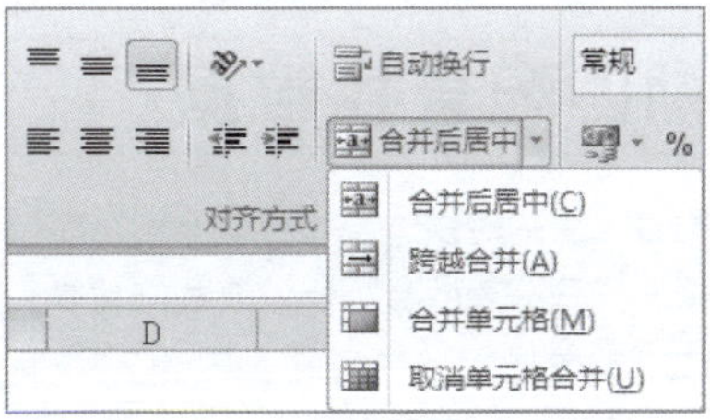

图13-33

注 意

如果需要撤销合并的单元格，则单击“合并后居中”按钮下拉菜单，在弹出的菜单中选择“取消单元格合并”命令即可。

技巧14 按单元格格式进行查找

如果表格中包含许多格式相同的单元格，需要将某一种格式相同的单元格都查找出来，可以通过如下方法来实现。

1 按“Ctrl+F”组合键打开“查找和替换”对话框。

2 单击“选项”按钮，接着单击“格式”按钮下拉菜单，选择“从单元格选择格式”命令，如图13-34所示。

3 此时光标会变成状，单击选中一个要查找的特定格式的单元格。

4 单击“查找全部”全部按钮即可在“查找和替换”对话框的下方列出所有符合条件的单元格，如图13-35所示。

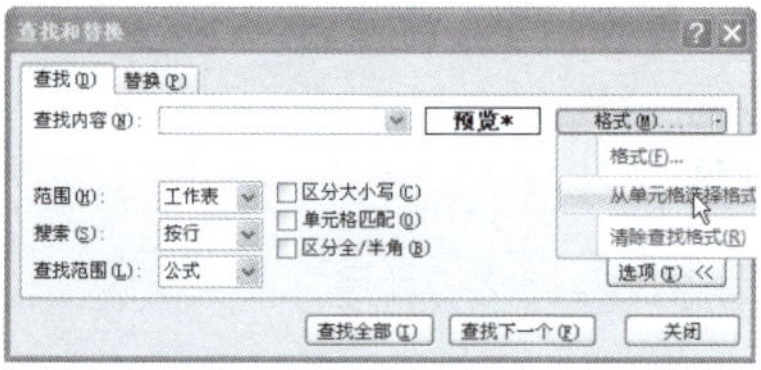

图13-34

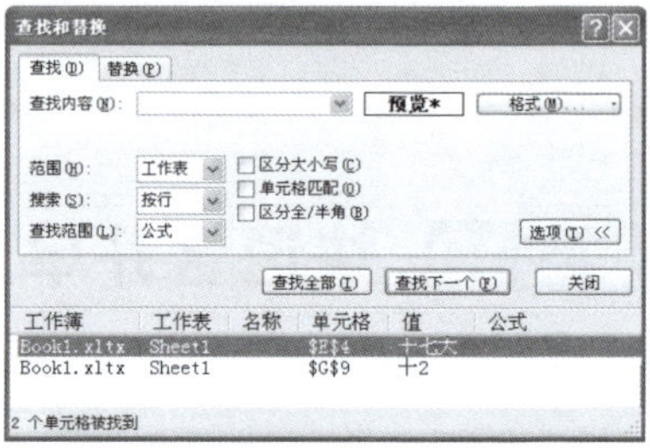

图13-35

> **注 意**
>
> 此方法多用于需要对表格中所有具有某种相同格式的单元格进行修改格式等操作的情况下。

技巧15 模糊匹配查找数据

Excel 表格中数据量很大的时候一眼不容易看到所想要找到的数据，这时候可以利用“查找与替换”方法来查找数据。“查找与替换”方法可以查找出精确的数据，也可以查找模糊的数据。

1 打开工作表，在“开始”菜单找到的“编辑”选项组，单击“查找与选择”选项，如图13-36所示。

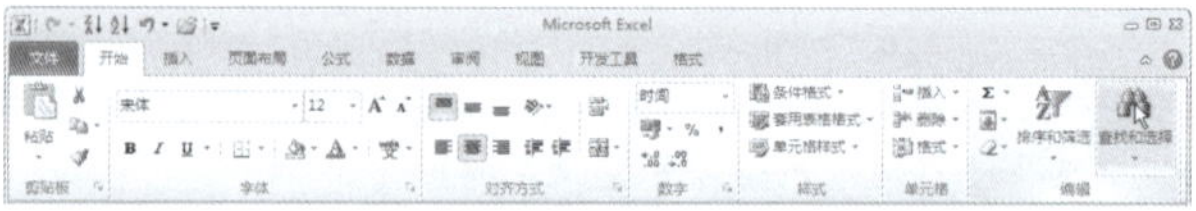

图13-36

2 在“查找与选择”下拉列表中单击“查找”命令。弹出“查找与替换”对话框，如图13-37所示。

3 在对话框的“查找内容”文本框输入数据，比如输入“6”，单击“查找全部”按钮，则工作表中所有包含“6”的单元格被选中，如图13-38所示。

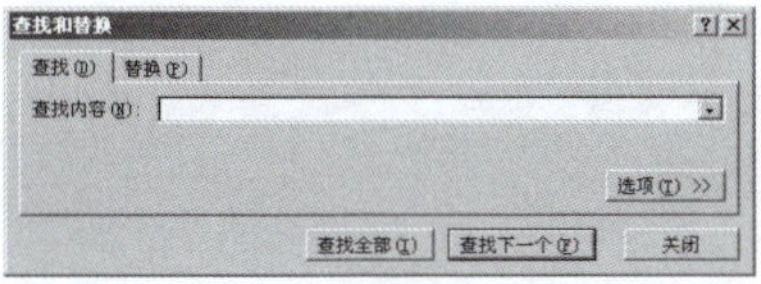

图13-37

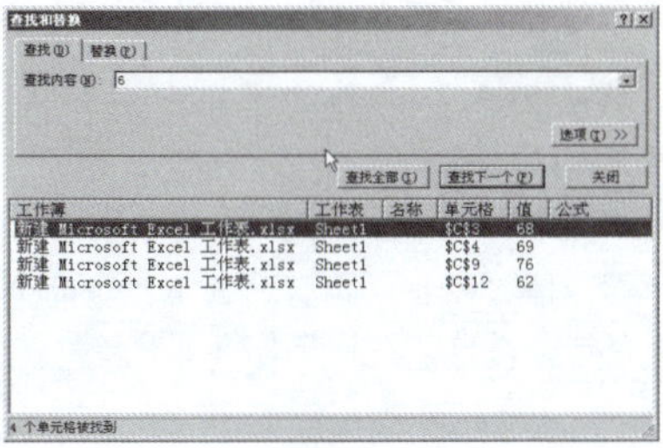

图13-38

技巧16 替换单元格格式

在单元格中，可以按照单元格格式进行查找，也可以对单元格格式进行替换，具体操作方法如下。

❶ 打开工作表，查找表格中全部为“华文楷体”的单元格，单击“替换”命令，如图13-39所示。

❷ 选择需要替换的格式，比如替换为“方正姚体”、“12号”“加粗”格式，单击“确定”，如图13-40所示。

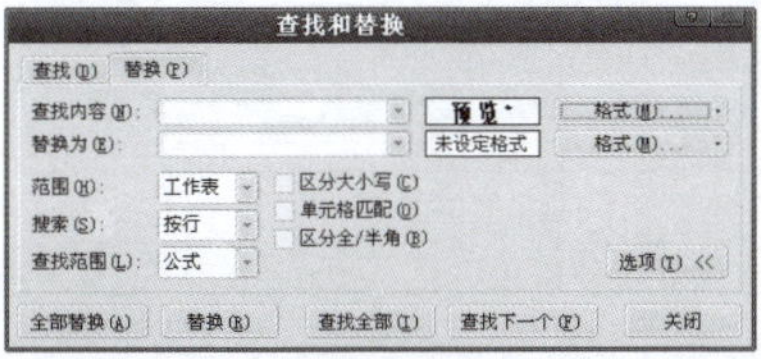

图13-39

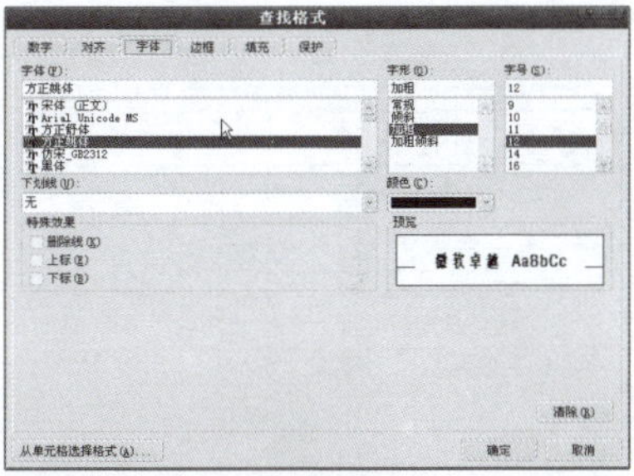

图13-40

❸ 单击“替换”命令，则从单元格中第一个为“华文楷体”的单元格进行替换，如图13-41所示。

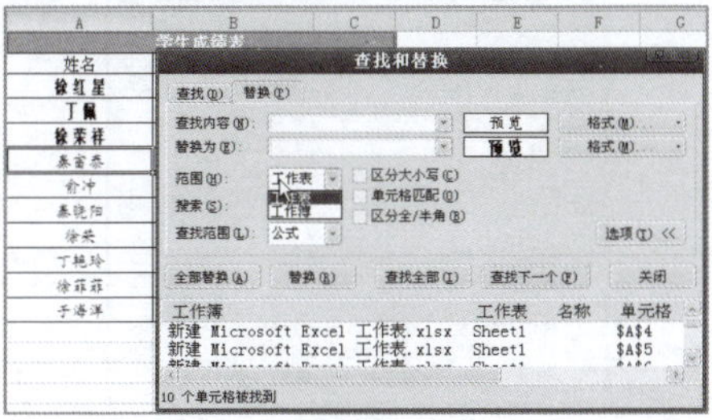

图13-41

❹ 单击“全部替换”命令，则单元格中所有“华文楷体”的单元格替换为“方正姚体”。

注 意

除了单击“编辑”选项组下的“查找与替换”选项，也可以用Ctrl +F组合键，弹出“查找与替换”对话框，方便快捷。

技巧17 神奇的选择性粘贴

复制需要粘贴的内容后，单击鼠标右键选择“粘贴”命令即可粘贴，粘贴时，文本旁边会出现“选择性粘贴”智能标识按钮，用户可在其选项列表中选择粘贴文本的格式。

❶ 打开工作表，选中需要复制的单元格区域，如：A3:A12，单击“复制”按钮（快捷键“Ctrl +C”），如图13−42所示。

❷ 在开始菜单下，找到剪贴板，单击“粘贴”选项列表下“选择性粘贴”命令，弹出对话框，如图13−43所示。

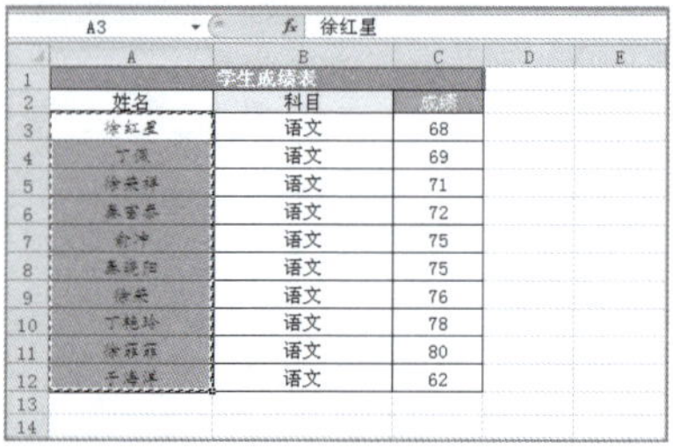

图13−42

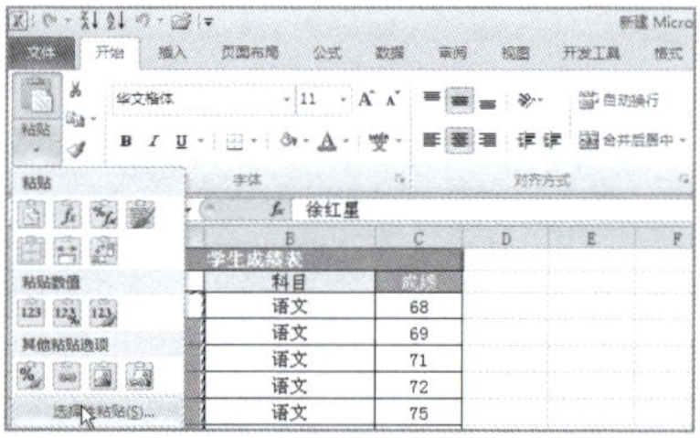

图13−43

❸ 在“选择性粘贴”对话框里，可以选择想要粘贴的样式，如“粘贴全部”、“粘贴公式”、“数值”、“格式”等，如图13−44所示。

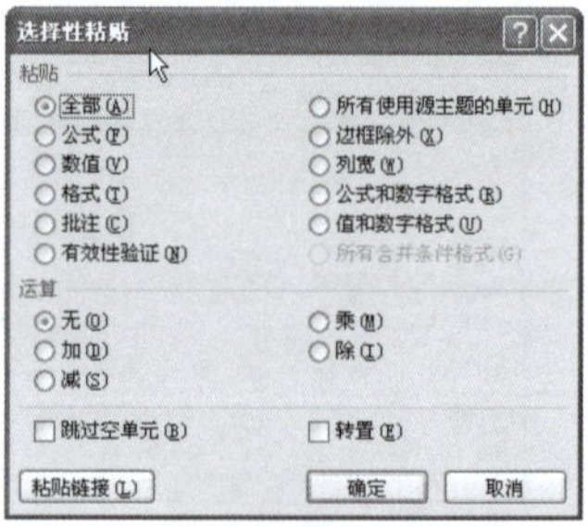

图13−44

注 意

通过“选择性粘贴”按钮，用户可以将粘贴的内容转化为需要的形式，例如只粘贴原单元格的格式，或者原单元格的内容等。

技巧18 清除表格中所有单元格的格式设置

在对表格中的单元格进行格式设置时，由于误操作等原因可能导致单元格格式设置混乱，此时若想清除表格内所有单元格的格式设置，接着重新设置单元格格式，可以通过如下方法来实现。

1 选中表格中所有需要清除格式的单元格。

2 单击“开始”标签，在“编辑”选项组中单击“清除”按钮下拉菜单，在弹出的菜单中选择“清除格式”命令即可，如图13-45所示

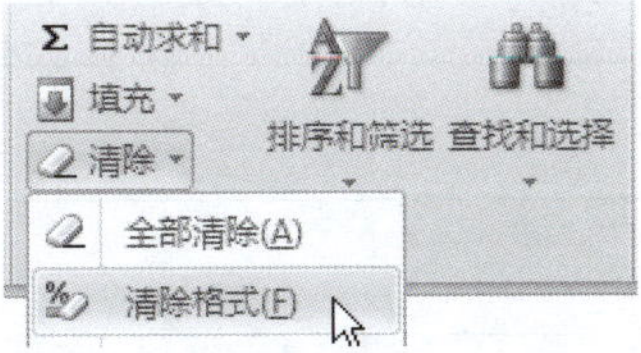

图13-45

注 意

通过“选择性粘贴”按钮，用户可以将粘贴的内容转化为需要的形式，例如只粘贴原单元格的格式，或者原单元格的内容等。

读书笔记

第14章

数据输入与填充

技巧1 输入数据后的单元格指针移动方向的调整

在默认情况下，在工作表中输入数据并按“Enter”键以后，活动单元格下方的单元格会自动被激活而成为新的活动单元格，以便接受用户下一步的输入操作。用户可以根据自己的偏好来选择输入数据后的单元格指针移动的方向。具体操作方法如下。

❶ 打开工作表，单击“文件”标签下的“选项”命令，打开“Excel选项”对话框，如图14-1所示。

图14-1

❷ 单击左侧窗格中的“高级”选项，然后在右侧窗格中的“编辑选项”栏中选中“按Enter键后移动所选内容”复选框，如图14-2所示。

❸ 单击“方向”下拉列表框，在弹出的菜单中选择一种方向，如：“向左”即可，如图14-3所示。

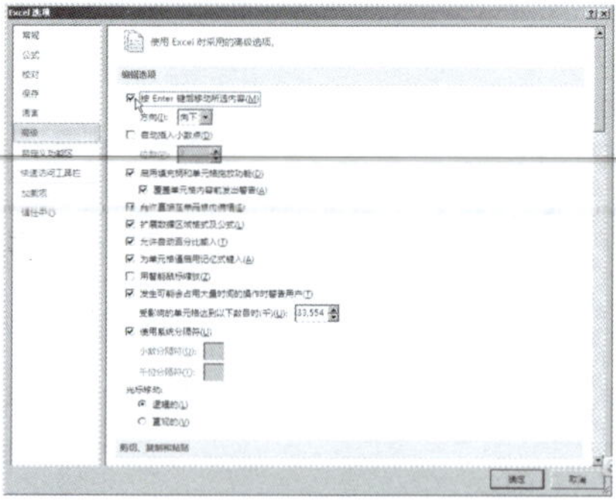

图14-2

图14-3

提 示

取消选中“按Enter键后移动”复选框后，当在工作表中输入数据并按“Enter”键时，活动单元格就不会发生改变了。

技巧2 在输入数据前自动添加特定位数小数

如果要在单元格中输入大量特定格式的小数，如格式为“1.00”的小数，此时全部手动设置，将很麻烦，用户可以在工作表中设置自动添加特定位数小数。

❶ 选中全部需要设置的单元格，单击“开始”标签，在“数字”选项组单击“设置单元格格式”按钮，打开“设置单元格格式”对话框，如图14-4所示。

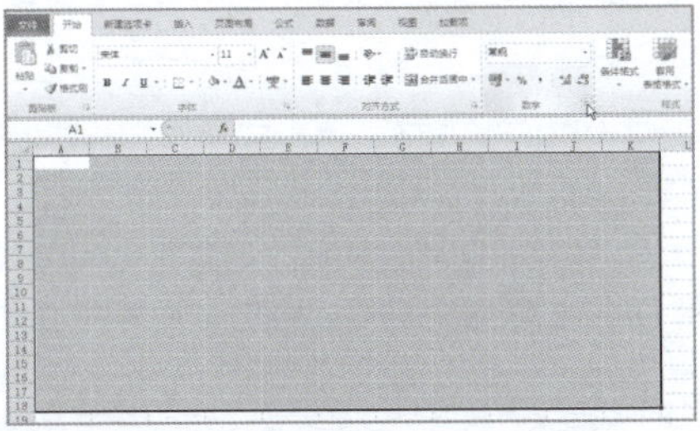

图14-4

❷ 在“分类”列表框中选中“自定义”项，接着在类型文本框中输入数值类型，如1.00，单击“确定”按钮，如图14-5所示。

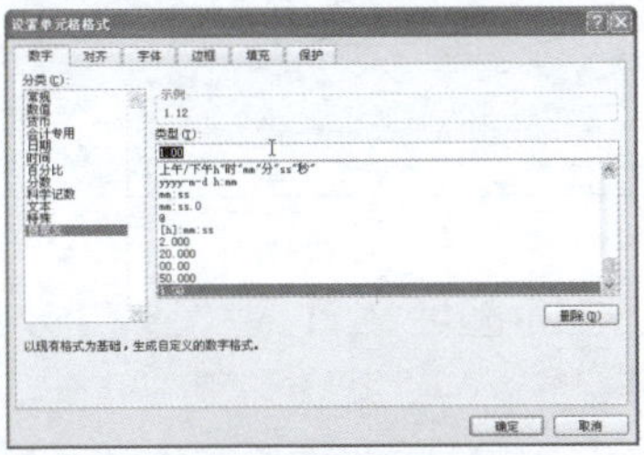

图14-5

❸ 返回工作表，在设置的单元格内直接输入“.XX”，回车后即可得到格式为“1.00”的数，如：输入“.12”，回车后即可得到“1.12”，如图14-6所示。

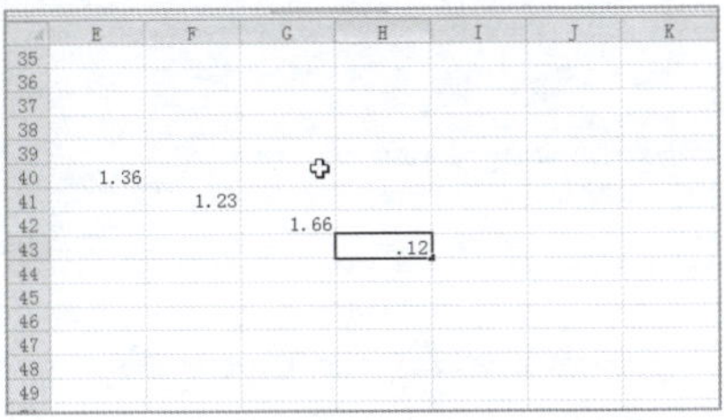

图14-6

注 意

利用这种方法在输入整数部分相同的小数时，只需输入小数部分的数字即可，大大提高了输入的速度。

技巧3 在输入整数后自动添加特定小数位

在单元格中输入整数时，如输入金融数字，一般都要求保留特定位数的小数，此时用户可以设置在整数后面添加两位小数，省去手动输入的麻烦。具体操作方法如下。

❶ 选中全部需要设置的单元格，单击“开始”标签，在“数字”选项组单击“设置单元格格式”按钮，打开“设置单元格格式”对话框，如图14-7所示。

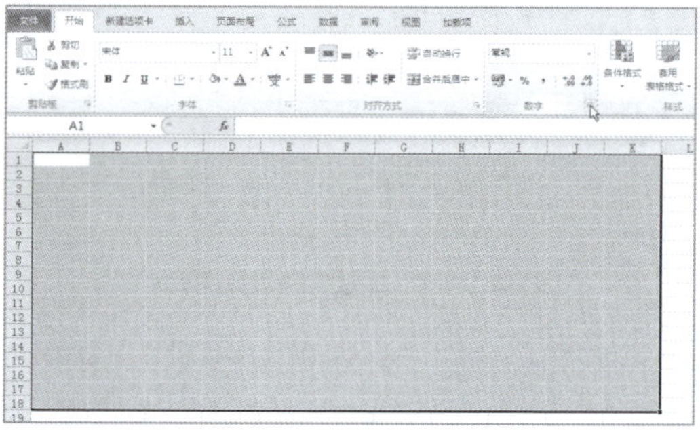

图14-7

❷ 在“分类”列表框中选中“数值”项，接着在小数位数文本框中输入数值，如：2，单击“确定”按钮，如图14-8所示。

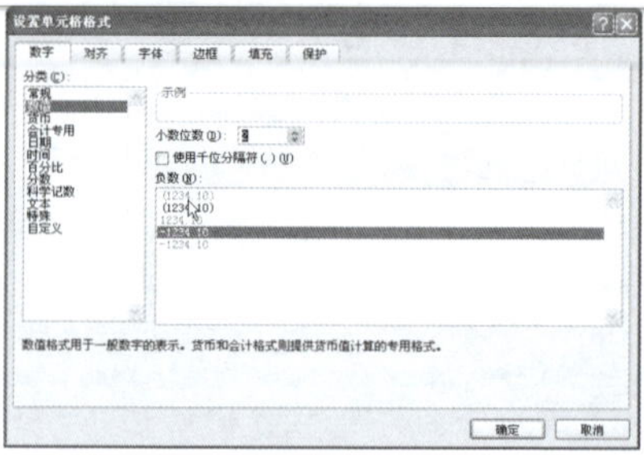

图14-8

❸ 返回工作表，在设置的单元格内直接输入整数，回车后在整数后自动生成两位小数，如：输入“12”，回车后即可得到“12.00”，如图14-9所示。

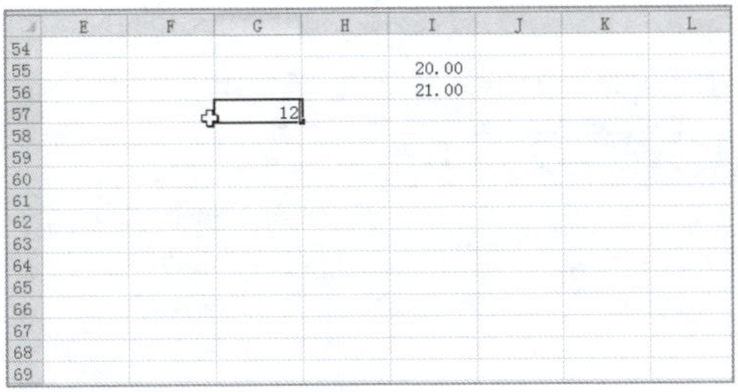

图14-9

知识点

除了将小数位数设置为2位外，还可根据需要设置成其他位数，如3位、4位等。

技巧4 在连续的单元格内输入相同数据

在编辑工作表时，有时会需要在整行或是一片区域内输入相同的数据，如果手动输入会麻烦，可以利用Ctrl键实现在连续单元格内输入相同的数据。具体操作方法如下。

1 在第一个单元格中输入需要输入的数据。

2 选中该单元格，将鼠标指针移动到单元格右下角的填充柄处，在光标变成+状时，按下鼠标左键拖动到需要输入相同数据的最后一个单元格位置，松开鼠标即可，如图14-10所示。

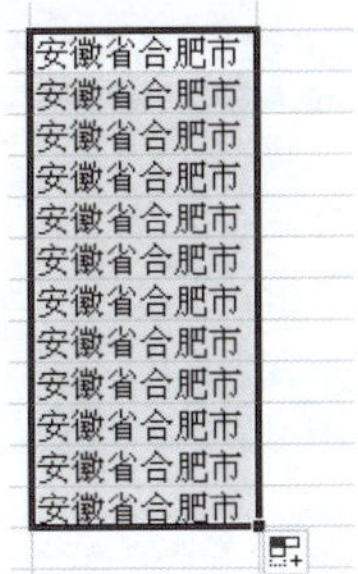

图14-10

知识点

使用填充柄，除了可以向下拖动填充数据外，还可以向上、向右、向左拖动鼠标填充数据。

技巧5 在不连续的单元格内输入相同数据

在不同单元格输入相同数据的方法和在连续的单元格内输入相同数据的方法差不多，具体操作方法如下。

1 打开工作表，选中第一个要输入数据的单元格，按住Ctrl键一次单击要输入数据的单元格，如图14-11所示。

❷ 松开Ctrl键，输入数据：如：25，在按下Ctrl键的同时按下Enter键。可以看到所有选中的单元格内全部输入了数值25，如图14-12所示。

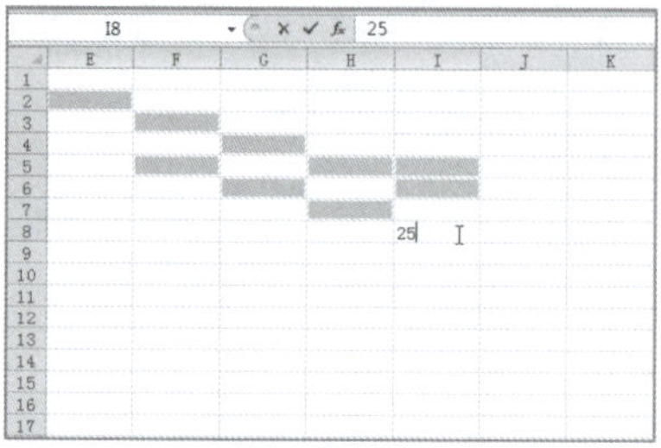

图14-11

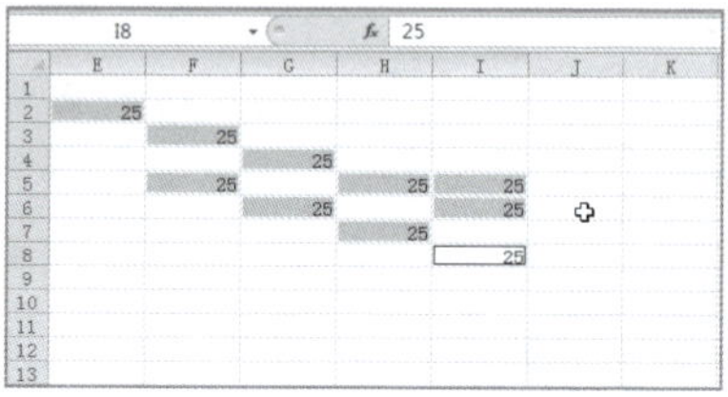

图14-12

注 意

这种方法多应用于制作课程表等需要在不同单元格内输入相同数据的情况。

技巧6 快速输入百分数的几种方法

编辑单元格时，如果需要将输入的数据变为百分数，或者输入百分数的时候可以由如下几种方法。

一：通过设置单元格格式

❶ 选中需要设置的单元格，单击“开始”标签，在“数字”选项组单击“设置单元格格式”按钮，打开“设置单元格格式”对话框，如图14-13所示。

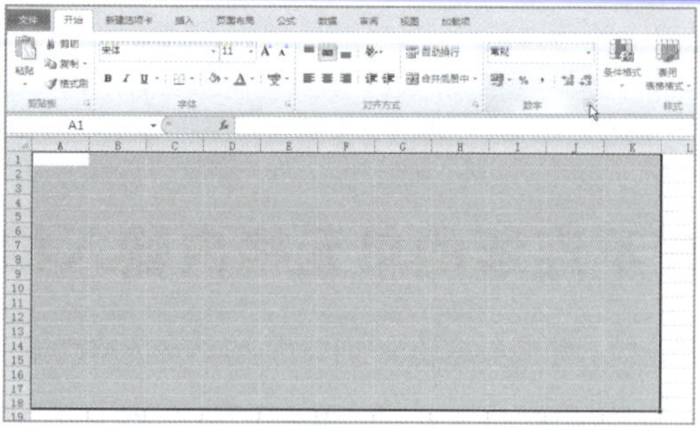

图14-13

❷ 在“分类”列表框中选中“百分数”项，单击确定，如图14-14所示。

3 返回工作表，在设置的单元格内直接输入数值，回车即可看见数值变为百分数，如图14-15所示。

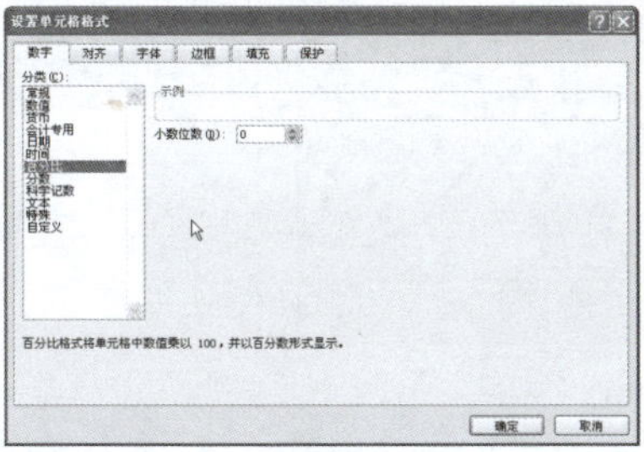

图14-14

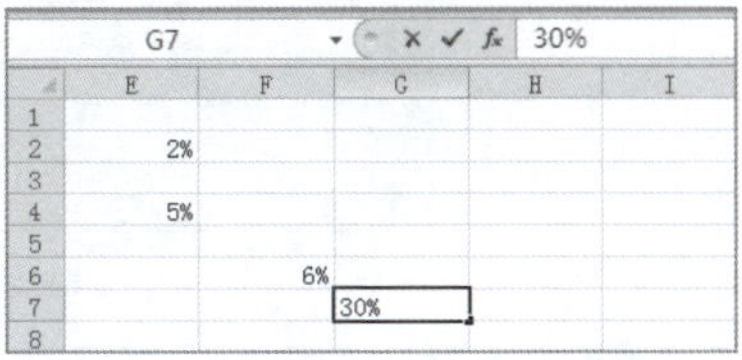

图14-15

二：使用“Shift+5”组合键

1 打开工作表，在单元格内输入数据，如：2，如图14-16所示。

2 按下“Shift+5”组合键，则可以看见单元格内数据变为“2%”，如图14-17所示。

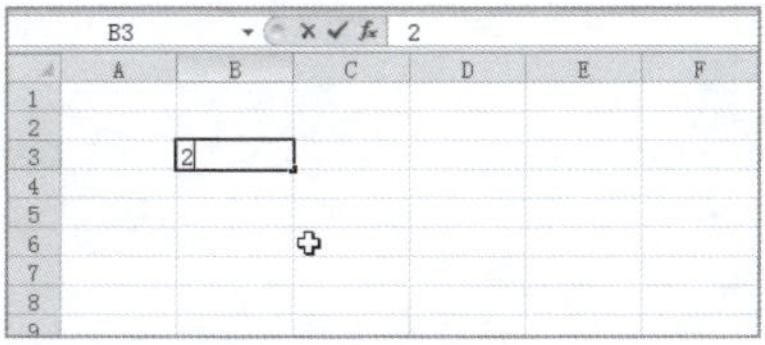

图14-16

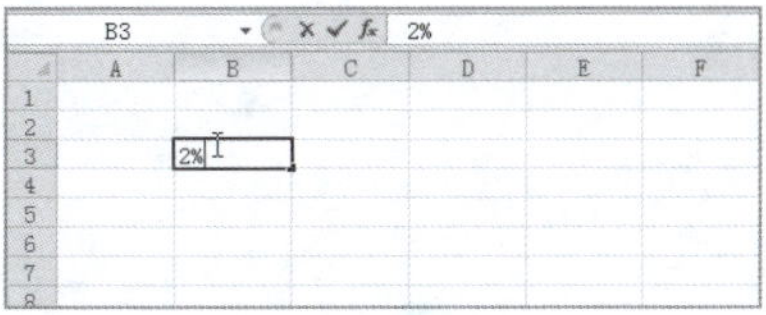

图14-17

注 意

组合键在直接输入百分数的时候比较快捷，如果在范围单元格输入百分数，可以用设置单元格格式的方法。

技巧7 快速输入分数的几种方法

在单元格中输入1/2、3/4这样的分数形式时，会被自动替换为“1月2日”、“3月4日”的日期形式，如果想要实现分数的输入可以按下面的方法。

一：通过设置单元格格式

1 打开工作表，选中需要输入分数的单元格区域，单击“开始”标签，在“数字”选项组单击“设置单元格格式”按钮，打开“设置单元格格式”对话框，如图14-18所示。

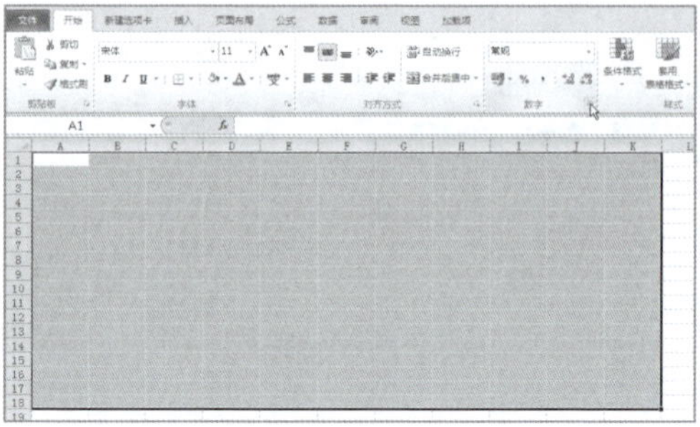

图14-18

2 在分类列表中选择“分数”选项，在“类型”列表中选择一种分数样式，如：“分母为一位数（1/4）”，单击“确定”按钮，如图14-19所示。

3 返回工作表，在半角状态下，在设置的单元格内1/2、3/4时，便显示为分数样式，如图14-20所示。

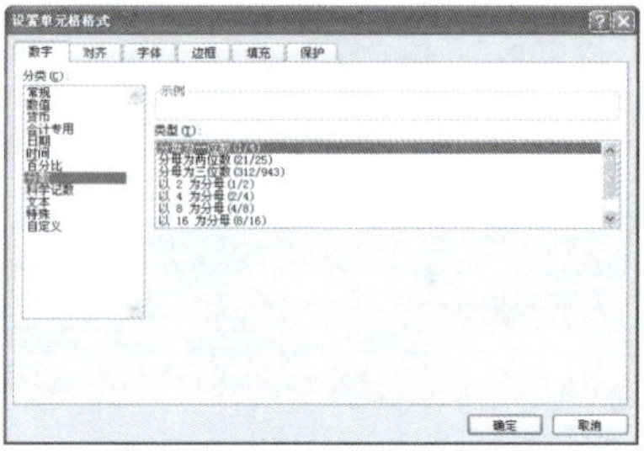

图14-19

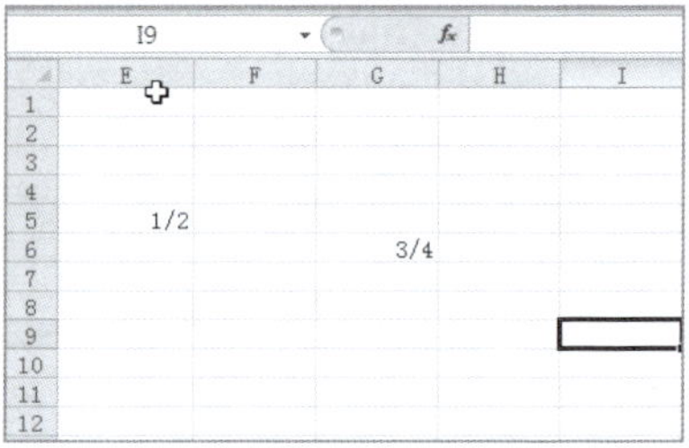

图14-20

二：通过快捷方式输入分数

1 打开工作表，在单元格中，先输入0，空一格，接着在半角状态下输入1/5，如图14-21所示。

2 按Enter键，即可将“0 1/5”转为1/5，如图14-22所示。

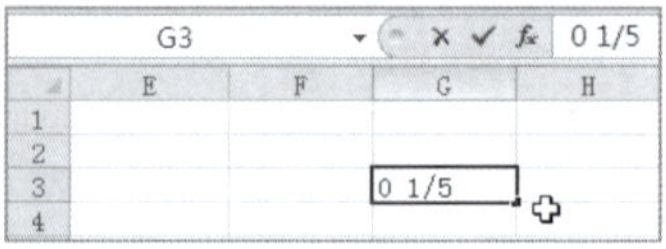

图14-21

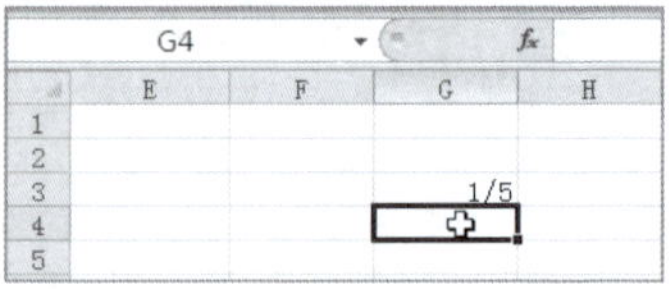

图14-22

注 意

对于不能整除的分数，在输入小数时要带两位，才可以正确转换为所需要的分数。

技巧8　快速输入特殊字符的几种方法

用户在编辑工作表时，有时会遇到一些特殊符号的输入，如：序列号、注册、商标等符号，这时候用户可以通过插入符号来完成，具体操作方法如下。

一：插入符号法

❶ 选中需要输入特殊字符的单元格，单击“插入”标签，在“符号”选项组中单击“符号”按钮，如图14-23所示。

❷ 在弹出的“符号”对话框中，单击“符号”标签，接着单击“字体”下拉列表，在弹出的菜单中选择一种合适的字体，接着在下面的列表框中选择需要的符号，单击“插入”按钮即可，如图14-24所示。

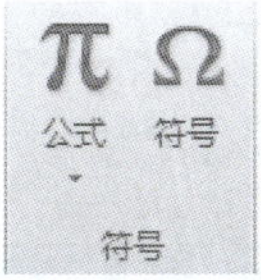

图14-23

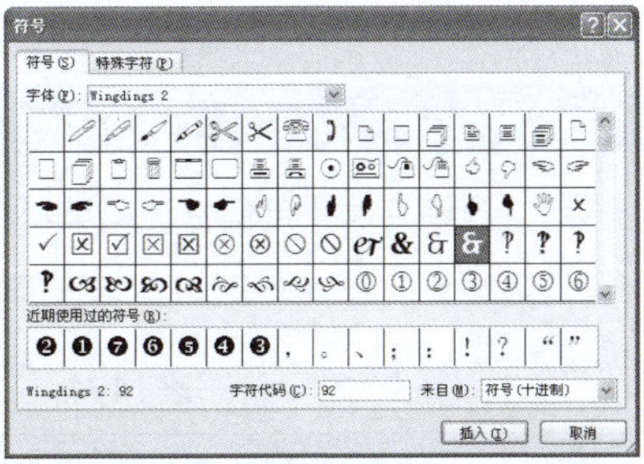

图14-24

❸ 单击“特殊字符”标签，在下面的类表框中选择一种需要插入的特殊字符，单击“插入”按钮，即可插入选定的特殊字符，如图14-25所示。

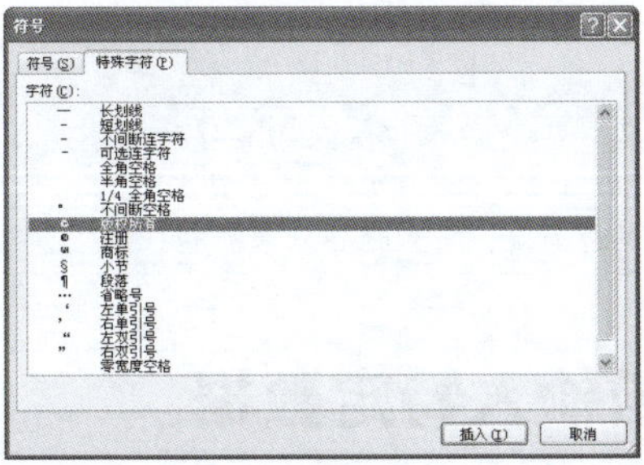

图14-25

二、软键盘法

❶ 选中需要输入特殊字符的单元格。

❷ 切换到任何一种中文输入法，在输入法状态条中使用鼠标右键单击软键

盘图标，在弹出的菜单中选择需要输入的特殊符号类型，如“特殊符号”，如图14-26所示。

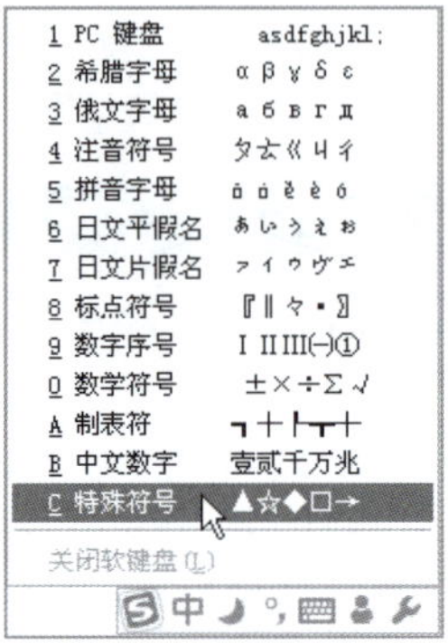

图14-26

三、快捷键法

一些特殊字符还可以使用快捷键进行输入，表14-1列出了一些特殊字符所对应的快捷键。需要注意的是，这些快捷键中用的数字必须是小键盘中的数字。

表14-1

快捷键	特殊字符	快捷键	特殊字符
Alt+0162	¢	Alt+0165	￥
Alt+0163	£	Alt+0128	€

知识点

在输入特殊字符时，可以根据输入的字符的类型选择输入方法，以达到事半功倍的效果。例如需要输入€时，可以使用“Alt+0128”组合键快速输入；在需要输入数学符号时，可以使用软键盘快速输入。

技巧9 轻松输入特定数据

在需要输入许多有规律的长串数字时，如：“201108111、201108112…”，用户可以在单元格中只输入这些数字的不同部分，即可完成整串数字的输入，具体操作方法如下。

1 打开工作表，选中需要输入特定数据的单元格区域，单击“开始”标签，在“数字”选项组单击“设置单元格格式”按钮，打开“设置单元格格式”对话框，如图14-27所示。

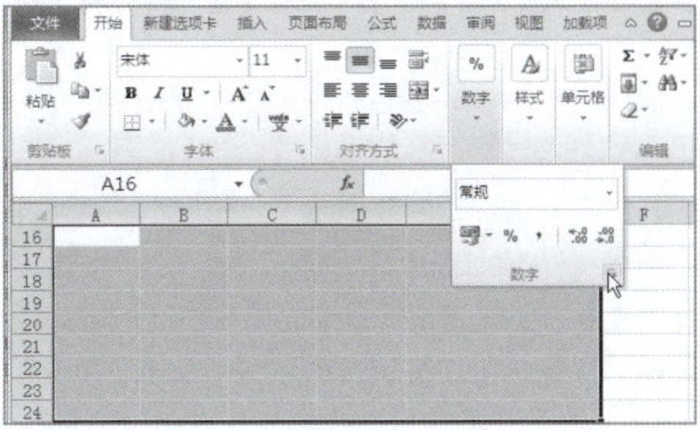

图14-27

❷ 在“数字”标签下单击“分类”列表框中的“自定义”选项，在右侧的“类型”文本框中输入“201108110” ，单击“确定”按钮可，如图14-28所示。

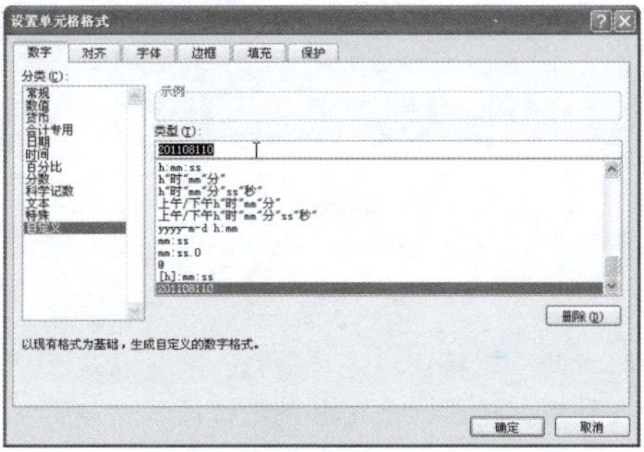

图14-28

❸ 在要输入单元格中输入1，按下回车键即可得到201108111，依次输入“2、3”按回车键可以得到相应的数字，如图14-29所示。

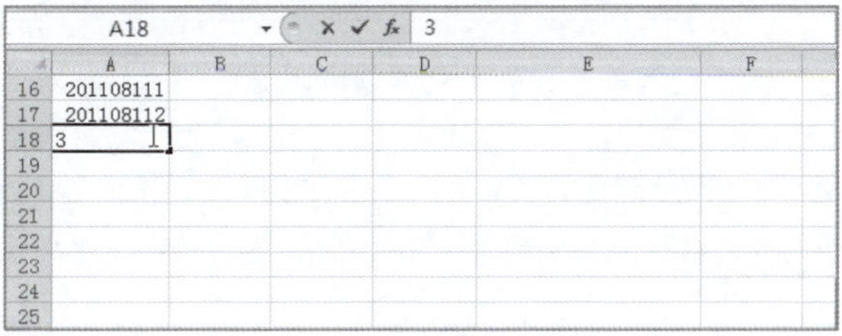

图14-29

提 示

如果不需要定义特定数字格式了，可以在“类型”列表框中拖动滚动条，选中特定数字单击“删除”按钮即可。

技巧10 实现数据的快速自动填充

Excel 提供了快速填充数据的功能，用于快速输入有规律的数据，想要实现数据的快速自动填充，具体操作方法如下。

1 确定行或列中需要输入相同数据的单元格区域，在该单元格区域中的第一个单元格内输入数据。

2 在列或行中选中需要填充相同数据的单元格区域，如图14-30所示。

3 单击“开始”标签，在“编辑”选项组中单击“填充”按钮下拉菜单，如图14-31所示。

4 在弹出的菜单中选择“向下”命令即可完成填充，如图14-32所示。

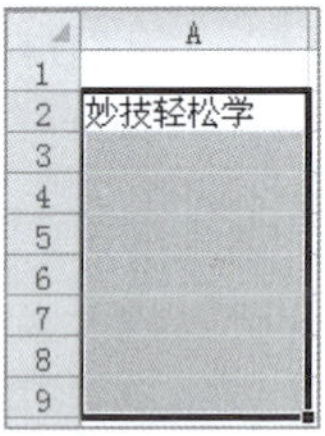

图14-30

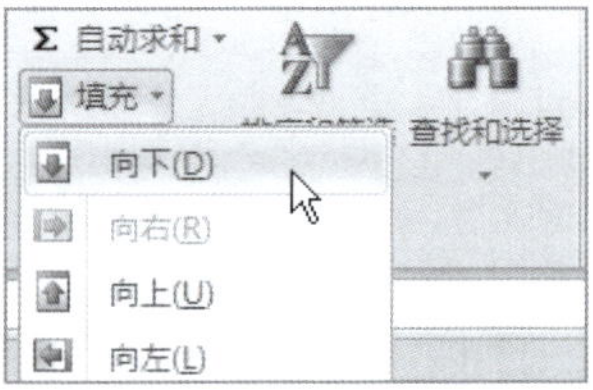

图14-31

图14-32

提 示

如果是对一行中的单元格区域进行填充，则先在这个单元格区域中的第一个单元格内输入数据，接着选中这个单元格区域，单击“填充”按钮下拉菜单，在弹出的菜单中选择“向右”即可。

技巧11 按等差数列进行填充

要想输入的数据是以等差数列排列的，可以通过“序列”对话框和鼠标进行填充，具体操作方法如下。

1 确定行或列中需要输入等差数列的单元格区域，在该单元格区域的第一个单元格内输入等差数列的开始数字，如“1”，接着选中这个单元格区域，如图14-33所示。

2 单击“开始”标签，在“编辑”选项组中单击“填充”按钮下拉菜单，在弹出的菜单中选择“系列”命令，打开“序列”对话框，如图14-34所示。

3 在“类型”栏中选中“等差序列”单选项，接着在“步长值”文本框中输入“2”（因为要输入的数列中的每两个相邻的数据的差是2），如图14-35所示。

4 单击“确定”按钮，即可完成当差数列的填充，如图14-36所示。

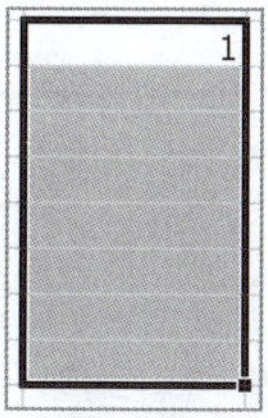

图14-33

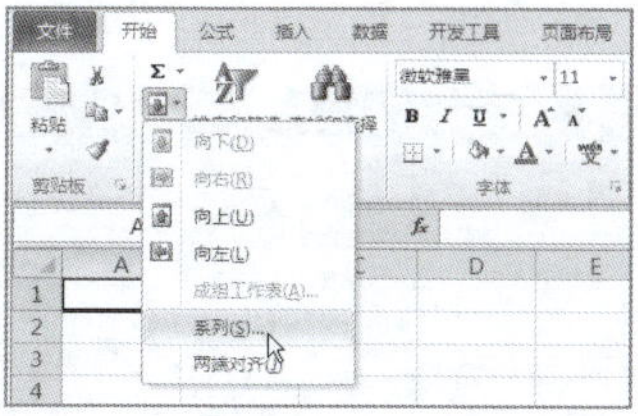

图14-34

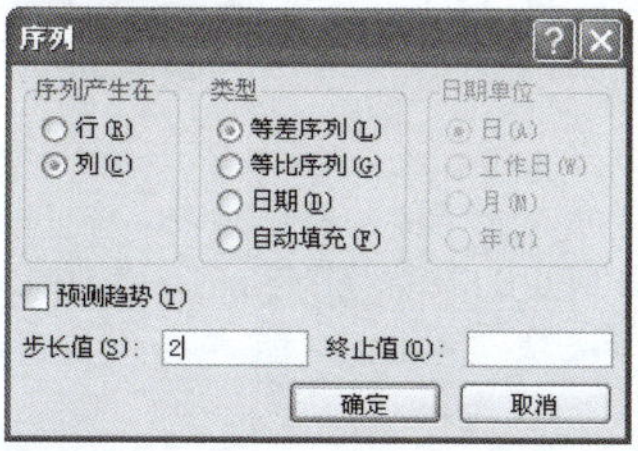

图14-35

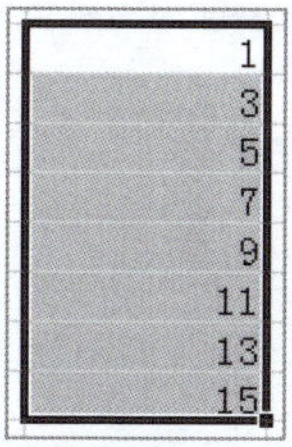

图14-36

提 示

在填充等差数列时，应根据数列中的数的不同设置步长值，如等差数列1、4、7…，其步长值就是3。

技巧12 按等比数列进行填充

利用“序列”对话框同样可以让数据按等比数列进行填充，操作方法如下。

1 确定要输入等比数列的单元格区域，在该单元格区域的第一个单元格内输入等比数列的开始数字，如“1”，接着选中这个单元格区域。

2 单击“开始”标签，在“编辑”选项组中单击“填充”按钮下拉菜单，在弹出的菜单中选择“系列”命令，打开“序列”对话框，如图14-37所示。

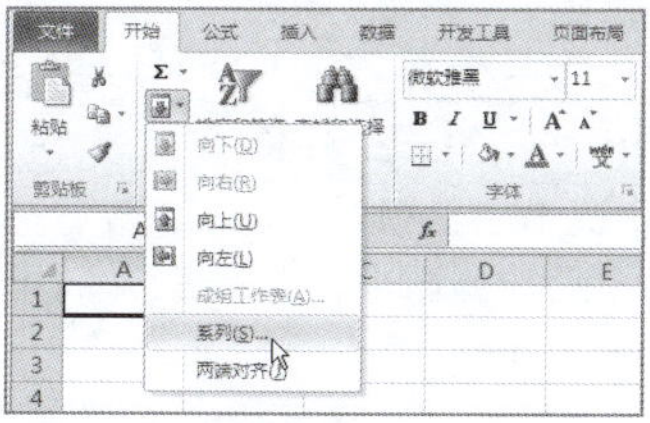

图14-37

3 在“类型”栏中选中“等比序列”单选项，接着在“步长值”文本框中输入“3”，如图14-38所示。

4 单击“确定”按钮，即可完成等差数列的填充，如图14-39所示。

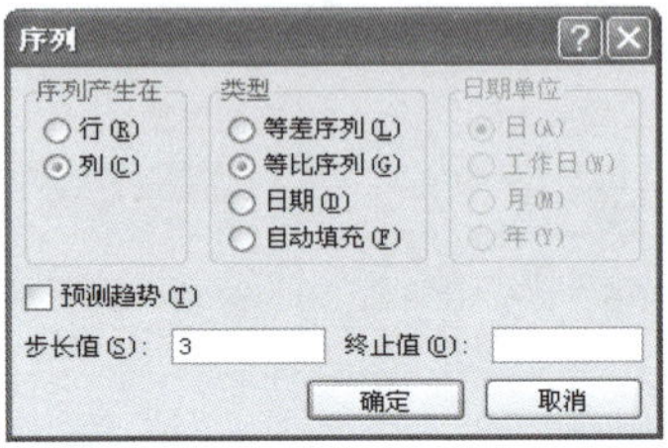

图14-38

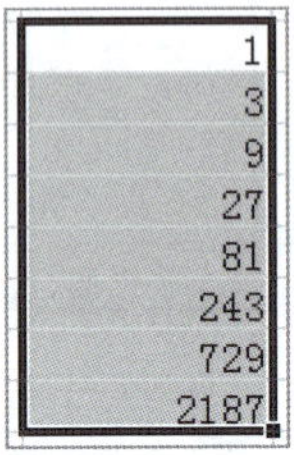

图14-39

提 示

在填充等比数列时，由于这个数列中的数都是3的n（代表任意整数）次幂，底数是3，所以这个等差数列的步长值就是3。

技巧13 按日期进行填充

利用“序列”对话框同样可以让数据按日期进行填充，具体操作方法如下。

1 确定需要输入日期数据的单元格区域，在该单元格区域的第一个单元格内输入开始日期，如“2010-10-9”，接着选中这个单元格区域。

2 单击“开始”标签，在“编辑”选项组中单击“填充”按钮下拉菜单，在弹出的菜单中选择“系列”命令，打开“序列”对话框，如图14-40所示。

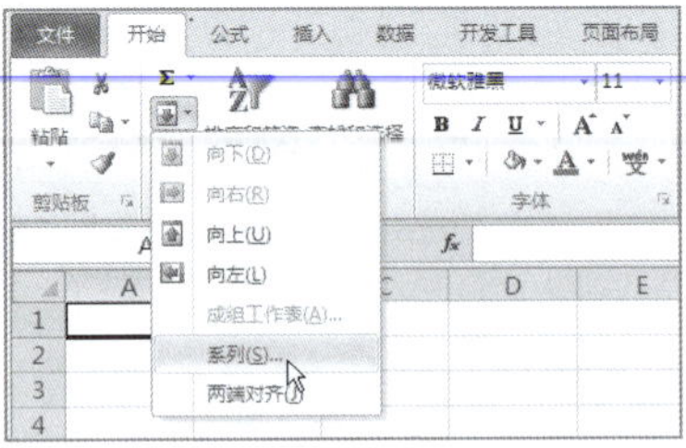

图14-40

3 在“类型”栏中选中“日期”单选项，接着在“日期单位”栏中选中“日”单选项，在“步长值”文本框中输入相应的步长值，如“1”，如图14-41所示。

4 单击“确定”按钮，即可完成日期的填充，如图14-42所示。

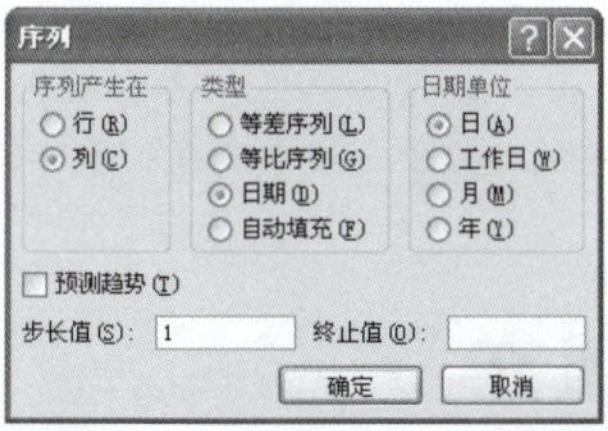

图14-41

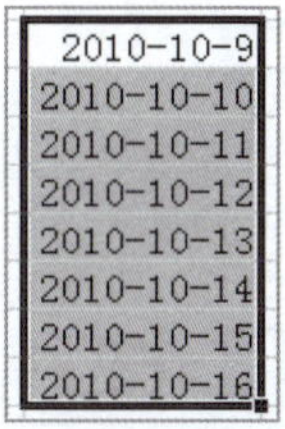

图14-42

注 意

使用此种方法可以轻松实现以日期中的“日”为单位进行填充。

技巧14 按工作日进行填充

利用“序列”对话框同样可以让数据按工作日进行填充，具体操作方法如下。

1 确定行或列中需要输入日期数据的单元格区域，在该单元格区域的第一个单元格内输入开始日期，如“2010-10-9”，接着选中这个单元格区域。

2 单击“开始”标签，在“编辑”选项组中单击“填充”按钮下拉菜单，在弹出的菜单中选择“系列”命令，打开“序列”对话框，如图14-43所示。

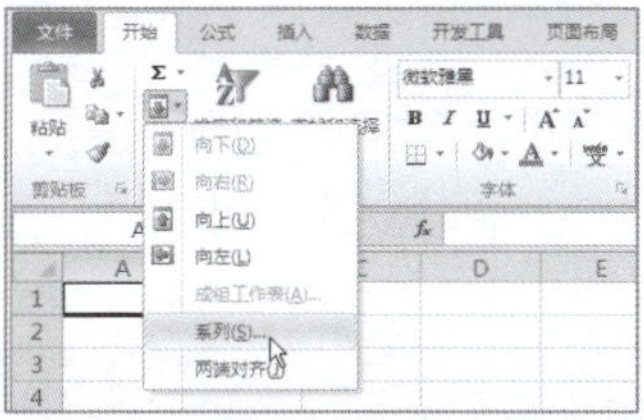

图14-43

3 在“类型”栏中选中“日期”单选项，接着在“日期单位”栏中选中“工作日”单选项，在“步长值”文本框中输入相应的步长值，如“1”，如图14-44所示。

4 单击“确定”按钮，即可完成日期的填充，如图14-45所示。

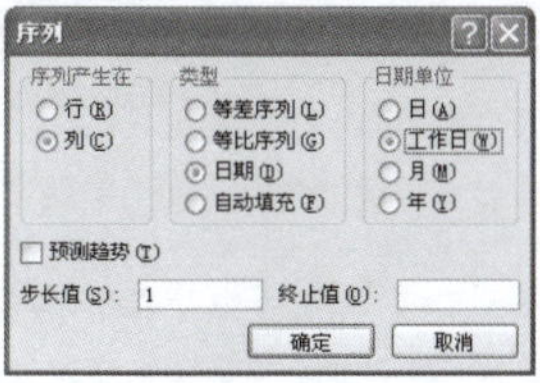

图14-44

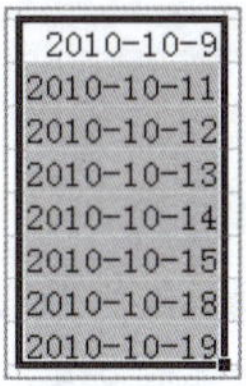

图14-45

提 示

以工作日为单位进行填充时，填充的日期中会自动跳过双休日。

技巧15 按月份进行填充

利用“序列”对话框还可以让数据按月份进行填充，具体操作方法如下。

1 确定行或列中需要输入日期数据的单元格区域，在该单元格区域的第一个单元格内输入开始日期，如“2010-10-9”，接着选中这个单元格区域。

2 单击“开始”标签，在“编辑”选项组中单击“填充”按钮下拉菜单，在弹出的菜单中选择“系列”命令，打开“序列”对话框，如图14-46所示。

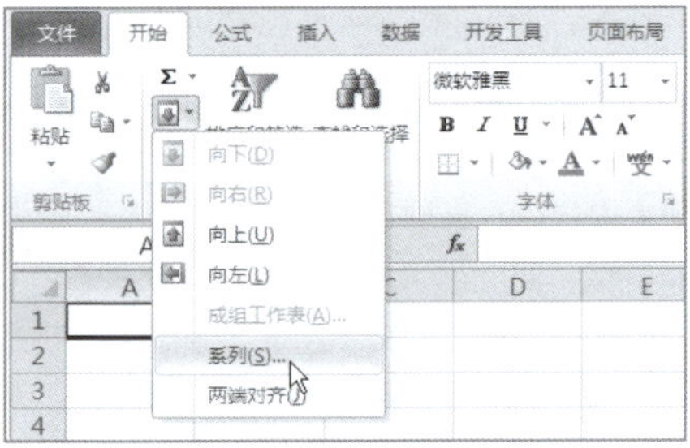

图14-46

3 在“类型”栏中选中“日期”单选项，接着在“日期单位”栏中选中“月”单选项，在“步长值”文本框中输入相应的步长值，如“1”，如图14-47所示。

4 单击“确定”按钮，即可完成日期的填充，如图14-48所示。

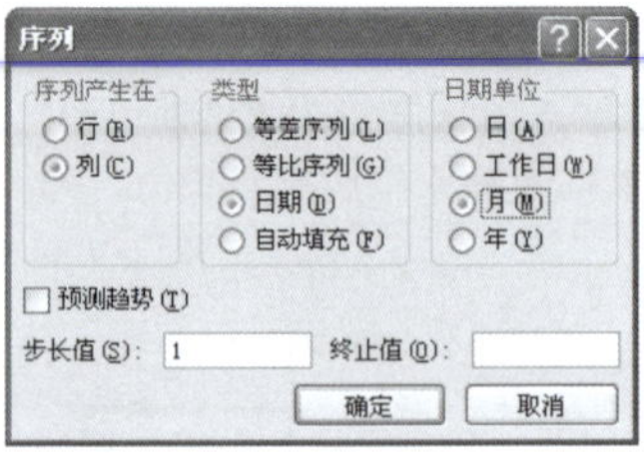

图14-47

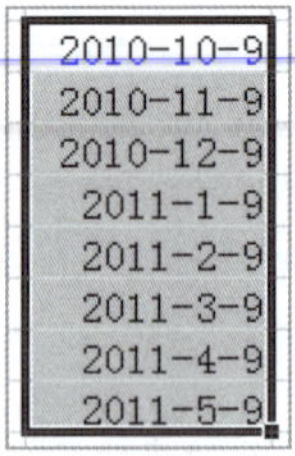

图14-48

提 示

如果想以年为单位填充日期，则在“序列”对话框中的“日期单位”栏中选中“年”单选项。

技巧16　利用填充柄进行数据填充

填充柄是位于选定区域右下角的小黑方块，当鼠标移动到填充柄时，鼠标指针更改为+。填充一些简单的数据时，可直接使用填充柄填充。具体操作方法如下。

一、使用一个单元格进行填充

① 确定行或列中需要输入相同数据的单元格区域，在该单元格区域的第一个单元格内输入数据。

② 将鼠标移动到该单元格的右下角，当光标变成+状时，按住鼠标左键不放，向下或向右拖动鼠标至合适的单元格位置，接着松开鼠标左键即可，如图14-49所示。

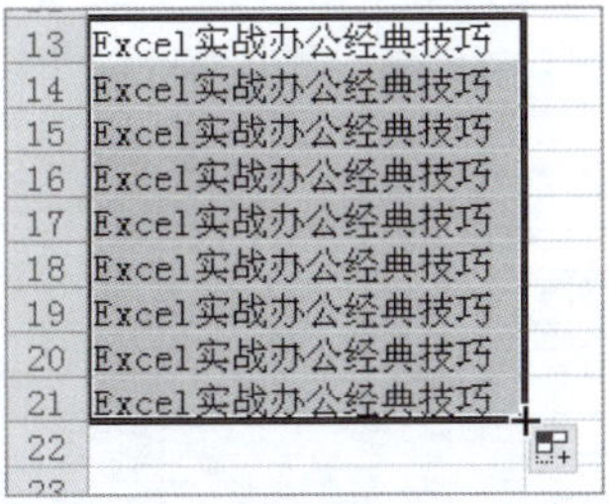

图14-49

二、使用多个单元格进行填充

① 如果需要向某个单元格区域中填充的数据在多个单元格中，需要先将这些单元格选中，如图14-50所示。

② 将鼠标移动到选中的单元格区域的右下角，在光标变成+状时，按住鼠标左键不放，向下或向右拖动鼠标至合适的单元格位置，接着松开鼠标左键即可，如图14-51所示。

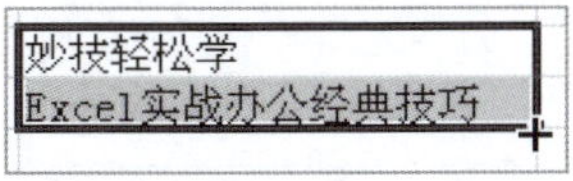

图14-50

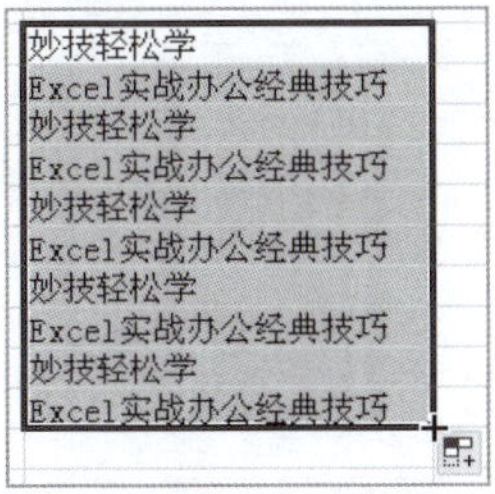

图14-51

知识点

在填充等差数列时，如果等差数列的步长值是1，则只需要先在需要填充的等差数列的单元格区域中的第一个单元格内输入等差数列中的第一个数，接着按住Ctrl键不放，向下或向右进行填充即可。

技巧17 对单元格格式进行填充

如果用户只需要得到相同的单元格格式，而不需要连同数据一起填充，也可以用填充柄实现，具体操作方法如下。

❶ 选中需要填充的单元格格式的单元格区域中已经设置好格式的第一个单元格，如图14-52所示。

❷ 将鼠标移动到该单元格右下角，在光标变成＋状时，按住鼠标左键不放，向下或向右拖动鼠标至合适的单元格位置，接着松开鼠标左键，如图14-53所示。

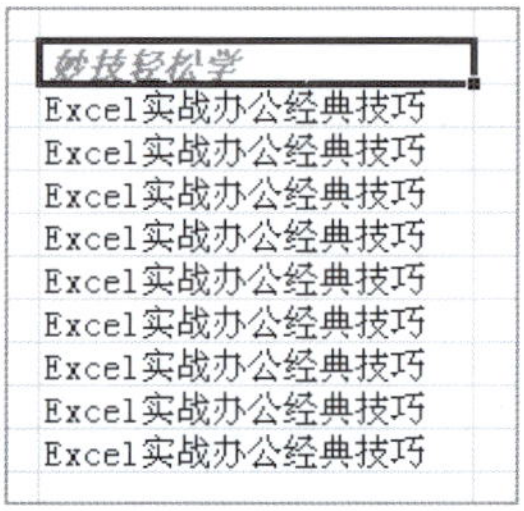

图14-52

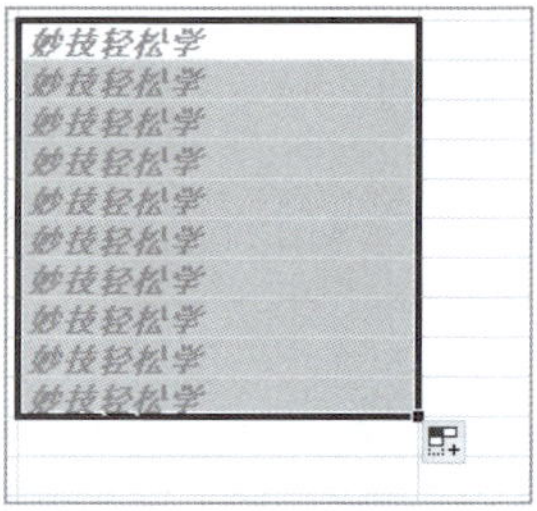

图14-53

❸ 此时在填充区域的右下角会出现一个“自动填充选项”按钮下拉菜单，单击之，在弹出的菜单中选择“仅填充格式”单选项，如图14-54所示。

❹ 此时被填充区域的内容就变成了原来的内容，仅仅只是被填充了格式设置，如图14-55所示。

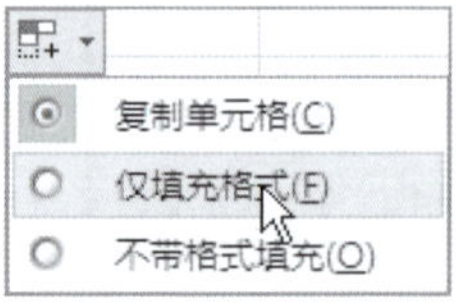

图14-54

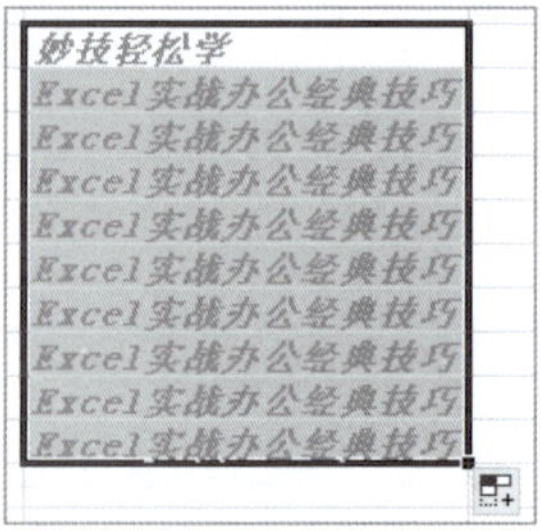

图14-55

提　示

如果想以年为单位填充日期，则在“序列”对话框中的“日期单位”栏中选中“年”单选项。

技巧18　对单元格数值进行填充

用户除了可以对单元格的格式进行填充外，还可以只对单元格的数值进行填充，具体操作方法如下。

1. 选中已经输入数值并进行了格式设置的单元格。
2. 将鼠标移动到该单元格右下角，当光标变成+状时，按住鼠标左键不放，向下或向右拖动鼠标至合适的单元格位置，接着松开鼠标左键，如图14-56所示。
3. 单击“自动填充选项”按钮下拉菜单，在弹出的菜单中选择“仅填充格式”单选项，如图14-57所示。
4. 此时被填充的单元格区域，就变成了无格式的数值，如图14-58所示。

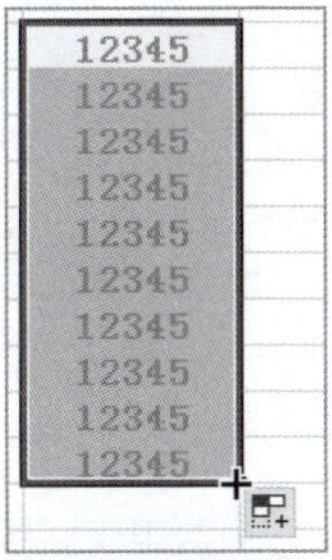

图14-56

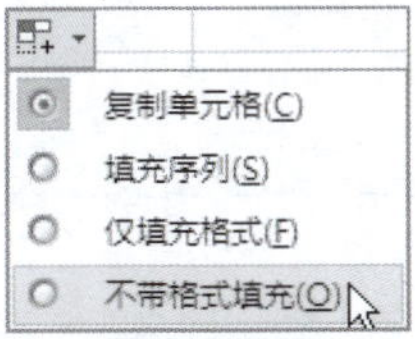

图14-57

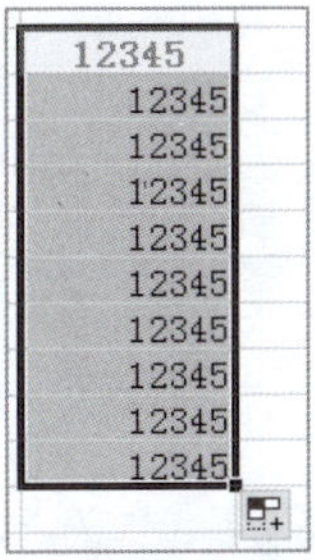

图14-58

提　示

这种方法多用于一些对数值格式要求比较严格的情况。

技巧19　自定义填充序列

除了使用“序列”对话框填充数据之外，还可以自定义填充序列，更方便地帮助用户快速输入特定的数据序列，如自定义产品型号数据。具体操作方法如下。

1. 在Excel 2010主界面左上角单击“文件”标签，切换到Backstage 视图，单击“选项”命令，打开“Excel选项”窗口。

2 单击左侧窗格中的“高级”项，接着在右侧窗格中的“常规”栏中单击“编辑自定义列表”按钮，如图14-59所示。

3 在弹出的“自定义序列”对话框中的“自定义序列”列表中选中“新序列”，接着在右侧的输入序列列表框中输入序列，如图14-60所示。

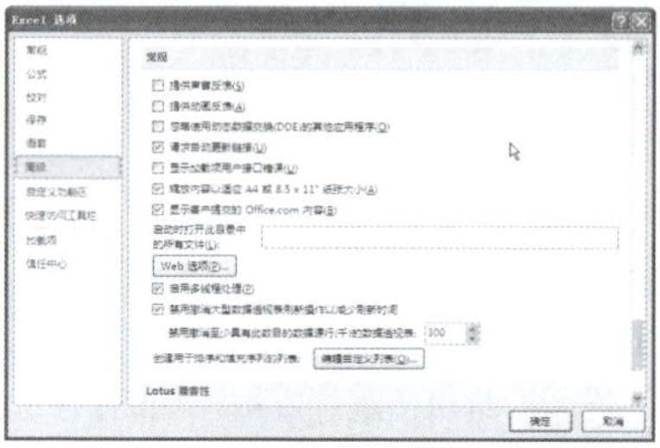

图14-59

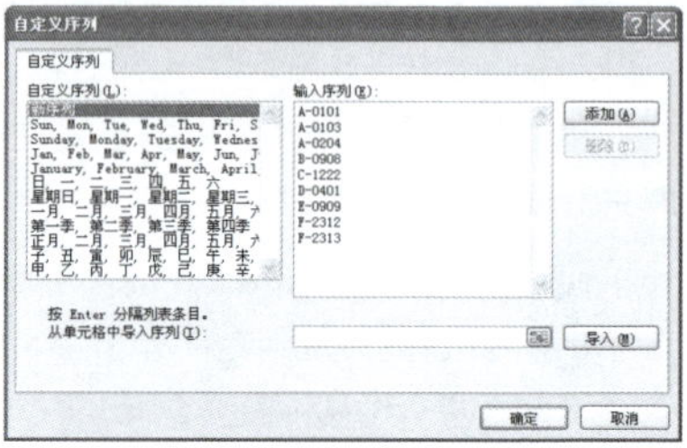

图14-60

4 单击“添加”按钮，则新的自定义填充序列出现在左侧“自定义序列”列表的最下方，如图14-61所示。

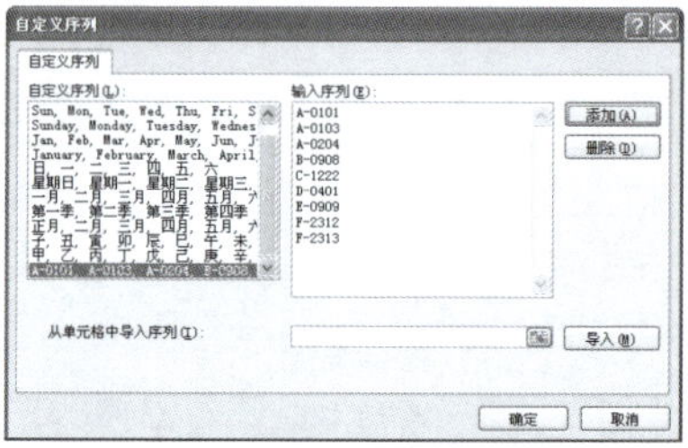

图14-61

5 单击“确定”按钮，返回到“Excel选项”对话框中，再次单击“确定”按钮，完成设置。

知识点

如果在自定义序列时，已经在Excel中输入了定义的序列，在“自定义序列”对话框中单击“导入”按钮，接着使用鼠标选择需要添加的序列即可，无需再手动输入。

技巧20 利用定义序列进行数据填充

定义好了产品型号序列后，在需要时就可以利用定义的序列进行数据填充了，具体操作方法如下。

1 在需要输入定义序列的单元格区域的第一个单元格中，输入定义序列中定义的任意一个产品型号。

2 将鼠标移动到该单元格右下角，在光标变成+状时，按住鼠标左键不放，向下或向右拖动鼠标至合适的单元格位置，接着松开鼠标左键，如图14-62所示。

3 此时Excel就会按照定义的序列填充产品型号数据了。

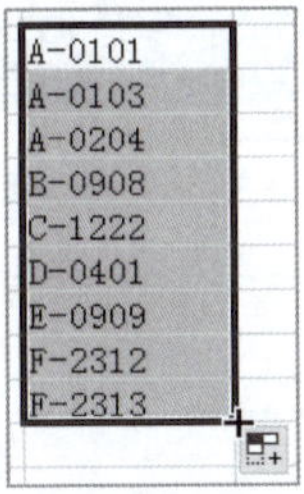

图14-62

知识点

如果在填充产品型号时，不是必须从定义的序列中的第一个产品型号开始，从定义的序列中的任意一个产品型号开始效果都是可以的。

技巧21　妙用“选择性粘贴”来填充数据

使用“选择性粘贴”也可以进行数据填充，例如需要将数据序列1，2、3、4…，修改为2、4、6、8…，可以通如下方法来实现。

1 将原数据系列选中，按下“Ctrl+C”组合键进行复制。

2 在数据序列的第一个单元格上单击鼠标右键，在弹出的菜单中选择“选择性粘贴”命令，如图14-63所示。

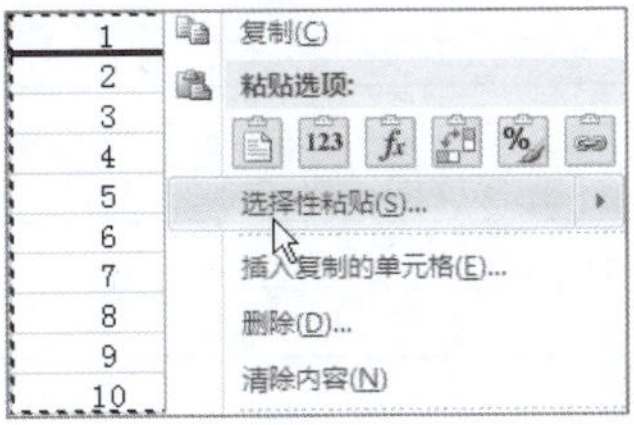

图14-63

3 在打开的“选择性粘贴”对话框中的“运算”栏中选中“加”单选项，如图14-64所示。

4 单击“确定”按钮，在表格中即可看到结果，如图14-65所示。

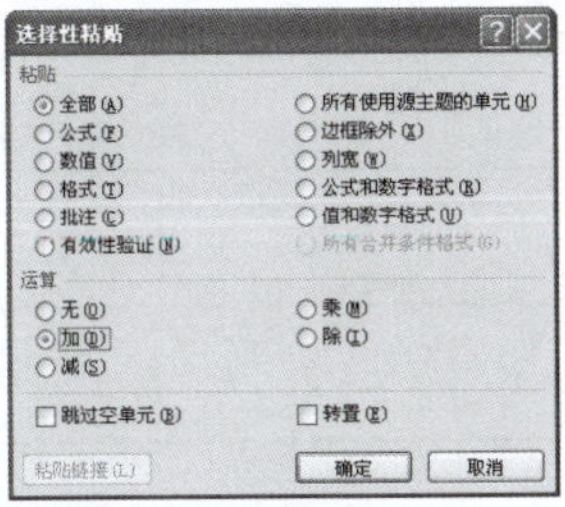

图14-64

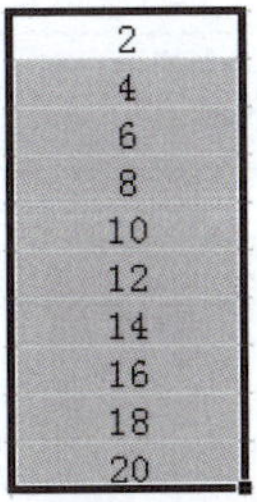

图14-65

提 示

使用“选择性粘贴”功能，还可以对数据序列进行乘、除等运算。

读书笔记

第15章

数据条件设置

技巧1 标识大于指定的数据

在Excel 2010中通过“条件格式”功能可以对数据进行有效的条件格式设置，将单元格中满足大于特定数值的数据以特殊的标记显示出来。具体操作方法如下。

❶ 打开工作表，选中要设置条件格式的单元格区域，如：E3：E7单元格区域，如图15-1所示。

❷ 在“开始”选项卡下单击“样式”选项组中的“条件格式”下拉按钮，在下拉菜单中选择“突出显示单元格规则”菜单中的“大于”单选项，如图15-2所示。

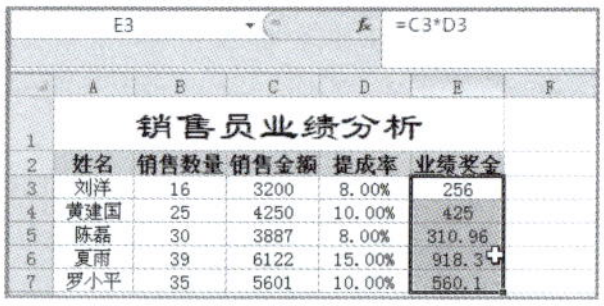

图15-1

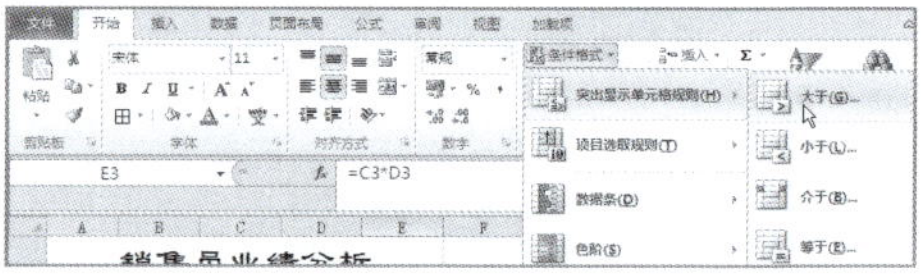

图15-2

❸ 在弹出的“大于”对话框里“为大于以下值的单元格设置格式”文本框中输入大于条件值，如：300。在“设置为”文本框中选择颜色效果，如：浅红色填充，如图15-3所示。

❹ 单击“确定”按钮，返回工作表，则大于300的数据被标识出来，如图15-4所示。

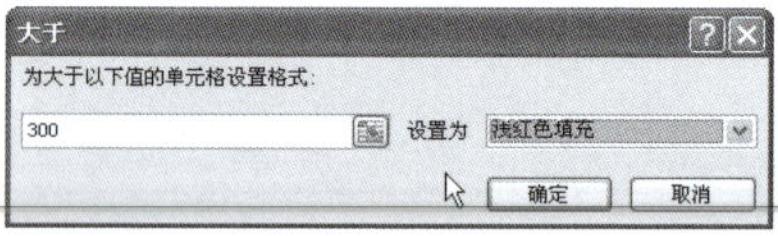

图15-3

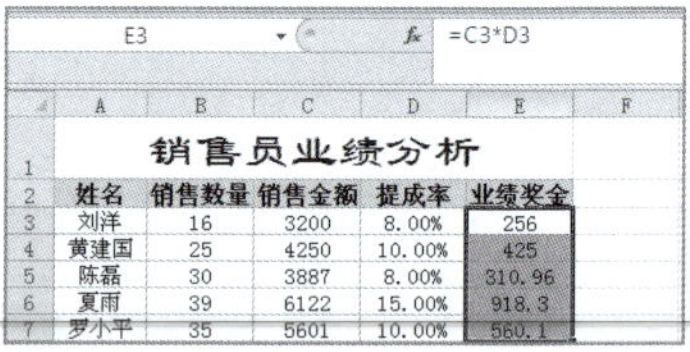

图15-4

提示

在单元格数据繁多时，用户可以通过这种方法轻松地看到大于某个数值的所有数据，查找起来很方便。

技巧2 标识介于指定的数据之间的数据

在Excel 2010中进行数据的统计或分析时，往往需要将介于指定数据之间的数据标识出来，这时也可以通过“条件格式”功能来达到，具体操作方法如下。

❶ 打开工作表，选中要设置条件格式的单元格区域，如：C3：C7单元格区域，如图15-5所示。

❷ 在“开始”选项卡下单击“样式”选项组中的“条件格式”下拉按钮，在下拉菜单中选择“突出显示单元格规则”菜单中的“介于”单选项，如图15-6所示。

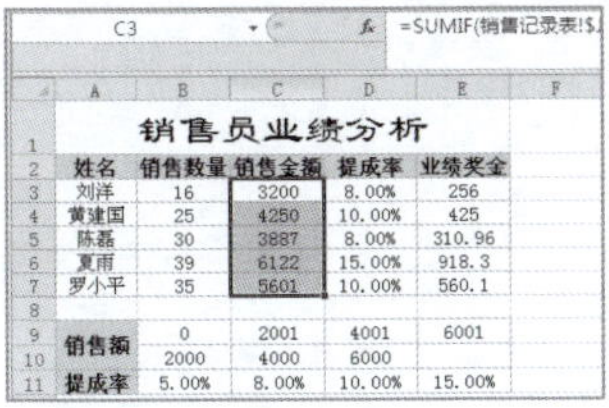

图15-5

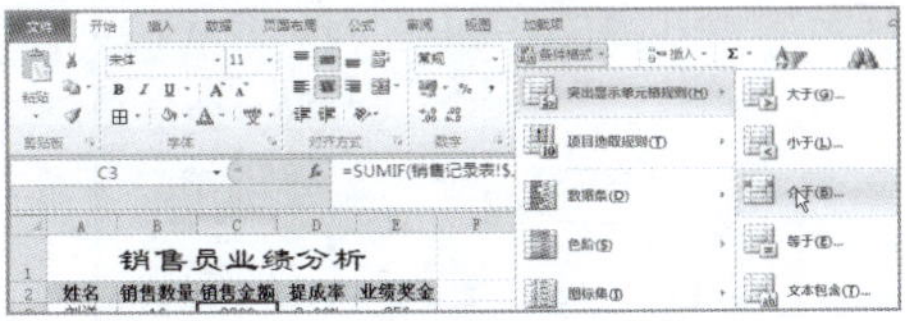

图15-6

❸ 在弹出的“介于”对话框里，在“为介于以下之间的单元格设置格式”文本框中分别输入介于条件值如：3000、6000，在“设置为”文本框中选择颜色效果，如：绿填充色深绿文本，如图15-7所示。

❹ 单击“确定”按钮，返回工作表，则大于3000的数据被标识出来，如图15-8所示。

图15-7

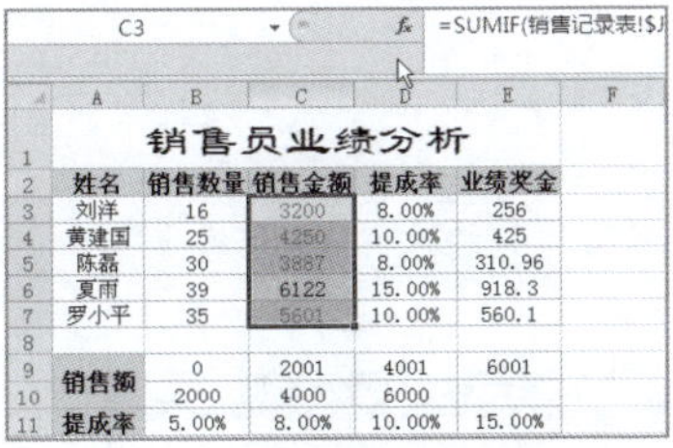

图15-8

注意

除了“大于”和“介于”某个数值“突出显示单元格规则”子菜单下还有“小于”、“等于”等命令，用户可以根据需要进行设置即可。

技巧3 标识前10名入账金额

在处理财务表格时，有时需要将金额最大的几项项数据标识出来，如标识前10名的入账金额，这时可以用数据的“条件格式”功能标识出来，具体操作方法如下。

❶ 打开工作表，选中目标单元格区域，单击“开始”标签，在“样式”选

项组中单击“条件格式”按钮下拉菜单。

❷ 在弹出的下拉菜单中选择“项目选取规则”子菜单下的“值最大的十项”命令，弹出“10个最大的值”对话框，如图15-9所示。

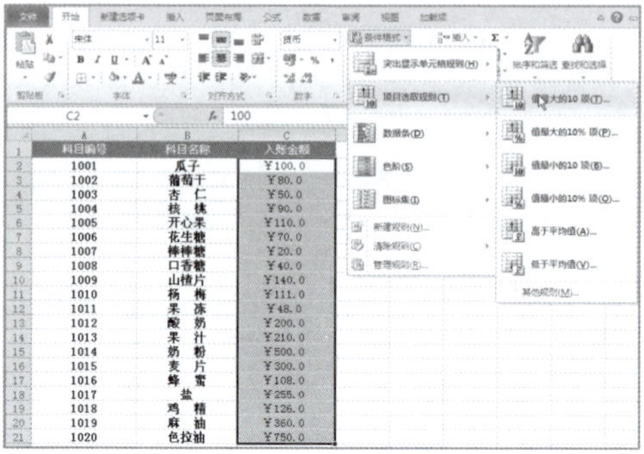

图15-9

❸ 在对话框中“设置为”文本框中选择一种合适的单元格样式，如“黄填充色深黄色文本”，如图15-10所示。

❹ 单击“确定”按钮，即可将“值最大的十项”用指定的格式标识出来，如图15-11所示。

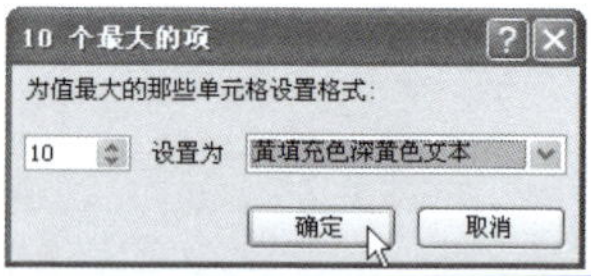

图15-10

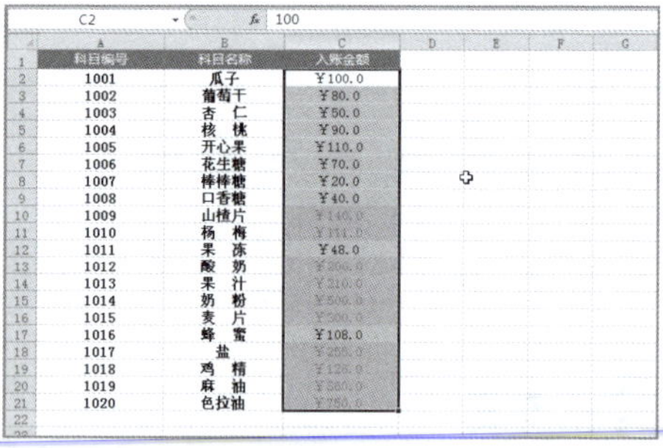

图15-11

知识点

如果需要标识值不是前10名，而是最大的4项或其他项，只需要在“10个最大的项”对话框中左侧的微调文本框将10改为3，或者其他的项即可，然后在“设置为”文本框中选择一种合适的单元格样式即可。

技巧4 标识高于平均值的数值

在处理表格数据时，有时需要了解表格中高于平均值的数值，用户可以用

“条件格式”功能将高于平均值的数值标识出来，具体操作方法如下。

❶ 选中目标单元格区域，单击“开始”标签，在“样式”选项组中单击“条件格式”按钮下拉菜单。

❷ 在弹出的下拉菜单中选择“项目选取规则”子菜单下的“高于平均值”命令，如图15-12所示。

❸ 在弹出的“高于平均值”对话框中为高于平均值的单元格选择一种合适的样式，如图15-13所示。

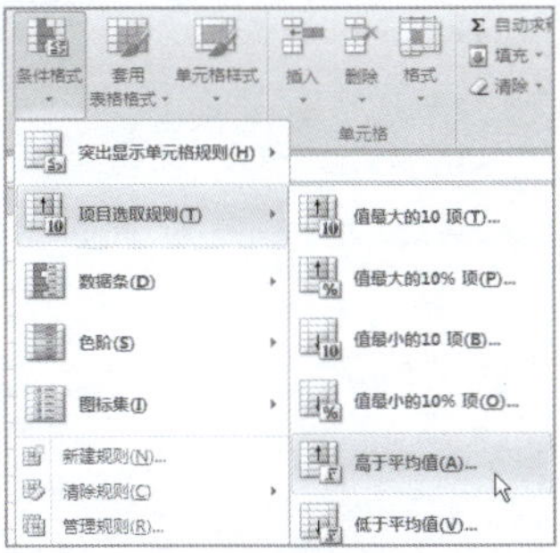

图15-12

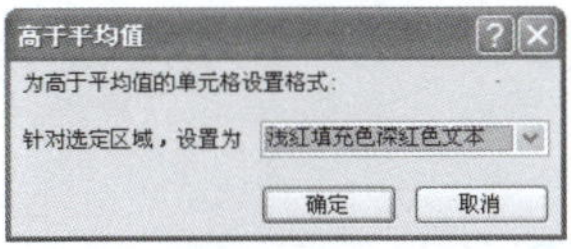

图15-13

❹ 单击“确定”按钮，即可将“高于平均值”的单元格用指定的格式标识出来，如图15-14所示。

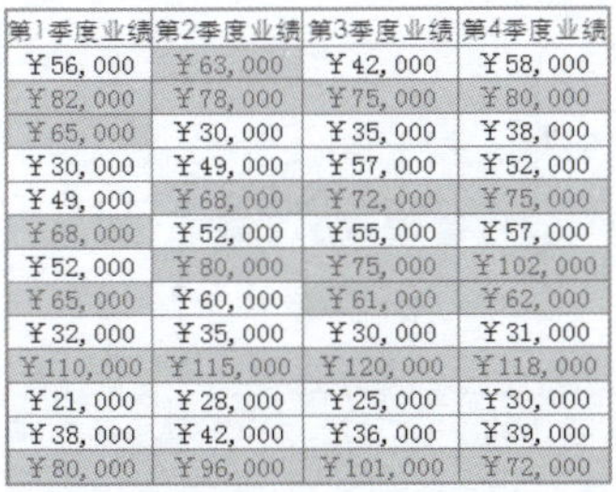

第1季度业绩	第2季度业绩	第3季度业绩	第4季度业绩
￥56,000	￥63,000	￥42,000	￥58,000
￥82,000	￥78,000	￥75,000	￥80,000
￥65,000	￥30,000	￥35,000	￥38,000
￥30,000	￥49,000	￥57,000	￥52,000
￥49,000	￥68,000	￥72,000	￥75,000
￥68,000	￥52,000	￥55,000	￥57,000
￥52,000	￥80,000	￥75,000	￥102,000
￥65,000	￥60,000	￥61,000	￥62,000
￥32,000	￥35,000	￥30,000	￥31,000
￥110,000	￥115,000	￥120,000	￥118,000
￥21,000	￥28,000	￥25,000	￥30,000
￥38,000	￥42,000	￥36,000	￥39,000
￥80,000	￥96,000	￥101,000	￥72,000

图15-14

知识点

如果需要标识低于平均值的数字，只需要使用相同的方法，单击“项目选取规则”子菜单下的“高于平均值”命令，在弹出的“低于平均值”对话框中为高于平均值的单元格选择一种合适的样式，接着单击“确定”按钮即可。

技巧5 标识特定文本数据

如果需要将特定的文本数据标识出来，可以通过如下方法来实现。

❶ 选中目标单元格区域，单击“开始”标签，在“样式”选项组中单击“条件格式”按钮下拉菜单。

❷ 在弹出的下拉菜单中选择“突出显示单元格规则”子菜单下的“文本包含”命令，如图15-15所示。

图15-15

❸ 在弹出的“文本中包含”对话框中输入“1987”，接着单击“设置为”下拉列表框，选择一种单元格样式，如“浅红色填充深红色文本”，如图15-16所示。

❹ 单击“确定”按钮，即可将参加工作年份是1987年的数值用指定的格式标识出来，如图15-17所示。

图15-16

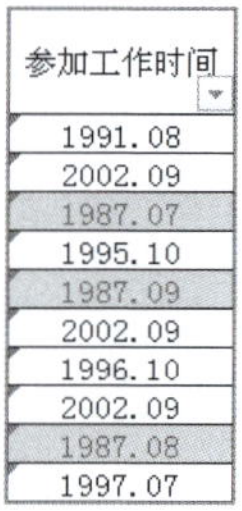

图15-17

提 示

这里所说的文本不是指文本格式，在“文本中包含”对话框中的文本框中可以输入的内容不仅仅是文字，还可以是数字、英文字母等。

技巧6 标志特定日期数据

如果需要将特定的日期数据标识出来，可以通过如下方法来实现。

❶ 选中目标单元格区域，单击“开始”标签，在“样式”选项组中单击“条件格式”按钮下拉菜单。

❷ 在弹出的下拉菜单中选择“突出显示单元格规则”子菜单下的“发生日期”命令，如图15-18所示。

❸ 在弹出的“发生日期”对话框中单击左侧的下拉列表框，在弹出的列表中选择“本周”，接着单击“设置为”下拉列表框，选择一种单元格样式，如“浅红色填充深红色文本”，如图15-19所示。

❹ 单击“确定”按钮，即可将“本周”内的日期用指定的格式标识出来，如图15-20所示。

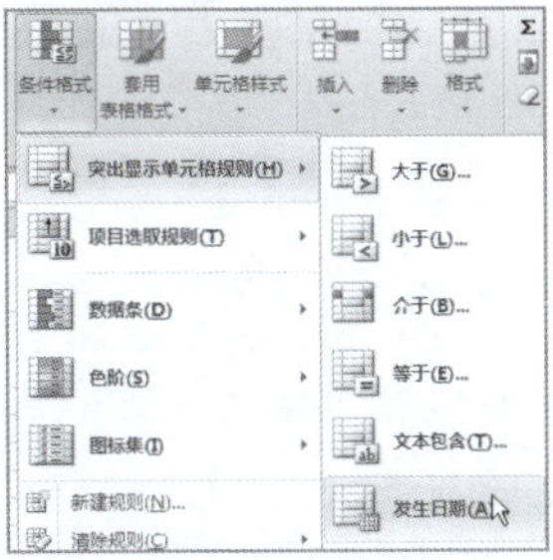

图15-18

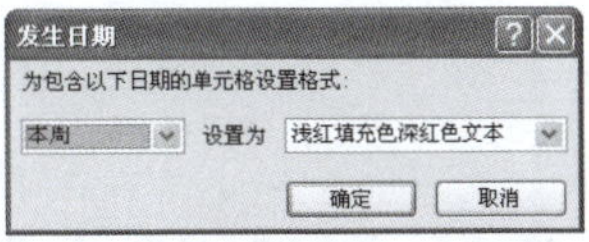

图15-19

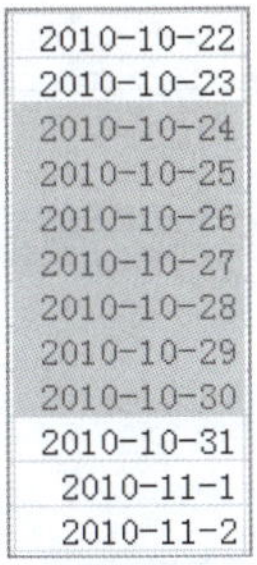

图15-20

提 示

需要标识“本周”内的日期时，要确保选定的目标单元格区域中包含当前日期。

技巧7 凸显出周六、周日

在需要按日期进行编排的工作时，往往要避免将工作安排在双休日，使用“条件格式”设置可以标识出日期中的双休日，避免安排出错。

❶ 选中目标单元格区域，如A3:A14。

❷ 单击“开始”标签，在“样式”选项组中单击“条件格式”按钮下拉菜单，在弹出的下拉菜单中选择“新建规则”命令，打开“新建格式规则”对话框。

❸ 在“选择规则类型”栏中选中“使用公式确定要设置格式的单元格”，接着在下面的文本框中输入公式“=WEEKDAY(A3,2)>5”，如图15-21所示。

❹ 单击“格式”按钮，在弹出的“设置单元格格式”对话框中，根据需要对需要标识的单元格进行格式设置，这里以设置单元格背景颜色为“绿色”为例，如图15-22所示。

❺ 单击“确定”按钮，返回到“新建格式规则”对话框中，再次单击“确

定”按钮，即可将选定单元格区域内的双休日标识出来，如图15-23所示。

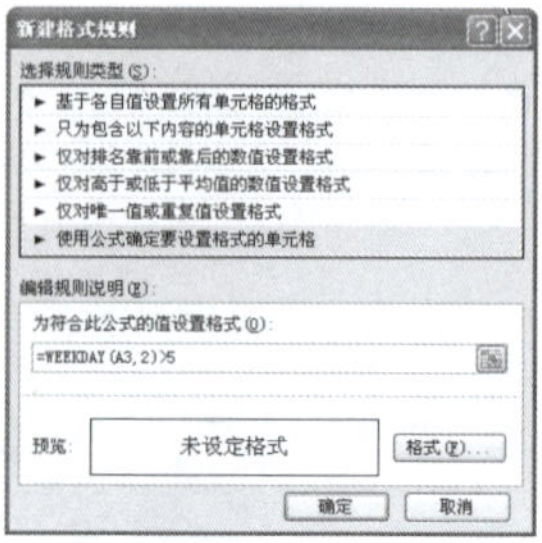

图15-21

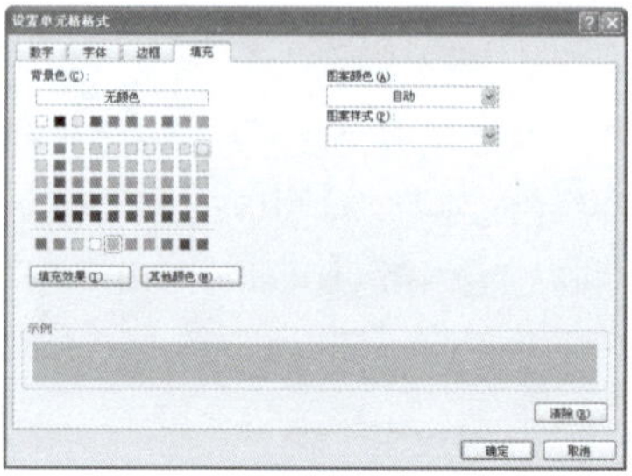

图15-22

图15-23

提 示

如果只需要标识出星期日，只需要将公式修改为“=WEEKDAY(A3,2)>6”即可。

技巧8 凸显出已经完成项目的记录

在对项目成果进行评估时，项目是否完成是一个最基本的前提，若需要在表格中凸显出已经完成的项目记录，可以通过如下方法来实现。

1 选中表格中A1:D8单元格区域，如图15-24所示。

2 单击“开始”标签，在“样式”选项组中单击“条件格式”按钮下拉菜单，在弹出的下拉菜单中选择“新建规则”命令，打开“新建格式规则”对话框。

3 在“选择规则类型”栏中选中“使用公式确定要设置格式的单元格”，接着在下面的文本框中输入公式“=$D1=”“是””，如图15-25所示。

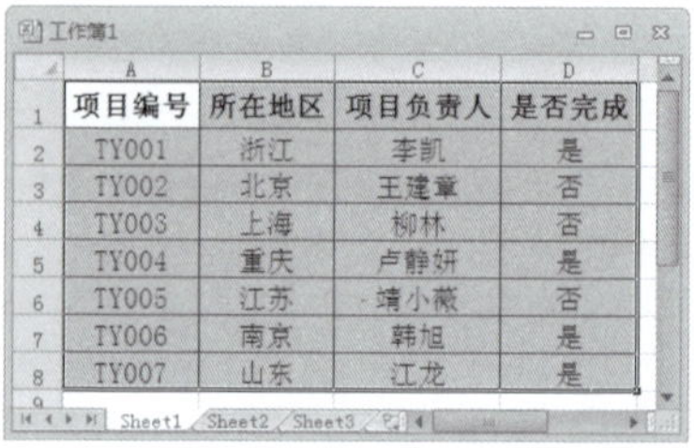

图15-24

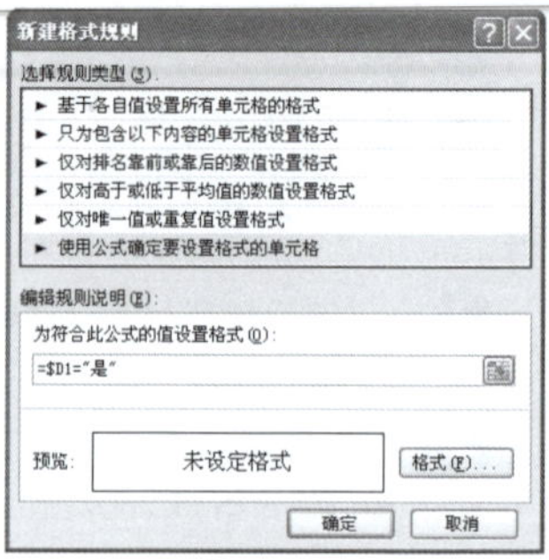

图15-25

4 单击“格式”按钮，在弹出的“设置单元格格式”对话框中，根据需要对需要标识的单元格进行格式设置，这里以设置单元格背景颜色为“绿色”为例，如图15-26所示。

5 单击“确定”按钮，返回到“新建格式规则”对话框中，再次单击“确定”按钮，即可将已完成的项目记录标识出来，如图15-27所示。

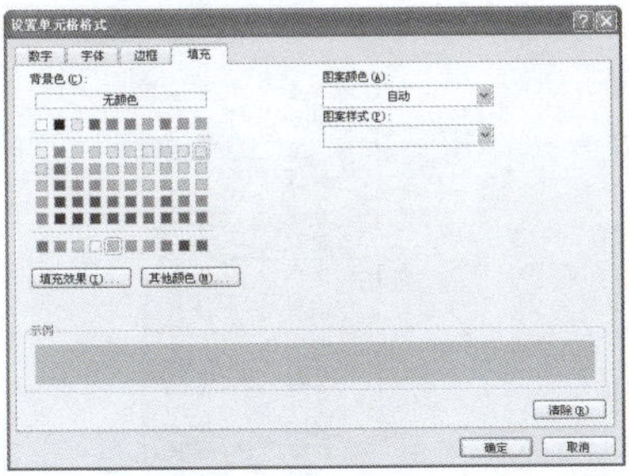

图15-26

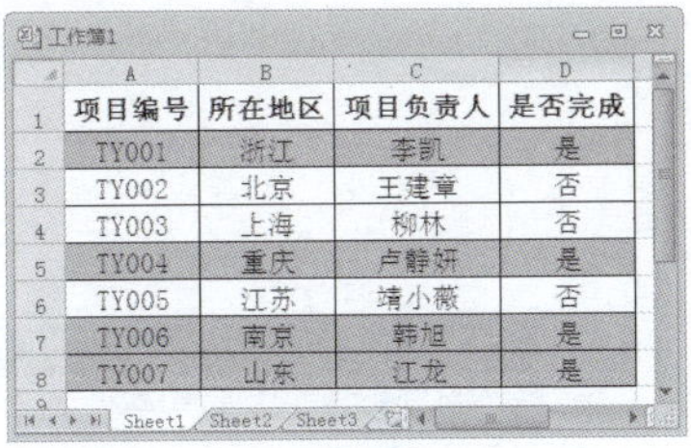

	A	B	C	D
1	项目编号	所在地区	项目负责人	是否完成
2	TY001	浙江	李凯	是
3	TY002	北京	王建章	否
4	TY003	上海	柳林	否
5	TY004	重庆	卢静妍	是
6	TY005	江苏	靖小薇	否
7	TY006	南京	韩旭	是
8	TY007	山东	江龙	是

图15-27

提 示

本例中在选择数据时选择的是所有数据，所以最后标识出来的数据是整行，如果只选中D列，那边标识出来的数据就是对应的单元格了。

技巧9 比较两列名单的不同

如果两列中的数据相似，想要找出两列中不同的数据，不是一件容易是事情，在需要时，可以通过如下方法快速实现。

1 选中A2:B16单元格区域，如图15-28所示。

2 选单击“开始”标签，在“样式”选项组中单击“条件格式”按钮下拉菜单，在弹出的下拉菜单中选择“突出显示单元格规则”子菜单下的“重复值”命令，如图15-29所示。

	A	B
1	名单一	名单二
2	贾兆平	刘成成
3	梁婷婷	董雪雪
4	王连银	邓方雨
5	岳秀平	黄新
6	蒋月军	岳秀平
7	计传博	蒋月军
8	陶士美	计传博
9	董雪雪	陶士美
10	邓方雨	贾兆平
11	刘成成	梁婷婷
12	吕利苹	王连银
13	沈梦菲	吕利苹
14	蒋彩玲	沈梦菲
15	孙婷婷	蒋彩玲
16	陶杏	孙婷婷

图15-28

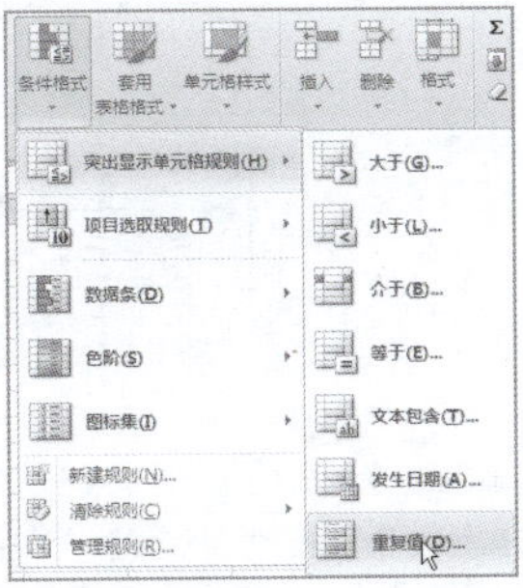

图15-29

❸ 在弹出的“重复值”对话框中单击左侧的下拉列表框，在弹出的列表中选择“唯一”，如图15-30所示。

❹ 单击“设置为”下拉列表框，选择一种单元格样式，如“浅红色填充深红色文本”，单击“确定”按钮，即可将两列中不同的数据使用设置的格式标识出来，如图15-31所示。

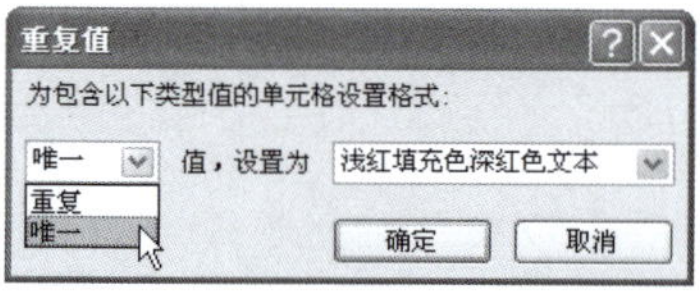

图15-30

	A	B
1	名单一	名单二
2	贾兆平	刘成成
3	梁婷婷	董雪雪
4	王连银	邓方雨
5	岳秀平	黄新
6	蒋月军	岳秀平
7	计传博	蒋月军
8	陶士美	计传博
9	董雪雪	陶士美
10	邓方雨	贾兆平
11	刘成成	梁婷婷
12	吕利苹	王连银
13	沈梦菲	吕利苹
14	蒋彩玲	沈梦菲
15	孙婷婷	蒋彩玲
16	陶杏	孙婷婷

图15-31

提 示

在选取数据时，如果两列在不连续的区域中，则先选择某一列，再按住Ctrl键选择另一列。

技巧10 标识重复的销售记录

在统计销售数据时，经常需要将充分的销售数据找出来，确保统计的精确性，需要时可以通过如下方法来实现。

❶ 选中A2:A10单元格区域，如图15-32所示。

	A	B	C	D
1	产品型号	进货日期	销售数量	备注
2	TR-1060	2010-10-20	23	
3	TR-1081	2010-10-21	12	
4	TR-1102	2010-10-22	9	
5	TR-1113	2010-10-23	18	
6	TR-1002	2010-10-24	32	
7	TR-1066	2010-10-25	21	
8	TR-1665	2010-10-26	33	
9	TR-1102	2010-10-27	16	
10	TR-1112	2010-10-28	19	

图15-32

❷ 选单击“开始”标签，在“样式”选项组中单击“条件格式”按钮下拉菜单，在弹出的下拉菜单中选择“突出显示单元格规则”子菜单下的“重复值”命令。

3 在弹出的“重复值”对话框中单击左侧的下拉列表框，在弹出的列表中选择“重复”，如图15-33所示。

4 单击“设置为”下拉列表框，选择一种单元格样式，如“浅红色填充深红色文本”，单击“确定”按钮，即可将两列中不同的数据使用设置的格式标识出来，如图15-34所示。

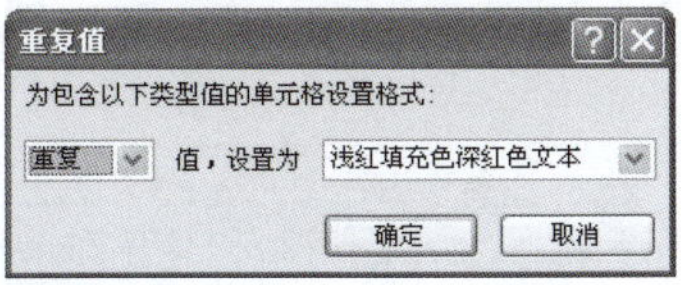

图15-33

	A	B	C	D
1	产品型号	进货日期	销售数量	备注
2	TR-1060	2010-10-20	23	
3	TR-1081	2010-10-21	12	
4	TR-1102	2010-10-22	9	
5	TR-1113	2010-10-23	18	
6	TR-1002	2010-10-24	32	
7	TR-1066	2010-10-25	21	
8	TR-1665	2010-10-26	33	
9	TR-1102	2010-10-27	16	
10	TR-1112	2010-10-28	19	

图15-34

注 意

该操作多用于需要在大量数据中标识出重复值，使用起来非常方便。

技巧11 利用数据条直观看出销售数据的情况

在Excel 2010中，利用数据条功能可以非常直观地查看区域中数值的大小情况。

1 选中需要使用数据条标识的单元格或单元格区域。

2 选中目标单元格区域，单击“开始”标签，在“样式”选项组中单击“条件格式”按钮下拉菜单。

3 在弹出的下拉菜单中单击“数据条”子菜单，接着选择一种合适的数据条样式，如图15-35所示。

4 选择合适的数据条样式后，在单元格中就会显示出数据条，通过数据条，我们可以很直观地看出数据的大小情况，如图15-36所示。

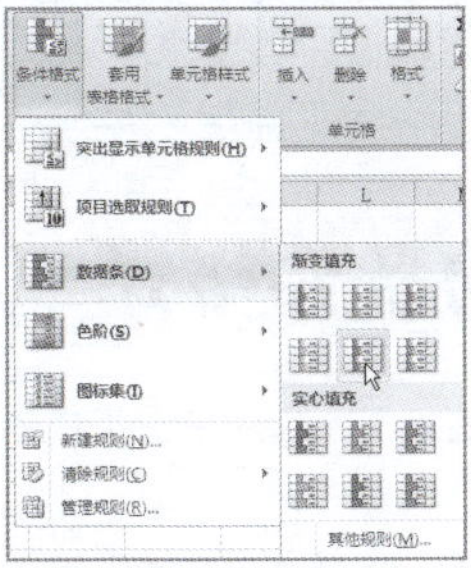

图15-35

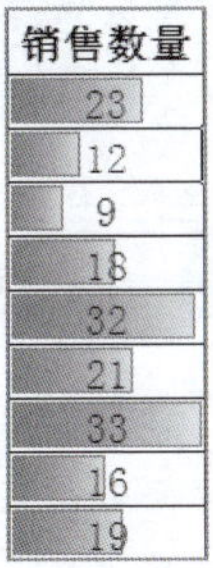

图15-36

注 意

如果对默认的数据条样式不满意，可以单击“数据条”子菜单下的“其他规则”命令，接着根据自己的需要定义数据条样式。

技巧12 利用箭头标识销售数趋势

使用图标集可以对数据进行注释，并可以按阈值将数据分为3～5个类别。每个图标代表一个值的范围。

1 选中需要使用箭头标识销售数据。

2 单击“开始”标签，在“样式”选项组中单击“条件格式”按钮下拉菜单，在弹出的下拉菜单中单击“图标集”子菜单。

3 在“图标集”子菜单下选择一种合适的图标样式，如“三向箭头（彩色）”，如图15-37所示。

4 选择好图标样式后，在单元格中即可看到实际效果，如图15-38所示。

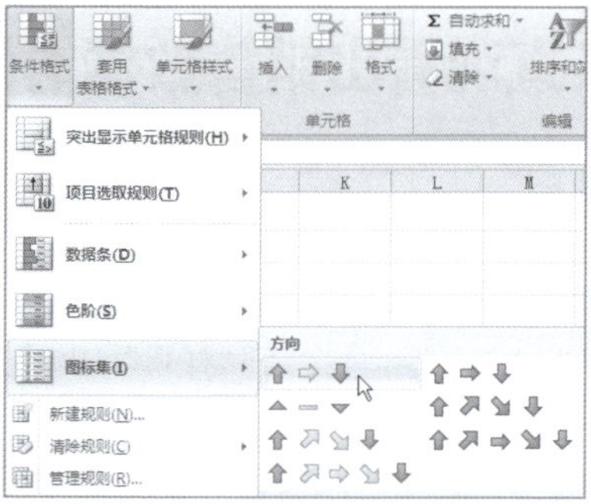

图15-37

销售数量
→ 23
↓ 12
↓ 9
→ 18
↑ 32
→ 21
↑ 33
↓ 16
→ 19

图15-38

知识点

在三向箭头图标集中，红色的上箭头代表较高值，黄色的横向箭头代表中间值，绿色的下箭头代表较低值。

技巧13 快速复制设置的条件格式

如果要对某区域设置条件格式，而该条件格式已存在于工作表中，可以直接将条件格式复制过来，这样显得更加快捷。具体方法如下。

1 打开工作表，复制包含条件格式的单元格区域，如图15-39所示。

2 选择目标区域，单击“开始”选项卡中的粘贴下拉按钮，在下拉菜单中选择“选择性粘贴”命令，如图15-40所示。

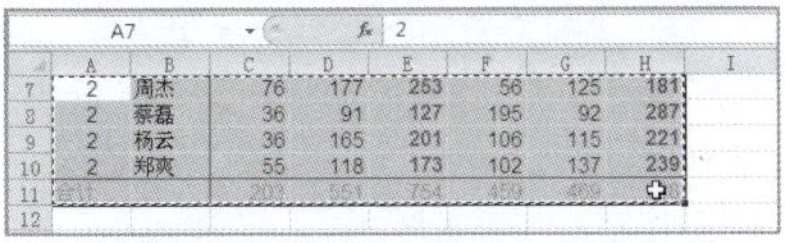

图15-39

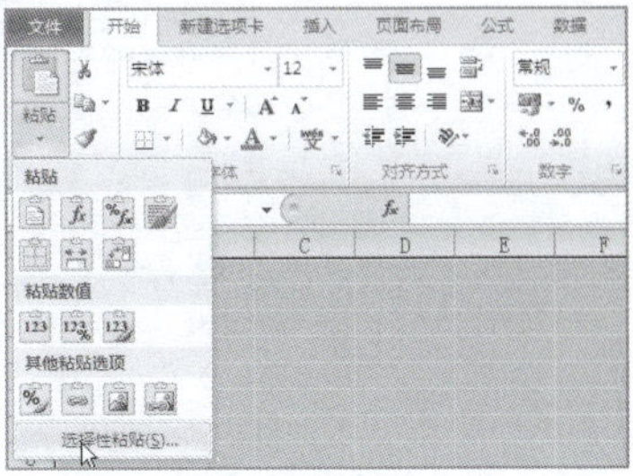

图15-40

3 弹出“选择性粘贴”对话框，在对话框里选择“格式”选项，如图15-41所示。

4 单击“确定”按钮，则目标区域与原单元格有相同的条件格式，如图15-42所示。

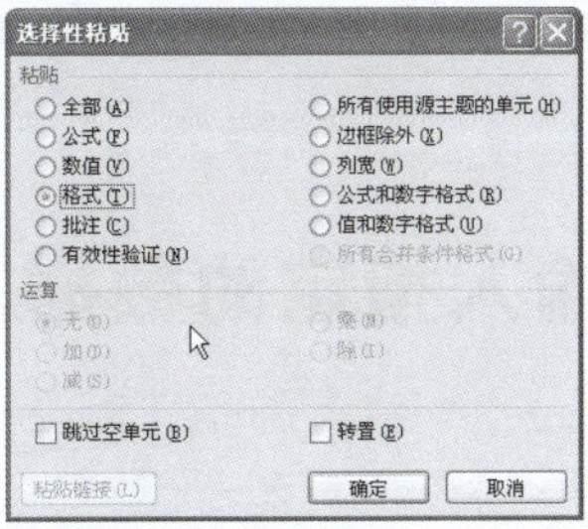

图15-41

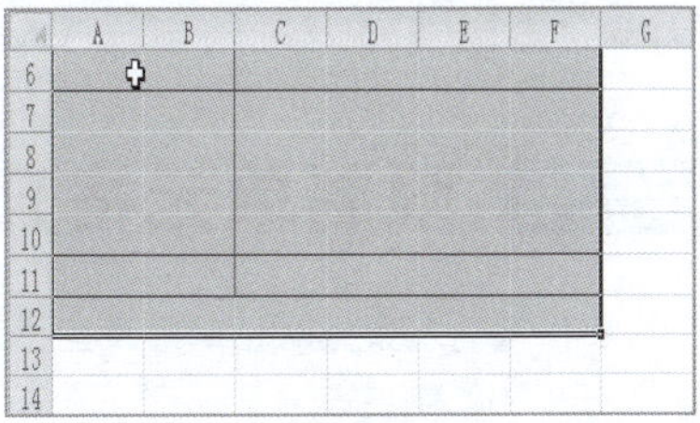

图15-42

知识点

用户还可以用格式刷的方式来复制格式，选择源区域，单击“开始”标签，在“剪贴板”选项组中单击“格式刷”按钮，接着选择目标区域拖动格式刷即可。

技巧14 删除设置的条件格式

如果设置的单元格格式已经不需要，用户可以将其删除，具体操作方法如下。

1 选择需要清除条件格式的单元格或区域。

2 单击“开始”标签，在“样式”选项组中单击“条件格式”按钮下拉菜单，在弹出的菜单中选择“清除规则”→“清除所选单元格的规则”菜单命令，如图15-43所示。

图15-43

知识点

在单击“条件格式”按钮下拉菜单后，如果在弹出的菜单中选择“清除规则”→“清除整个工作表的规则”菜单命令，可以将整个工作表中设置的条件格式都清除。

技巧15 限制单元格只能输入指定的数据

在表格中输入数据时，如果某些特定的单元格中只能输入指定的数据，要防止其他用户输入错误。

1 选中需要设置的单元格或单元格区域。

2 单击“数据”标签，在“数据工具”选项组中单击“数据有效性”按钮，如图15-44所示。

3 在弹出的“数据有效性”对话框中单击“设置”选项卡，接着单击“允许”下拉列表框，在弹出的列表中选择“整数”，如图15-45所示。

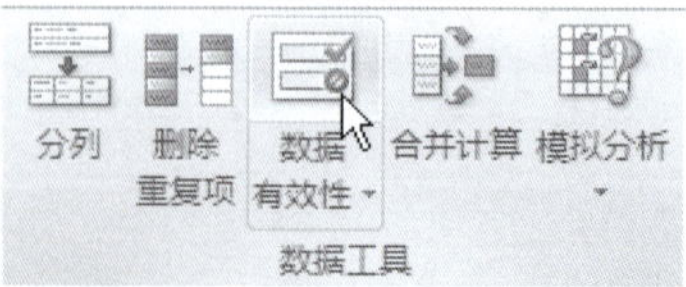

图15-44

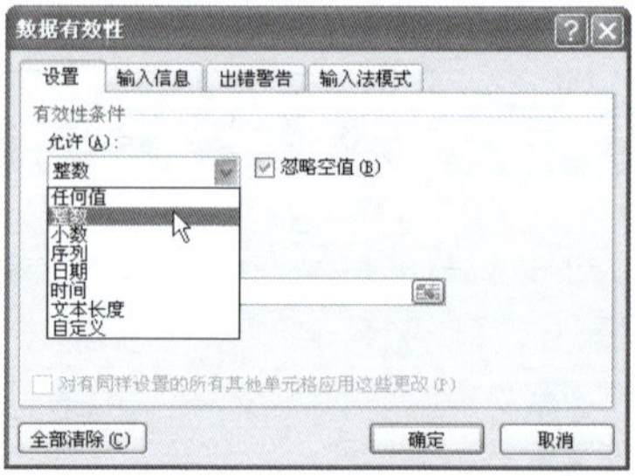

图15-45

4 单击“数据”下列表表框，在弹出的列表中选择“等于”，如图15-46所示。

5 在“数值”文本框中输入5，如图15-47所示。

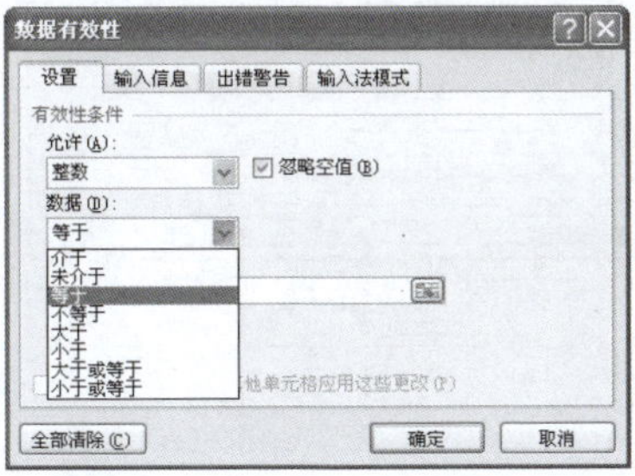

图15-46

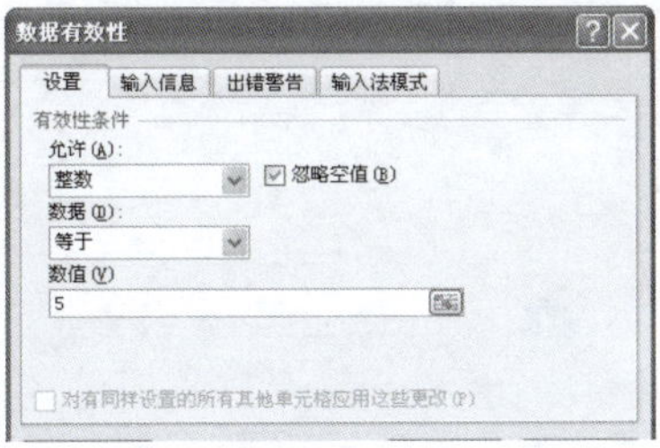

图15-47

6 单击“确定”按钮，完成设置。这样在设置的单元格中输入非5的数据时，就会弹出如图15-48所示的错误提示。

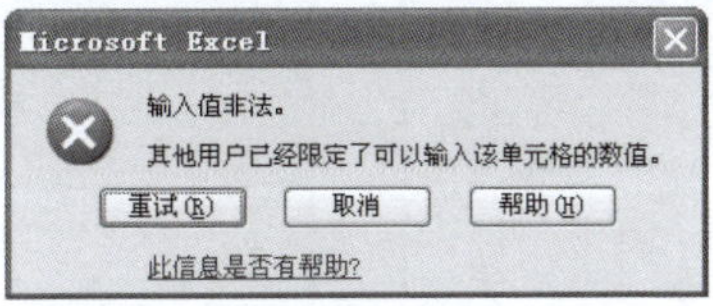

图15-48

知识点

如果用户想将单元格设置为只能输入符合大于某个值或小于等条件的整数，可以单击“数据”下拉列表框，在弹出的列表中进行选择，接着在“数值”文本框中输入相应的数值即可。

技巧16　限制单元格只能输入指定区域间的数值

用户在编辑单元格时，可以通过数据有效性的设置，使指定单元格中所输入的数据在指定的区域内。具体操作方法如下。

1 选中需要设置的单元格或单元格区域。

2 单击“数据”标签，在“数据工具”选项组中单击“数据有效性”按钮，如图15-49所示。

3 在弹出的“数据有效性”对话框中单击“设置”选项卡，接着单击“允许”下拉列表框，在弹出的列表中选择“整数”，如图15-50所示。

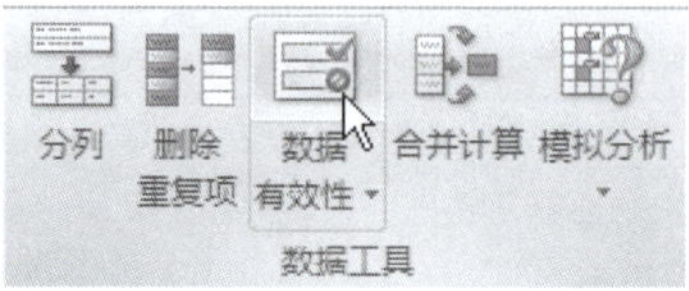

图15-49

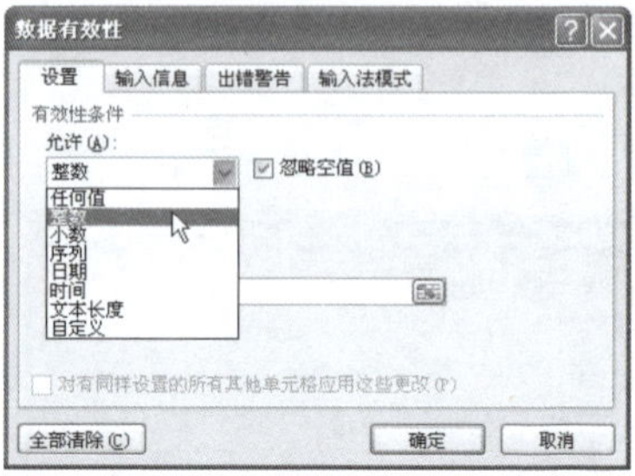

图15-50

4 单击“数据”下拉列表框，在弹出的列表中选择“介于”，如图15-51所示。

5 在“最小值”文本框中输入数字1，在“最大值”文本框中输入数字“10000”，如图15-52所示。

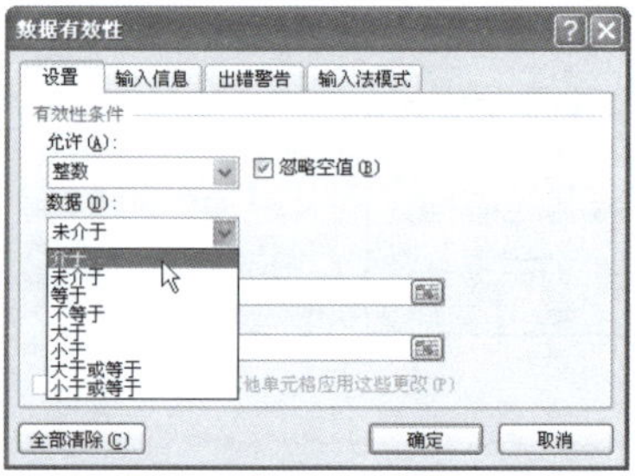

图15-51

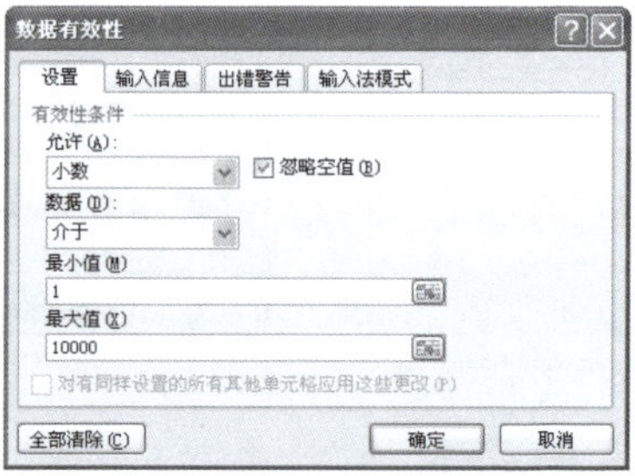

图15-52

6 单击“确定”按钮，即可完成设置。

提 示

此方法可以有效限制用户输入数据的大小区间，防止输入错误，常用于输入产品数量等情况。

技巧17 限制单元格只能输入产品的价格

用户在编辑单元格时，对于产品价格，通常要求保留两位小数，用户可以通过自定义设置数据有效性来限制单元格只能输入产品价格。

1 选中需要设置的单元格或单元格区域。

2 单击“数据”标签，在“数据工具”选项组中单击“数据有效性”按钮。

3 弹出“数据有效性”对话框，单击“设置”标签。接着单击“允许”下拉列表框，在弹出的列表中选择“自定义”，接着在“公式”文本框中输入公式“=(LEN(A1)−FIND(".",A1))<=2”，如图15−53所示。

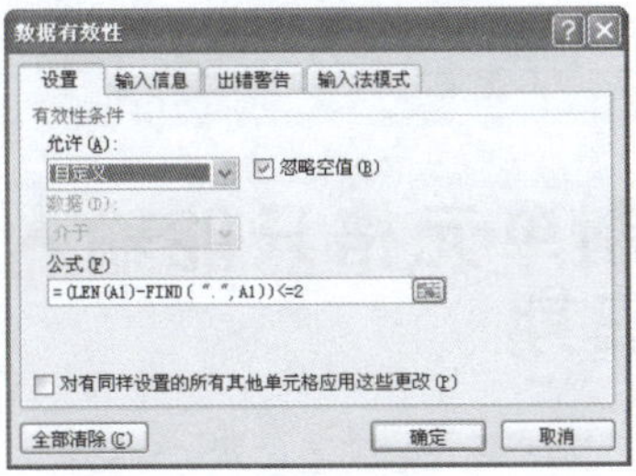

图15−53

❹ 单击“确定”按钮，完成设置。

知识点

如果需要设置输入数据的小数位数为3位或其他位数，只需要将公式“=(LEN(A1)−FIND(".",A1))<=2”后面的数字2改为需要的数字即可。另外，如果在“数据有效性”对话框中单击“确定”按钮时提示公式中包含错误，不用理会，直接单击“是”按钮即可。

技巧18 限制输入重复的数据

表格中输入数据时，如果所输入的内容不允许重复（例如身份证号码），也可以通过数据有效性进行限制。

❶ 选中需要设置的单元格或单元格区域，如A2:A10。

❷ 单击“数据”标签，在“数据工具”选项组中单击“数据有效性”按钮。

❸ 弹出 “数据有效性”对话框，单击“设置”标签。接着单击“允许”下拉列表框，在弹出的列表中选择“自定义”，接着在“公式”文本框中输入公式“=COUNTIF($A$2:$A$9,A2)=1”，如图15−54所示。

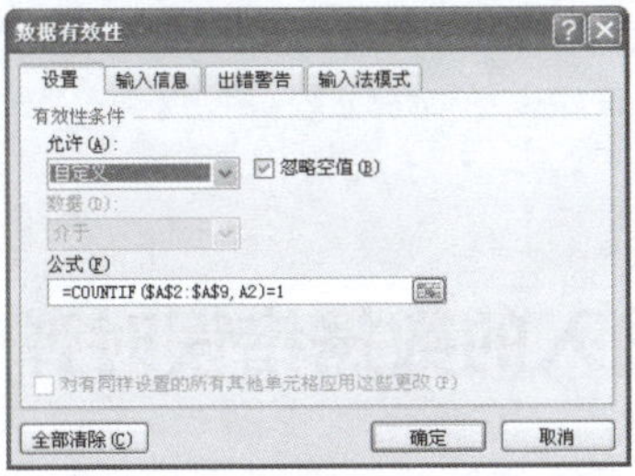

图15−54

4 单击“确定”按钮，完成设置。

提 示

这种方法在输入大量不能重复的数据时非常实用。

技巧19 限制单元格只能输入某个范围内的日期

如果需要限制用户的输入内容只能为日期，可以通过如下方法来实现。

1 选中需要设置的单元格或单元格区域，如A2:A10。

2 单击“数据”标签，在“数据工具”选项组中单击“数据有效性”按钮。

3 弹出 “数据有效性”对话框，单击“设置”标签。接着单击“允许”下拉列表框，在弹出的列表中选择“日期”。

4 单击“数据”下拉列表框，在弹出的列表中选择“介于”。

5 在“最小值”文本框中输入 “2010-1-1”，在“最大值”文本框中输入 “2010-12-31”，如图15-55所示。

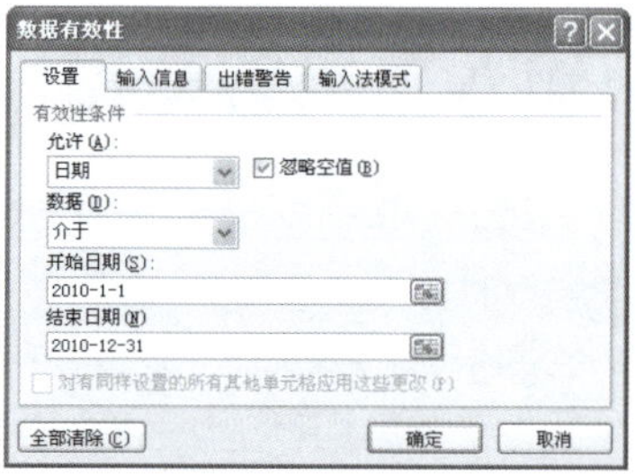

图15-55

6 单击“确定”按钮，即可完成设置。

提 示

使用此方法同样可以为单元格设置（等于、小于或大于等）其他条件的输入限制。

技巧20 当输入的数据错误时弹出错误提示

在设置了数据有效性的单元格内输入不符合的数据时，系统会自动弹出错误提示，用户可以根据自己的喜好设置弹出的错误提示，具体的操作方法如下。

❶ 打开工作表，单击“数据”选项卡，在“数据工具”选项组中单击“数据有效性”按钮，弹出“数据有效性”对话框，如图15-56所示。

❷ 单击“出错警告”选项，在“样式”下拉列表中选择一种样式，如“警告”，在“标题”栏输入标题，如：“友情警告”在“错误信息”栏中输入“输入数值样式为时间”，如图15-57所示。

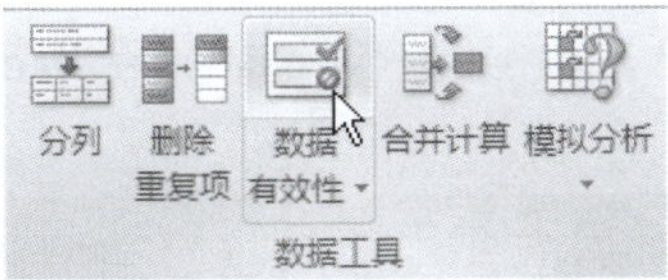

图15-56

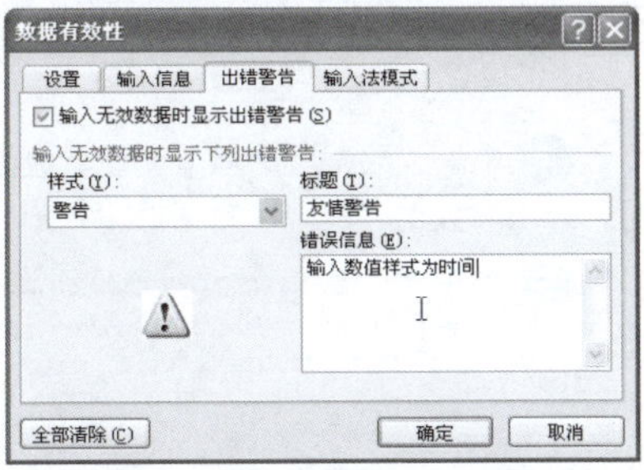

图15-57

❸ 单击“确定”按钮，完成设置。以后在设置的单元格中输入错误数据时，就会弹出设置的提示信息，如图15-58所示。

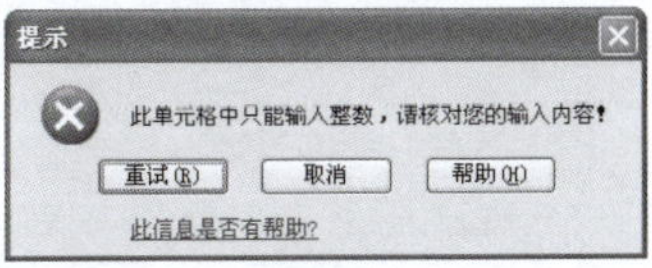

图15-58

提 示

输入提示信息时，可以根据单元格内容要输入的内容来设置提示信息的内容。

技巧21　使用有效性保护公式单元格不被修改

通常，在Excel中要保护单元格中的公式，可以用保护工作表的方法来实现。如果仅仅是要保护公式的结构不被修改，或是由于不便使用工作表保护，可以用数据有效性的方法。

❶ 打开工作表，按F5键，打开“定位对话框，如图15-59所示。

❷ 单击“定位条件”按钮，在弹出的“定位条件”对话框中选中“公式”单选项，如图15-60所示。

❸ 单击“确定”按钮，就会选中工作表中所有包含公式的单元格。

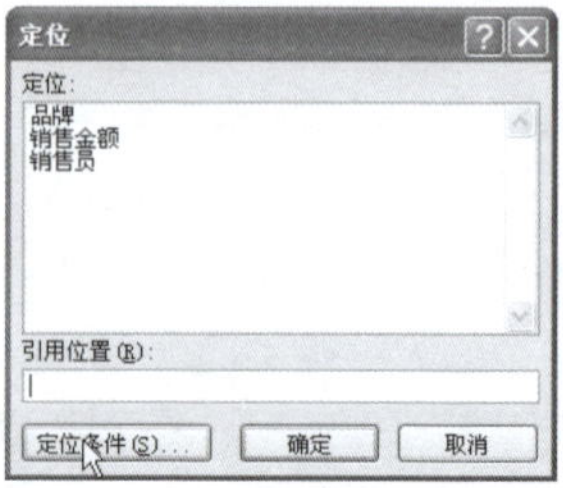

图15-59

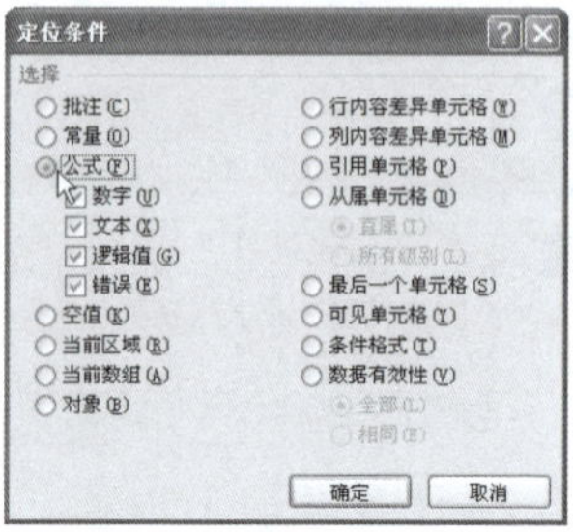

图15-60

4 单击“数据”选项卡，在“数据工具”选项组中单击“数据有效性”按钮，弹出“数据有效性”对话框，如图15-61所示。

5 单击“允许”下拉列表框，在弹出的列表中选择“自定义”，接着在“公式”文本框中输入一个英文状态下的“=”，如图15-62所示。

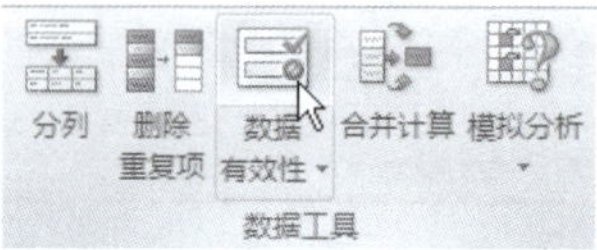

图15-61

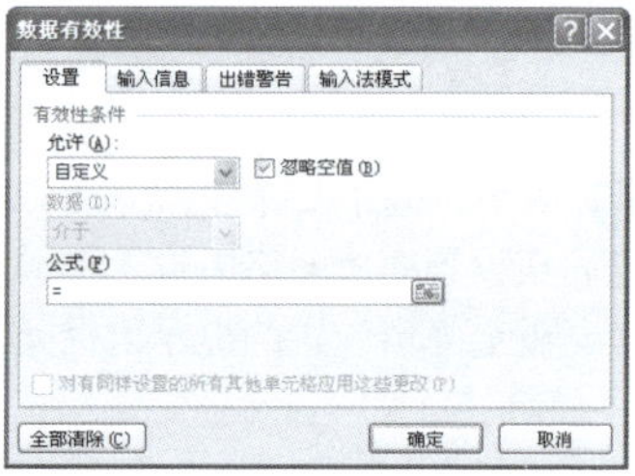

图15-62

6 单击“确定”按钮，完成设置。

提 示

在“数据有效性”对话框的“允许”下拉列表框选择“文本长度”，在“数据”下拉列表框选择“小于”，在“最大值”下输入“0”，也可以达到相同效果。

技巧22 复制数据有效性设置

为单元格设置了数据有效性之后，可以在其他的单元格区域复制数据的有效性。

1 选中包含数据有效性设置的单元格，按下“Ctrl+C”组合键，将其复制。

2 在目标单元格中单击鼠标右键，在弹出的右键菜单中选择“选择性粘贴”命令，弹出“选择性粘贴对话框”，如图15-63所示。

❸ 选中“有效性验证”单选项，如图15-64所示。

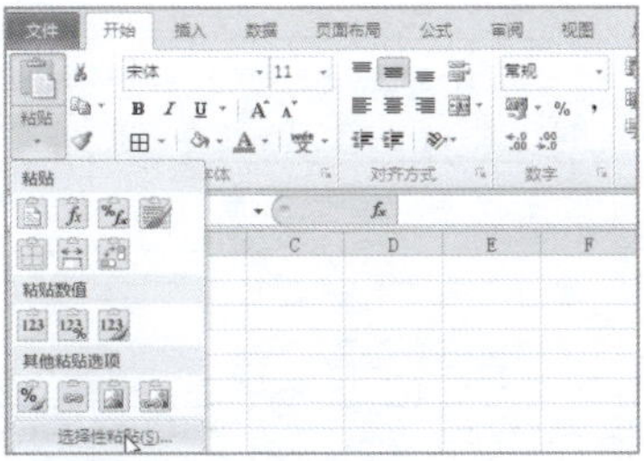

图15-63

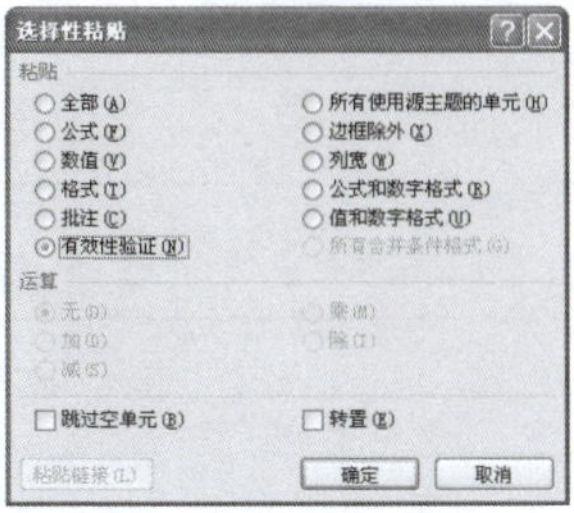

图15-64

❹ 单击“确定”按钮，完成设置。

提 示

上述方法仅复制单元格中的数据有效性设置，如果直接粘贴，将复制原单元格的所有内容，不仅包括数据有效性，还包括单元格格式，如字体、边框、对齐方式等。

技巧23 取消单元格的输入限制

当不需要再使用所设置的数据有效性时，可以将其清除。

❶ 选中需要取消输入现在的单元格或单元格区域。

❷ 单击“数据”标签，在“数据工具”选项组中单击“数据有效性”按钮，如图15-65所示。

❸ 在弹出的“数据有效性”对话框中单击“设置”选项卡。接着单击“全部清除”按钮，接着单击“确定”按钮即可完成设置，如图15-66所示。

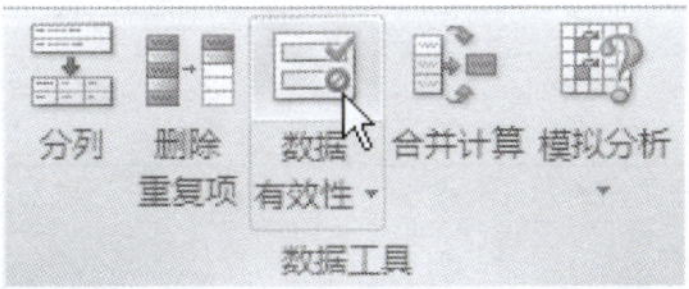

图15-65

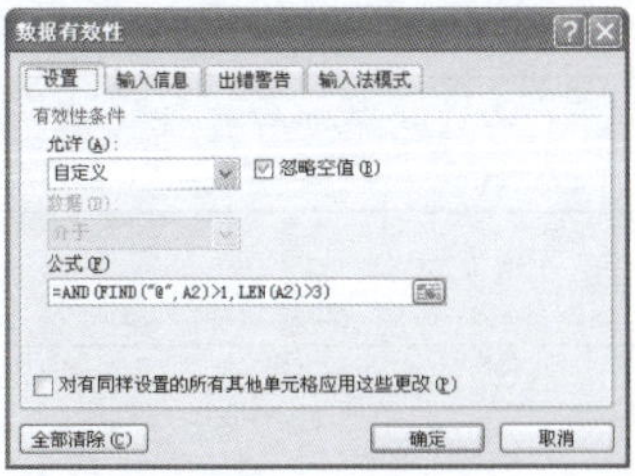

图15-66

提 示

在“数据有效性”对话框中单击“允许”下拉列表框，在弹出的列表中选择“任何值”，也可以取消对选定单元格的输入限制。

读书笔记

第16章

数据处理与计算

技巧1 进行双关键字排序

当前工作表中显示的是学生考核成绩，要求实现的效果是：先按学生“总分”从高到低排序；接着按“英语”分数从高到低排序。

❶ 选中需要进行排序的单元格区域（该区域中总分有两个382），如图16-1所示。

	A	B	C	D	E	F	G	H
1	学号	姓名	C语言	高等数学	英语	离散数学	逻辑学	总分
2	200602001	万家乐	80	67	82	92	83	404.00
3	200602002	杨滢	86	82	62	73	79	382.00
4	200602003	马雪琴	68	82	73	90	89	402.00
5	200602004	左李	85	92	78	76	92	423.00
6	200602005	陈永娥	90	92	92	95	77	446.00
7	200602006	吴志毫	80	86	79	91	85	421.00
8	200602007	王贝贝	73	84	91	68	92	408.00
9	200602008	杨士冠	60	76	60	64	83	343.00
10	200602009	刘东	86	82	71	64	79	382.00
11	200602010	葛玉	75	75	84	90	81	405.00

图16-1

❷ 单击“数据”标签，在“排序和筛选”选项组中单击“排序”按钮，如图16-2所示。

❸ 在弹出的“排序”对话框中单击左上角的“添加条件”按钮，添加一个“次要关键字”条件，如图16-3所示。

图16-2

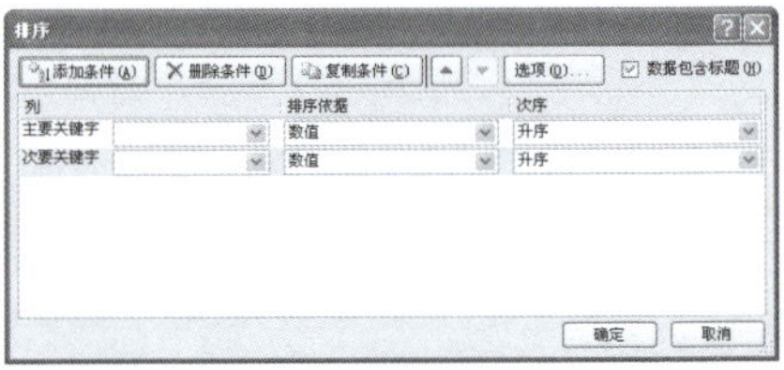

图16-3

❹ 单击相应的下拉列表框，设置主要关键字中的列为“总分”，排序依据为“数值”，次序为“降序”。接着设置次要关键字中的列为“英语”，排序依据为数值，次序为降序，如图16-4所示。

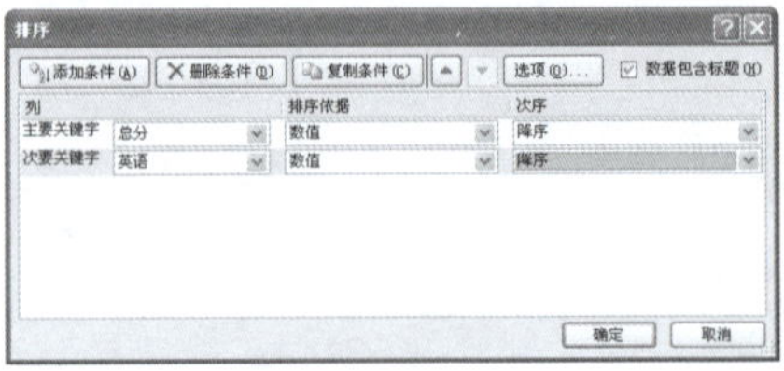

图16-4

❺ 单击“确定”按钮。可以看出，当总分一致时，Excel 2010会接着使用“英语”成绩进行排序，如图16-5所示。

	A	B	C	D	E	F	G	H
1	学号	姓名	C语言	高等数学	英语	离散数学	逻辑学	总分
2	200602005	陈永娥	90	92	92	95	77	446.00
3	200602004	左李	85	92	78	76	92	423.00
4	200602006	吴志豪	80	86	79	91	85	421.00
5	200602007	王贝贝	73	84	91	68	92	408.00
6	200602010	葛玉	75	75	84	90	81	405.00
7	200602001	万家乐	80	67	82	92	83	404.00
8	200602003	马雪琴	68	82	73	90	89	402.00
9	200602009	刘东	86	82	71	64	79	382.00
10	200602002	杨滢	86	82	62	73	79	382.00
11	200602008	杨士冠	60	76	60	64	83	343.00

图16-5

提 示

对考试成绩排名时如果出现总分并列的情况，可使用本方法，这样可以根据考试的重点来划分出考试成绩。例如对英语专业的学生进行名称排序时，在总分一致的情况下，看谁的英语分数高来确定名次就是这个道理。

技巧2 进行多关键字排序

以某班学生成绩的排名为例，要求实现的效果是：首先按总成绩从高到低排序；接着按“C语言”分数的从高到低排序；再按“逻辑学”分数的从高到低排序，最后再按“离散数学”分数的从高到低排序。

1 选中需要排序的单元格区域。

2 单击“数据”选项卡，在“排序和筛选”选项组中单击“排序”按钮，如图16-6所示。

3 单击三次“添加条件”按钮，添加三个条件，接着将主要关键字的排序列设置为“总分”，排序依据设置为“数值”，次序设置为“降序”。

4 接着设置三个次要关键字的排序列分别为“C语言”、“逻辑学”和“离散数学”，其他各项均与主要关键字一样，如图16-7所示。

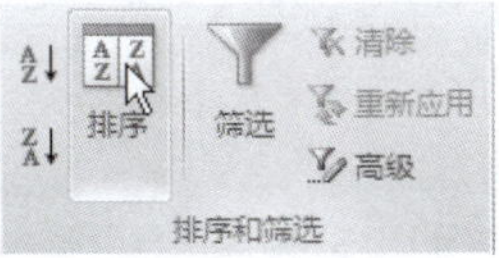

图16-6

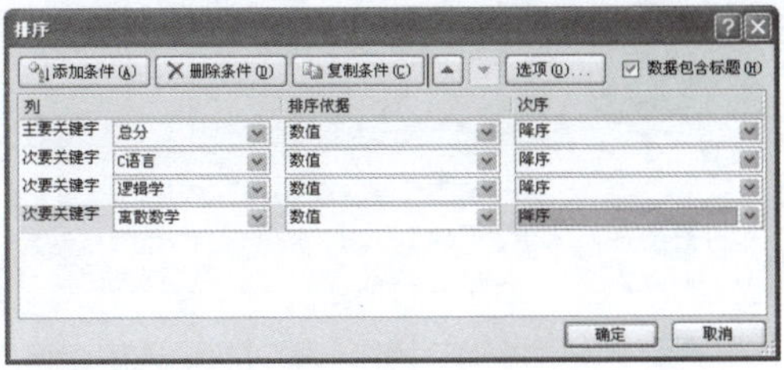

图16-7

5 单击“确定”按钮，结果如图16-8所示。

	A	B	C	D	E	F	G	H
1	学号	姓名	C语言	高等数学	英语	离散数学	逻辑学	总分
2	200602005	陈永娥	90	92	92	95	77	446.00
3	200602004	左李	85	92	78	76	92	423.00
4	200602006	吴志毫	80	86	79	91	85	421.00
5	200602007	王贝贝	73	84	91	68	92	408.00
6	200602010	葛玉	75	75	84	90	81	405.00
7	200602001	万家乐	80	67	82	92	83	404.00
8	200602003	马雪琴	68	82	73	90	89	402.00
9	200602002	杨滢	86	82	62	73	79	382.00
10	200602009	刘东	86	82	71	64	79	382.00
11	200602008	杨士冠	60	76	60	64	83	343.00

图16-8

注 意

本例中这样设置的用意在于当总分一致时，让Excel接着使用“C语言”关键字排序；“C语言”分数一致时，再使用“逻辑学”关键字排序；“逻辑学”分数一致时，再使用“离散数学”关键字排序。

技巧3 按指定顺序进行排序

许多情况下，用户需要让Excel 2010按照指定的顺序进行排序，而这种操作使用常规方法无法完成，还需要用户“指定”顺序进行排序。

❶ 选中需要排序的单元格区域（本例中对“级别”进行排序），如图16-9所示。

❷ 单击“数据”标签，在“排序和筛选”选项组中单击“排序”按钮，打开“排序”对话框。

❸ 设置主要关键字的排序列为“级别”，排序依据为“数值”，接着单击“次序”下拉列表框，在弹出的列表中选择“自定义序列”，如图16-10所示。

	A	B	C	D
1	姓名	级别	津贴	备注
2	陈永娥	科员	200	
3	左李	副处	500	
4	吴志毫	副科	300	
5	王贝贝	办事员	100	
6	葛玉	正科	400	
7	万家乐	正处	600	
8	马雪琴	副司	700	
9	杨滢	正科	400	

图16-9

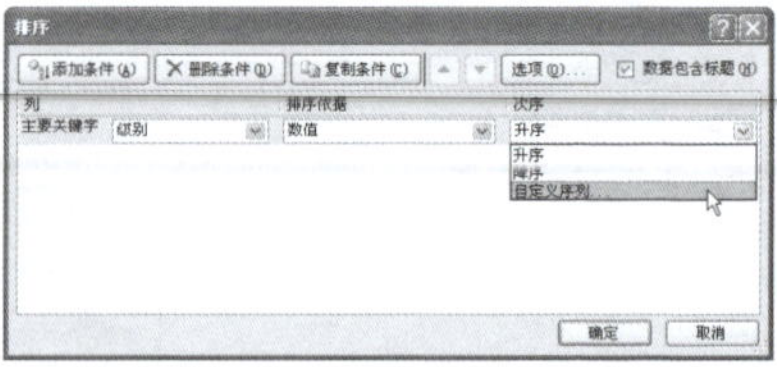

图16-10

❹ 在打开的“自定义序列”对话框中，在“输入序列”列表框中输入需要定义的序列，如图16-11所示。

❺ 单击“添加”按钮，即可将输入的序列添加到“自定义序列”中，单击“确定”按钮返回到“排序”对话框中。

❻ 单击“次序”下拉列表框，在弹出的列表中选择刚刚定义的序列，如

“正司，副司……”，如图16-12所示。

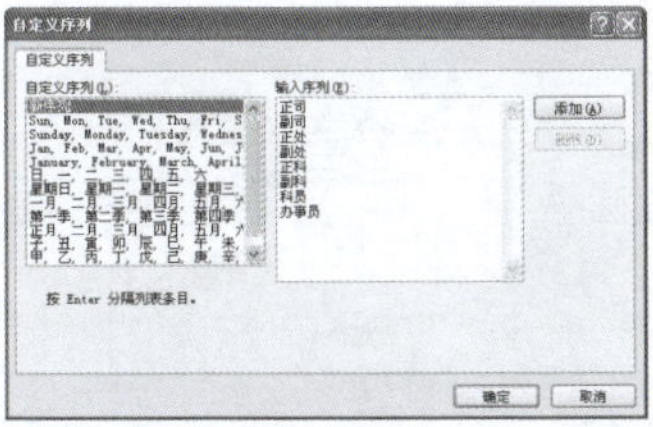

图16-11

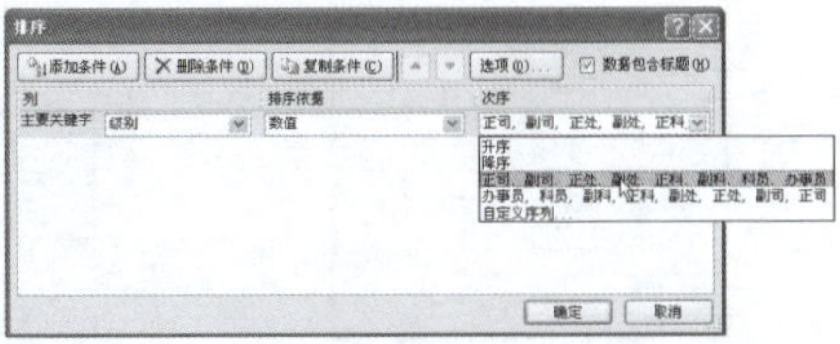

图16-12

7 单击“确定”按钮，即可让表格按照指定的顺序进行排序，如图16-13所示。

	A	B	C	D
1	姓名	级别	津贴	备注
2	马雪琴	副司	700	
3	万家乐	正处	600	
4	左李	副处	500	
5	葛玉	正科	400	
6	杨滢	正科	400	
7	吴志毫	副科	300	
8	陈永娥	科员	200	
9	王贝贝	办事员	100	

图16-13

知识点

如果想让表格中从“级别”中的“办事员”开始排序，只需要在“排序”对话框中单击“次序”下拉列表框，在弹出的列表中选择“办事员，科员……”序列即可。

技巧4 按笔画进行排序

在处理员工信息数据时，有时需要对所有员工姓名按笔画进行排序，此时可以通过如下方法来实现。

1 选中需要进行排序的单元格区域。

2 单击“数据”选项卡，在“排序和筛选”选项组中单击“排序”按钮，打开“排序”对话框。

3 设置主要关键字的排序列为“姓名”，排序依据为“数值”，次序设置为“升序”，接着单击“选项”按钮，在弹出的“排序选项”对话框中选中“笔画”排序单选项，如图16-14所示。

4 单击“确定”按钮，返回到“排序”对话框中，再次单击“确定”按钮，即可让表格按照人员姓名笔画从少到多进行排序，如图16-15所示。

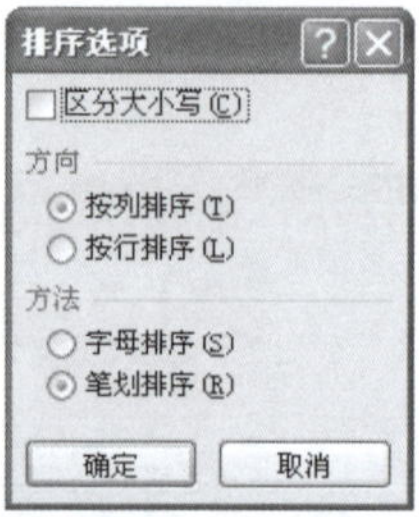

图16-14

	A	B	C	D
1	姓名	级别	津贴	备注
2	万家乐	正处	600	
3	马雪琴	副司	700	
4	王贝贝	办事员	100	
5	左李	副处	500	
6	吴志毫	副科	300	
7	杨滢	正科	400	
8	陈永娥	科员	200	
9	葛玉	正科	400	

图16-15

知识点

如果想让表格中任意姓名笔画从多到少进行排序，只需要在“排序”对话框中将排序次序设置为“降序”即可。

技巧5 按行进行排序

许多用户都一直认为Excel只能按列进行排序，而实际上，Excel不但能按列排序，也能够按行来排序。

1 选中需要进行排序的单元格区域，但不选中标题，如图16-16所示。

	A	B	C	D	E	F	G	H	I
1	姓名	万家乐	马雪琴	王贝贝	左李	吴志毫	杨滢	陈永娥	葛玉
2	级别	正处	副司	办事员	副处	副科	正科	科员	正科
3	津贴	600	700	100	500	300	400	200	400

图16-16

2 单击“数据”标签，在“排序和筛选”选项组中单击“排序”按钮，打开“排序”对话框。

3 单击“选项”按钮，在弹出的“排序选项”对话框中选中“按行排序”单选项，如图16-17所示。

4 单击“确定”按钮，返回到“排序”对话框中，设置排序行为“行3”（第3行），排序依据为“数值”，次序为“升序”，如图16-18所示。

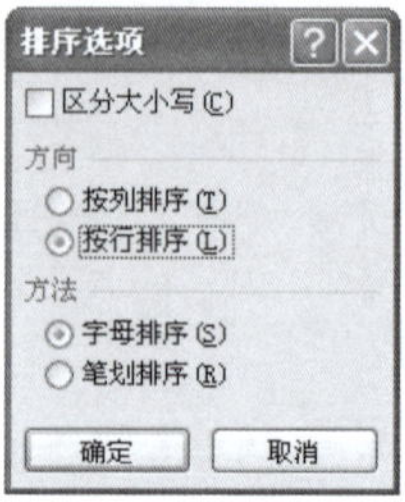

图16-17

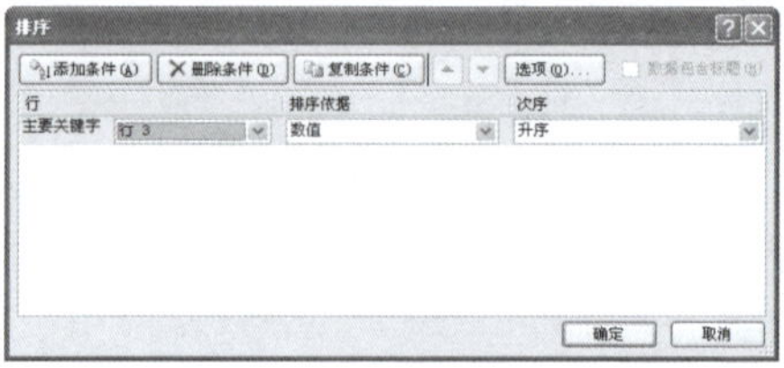

图16-18

5 单击“确定”按钮，Excel就会按第3行中的数据进行升序排序，如图16-19所示。

	A	B	C	D	E	F	G	H	I
1	姓名	王贝贝	陈永娥	吴志毫	杨滢	葛玉	左李	万家乐	马雪琴
2	级别	办事员	科员	副科	正科	正科	副处	正处	副司
3	津贴	100	200	300	400	400	500	600	700

图16-19

知识点

在使用按行排序时，不能像按列排序时一样选定目标区域。因为Excel的排序功能中没有“标题列”的概念，所以如果选定全部数据区域再按行排序，标题列也会参与排序。因此，在本例的步骤1中，只选定标题列以外的数据区域。

技巧6 按颜色进行排序

在Excel 2010中，可以按单元格颜色或字体颜色进行排序，操作起来也很简单。

1 选中需要按颜色进行排序的单元格区域，不包含表格标题，如图16-20所示。

2 单击“数据”标签，在“排序和筛选”选项组中单击“排序”按钮，打开“排序”对话框。

3 设置排序列为“列C”，排序依据为“单元格颜色”，次序为“红色”、“在顶端”，如图16-21所示。

	A	B	C	D
1	姓名	级别	津贴	备注
2	陈永娥	科员	200	
3	葛玉	正科	400	
4	马雪琴	副司	700	
5	万家乐	正处	600	
6	王贝贝	办事员	100	
7	吴志毫	副科	300	
8	杨滢	正科	400	
9	左李	副处	500	

图16-20

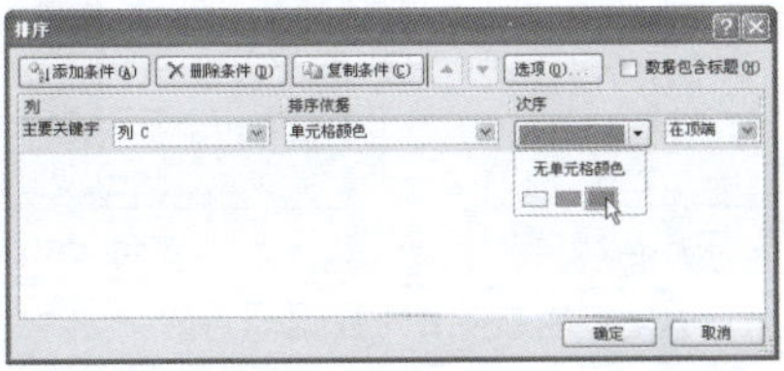

图16-21

4 单击“复制条件”按钮，添加一个次要关键字，设置次序为“黄色”，如图16-22所示。

5 单击“确定”按钮，即可将单元格按颜色进行排序，如图16-23所示。

注 意

因为本例中需对3种单元格颜色进行排序，所以总共设置两个排序条件就够了。

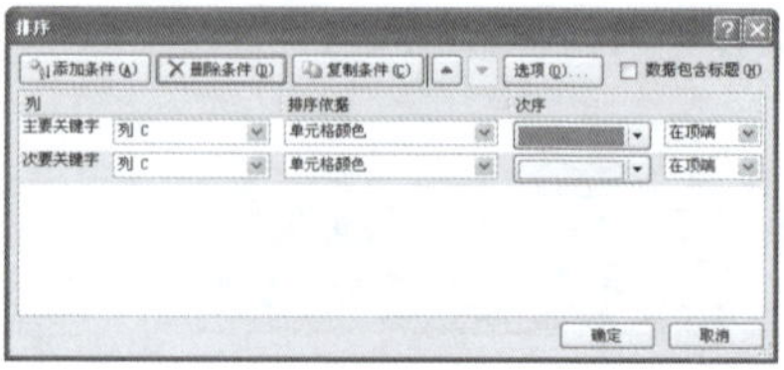

图16-22

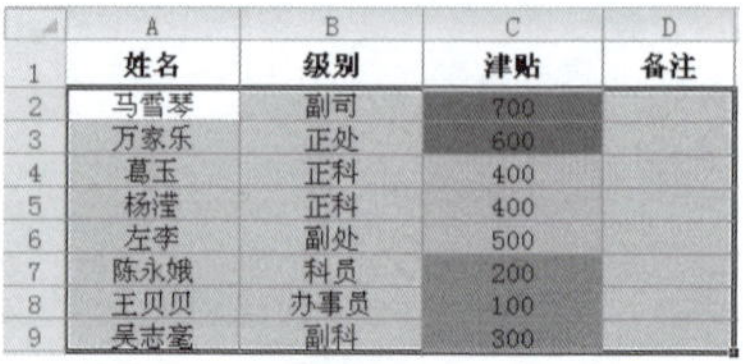

	A	B	C	D
1	姓名	级别	津贴	备注
2	马雪琴	副司	700	
3	万家乐	正处	600	
4	葛玉	正科	400	
5	杨滢	正科	400	
6	左李	副处	500	
7	陈永娥	科员	200	
8	王贝贝	办事员	100	
9	吴志毫	副科	300	

图16-23

技巧7 按字母与数字的混合内容进行排序

在日常生活中，用户的表格经常会包含由字母和数字混合的数据，在对这样的数据排序时，结果总是令人无法满意，此时可以用字母与数字的混合内容进行排序。

1 通常情况下，用户希望先比较字母的大小，接着再比较数字的大小。本例中数据如图16–24所示。

2 在B1单元格中输入公式“=LEFT(A1,1)&RIGHT(“000”&RIGHT(A1,LEN(A1)–1),3)”，按下回车键，接着将公式填充到B8单元格，如图16–25所示。

3 选中B1:B8单元格区域中任一单元格，单击“排序和筛选”选项组中的 A↓Z（升序）按钮，即可将A1单元格中的数据按照用户所希望的顺序进行排列，如图16–26所示。

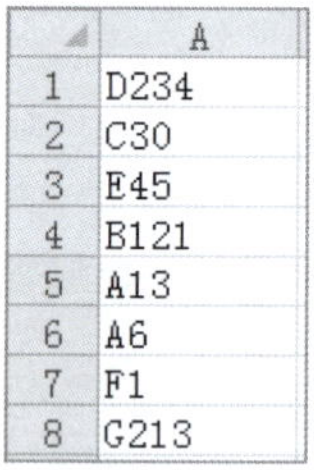

	A
1	D234
2	C30
3	E45
4	B121
5	A13
6	A6
7	F1
8	G213

图16–24

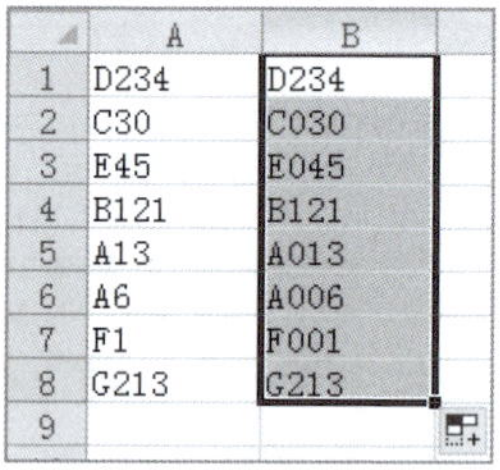

	A	B
1	D234	D234
2	C30	C030
3	E45	E045
4	B121	B121
5	A13	A013
6	A6	A006
7	F1	F001
8	G213	G213
9		

图16–25

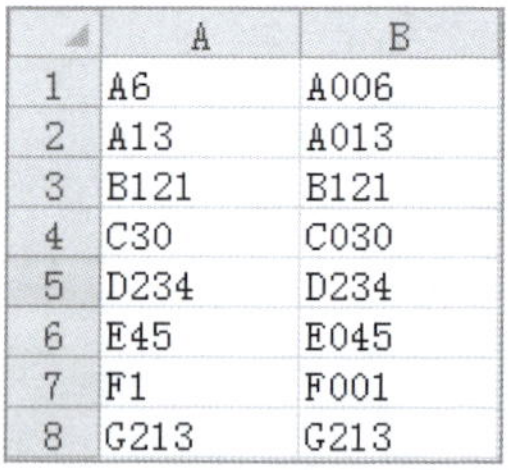

	A	B
1	A6	A006
2	A13	A013
3	B121	B121
4	C30	C030
5	D234	D234
6	E45	E045
7	F1	F001
8	G213	G213

图16–26

4 接着删除B列数据即可。

注 意

本例中公式的作用是将数据的位数都变成相应的一位字母和三位数字，这样在排序时就可以得到用户所希望的结果了。

技巧8 筛选出符合条件的数据

Excel的自动筛选功能可以把暂时不需要的数据隐藏起来，而只显示符合条件的数据记录，这在管理大型工作表时相当有用。

❶ 选中用来存放“筛选下拉按钮”的单元格或行。

❷ 单击“数据”标签，在“排序和筛选”选项组中单击“筛选”按钮，如图16−27所示。

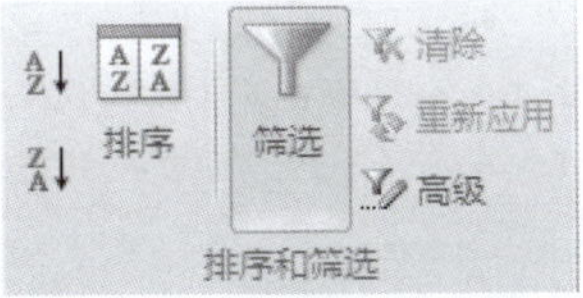

图16−27

❸ 此时工作表会进入自动筛选状态，标题栏中每一个单元格旁都会有一个下拉三角号，这是自动筛选的标志，如图16−28所示。

❹ 单击某一个单元格旁的下拉三角号，在弹出的下拉列表框中取消选中“全选”复选框，只选中要显示的项，如图16−29所示。

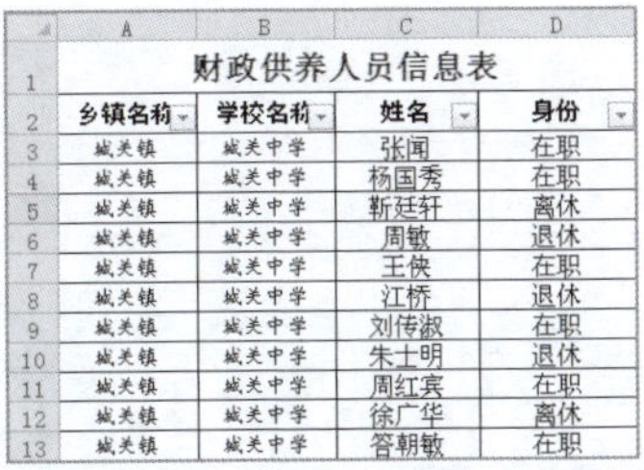

	A	B	C	D
1	财政供养人员信息表			
2	乡镇名称	学校名称	姓名	身份
3	城关镇	城关中学	张闻	在职
4	城关镇	城关中学	杨国秀	在职
5	城关镇	城关中学	靳廷轩	离休
6	城关镇	城关中学	周敏	退休
7	城关镇	城关中学	王侠	在职
8	城关镇	城关中学	江桥	退休
9	城关镇	城关中学	刘传淑	在职
10	城关镇	城关中学	朱士明	退休
11	城关镇	城关中学	周红宾	在职
12	城关镇	城关中学	徐广华	离休
13	城关镇	城关中学	答朝敏	在职

图16−28

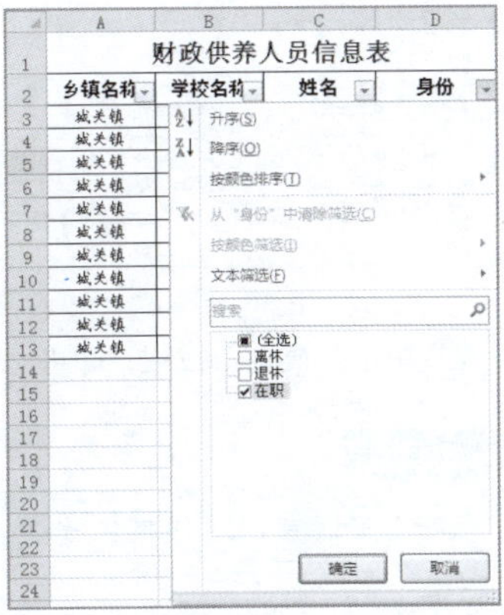

图16−29

❺ 单击“确定”按钮，其他记录会被隐藏，只显示被选择的记录。

注 意

如果要恢复到筛选前的显示状态，只需再次单击单元格旁的下拉三角号，在下拉列表框中选中“全选”复选框或者再次在“排序和筛选”选项组中单击“筛选”按钮，取消筛选。

技巧9　根据筛选下拉菜单进行快速筛选

❶ 选中用来存放“筛选下拉按钮”的单元格或行。

2 单击“数据”标签，在“排序和筛选”选项组中单击“筛选”按钮，此时工作表会进入自动筛选状态。

3 单击相应的“筛选下拉按钮”，在弹出的菜单中可以看出，可供筛选的项目非常多，此时如果手动查找需要筛选的项目将非常浪费时间，如图16-30所示。

4 在菜单中的“搜索”文本框中输入需要筛选的项目名称或数据，在下面的列表框中就会显示出搜索到的结果，如图16-31所示。

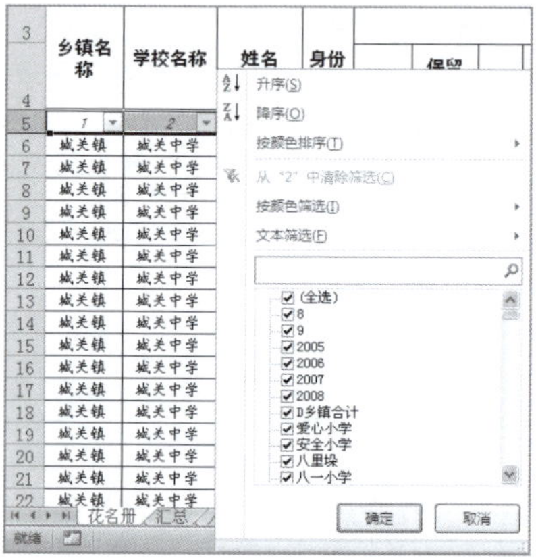

图16-30

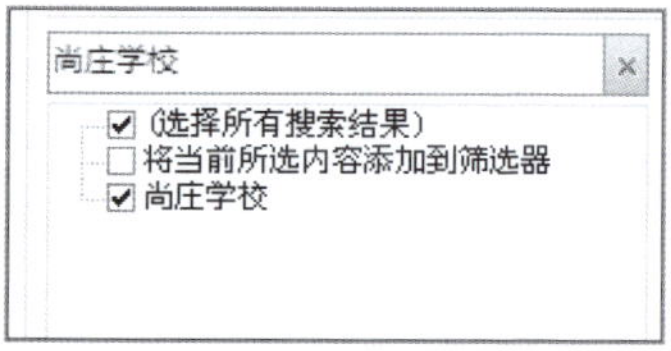

图16-31

5 单击“确定”按钮，即可完成筛选。

知识点

在这里还可以进行模糊搜索，例如需要搜索“尚庄学校”，只要输入“尚庄”，就可以搜索出所有包含“尚庄”二字的筛选项，此时再根据需要进行选择，这在需要搜索的项目名称较长时可起到节省时间的作用。

技巧10 进行多个条件数据筛选

“自动筛选”主要应用某一列筛选，而“高级筛选”可以对多个列进行筛选，具体操作方法如下。

1 选择第1、2、3、4行，单击鼠标右键，选择“插入”命令，插入四个空行。

2 在插入四个空行的“学生信息档案”中，拖动鼠标选取并复制A6:H6单元格区域，将其粘贴到A1:H2单元格区域，并在A2和C2单元格中输入筛选条件，如图16-32所示。

	A	B	C	D	E	F	G	H
1	语文	数学	英语	化学	物理	总成绩	姓名	等级
2	>=90		>=90					
3								
4								
5	学生成绩表							
6	语文	数学	英语	化学	物理	总成绩	姓名	等级
7	106	106	90	77	78	457	张ud	
8	100	100	75	47	95	417	刘璇	
9	95	95	45	96	86	417	尚非	
10	85	75	76	88	89	413	李贺	
11	85	85	71	88	84	413	金龙	
12	76	76	75	87	99	413	鲍凤	
13	85	85	46	93	77	386	蒋飞燕	
14	95	95	68	45	77	380	李始动	
15	67	67	75	75	75	359	刘云	
16	85	85	88	86	12	356	刘满河	
17	45	45	95	76	77	338	武均	
18	46	46	65	86	86	329	孙武	

图16-32

3 切换到“数据”选项卡，在“筛选和排序”工具组单击“高级”按钮，打开“高级筛选”对话框。

4 将光标定位在“列表区域”后面的文本框中，拖动鼠标选取A6:H18单元格区域。利用同样的方法设置“条件区域”为A1:H2单元格区域，如图16-33所示。

5 单击“确定”按钮，即可筛选出满足条件的结果，如图16-34所示。

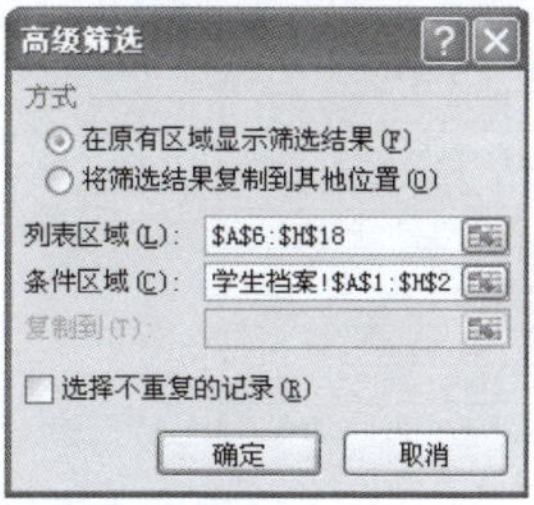

图16-33

	A	B	C	D	E	F	G	H
1	语文	数学	英语	化学	物理	总成绩	姓名	等级
2	>=90		>=90					
3								
4								
5	学生成绩表							
6	语文	数学	英语	化学	物理	总成绩	姓名	等级
7	106	106	90	77	78	457	张賽	
8								
9								

图16-34

注意

此方法多用于需要从一个内容非常多的表格中筛选出符合多个条件的数据。

技巧11 对复杂条件进行数据筛选

在Excel中进行自定义自动筛选时，筛选条件最多只能设置为两个。如果筛选条件超过两个该如何操作呢?

下面以工作表的B列中包含某种材料的型号代码，每种材料型号代码都由五段字母或数字组成，类似“1130-80-F030306-5TB1-T（40）（011）”，现在要在B列中筛选出其中第四段为“5TB1”、“11TB4”、“2TB1”，且第三段代码不为“F030305”的全部材料为例进行介绍。

❶ 本例中表格如图16-35所示。

	A	B	C
1	材料名称	材料型号	材料代码
2	法兰	1130-80-F030305-5TB1-T（40）（011）	PFWNU5S3RC0500-S4
3	法兰	1130-80-F030305-5TB1-T（40）（011）	PFSWU5S3RC0500-S6
4	闸阀	1130-80-F030305-5TB1-T（40）（011）	VGA0360RJ10300
5	闸阀	1130-80-F030305-5TB1-T（40）（011）	VGG06C0SH10301
6	管子	1130-80-F030306-5TB1-T（40）（011）	PPPS1S00C8200-S4
7	管子	1130-80-F030306-5TB1-T（40）（011）	PPPS1S00C8200-S4
8	同径三通	1130-80-F030306-5TB1-T（40）（011）	PWTES800C8200-S4
9	管子	1130-40-AG11601-2TB13R-N（011）	PPPS1S00C3200-XX
10	管子	1130-40-AG11601-2TB13R-N（011）	PPPS1S00C3200-XX

图16-35

❷ 在工作表的第1-5行插入空白行，接着在B1:C4区域中放置筛选条件，注意筛选条件与被筛选区域之间至少保留一个空行。

❸ 在B1和C1单元格中分别输入“材料型号”，在第2-4行中分别输入筛选条件，如图16-36所示。

	A	B	C
1		材料型号	材料型号
2		*5tb1-*	<>*f030305*
3		*11tb4-*	
4		*2tb1-*	
5			
6	材料名称	材料型号	材料代码
7	法兰	1130-80-F030305-5TB1-T（40）（011）	PFWNU5S3RC0500-S4
8	法兰	1130-80-F030305-5TB1-T（40）（011）	PFSWU5S3RC0500-S6
9	闸阀	1130-80-F030305-5TB1-T（40）（011）	VGA0360RJ10300
10	闸阀	1130-80-F030305-5TB1-T（40）（011）	VGG06C0SH10301
11	管子	1130-80-F030306-5TB1-T（40）（011）	PPPS1S00C8200-S4
12	管子	1130-80-F030306-5TB1-T（40）（011）	PPPS1S00C8200-S4
13	同径三通	1130-80-F030306-5TB1-T（40）（011）	PWTES800C8200-S4
14	管子	1130-40-AG11601-2TB13R-N（011）	PPPS1S00C3200-XX
15	管子	1130-40-AG11601-2TB13R-N（011）	PPPS1S00C3200-XX

图16-36

❹ 选择要筛选的数据区域中某个单元格，单击“数据”标签，在“排序和筛选”选项组中单击“高级”按钮，如图16-37所示。

❺ 在弹出“高级筛选”对话框中，“列表区域”已自动进行了选择，单击“条件区域”右侧的按钮，选择筛选条件所在的B1:C4区域，接着单击按钮，条件区域即被设置为“$B$1:$C$4”，如图16-38所示。

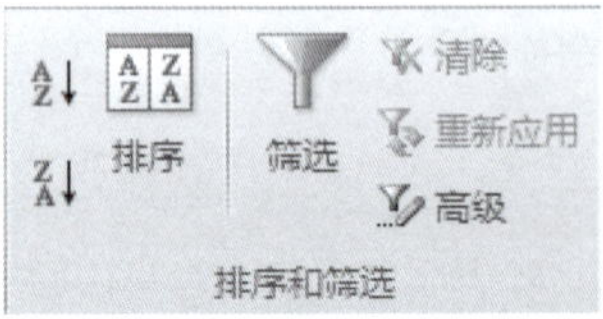

图16-37

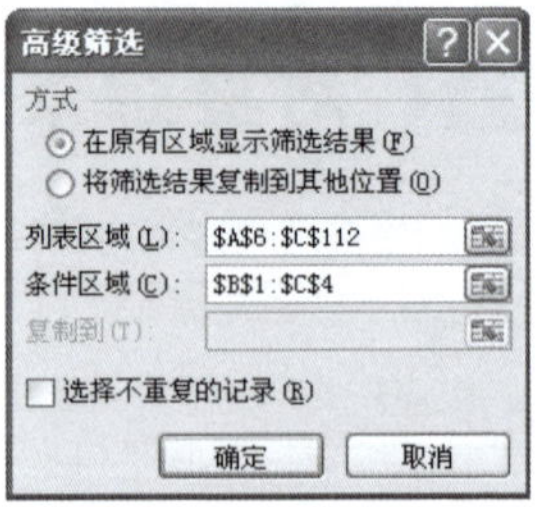

图16-38

6 单击“确定”按钮，即可完成高级筛选，如图16-39所示。

	A	B	C
1		材料型号	材料型号
2		*5tb1-*	<>*f030305*
3		*11tb4-*	
4		*2tb1-*	
5			
6	材料名称	材料型号	材料代码
7	管子	1130-80-F030306-5TB1-T（40）（011）	PPPS1S00C8200-S4
8	管子	1130-80-F030306-5TB1-T（40）（011）	PPPS1S00C8200-S4
9	同径三通	1130-80-F030306-5TB1-T（40）（011）	PWTES8B3C8200-S4
10	偏心大小头	1130-80-F030306-5TB1-T（40）（011）	PWRES8B3C8200-S4S4
11	90度弯头	1130-80-F030306-5TB1-T（40）（011）	PWE9S8B3C8200-S4
12	法兰	1130-80-F030306-5TB1-T（40）（011）	PFWNU5S3RC0500-S4

图16-39

知识点

B2:B4区域中各行的筛选条件关系为“或”，而第二行的两个条件关系为“与”。由于要排除的“F030305”全部包含在“5TB1”所在材料代码中，所以C2:C3区域中可以不用输入该条件，另外用“*2tb1-*”排除材料型号中包含“2TB13R”、“2TB11”等的记录。

技巧12　利用通配符快速筛选出满足条件的记录

通配符“*”表示一串字符（任意字符），“? ”表示一个字符，使用通配符可以快速筛选出一列中满足条件的记录。

1 先对数据进行自动筛选，接着单击相应的“筛选下拉按钮”，在弹出的菜单中选择“文本筛选”→“自定义筛选”菜单命令。

2 在弹出的“自定义自动筛选方式”对话框中，将关系符设置为“等于”，在后面的文本框中输入“刘*”，如图16-40所示。

3 单击“确定”按钮，即可筛选出工作表中所有姓“刘”的人员，如图16-41所示。

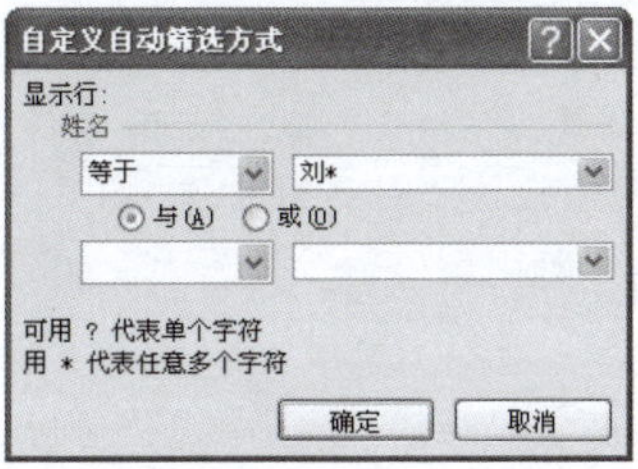

图16-40

	A	B	C	D	E	F	G	H
1	学生成绩表							
2	语文	数学	英语	化学	物理	总成绩	姓名	等级
3	100	100	75	47	95	417	刘璇	
5	67	67	75	75	75	359	刘云	
8	85	85	88	86	12	356	刘清河	

图16-41

知识点

使用自动筛选中的“与”条件，可以同时筛选出符合两个条件记录，用法和“或”条件类似。

技巧13 对数据进行合并求和计算

本例中以将“南京”和“温州”两个工作表进行合并求和计算，将结果保存到“汇总”工作表中为例介绍对数据进行合并求和计算。

1 本例中会用到的三个表格，如图16-42所示。

2 在“汇总”工作表中选中存放合并计算结果的单元格区域B3:D6，单击“数据”标签，在“数据工具”选项组中单击“合并计算”命令，如图16-43所示。

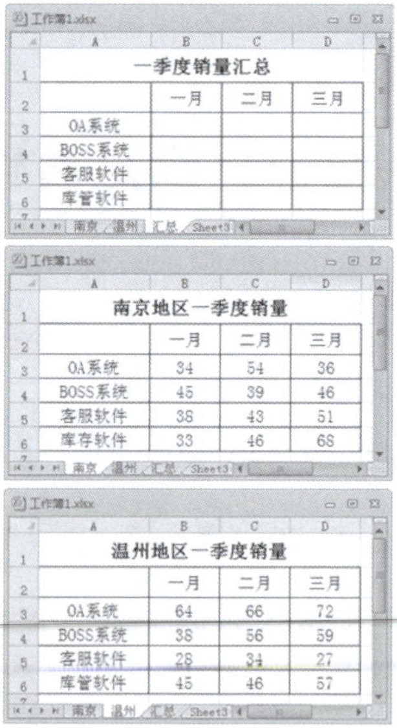

图16-42

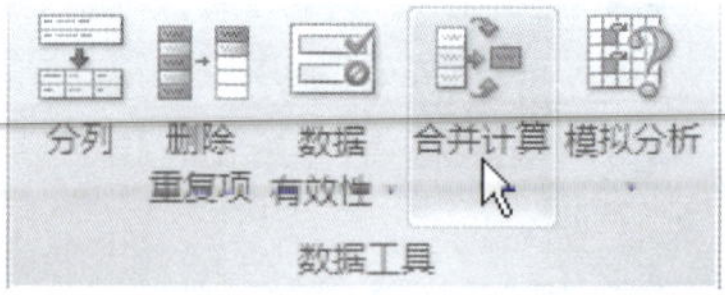

图16-43

3 在打开的“合并计算”对话框中单击“函数”下拉列表框，在弹出的列表中选择“求和”，接着在“引用位置”文本框中输入“南京!$B$3:$D$6”，单击“添加”按钮，将输入的引用位置添加到“所引用位置”列表中，如图16-44所示。

4 接着使用相同的方法将“温州!$B$3:$D$6”添加到“所引用位置”列表中，如图16-45所示。

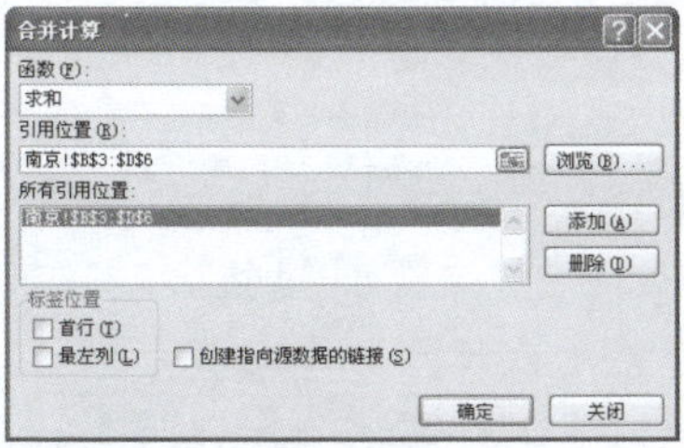

图16-44

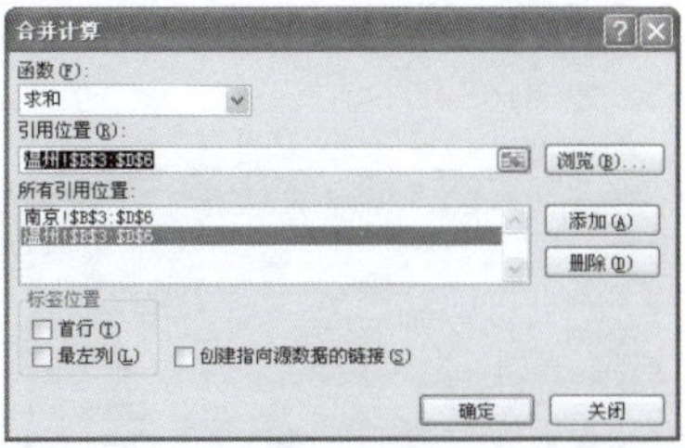

图16-45

❺ 单击“确定”按钮，在“汇总”工作表中即可得到合并求和计算的结果，如图16-46所示。

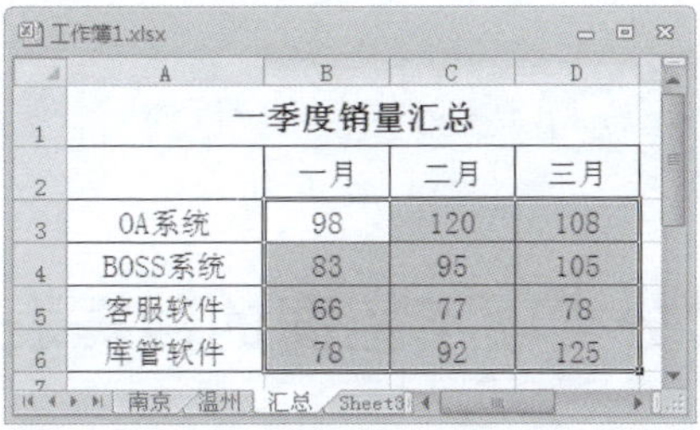

图16-46

知识点

使用本例中介绍的方法进行合并求和计算时，所有源区域中的数据必须相同地排列，也就是说想从每一个源区域中合并计算的数值必须在被选定源区域的相同的相对位置上。

技巧14　对数据进行合并求平均值计算

使用合并计算还可以对多个工作表进行合并求平均值计算，方法和合并求和计算相似，下面仍以技巧13中的表格数据为例，介绍对相同的工作表进行合并求平均值的方法。

❶ 在“汇总”工作表中选中存放合并计算结果的单元格区域B3:D6，单击“数据”标签，在“数据工具”选项组中单击“合并计算”命令。

❷ 在打开的“合并计算”对话框中单击“函数”下拉列表框，在弹出的列表中选择“平均值”，接着在“引用位置”文本框中输入“南京!$B$3:$D$6”，接着单击“添加”按钮，将输入的引用位置添加到“所引用位置”列表中。

❸ 接着使用相同的方法将“温州!$B$3:$D$6”添加到“所引用位置”列表中，如图16-47所示。

4 单击“确定”按钮，在“汇总”工作表中即可得到合并求和计算的结果，如图16-48所示。

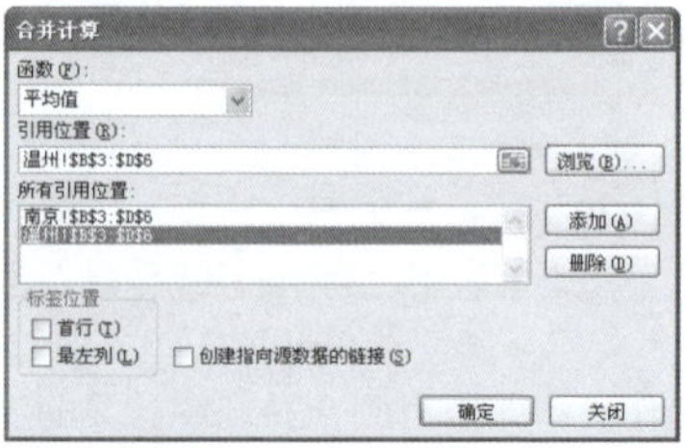

图16-47

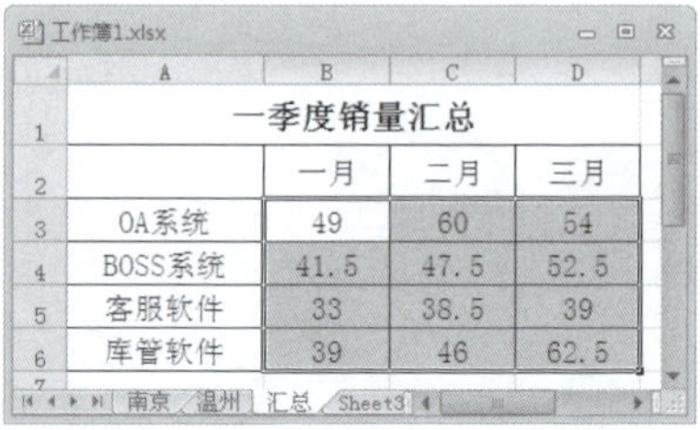
工作簿1.xlsx

	A	B	C	D
1	一季度销量汇总			
2		一月	二月	三月
3	OA系统	49	60	54
4	BOSS系统	41.5	47.5	52.5
5	客服软件	33	38.5	39
6	库管软件	39	46	62.5

南京 温州 汇总 Sheet3

图16-48

知识点

使用本例中介绍的方法进行合并求平均值计算时，也要保证所有源区域中的数据相同地排列。

技巧15 对分类项不相同的数据表合并计算

当需要合并的表格具有不同的内容时，我们可以根据这些表格的分类来分别进行合并。例如，某公司共有两个分公司，它们分别销售不同的产品，总公司要得到完整的销售报表时，就必须使用“分类”来合并计算数据。

1 本例中会用到的三个表格如图16-49所示。

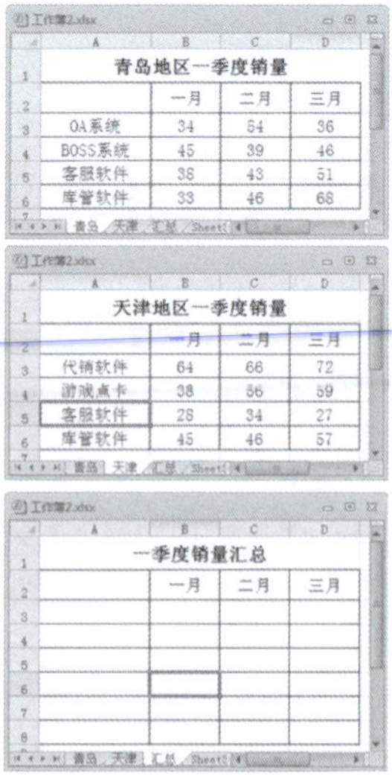
工作簿2.xlsx

	A	B	C	D
1	青岛地区一季度销量			
2		一月	二月	三月
3	OA系统	34	54	36
4	BOSS系统	45	39	46
5	客服软件	38	43	51
6	库管软件	33	46	68

	A	B	C	D
1	天津地区一季度销量			
2		一月	二月	三月
3	代销软件	64	66	72
4	游戏点卡	38	56	59
5	客服软件	28	34	27
6	库管软件	45	46	57

	A	B	C	D
1	一季度销量汇总			
2		一月	二月	三月

青岛 天津 汇总 Sheet3

图16-49

❷ 在“汇总”工作表中选中用来存放合并结果的单元格区域，接着单击“数据”标签，在“数据工具”选项组中单击“合并计算”按钮，打开“合并计算”对话框。

❸ 单击“函数”下拉列表框，在弹出的列表中选择“求和”，在“引用位置”文本框中输入“青岛!$A$3:$D$6”，单击“添加”按钮。

❹ 接着在“引用位置”文本框中输入“天津!$A$3:$D$6”，再次单击“添加”按钮，将两个工作表的引用位置添加到“所有”引用位置列表中，如图16-50所示。

❺ 在“标签位置”栏中选中“最左列”复选框，单击“确定”按钮，即可完成合并，如图16-51所示。

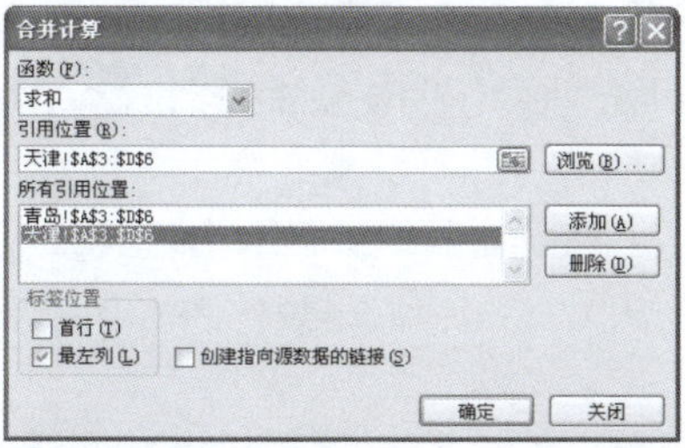

图16-50

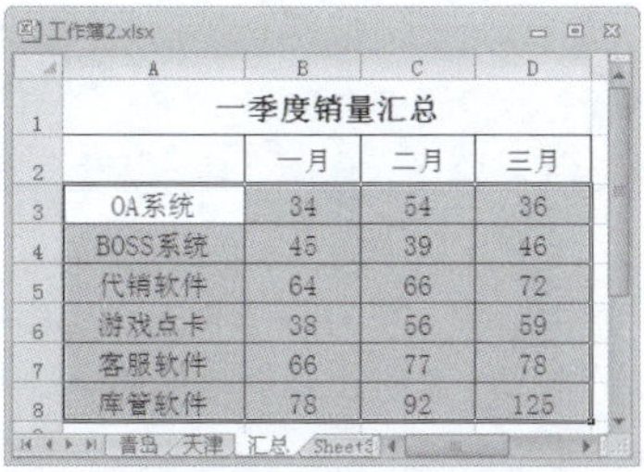

图16-51

知识点

由于本例数据标签在最左列，所以在“合并计算”对话框中的“标签位置”栏中选中“最左列”复选框。如果表格的分类项标签在表格首行，应该选中“首行”复选框。

技巧16　让合并计算结果自动动态更新

在Excel 2010中，可以利用合并计算得到的数据，根据原数据区域中数据的变化而自动更新，具体操作方法如下。

❶ 进行合并计算操作，打开“合并计算”对话框，如图16-52所示。

❷ 进行必要的设置后，选中“创建指向源数据的链接”复选框，接着单击“确定”按钮即可，如图16-53所示。

知识点

此方法多用于源数据需要经常更新的情况，这样设置后，可以省去不少麻烦。

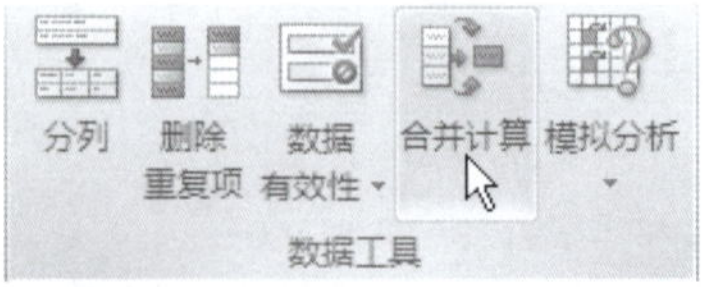

图18-52

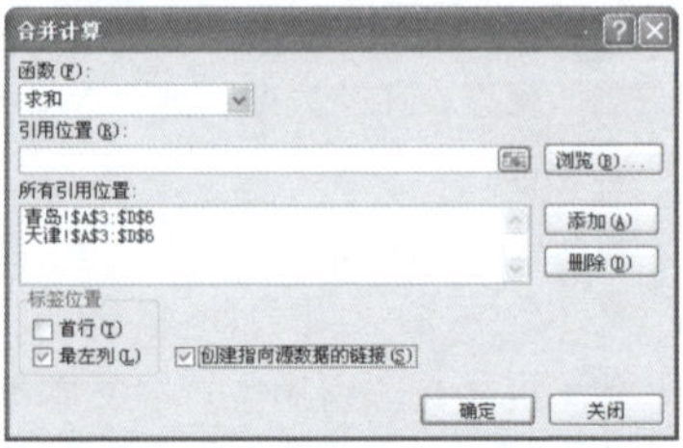

图16-53

技巧17 使用合并计算建立分户报表

本例以2010年8月份南京、上海、海口、珠海4个城市的销售额数据，分别在4个不同的工作表上，将这4个工作表中的全部类别分列显示在汇总工作表中为例进行介绍，使用合并计算建立分户报表。

1 本例中南京、上海、海口、珠海四个工作表中表格如图16-54所示。

2 在“汇总”工作表中选中存放合并计算结果的单元格区域，单击“数据”标签，在“数据工具”选项组中单击“合并计算”命令，打开“合并计算”对话框。

3 单击“函数”下拉列表框，在弹出的列表中选择“求和”，接着在“引用位置”文本框中输入“海口”工作表中的引用位置“海口!$A$3:$B$6”，接着单击“添加”按钮，将输入的引用位置添加到“所引用位置”列表中。

4 接着使用相同的方法将“南京”工作表中的引用位置“南京!$A$3:$B$7”，“上海”工作表中的引用位置“上海!$A$3:$B$7”，“珠海”工作表中的引用位置“珠海!$A$3:$B$5”依次添加到“所引用位置”列表中，如图16-55所示。

2010年8月份销售情况表

品种	南京销售额
B产品	6,650.00
C产品	8,000.00
D产品	1,000.00

2010年8月份销售情况表

品种	上海销售额
A产品	5,000.00
C产品	7,000.00
D产品	1,000.00
G产品	6,000.00

2010年8月份销售情况表

品种	海口销售额
B产品	6,650.00
A产品	5,000.00
C产品	8,000.00

2010年8月份销售情况表

品种	珠海销售额
C产品	8,000.00
F产品	1,200.00

图16-54

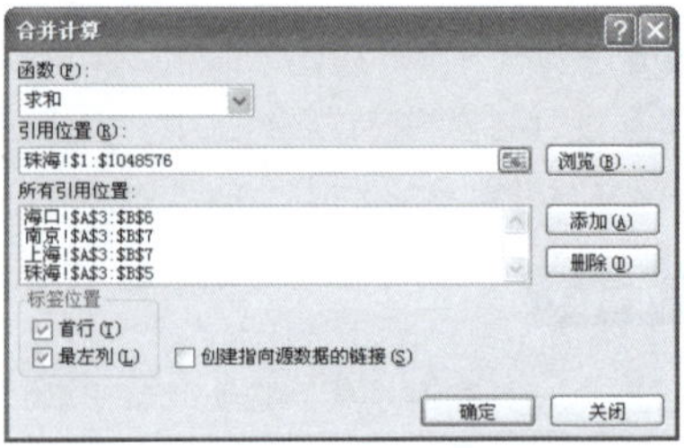

图16-55

❺ 在“标签位置”栏中选中“首行”复选框和“最左列”复选框，单击“确定”按钮，即可完成分户报表的建立，如图16-56所示。

	A	B	C	D	E
1	2010年8月分户销售情况表				
2					
3		海口销售额	南京销售额	上海销售额	珠海销售额
4	B产品	6,650.00	6,650.00		
5	A产品	5,000.00		5,000.00	
6	C产品	8,000.00	8,000.00	7,000.00	8,000.00
7	D产品		1,000.00	1,000.00	
8	G产品			6,000.00	
9	F产品				1,200.00

图16-56

知识点

在创建分户报表时，合并计算的函数不一定非要使用求和函数，也可以根据需要使用其他的函数。

技巧18 对复杂数据表的合并计算

对于一些格式较为简单的表格进行合并计算还是比较容易的事情，一般都能直接得到结果，但是对一些复杂格式的数据表进行合并计算就不那么容易了，下面以对A、B两个公司的资产负债表进行合并计算为例进行介绍。

❶ 本例中用到的表格都在同一个工作表中，如图16-57所示。

	A	B	C	D	E	F
1	资产负债表					
2	编制单位：A公司					
3	项目	年初数	年末数	项目	年初数	年末数
4	流动资产	120	200	流动负债	90	100
5						
6	长期投资	100	100	长期负债	50	50
7						
8	固定资产	110	120	实收资本	100	100
9	累计折旧	90	95	盈余公积	40	60
10	净值	20	25	未分配利润	30	105
11				所有者权益	170	265
12						
13	资产总额	240	325	负债及权益	310	415
14						
15	资产负债表					
16	编制单位：B公司					
17	项目	年初数	年末数	项目	年初数	年末数
18	流动资产	60	100	流动负债	90	80
19						
20	长期投资	30	60	长期负债	40	50
21						
22	固定资产	80	120	实收资本	80	100
23	累计折旧	50	65	盈余公积	30	60
24	净值	30	55	未分配利润	20	30
25				所有者权益	130	190
26						
27	资产总额	120	215	负债及权益	260	320

	H	I	J	K	L	M
1	资产负债表					
2	单位：AB公司					
3	项目	年初数	年末数	项目	年初数	年末数
4	流动资产			流动负债		
5						
6	长期投资			长期负债		
7						
8	固定资产			实收资本		
9	累计折旧			盈余公积		
10	净值			未分配利润		
11				所有者权益		
12						
13	资产总额			负债及权益		

图16-57

❷ 这里需要将合并计算后的结果先存放在一个空白区域，所以需要先选中这个空白区域左上角的第一个单元格。

❸ 单击“数据”标签，在“数据工具”选项组中单击“合并计算”命令，打开“合并计算”对话框。

❹ 单击“函数”下拉列表框，在弹出的列表中选择“求和”，接着在“引用位置”文本框中输入A公司表格中的引用位置“Sheet1!$A$3:$F$13”，接着单

击“添加”按钮，将输入的引用位置添加到“所引用位置”列表中。

5 接着使用相同的方法将B公司表格中的引用位置“Sheet1!$A$17:$F$27”，添加到“所引用位置”列表中，如图16-58所示。

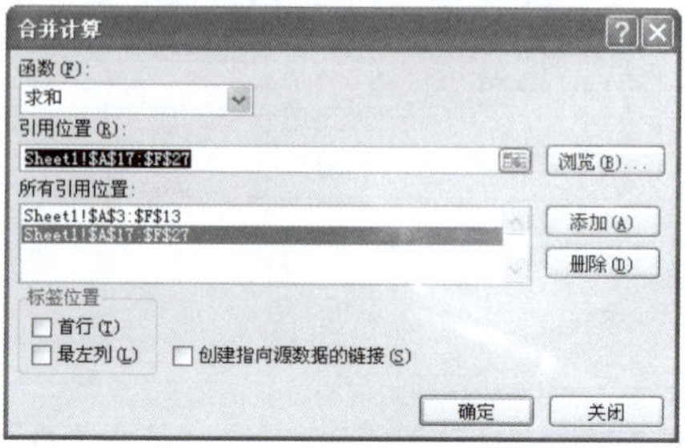

图16-58

6 单击“确定”按钮，即可得到合并计算的结果，如图16-59所示。

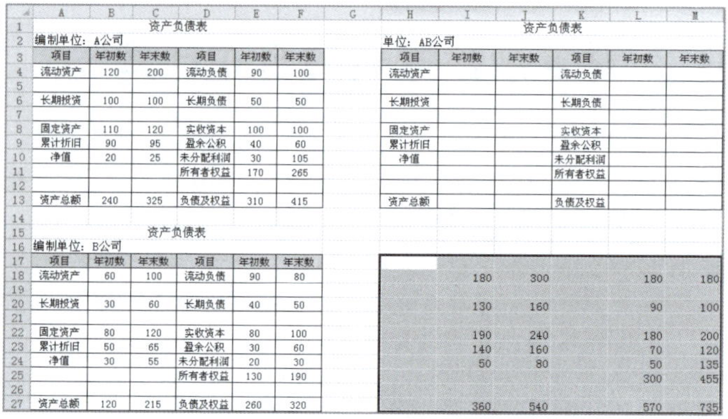

资产负债表

编制单位：A公司

项目	年初数	年末数	项目	年初数	年末数
流动资产	120	200	流动负债	90	100
长期投资	100	100	长期负债	50	50
固定资产	110	120	实收资本	100	100
累计折旧	90	95	盈余公积	40	60
净值	20	25	未分配利润	30	105
			所有者权益	170	265
资产总额	240	325	负债及权益	310	415

资产负债表

编制单位：B公司

项目	年初数	年末数	项目	年初数	年末数
流动资产	60	100	流动负债	90	80
长期投资	30	60	长期负债	40	50
固定资产	80	120	实收资本	80	100
累计折旧	50	65	盈余公积	30	60
净值	30	55	未分配利润	20	30
			所有者权益	130	190
资产总额	120	215	负债及权益	260	320

资产负债表

单位：AB公司

项目	年初数	年末数	项目	年初数	年末数
流动资产			流动负债		
长期投资			长期负债		
固定资产			实收资本		
累计折旧			盈余公积		
净值			未分配利润		
			所有者权益		
资产总额			负债及权益		

	180	300		180	180
	130	160		90	100
	190	240		180	200
	140	160		70	120
	50	80		50	135
				300	455
	360	540		570	735

图16-59

7 选中合并计算的结果区域（包括空白单元格），按下“Ctrl+C”组合键将这个区域复制，接着在汇总表中右键单击H3单元格，在弹出的菜单中选择“选择性粘贴”命令，如图16-60所示。

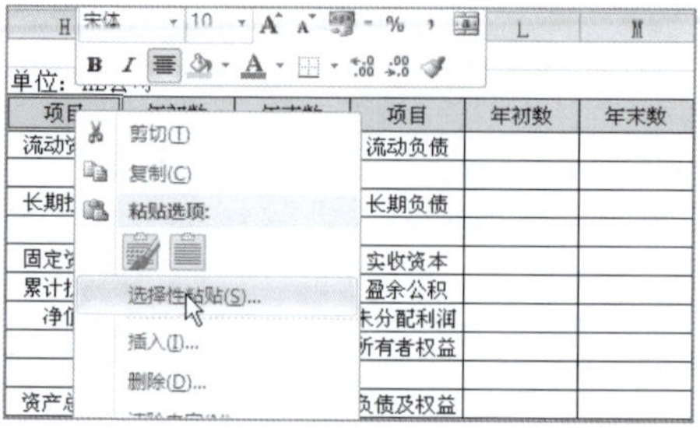

图16-60

8 在打开的“选择性粘贴”对话框中选中“跳过空单元格”复选框，如图16-61所示。

9 单击“确定”按钮，即可将选定的内容按当前表格中各项数据对应位置粘贴到汇总表中，同时跳过空单元格。接着重新设置表格中单元格边框即可，结果如图16-62所示。

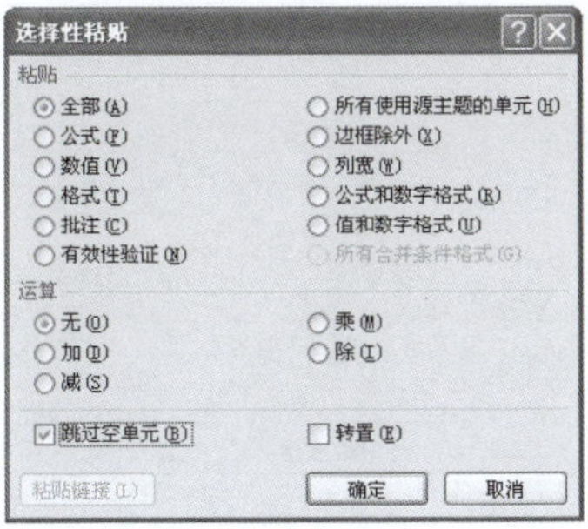

图16-61

资产负债表					
单位：AB公司					
项目	年初数	年末数	项目	年初数	年末数
流动资产	180	300	流动负债	180	180
长期投资	130	160	长期负债	90	100
固定资产	190	240	实收资本	180	200
累计折旧	140	160	盈余公积	70	120
净值	50	80	未分配利润	50	135
			所有者权益	300	455
资产总额	360	540	负债及权益	570	735

图16-62

知识点

在选择合并计算结果区域时，一定要选择和汇总表格中一样的单元格区域，这样在粘贴时才能“对号入座”。

技巧19 使用分类汇总功能快速统计数据

使用分类汇总命令，可以直接在数据区域中插入汇总行，从而可以同时看到数据明细和汇总。

1 本例中用到的表格如图16-63所示，本例中对“月份”列进行分类汇总。

	A	B	C	D	E	F
1	月份	日期	物品	数量	单价	金额
2	1月	3日	电视	8	1000	8000
3	1月	11日	电视	1	1000	1000
4	3月	9日	电视	1	1000	1000
5	2月	26日	洗衣机	5	1500	7500
6	2月	15日	冰箱	10	2000	20000
7	3月	10日	电视	3	1000	3000
8	3月	7日	洗衣机	5	1500	7500
9	1月	6日	冰箱	9	2000	18000
10	1月	23日	冰箱	8	2000	16000
11	2月	13日	电视	6	1000	6000
12	2月	14日	电视	6	1000	6000
13	1月	17日	洗衣机	2	1500	3000
14	1月	21日	洗衣机	4	1500	6000
15	2月	4日	洗衣机	2	1500	3000
16	2月	19日	冰箱	6	2000	12000
17	3月	19日	洗衣机	7	1500	10500
18	3月	6日	冰箱	6	2000	12000
19	3月	9日	冰箱	2	2000	4000

图16-63

❷ 选中“月份”列中任意一个单元格，单击“数据”标签，在“排序和筛选”选项组中单击升序按钮，对“月份”列进行排序，结果如图16-64所示。

❸ 选中数据区域中的任意一个单元格，单击“数据”标签，在“分级显示”选项组中单击“分类汇总”按钮，如图16-65所示。

	A	B	C	D	E	F
1	月份	日期	物品	数量	单价	金额
2	1月	3日	电视	8	1000	8000
3	1月	11日	电视	1	1000	1000
4	1月	6日	冰箱	9	2000	18000
5	1月	23日	冰箱	8	2000	16000
6	1月	17日	洗衣机	2	1500	3000
7	1月	21日	洗衣机	4	1500	6000
8	2月	26日	洗衣机	5	1500	7500
9	2月	15日	冰箱	10	2000	20000
10	2月	13日	电视	6	1000	6000
11	2月	14日	电视	6	1000	6000
12	2月	4日	洗衣机	2	1500	3000
13	2月	19日	冰箱	6	2000	12000
14	3月	9日	电视	1	1000	1000
15	3月	10日	电视	3	1000	3000
16	3月	7日	洗衣机	5	1500	7500
17	3月	19日	洗衣机	7	1500	10500
18	3月	6日	冰箱	6	2000	12000
19	3月	9日	冰箱	2	2000	4000

图16-64

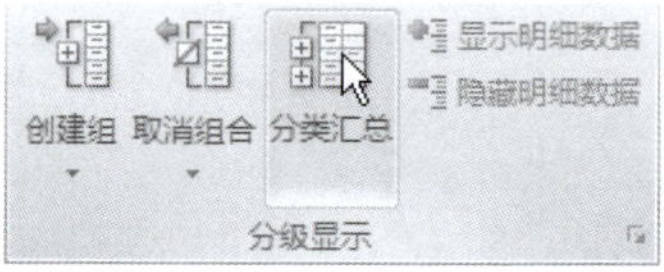

图16-65

❹ 在打开的“分类汇总”对话框中单击“分类自动”下拉列表框，选择“月份”；单击“汇总方式”下拉列表框，选择“求和”；接着在“选定汇总项”列表中选中“金额”复选框，如图16-66所示。

❺ 单击“确定”按钮，即可得到汇总结果，如图16-67所示。

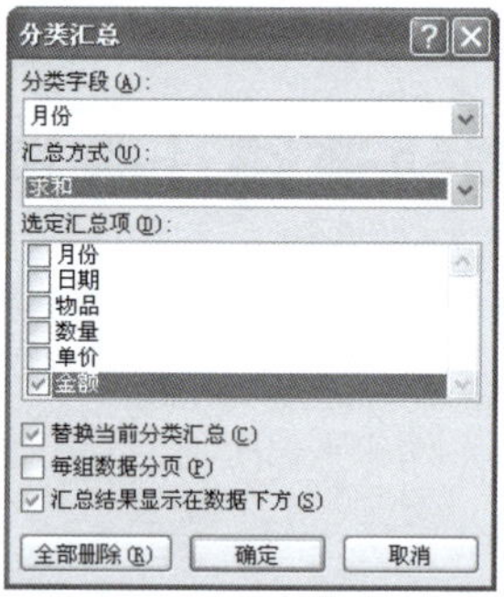

图16-66

	A	B	C	D	E	F
1	月份	日期	物品	数量	单价	金额
2	1月	3日	电视	8	1000	8000
3	1月	11日	电视	1	1000	1000
4	1月	6日	冰箱	9	2000	18000
5	1月	23日	冰箱	8	2000	16000
6	1月	17日	洗衣机	2	1500	3000
7	1月	21日	洗衣机	4	1500	6000
8	1月 汇总					52000
9	2月	26日	洗衣机	5	1500	7500
10	2月	15日	冰箱	10	2000	20000
11	2月	13日	电视	6	1000	6000
12	2月	14日	电视	6	1000	6000
13	2月	4日	洗衣机	2	1500	3000
14	2月	19日	冰箱	6	2000	12000
15	2月 汇总					54500
16	3月	9日	电视	1	1000	1000
17	3月	10日	电视	3	1000	3000
18	3月	7日	洗衣机	5	1500	7500
19	3月	19日	洗衣机	7	1500	10500
20	3月	6日	冰箱	6	2000	12000
21	3月	9日	冰箱	2	2000	4000
22	3月 汇总					38000
23	总计					144500

图16-67

注 意

在进行汇总前，一定要对需要绘制的列进行排序，否则将无法进行汇总。

技巧20 更改汇总方式得到不同的统计结果

上面的例子中对没有的销售金额进行汇总，如果需要求每月的平均值或最大值等，可以通过更改汇总方式。

❶ 在需要更改汇总方式的表格中选中任意一个单元格，单击“数据”标签，在“分级显示”选项组中单击“分类汇总”按钮，打开“分类汇总”对话框。

❷ 单击“汇总方式”下拉列表框，在弹出的列表中根据需要选择一种汇总方式，如“平均值”，如图16-68所示。

❸ 单击“确定”按钮，即可得到不同的结果，如图16-69所示。

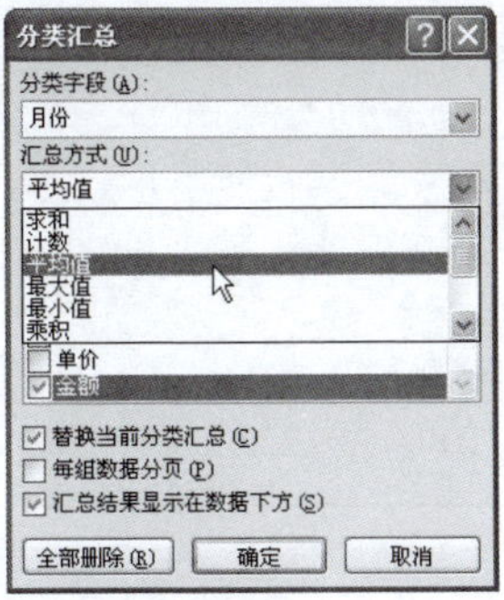

图16-68

	A	B	C	D	E	F
1	月份	日期	物品	数量	单价	金额
2	1月	3日	电视	8	1000	8000
3	1月	11日	电视	1	1000	1000
4	1月	6日	冰箱	9	2000	18000
5	1月	23日	冰箱	8	2000	16000
6	1月	17日	洗衣机	2	1500	3000
7	1月	21日	洗衣机	4	1500	6000
8	月 平均值					8666.667
9	2月	26日	洗衣机	5	1500	7500
10	2月	15日	冰箱	10	2000	20000
11	2月	13日	电视	6	1000	6000
12	2月	14日	电视	6	1000	6000
13	2月	4日	洗衣机	2	1500	3000
14	2月	19日	冰箱	6	2000	12000
15	月 平均值					9083.333
16	3月	9日	电视	1	1000	1000
17	3月	10日	电视	3	1000	3000
18	3月	7日	洗衣机	5	1500	7500
19	3月	19日	洗衣机	7	1500	10500
20	3月	6日	冰箱	6	2000	12000
21	3月	9日	冰箱	2	2000	4000
22	月 平均值					6333.333
23	总计平均值					8027.778

图16-69

知识点

不仅分类汇总方式可以更改，还可以根据需要对“分类字段”进行更改，从而得到不同分类汇总结果。

技巧21 多重分类汇总

如果需要对多个字段进行汇总，可以通过如下方法来实现。

❶ 对需要进行分类汇总的多列进行排序，本例中对“月份”列和“物品”列进行排序，结果如图16-70所示。

	A	B	C	D	E	F
1	月份	日期	物品	数量	单价	金额
2	1月	6日	冰箱	9	2000	18000
3	1月	23日	冰箱	8	2000	16000
4	1月	3日	电视	8	1000	8000
5	1月	11日	电视	1	1000	1000
6	1月	17日	洗衣机	2	1500	3000
7	1月	21日	洗衣机	4	1500	6000
8	2月	15日	冰箱	10	2000	20000
9	2月	19日	冰箱	6	2000	12000
10	2月	13日	电视	6	1000	6000
11	2月	14日	电视	6	1000	6000
12	2月	26日	洗衣机	5	1500	7500
13	2月	4日	洗衣机	2	1500	3000
14	3月	6日	冰箱	6	2000	12000
15	3月	9日	冰箱	2	2000	4000
16	3月	9日	电视	1	1000	1000
17	3月	10日	电视	3	1000	3000
18	3月	7日	洗衣机	5	1500	7500
19	3月	19日	洗衣机	7	1500	10500

图16-70

❷ 打开“分类汇总”对话框，设置“分类字段”为“月份”，“汇总方式”为“求和”，“汇总项”为“金额”，如图16-71所示。

❸ 单击“确定”按钮，即可得到“月份”列的汇总结果，如图16-72所示。

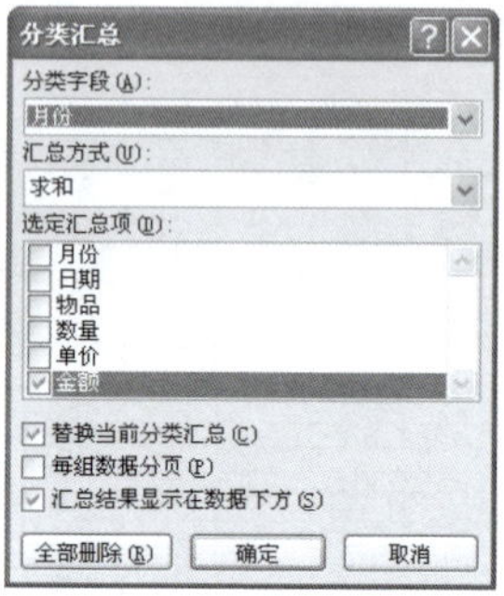

图16-71

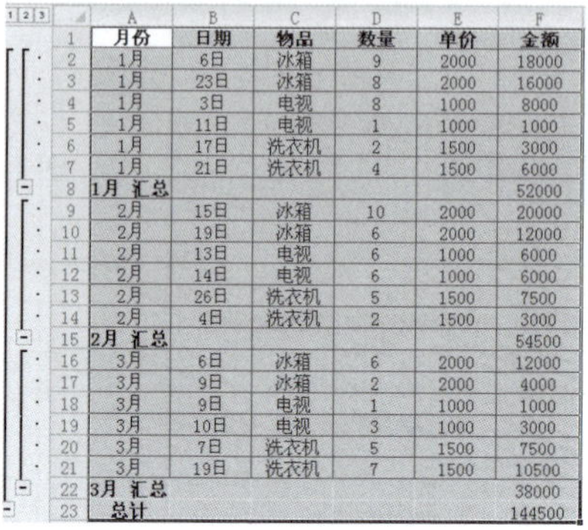

	A	B	C	D	E	F
1	月份	日期	物品	数量	单价	金额
2	1月	6日	冰箱	9	2000	18000
3	1月	23日	冰箱	8	2000	16000
4	1月	3日	电视	8	1000	8000
5	1月	11日	电视	1	1000	1000
6	1月	17日	洗衣机	2	1500	3000
7	1月	21日	洗衣机	4	1500	6000
8	1月 汇总					52000
9	2月	15日	冰箱	10	2000	20000
10	2月	19日	冰箱	6	2000	12000
11	2月	13日	电视	6	1000	6000
12	2月	14日	电视	6	1000	6000
13	2月	26日	洗衣机	5	1500	7500
14	2月	4日	洗衣机	2	1500	3000
15	2月 汇总					54500
16	3月	6日	冰箱	6	2000	12000
17	3月	9日	冰箱	2	2000	4000
18	3月	9日	电视	1	1000	1000
19	3月	10日	电视	3	1000	3000
20	3月	7日	洗衣机	5	1500	7500
21	3月	19日	洗衣机	7	1500	10500
22	3月 汇总					38000
23	总计					144500

图16-72

❹ 再次打开“分类汇总”对话框，设置“分类字段”为“物品”，“汇总方式”为“求和”，“汇总项”为“金额”。

❺ 取消选中“替换当前分类汇总”复选框，如图16-73所示。

❻ 单击“确定”按钮，即可得到“物品”列的分类汇总，如图16-74所示。

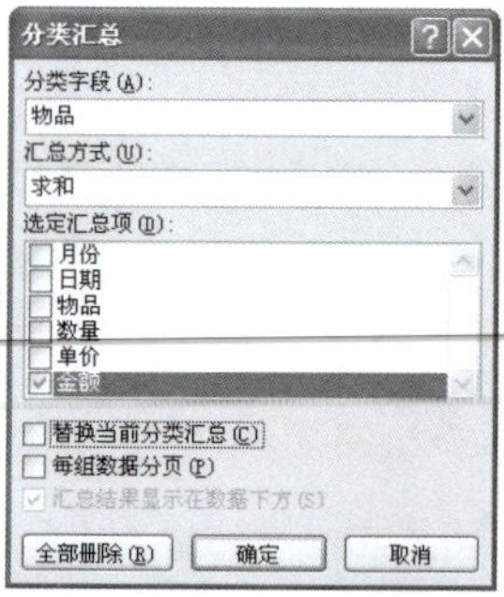

图16-73

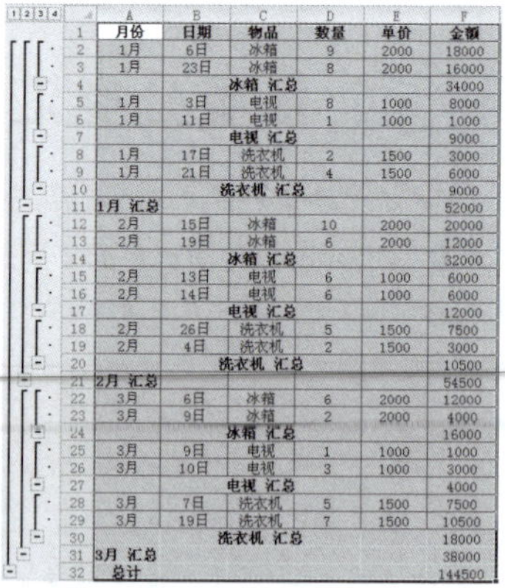

	A	B	C	D	E	F
1	月份	日期	物品	数量	单价	金额
2	1月	6日	冰箱	9	2000	18000
3	1月	23日	冰箱	8	2000	16000
4			冰箱 汇总			34000
5	1月	3日	电视	8	1000	8000
6	1月	11日	电视	1	1000	1000
7			电视 汇总			9000
8	1月	17日	洗衣机	2	1500	3000
9	1月	21日	洗衣机	4	1500	6000
10			洗衣机 汇总			9000
11	1月 汇总					52000
12	2月	15日	冰箱	10	2000	20000
13	2月	19日	冰箱	6	2000	12000
14			冰箱 汇总			32000
15	2月	13日	电视	6	1000	6000
16	2月	14日	电视	6	1000	6000
17			电视 汇总			12000
18	2月	26日	洗衣机	5	1500	7500
19	2月	4日	洗衣机	2	1500	3000
20			洗衣机 汇总			10500
21	2月 汇总					54500
22	3月	6日	冰箱	6	2000	12000
23	3月	9日	冰箱	2	2000	4000
24			冰箱 汇总			16000
25	3月	9日	电视	1	1000	1000
26	3月	10日	电视	3	1000	3000
27			电视 汇总			4000
28	3月	7日	洗衣机	5	1500	7500
29	3月	19日	洗衣机	7	1500	10500
30			洗衣机 汇总			18000
31	3月 汇总					38000
32	总计					144500

图16-74

知识点

使用此方法可以对更多的自动进行汇总，关键是要在“分类汇总”对话框中取消选中“替换当前分类汇总”复选框。

技巧22 快速分级浏览

创建了分类汇总后，会自动启用分级显示视图，这使得按数据的级别来对数据列表进行多层次浏览变得非常方便。

❶ 单击表格左上角的1按钮（以技巧21中的分类汇总结果为例），可以得切换到分级显示视图第一级内容，如图16-75所示。

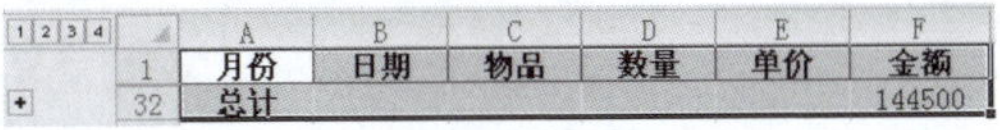

图16-75

❷ 单击表格左上角的按钮，可以得切换到分级显示视图第一级内容，如图16-76所示。

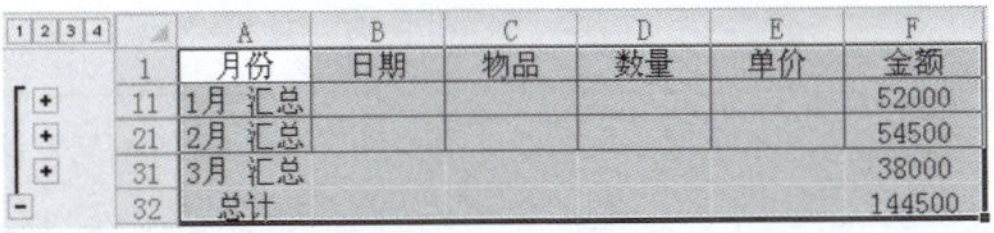

图16-76

❸ 依次类推，可以查看不同分级下的数据。

知识点

使用此方法可以对各级汇总数据进行快速查询，给数据分析带来了极大的方便。

技巧23 删除分类汇总

在对数据进行分类汇总后，如果不再需要了，可以将分类汇总删除。

❶ 定位到需要删除分类汇总的工作表。

❷ 单击“数据”标签，在“分级显示”选项组中单击“分类汇总”按钮，打开“分类汇总”对话框。

❸ 单击左下角的“全部删除”按钮，即可将分类汇总删除，如图16-77所示。

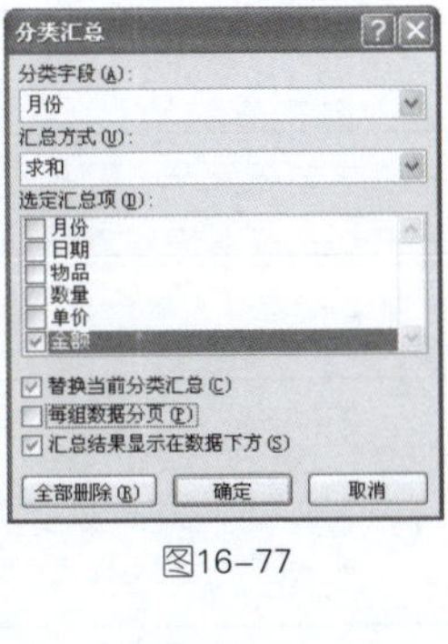

图16-77

知识点

在“分类汇总”对话框中单击“全部删除”按钮后，会将当前工作表中的所有分类汇总都删除。

读书笔记

第17章

常用公式与函数应用

技巧1 了解公式中的运算符

在Excel中，运算符用于对指定操作数或单元格引用数据执行何种运算，在公式中起着重要作用。

运算符的类型

Excel 2010中包含四种类型的运算符：算术运算符、比较运算符、文本运算符和引用运算符，下面进行讲解。

1. 比较运算符

使用比较运算符可以把两个值进行比较。当用运算符比较两个值时，结果为逻辑值：TRUE或FALSE。Excel 2010中比较运算符的种类和含义如表17-1所示。

表17-1

比较运算符	含 义	实 例
>（大于号）	大于	A1>B1
<（小于号）	小于	A1<B1
=（等于号）	等于	A1=B1
>=（大于等于号）	大于等于	A1>=B1
<=（小于等于号）	小于等于	A1<=B1
<>（不等于号）	不等于	A1<>B1

2. 算术运算符

算术运算符是在Excel 2010中包含的4种运算符之一。若要完成单元格内数据的数学运算（如加法、减法和乘法）、合并数字以及生成数值结果，可以使算术运算符，Excel 2010中算术运算符的种类和含义如表17-2所示。

表17-2

算术运算符	含 义	实 例
+（加号）	加法	4+9
–（减号）	减法或负数	8–6
*（星号）	乘法	3*8
:（冒号）	区域运算符，生成对两个引用之间的所有单元格的引用，包括这两个引用	B5:B15

续表

算术运算符	含 义	实 例
,（逗号）	联合运算符，将多个引用合并为一个引用	B5:B15,D5:D15
（空格）	交叉运算符，生成对两个引用共同的单元格的引用	B7:D7 C6:C8
/（正斜杠）	除法	9/3
%（百分号）	百分比	50%
^（脱字号）	乘方	2^3

3. 文本运算符

使用“与”（&）号可以或连接一个或多个文本字符串，以生成一段文本，这个“与”（&）号就是文本运算符，文本运算符的种类和含义如表17–3所示。

表17–3

文本运算符	含 义	实 例
&（与号）	将两个文本值连接或串起来产生一个连续的文本值	"North"&"Wind"

4. 引用运算符

在公式或函数中需要引用其他单元格中数据进行计算时，可以使用引用运算符对单元格区域进行合并计算。Excel 2010中引用运算符的种类和含义如表17–4所示。

表17–4

引用运算符	含 义	实 例
:（冒号）	区域运算符，生成对两个引用之间的所有单元格的引用，包括这两个引用	B5:B15
,（逗号）	联合运算符，将多个引用合并为一个引用	B5:B15,D5:D15
（空格）	交叉运算符，生成对两个引用共同的单元格的引用	B7:D7 C6:C8

运算符的优先级

公式一般按特定次序进行计算，因此执行计算的次序会影响公式的返回值。Excel 2010按照公式中每个运算符的特定次序从左到右计算公式。

如果一个公式中有若干个运算符，Excel 2010将按各种运算符的不同优先级一次进行计算。如果一个公式中的若干个运算符具有相同的优先顺序（例如，一个公式中既有乘号又有除号），Excel 2010将从左到右进行计算。Excel 2010运算符的优先级如表17–5所示。

表17–5

运算符（从高到低）	含 义
:（冒号）	引用运算符
（空格）	
,（逗号）	
–（负号）	负数（如–1）
%（百分号）	百分比
^（脱字号）	乘方
*和/（星号和正斜杠）	乘和除
+和–（加号和减号）	加和减
&（与号）	连接两个文本字符串（串连）
=（等号）	比较运算符
<和>（小于和大于）	
<=（小于等于）	
>=（大于等于）	
<>（不等于）	

使用“新建名称”对话框创建名称

因运算符有优先级，若要更改求值的顺序，可以将公式中要先计算的部分用括号括起来。

例如：公式“=5+2*3”，优先计算“2*3”，再计算“5+6”，得出结果是“11”。

但是，如果用括号将该公式更改为“=（5+2）*3”，则优先计算的是“5+2”，再计算“7*3”，得出结果“21”。

提 示

了解公式中的运算符是使用公式的前提，在公式中进行的数学运算是与运算符息息相关的。

技巧2 了解公式的构成

使用公式可进行诸如加、减、乘、除等简单的计算，也可以完成很复杂的财务、统计及科学计算，还可以用公式进行比较或操作文本。如果函数要以公式的形式出现，它必须有两个组成部分，一个是函数名称前面的等号，另一个则是函数本身。

Excel中的公式主要由等号（=）、操作符、运算符组成。公式以等号（=）开始，用于表明之后的字符为公式。紧随等号之后的是需要进行计算的元素（操作数），各操作数之间以算术运算符分隔，如图17-1所示。

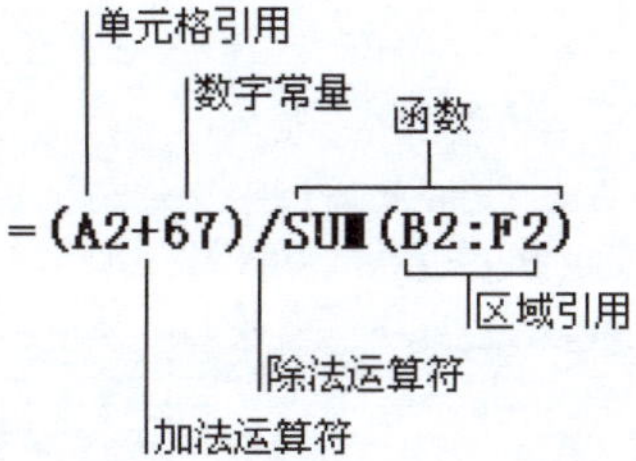

图17-1

图中所示的公式的含义为：

（1）将A2单元格中的数值加上67。

（2）计算B2单元格到F2单元格的和，即B2+C2+D2+E2+F2。

（3）将（1）的结果除以（2）的结果。

以公式“=SUM(E1:H1)*A1+26”为例，它要以等号“=”开始，其内部可以包括函数、引用、运算符和常量。上式中的“SUM(E1:H1)”是函数，“A1”则是对单元格A1 的引用（使用其中存储的数据），“26”则是常量，“*”和“+”则是算术运算符（另外还有比较运算符、文本运算符和引用运算符）。

提 示

Excel函数即是预先定义，执行计算、分析等处理数据任务的特殊公式；引用的作用在于标识工作表上的单元格或单元格区域，并指明公式中所使用的数据的位置。

技巧3 快速复制公式的几种方法

拖动复制法

选中存放公式的单元格，移动光标至单元格右下角。待光标变成+状时，按住鼠标左键不放，拖动至合适的位置完成公式的复制和计算。

输入复制法

选中需要使用该公式的所有单元格，输入公式，完成后按下“Ctrl+Enter”组合键，该公式就会被复制到已选中的所有单元格。

选择性粘贴法

1 选中存放公式的单元格，并将其复制。

2 选中需要粘贴公式的单元格或单元格区域，在选中区域内单击鼠标右键，在弹出的右键菜单中“选择性粘贴”命令。

3 在打开“选择性粘贴”对话框后选中“公式”单选项，单击“确定”按钮，公式就会被复制到已选中的单元格，如图17-2所示。

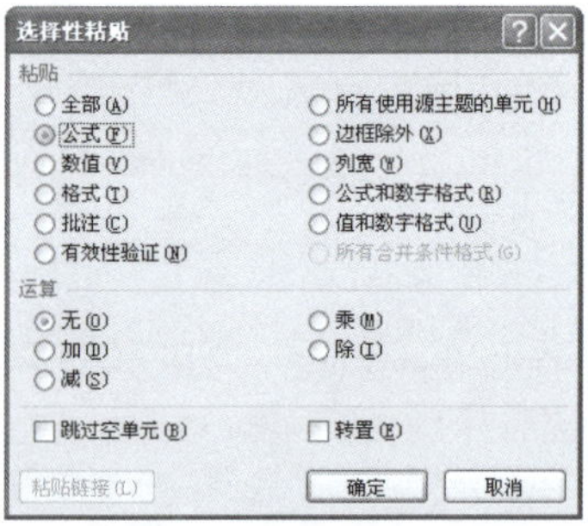

图17-2

提 示

在复制公式时，如果公式中对单元格的引用是相对引用，则公式中的引用位置会随着公式位置的改变而改变。

技巧4 数组公式的使用

Excel中数组公式非常有用，尤其在不能使用工作表函数直接得到结果时，数组公式显得特别重要，它可建立产生多值或对一组值而不是单个值进行操作的公式。

❶ 选中用来保存计算结果的单元格。

❷ 在编辑栏中输入公式，接着按下“Ctrl+Shift+Enter”组合键锁定数组公式，Excel将自动在公式两边加上“{}”括号。

❸ 将鼠标移到选中单元格的右下角，当鼠标变成+状时按住鼠标左键拖动到合适位置即可进行计算。

提 示

如果想取消数组公式，只需要选中数组区域并且激活编辑公式栏，公式两边的“{}”括号将会消失，也就是解除锁定。要想将编辑公式栏中的数据清除，按下“Ctrl+Shift+Enter”组合键即可。

技巧5 公式的查错与监视

公式的查错与监视功能非常实用。下面以实例进行说明。

公式的查错

❶ 在如图17-3所示表格的C1单元格中输入公式“=B1/A1”，按下回车键会显示出“#DIV/0!”错误。

❷ 单击“公式”标签，在“公式审核”选项组中单击“错误检查”按钮，如图17-4所示。

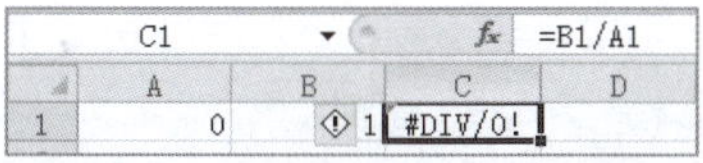

图17-3

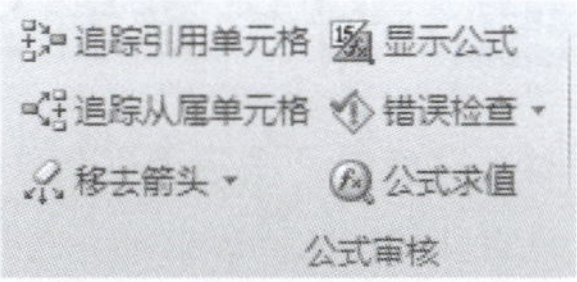

图17-4

❸ 在弹出的“错误检查”对话框中，可以看到检查出的公式中的错误，如图17-5所示。

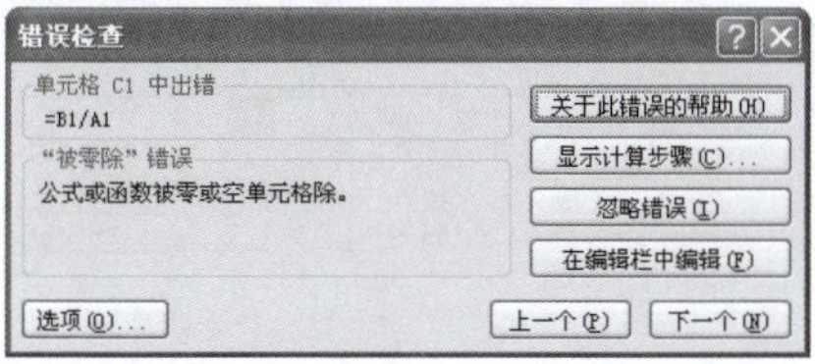

图17-5

4 了解了公式中存在的错误后，接着对公式中错误之处进行修改即可。

公式的监视

如果用户在多个单元格或工作表中设置了公式，要想查看公式和计算结果，必须反复滚动窗口或切换工作表。使用“监视窗口”可以提高查看公式的效率。

1 单击“公式”标签，在“公式审核”选项组中单击“监视窗口”按钮，打开“监视窗口”对话框。

2 选中含有公式的单元格（有多个单元格可以按住Ctrl键逐个选中）。

3 单击“监视窗口”对话框中“添加监视”按钮，即可将选中单元格的公式及其计算结果显示在监视窗口中，观察起来非常方便，如图17-6所示。

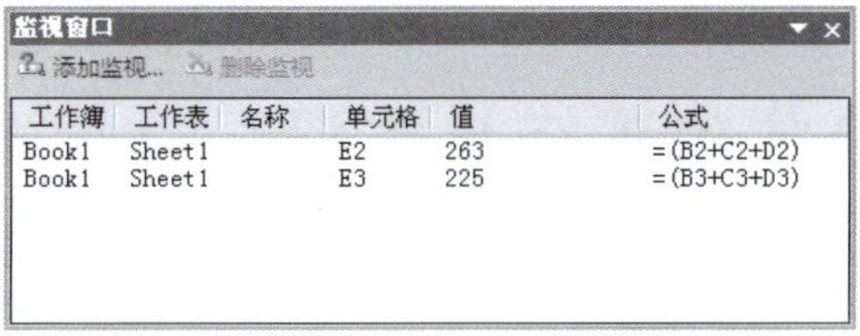

图17-6

提 示

在“错误检查”对话框中单击左下角的“选项”按钮，在打开的“Excel选项”对话框中可以对错误检查规则进行设置。

技巧6 分步查看公式结果

使用公式时，出于调试复杂公式的需要，可能需要知道公式中某一部分或分步查看几部分的计算结果。此时可以通过如下方法来实现。

1 选定需要查看公式的单元格，按F2键或双击此单元格显示出此单元格中的公式。

2 拖动鼠标选中公式中需要检查的部分，按下F9键即可显示被选中部分的计算结果，如图17-7所示。

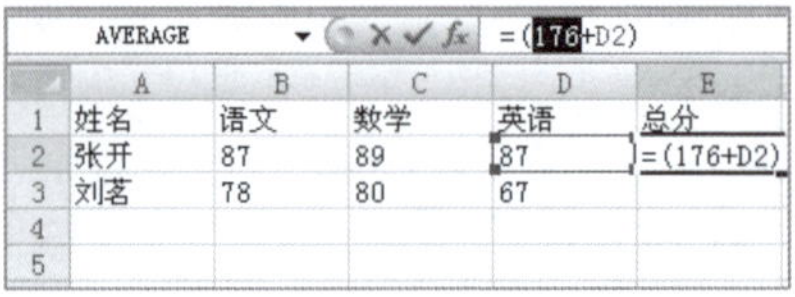

图17-7

3 重复上述步骤，即可实现分步查看公式结果。

提 示

分步查看公式结果的方法还可以用于检查公式中的错误。

技巧7 查看常用函数的计算结果

Excel提供了上百种函数命令，可是对于大多数用户来说经常用到的只是其中一小部分，比如算术求和（SUM函数）、求最大值（MAX函数）、求最小值（MIN函数）、求平均值（AVERAGE函数）等。对于这些简单的函数应用，Excel提供了更加直接的函数利用方式。如果仅仅查看某些数据的结果，可采取如下方法快速查看常用函数的计算结果。

1 右键单击Excel状态栏位置，在弹出的菜单中确认平均值、最大值、最小值、求和复选菜单项都已被选中，如图17-8所示。

2 在选定需要进行运算的单元格后，状态栏会立即显示出计算结果，如图17-9所示。

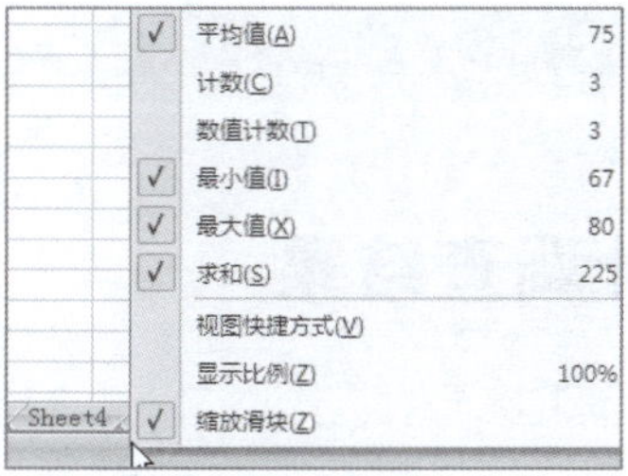

图17-8

图17-9

提 示

右键单击Excel状态栏位置，在弹出的菜单中还可以选择其他函数，如“数值计算”等。

技巧8 函数提示工具的妙用

用户在Excel中直接输入公式的函数名和参数时，不能看到函数格式和参数的提示，这是公式发生错误的一个重要原因。其实，在Excel中有一个函数工具提示功能。

1 以公式“=SUMIF（A1:A8）”为例，当输入“=SUMIF（）”后，公式

下方会显示函数工具提示条，提供了有关函数和参数的语法信息，如图17-10所示。

❷ 只要单击一下其中的函数或参数名称，即可打开帮助获得更多信息。十分简单、方便，如图17-11所示。

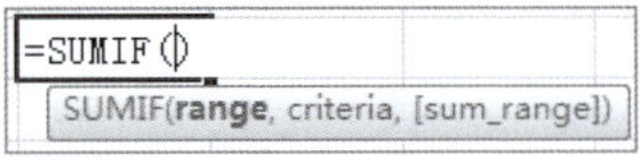

图17-10

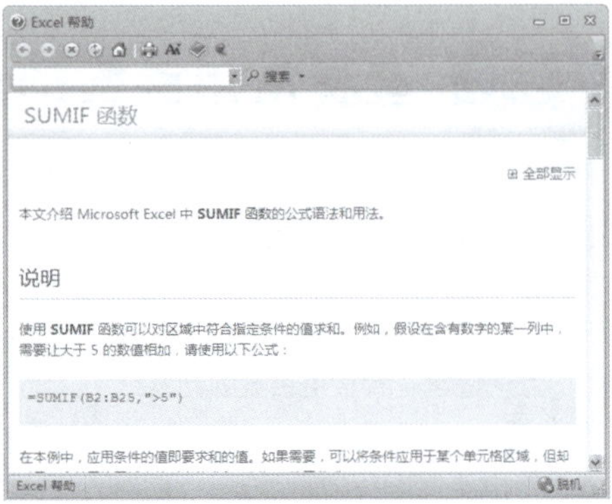

图17-11

提 示

在打开的"Excel帮助"窗口中，可以查看到用户点击的函数或参数的详细说明和使用方法，非常方面。

技巧9 使用逻辑函数统计调查结果

使用逻辑函数可以进行真假值判断，或者进行复合检验。例如某企业进行了一次市场问卷调查，现对各个年龄进行分类统计，可以通过如下方法来实现。

❶ 本例中用到的表格如图17-12所示。

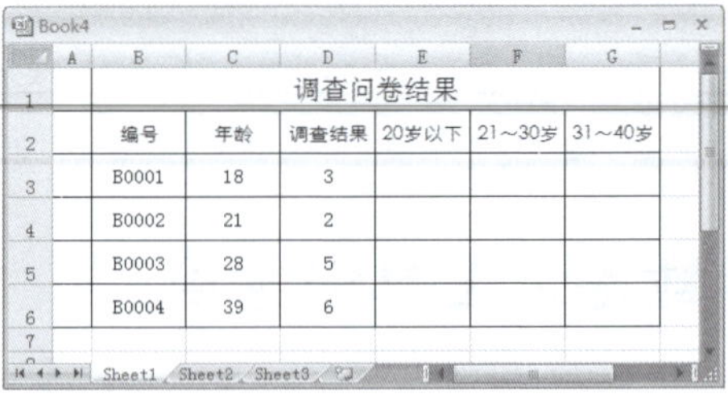

调查问卷结果					
编号	年龄	调查结果	20岁以下	21～30岁	31～40岁
B0001	18	3			
B0002	21	2			
B0003	28	5			
B0004	39	6			

图17-12

❷ 统计20岁以下的人数：在E3单元格中输入公式"=IF(AND(C3<=20),D3,"")"，回车后即可得到年龄在20岁以下的人数，然后填充本列中需要填充的单元格，如图17-13所示。

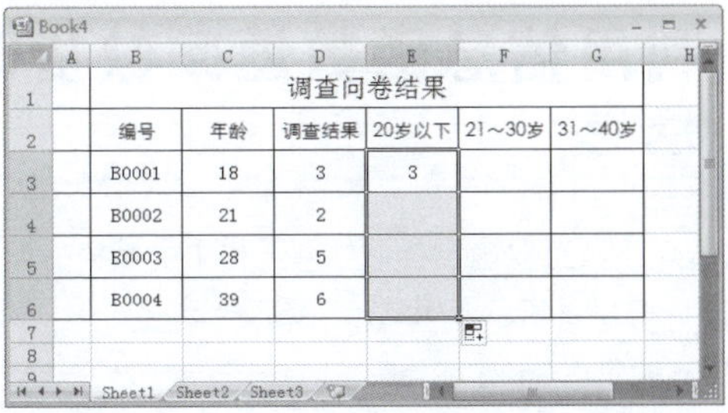

调查问卷结果					
编号	年龄	调查结果	20岁以下	21～30岁	31～40岁
B0001	18	3	3		
B0002	21	2			
B0003	28	5			
B0004	39	6			

图17-13

❸ 统计21～30岁的人数：在F3单元格中输入公式“=IF(AND(C3>=21,C3<=30),D3,"")”，回车后即可得到年龄在20～30岁的人数，然后填充本列中需要填充的单元格，如图17-14所示。

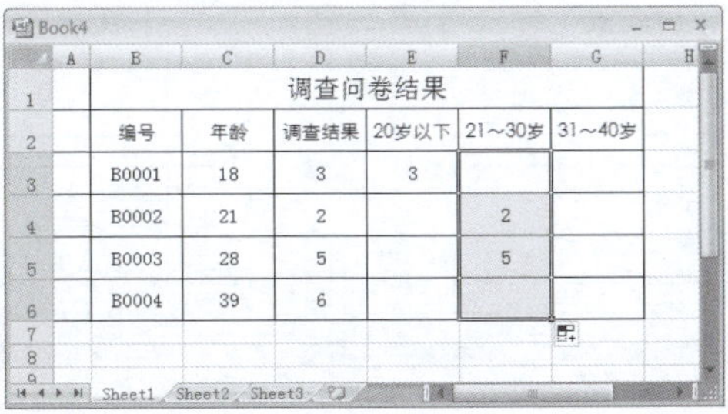

调查问卷结果					
编号	年龄	调查结果	20岁以下	21～30岁	31～40岁
B0001	18	3	3		
B0002	21	2		2	
B0003	28	5		5	
B0004	39	6			

图17-14

❹ 统计31～40岁的人数：在G3单元格中输入公式“=IF(AND(C3>=31,C3<=40),D3,"")”，回车后即可得到年龄在31～40岁的人数，然后填充本列中需要填充的单元格，如图17-15所示。

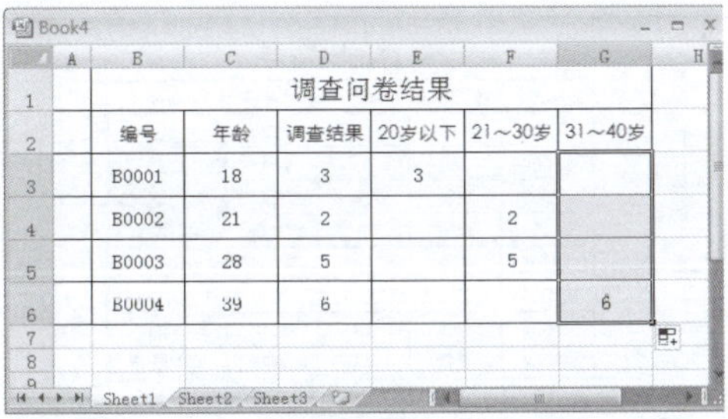

调查问卷结果					
编号	年龄	调查结果	20岁以下	21～30岁	31～40岁
B0001	18	3	3		
B0002	21	2		2	
B0003	28	5		5	
B0004	39	6			6

图17-15

提 示

在步骤3中，由于F3单元格所在行没有年龄在20～30岁的人数，所以F3单元格没有显示，此时只要向下填充本列中需要计算年龄在20～30岁的人数的单元格即可。

技巧10 利用信息函数返回缺货时的提示信息

使用信息工作表函数可以确定存储在单元格中的数据的类型。下面以利用信息函数返回缺货时的提示信息为例进行介绍。

❶ 本例中用到的表格如图17-16所示。

❷ 计算“总金额”：在E3单元格中输入公式“=C3*D3”，回车后即可计算出相应结果，然后将公式向下填充到此列中所有需要计算“总金额”的单元格中，如图17-17所示。

返回缺货时的提示信息.xlsx

库存情况表

仓库编号	提货数理	单价	总金额	实际出库情况
CP001	135	12		
CP002	268	5		
CP003	缺货	16		
CP004	缺货	9		
CP005	105	10		
CP006	202	24		
CP007	567	18		
CP008	缺货	13		

图17-16

返回缺货时的提示信息.xlsx

库存情况表

仓库编号	提货数理	单价	总金额	实际出库情况
CP001	135	12	1620	
CP002	268	5	1340	
CP003	缺货	16	#VALUE!	
CP004	缺货	9	#VALUE!	
CP005	105	10	1050	
CP006	202	24	4848	
CP007	567	18	10206	
CP008	缺货	13	#VALUE!	

图17-17

❸ 计算“实际出库情况”：在F3单元格中输入公式“=IF(ISERROR(E3),"暂时缺货",E3)”，回车后即可计算出相应结果，然后将公式向下填充到此列中所有需要计算“实际出库情况”的单元格中，如图17-18所示。

返回缺货时的提示信息.xlsx

库存情况表

仓库编号	提货数理	单价	总金额	实际出库情况
CP001	135	12	1620	1620
CP002	268	5	1340	1340
CP003	缺货	16	#VALUE!	暂时缺货
CP004	缺货	9	#VALUE!	暂时缺货
CP005	105	10	1050	1050
CP006	202	24	4848	4848
CP007	567	18	10206	10206
CP008	缺货	13	#VALUE!	暂时缺货

图17-18

提 示

此方法多用于仓库的管理工作中，在商品缺货时自动提醒，可以让仓库管理人员及时了解商品的库存情况。

技巧11 利用日期函数判断某日是星期几

如果需要判断某日是星期几，可以使用WEEKDAY函数来实现。下面以计算2010年11月1日是星期几为例。

1 选中一个用来存放统计结果的单元格。

2 输入公式“=WEEKDAY(DATE(2010,11,1))” 按下回车键，会在单元格中得到返回值2，表示星期一，如图17-19所示。

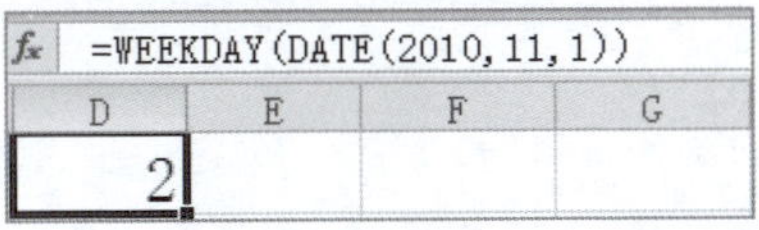

图17-19

提 示

在使用此公式时，其返回值中是将星期日使用数字1表示的，星期一使用数字2表示，星期三用数字3表示……。

技巧12 利用日期函数返回当前日期

如何实现自动在一个单元格中显示“创建日期：日期”这样的形式呢？可以利用函数TODAY和函数TEXT一起来创建一条信息，该信息包含着当前日期并将日期以"dd-mm-yyyy"的格式表示。

1 选中用来存放结果的单元格。

2 在该单元格中输入公式“="创建日期："&TEXT(TODAY(),"dd-mm-yyyy")”，按下回车键即可，如图17-20所示。

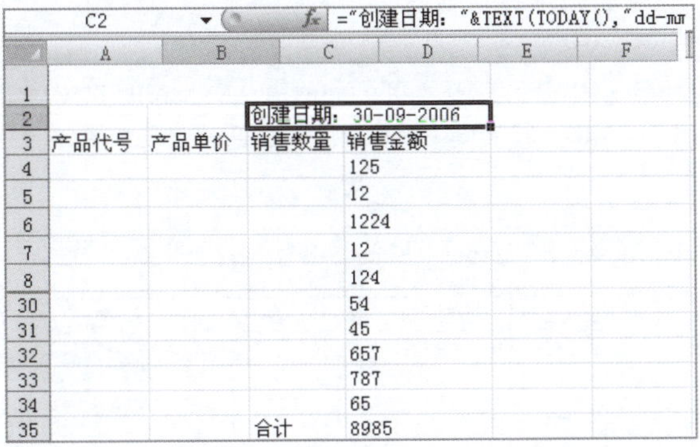
C2 fx ="创建日期："&TEXT(TODAY(),"dd-mm

	A	B	C	D	E	F
1						
2			创建日期：30-09-2006			
3	产品代号	产品单价	销售数量	销售金额		
4				125		
5				12		
6				1224		
7				12		
8				124		
30				54		
31				45		
32				657		
33				787		
34				65		
35			合计	8985		

图17-20

提 示

如果需要在单元格中返回当前月，可以使用公式“=MONTH(TODAY())&”月” ”。

技巧13 利用日期函数计算员工年龄、工龄

计算员工的年龄、工龄是公司人事部门常做的工作，需要时利用日期函数可以轻松实现。

❶ 本例中用到的表格如图17-21所示。

	A	B	C	D	E
1	出生年月	参加工作时间	退休时间	年龄	工龄
2	1960-5-3	1981-8-1	2002-1-1		
3	1948-5-9	1971-9-7	1997-1-1		
4	1943-9-8	1969-2-2	1993-1-1		
5	1951-7-2	1976-3-6	1999-1-1		
6	1953-4-3	1978-6-2	2001-1-1		

图17-21

❷ 在D2单元格中输入公式“=DAYS360(A2,TODAY())/360”，按下回车键即可计算出年龄，接着向下填充公式到合适位置，如图17-22所示。

D2 =DAYS360(A2,TODAY())/360

	A	B	C	D	E
1	出生年月	参加工作时间	退休时间	年龄	工龄
2	1960-5-3	1981-8-1	2002-1-1	50	
3	1948-5-9	1971-9-7	1997-1-1	39	
4	1943-9-8	1969-2-2	1993-1-1	42	
5	1951-7-2	1976-3-6	1999-1-1	35	
6	1953-4-3	1978-6-2	2001-1-1	32	

图17-22

❸ 在E2单元格中输入公式“=TRUNC((DAYS360(B2,C2))/360,0)”，按下回车键即可计算出工龄，接着向下填充公式到合适位置，如图17-23所示。

E2 =TRUNC((DAYS360(B2,C2))/360,0)

	A	B	C	D	E
1	出生年月	参加工作时间	退休时间	年龄	工龄
2	1960-5-3	1981-8-1	2002-1-1	50	20
3	1948-5-9	1971-9-7	1997-1-1	39	25
4	1943-9-8	1969-2-2	1993-1-1	42	23
5	1951-7-2	1976-3-6	1999-1-1	35	22
6	1953-4-3	1978-6-2	2001-1-1	32	22

图17-23

提 示

本例中计算的工龄是“实工龄”，如果需要计算出虚工龄，可以使用公式“=TRUNC((DAYS360(B2,C2))/360,1)”。

技巧14 利用数学函数计算销售情况

使用数学函数以处理简单的数学计算，例如对数字取整、计算单元格区域中的数值总和或复杂计算。下面以计算销售总量和月平均销量为例进行介绍。

❶ 本例中用到的表格如图17-24所示。

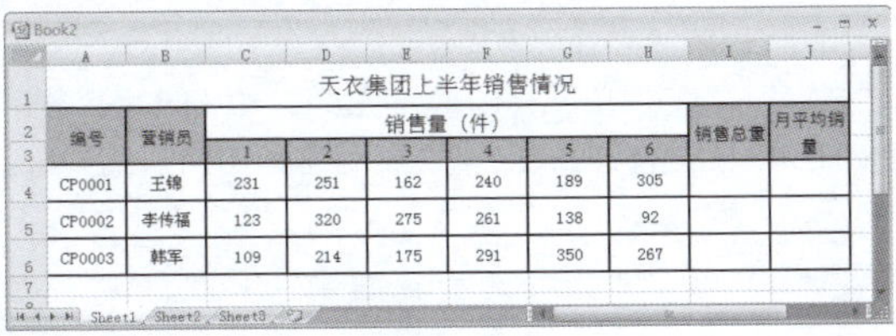

天衣集团上半年销售情况

编号	营销员	销售量（件）						销售总量	月平均销量
		1	2	3	4	5	6		
CP0001	王锦	231	251	162	240	189	305		
CP0002	李传福	123	320	275	261	138	92		
CP0003	韩军	109	214	175	291	350	267		

图17-24

❷ 计算“销售总量”：在I4单元格中输入以下公式 “=SUM(C4:H4)”，回车后即可得到相应结果。然后填充本列中其他需要计算“销售总量”的单元格，如图17-25所示。

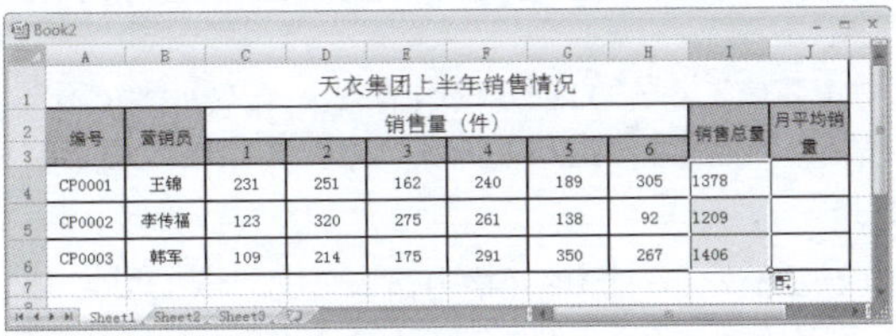

天衣集团上半年销售情况

编号	营销员	销售量（件）						销售总量	月平均销量
		1	2	3	4	5	6		
CP0001	王锦	231	251	162	240	189	305	1378	
CP0002	李传福	123	320	275	261	138	92	1209	
CP0003	韩军	109	214	175	291	350	267	1406	

图17-25

❸ 计算“月平均销售量”：在J4单元格中输入公式 “=SUBTOTAL(1,C4:H4)”，回车后即可得到相应结果。然后填充本列中其他需要计算“月平均销售量”的单元格，如图17-26所示。

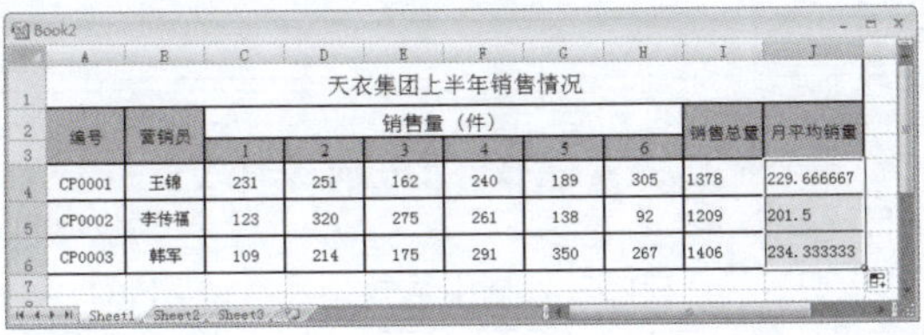

天衣集团上半年销售情况

编号	营销员	销售量（件）						销售总量	月平均销量
		1	2	3	4	5	6		
CP0001	王锦	231	251	162	240	189	305	1378	229.666667
CP0002	李传福	123	320	275	261	138	92	1209	201.5
CP0003	韩军	109	214	175	291	350	267	1406	234.333333

图17-26

提 示

从事销售管理的人员经常会需要计算商品的销售总量和月平均销量，在这里使用数学函数可以很好地解决这类问题。

技巧15 利用三角函数计算指定角度的三角值

Excel 2010三角函数是解决数学三角函数方面的问题的能手，使用Excel 2010三角函数可以方便快速地解决有关数学三角函数方面的疑难问题。下面以利用三角函数计算指定角度的三角值为例进行介绍。

1 本例中用到的表格如图17-27所示。

2 计算“弧度”：在C3单元格中输入公式“=RADIANS(B3)”，回车后即可计算出相应的结果，然后将公式向下填充到本列中所有需要计算弧度的单元格，如图17-28所示。

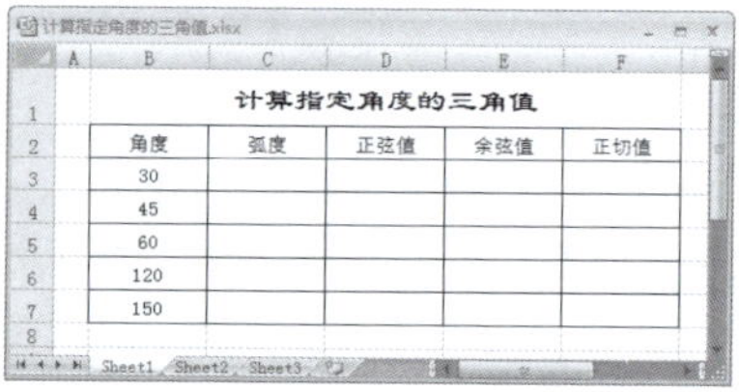

计算指定角度的三角值

角度	弧度	正弦值	余弦值	正切值
30				
45				
60				
120				
150				

图17-27

计算指定角度的三角值

角度	弧度	正弦值	余弦值	正切值
30	0.523598776			
45	0.785398163			
60	1.047197551			
120	2.094395102			
150	2.617993878			

图17-28

3 计算“正弦值”：在D3单元格中输入公式“=SIN(C3)”，回车后即可计算出相应的结果，然后将公式向下填充到本列中所有需要计算正弦值的单元格，如图17-29所示。

4 计算“余弦值”：在E3单元格中输入公式“=COS(C3)”，回车后即可计算出相应的结果，然后将公式向下填充到本列中所有需要计算余弦值的单元格，如图17-30所示。

计算指定角度的三角值

角度	弧度	正弦值	余弦值	正切值
30	0.523598776	0.5		
45	0.785398163	0.707106781		
60	1.047197551	0.866025404		
120	2.094395102	0.866025404		
150	2.617993878	0.5		

图17-29

计算指定角度的三角值

角度	弧度	正弦值	余弦值	正切值
30	0.523598776	0.5	0.866025404	
45	0.785398163	0.707106781	0.707106781	
60	1.047197551	0.866025404	0.5	
120	2.094395102	0.866025404	-0.5	
150	2.617993878	0.5	-0.8660254	

图17-30

5 计算“正切值”：在F3单元格中输入公式“=TAN(C3)”，回车后即可计算出相应的结果，然后将公式向下填充到本列中所有需要计算正切值的单元格，如图17-31所示。

计算指定角度的三角值

角度	弧度	正弦值	余弦值	正切值
30	0.523598776	0.5	0.866025404	0.577350269
45	0.785398163	0.707106781	0.707106781	1
60	1.047197551	0.866025404	0.5	1.732050808
120	2.094395102	0.866025404	-0.5	-1.73205081
150	2.617993878	0.5	-0.8660254	-0.57735027

图17-31

提示

在解决数学问题时，常常需要计算出指定角度的三角值，Excel 2010在这方面的突出表现可以为用户带来不少方便。

技巧16　利用查找函数进行信息查找

在海量的数据中查找某些信息是日常办公中经常遇到的问题，使用查找函数可以轻松解决这个问题。下面以利用查找函数进行信息查找为例进行介绍。

❶ 本例中用到的表格如图17-32所示。

❷ 查找销量为“25000”的“提成率”：在D7单元格中输入公式“=HLOOKUP(D6,$B$2:$H$4,3)”，回车后即可得到相应结果，如图17-33所示。

根据销售量查找提成率

销售区间	0	5001	10001	20001	30001	40000	50001
	5000	10000	20000	30000	40000	50000	
提成率	5%	8%	10%	12%	15%	18%	20%
	销量	25000	37500	82000			
	提成率						

图17-32

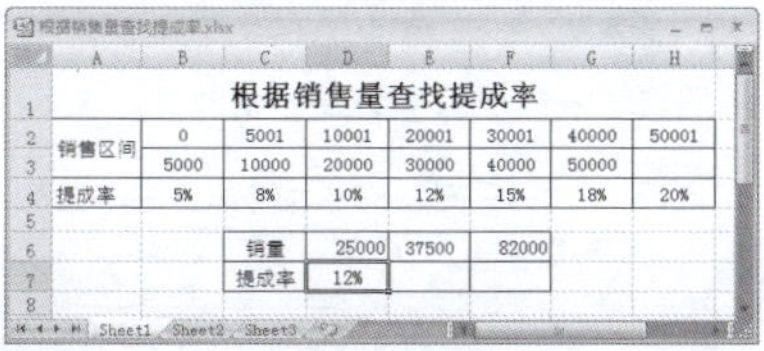

根据销售量查找提成率

销售区间	0	5001	10001	20001	30001	40000	50001
	5000	10000	20000	30000	40000	50000	
提成率	5%	8%	10%	12%	15%	18%	20%
	销量	25000	37500	82000			
	提成率	12%					

图17-33

❸ 将鼠标移动到D7单元格右下角，然后拖动填充柄填充本行中所有需要计算“提成率”的单元格，如图17-34所示。

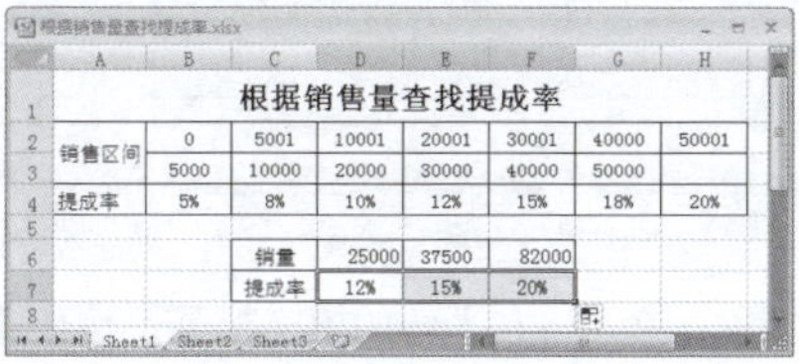

根据销售量查找提成率

销售区间	0	5001	10001	20001	30001	40000	50001
	5000	10000	20000	30000	40000	50000	
提成率	5%	8%	10%	12%	15%	18%	20%
	销量	25000	37500	82000			
	提成率	12%	15%	20%			

图17-34

提 示

使用查找函数可以方便地查找出需要的数据，这在进行销售数据统计或分析时可以提供很大的方便。

技巧17 利用统计函数确定员工最高和最低业绩

在实际工作中，经常会遇到关于统计的操作，利用统计函数可以轻松解决问题。下面以使用统计函数确定员工最高和最低业绩为例进行介绍。

1 本例中用到的表格如图17-35所示。

员 工 业 绩 表

姓名	第1季度业绩	第2季度业绩	第3季度业绩	第4季度业绩	累计业绩	最高业绩	最低业绩
王敬群	￥56,000	￥63,000	￥42,000	￥58,000	￥219,000	￥63,000	￥42,000
赵琼	￥82,000	￥78,000	￥75,000	￥80,000	￥315,000	￥82,000	￥75,000
李超	￥65,000	￥30,000	￥35,000	￥38,000	￥168,000	￥65,000	￥30,000
林家胜	￥30,000	￥49,000	￥57,000	￥52,000	￥188,000	￥57,000	￥30,000
庄丽	￥49,000	￥68,000	￥72,000	￥75,000	￥264,000	￥75,000	￥49,000
李传树	￥68,000	￥52,000	￥55,000	￥57,000	￥232,000	￥68,000	￥52,000
李治学	￥52,000	￥65,000	￥60,000	￥61,000	￥238,000	￥65,000	￥52,000
余凌云	￥65,000	￥60,000	￥61,000	￥62,000	￥248,000	￥65,000	￥60,000
杨士勤	￥32,000	￥35,000	￥30,000	￥31,000	￥128,000	￥35,000	￥30,000
余大章	￥110,000	￥115,000	￥120,000	￥118,000	￥463,000	￥120,000	￥110,000
周晓川	￥21,000	￥28,000	￥25,000	￥30,000	￥104,000	￥30,000	￥21,000
程方圆	￥38,000	￥42,000	￥36,000	￥39,000	￥155,000	￥42,000	￥36,000
王宏	￥40,000	￥42,000	￥48,000	￥45,000	￥175,000	￥48,000	￥40,000

图17-35

2 确定最高业绩。在G3单元格中输入以下公式："=MAX(B3:E3)"，回车后即可得到相应结果，如图17-36所示。

员 工 业 绩 表

姓名	第1季度业绩	第2季度业绩	第3季度业绩	第4季度业绩	累计业绩	最高业绩	最低业绩
王敬群	￥56,000	￥63,000	￥42,000	￥58,000	￥219,000	￥63,000	
赵琼	￥82,000	￥78,000	￥75,000	￥80,000	￥315,000		
李超	￥65,000	￥30,000	￥35,000	￥38,000	￥168,000		
林家胜	￥30,000	￥49,000	￥57,000	￥52,000	￥188,000		
庄丽	￥49,000	￥68,000	￥72,000	￥75,000	￥264,000		
李传树	￥68,000	￥52,000	￥55,000	￥57,000	￥232,000		
李治学	￥52,000	￥65,000	￥60,000	￥61,000	￥238,000		
余凌云	￥65,000	￥60,000	￥61,000	￥62,000	￥248,000		
杨士勤	￥32,000	￥35,000	￥30,000	￥31,000	￥128,000		
余大章	￥110,000	￥115,000	￥120,000	￥118,000	￥463,000		
周晓川	￥21,000	￥28,000	￥25,000	￥30,000	￥104,000		
程方圆	￥38,000	￥42,000	￥36,000	￥39,000	￥155,000		
王宏	￥40,000	￥42,000	￥48,000	￥45,000	￥175,000		

图17-36

3 将鼠标移动到G3单元格右下角的填充柄处，按住鼠标左键向下拖动，填充需要确定最高业绩的所有单元格，如图17-37所示。

员 工 业 绩 表

姓名	第1季度业绩	第2季度业绩	第3季度业绩	第4季度业绩	累计业绩	最高业绩	最低业绩
王敬群	￥56,000	￥63,000	￥42,000	￥58,000	￥219,000	￥63,000	
赵琼	￥82,000	￥78,000	￥75,000	￥80,000	￥315,000	￥82,000	
李超	￥65,000	￥30,000	￥35,000	￥38,000	￥168,000	￥65,000	
林家胜	￥30,000	￥49,000	￥57,000	￥52,000	￥188,000	￥57,000	
庄丽	￥49,000	￥68,000	￥72,000	￥75,000	￥264,000	￥75,000	
李传树	￥68,000	￥52,000	￥55,000	￥57,000	￥232,000	￥68,000	
李治学	￥52,000	￥65,000	￥60,000	￥61,000	￥238,000	￥65,000	
余凌云	￥65,000	￥60,000	￥61,000	￥62,000	￥248,000	￥65,000	
杨士勤	￥32,000	￥35,000	￥30,000	￥31,000	￥128,000	￥35,000	
余大章	￥110,000	￥115,000	￥120,000	￥118,000	￥463,000	￥120,000	
周晓川	￥21,000	￥28,000	￥25,000	￥30,000	￥104,000	￥30,000	
程方圆	￥38,000	￥42,000	￥36,000	￥39,000	￥155,000	￥42,000	
王宏	￥40,000	￥42,000	￥48,000	￥45,000	￥175,000	￥48,000	

图17-37

4 确定最低业绩。在H3单元格中输入以下公式："=MIN(B3:E3)"，回车后即可得到相应结果，如图17-38所示。

员 工 业 绩 表

姓名	第1季度业绩	第2季度业绩	第3季度业绩	第4季度业绩	累计业绩	最高业绩	最低业绩
王敬群	￥56,000	￥63,000	￥42,000	￥58,000	￥219,000	￥63,000	￥42,000
赵琼	￥82,000	￥78,000	￥75,000	￥80,000	￥315,000	￥82,000	
李超	￥65,000	￥30,000	￥35,000	￥38,000	￥168,000	￥65,000	
林家胜	￥30,000	￥49,000	￥57,000	￥52,000	￥188,000	￥57,000	
庄丽	￥49,000	￥68,000	￥72,000	￥75,000	￥264,000	￥75,000	
李传树	￥68,000	￥52,000	￥55,000	￥57,000	￥232,000	￥68,000	
李治学	￥52,000	￥65,000	￥60,000	￥61,000	￥238,000	￥65,000	
余凌云	￥65,000	￥60,000	￥61,000	￥62,000	￥248,000	￥65,000	
杨士勤	￥32,000	￥35,000	￥30,000	￥31,000	￥128,000	￥35,000	
余大章	￥110,000	￥115,000	￥120,000	￥118,000	￥463,000	￥120,000	
周晓川	￥21,000	￥28,000	￥25,000	￥30,000	￥104,000	￥30,000	
程方圆	￥38,000	￥42,000	￥36,000	￥39,000	￥155,000	￥42,000	
王宏	￥40,000	￥42,000	￥48,000	￥45,000	￥175,000	￥48,000	

图17-38

5 填充H3单元格下面所有需要确定最低业绩的单元格，如图17-39所示。

员 工 业 绩 表

姓名	第1季度业绩	第2季度业绩	第3季度业绩	第4季度业绩	累计业绩	最高业绩	最低业绩
王敬群	￥56,000	￥63,000	￥42,000	￥58,000	￥219,000	￥63,000	￥42,000
赵琼	￥82,000	￥78,000	￥75,000	￥80,000	￥315,000	￥82,000	￥75,000
李超	￥65,000	￥30,000	￥35,000	￥38,000	￥168,000	￥65,000	￥30,000
林家胜	￥30,000	￥49,000	￥57,000	￥52,000	￥188,000	￥57,000	￥30,000
庄丽	￥49,000	￥68,000	￥72,000	￥75,000	￥264,000	￥75,000	￥49,000
李传树	￥68,000	￥52,000	￥55,000	￥57,000	￥232,000	￥68,000	￥52,000
李治学	￥52,000	￥65,000	￥60,000	￥61,000	￥238,000	￥65,000	￥52,000
余凌云	￥65,000	￥60,000	￥61,000	￥62,000	￥248,000	￥65,000	￥60,000
杨士勤	￥32,000	￥35,000	￥30,000	￥31,000	￥128,000	￥35,000	￥30,000
余大章	￥110,000	￥115,000	￥120,000	￥118,000	￥463,000	￥120,000	￥110,000
周晓川	￥21,000	￥28,000	￥25,000	￥30,000	￥104,000	￥30,000	￥21,000
程方圆	￥38,000	￥42,000	￥36,000	￥39,000	￥155,000	￥42,000	￥36,000
王宏	￥40,000	￥42,000	￥48,000	￥45,000	￥175,000	￥48,000	￥40,000

图17-39

提 示

公司在对员工进行考核时，经常需要确定所有员工的最高业绩和最低业绩，使用常规统计函数可以轻松处理。

技巧18 利用文本函数计算商品受欢迎程度

文本函数是指通过文本函数，可以在公式中处理文字串。例如，可以改变大小写或确定文字串的长度，可以将日期插入文字串或连接在文字串上等。下面以利用文本函数计算商品受欢迎程度为例进行介绍。

❶ 本例中用到的表格如图17-40所示。

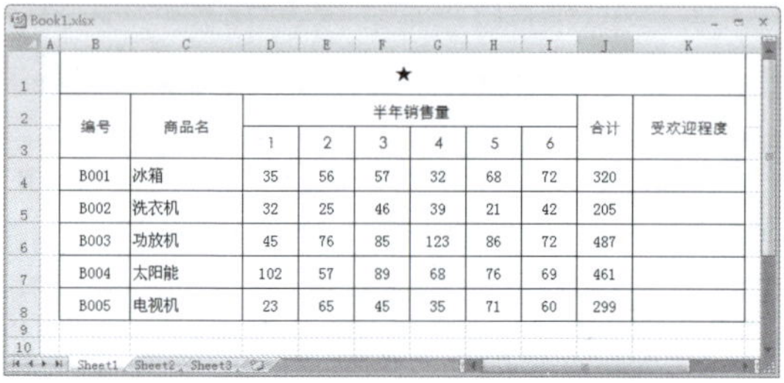

编号	商品名	半年销售量						合计	受欢迎程度
		1	2	3	4	5	6		
B001	冰箱	35	56	57	32	68	72	320	
B002	洗衣机	32	25	46	39	21	42	205	
B003	功放机	45	76	85	123	86	72	487	
B004	太阳能	102	57	89	68	76	69	461	
B005	电视机	23	65	45	35	71	60	299	

图17-40

❷ 选中K4单元格。单击“公式”选项卡，然后单击“函数库”工具组中的“插入函数”按钮，如图17-41所示。

图17-41

❸ 单击打开的“插入函数”对话框中的“或选择类别”下拉列表框，选择“文本”项，然后在“选择函数”列表框中选择“REPT”函数，如图17-42所示。

❹ 单击“确定”按钮，打开“函数参数”对话框，在“TEXT”文本框中输入“B$1”，然后在“Number_times”文本框中输入“J4/80”，如图17-43所示。

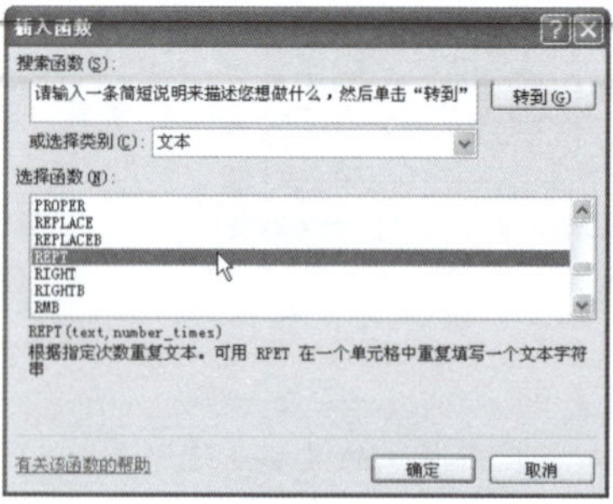

图17-42

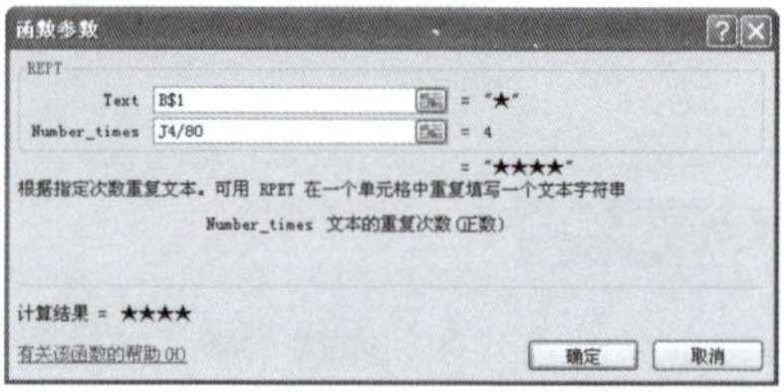

图17-43

5 单击“确定”按钮，即可在K4单元格中用★表示出该商品的受欢迎度，然后使用填充柄填充K4下面的单元格即可，如图17-44所示。

编号	商品名	半年销售量						合计	受欢迎程度
		1	2	3	4	5	6		
B001	冰箱	35	56	57	32	68	72	320	★★★★
B002	洗衣机	32	25	46	39	21	42	205	★★
B003	功放机	45	76	85	123	86	72	487	★★★★★★
B004	太阳能	102	57	89	68	76	69	461	★★★★★
B005	电视机	23	65	45	35	71	60	299	★★★

图17-44

提 示

分析商品的受欢迎程度可以说是市场营销人员必做的一件事情，这个可以使用专门的软件进行分析，不过使用Excel也可以轻松实现。

技巧19 利用财务函数计算贷款利息

本利分析是任何一个企业投资任何一个项目都必做的一件事情，分析的过程大多都比较复杂，而Excel 2010财务函数中的本利函数此时正好可以派上大用场。本例中以“本利分析”为例进行介绍。

1 例如某企业获得了300万元的项目建设贷款，年利率为7.5%，贷款年限为10年，试计算该项目建设贷款的第一个月和第一年的贷款利息各为多少？表格如图17-45所示。

计算投资期内要支付的利息

项目建设贷款年利率	8.50%		第一个月支付的利息	
项目建设贷款年限	10			
项目建设贷款金额	2000000		第一年支付的利息	

图17-45

2 计算第一个月支付的利息：在F2单元格中输入公式“=ISPMT(C2/12,1,C3*12,C4)”，回车后即可计算出相应结果，如图17-46所示。

3 计算第一年支付的利息：在F4单元格中输入公式“=ISPMT(C2,1,C3,C4)”，回车后即可计算出相应结果，如图17-47所示。

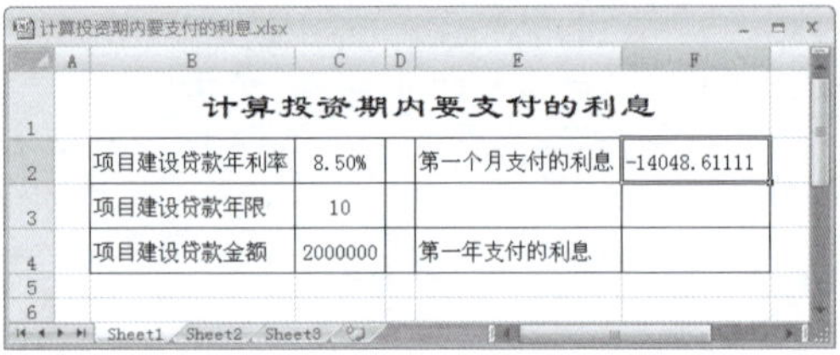

计算投资期内要支付的利息.xlsx

计算投资期内要支付的利息				
项目建设贷款年利率	8.50%		第一个月支付的利息	-14048.61111
项目建设贷款年限	10			
项目建设贷款金额	2000000		第一年支付的利息	

图17-46

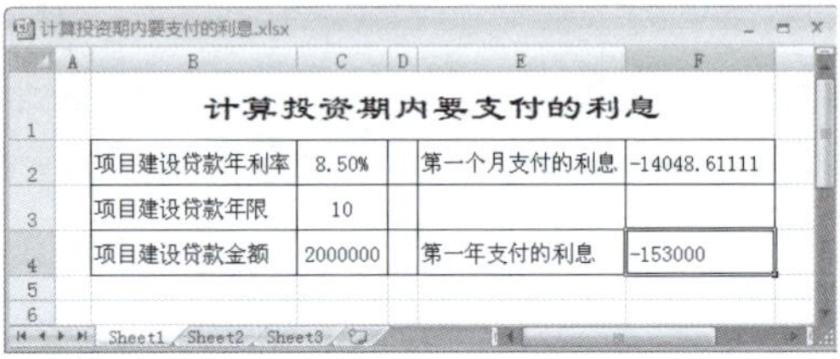

计算投资期内要支付的利息.xlsx

计算投资期内要支付的利息				
项目建设贷款年利率	8.50%		第一个月支付的利息	-14048.61111
项目建设贷款年限	10			
项目建设贷款金额	2000000		第一年支付的利息	-153000

图17-47

提 示

公司从银行贷款，提前进行“本利分析”是必不可少的一个环节，此时使用本利函数可以轻松解决问题。

技巧20 利用财务函数进行投资分析

项目投资中指标的计算对项目投资决策起到非常重要的作用，但指标的计算过程大多比较复杂，不利于项目的财务可行性分析。使用Excel 2010财务函数中的投资函数，可以轻松解决此问题。下面以确定某些投资是否值得为例进行介绍。

❶ 例如某公式投资150万元购买了一台机器，估计在以后3年的生产中收入分别为40万元、68万元和50万元，年利率为7.2%，现在计算该项投资是否值得。本例中表格如图17-48所示。

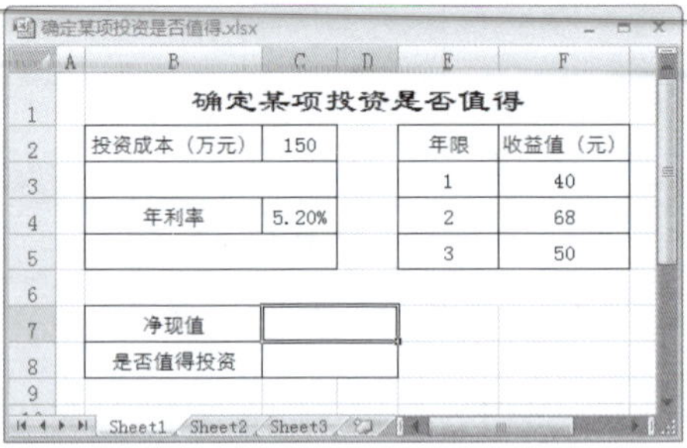

确定某项投资是否值得.xlsx

确定某项投资是否值得				
投资成本（万元）	150		年限	收益值（元）
			1	40
年利率	5.20%		2	68
			3	50
净现值				
是否值得投资				

图17-48

2 计算“净现值”：在C7单元格中输入公式“=NPV(C4,F3:F5)−C2”，回车后即可计算出相应结果，如图17−49所示。

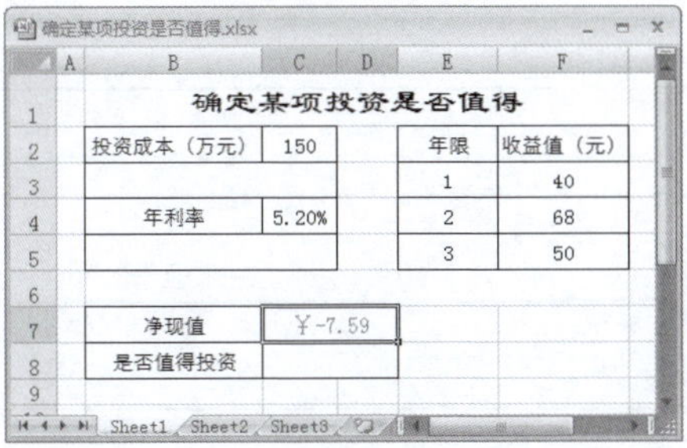

图17−49

3 计算“是否值得投资”：在C8单元格中输入公式“=IF(C7>0,"值得","不值得")”，回车后即可得到结果，如图17−50所示。

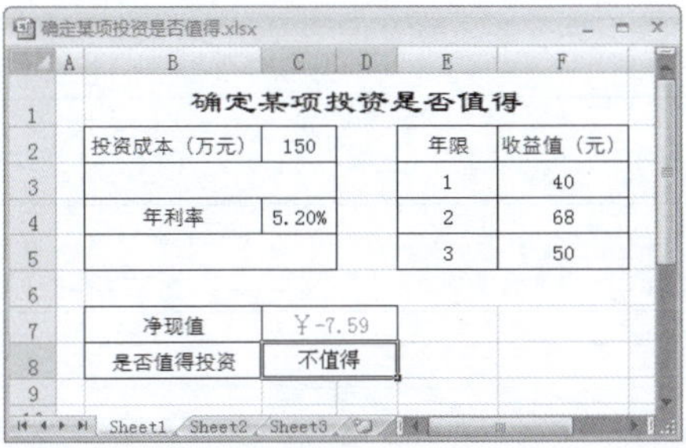

图17−50

提　示

Excel 2010中提供的投资计算函数可以帮助我们方便地计算指标的结果，帮助财务工作者快速准确地做出财务决策。

读书笔记

第18章

数据透视表创建与应用

技巧1 在当前工作表中显示创建的数据透视表

数据透视表是一种可以快速汇总大量数据的交互式方法。如果要分析相关的汇总值，尤其是在要合计较大的数字列表并对每个数字进行多种比较时。通常使用数据透视表。下面以在当前工作表中显示创建的数据透视表为例，介绍创建数据透视表的方法。

❶ 选中需要汇总的表格中的任意一个单元格，本例中用到的表格如图18-1所示。

❷ 单击“插入”标签，在“表格”选项组中单击“数据透视表”按钮下拉菜单，在弹出的菜单中选择“数据透视表”命令，如图18-2所示。

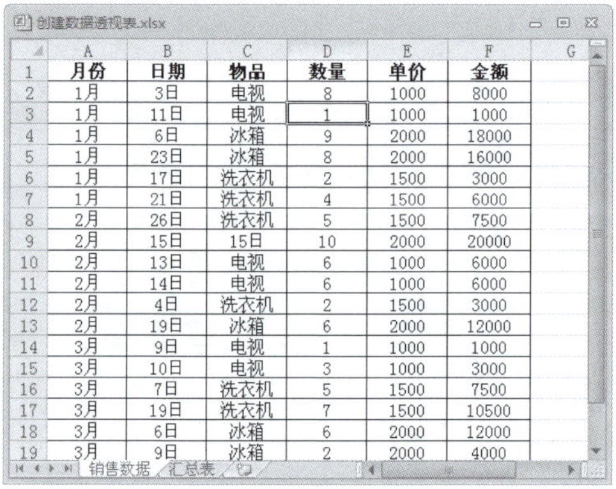

月份	日期	物品	数量	单价	金额
1月	3日	电视	8	1000	8000
1月	11日	电视	1	1000	1000
1月	6日	冰箱	9	2000	18000
1月	23日	冰箱	8	2000	16000
1月	17日	洗衣机	2	1500	3000
1月	21日	洗衣机	4	1500	6000
2月	26日	洗衣机	5	1500	7500
2月	15日	15日	10	2000	20000
2月	13日	电视	6	1000	6000
2月	14日	电视	6	1000	6000
2月	4日	洗衣机	2	1500	3000
2月	19日	冰箱	6	2000	12000
3月	9日	电视	1	1000	1000
3月	10日	电视	3	1000	3000
3月	7日	洗衣机	5	1500	7500
3月	19日	洗衣机	7	1500	10500
3月	6日	冰箱	6	2000	12000
3月	9日	冰箱	2	2000	4000

图18-1

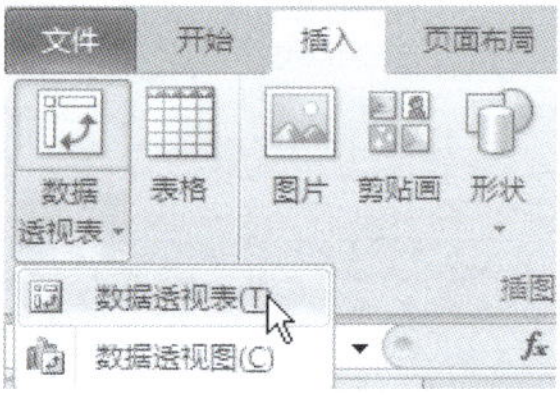

图18-2

❸ 在弹出的“创建数据透视表”对话框中的“请选择要分析的数据”栏中，选中“选择一个表或区域”单选项，在“表/区域”文本框中输入或使用鼠标选取引用位置，如“销售数据!$A$1:$F$19”。

❹ 在“选择放置数据透视表的位置”栏中选中“现有工作表”单选项，在“位置”文本框中输入数据透视表的存放位置，如“销售数据!$H$2”，如图18-3所示。

❺ 单击“确定”按钮，一个空的数据透视表将添加到指定的位置，并显示数据透视表字段列表，以便我们可以开始添加字段、创建布局和自定义数据透视表，如图18-4所示。

提 示

在创建数据透视表前，要确定表格中的数据区域具有列标题。

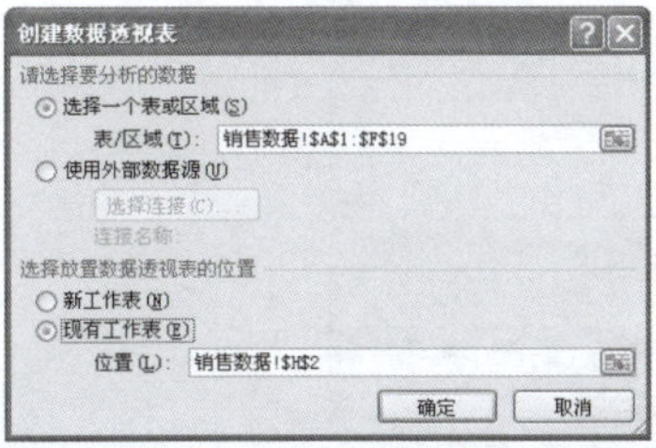

图18-3

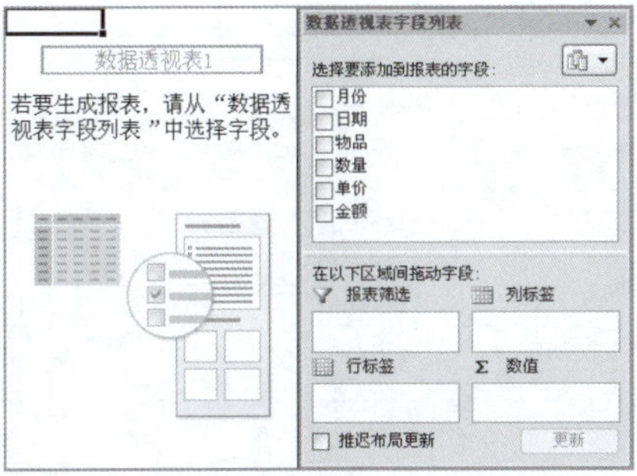

图18-4

技巧2 使用外部数据源创建数据透视表

如果需要创建数据透视表中引用位置布置当前工作簿中，需要使用外部数据源。

❶ 打开或新建一个用来存放数据透视表的工作表。

❷ 单击“插入”标签，在“表格”选项组中单击“数据透视表”按钮下拉菜单，在弹出的菜单中选择“数据透视表”。

❸ 在弹出的“创建数据透视表”对话框中的“请选择要分析的数据”栏中，选中“使用外部数据源”单选项，接着单击“选择连接”按钮，如图18-5所示。

❹ 在打开的“现有连接”对话框中选择需要的数据源，如图18-6所示。

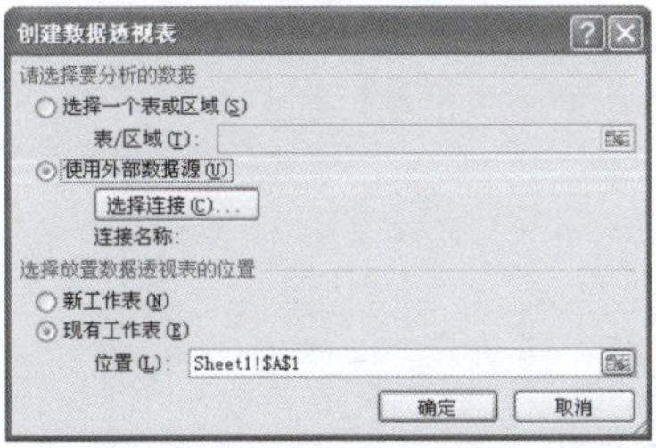

图18-5

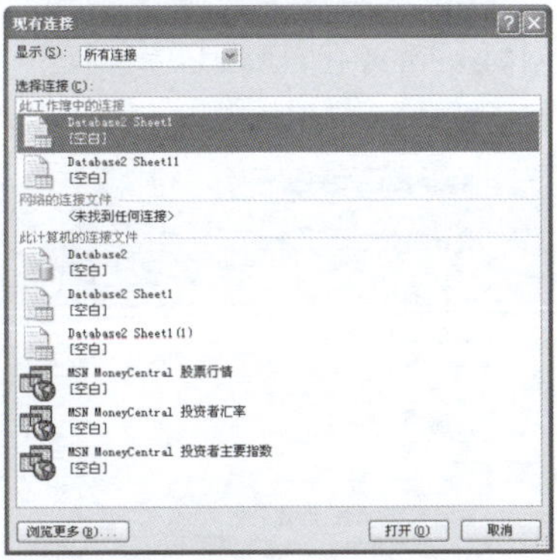

图18-6

❺ 单击“打开”按钮，返回到“创建数据透视表”对话框中，单击“确定”按钮，一个空的数据透视表将添加到指定的位置，并显示数据透视表字段列表，如图18-7所示。

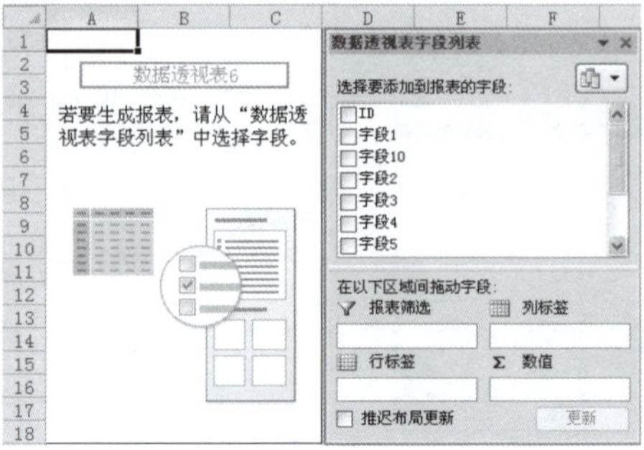

图18–7

提 示

在“现有连接”对话框中如果找不到需要的数据源，可以单击左下角的“浏览更多”按钮，在打开的“读取数据源”对话框中手动选择数据源文件。

技巧3 在数据透视表中添加字段来进行数据分析

默认情况下，数据透视表字段列表显示两部分：上方的字段部分用于添加和删除字段，下方的布局部分用于重新排列和重新定位字段。在创建了数据透视表之后，需要在数字透视表字段列表中添加字段才能进行数据分析。

1 创建好数据透视表，在“数据透视表字段列表”对话框中选中需要进行数据分析的字段，如图18–8所示。

2 选择数据字段后，在工作表中就会显示出汇总结果，如图18–9所示。

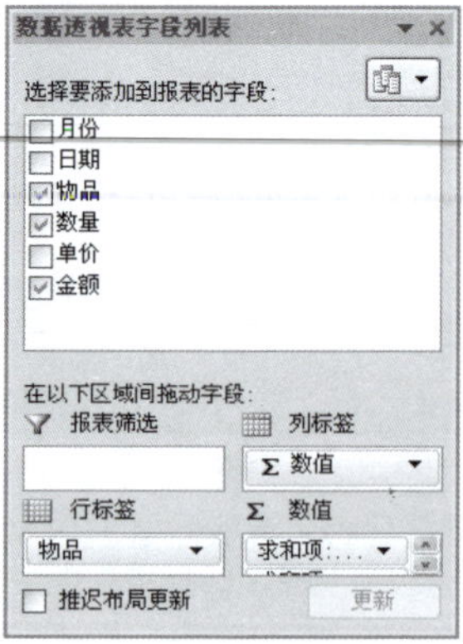

图18–8

行标签	求和项:数量	求和项:金额
冰箱	41	82000
电视	25	25000
洗衣机	25	37500
总计	91	144500

图18–9

提 示

鼠标右键单击字段名称，然后选择相应的命令（“添加到报表筛选”、“添加到列标签”、“添加到行标签”和“添加到值”），可以将该字段放置在布局部分中的某个特定区域中。

技巧4 改变字段的顺序

默认情况下，非数值字段会被添加到“行标签”区域，数值字段会被添加到“值”区域，而OLAP日期和时间层次会被添加到“列标签”区域。添加的字段放置在布局部分的默认区域中，但我们可在需要时重新排列这些字段。

在字段区域中单击自动名，在弹出的菜单中选择相应的命令即可，如“移至开头”，如图18-10所示。

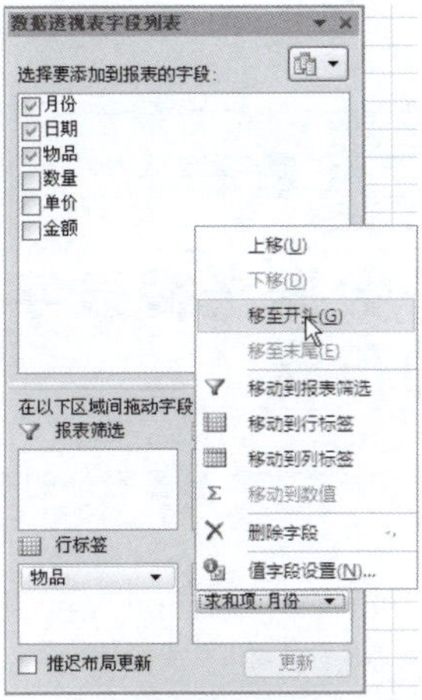

图18-10

提 示

我们也可以单击并按住某个字段名，然后在字段部分与布局部分中的某个区域之间拖动该字段。如果要多次添加某个字段，重复该操。

技巧5 更改透视表的数据源

数据透视表中可以根据用户需要，改变数据源。如果需要更改数据透视表的数据源，可以通过如下方法来实现。

❶ 单击“数据透视表字段列表”，在功能区中就会出现“选项”标签，单击该标签，在“数据”组中单击“更改数据源”按钮下拉菜单，在弹出的菜单中选择“更改数据源”命令，如图18-11所示。

❷ 在打开的“移动数据透视表”对话框中选中“选择一个表或区域”单选项，在“表/区域”文本框中输入新的引用位置，如图18-12所示。

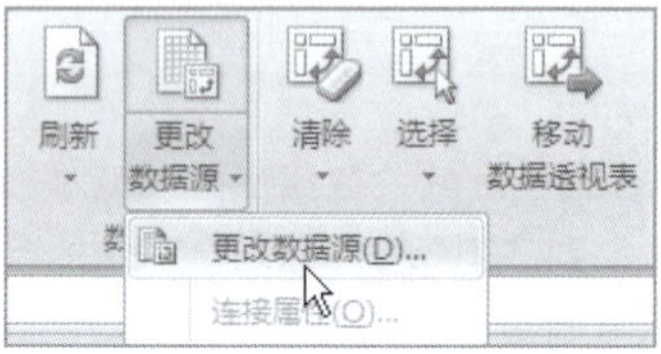

图18-11

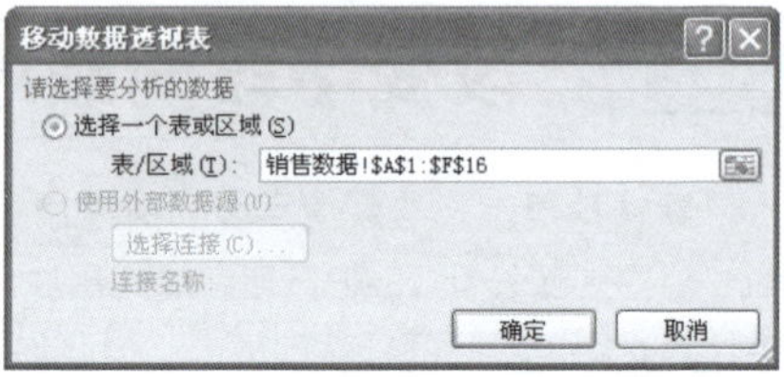

图18-12

❸ 单击“确定”按钮，即可完成设置。

提 示

如果不想在“表/区域”文本框中输入新的引用位置，可以将光标定位到该对话框中，接着使用鼠标选取数据源区域即可。

技巧6 更改“数据透视表字段列表”任务窗格的布局

如果对“数据透视表字段列表”任务窗格的布局不太满意，可以进行更改。

❶ 在“数据透视表字段列表”左上角单击下拉菜单按钮，在弹出的菜单中选择一种布局方式，如“字段节和区域节并排”，如图18-13所示。

❷ 选择后布局就更改成了新的样式，如图18-14所示。

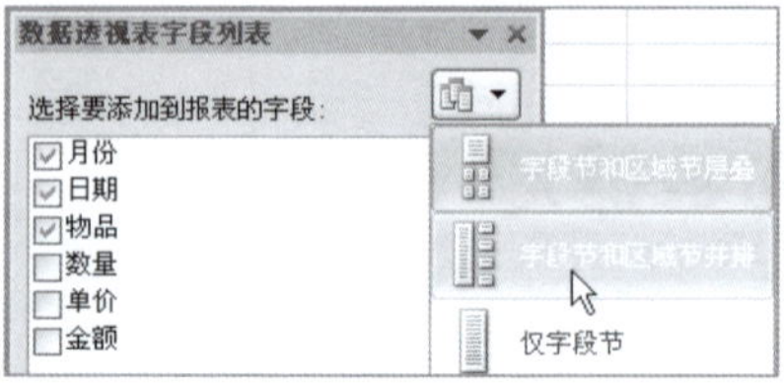

图18-13

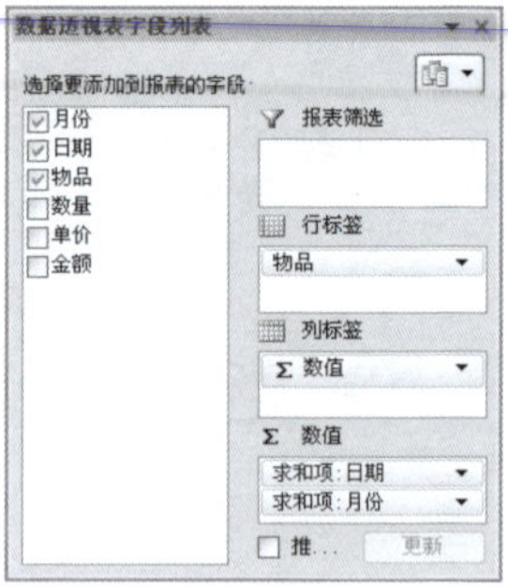

图18-14

提 示

Excel 2010提供了五种“数据透视表字段列表”任务窗格的布局样式，需要时用户可以更加需要进行更改。

技巧7　更改数据透视表默认的汇总方式

数据透视表默认的汇总方式是求和，可以以其他方式进行汇总。

❶ 在数据透视表中选中汇总项，如图18-15所示。

❷ 单击功能区中的“选项”标签，在“计算”选项组中单击“按值汇总”按钮下拉菜单，在弹出的菜单中选择一种汇总方式，如“平均值”，如图18-16所示。

行标签	求和项:数量	求和项:金额
冰箱	33	66000
电视	25	25000
洗衣机	18	27000
总计	**76**	**118000**

图18-15

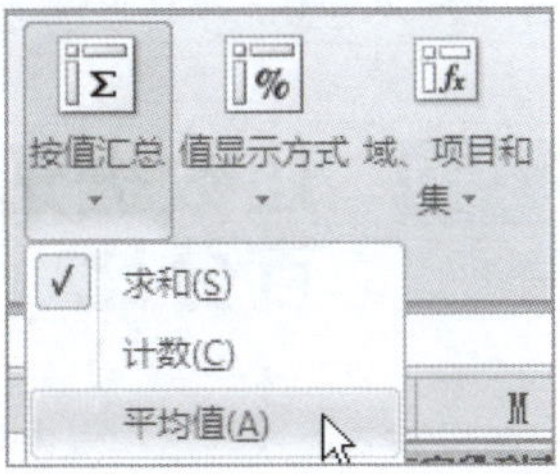

图18-16

❸ 接着数据透视表中对应的汇总方式就变成新设置的“平均值”了，如图18-17所示。

行标签	平均值项:数量	求和项:金额
冰箱	8.25	66000
电视	4.166666667	25000
洗衣机	3.6	27000
总计	**5.066666667**	**118000**

图18-17

提 示

使用相同的方法可以对其他汇总项更改汇总方式。

技巧8　统计商品的销售数量

对销售数据进行分析时，经常需要统计某一种或几种商品的销售数量。

❶ 创建数据透视表。在“数据透视表字段列表”对话框中选中“物品”和“数量”字段，如图18-18所示。

2 接着在数据透视表中设置“数量”字段的汇总方式为“求和”即可，如图18–19所示。

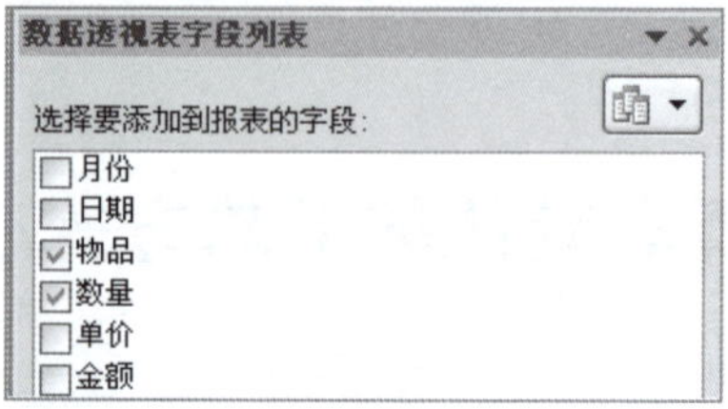

图18–18

行标签	求和项:数量
冰箱	41
电视	25
洗衣机	25
总计	**91**

图18–19

提 示

如果在“数据透视表字段列表”对话框中同时选中“金额”字段，还可以在数据透视表中统计出商品的销售金额。

技巧9 让数据透视表中显示数据为占总和百分比

如果需要让数据透视表中显示数据为占总和的百分比，可以通过如下方法来实现。

1 选中需要设为显示占总和的百分比的字段，如图18–20所示。

2 单击“选项”标签，在“计算”选项组中单击“值显示方式”按钮下拉菜单，在弹出的菜单中选中“总计的百分比”命令，如图18–21所示。

行标签	求和项:数量	求和项:金额
冰箱	41	82000
电视	25	25000
洗衣机	25	37500
总计	**91**	**144500**

图18–20

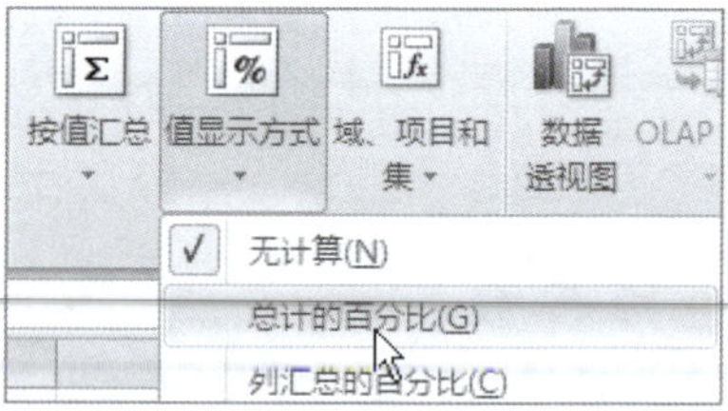

图18–21

3 结果如图18–22所示。

行标签	求和项:数量	求和项:金额
冰箱	41	56.75%
电视	25	17.30%
洗衣机	25	25.95%
总计	**91**	**100.00%**

图18–22

提 示

使用相同方法还可以设置其他字段显示为占总和的百分比。

技巧10 更改数据透视表的分类汇总布局

如果需要更改数据透视表的分类汇总布局，可以通过如下方法来实现。

1 在数据透视表中选中任意一个单元格。

2 单击“设计”标签，在“布局”选项组中单击“分类汇总”按钮下拉菜单，在弹出的菜单中选择一种汇总方式即可，如“在组的底部显示所有分类汇总”，如图18-23所示。

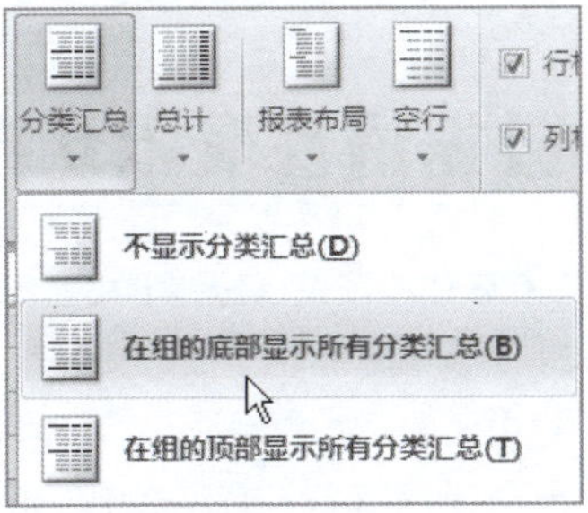

图18-23

提 示

如果需要在组的顶部显示分类汇总，只需要在弹出的下拉菜单中选择“在组的顶部显示所有分类汇总”命令即可。

技巧11 移动数据透视表

由于数据的增加或表格编辑的需要等原因，导致当前数据透视表位置不合适，可以移动数据透视表。

1 在数据透视表中选中任意一个单元格。

2 单击“选项”标签，在“操作”选项组中单击“移动数据透视表”按钮，如图18-24所示。

3 在打开的“移动数据透视表”对话框中选中“现有工作表”单选项，在“位置”文本框中输入合适的存放位置，如“销售数据!I7”，如图18-25所示。

4 单击“确定”按钮，即可将数据透视表移动到设定的位置。

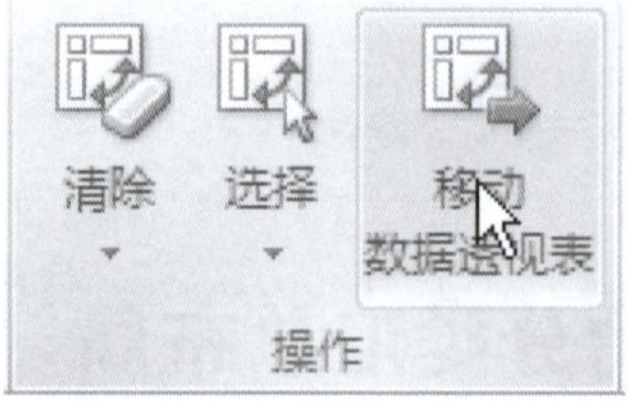

图18-24

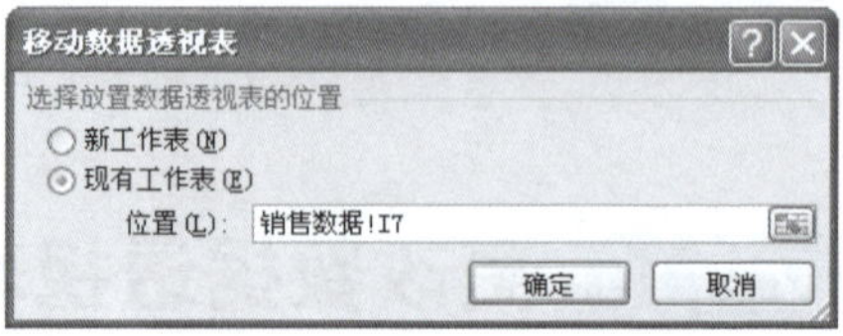

图18-25

提 示

如果需要将数据透视表移动到新工作表中，只需要在“移动数据透视表”对话框中选中“新工作表”单选项，单击“确定”按钮，Excel 2010会自动新建一个工作表，并将数据透视表移动到该工作表中。

技巧12 更改数据透视表默认布局

默认情况下，数据透视表的布局是以压缩形式显示的。如果需要更改数据透视表的布局，可以通过如下方法来实现。

❶ 在数据透视表中选中任意一个单元格。

❷ 单击“设计”标签，在“布局”选项组中单击“报表布局”按钮下拉菜单，在弹出的菜单中选择一种合适的布局样式，如“以表格形式显示”，如图18-26所示。

❸ 本例中效果如图18-27所示。

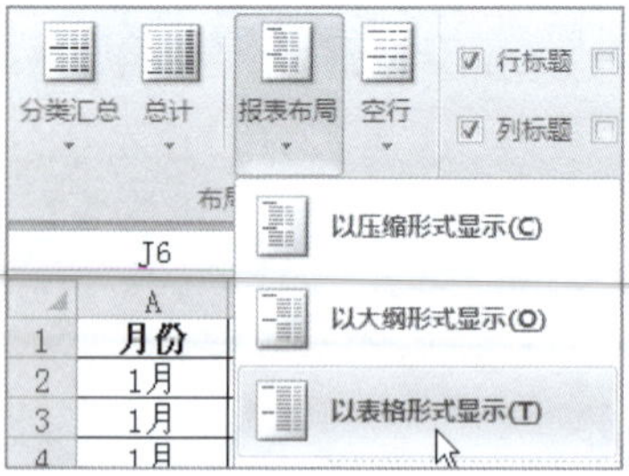

图18-26

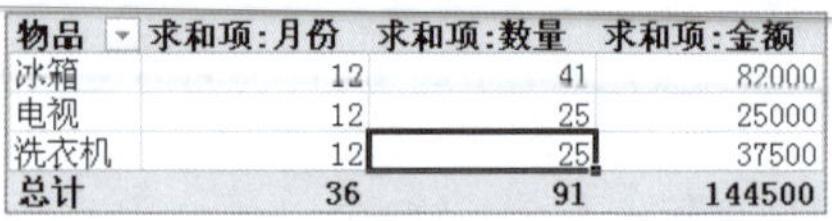

物品	求和项:月份	求和项:数量	求和项:金额
冰箱	12	41	82000
电视	12	25	25000
洗衣机	12	25	37500
总计	36	91	144500

图18-27

提 示

如果需要应用其他表格布局样式，只需要使用同样的方法，单击“报表布局”按钮下拉菜单，在弹出的菜单中选择需要的布局样式即可。

技巧13　通过套用样式快速美化数据透视表

默认的表格样式不一定能够满足用户的要求，不过Excel 2010中也内置了多种数据透视表样式。在需要时用户可套用这些已有样式来快速美化表格。

❶ 在数据透视表中选中任意一个单元格。

❷ 单击“设计”标签，在“数据透视表样式”选项组中的列表中选择一种合适的数据透视表样式，如图18-28所示。

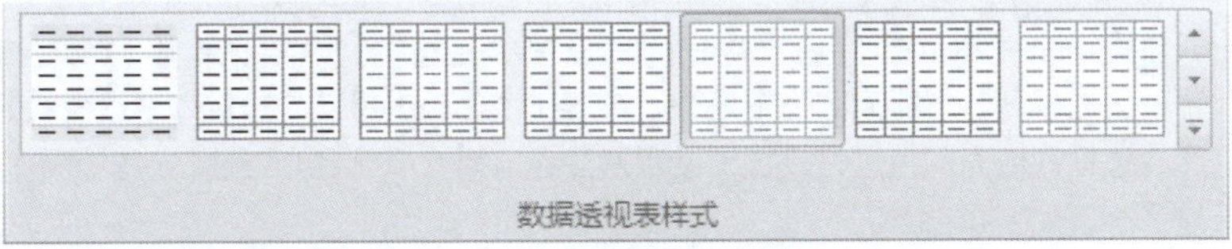

图18-28

❸ 接着数据透视表的样式就会变成设置的样式，如图18-29所示。

行标签	求和项:月份	求和项:数量	求和项:金额
冰箱	12	41	82000
电视	12	25	25000
洗衣机	12	25	37500
总计	36	91	144500

图18-29

提　示

在“数据透视表样式”选项组中单击列表右下角的 ，可以展开列表，方便用户浏览样式。

技巧14　自定义数据透视表样式

如果Excel 2010自带的数据透视图样式不能满足需求，用户还可以根据实际需要自定义数据透视表样式。

❶ 在数据透视表中选中任意一个单元格。

❷ 单击“设计”标签，在“数据透视表样式”选项组中的列表右下角单击 按钮，在弹出的菜单底部选择“新建数据透视表样式”命令，如图18-30所示。

❸ 在打开的“新建数据透视表快速样式”对话框中的“名称”文本框中输入新建数据透视表的名称，接着在“表元素”列表框中选择需要设置的表元素，这里选择“整个表”，如图18-31所示。

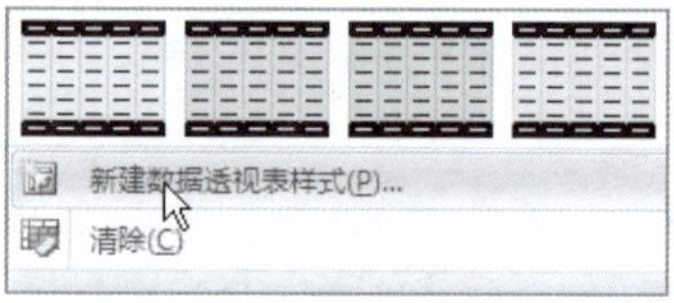

图18-30

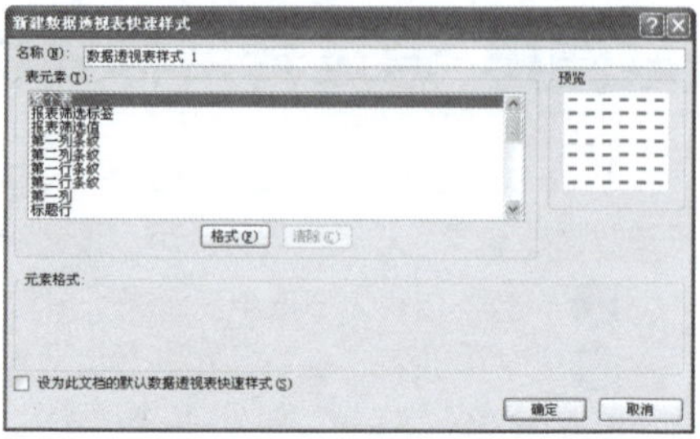

图18-31

4 单击“格式”按钮，在打的“设置单元格格式”对话框中包含“字体”、“边框”、“填充”三个标签，在这三个标签中可以分别对数据透视表的字体、边框和填充颜色进行设置（设置方法在前面章节已经介绍过，这里就不再重复了），如图18-32所示。

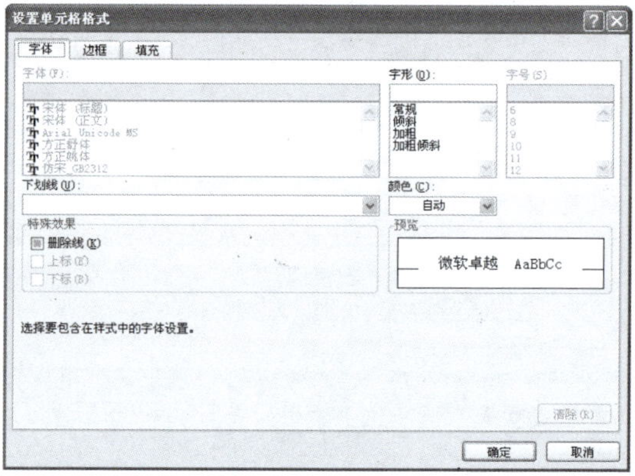

图18-32

5 设置完成后单击“确定”按钮，返回到“新建数据透视表快速样式”对话框中，单击“确定”按钮，即可完成新数据透视表样式的设置。

6 单击“设计”标签，在“数据透视表样式”选项组中的列表右下角单击按钮，在弹出的菜单的顶部“自定义”栏中选择刚刚新建的数据透视表样式，如图18-33所示。

7 应用自定义样式后的数据透视表如图18-34所示。

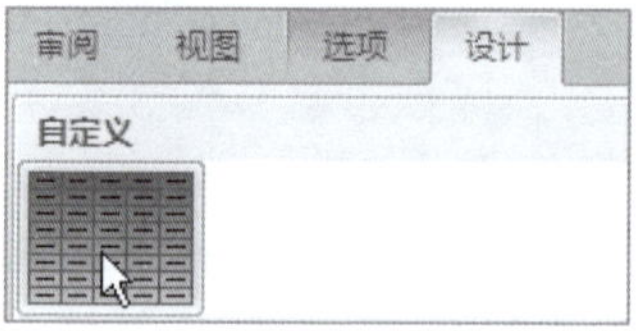

图18-33

行标签	求和项:月份	求和项:数量	求和项:金额
冰箱	12	41	82000
电视	12	25	25000
洗衣机	12	25	37500
总计	36	91	144500

图18-34

提 示

如果自定义的数据透视表样式不再需要了，可以单击“设计”标签，在“数据透视表样式”选项组中的列表中使用鼠标右键单击需要删除的样式，选择“删除”命令即可。

技巧15 使用数据透视表进行分数段统计

学校每次考试完毕后，都要进行各科成绩分析。在Excel中，可以用多种方法进行分数段统计，其中使用数据透视表来进行统计分析最为快捷、方便。下面以要对某年级5个班语文学科进行分数段统计为例进行介绍。

1 本例中用到的表格如图18-35所示。

	A	B	C	D	E	F	G	H	I	J	K
1	号码	班级	姓名	语文	数学	英语	思品	历史	物理	化学	总分
2	401	2	杨雪	59	105	104	79	68	74	89	578
3	402	3	杨冬颖	100	94	96	78	73	79	80	600
4	403	4	杨海洋	79	118	93	63	67	76	87	583
5	404	1	王梦君	106	70	85	74	58	62	87	542
6	405	5	曹可超	97	86	92	73	74	66	90	578
7	406	3	王新露	97	113	87	68	69	82	93	609
8	407	4	曹亮亮	84	102	86	69	69	75	94	579
9	408	1	王杨花	85	88	96	92	78	72	86	597
10	409	3	徐悦群	99	64	91	86	64	66	61	531
11	410	5	黄国栋	103	63	96	65	68	83	74	552
12	411	3	杨中起	83	97	91	62	53	79	95	560
13	412	1	计波	93	95	90	78	62	75	87	580
14	413	2	魏梦婷	103	82	91	79	77	66	85	583
15	414	4	刘喜	91	75	84	72	70	68	77	537
16	415	2	李清明	94	71	93	84	64	68	75	539

图18-35

2 使用表格中的数据位数据源，在新工作表中创建一个数据透视表。

3 选择数据透视表，从“数据透视表字段列表”窗口中将“班级”字段拖动到“列标签”区域中，将“语文”字段拖动到“行标签”区域中，将“姓名”字段拖动到“数值”区域中，如图18-36所示。

4 在“行标签”区域中使用鼠标右键单击任意单元格，在弹出的右键菜单中选择“创建组”命令，如图18-37所示。

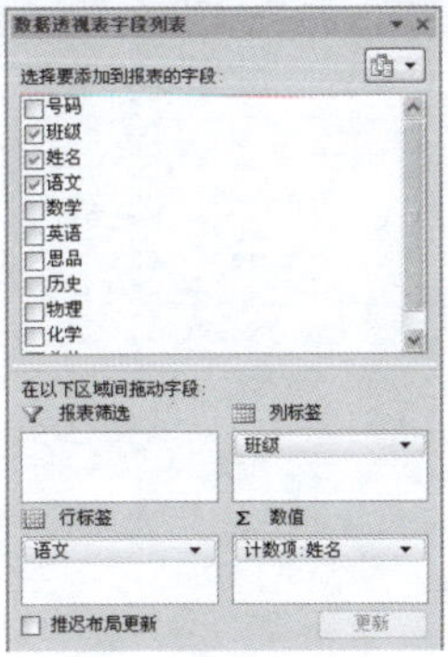

图18-36

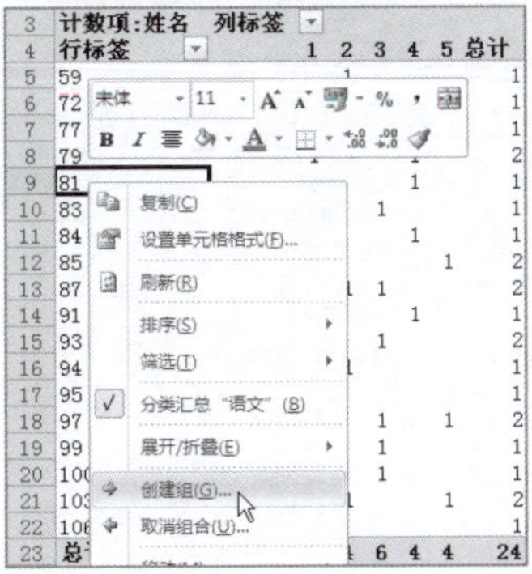

图18-37

5 在弹出的“组合”对话框中的“起始于”、“终止于”及“步长”后的文本框中输入相应的数值。本例中统计的分数段为60～110分，每10分为一个分数段，如图18-38所示。

6 单击“确定”按钮，完成分数段统计，如图18-39所示。

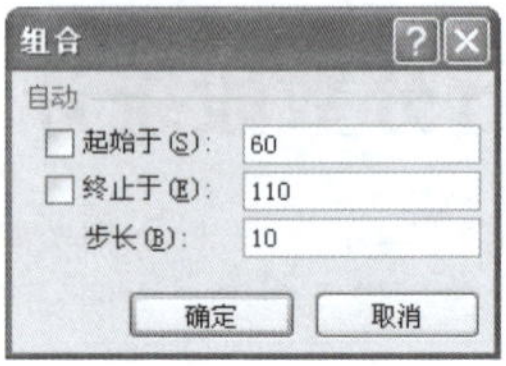

图18-38

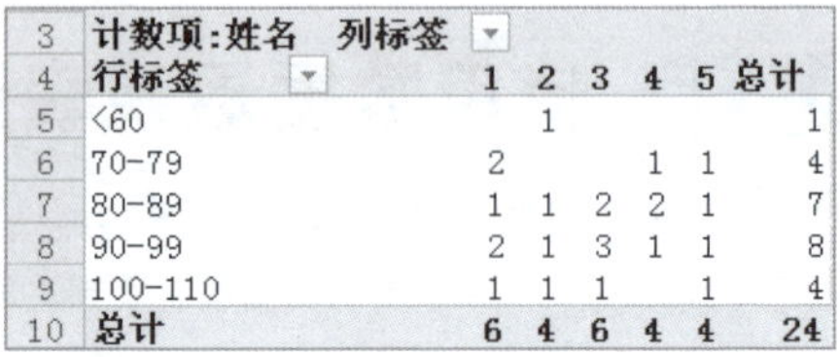

3	计数项:姓名	列标签					
4	行标签	1	2	3	4	5	总计
5	<60		1				1
6	70-79	2			1	1	4
7	80-89	1	1	2	2	1	7
8	90-99	2	1	3	1	1	8
9	100-110	1	1	1		1	4
10	总计	6	4	6	4	4	24

图18-39

提 示

如果“语文”列中包含空单元格，Excel将无法自动分组数据，此时可以在空单元格中输入数值“0”来解决这个问题。

技巧16 查找某列中出现次数最多的10种数据

在Excel工作表中可以查找某列中出现次数最多的数据。现在需要找出其中出现次数最多的10种数据，可以使用数据透视表来实现。

1 以A1:A100单元格区域为数据源在新工作表中创建一个数据透视表。

2 “数组透视表字段列表”窗口中将“名称”字段拖动到“行标签”区域中，接着再次将“名称”字段拖动到“数值”区域中，此时数据透视表变成如图18-40所示。

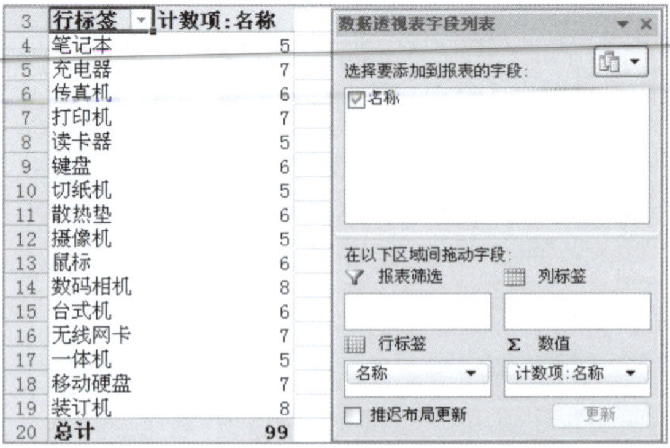

3	行标签	计数项:名称
4	笔记本	5
5	充电器	7
6	传真机	6
7	打印机	7
8	读卡器	5
9	键盘	6
10	切纸机	5
11	散热垫	6
12	摄像机	5
13	鼠标	6
14	数码相机	8
15	台式机	6
16	无线网卡	7
17	一体机	5
18	移动硬盘	7
19	装订机	8
20	总计	99

图18-40

❸ 单击“行标签”项右侧的筛选按钮，在弹出的菜单中选择“值筛选”→“10个最大的值”菜单命令，如图18-41所示。

❹ 在弹出的“前10个筛选（名称）”对话框中，单击“确定”按钮。数据透视表中将保留出现次数最多的前10种数据，如图18-42所示。

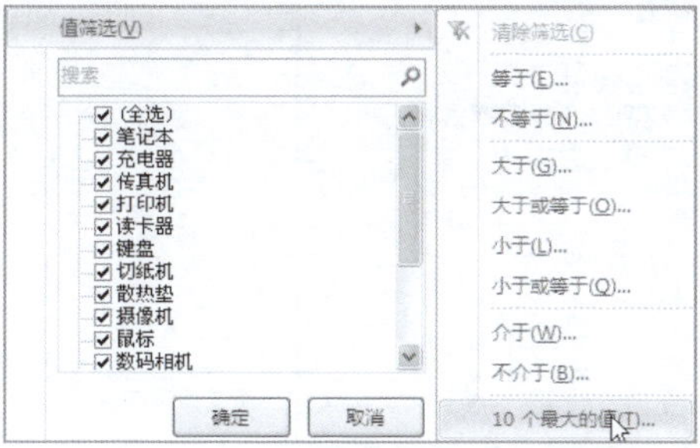

图18-41

3	行标签	计数项:名称
4	充电器	7
5	传真机	6
6	打印机	7
7	键盘	6
8	散热垫	6
9	鼠标	6
10	数码相机	8
11	台式机	6
12	无线网卡	7
13	移动硬盘	7
14	装订机	8
15	**总计**	**74**

图18-42

❺ 在“计数项：名称”列中单击任一数值，再单击功能区选项卡中的“Z→A”降序按钮，最后得到需要的结果。

提 示

在最后得到的结果中，数据没有进行排序，看起来有点乱，此时如果再对数据进行排序，可以让表格更具可读性。

技巧17 启用字段拖放功能

在Excel 2010中创建数据透视表时，默认没有使用经典的数据透视表布局，这可能给习惯使用老版本Excel的用户带来不便。使用下面的方法可以激活经典的数据透视表布局。

❶ 在数据透视表的任意位置单击鼠标右键，在弹出的快捷菜单中选择“数据透视表选项”命令，打开“数据透视表选项”对话框。

❷ 单击“显示”标签，选中“经典数据透视表布局（启用网格中的字段拖放）”复选框，单击“确定”按钮即可，如图18-43所示。这样设置后，就可以将“数据透视表字段列表”中的字段拖放到数据透视表中了。

提 示

该设置仅对当前数据透视表有效，当新建数据透视表时，需重复上述步骤才能设置为经典数据透视表布局。

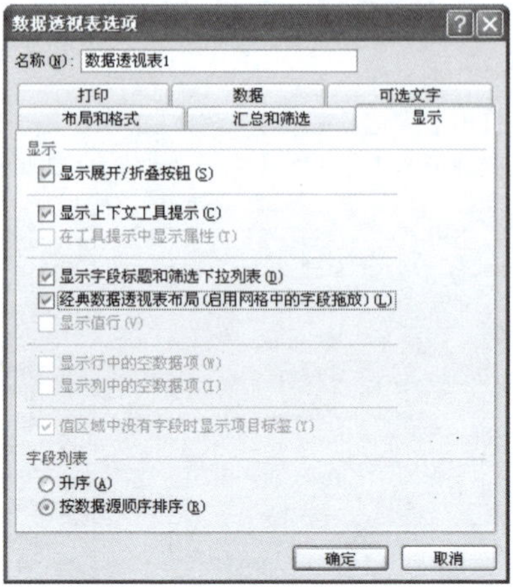

图18-43

技巧18 数据透视表筛选利器——切片器

在Excel 2003和Excel 2007的数据透视表中，当对多个项目进行筛选后，如果要查看是对哪些字段进行了筛选，是怎样进行筛选的，需要打开筛选下拉列表来查看，很不直观。Excel 2010中新增了切片器工具，不仅能轻松地对数据透视表进行筛选操作，还可以非常直观地查看筛选信息。

❶ 在数据透视表中选中任意一个单元格。

❷ 单击“选项”标签，在“排序和筛选”选项组中单击“插入切片器”按钮，如图18-44所示。

❸ 在弹出的“插入切片器”对话框中选中需要的项，如“月份”、“物品”、“金额”，单击“确定”按钮，如图18-45所示。

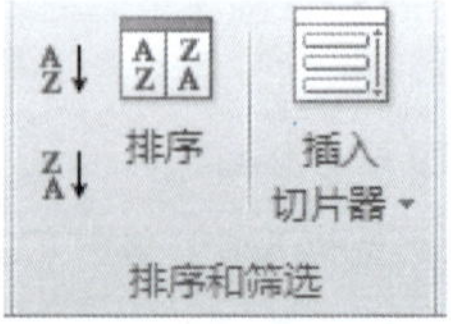

图18-44

图18-45

❹ 此时，Excel 2010将创建3个切片器，在“月份”切片器中单击选中相应的月份，在“物品”和“金额”切片器中就会看到选中月份销售的物品和金额信息，如图18-46所示。

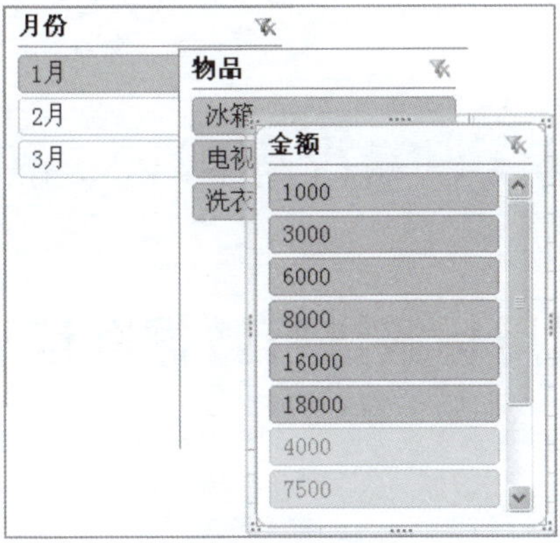

图18-46

提 示

单击（筛选清除器）按钮或按“Alt+C”可以清除活动切片器中的所有筛选，也就是说对于该字段未进行筛选。如果要删除切片器，选择某个切片器，按Delete键即可。

技巧19　在数据透视表中为数据区域设置自动筛选

在Excel中创建数据透视表后，通常Excel会自动为行字段和列字段添加一个筛选按钮，但这种筛选仅限于行字段和列字段。如果要为数据透视表中数据区域中的字段添加自动筛选，可以通过如下方法来实现。

❶ 选择数据透视表四周紧挨着数据透视表的任一单元格，如图18-47所示。

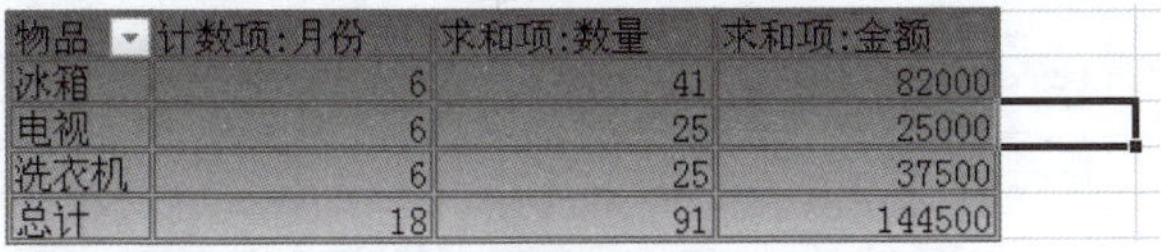

物品	计数项:月份	求和项:数量	求和项:金额
冰箱	6	41	82000
电视	6	25	25000
洗衣机	6	25	37500
总计	18	91	144500

图18-47

❷ 单击“数据”标签，在“排序和筛选”选项组中单击“筛选”按钮，即可为数据透视表中数据区域中的字段添加自动筛选，如图18-48所示。

物品	计数项:月份	求和项:数量	求和项:金额
冰箱	6	41	82000
电视	6	25	25000
洗衣机	6	25	37500
总计	18	91	144500

图18-48

提 示

如果需要取消设置的自动筛选，单击“数据”标签，在“排序和筛选”选项组中单击“筛选”按钮即可。

技巧20 利用标签进行数据筛选

在Excel中创建数据透视表时，有时需要不断地向数据源中添加数据。当数据源中添加了数据后，可以使用以下方法让数据透视表自动扩展数据源，而无需重新建立数据透视表。

1 本例中用到的表格如图18-49所示。

2 单击“插入”标签，在“表格”选项组中单击“表格”按钮，打开“创建表”对话框，在“表数据的来源”文本框中输入引用位置“=$A$1:$F$12”，如图18-50所示。

	A	B	C	D	E	F
1	月份	城市	商品	规格	类别	销售数量
2	3月	深圳	袜子	单色	男	346
3	3月	烟台	袜子	黑色男	男	578
4	3月	天津	帽子	带边	女	902
5	3月	深圳	拖鞋	带跟红色	女	651
6	3月	天津	拖鞋	带跟黑色	男	334
7	5月	深圳	袜子	单色	男	308
8	5月	天津	袜子	红色女	女	683
9	5月	烟台	袜子	黑色男	男	341
10	5月	天津	帽子	带边	女	988
11	5月	烟台	帽子	帽子	女	898
12	5月	深圳	拖鞋	带跟红色	女	467

图18-49

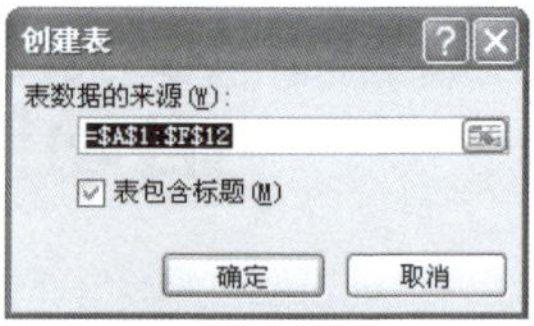

图18-50

3 单击“确定”按钮，即可创建一个Excel表，默认表名为“表1”，如图18-51所示。

4 选择表中的任意单元格，单击“插入”标签，在“表格”选项组中单击“数据透视表”按钮，打开“创建数据透视表”对话框，如图18-52所示。

	A	B	C	D	E	F
1	月份	城市	商品	规格	类别	销售数量
2	3月	深圳	袜子	单色	男	346
3	3月	烟台	袜子	黑色男	男	578
4	3月	天津	帽子	带边	女	902
5	3月	深圳	拖鞋	带跟红色	女	651
6	3月	天津	拖鞋	带跟黑色	男	334
7	5月	深圳	袜子	单色	男	308
8	5月	天津	袜子	红色女	女	683
9	5月	烟台	袜子	黑色男	男	341
10	5月	天津	帽子	带边	女	988
11	5月	烟台	帽子	帽子	女	898
12	5月	深圳	拖鞋	带跟红色	女	467

图18-51

5 单击“确定”按钮，Excel将创建并激活一个新的工作表，并显示“数据透视表列表字段”窗格。在“选择要添加到报表的字段”区域中选中“商品”和“销售数量”复选框，如图18-53所示。

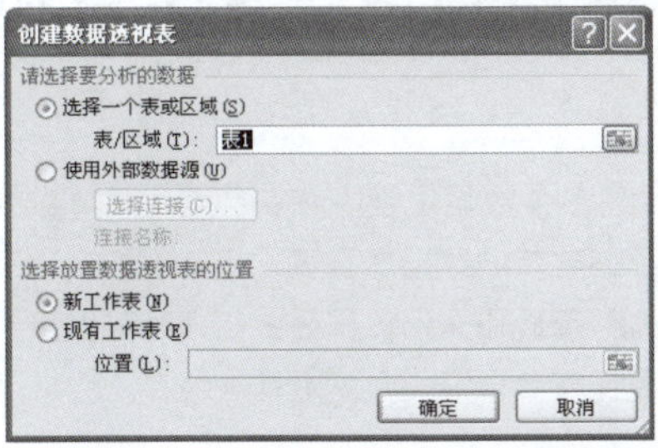

图18-52

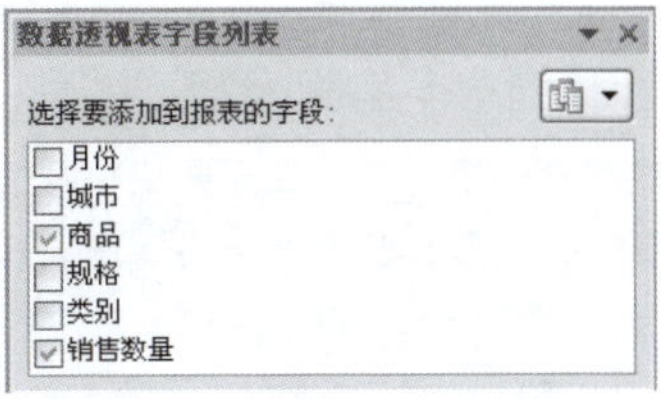

图18-53

6 选择之后就形成了一个数据透视表，反映了各类商品的销售总量，如图18-54所示。

7 继续在数据源下面的单元格中添加4月的数据，列表区域自动扩展到A1:F19，如图18-55所示。

3	行标签	求和项:销售数量
4	帽子	2788
5	拖鞋	1452
6	袜子	2256
7	总计	6496

图18-54

	月份	城市	商品	规格	类别	销售数量
7	5月	深圳	袜子	单色	男	308
8	5月	天津	袜子	红色女	女	683
9	5月	烟台	袜子	黑色男	男	341
10	5月	天津	帽子	带边	女	988
11	5月	烟台	帽子	帽子	女	898
12	5月	深圳	拖鞋	带跟红色	女	467
13	4月	天津	帽子	带边	女	878
14	4月	深圳	拖鞋	带跟红色	女	667
15	4月	天津	拖鞋	带跟黑色	男	458
16	4月	深圳	袜子	单色	男	324
17	4月	天津	袜子	红色女	女	561
18	4月	烟台	袜子	黑色男	男	329

图18-55

8 在数据透视表中右键单击任一单元格，在弹出的快捷菜单中选择“刷新”命令，如图18-56所示。

9 接着数据透视表中的数据将用新的数据源进行更新，结果如图18-57所示。

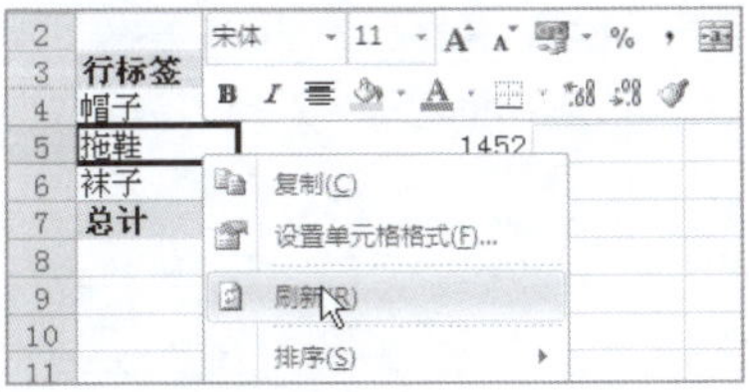

图18-56

3	行标签	求和项:销售数量
4	帽子	3666
5	拖鞋	2577
6	袜子	3470
7	总计	9713

图18-57

提 示

此方法多用于表格数据需要动态更新的情况，如销售数据、库存数据、人员变动等。

技巧21 使用相同的数据源创建多个数据透视表

有时在Excel中需要用同一数据源创建多个数据透视表。在已创建某个数据透视表的情况下，如果要用相同的数据源创建新的数据透视表，用常规的方法来创建，会增大数据透视表缓存，从而使内存用量和文件体积增大。这时可以用共享数据透视表缓存的方法，使多个数据透视表共享同一数据透视表缓存。

1. 用数据透视表向导创建共享缓存的数据透视表。
2. 选择需要放置新的数据透视表的工作表和单元格。
3. 按下“Alt+D”组合键，接着再按“P”键，启动“数据透视表和数据透视图向导——步骤1（共3步）”，如图18-58所示。
4. 单击“下一步”按钮，在“数据透视表和数据透视图向导——步骤之2（共3步）”对话框中，选择需要共享缓存的数据透视表，如图18-59所示。

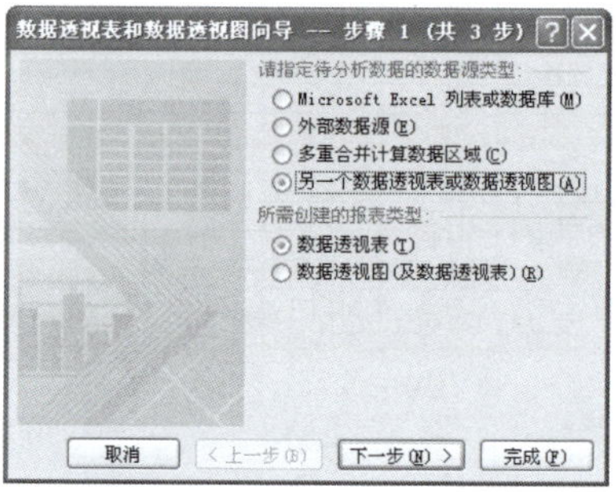

图18-58

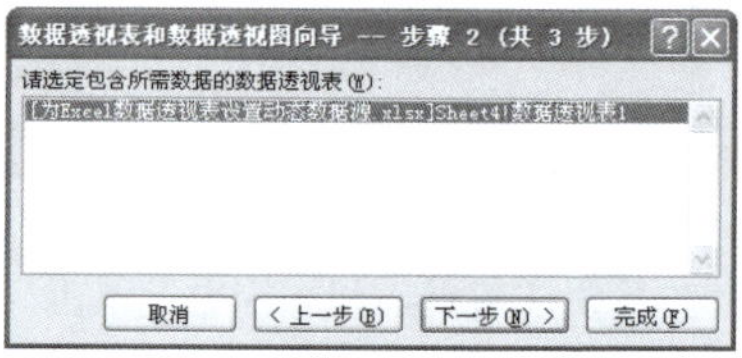

图18-59

5. 单击“完成”按钮即可。
6. 使用复制粘贴的方法。
7. 选择数据透视表中的某个单元格，在功能区中单击“选项”标签，在“操作”选项组中单击“选择”按钮下拉菜单，在弹出的菜单中选择“整个数据透视表”命令，选中整个数据透视表。
8. 接着将该数据透视表复制粘贴到新的位置即可。

提 示

共享数据透视表缓存也存在一些弊端。例如刷新某个数据透视表后，共享缓存的数据透视表都会被自动刷新。另外，在某一个数据透视表中增加计算字段、增加计算项、组合字段或取消字段组合时，都会影响到其他共享缓存的数据透视表。

第19章

图表创建与应用

技巧1 选择不连续数据源建立图表

使用连续的单元格区域，可以轻松创建图表。若需要用来建立图标的数据源是不连续的，就不这么简单了，此时可以利用如下方法来完成图表的创建。

1 本例中用到的表格如图19-1所示。

2 首先选中B2:F3单元格区域，接着按下Ctrl键不放，依次选中B5:F5单元格区域和B7:F7单元格区域，如图19-2所示。

	A	B	C	D	E	F
1		职员销售业绩表				
2		姓名	第一季度	第二季度	第三季度	第四季度
3		王群	5862	6892	4562	3652
4		赵靖	3286	4560	5942	4562
5		林传胜	4025	3862	3756	6751
6		杨昌隆	6852	4590	2791	3245
7		李全	3452	5500	6425	5028
8		万辉	4562	2361	5792	2367

图19-1

	A	B	C	D	E	F
1		职员销售业绩表				
2		姓名	第一季度	第二季度	第三季度	第四季度
3		王群	5862	6892	4562	3652
4		赵靖	3286	4560	5942	4562
5		林传胜	4025	3862	3756	6751
6		杨昌隆	6852	4590	2791	3245
7		李全	3452	5500	6425	5028
8		万辉	4562	2361	5792	2367

图19-2

3 单击“插入”标签，在“图表”选项组中单击“柱形图”按钮下拉菜单，如图19-3所示。

4 在弹出的菜单中选择一种柱形图样式，如“三维簇状柱形图”，如图19-4所示。

图19-3

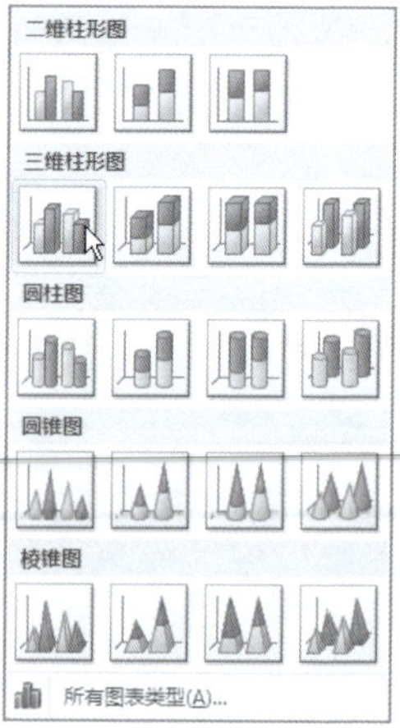

图19-4

5 接着在当前工作表中就会出现创建的图表，如图19-5所示。

提 示

在选择图表类型时，可以根据实际需要进行选择，本例中以柱形图为例。

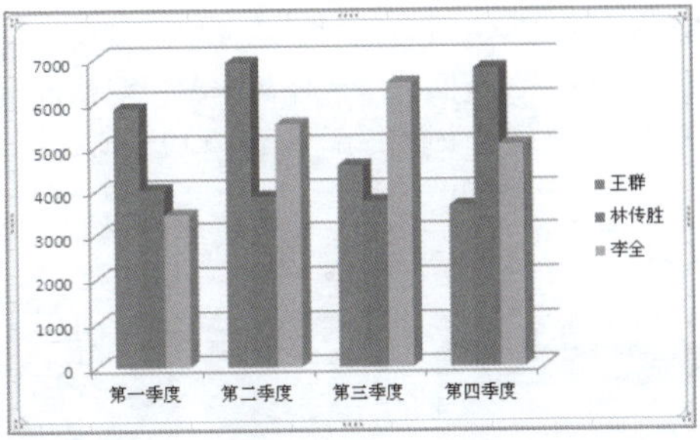

图19-5

技巧2 重新更改建立图表的数据源

如果之前建立的图表的数据源不能满足要求，用户可以根据实际需要进行更改。

❶ 鼠标右键单击图表中任意位置，在弹出的右键菜单中选择“选择数据”命令，如图19-6所示。

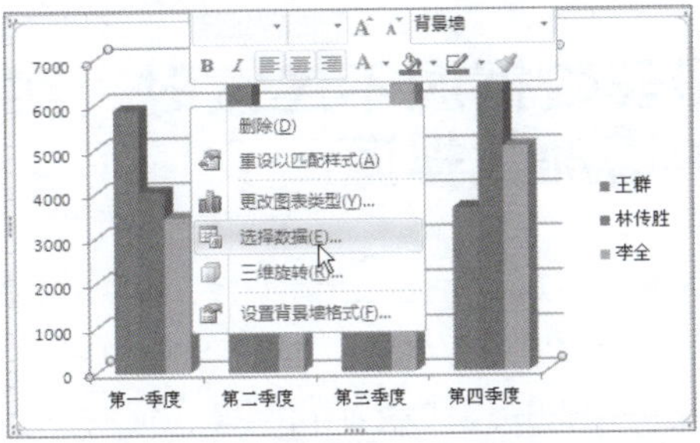

图19-6

❷ 在打开的“选择数据源”对话框中的“图例项（系列）”列表中选中需要更改的数据源，接着单击“编辑”按钮，如图19-7所示。

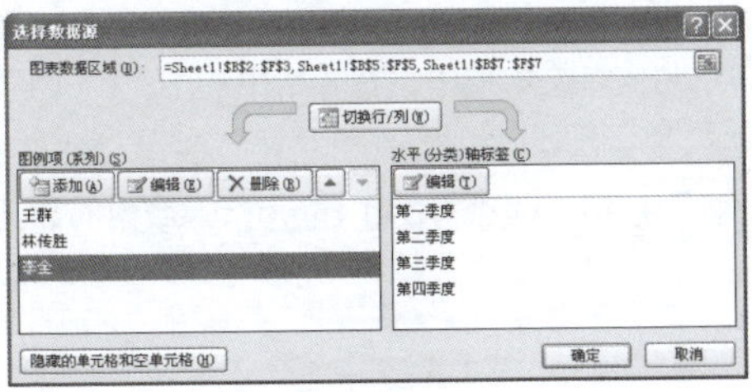

图19-7

❸ 在打开的“编辑数据系列”对话框中，将光标定位到“系列名称”文本框中，接着在表格中选中B8单元格；将光标定位到“系列值”文本框中，接着

在表格中选中C8:F8单元格区域，如图19-8所示。

4 单击“确定”按钮，返回到“选择数据源”对话框中，再次单击“确定”按钮，即可在图表中看到更改后的结果，如图19-9所示。

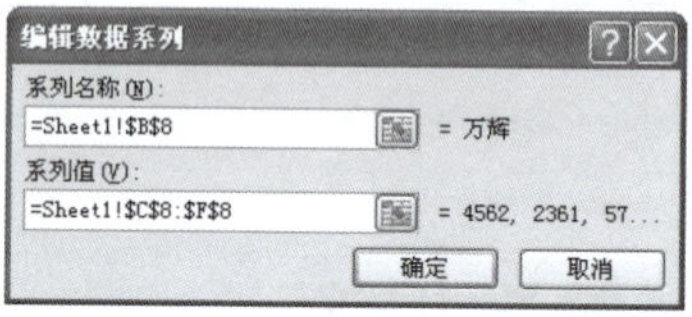

图19-8

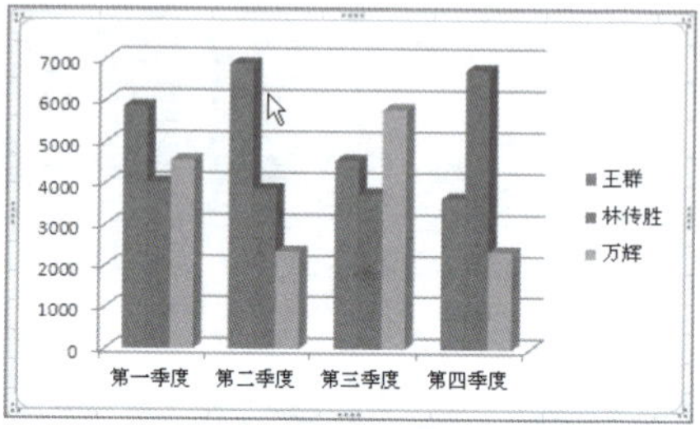

图19-9

提 示

如果需要将不需要的数据源删除，在“选择数据源”对话框中的“图例项”列表中将其选中，接着单击“删除”按钮即可。

技巧3 图表数据源不连续时，实现向图表中增加数据源

如果图表数据源是连续的，向图表中添加数据源是比较方便的，但如果图表数据源是不连续的，向图表中增加数据就不这么容易了。

1 鼠标右键单击图表中任意位置，在弹出的右键菜单中选择“选择数据”命令，打开“选择数据源”对话框。

2 在“图例项（系列）”列表中单击“添加”按钮，打开“编辑数据系列”对话框。

3 将光标定位在“系列名称”文本框中，在表格中选中“B4”单元格，接着将光标定位在“系列值”文本框中，在表格中选中“C4:F4”单元格区域，如图19-10所示。

4 单击“确定”按钮，即可将B4:F4单元格区域中的数据添加到图表中，如图19-11所示。

提 示

本例中以添加B4:F4单元格区域数据为例，向图表中添加了“赵靖”四个季度的销售业绩。

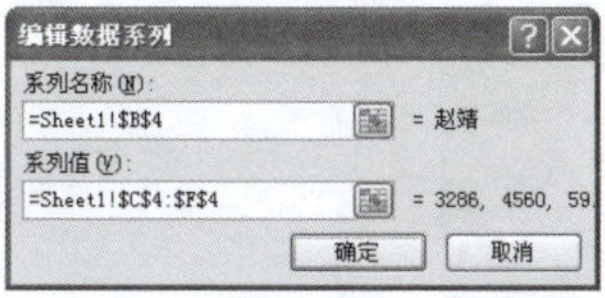

图19-10

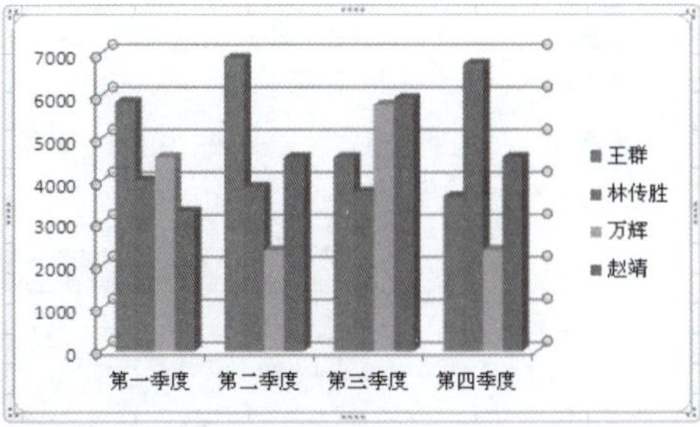

图19-11

技巧4 按实际需要更改系列的名称

在新建立的图表中，默认的系列名称可能不能满足用户的要求，需要进一步进行更改，此时可以利用如下方法来实现。下面以将图表中系列名称“王群”修改为“销售一部王群”为例进行介绍。

❶ 在表格中修改。

❷ 在表格中将B3单元格中的原数据“王群”修改为“销售一部王群”，如图19-12所示。

	A	B	C	D	E
1		职员销售业绩表			
2		姓名	第一季度	第二季度	第三季度
3		销售一部王群	5862	6892	4562
4		赵靖	3286	4560	5942

图19-12

❸ 在图表中即可看到修改的结果，如图19-13所示。

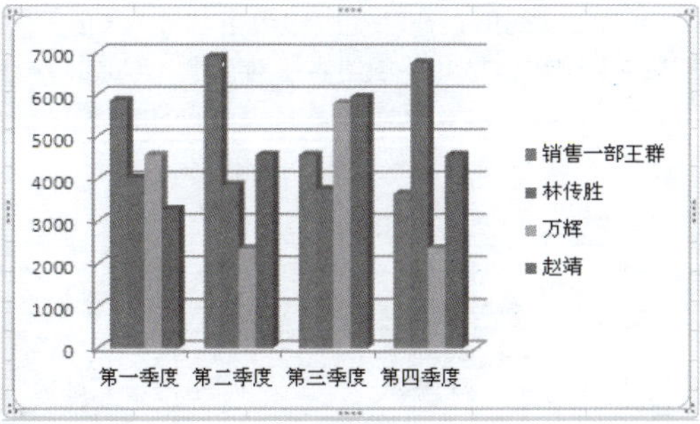

图19-13

❹ 在图表中修改。

❺ 鼠标右键单击图表中任意位置，在弹出的右键菜单中选择“选择数据”命令，打开“选择数据源”对话框。

6 在 “图例项（系列）” 列表中选中需要更改的数据源，接着单击“编辑”按钮，打开“编辑数据系列”对话框。

7 在“系列名称”文本框中将原有数据删除，接着输入“销售一部王群”，如图19-14所示。

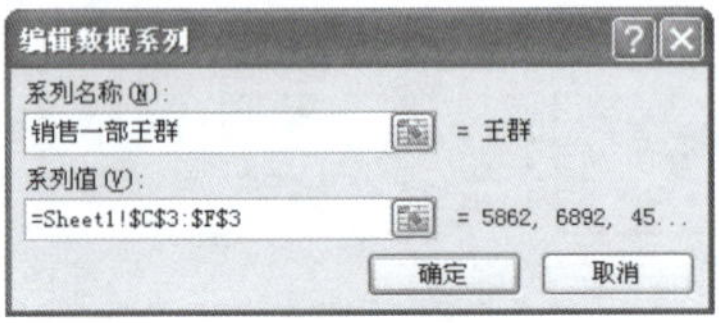

图19-14

8 打击“确定”按钮，返回到“选择数据源”对话框中，再次单击“确定”按钮即可完成修改。

提 示

本例中介绍的两种方法都能修改系列名，但需要注意的是，第一种方法需要修改源数据，而第二种方法不需要修改源数据。

技巧5 根据图表的表达目的重新组织数据源

在Excel 中创建图表后，有时需要不断地向源数据中添加数据。如果每次都用手工更改源数据的方法来更新图表显得有些繁琐，此时可以使用“表”来为Excel图表设置一个动态数据源，当向图表数据源中添加或删除数据后，图表会自动更新。

1 本例中用到的图表的数据源区域A2:B8，如图19-15所示。

2 选中A2:B8单元格区域，在功能区中单击“插入”选项卡，在“表格”选项组中单击“表格”按钮，打开“创建表”对话框，如图19-16所示。

3 单击“确定”按钮，Excel将图表数据源区域转换为Excel表，如图19-17所示。

	A	B
1	2010年上半年销量	
2	月份	销量
3	一月	2346
4	二月	5634
5	三月	5547
6	四月	5686
7	五月	3346
8	六月	3562

图19-15

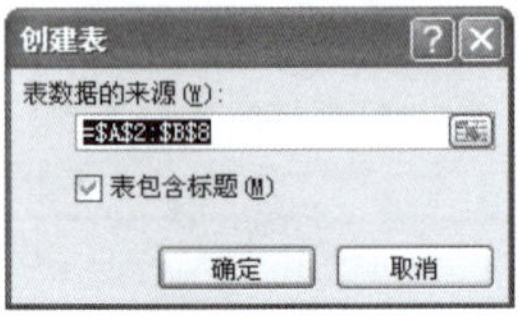

图19-16

	A	B
1	2010年上半年销量	
2	月份	销量
3	一月	2346
4	二月	5634
5	三月	5547
6	四月	5686
7	五月	3346
8	六月	3562

图19-17

4 这样就将数据源区域创建为Excel表，以后在该区域下一行中添加数据。

提 示

要将区域转化为Excel表有一些条件限制，例如区域中的数据必须与其他数据分开，即其周围有空行和空列包围，区域的每一列的第一行都有一个唯一的列标题，区域中间没有空行等。

技巧6 选择不同工作表的数据源来创建图表

如果创建图表的数据在不同工作表中，可以使用如下方法选择不同工作表中的数据创建图表。下面以使用Sheet1工作表中的B2:F4单元格区域和Sheet2工作表中的A8:E8单元格区域中的数据为例进行介绍。

1 选中Sheet1工作表中的B2:F4单元格区，接着创建一个“三维簇状柱形图”，如图19-18所示。

2 鼠标右键单击图表中任意位置，在弹出的右键菜单中选择“选择数据”命令，打开“选择数据源”对话框。

3 在 “图例项（系列）” 列表中单击“添加”按钮，打开“编辑数据系列”对话框。

4 将光标定位在“系列名称”文本框中，单击“Sheet2”工作表标签，选中“A8”单元格，接着将光标定位在“系列值”文本框中。选中“B8:E8”单元格区域，如图19-19所示。

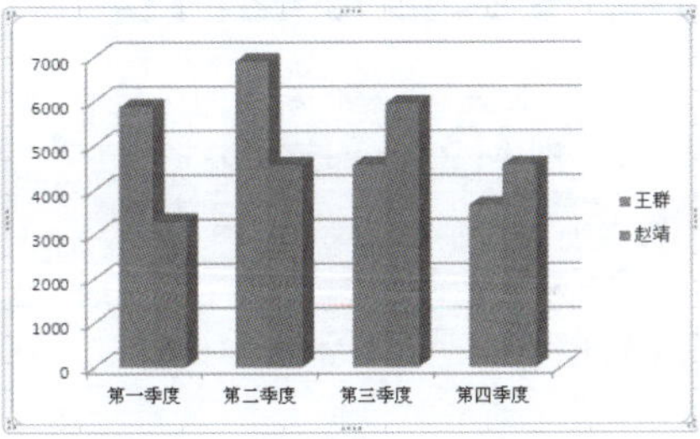

图19-18

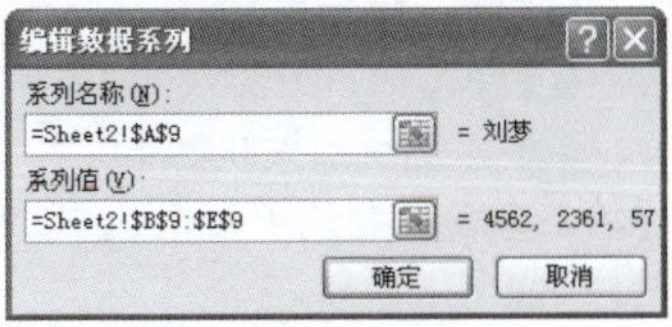

图19-19

5 单击“确定”按钮，返回到“选择数据源”对话框中，再次单击“确定”按钮，即可将A8:E8单元格区域中的数据添加到图表中，如图19-20所示。

提 示

在不同工作表中选择数据时，如果数据不连续，可以逐个添加不连续的数据区域。

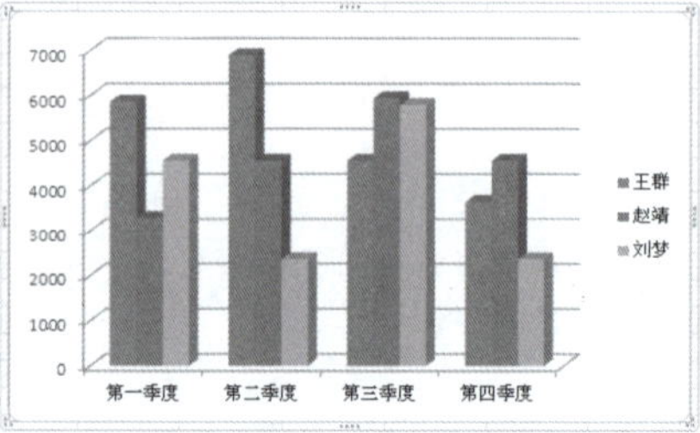

图19-20

技巧7 一键快速创建Excel图表

在创建图表时，如果需要创建的图表是Excel默认的“簇状柱形图”，此时可以使用快捷键快速创建。

1 选中用来创建图表的数据区域。

2 按下F11键，Excel将按照默认的图表类型创建一个图表工作表，默认名称为“Chart1”。

提 示

选中用来创建图表的数据区域后，如果按下“Alt+F1”组合键，即可在当前工作表中创业一个默认类型的图表。

技巧8 让图表标题自动与表格标题同步

在制作图表时，可以用公式将图表标题与数据源表格的标题同步起来，这样在以后修改数据源表格标题时，就可以实现图表标题的自动更新。

1 单击选中图表中的图表标题，如图19-21所示。

2 在英文输入状态下，在编辑栏中输入“=”（不含引号），然后用鼠标单击包含标题的单元格，如B1。则编辑栏中将显示“=Sheet1!$B$1”，如图19-22所示。

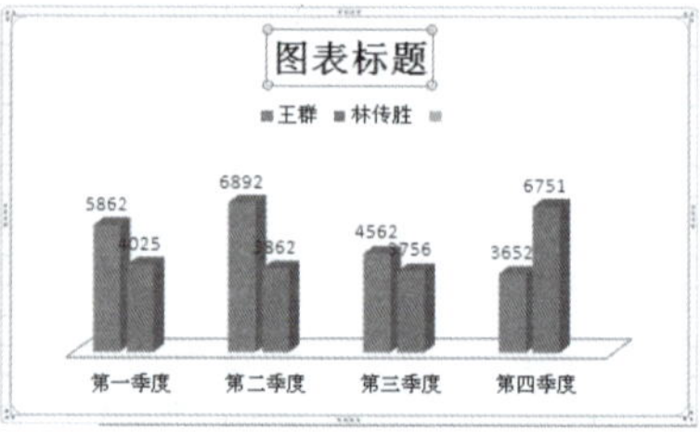

图19-21

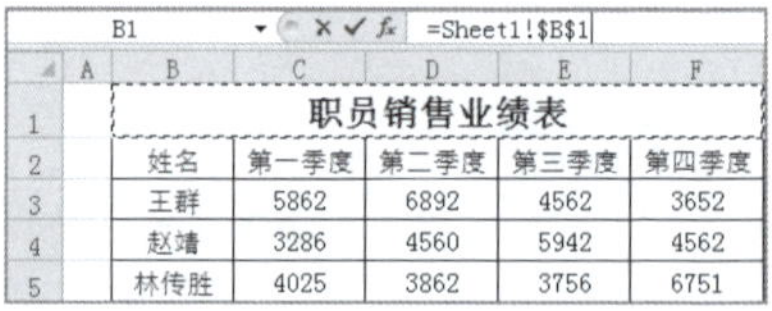

	A	B	C	D	E	F
1		职员销售业绩表				
2		姓名	第一季度	第二季度	第三季度	第四季度
3		王群	5862	6892	4562	3652
4		赵靖	3286	4560	5942	4562
5		林传胜	4025	3862	3756	6751

图19-22

❸ 按回车键，图表标题就会自动与表格标题同步了。

提 示

需要注意的是，选中图表标题后，如果直接在编辑栏中输入“=B1”，Excel会提示错误。

技巧9　让图表绘制出被隐藏的数据源

默认情况下，在创建图表时，源数据中被隐藏的数据是不会被绘制出来的。如果想绘制出被隐藏的数据源，可以通过如下方法来实现。

❶ 鼠标右键单击图表中任意位置，在弹出的右键菜单中选择“选择数据”命令，打开“选择数据源”对话框。

❷ 单击“选择数据源”对话框左下角的“隐藏的单元格和空单元格”按钮，打开“隐藏和空单元格设置”对话框。

❸ 选中“显示隐藏行列中的数据”复选框，如图19-23所示。

❹ 单击“确定”按钮，在图表中就会显示出隐藏数据的系列。

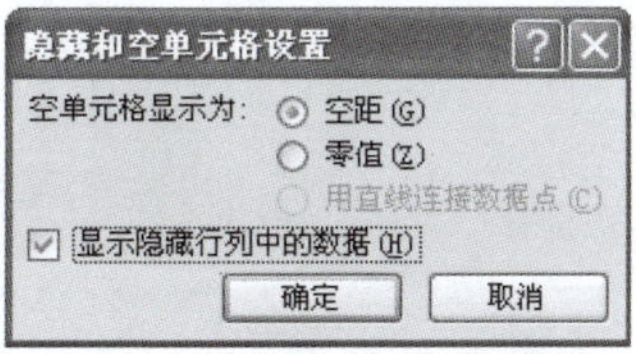

图19-23

提 示

想让图表绘制出被隐藏的数据源，还可以在创建图表前将隐藏的行或列取消隐藏，然后再创建图表。

技巧10　以0值替代数据源的空值

如果图表的数据源中包含有空白单元格，此单元格在图表中也会以空白显示。让人感觉少了点什么，此时可以0值替代数据源的空值。

❶ 本例中原图表如图19-24所示。

❷ 鼠标右键单击图表中任意位置，在弹出的右键菜单中选择“选择数据”命令，打开“选择数据源”对话框。

❸ 单击“选择数据源”对话框左下角的“隐藏的单元格和空单元格”按钮，打开“隐藏和空单元格设置”对话框。

❹ 选中“零值”单选项，如图19-25所示。

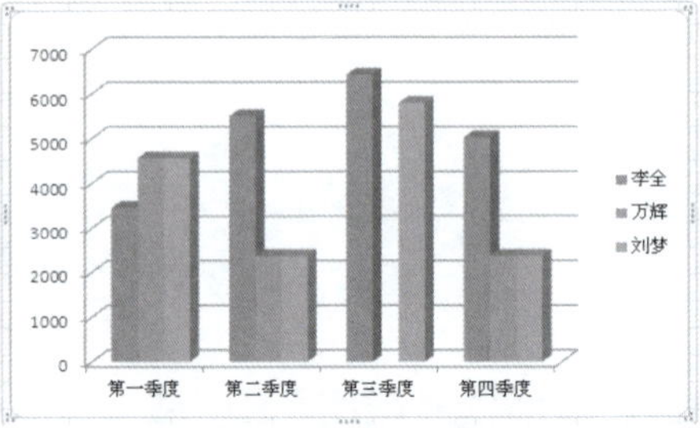

图19-24

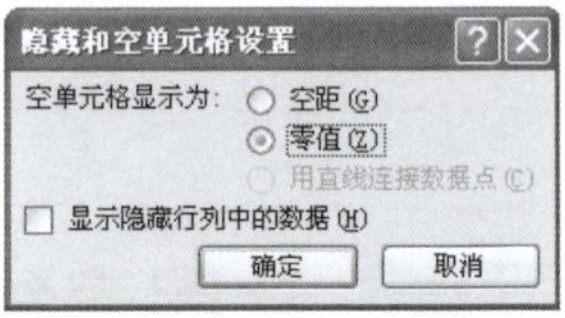

图19-25

5 单击“确定”按钮，在图表中就会以零值显示出空白单元格中的数据，如图19-26所示。

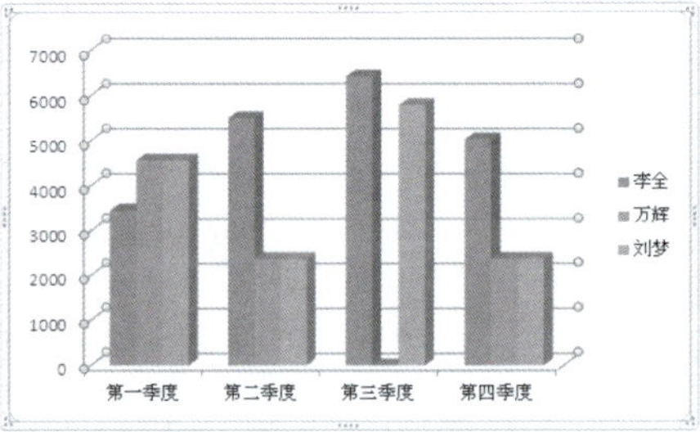

图19-26

提 示

0值和空值在某种情况下表示的意义是不一样的，所以在使用0值代替空值时，还要根据实际情况决定是否使用0值代替空值。

技巧11 更改图表默认布局

如果默认的图表布局不能满足需要，可以更改图表布局。

1 单击选中图表，接着单击“设计”标签，在“图表布局”选项组中单击列表右下角的，如图19-27所示。

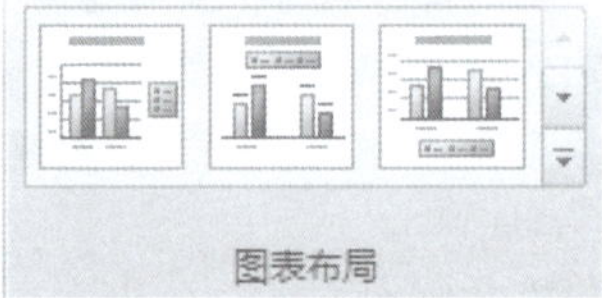

图19-27

2 在弹出的列表中选择一种合适的图表布局，如“布局2”，如图19-28所示。

❸ 接着在图表中输入图表标题即可，如图19-29所示。

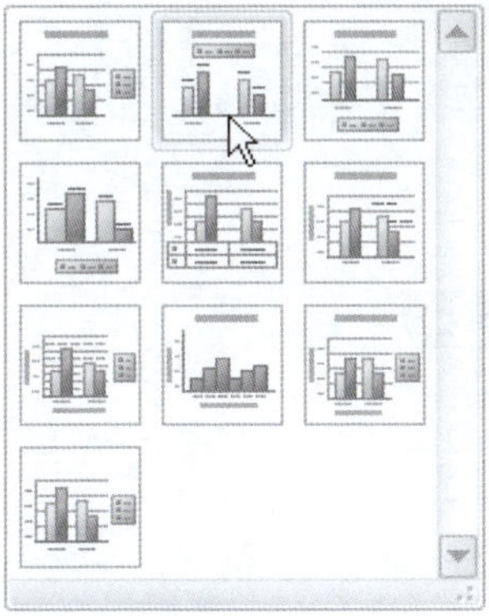

图19-28

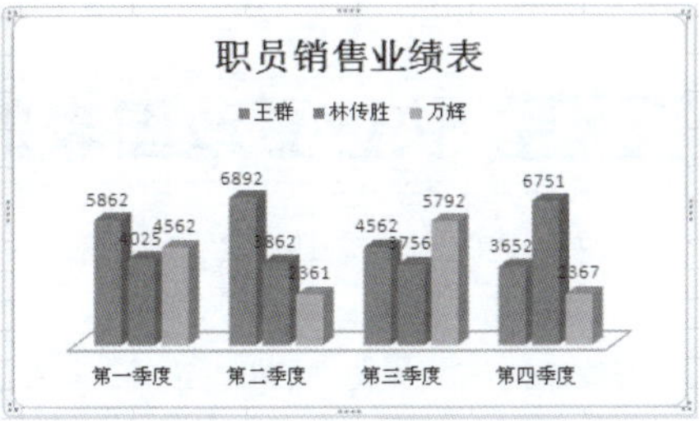

图19-29

提 示

在更改了图表布局后，有时需要输入图表表格和坐标轴标题，此时根据实际需要输入合适的标题文字即可。

技巧12　让图表数据源显示在图表中

让图表中的数据源显示在图表中可以更加直观和准确地看出图表中数据的变化。但默认情况下，图表中是不现实数据源的，此时可以通过如下方法来实现。

❶ 单击选中图表，接着单击“布局”标签，在“标签”选项组中单击“模拟运算表”按钮下拉菜单，在弹出的菜单中选择“显示模拟运算表”命令，如图19-30所示。

❷ 接着在图表中就会显示出数据源表格，如图19-31所示。

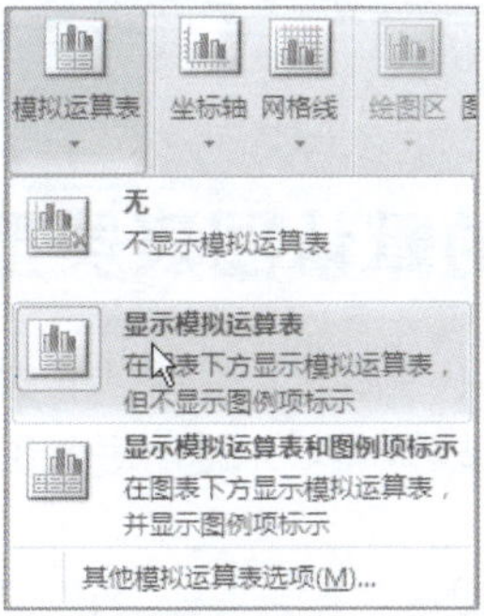

图19-30

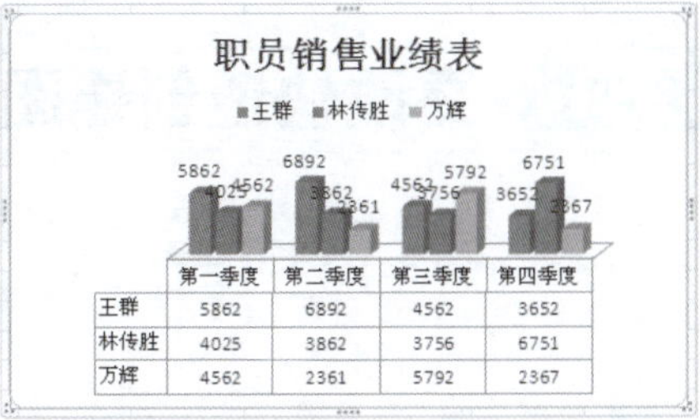

	第一季度	第二季度	第三季度	第四季度
王群	5862	6892	4562	3652
林传胜	4025	3862	3756	6751
万辉	4562	2361	5792	2367

图19-31

提 示

如果需要将显示出来的模拟运算表取消，单击“布局”标签，在“标签”选项组中单击“模拟运算表”按钮下拉菜单，在弹出的菜单中选择“无”命令即可。

技巧13 快速更改图表的类型

如果新建的图表类型不能满足要求，可以更改图表类型。此时可以通过如下方法来实现。

1 单击选中图表，单击“设计”标签，在“类型”选项组中单击“更改图表类型”按钮，打开“更改图表类型”对话框。

2 在对话框左侧选择一种合适的图表类型，接着在右侧窗格中选择一种合适的图表样式，如图19-32所示。

3 单击“确定”按钮，即可看到更后的结果，如图19-33所示。

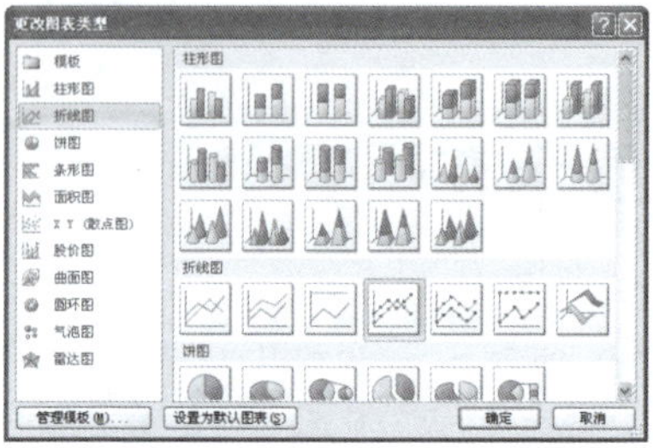

图19-32

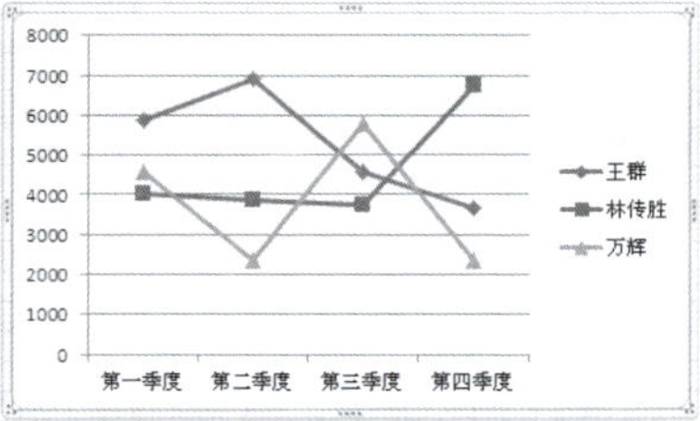

图19-33

提 示

在更改图表类型时，要注意选择的图表类型要适合当前数据源，避免新的图表类型不能完全表示出数据源中是数据。

技巧14 更改快速创建图表的默认图表类型

默认情况下，创建图表时默认的图表类型是簇状柱形图，如果需要经常创建其他类型的图表，可以将创建图表时默认的图表类型更改为经常使用的图表类型。

1 单击“插入”标签，在“图表”选项组中单击右下角的，打开“插入图表”对话框。

2 在图表中选择一种需要设置为默认图表的图表类型，接着在右侧的窗格中选择一种图表样式，如图19-34所示。

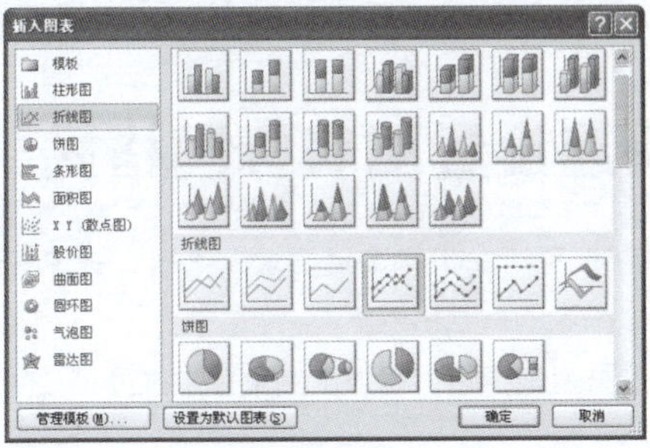

图19-34

3 单击“设置为默认图表”按钮，接着单击“确定”按钮即可。

提 示

如果想将创建图表的默认图表更改为系统默认的“簇状柱形图”，在“插入图表”对话框中选中“簇状柱形图”，单击“设置为默认图表”按钮，接着单击“确定”按钮即可。

技巧15 保护工作表后让指定的图表图形对象可编辑

当对包含多个图形、图表等对象的工作表进行保护时，该工作表中的所有图表、图形、文本框及艺术字等对象都将不能被选中，从而不可编辑。如果想在保护工作表后还能对图表进行编辑，可以通过如下方法来实现。

1 选中需要设置的图表，单击“格式”标签，在“大小”选项组中单击右下角的▫，打开“设置图标区格式”对话框。

2 单击对话框左侧窗格中“属性”项，接着在右侧的窗格中取消选中“锁定”复选框，如图19-35所示。

3 单击“关闭”按钮，接着再进行保护工作表操作即可。

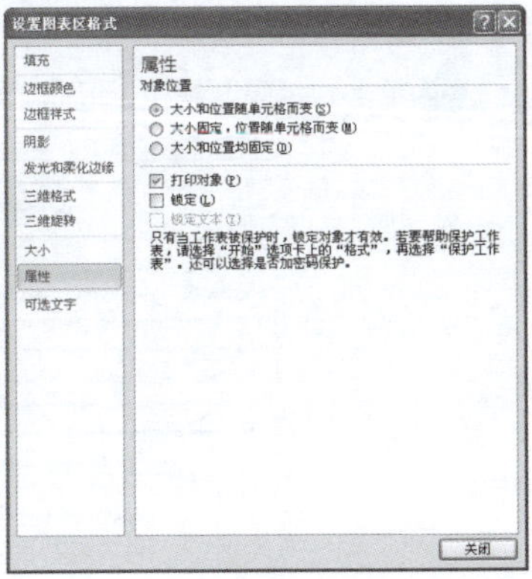

图19-35

提 示

如果需要保护的工作表中包含多个工作表，此时只能一个一个进行设置。

技巧16 快速设置图表标题格式

如果图表的默认标题格式不能满足要求，可以设置图表的标题格式。利用如下方法来快速设置图表的标题格式。

❶ 鼠标右键单击图表标题，在弹出的菜单中选择“设置图表标题格式”命令，如图19-36所示。

❷ 在打开的“设置图表标题格式”对话框左侧的窗格中，选中“填充”项，接着在右侧的菜单中选中“渐变填充”单选项。

❸ 单击“预设颜色”按钮下拉菜单，在弹出的列表中选择一种颜色样式，如图19-37所示。

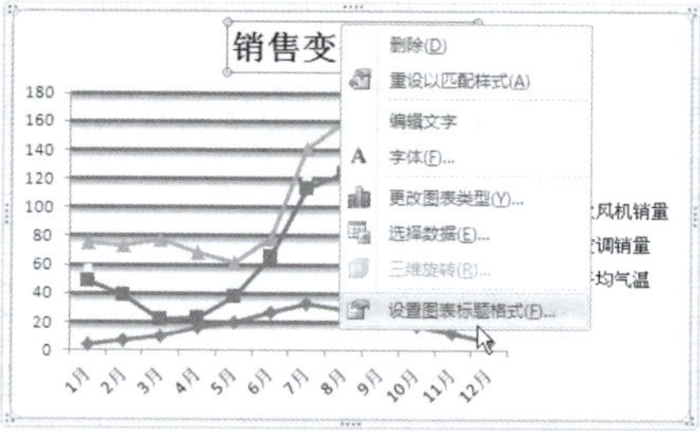

图19-36

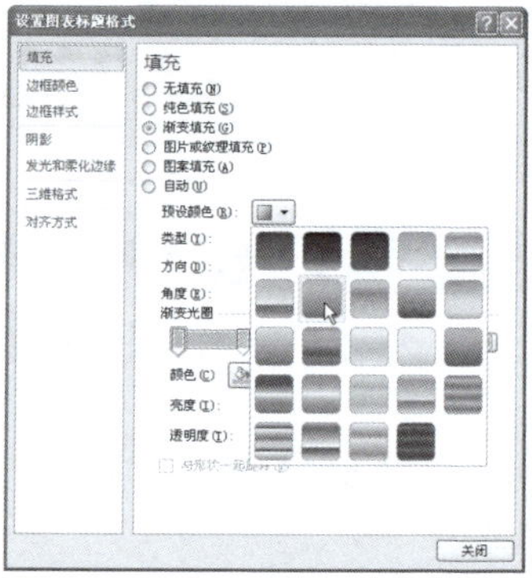

图19-37

❹ 单击“关闭”按钮，返回到图表中，即可看到效果，如图19-38所示。

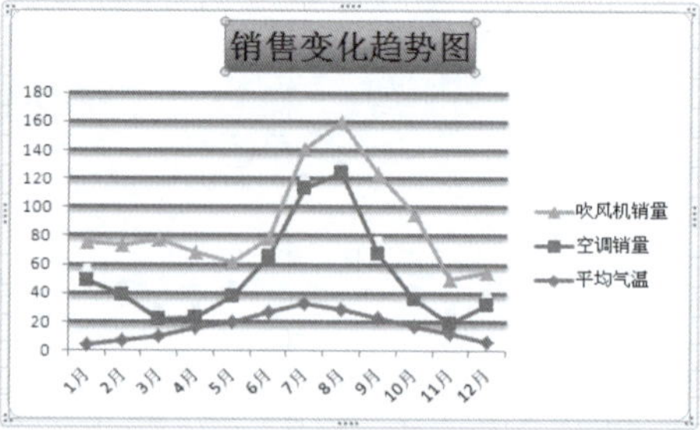

图19-38

提 示

在“设置图表标题格式”中，可以根据需要在左侧的窗格中选中需要设置的项，接着在右侧窗格中进行具体的设置，还可以对图表标题格式进行多项格式设置。

技巧17　根据图表需求更改坐标轴标签的位置

默认的情况下，图表坐标轴标签是显示在坐标轴旁的。如果需要更改坐标轴标签的位置，可以通过如下方法来实现。

❶ 单击选中图表，接着鼠标右键单击纵坐标轴标签，在弹出菜单中选择“设置坐标轴格式”命令，打开“设置坐标轴格式”对话框。

❷ 单击左侧窗格中的“坐标轴选项”项，在右侧的窗格中单击“坐标轴标签”下拉列表框，在弹出的列表中选择以一种合适的位置交叉，如“高”，如图19-39所示。

❸ 单击“关闭”按钮，即可看到坐标轴标签被移动到了图表右侧，如图19-40所示。

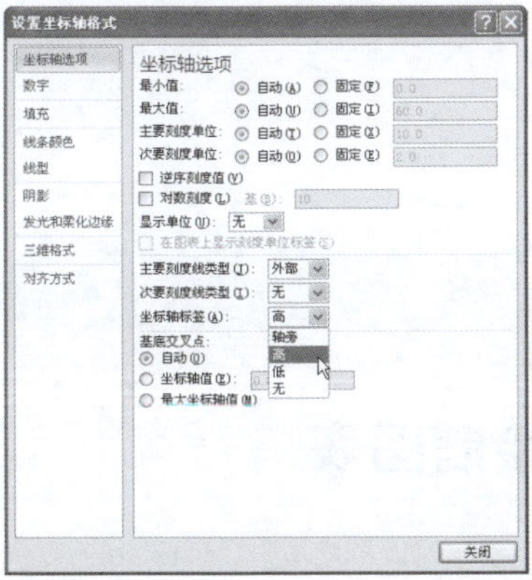

图19-39

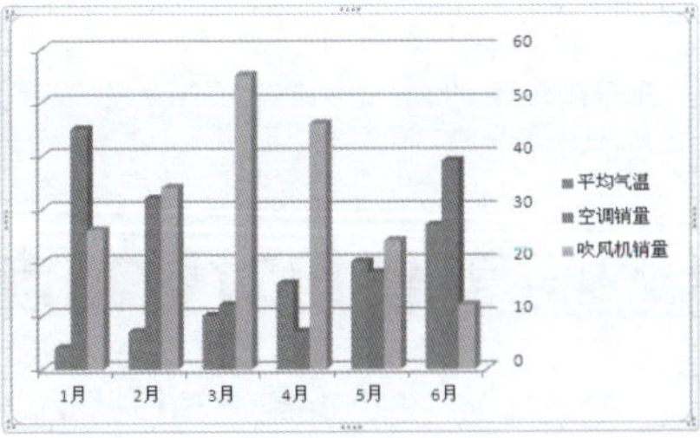

图19-40

提 示

如果需要更改横坐标标签位置，单击“坐标轴”按钮下拉菜单，在弹出的菜单中选择“主要横坐标轴”子菜单下的“其他主要横坐标轴选项”命令，打开“设置坐标轴格式”对话框进行设置。

技巧18 快速设置让图表水平轴显示在图表上方

默认情况下，图表是水平轴是显示在图表的下方的。如果需要将图表的水平轴显示在图表的上方，可以通过如下方法来实现。

❶ 右键单击横坐标轴标签，在弹出菜单中选择“设置坐标轴格式”命令，打开“设置坐标轴格式”对话框。

❷ 单击左侧窗格中的“坐标轴选项”项，在右侧窗格中单击“坐标轴标签”下拉列表框，在弹出的列表中选择“高”，如图19-41所示。

❸ 单击“关闭”按钮，即可完成设置，如图19-42所示。

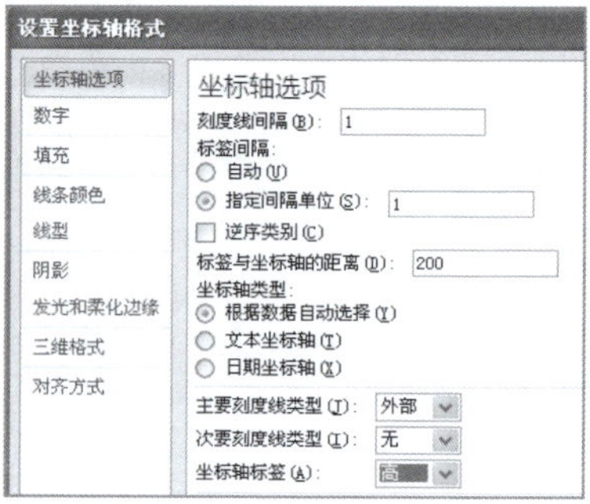

图19-41

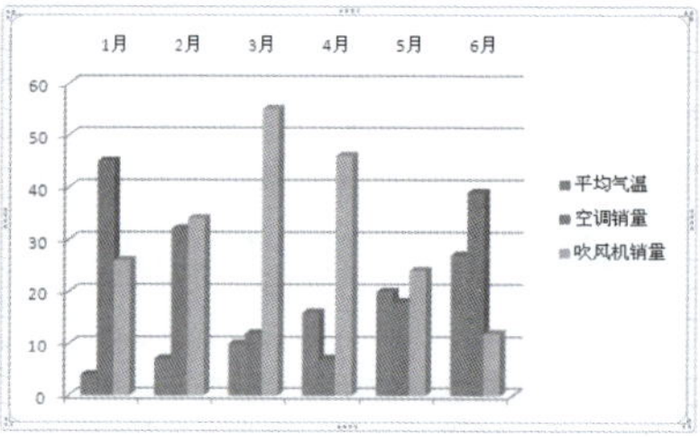

图19-42

提 示

如果需要恢复水平轴在图表下方显示，单击“坐标轴标签”下拉列表框，在弹出的列表中选择“轴旁”或“低”即可。

技巧19 使用对数刻度绘制图表

默认情况下，Excel会自动根据数值特点设定图表刻度数值，但Excel还提供了使用对数刻度绘制图表的功能。

❶ 右键单击纵坐标轴标签，在弹出菜单中选择“设置坐标轴格式”命令，打开“设置坐标轴格式”对话框。

❷ 单击左侧窗格中的“坐标轴选项”项，在右侧窗格中选中“对数刻度”复选框，接着在右侧的“基”文本框中输入一个合适的值，如“2”，如图19-43所示。

3 单击“关闭”按钮，即可完成设置，如图19-44所示。

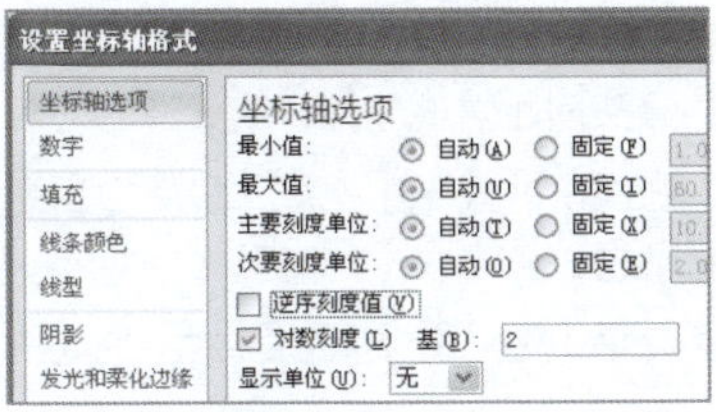

图19-43

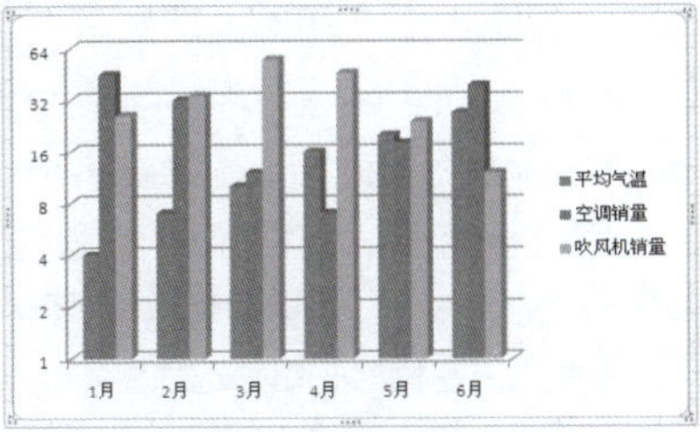

图19-44

提 示

如果需要默认的刻度显示，只需要在“设置坐标轴格式”对话框中取消选中“对数刻度”复选框即可。

技巧20 新建立图表数据源与数据标签的链接

如果新建立图表数据源与数据标签没有链接，可以通过如下方法设置新建立图表数据源与数据标签的链接。下面介绍实现设置新建立图表数据源与数据标签的链接。

1 鼠标右键单击图表数据标签，在弹出的菜单中选择“设置数据标签格式”命令，打开“设置数据标签格式”对话框。

2 在左侧窗格中单击“数字”项，接着在右侧的窗格中选中“链接到源”复选框，如图19-45所示。

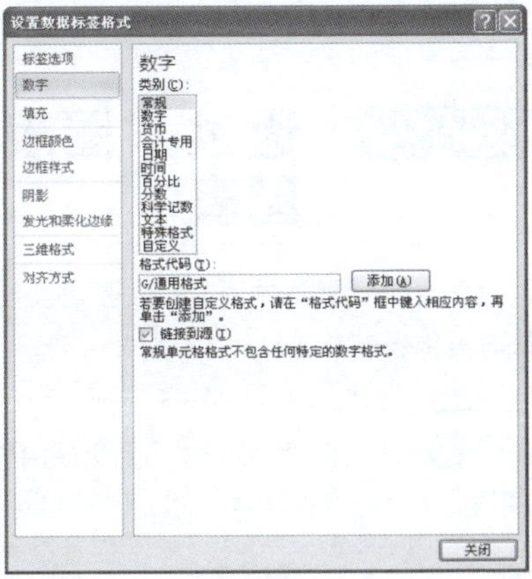

图19-45

3 单击“关闭”按钮，即可完成设置。

提 示

如果需要取消图表数据源与数据标签的链接，取消选中“链接到源”复选框即可。

技巧21 快速设置图表各个分类的分类间距

如果默认的图表各分类的分类间距不能满足要求，用户可以通过如下方法进行手动调整。下面介绍设置图表各个分类的分类间距。

❶ 鼠标右键单击图表中任意数据系列，在弹出的菜单中选择“设置数据系列格式”命令，打开“设置数据系列格式”对话框。

❷ 单击左侧的“系列选项”项，在右侧窗格中的“分类间距”栏中拖动滑块调整分类间距，如图19-46所示。

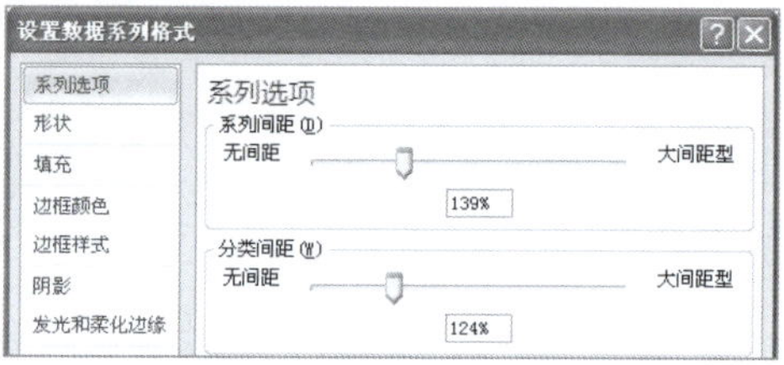

图19-46

提 示

在“设置数据系列格式”对话框中拖动“系列间距”栏中的滑块，可以调整系列间距。

技巧22 通过“图表样式”功能快速美化图表

如果感觉默认的图表样式不够美观，此时用户可以使用“图表样式”功能快速美化表格。

❶ 选中需要修改图表样式的图表，在功能区中单击“设计”标签。

❷ 接着在“图表样式”选项组中单击列表框右下角的按钮，在弹出的列表中选择一种图表样式，如“样式42”，如图19-47所示。

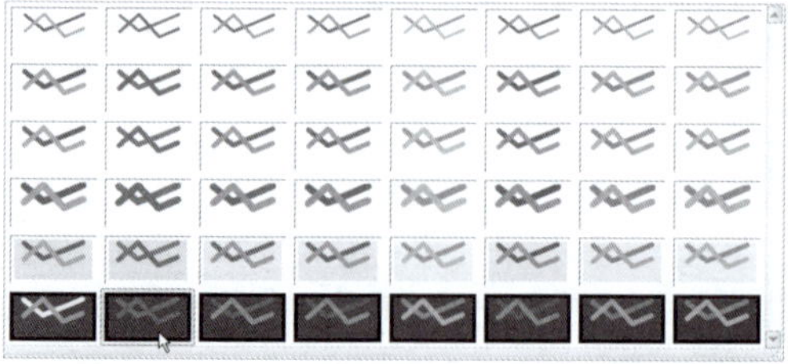

图19-47

③ 接着在图表中即可看到设置的图表样式，如图19-48所示。

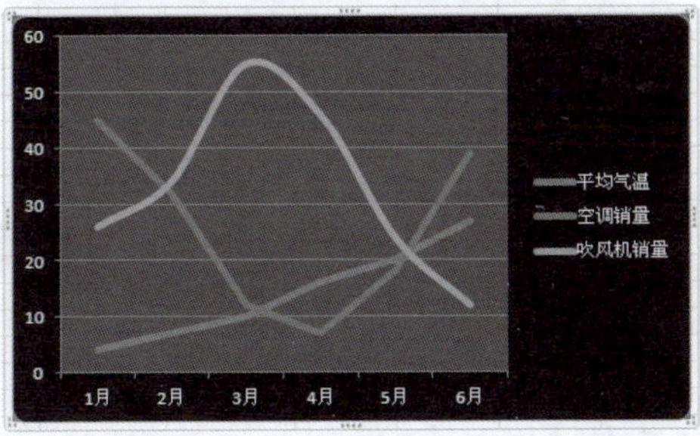

图19-48

提 示

Excel 2010内置了48种图表样式，在需要时，用户可以根据需要进行设置。

技巧23 使用图表中的“快速布局”功能美化图表

为图表更换不同的布局，也能起到美化表格的作用。需要时可以通过如下方法来实现。

① 单击选中表格，接着在功能区中单击“设计”标签。

② 在“图表布局”选项组中单击列表框右下角的按钮，在弹出的列表中选择一种合适的布局样式，如“布局2”，如图19-49所示。

③ 接着在图表中输入图表标记即可，如图19-50所示。

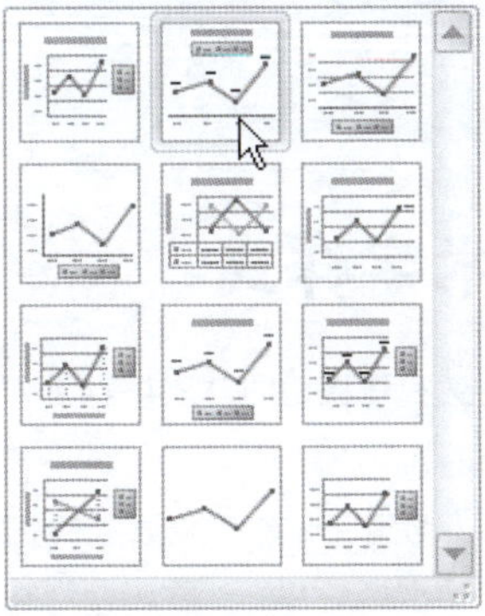

图19-49

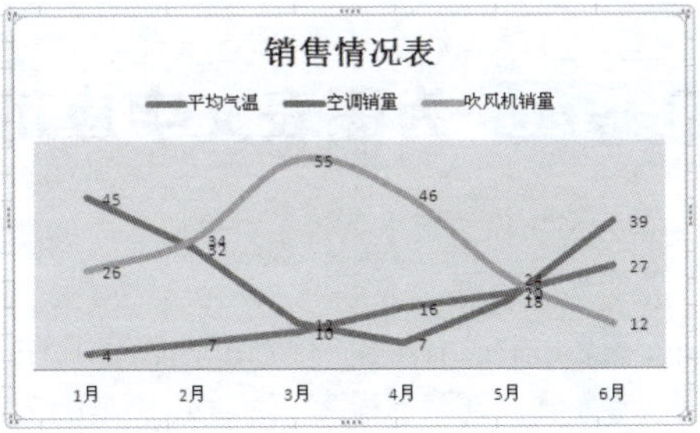

图19-50

提 示

Excel 2010内置了12种图表布局样式，在需要时，用户可以根据需要进行设置。

技巧24 使用图表中的“形状样式”功能美化图表

如果用户感觉默认的图表样式不够美观，还可以使用“形状样式”功能来美化表格。

1 单击选中表格，接着在功能区中单击“格式”标签。

2 在“形状样式”选项组中单击列表框右下角的按钮，在弹出的列表中选择一种合适的形状样式，如“强烈效果–蓝色，强调颜色1”，如图19–51所示。

3 接着在图表中即可看到实际效果，如图19–52所示。

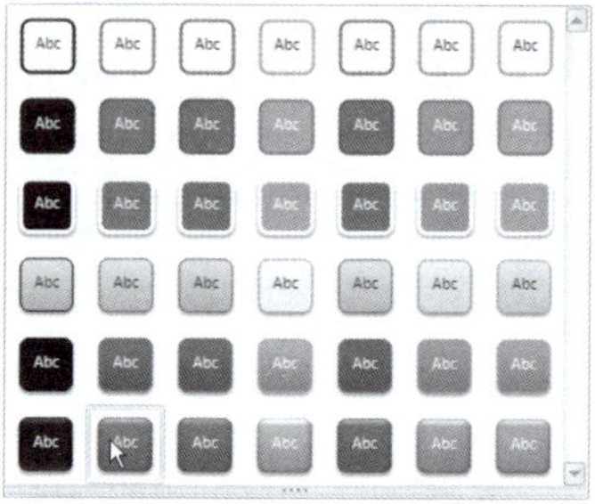

图19–51

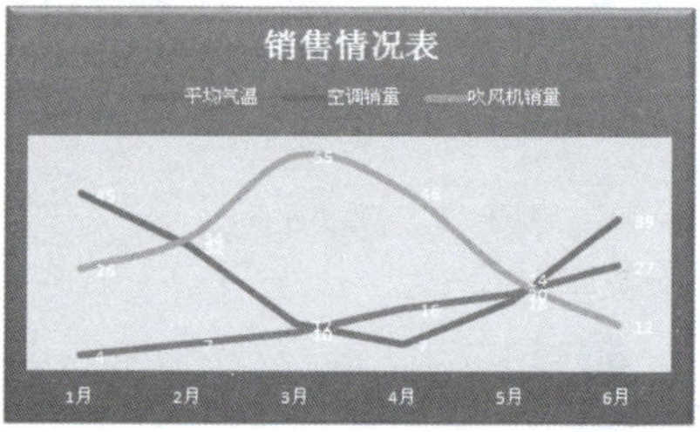

图19–52

提 示

Excel 2010内置了42种图表形状样式，在需要时，用户可以根据需要进行设置。

技巧25 为图表文字应用艺术字样式

为文字设置艺术字效果，可以大大增加文字的美观程度，同时还可以起到修饰表格的作用。

1 单击选中表格，接着在功能区中单击“格式”标签。

2 在“艺术字样式”选项组中单击列表框右下角的按钮，在弹出的列表中选择一种合适的艺术字样式，如图19–53所示。

❸ 接着在图表中会看到设置的艺术字效果，如图19-54所示。

图19-53

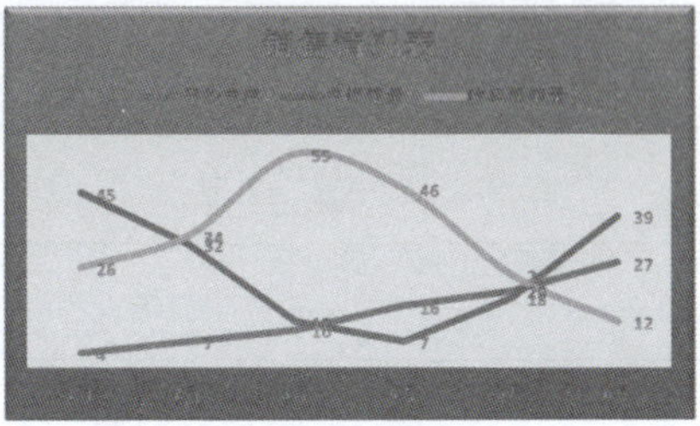

图19-54

提 示

如果用户只想为图表中所有文字设置字体颜色，可以在“艺术字样式”选项组中单击“文本填充”按钮下拉菜单，在弹出的菜单中选择一种合适的颜色即可。

读书笔记

第20章

表格安全与打印

技巧1 设置允许用户进行的操作

为工作表设置允许用户进行的操作，可以有效保护工作表数据安全。需要时可以通过“保护工作表”功能来实现。

1 打开需要保护的工作表，单击“审阅”标签，在“更改”选项组中单击“保护工作表”按钮，如图20-1所示。

2 在打开的“保护工作表”对话框中选中“保护工作表及锁定的单元格内容”复选框，接着在“允许此工作表的所有用户进行”列表框中选中允许用户进行的菜单前的复选框，在“取消工作表保护时使用的密码”文本框中输入一个密码，单击“确定”按钮，如图20-2所示。

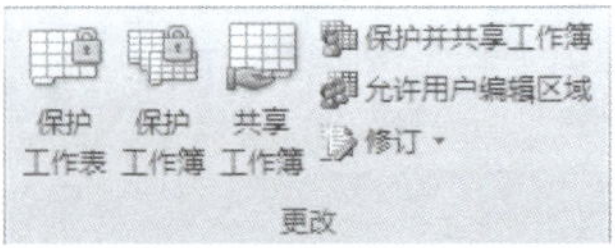

图20-1

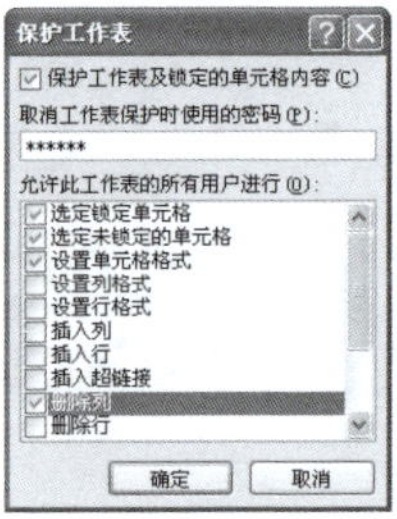

图20-2

3 在弹出的“确认密码”对话框中重新输入一次密码，如图20-3所示。

4 单击“确定”按钮，接着保存工作簿，即可完成设置。此时用户就只能进行工作表保护允许的操作，如果进行了不允许的操作，就会弹出如图20-4所示的警告对话框。

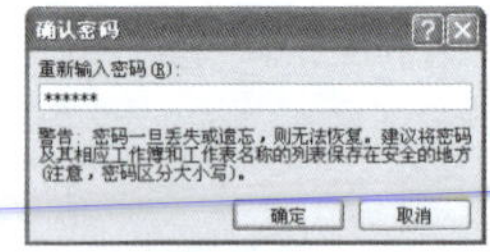

图20-3

图20-4

提 示

在“保护工作表”对话框中的“允许此工作表的所有用户进行”列表框中，可以根据需要选择允许用户进行的操作，如果不想运行用户进行任何操作，则取消选中所有复选框。

技巧2 隐藏含有重要数据的工作表

如果工作表中包含有重要数据不想让其他人看到，最好的方法是将工作表隐藏。

使用常规方法隐藏工作表

❶ 打开需要隐藏的工作表所在的工作簿。

❷ 鼠标右键单击需要隐藏的工作表的工作表标签，在弹出的菜单中选择“隐藏”命令即可，如图20-5所示。

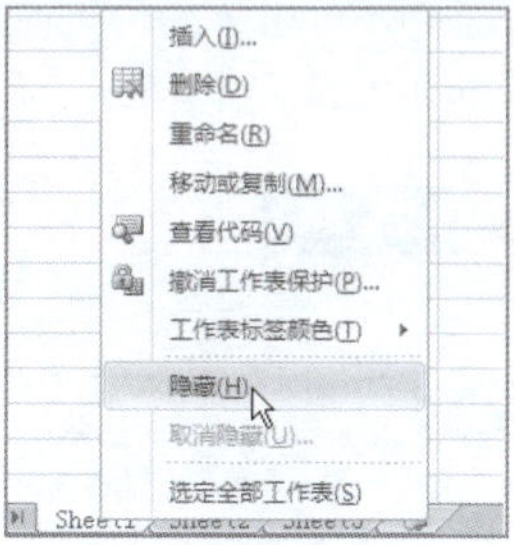

图20-5

彻底隐藏工作表

对于稍微懂得 Excel 操作的人来说，常规方法隐藏工作表的方法简直是形同虚设，如果想实现真正的隐藏，可以通过如下方法来实现。

❶ 打开需要隐藏的工作表所在的工作簿，按下“Alt+F11”组合键，打开VBA编辑器窗口，在左侧可以看到“工程”窗格和“属性”窗格。

❷ 在“工程”窗格中选择要隐藏的工作表，并在“属性”窗格中设置“Visible ”属性值为“2-xlSheetVeryHidden”，如图20-6所示。

❸ 单击“工具”→“VBAProject属性”菜单命令，打开“VBAProject工程属性”对话框，单击“保护”标签，选中“查看时锁定工程”复选框，并设置查看工程属性的密码，如图20-7所示。

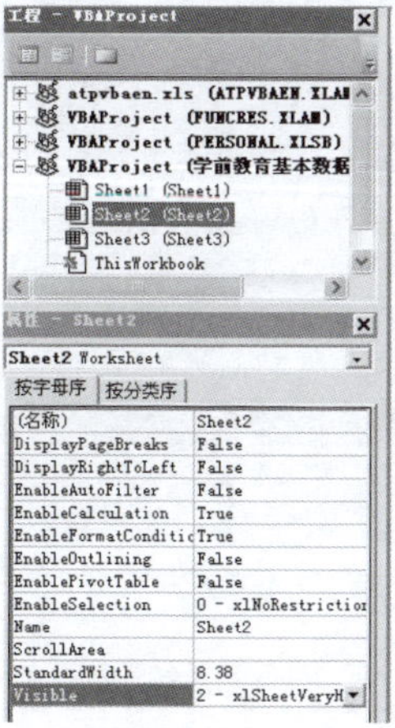

图20-6

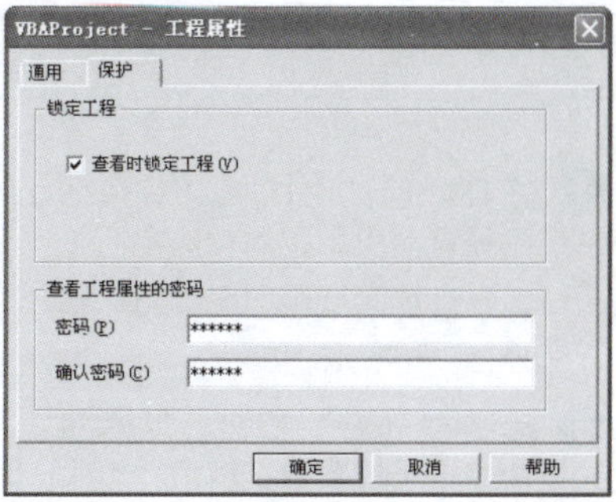

图20-7

4 单击“确定”按钮，接着按下“Ctrl+S”组合键保存文件，返回Excel界面即可看到工作表已经被隐藏，接着保存工作簿。

5 此时右键单击任意工作表标签，弹出菜单中的“取消隐藏”命令也是处于灰色不可用状态。如此一来，即便有人知道这种操作方法，但如果没有密码的话也不能显示出隐藏的工作表，因此大大增强了Excel的安全性能。

提 示

如果在“工程”窗格中选择要隐藏的工作表，并在“属性”窗格中设置“Visible ”属性值为“0-xlSheetHidden”则为一般性隐藏，通过“取消隐藏”命令仍可以显示隐藏的工作表。

技巧3 指定工作表中的可编辑区域

如果仅需要允许用户在工作表中的指定区域进行编辑，可以设置工作表中的可编辑区域。通过如下方法设置工作表中的可编辑区域。

1 打开需要设置的工作表，选中允许其他用户编辑的单元格或单元格区域。

2 单击“审阅”标签，在“更改”选项组中单击“允许用户编辑区域”按钮，如图20-8所示。

3 在打开的“允许用户编辑区域”对话框中单击右上角的“新建”按钮，如图20-9所示。

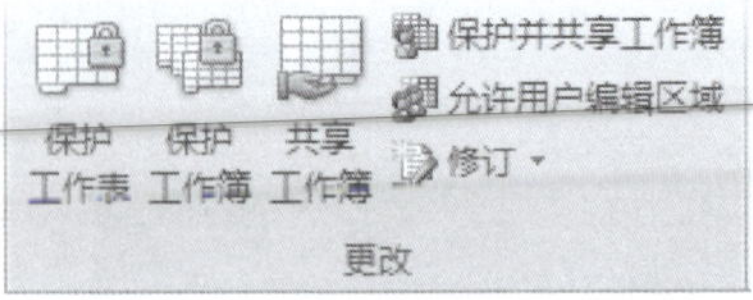

图20-8

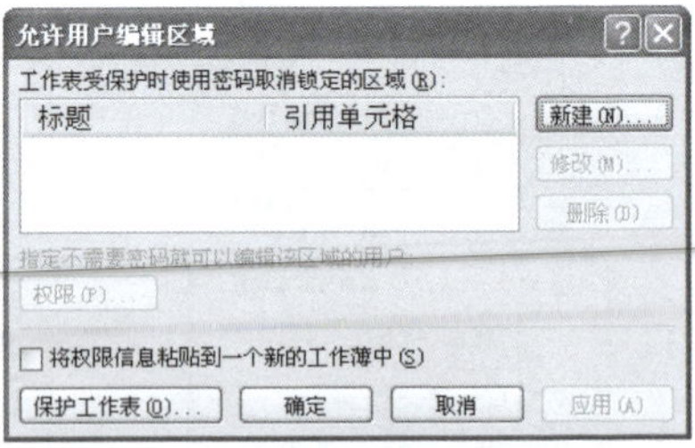

图20-9

4 在打开的“新区域”对话框中，系统已经自动引用了用户选定的单元格区域，并设置区域标题名称为“标题1”，如图20-10所示。

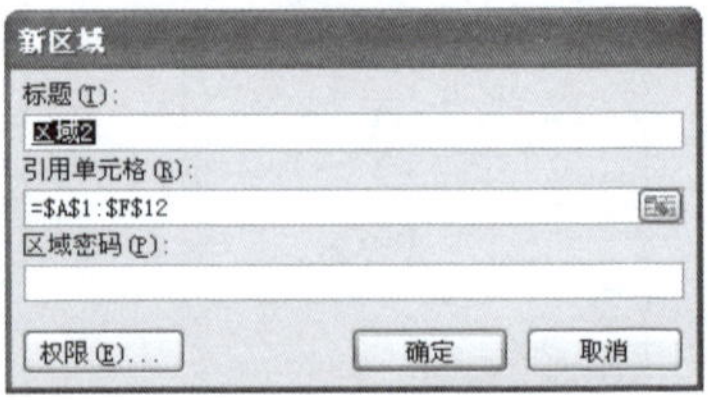

图20-10

5 单击“确定”按钮，返回到“允许用户编辑区域”对话框中，再次单击“确定”按钮返回到工作表中。

6 单击“审阅”标签，在“更改”选项组中单击“保护工作表”按钮，在打开的“保护工作表”对话框根据需要进行设置，设置完成后单击“确定”按钮。

7 接着保存工作簿即可。

提 示

这样，当其他用户要在这张工作表中输入数据时，只能在指定的区域进行编辑，而对于其他区域，系统就会拒绝录入了。

技巧4　设置可编辑区域的权限

在设置了可编辑区域后，还可以为设置的可编辑区域设置相应的权限。此时可以通过如下方法来完成。

1 单击“审阅”标签，在“更改”选项组中单击“允许用户编辑区域”按钮，打开“允许用户编辑区域”对话框。

2 在列表中选中需要设置权限的区域名称，如“区域1”，接着单击“权限”按钮，如图20-11所示。

3 在打开的“区域1的权限”对话框中单击“添加”按钮，打开“选择用户组”对话框，在“输入对象名称来选择”文本框中输入需要设置权限的用户名，如“admin”，如图20-12所示。

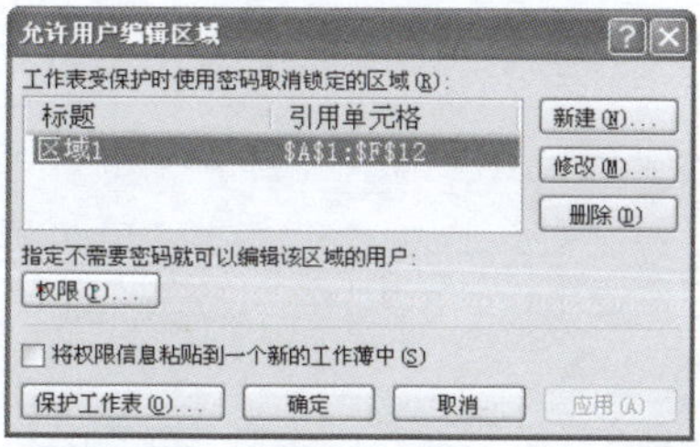

图20-11

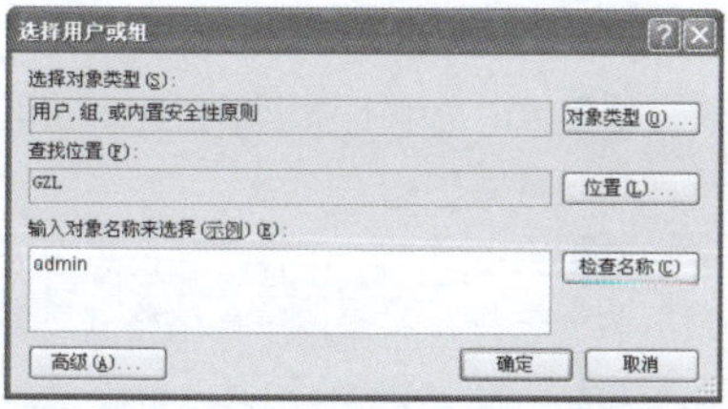

图20-12

4 单击“确定”按钮，返回到“区域1的权限”对话框中，在“组或用户名称”列表中即可看到添加的用户“admin”。

5 接着在“admin的权限”列表中选中相应权限对应的复选框，如图20-13所示。

6 单击“确定”按钮，返回到“允许用户编辑区域”对话框中，再次单击“确定”按钮，接着保存工作簿，即可完成设置。

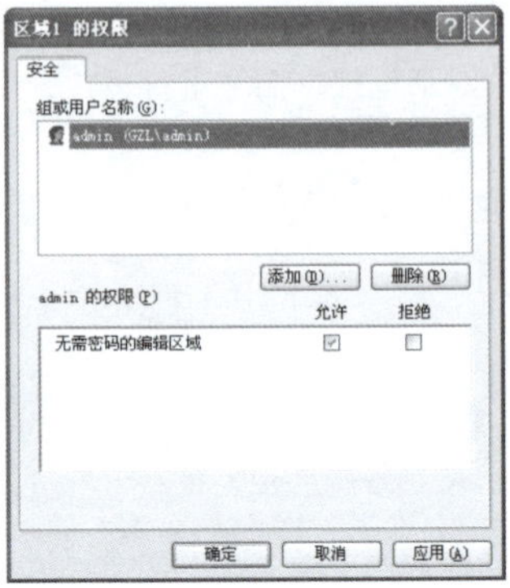

图20-13

提 示

在“选择用户组”对话框中，如果不想手动输入用户名，可以单击“高级”按钮，在打开的“选择用户组”对话框中单击“立即查找”按钮，在查找结果中选中需要添加的用户，单击“确定”按钮即可。

技巧5 解决设置工作表保护却起不到保护作用的问题

已经为工作表设置了保护，操作方法没有任何问题，不知道为什么起不到保护作用？此时可以尝试以下方法来解决这个问题。

1 打开存在设置了工作表保护却起不到保护作用的问题的工作表，取消工作表保护。

2 单击选中工作表中任意单元格，按下“Ctrl+A” 组合键，将工作表中的单元格全部选中。

3 右键单击工作表中的任意单元格，在弹出的菜单中选择“设置单元格格式”命令，打开“设置单元格格式”对话框。

4 单击“保护”标签，选中“锁定”复选框和“隐藏”复选框，如图20-14所示。

5 单击“确定”按钮，接着重新设置工作表保护即可。

提 示

多数工作表保护无效的问题都是由于单元格没有锁定造成的，使用本例介绍的方法可以将工作表中所有的单元格锁定，接着再设置工作表保护即可使工作表保护生效。

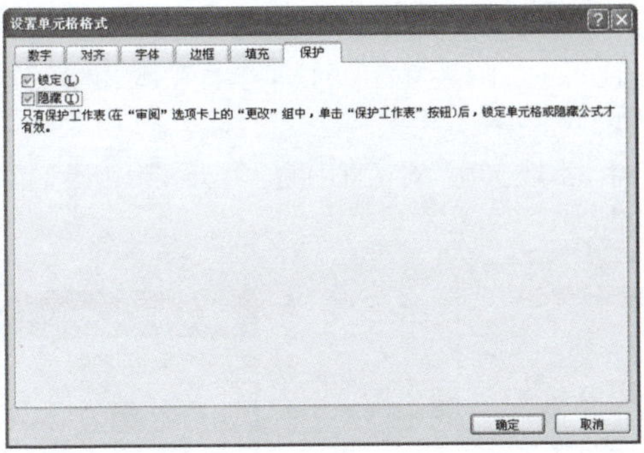

图20-14

技巧6 保护工作簿不能被修改

如果不希望其他用户对整个工作表的结构和窗口进行修改，可以进行保护。此时可以通过如下方法进行保护。

1 单击“审阅”标签，在“更改”选项组中单击“保护工作簿”按钮，打开“保护结构和窗口”对话框。

2 分别选中“结构”复选框和“窗口”复选框，接着在“密码”文本框中输入一个密码，如图20-15所示。

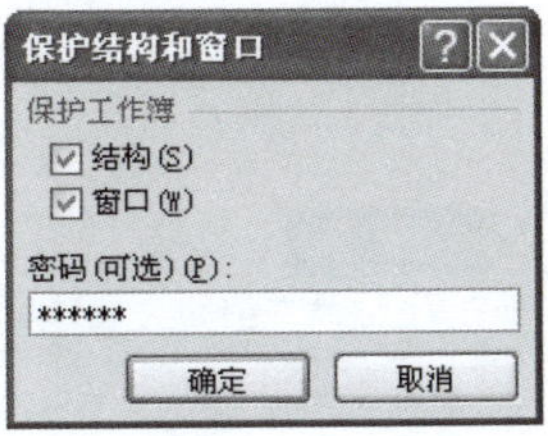

图20-15

3 单击“确定”按钮，接着在打开的“确认密码”对话框中重新输入一遍密码，单击“确定”按钮。

4 保存工作簿，即可完成设置。

提 示

如果仅仅只需要保护工作簿的结构或窗口，在“保护结构和窗口”对话框中只选中一个对应的复选框即可。

技巧7 设置工作簿打开权限密码

如果工作簿中内容比较重要，不希望其他用户打开，可以给该工作簿设置一个打开权限密码，这样不知道密码的用户就无法打开工作簿了。

1 打开需要设置打开权限密码的工作簿。

2 单击“文件”标签，切换到Backstage 视图，单击“另存为”命令，打开

“另存为”对话框。

❸ 单击左下角的“工具”按钮下拉菜单，在弹出的菜单中选择“常规选项”命令，如图20-16所示。

❹ 在打开的“常规选项”对话框中的“打开权限密码”文本框中输入一个密码，如图20-17所示。

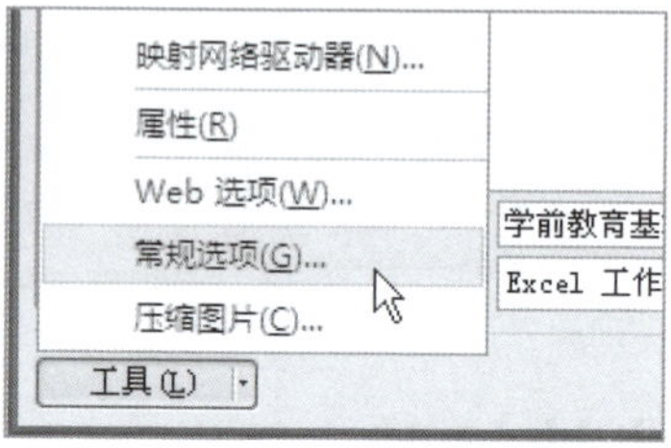

图20-16

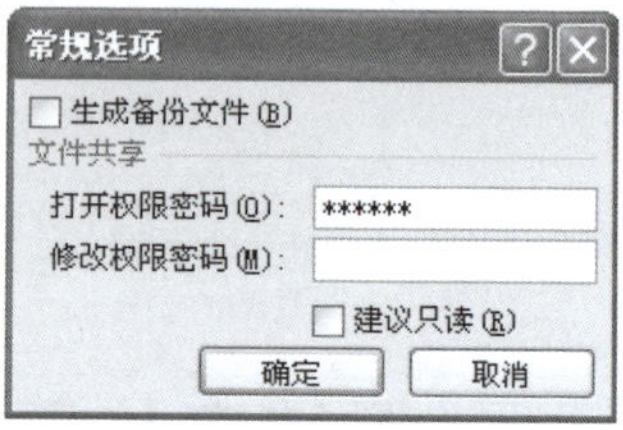

图20-17

❺ 单击“确定”按钮，在打开的“确认”密码对话框中再次输入密码，单击“确定”按钮，返回到另存为对话框。

❻ 设置一下文件的保存位置和文件名，单击“保存”按钮保存文件。以后再打开这个工作簿时，就会弹出一个“密码”文本框，只有输入正确的密码才能打开工作簿，如图20-18所示。

图20-18

提 示

如果需要在设置密码前备份文档，可以在“常规选项”对话框中选中“生成备份文件”复选框即可。

技巧8 设置工作簿修改权限密码

如果需要限制用户修改工作簿内容，可以通过给工作簿设置修改权限密码来解决这个问题。

❶ 打开需要设置修改权限密码的工作簿。

❷ 单击“文件”标签，切换到Backstage 视图，单击“另存为”命令，打开“另存为”对话框。

❸ 单击左下角的“工具”按钮下拉菜单，在弹出的菜单中选择“常规选项”命令。

❹ 在打开的“常规选项”对话框中的“修改权限密码”文本框中输入一个

密码，如图20-19所示。

5 单击“确定”按钮，在打开的“确认”密码对话框中再次输入密码，单击“确定”按钮，返回到另存为对话框。

6 设置一下文件的保存位置和文件名，单击“保存”按钮保存文件。以后再次打开这个工作簿时，就会弹出一个“密码”文本框，只有输入正确的密码才能对工作簿内容进行修改。

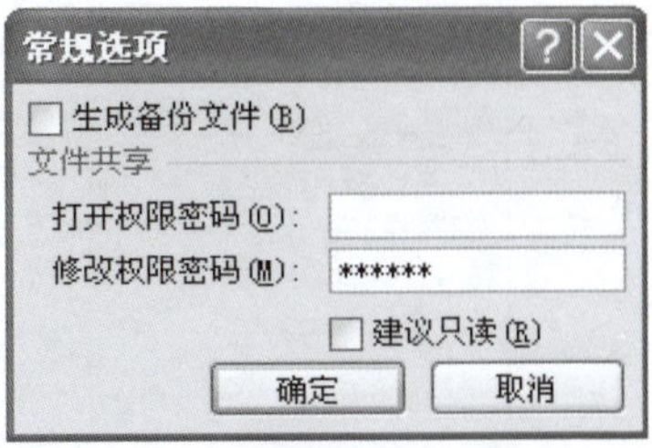

图20-19

提 示

设置工作簿修改权限密码的方法和设置工作簿打开权限密码的方法类似，只是设置的密码用途不同而已。

技巧9 保护公式不被更改

如果工作表中包含大量的重要公式，不希望这些公式被别人修改，可以对公式进行保护。

1 单击“视图”标签，在“宏”选项组中单击“宏”按钮下拉菜单，在弹出菜单中选择“宏录制”命令，打开“录制新宏”对话框。

2 输入宏名为“保护公式”，设置快捷键为“Ctrl+Q”组合键，设置保存在“个人宏工作簿”，接着单击“确定”开始录制宏。

3 按下“Ctrl+A”组合键，选中工作表中的所有单元格，切换到“开始”标签，在“单元格”选项组中单击“格式”按钮下拉菜单，在弹出菜单中单击“锁定单元格”命令，取消锁定单元格，如图20-20所示。

4 在“编辑”选项组中单击“查找和选择”按钮下拉菜单，在弹出的菜单中选择“公式”命令，选中工作表中所有的公式。

5 切换到“审阅”标签，在“更改”选项组中单击“保护工作表”按钮，打开“保护工作表”对话框。

6 把“允许此工作表中所有用户进行”列表中的所有允许选项全部选中，如图20-21所示。

7 单击“视图”标签，在“宏”选项组中单击“宏”按钮下拉菜单，在弹出菜单中选择“停止录制”命令，完成宏的录制。

8 按下“Ctrl+Q”组合键，即可保护所有公式了。

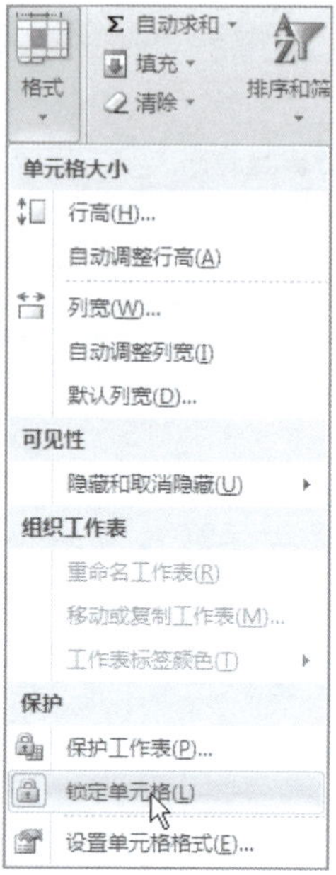

图20-20

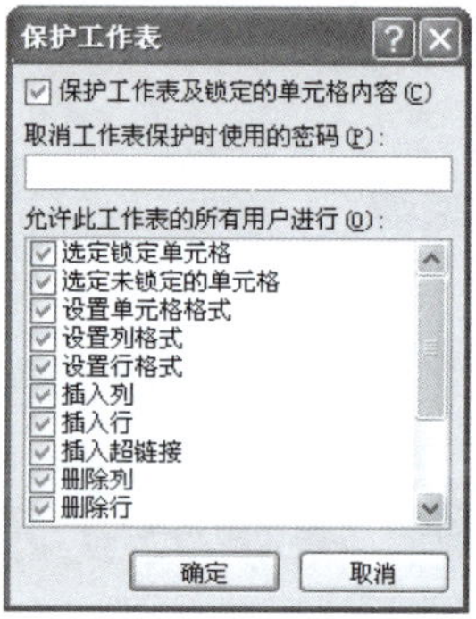

图20-21

提 示

在“保护工作表”对话框中把“允许此工作表中所有用户进行”列表中的所有允许选项全部选中，主要是为了确保只保护公式而不影响其他功能。

技巧10 阻止文档中的外部内容

如果Excel文档中链接了外部内容，那么文档可能就存在一定的安全隐患。为了杜绝这些潜在的安全隐患，用户可以阻止文档中的外部内容。

1 在Excel 2010主界面左上角单击“文件”标签，切换到Backstage 视图，单击“Excel 选项”，打开“Excel 选项”对话框。

2 在左侧窗格中的“信任中心”项，接着在右侧窗格中单击“信任中心设置”按钮，如图20-22所示。

3 在打开的“信任中心”对话框中，单击左侧窗格中的“外部内容”项，接着在右侧窗格中的“工作簿链接的安全设置”栏中选中“禁用工作簿链接的自动更新”单选项，如图20-23所示。

4 单击“确定”按钮，返回到工作簿中，保存一下工作簿即可。

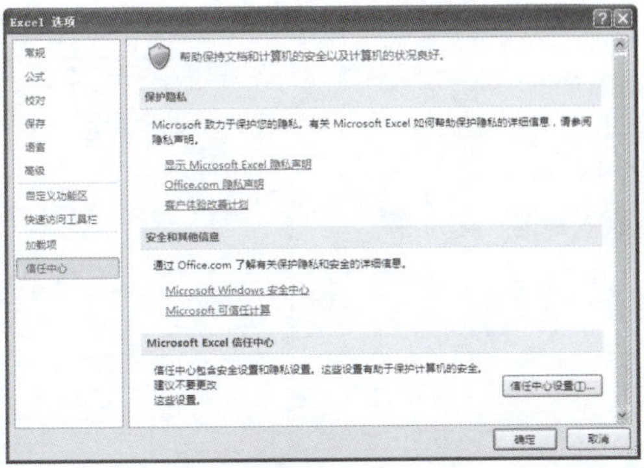

图20-22

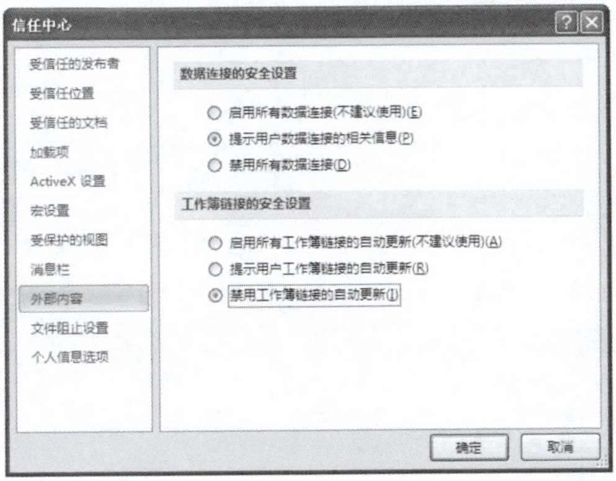

图20-23

提 示

如果需要禁用工作表与外部数据的链接，则在“信任中心”对话框中的“数据连接的安全设置”栏中选中“禁用所有数据连接”单选项，单击“确定”按钮即可。

技巧11 打印指定的页

在对页面和打印机进行设置后，通过打印预览显示打印结果。若工作表包含多页内容，有时只需要打印Excel工作表指定的页面，可按照下面的方法只打印Excel工作表指定的页面。

1. 打开要打印的工作表。

❷ 单击“文件”选项卡，在下拉菜单中选择“打印”标签，如图20-24所示。

❸ 在右侧的“设置”选项区域的“页数”文本框中输入要打印的页码或页码范围，如图20-25所示。

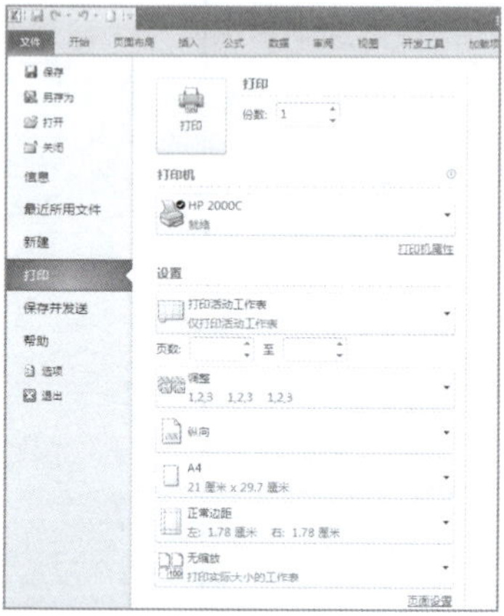

图20-24

图20-25

❹ 设置完成后，单击“打印”按钮，即可开始打印，如图20-26所示。

图20-26

提 示

用户可以根据需要，自行设置要打印的页码或页码范围。

技巧12 打印工作表中某一特定区域

在对页面和打印机进行设置后，通过打印预览显示打印结果。当整张工作表数据较多时，若只需要打印某一部分内容作为参考资料，可按照下面介绍的方法进行操作，例如打印工作表中单元格区域A1：F5的数据。

❶ 选中单元格区域A1：F5数据，如图20-27所示。

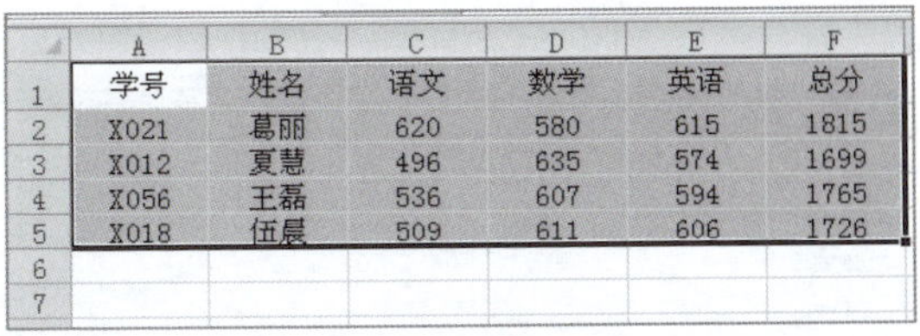

图20-27

❷ 单击“页面布局”选项卡，在“页面设置”选项组中选中“打印区域”下拉按钮，在下拉列表中选中“设置打印区域”命令，如图20-28所示。

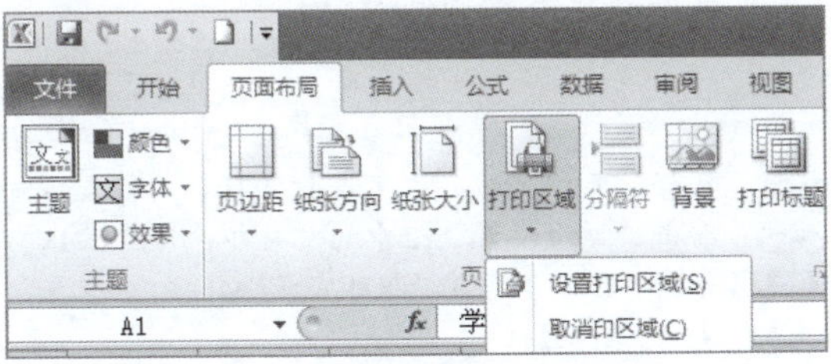

图20-28

❸ 此时可以单元格区域A1：F5设置为打印区域，如图20-29所示。

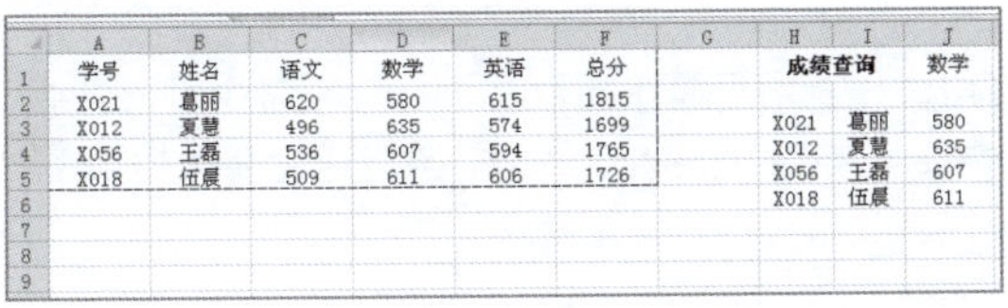

图20-29

❹ 切换到“文件”选项卡，在下拉菜单中选择“打印”标签，如图20-30所示。

❺ 在右侧的“设置”选项区域的“页数”文本框中输入要打印的份数，如图20-31所示。

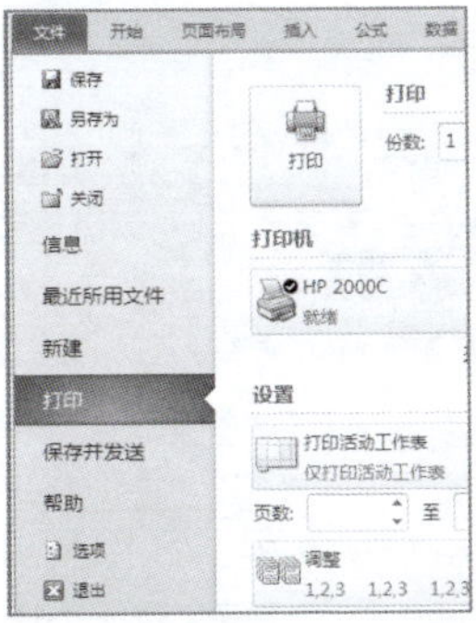

图20-30

图20-31

❻ 设置完成后，单击“打印”按钮，即可开始打印，如图20-32所示。

图20-32

提 示

当需要取消设置好的打印区域时，可在打开目标工作表后，切换到“页面布局”选项卡，单击“页面设置”组中的“打印区域”按钮，在展开的下拉菜单中单击“取消打印区域”选项，即可完成操作。

技巧13 一次性打印多张工作表

设置了当前工作表的页面布局后，执行打印命令时，只能打印当前工作表，如果用户需要一次性打印多个工作表，可以通过设置来实现。下面介绍一次性打印一个工作簿中3张工作表的方法。

❶ 按住Ctrl键不放，依次单击要打印的工作表标签，如图20-33所示。

❷ 单击“文件”选项卡，在下拉菜单中选择“打印”标签，如图20-34所示。

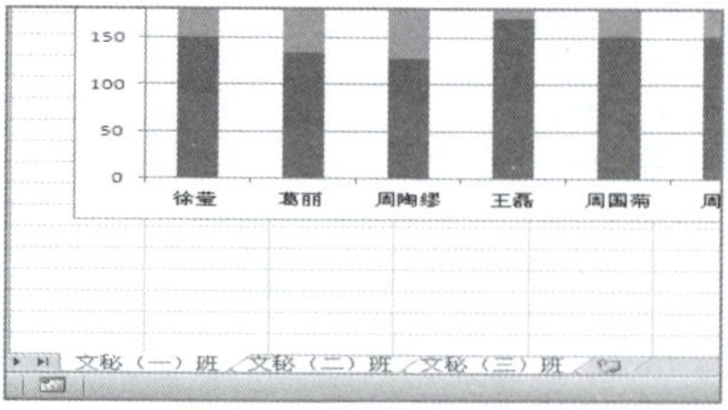

图20-33

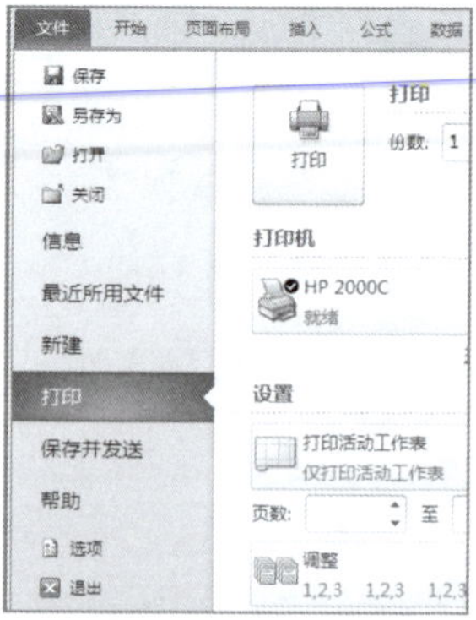

图20-34

❸ 在右侧的“设置”选项区域中单击“打印”按钮，则程序就会对所选择

的工作表依次进行打印，如图20-35所示。

图20-35

提 示

在打印之前，用户可以在右侧的打印预览区域中查看预览效果。

技巧14　将行、列号一同打印出来

在默认情况下，在执行打印操作后，打印出来的工作表中不包含行号和列号。

1. 打开要打印的文档。
2. 单击“页面布局”选项卡，在“页面设置”选项组中单击右下角的按钮，如图20-36所示。

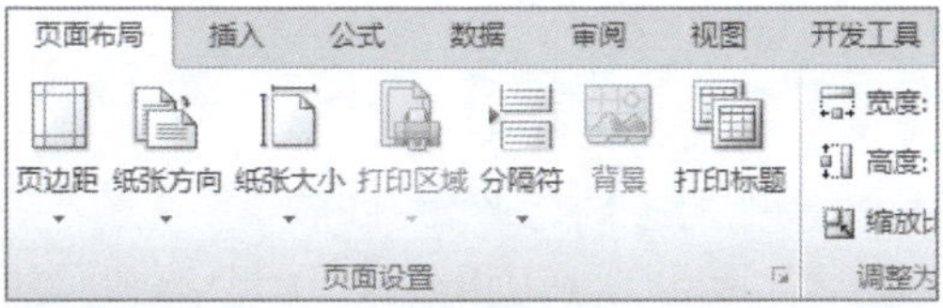

图20-36

3. 打开“页面设置”对话框，如图20-37所示。
4. 选择“工作表”选项卡，在其中选中“打印”选项区域中的“行号列标”复选框，如图20-38所示。
5. 单击“确定”按钮，再执行打印操作，即可将行号和列号一同打印出来。

提 示

在打印表格时，打印机会以先行后列或先列后行的顺序进行打印，如果用户需要对该打印机顺序进行设置时，可打开“页面设置”对话框，切换到“工作表”选项卡，在“打印顺序”组中对表格行与列的打印顺序进行设置。

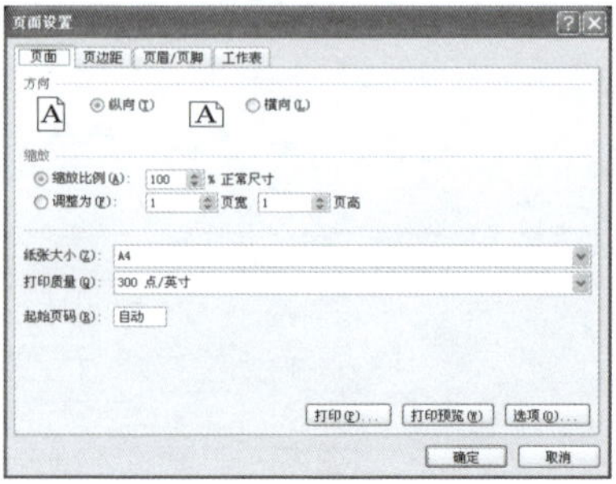

图20-37

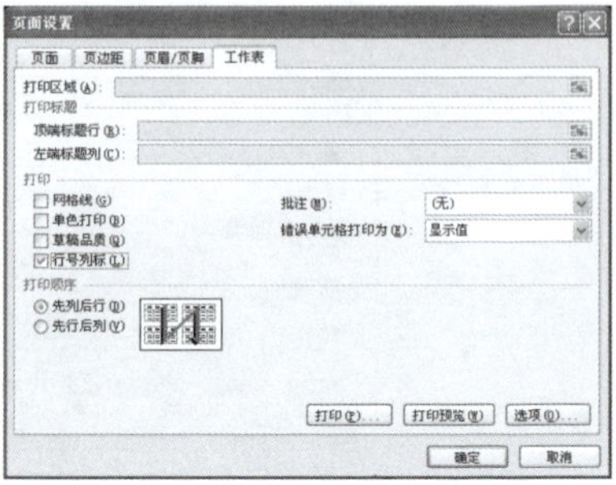

图20-38

技巧15 将工作表上的网格线打印出来

在默认情况下，Excel表格中的虚拟表格以及行号、列表和网格线是不会显示出来的。但如果用户需要，可对其进行设置。若要使打印出的工作表包含网格线，可根据下面介绍的方法来设置。

❶ 打开要打印的文档。

❷ 单击“页面布局”选项卡，在“页面设置”选项组中单击右下角的按钮，如图20-39所示。

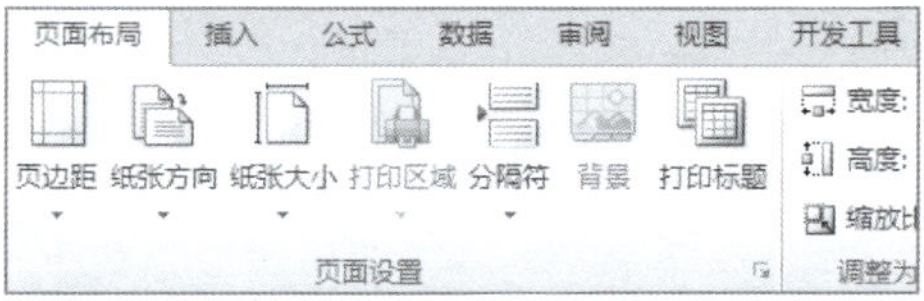

图20-39

❸ 打开“页面设置”对话框，如图20-40所示。

❹ 选择“工作表”选项卡，在其中选中“打印”选项区域中的“网格线”复选框，如图20-41所示。

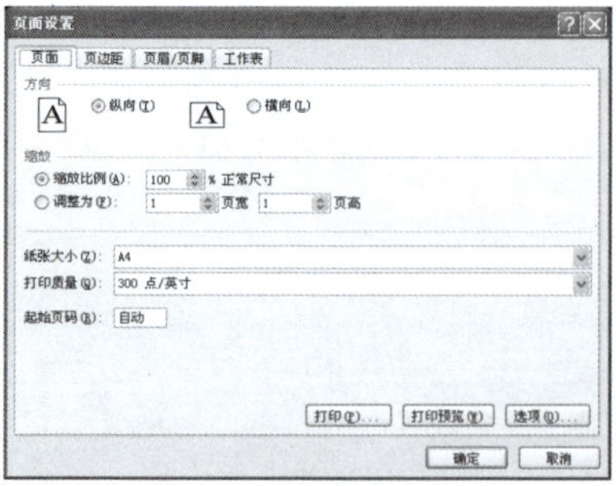

图20-40

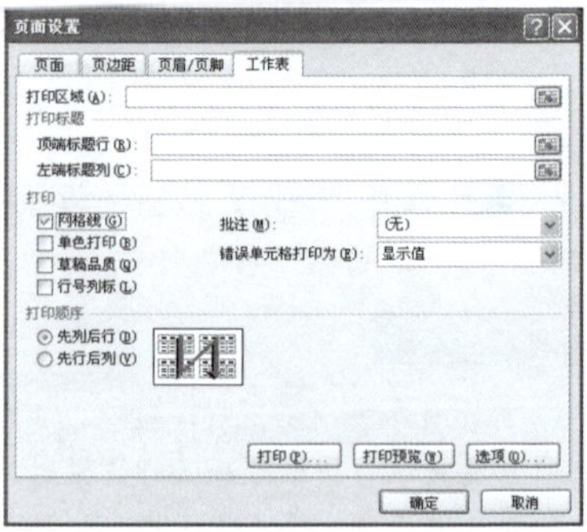

图20-41

5 单击“确定”按钮，再执行打印操作，即可将网格线一同打印出来。

提 示

学习该技巧，还可以设置表格中批注的打印方法以及错误单元格的打印方式等。

技巧16 将数据缩印在一页纸内打印

在打印文档时，当打印的内容超过一页时，会自动将剩余内容放在后面的新页中。若新页中的数据很少，再占用一页，会浪费纸张，可以通过设置将数据缩印在一页纸内。

1 打开要打印的文档。

2 单击“页面布局”选项卡，在“页面设置”选项组中单击右下角的按钮，如图20-42所示。

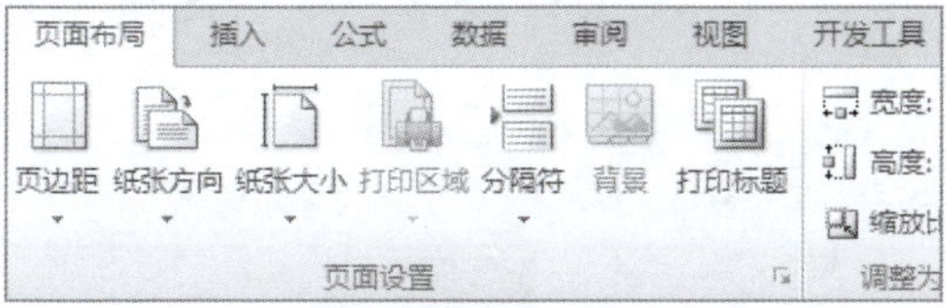

图20-42

3 打开“页面设置”对话框，如图20-43所示。

4 选择“页面”选项卡，在其中选中“缩放”选项区域中的“调整为”单选框，在其文本框中分别输入数值“1”，如图20-44所示。

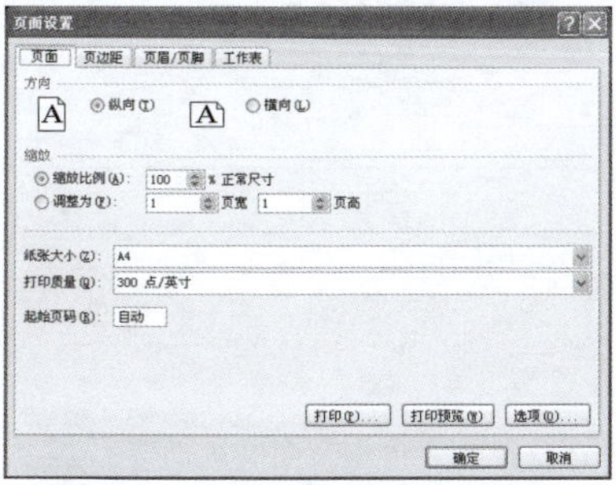

图20-43

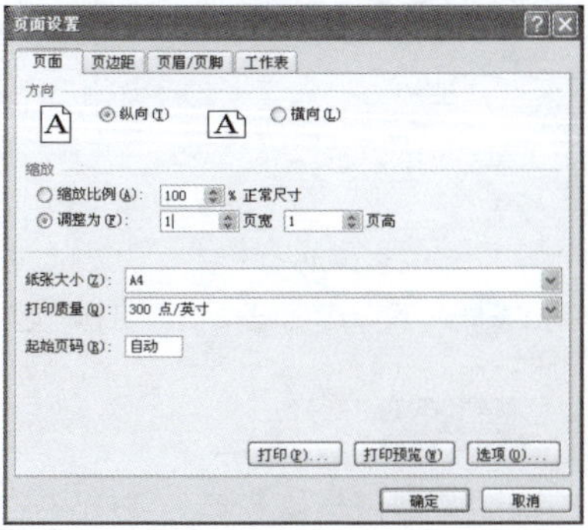

图20-44

5 单击“确定”按钮，再执行打印操作，即可将剩余数据缩放到一页纸内进行打印。

提 示

这个技巧主要运用于如下的情形：1）当数据内容超过一页宽时，Excel总是先打印左半部分，把右半部分单独放在后面的新页中，但是右半部分数据并不多，可能就是一两列；2）当数据内容超过一页高时，Excel总是先打印前面部分，把超出的部分放在后面的新页中，但是超出的部分并不多，可能就是一两行。

技巧17 打印超宽工作表

在打印文档时，如果工作表包含多列，文档较宽时，可通过设置来打印工作表。下面介绍打印超宽的工作表。

1 打开要打印的文档。

2 单击“文件”选项卡，在下拉菜单中选择“打印”标签，如图20-45所示。

3 在右侧的“设置”选项区域中单击“纵向”按钮，在下拉列表中选择“横向”选项，如图20-46所示。

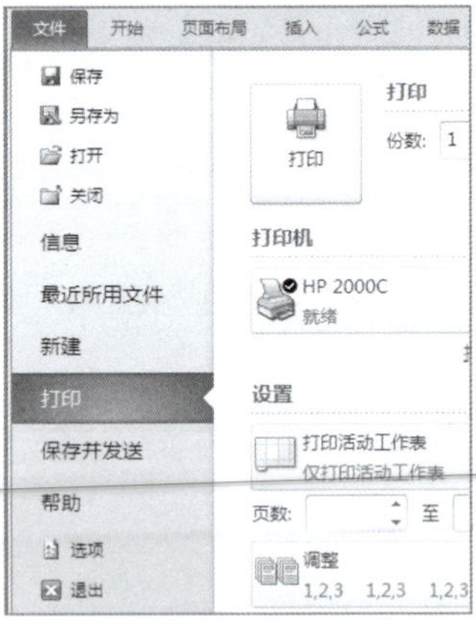

图20-45

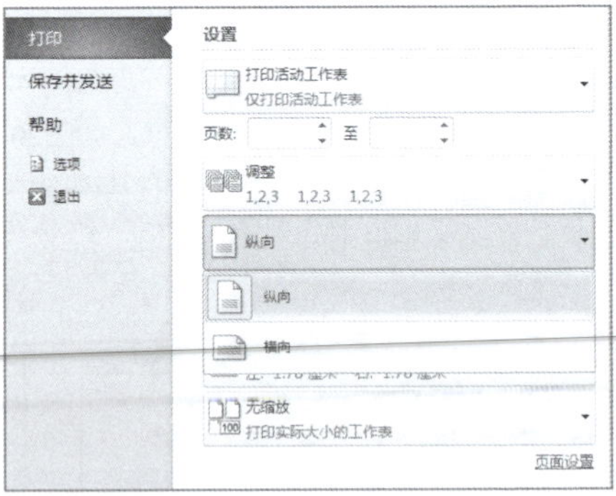

图20-46

4 设置完成后，单击“打印”按钮，即可开始打印。

提 示

用户可以根据需要，在打印工作表时自行设置“横向”或“纵向”。

第21章

文本操作与应用

技巧1 添加占位符文本速添加占位符文本

直接在幻灯片中是不能输入文本的，需要输入文本时需要借助占位符、文本框和自选图形等对象。

1 在幻灯片中，往往都有一个或多个虚框，虚框内部往往有“单击此处添加标题”、“单击此处添加文本”之类的提示语，一旦鼠标点击之后，提示语会自动消失，这就是占位符，如图21-1所示。

2 在占位符框内单击鼠标左键，将光标定位到占位符内，接着根据需要输入文本内容即可，如图21-2所示。

图21-1

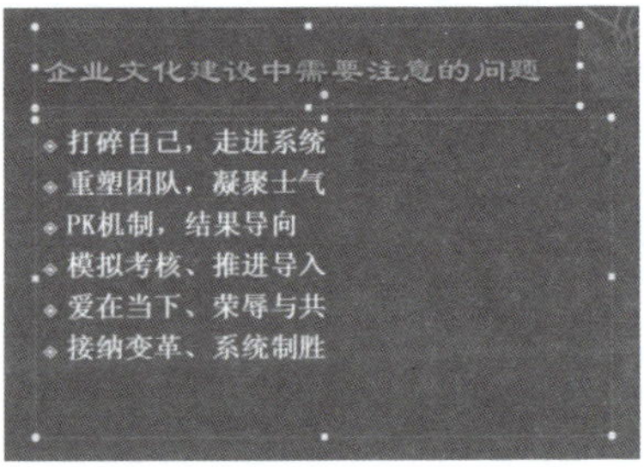

图21-2

知识点

PowerPoint 2010没有提供插入占位符功能，如果需要插入新的占位符，可以使用复制粘贴的方法，复制一个包含内容的占位符，然后再进行修改即可。

技巧2 添加文本框文本

如果幻灯片中的占位符不够用，此时用户可以利用文本框来添加文本。

1 单击“插入”主菜单，在“文本”选项组中单击“文本框”按钮下拉菜单。

2 在弹出的菜单中根据实际需要选择“横排文本框”或“竖排文本框”命令（本例中以选择“横排文本框”命令为例），如图21-3所示。

3 单击选择“横排文本框”命令后，光标会变成↓状，此时在当前幻灯片中合适的位置拖动鼠标画出一个合适大小的矩形框。

4 将光标移动到文本框上，在光标变成✥状时，单击鼠标右键，在弹出的菜单中选择“编辑文字”命令，如图21-4所示。

5 此时光标会自动定位到文本框内，文本框变为可编辑状态，输入需要的文本内容即可。

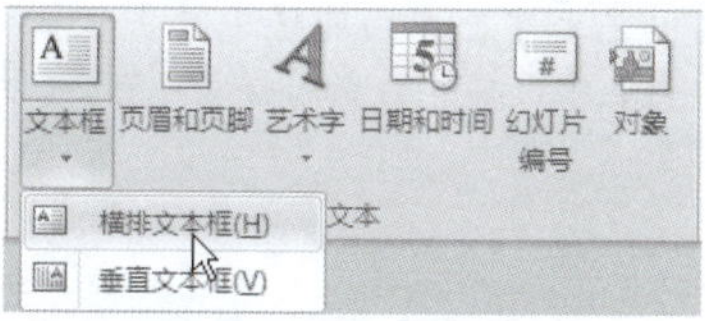

图21-3

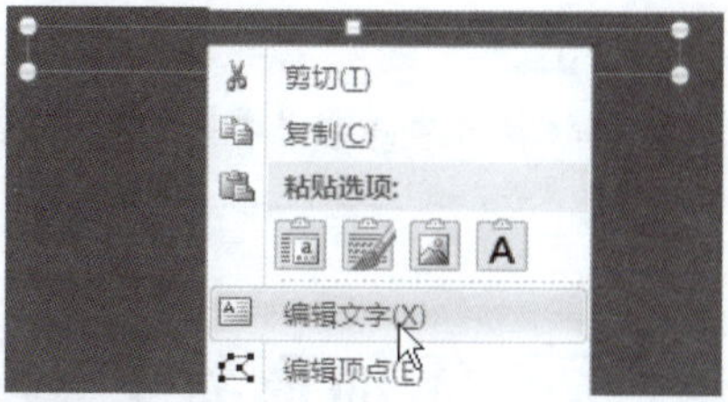

图21-4

提 示

根据实际需要，重复上述步骤，可以添加多个文本框。

技巧3 添加艺术字文本

艺术字的作用是增加文字的观赏性，增加表达效果。如果需要，可以通过如下方法来为幻灯片添加艺术字效果。

1 单击“插入”主菜单，在“文本”选项组中单击“艺术字”按钮下拉菜单。

2 在弹出的菜单中根据需要选择一种合适的艺术字样式，如图21-5所示。

3 接着程序会在幻灯片中添加一个“请在此放置您的艺术字”框，如图21-6所示。

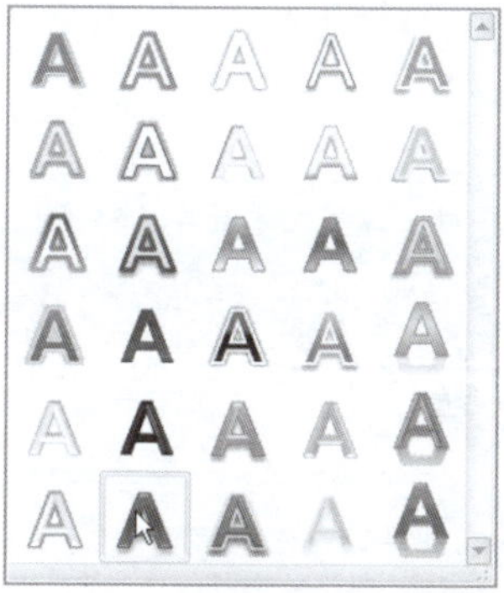

图21-5

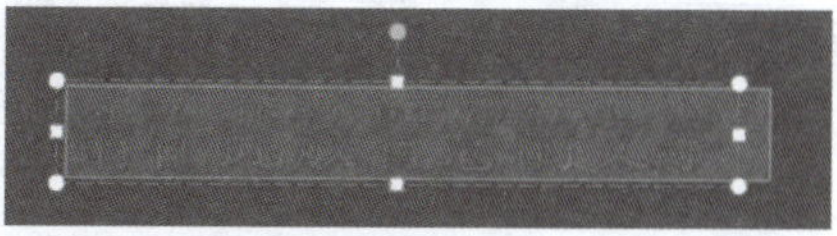

图21-6

4 将框内的文字删除，接着根据需要输入合适的内容即可，如图21-7所示。

图21-7

知识点

如果需要修改艺术字样式，可以先选中艺术字，在功能区中单击“格式”主菜单，在“艺术字样式”选项组中的列表中选择一种新的样式即可。

技巧4 添加形状文本

如果在幻灯片中插入了一些图形，可以在这些图形中添加特定的文字来增加表达效果。

1 鼠标右键单击需要添加文本的形状，在弹出的菜单中选择“编辑文字”命令，如图21-8所示。

2 此时光标会自动定位到形状内，文本框变为可编辑状态，输入需要的文本内容即可，如图21-9所示。

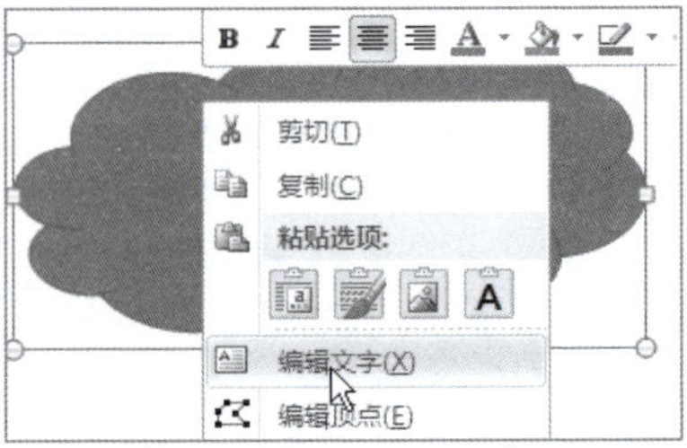

图21-8

图21-9

提 示

在形状中添加文本后，可以像在文本框中一样，设置文本的字体格式。

技巧5 插入符号和特殊字符

在需要输入一些符号和特殊字符时，往往不能使用输入法直接输入。

1 将光标定位到需要输入符号或特殊字符的位置。

2 单击“插入”主菜单，在“符号”选项组中单击“符号”按钮，打开“符号”对话框，如图21-10所示。

3 单击“字体”下拉列表框，在弹出的列表中选择一种需要的符号字体，接着在列表框中找到并选中需要的符号，单击“插入”按钮即可，如图21-11所示。

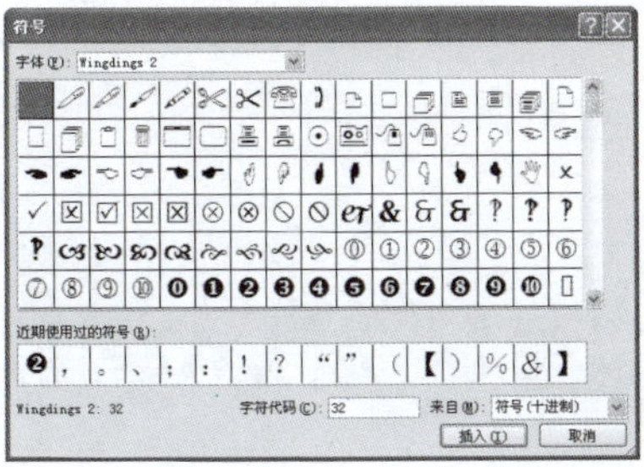

图21-10

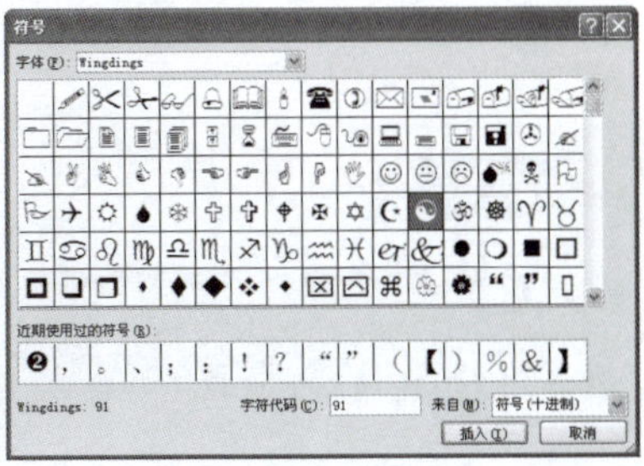

图21-11

知识点

如果需要插入的符号在近期使用过，可以在“符号”对话框中的“近期使用过的符号”栏中快速找到。

技巧6　快速地将连字符改为破折号

如果需要在演示文稿中输入大量破折号，可以通过“自动更正”功能中的“将连字符更改为破折号”功能，不用输入破折号，而是输入一个连字符即可自动替换为破折号，这样可以节省不少的时间。

❶ 单击“文件”主菜单，切换到Backstage 视图，单击“选项”按钮，打开“PowerPoint选项”窗口。

❷ 单击左侧窗格中的“校对”项，接着在右侧窗格中的“自动更正选项”栏中单击“自动更正选项”按钮，打开“自动更正选项”对话框，如图21-12所示。

❸ 单击“键入时自动套用格式”主菜单，选中“连字符 (--) 替换为破折号 (—)”复选框，如图21-13所示。

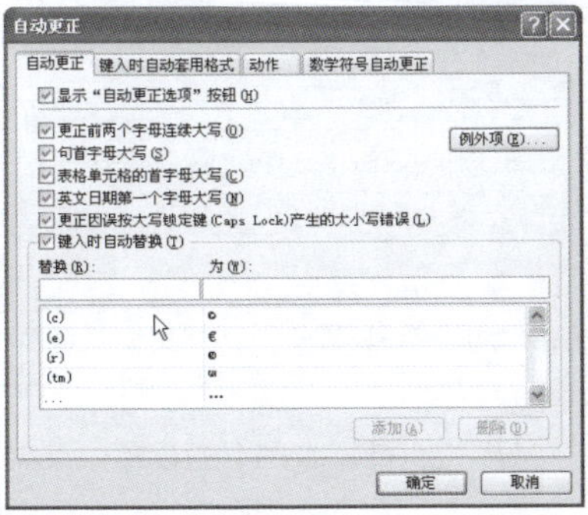

图21-12

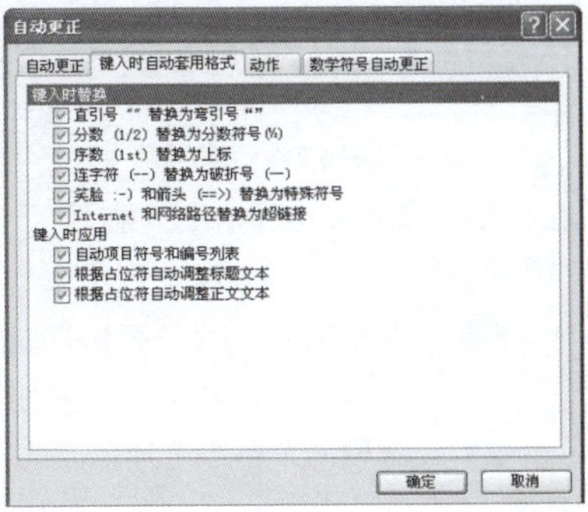

图21-13

4 单击“确定”按钮，返回到“PowerPoint选项”窗口，单击“确定”按钮即可。

提 示

选中“连字符（--）替换为破折号（—）”复选框后，无论在一个连字符或两个连字符的哪端键入空格，该字符都将变为破折号。如果键入的两个连字符两侧没有空格，则该连字符自动转化为破折号。

技巧7 加上标和下标

如果需要输入数学公式等内容，一般都需要添加上标和下标。

1 选输入需要的内容，接着选中需要设置上标或下标的内容。

2 按下“Ctrl+=”组合键可以设置选中的内容为下标；按下“Ctrl+Shift+=”组合键可以设置选中的内容为上标，如图21-14所示。

$$X_1+Y^2=Z$$

图21-14

提 示

如果需要将设置为下标的文本还原，再次按下“Ctrl+=”组合键即可。同理，如果需要将设置为上标的文本还原，再次按下“Ctrl+Shift+=”组合键即可。

技巧8 使用项目符号

项目符号是指在文档中的并列内容前添加统一的符号，使文章条理分明、清晰易读。PowerPoint 2010提供了7种项目符号，用户可以根据需要添加所需的项目符号。

1 选中需要添加项目符号的文本，单击“开始”主菜单，在“段落”选项组中单击☰▾按钮下拉菜单，如图21-15所示。

2 在弹出的菜单中选择需要的项目符号样式即可，本例中的设置效果如图21-16所示。

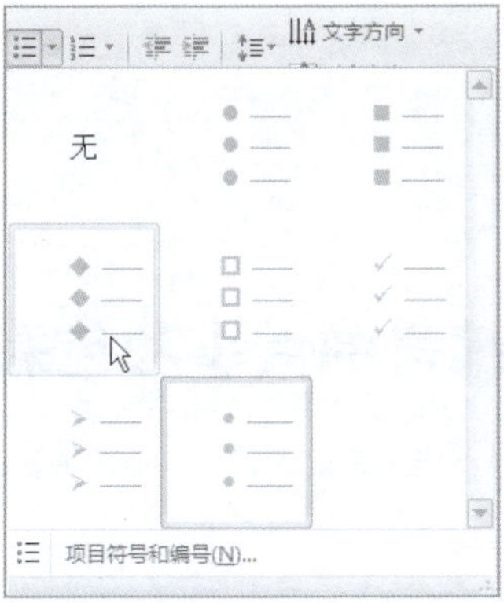

图21-15

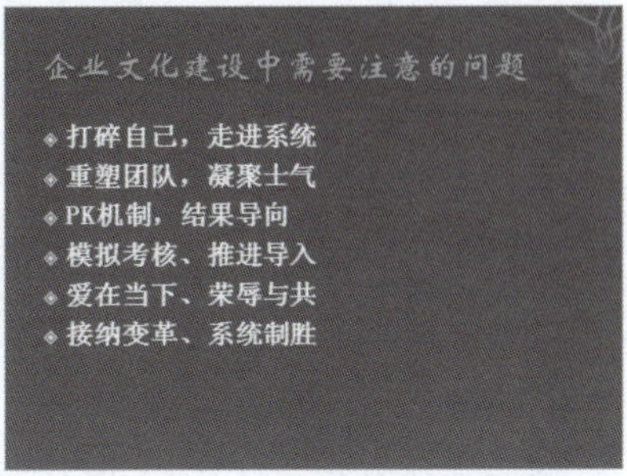

图21-16

提 示

如果需要取消项目符号，选中文本，单击“开始”主菜单，在“段落”选项组中单击☰按钮下拉菜单，在弹出的菜单中选择“无”即可。

技巧9 使用编号

对于文档中一些内容连贯的段落，可以使用自动编号功能对其进行编号。PowerPoint 2010同样也提供了7种编号样式供用户选择。

1. 选中需要设置编号的文本。
2. 在“段落”选项组中单击☰按钮下拉菜单，在弹出的菜单中选择需要的项目符号样式即可，如图21-17所示。
3. 本例中的设置效果如图21-18所示。

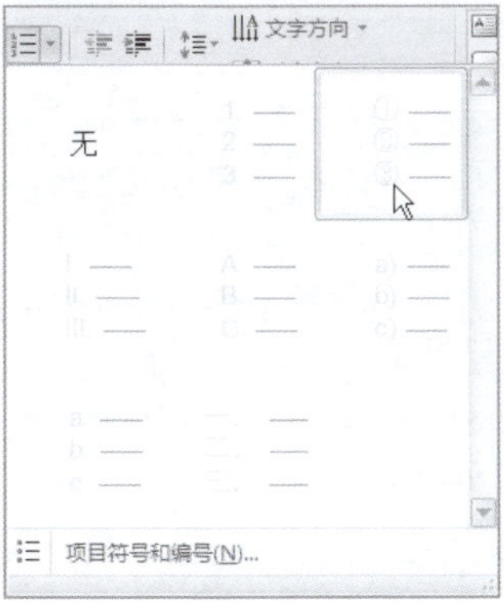

图21-17

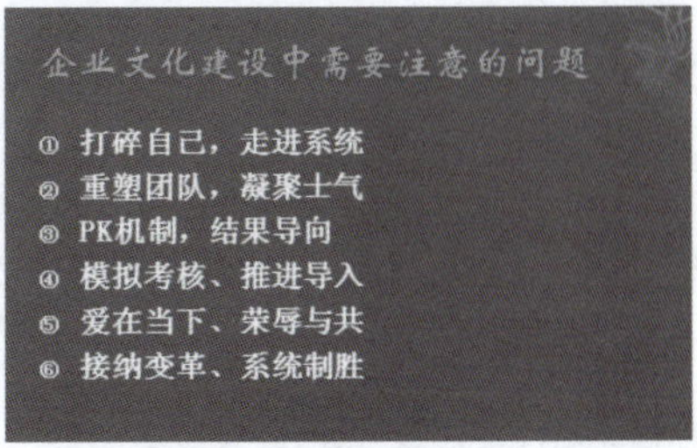

图21-18

提 示

如果需要取消编号，选中文本，单击“开始”主菜单，在“段落”选项组中单击☰·按钮下拉菜单，在弹出的菜单中选择“无”即可。

技巧10 更改项目符号或编号的大小和色彩

如果默认的项目符号或编号的大小和颜色不能满足要求，可以更改项目符号或编号的大小和色彩。

1 选中需要更改大小和颜色的项目符号文本。

2 单击“开始”主菜单，在“段落”选项组中单击☰·按钮下拉菜单，在弹出的菜单中选择“项目符号和编号”命令，打开“项目符号和编号”对话框。

3 切换到“项目符号”主菜单，在“大小”微调框中输入一个合适的大小值。接着单击“颜色”按钮下拉菜单，在弹出的菜单中选择一种合适的颜色，如图21-19所示。

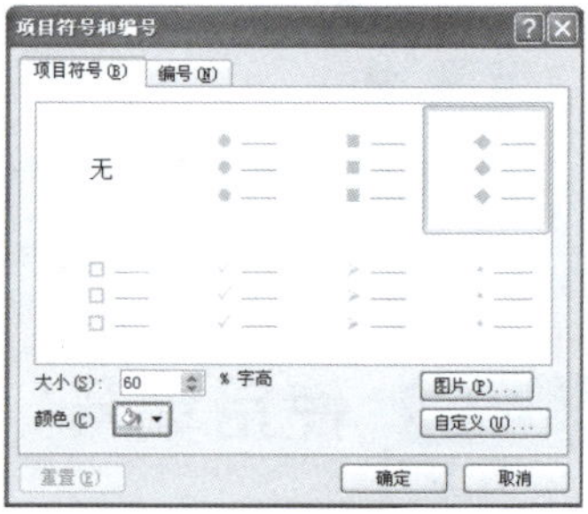

图21-19

知识点

设置编号的大小和颜色时，在“项目符号和编号”对话框中单击“编号”主菜单，即可像设置项目符号的大小和颜色一样设置编号的大小和颜色。

技巧11 更改起始编号

默认情况，演示文稿中的编号是从都是从“1”开始的。若需要更改起始编号，可以通过如下方法来实现。

1 选中需要修改起始编号的文本，在“段落”选项组中单击☰·按钮下拉菜单。

2 在弹出的菜单中选择“项目符号和编号”命令，打开 “项目符号和编号”对话框，切换到“编号”主菜单，如图21-20所示。

3 在“起始编号”微调框中输入任意合适的起始值，如“5”，接着即可看到各样式的标号起始值都变成了“5”，如图21-21所示。

4 单击“确定”按钮即可完成修改。

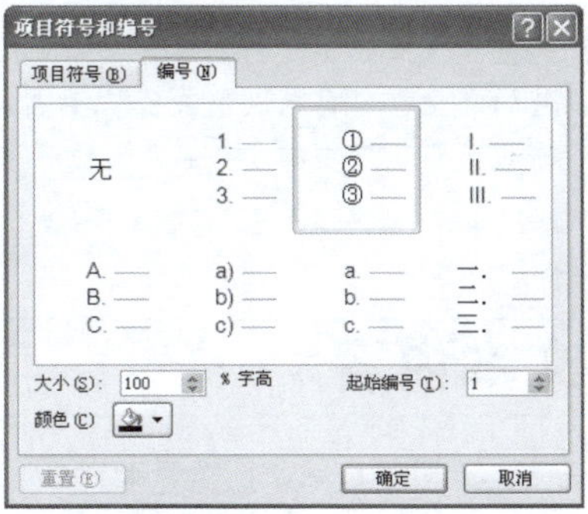

图21-20

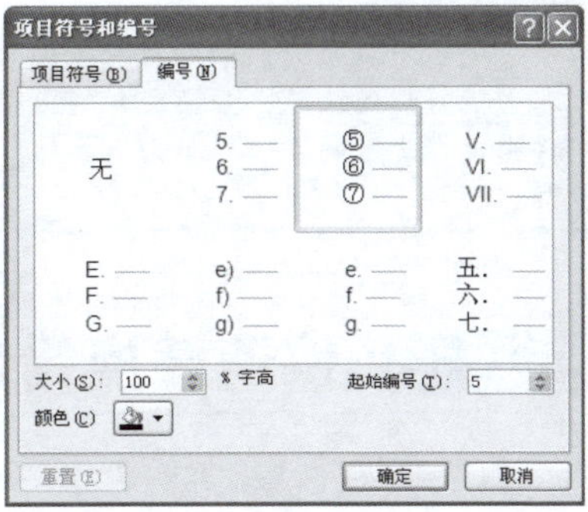

图21-21

提　示

如果需要将起始编号还原为“1”，使用上述方法将编号起始值修改为“1”即可。

技巧12　将正文文本拆分为两个幻灯片

如果幻灯片中文本较多，可以将正文文本拆分为两个幻灯片。

1 在普通视图中单击左侧窗格中的“大纲”主菜单，将光标定位到要拆分文本的位置，按下Enter键，如图21-22所示。

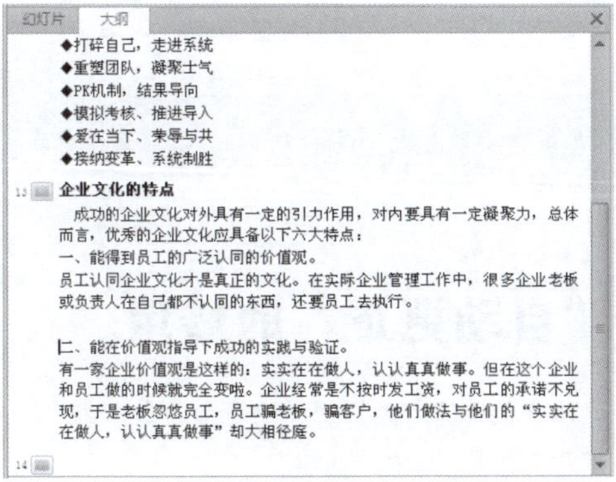

图21-22

2 单击“开始”主菜单，在“段落”选项组中单击按钮，直至出现一个新的幻灯片，接着修改新幻灯片的标题即可。

知识点

还有一种拆分两个幻灯片之间文本的方法。向单栏版式的幻灯片上的文本占位符中键入时，如果文本超出了占位符的容量，“自动调整选项”按钮将出现在文本的左边。单击该按钮，选择“将文本拆分为两个幻灯片”命令即可。

技巧13 快速替换错误文本内容

如果在演示文稿中输入某个内容出现了大量错误，例如把“因素”错误的输入成了“要素”。此时可以使用“替换”功能快速将“要素”替换成“因素”。

1. 按下“Ctrl+H”组合键，调出“替换”对话框。
2. 在“查找内容”文本框中输入“要素”，在“替换为”文本框中输入“因素”，如图21-23所示。
3. 单击“全部替换”按钮，接着会弹出对话框提示完成多少处替换，如图21-24所示。

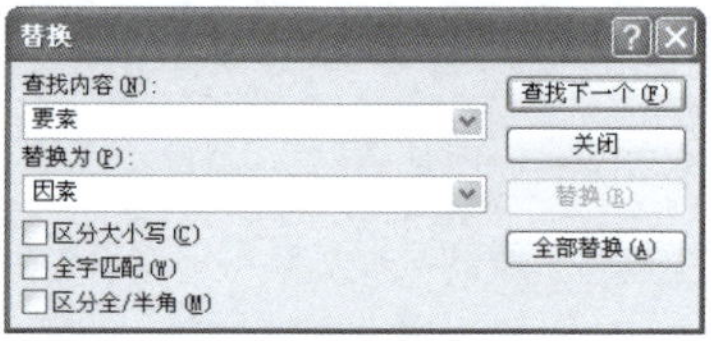

图21-23

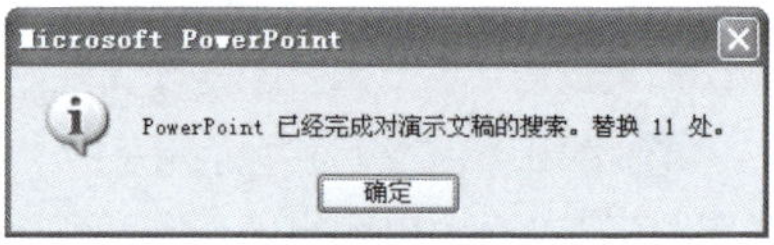

图21-24

提 示

在替换时，如果需要区分大小写和全/半角等，替换时在“替换”对话框中选中相应的复选框即可。

技巧14 “自动更正”的炒用

如果需要在演示文稿中输入大量相同的复杂内容，如“2011年春节联欢晚会”，可以利用“自动更正”功能快速输入。

1. 单击“文件”主菜单，切换到Backstage 视图，单击“选项”按钮，打开“PowerPoint选项”窗口。
2. 单击左侧窗格中的“校对”项，接着在右侧窗格中的“自动更正选项”

栏中单击“自动更正选项”按钮，打开“自动更正选项”对话框。

3 切换到“自动更正”主菜单，在“替换”文本框中输入用于替换“2011年春节联欢晚会”的内容，如“cw”，接着在“为”文本框中输入“2011年春节联欢晚会”，如图21-25所示。

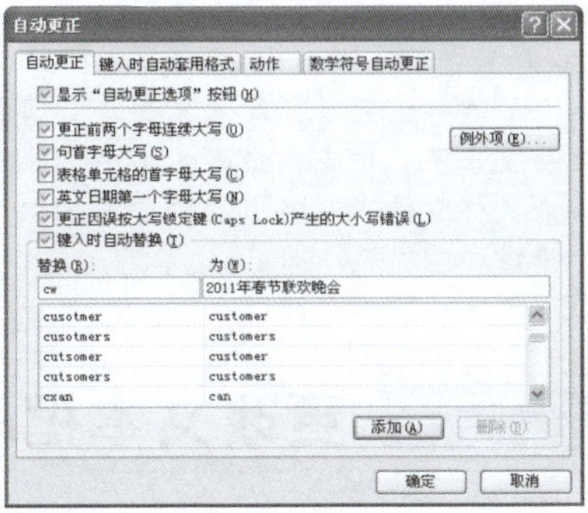

图21-25

4 单击“添加”按钮，接着单击“确定”按钮，返回到“PowerPoint选项”窗口，单击“确定”按钮返回到演示文稿中。

5 在需要输入“2011年春节联欢晚会”时，只需要输入“cw”，即可自动变成“2011年春节联欢晚会”。

提 示

如果需要删除添加的自动更正，在“自动更正选项”对话框中切换到“自动更正”主菜单，在下方的列表中找到需要删除的项，单击“删除”按钮即可。

技巧15 关闭自动更正功能

自动更正功能虽然能有效降低错误的发生几率，但有时却显得自作聪明，这种情况下可以将自动更正功能关闭。

1 单击“文件”主菜单，切换到Backstage视图，单击“选项”按钮，打开“PowerPoint选项”窗口。

2 单击左侧窗格中的“校对”项，接着在右侧窗格中的“自动更正选项”栏中单击“自动更正选项”按钮，打开“自动更正选项”对话框。

3 切换到“自动更正”主菜单，取消选中“键入时自动替换”复选框，如图21-26所示。

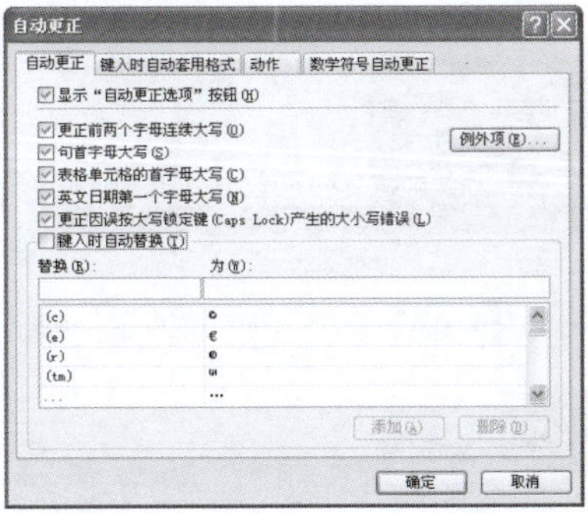

图21-26

4 单击“确定”按钮，返回到“PowerPoint选项”窗口，单击“确定”按钮。

提 示

这样设置后，输入“替换”列表框中的任何词条，都不会对其进行自动更正了。仍会在错误的词条下显示波浪线以示词法错误，在该词条上单击鼠标右键，在弹出的快捷菜单中可以选择正确的词条或忽略该处的语法错误。

技巧16 更改文本框的自动调整行为

默认情况下，PowerPoint 2010中的文本框会根据文字调整形状大小。若需要更改文本框的自动调整行为，可以通过如下方法来实现。

1. 鼠标右键单击需要更改文本框的自动调整行为的文本框，在弹出的快捷菜单中选择“设置形状格式”命令，如图21-27所示。

2. 在打开的“设置形状格式”对话框中，单击左侧窗格中的“文本框”项。

3. 在右侧窗格中的“自动调整”栏中根据需要进行选择，如“溢出时缩排文字”，如图21-28所示。

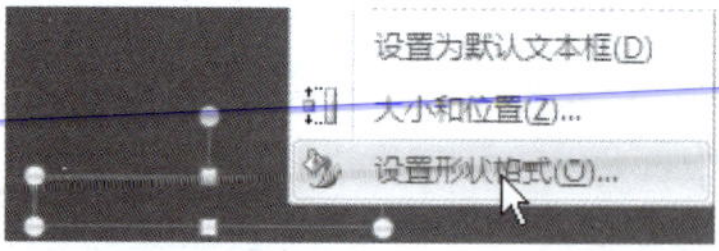

图21-27

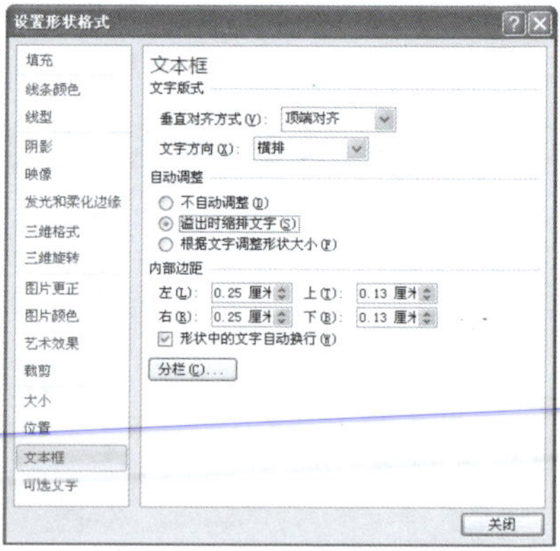

图21-28

4. 设置完成后单击“关闭”按钮即可。

知识点

若想关闭文本框中的自动调整新闻，在“设置形状格式”对话框中，单击左侧窗格中的“文本框”项，接着在右侧窗格中的“自动调整”栏中根据需要进行选择，如“不自动调整”单选项即可。

技巧17 设置文本框形状样式

PowerPoint 2010提供了丰富的文本框形状样式，在需要设置时，可以快速进行设置以提升视觉效果。

1 在文本框内任意处单击鼠标左键，文本框的“虚框”就会显示出来，此时文本框处在编辑状态。

2 在功能区中单击“格式”主菜单，接着在 “形状样式”选项组中单击列表框右下角的▾，会弹出一个选择菜单，如图21-29所示。

3 在弹出的菜单中给文本框选择一个合适的形状样式即可，接着在幻灯片中即可看到实际效果，本例中如图21-30所示。

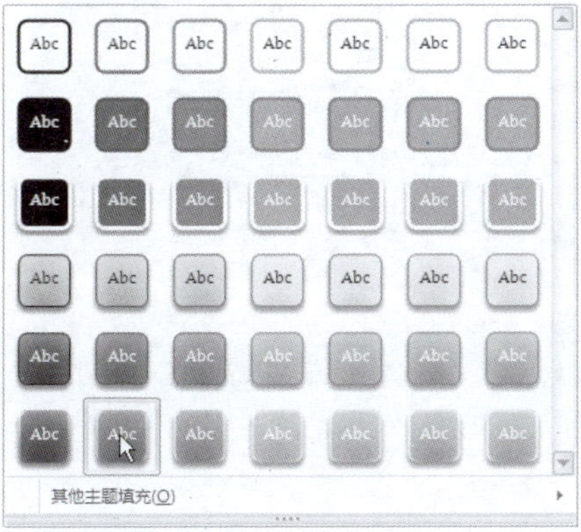

图21-29

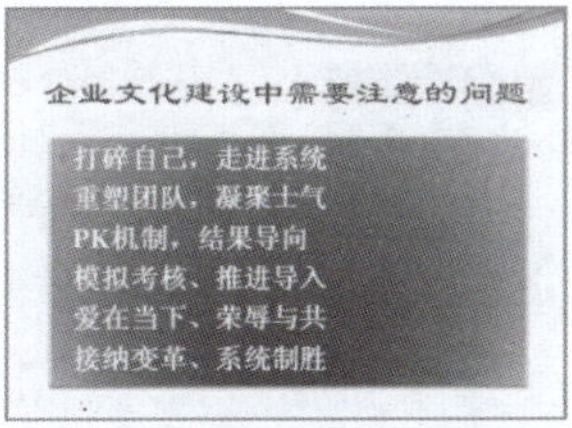

图21-30

提 示

设置了形状样式后，如果对颜色的颜色不满意，可以在“形状样式”选项组中单击“形状填充”按钮下拉菜单，在弹出的菜单中选择一种合适的填充颜色或图片等。

技巧18 设置文本的发光效果

PowerPoint 2010内置了多种三维形状效果，需要时只要根据需要选择即可快速设置。下面以设置文本的发光效果为例进行介绍。

1 在文本框内任意处单击鼠标左键，文本框的“虚框”就会显示出来，此时文本框处在编辑状态。

2 在功能区中单击“格式”主菜单，接着在“形状样式”选项组中单击

“形状效果”按钮下拉菜单，如图21-31所示。

3 在弹出的菜单中的“发光”子菜单下选择一种合适的发光效果，本例中效果如图21-32所示。

图21-31

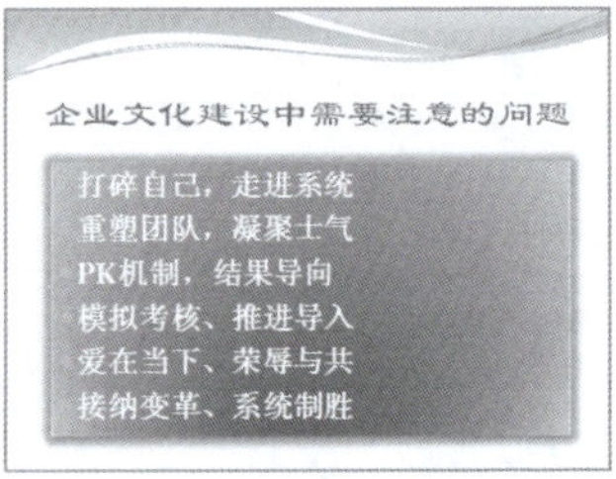

图21-32

知识点

在“发光”子菜单下单击“发光选项”命令，在打开的对话框中可以对发光效果进行进一步设置。

技巧19 设置文本的三维旋转效果

PowerPoint 2010内置了多种三维旋转效果，根据需要选择即可进行快速设置。下面以设置文本的“左透视”旋转效果为例进行介绍。

1 在文本框内任意处单击鼠标左键，文本框的“虚框”就会显示出来，此时文本框处在编辑状态。

2 在功能区中单击“格式”主菜单，接着在“形状样式”选项组中单击“形状效果”按钮下拉菜单，如图21-33所示。

3 在弹出的菜单中的“三维旋转”子菜单下选择“左透视”效果，本例中效果如图21-34所示。

知识点

在“三维旋转”子菜单下单击“三维旋转选项”命令，在打开的对话框中可以对旋转效果进行进一步设置。

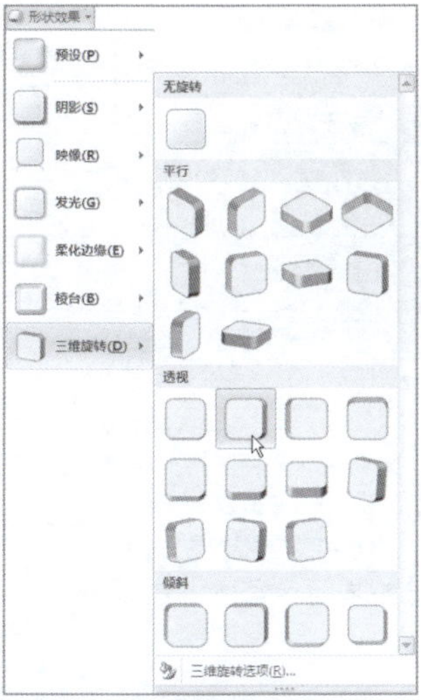

图21-33

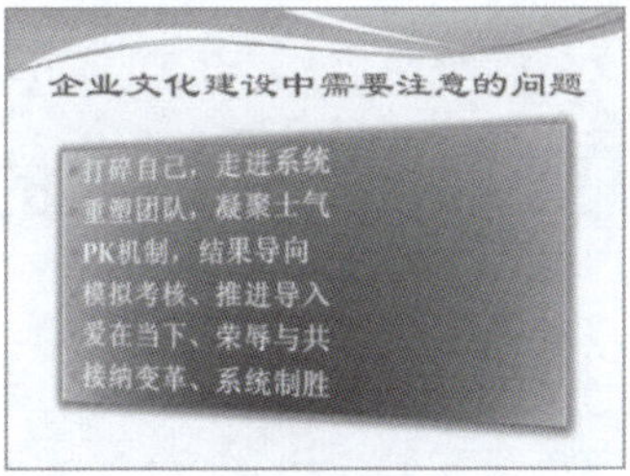

图21-34

技巧20 更改文本框形状

文本框的默认形状是矩形，但这不是一成不变的，需要时可以通过如下方法更改文本框的形状。

❶ 在文本框内任意处单击鼠标左键，文本框的“虚框”好会显示出来，此时文本框处在编辑状态。

❷ 在功能区中单击“格式”主菜单，然后在“插入形状”选项组中单击“编辑形状”按钮下拉菜单，如图21-35所示。

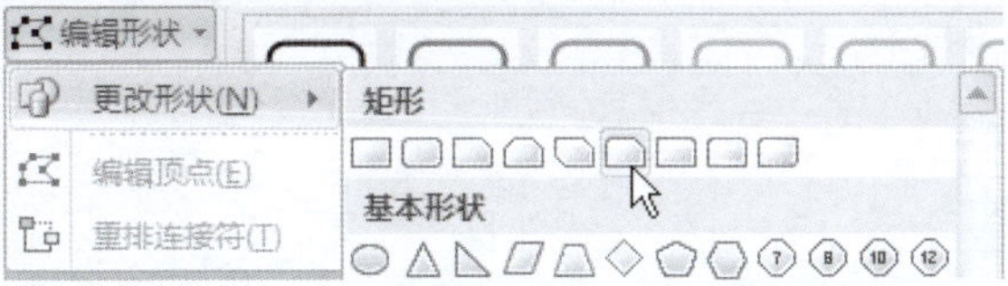

图21-35

❸ 在“更改形状”子菜单下选择一种合适的形状样式，如“单圆角矩形”，如图21-36所示。

提 示

单击“编辑形状”按钮下拉菜单，在弹出的菜单中选择“编辑定点”命令，可以拖动文本框的定点自定义文本框的形状。

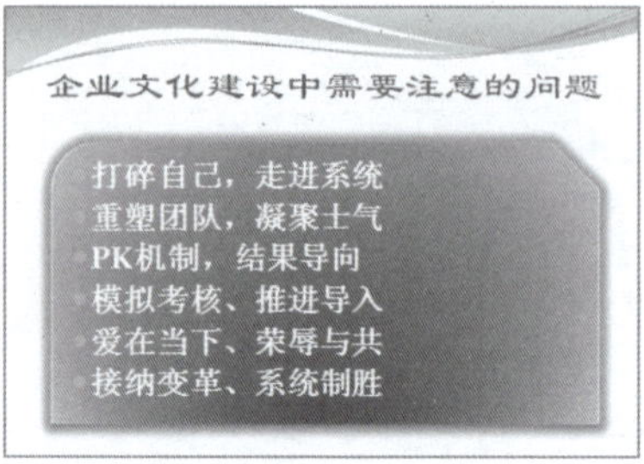

图21-36

技巧21 设置文本的分栏

如果幻灯片中的文本较多，将这些文本分栏显示，可以方便阅读，也可以增加美观效果。

❶ 选中需要分栏的文本，单击“开始”主菜单，在“段落”选项组中单击“分栏”按钮下拉菜单，如图21-37所示。

❷ 在弹出的菜单中根据需要选择一种合适的分栏样式，这里选择“三列”，效果如果21-38所示。

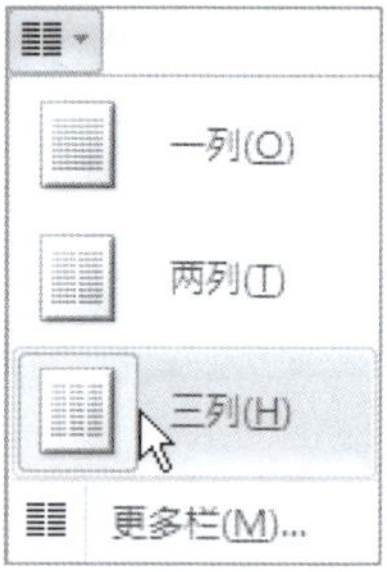

图21-37

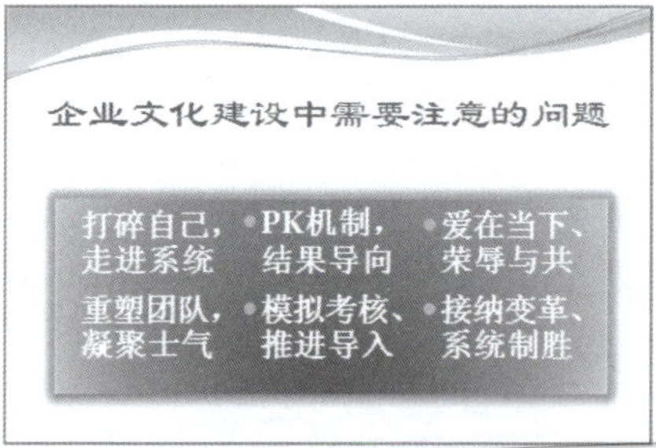

图21-38

提 示

如果需要的分栏数量超过3个，单击“分栏”按钮下拉菜单，在弹出的菜单中选择“更多分栏”命令，打开“分栏”对话框，根据需要设置栏数和间距即可。

第22章

主题、背景与母版应用

技巧1 快速应用主题

默认情况下，新建的演示文稿主题是“空白页”，这样显得比较单调和呆板。可以通过如下方法快速应用程序内置的主题。

❶ 打开需要应用主题的演示文稿，单击“设计”标签，在“主题”选项组中单击右下角的▾按钮，如图22-1所示。

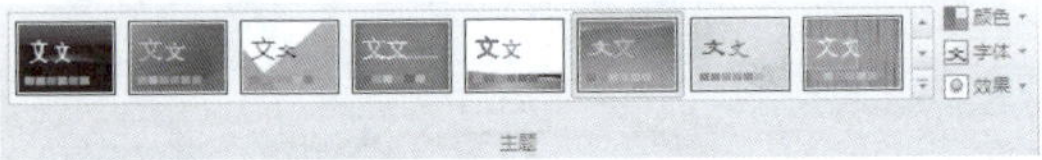

图22-1

❷ 在弹出的菜单中选择一款合适的主题样式，这里选择蓝色风格的“流畅”，如图22-2所示。

❸ 更改主题后，演示文稿中所有幻灯片的图形、颜色和字体、字号等也变成了新更换的主题中样式，效果如图22-3所示。

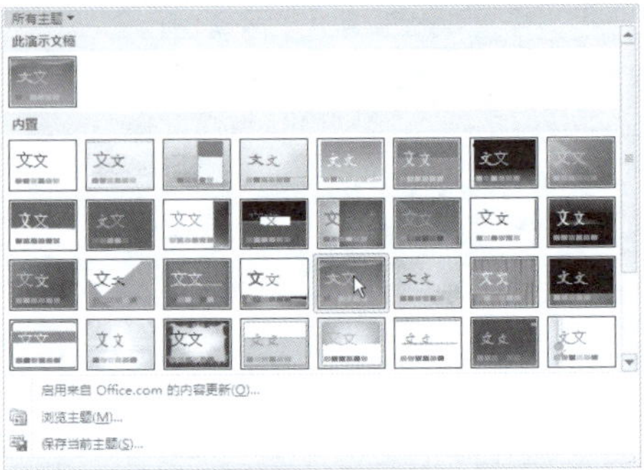

图22-2

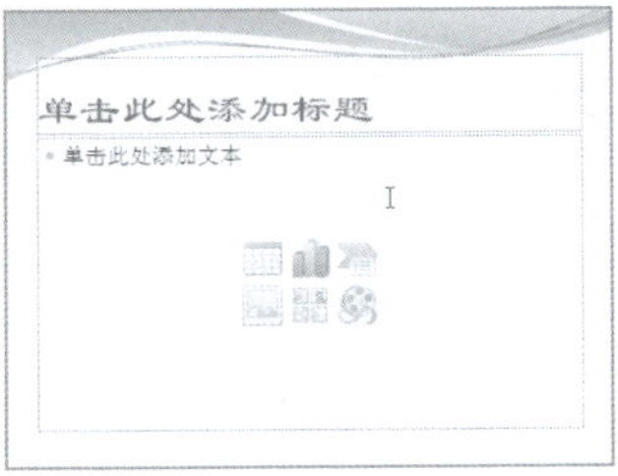

图22-3

提 示

在为演示文稿应用了某个主题后，如果需要更为其他主题，使用相同的方法进行操作即可。

技巧2 为一个演示文稿设置不同的主题

在一个演示文稿中，通常只设置一个主题，但是有些演示文稿由于表达内容的需要，一个主题样式可能不能满足需求。可以先将需要应用其他主题的幻灯片选中，然后应用其他主题。

❶ 选中需要设置主题的幻灯片。

2 单击“设计”标签，在“主题”选项组中将列表展开，找到合适的主题，单击鼠标右键，在弹出的右键菜单中选择“应用于选定幻灯片”命令，如图22-4所示。

3 设置完成后，选中的幻灯片就变成了设置的样式。使用相同的方法将其他需要设置的幻灯片进行相应的设置即可，如图22-5所示。

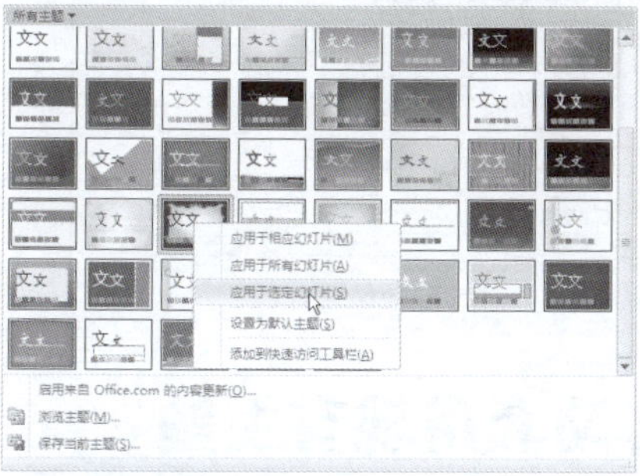

图22-4

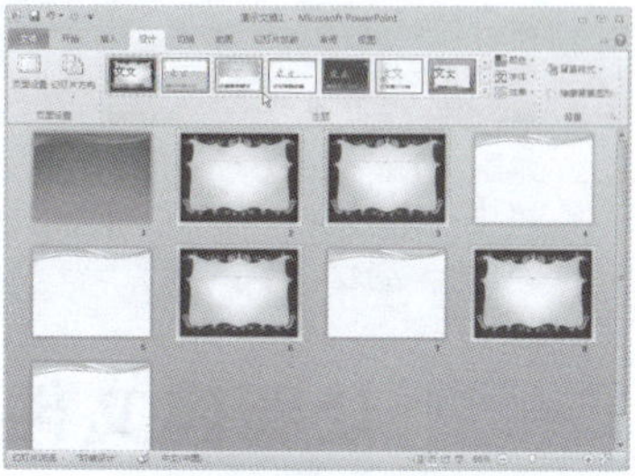

图22-5

提 示

如果需要设置的幻灯片不止一张，可以按住Ctrl键不放，然后使用鼠标左键依次单击选中需要设置的幻灯片。

技巧3 更改主题颜色

PowerPoint 2010中的主题是可以更改颜色的。每一种风格的主题都可以变换若干种颜色，程序内置了若干种颜色样式，对于有特殊要求的用户，还可以手动新建颜色样式，设置起来非常灵活。

1 单击“设计”标签，在“主题”选项组中单击右上角的“颜色”按钮下拉菜单。

2 在弹出的下拉菜单中选择一合适的颜色样式，如“跋步”，如图22-6所示。

3 如果内置的颜色样式不能满足要求，可以单击“新建主题颜色”命令，在打开的“新建主题颜色”对话框中进行详细的设置，如图22-7所示。

4 设置完成后单击“保存”按钮即可。

知识点

如果还需要修改主题的字体、效果等，在“主题”选项组中单击相应的按钮下拉菜单进行设置即可。

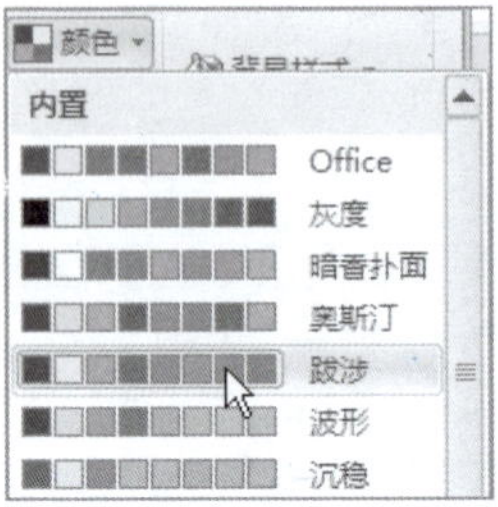

图22-6

图22-7

技巧4 让新建文件自动套用现有主题

PowerPoint 2010中内置了多种主题样式，这些主题样式相当于以前版本PowerPoint中的模版。PowerPoint 2010中默认使用的主题样式是“空白页”，所以每次新建演示文稿时，展现在我们面前的都是一个“空白页”。如果想让新建的演示文稿自动套用其他主题，可以通过如下方法来实现。

1 单击“设计”标签，在“主题”选项组中单击列表框右下角的按钮，将列表展开。

2 找到需要的主题，单击鼠标右键，在弹出的右键菜单中选择“设置为默认主题”命令，如图22-8所示。

3 设置完成后，再新建演示文稿时，程序就会自带套用设置主题，此时展现在我们面前的就不是以前的“空白页”，而是新设置的默认主题了。

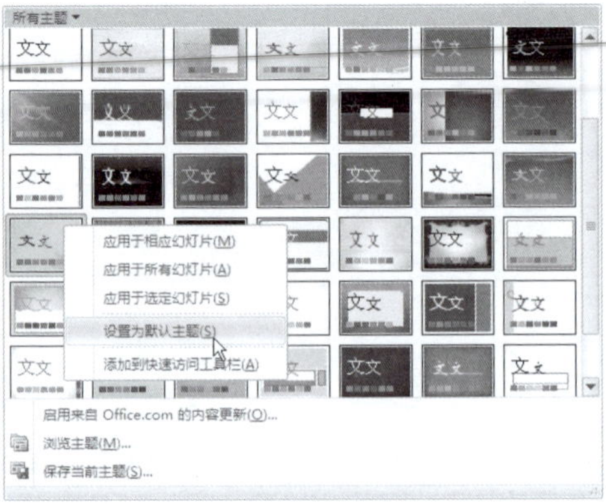

图22-8

提 示

如果需要还原新建文件自动套用程序默认的“空白页”主题，使用相同的方法将“Office主题”设置为默认主题即可。

技巧5 设置背景样式

幻灯片的背景颜色要与幻灯片的主题颜色搭配协调，必要时还可以根据需要重新设置幻灯片背景。可以通过下面的介绍来实现。

❶ 单击“设计”标签，在“背景”选项组中单击“背景样式”按钮下拉菜单，如图22-9所示。

❷ 在弹出的菜单中选择一种合适的背景样式，如“样式 10”，与主题的蓝色图形搭配，比较协调，如图22-10所示。

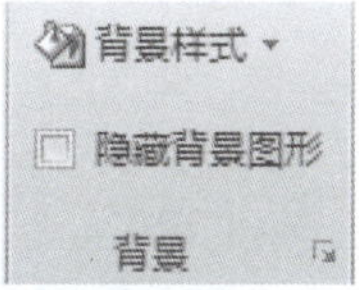

图22-9

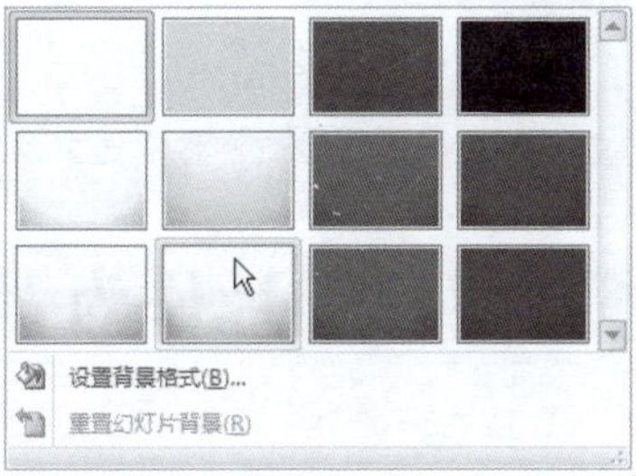

图22-10

❸ 设置后幻灯片的背景样式也随着改变。

提 示

幻灯片主题不同，单击“背景样式”按钮下拉菜单，在弹出的菜单中显示的背景样式颜色也不同。也就说程序会根据主题的颜色来提供可供用户选择的背景样式颜色。

技巧6 设置背景填充效果

如果默认的背景填充效果不能满足需求，可以重新设置背景填充效果。

❶ 在灯片中单击鼠标右键，在弹出的右键菜单中选择“设置背景格式”命令，打开“设置背景格式”对话框，如图22-11所示。

❷ 单击左侧窗格中的“填充”项，在右侧窗格中根据需要选择一种填充样式，如“渐变填充”，如图22-12所示。

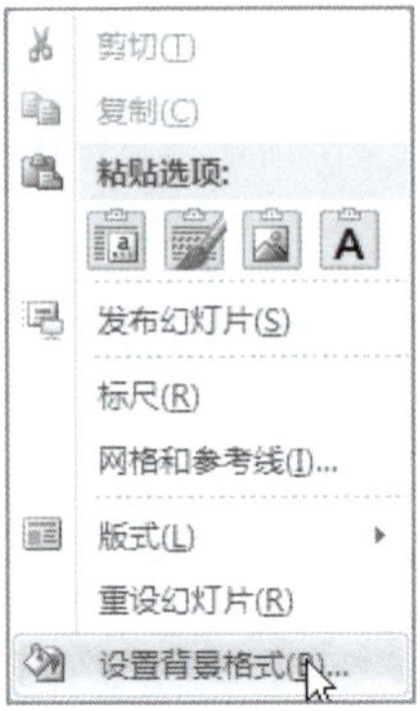

图22-11

图22-12

3 接着根据需要设置预设颜色、类型、方向、角度等，设置完成后单击“全部应用”按钮即可。

知识点

如果需要隐藏背景图形，在“设置背景格式”对话框中单击左侧窗格中的“填充”项，接着在右侧窗格中选中“隐藏背景图形”复选框即可。

技巧7 使用图片作为背景

用户可以使用特定图片作为幻灯片背景。可以通过下面介绍来实现。

1 在灯片中单击鼠标右键，在弹出的右键菜单中选择“设置背景格式”命令，打开“设置背景格式”对话框。

2 单击左侧窗格中的“填充”项，在右侧窗格中的“填充”栏中选中“图片或纹理填充”单选项，接着单击“文件”按钮，如图22-13所示。

3 在弹出的“插入图片”对话框中选中需要插入的背景图片，如图22-14所示。

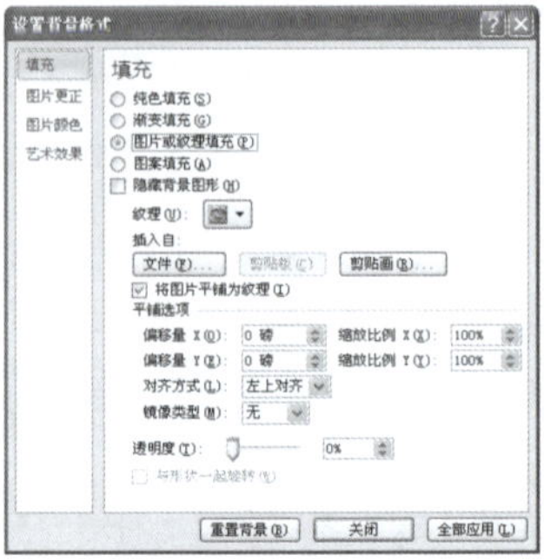

图22-13

图22-14

4 单击“插入”按钮，返回到“设置背景格式”对话框，单击“全部应用”按钮即可完成背景图片的设置，如图22-15所示。

图22-15

提 示

在“设置背景格式”对话框中设置幻灯片背景时，如果由于误操作导致设置错误，可以单击“重置背景”按钮快速还原到初始状态。

技巧8 设置母版版式

一个幻灯片母版中一般应包含“标题”占位符、“文本”占位符、“日期”占位符等信息。如果需要添加或删除母版中的某些要素，可以通过设置母版版式来实现。

1 单击“视图”标签，在“母版视图”选项组中单击“幻灯片母版”按钮，切换到“幻灯片母版”视图，如图22-16所示。

2 单击选定需要设置版式的幻灯片母版，在“母版版式”选项组中单击“母版版式”按钮，如图22-17所示。

3 在弹出的“母版版式”对话框中，选中或取消选中对应项前的复选框即可，如图22-18所示。

4 单击“确定”按钮，即可完成版式设置。

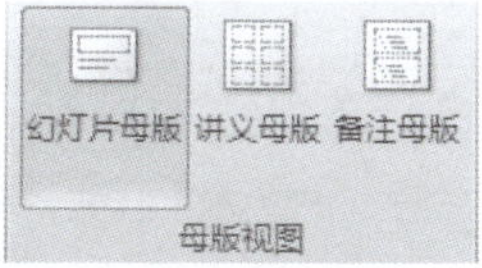

图22-16

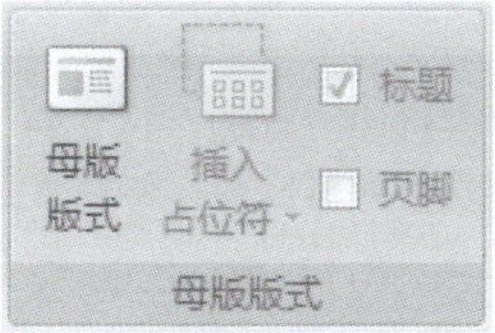

图22-17

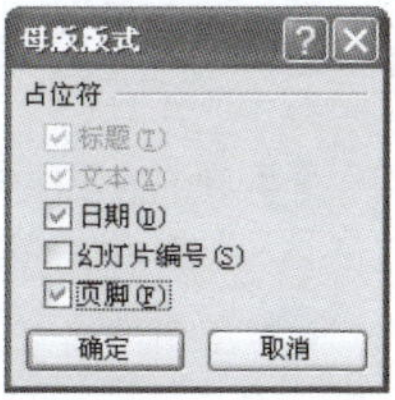

图22-18

提 示

如需要退出幻灯片母版视图，单击“幻灯片母版”标签，接着单击“关闭母版视图”按即可。

技巧9 设置母版主题

如果默认的母版主题不能满足需要，可以重新设置母版主题，并可以进一步对设置的母版主题进行编辑。

❶ 切换到“幻灯片母版”视图，单击选定需要设置主题的幻灯片母版。

❷ 在“编辑主题”选项组中单击“主题”按钮下拉菜单，在弹出的菜单中选择一种合适的主题样式，如“凤舞九天”，如图22-19所示。

提 示

在“编辑主题”选项组中单击“颜色”、“字体”或“效果”按钮下拉菜单，还可以对主题进行编辑操作。

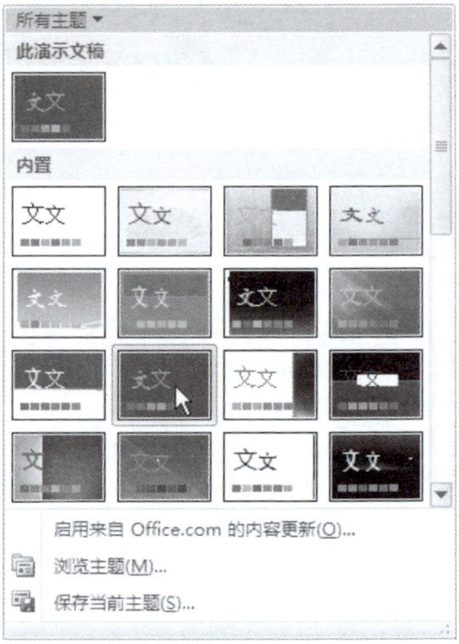

图22-19

技巧10 设置母版标题样式

默认的幻灯片母版标题样式如果不能满足要求，可以重新设置母版标题样式。

❶ 切换到“幻灯片母版”视图，在左侧的列表框中找到并单击选中需要修改的幻灯片对应的母版，此时会在右侧的窗格中显示出该母版的详细样式，如图22-20所示。

❷ 在右侧窗格中单击选中“标题”占位符，然后单击“开始”标签，在“字体”选项组中单击相应按钮可以对字体格式进行设置，如图22-21所示。

❸ 单击“格式”标签，可以设置标题的“形状样式”、“艺术字样式”和“排列方式”等，如图22-22所示。

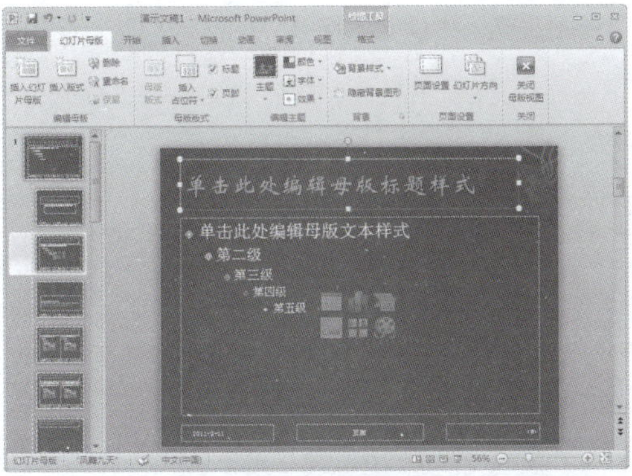

图22-20

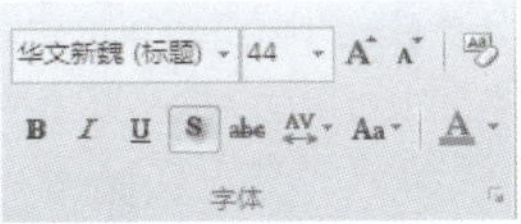

图22-21

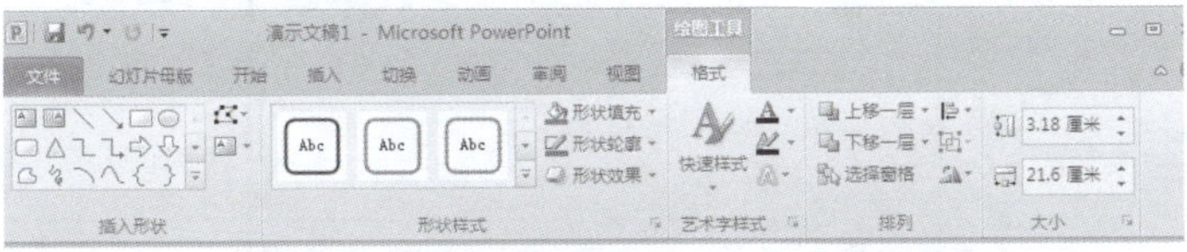

图22-22

❹ 本例中的设置效果如图22-23所示。

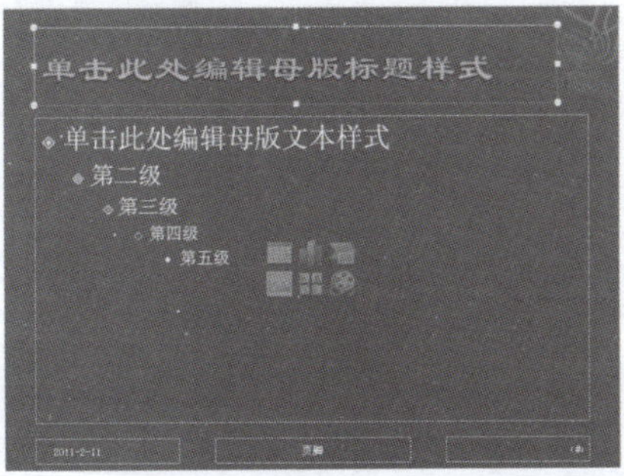

图22-23

提　示

除了可以对母版标题样式进行设置外，对母版中的各级表格的格式和样式也可以使用同样的方法进行设置。

技巧11　在母版中插入页脚文本

在母版中添加了“页脚”占位符后，占位符中是没有任何内容的，此时用户为幻灯片设置页脚。

❶ 切换到“幻灯片母版”视图，单击“插入”标签，在“文本”选项组中单击“页眉和页脚”按钮，如图22-24所示。

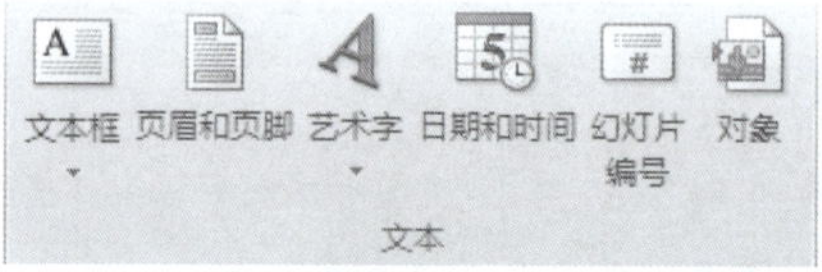

图22-24

❷ 在弹出的“页眉和页脚”对话框中，选中“页脚”复选框，在下面的文本框中可以输入公司的相关信息或其他合适的文字，如图22-25所示。

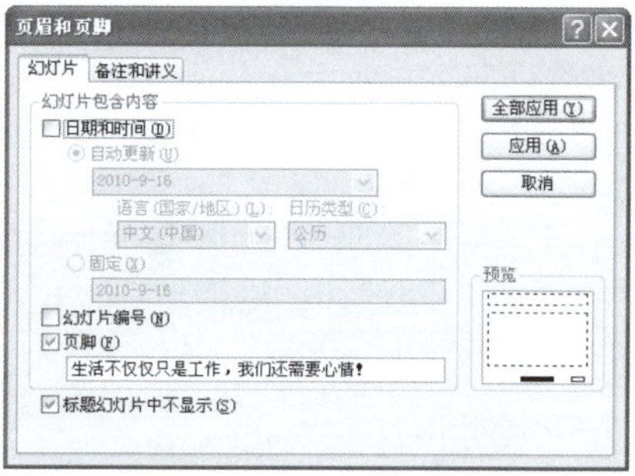

24-25

❸ 因为标题幻灯片中一般不需要显示页脚信息，所以选中“标题幻灯片中不显示”复选框，然后单击“全部应用”按钮，在幻灯片的下方就会出现设置的内容，如图22-26所示。

24-26

提 示

默认的页脚样式和字体格式比较呆板，可以根据模版样式重新对页脚样式和字体格式进行设置。

技巧12 在母版中插入自动更新的日期和时间

在幻灯片母版中，还可以插入时间，方法和插入页脚很相似。下面介绍在母版中插入自动更新的日期和时间的方法。

❶ 切换到“幻灯片母版”视图，单击“插入”标签，在“文本”选项组中单击“日期和时间”按钮。

❷ 在弹出的“页眉和页脚”对话框中，选中“日期和时间”复选框，接着选中“自动更新”单选项，单击“日期”下拉列表，在弹出的菜单中可以选择日期格式，如图22-27所示。

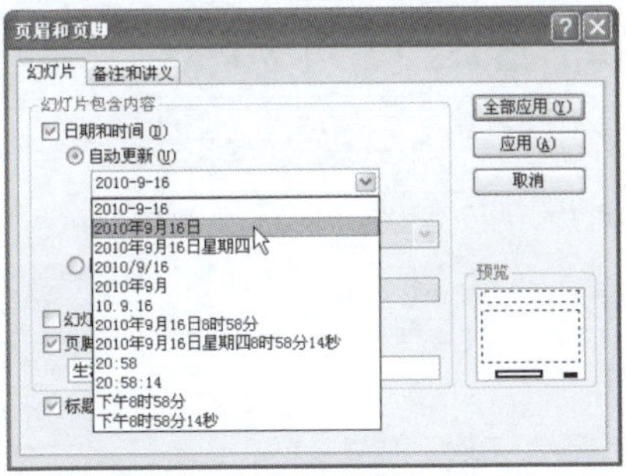

图22-27

❸ 单击“全部应用”按钮，即可在母版中插入自动更新日期。

提 示

和默认的页脚一样，默认的日期和时间样式和字体格式比较呆板，也可以根据模版样式重新对页脚样式和字体格式进行设置。

技巧13 保留幻灯片母版

如果演示文稿中的幻灯片母版没有被使用，可以保留该母版。

❶ 切换到“幻灯片母版”视图，单击选中需要保留的幻灯片母版。

❷ 在“编辑母版”选项组中单击“保留”按钮，如图22-28所示。

❸ 单击“保留”按钮后，在左侧窗格中即可看到该母版左上角出现了一个图标，如图22-29所示。

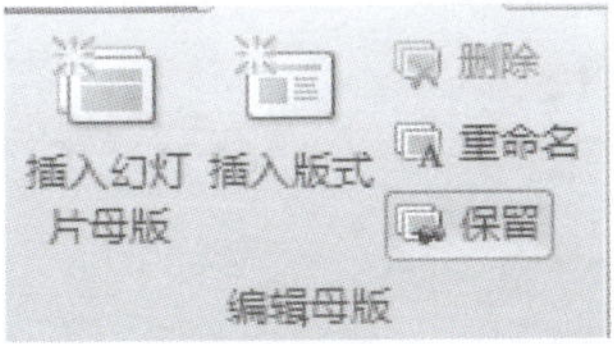

图22-28

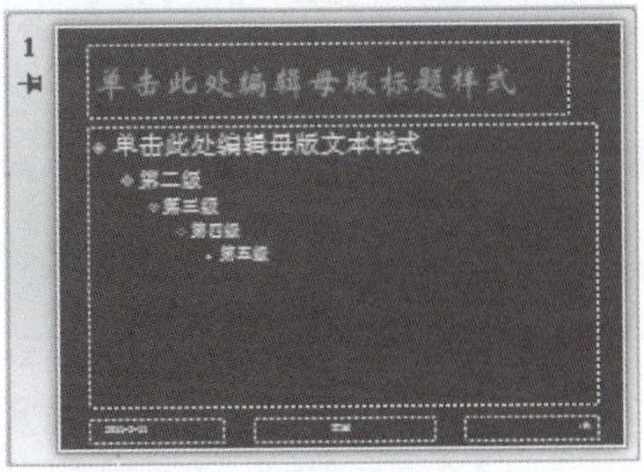

图22-29

提 示

如果不想保留此幻灯片母版，使用相同的方法，再次单击“保留”按钮即可。

技巧14 重命名幻灯片母版

如果默认的幻灯片母版名称不能满足需要，可以重命名幻灯片母版。

1. 切换到“幻灯片母版”视图，单击选中需要重命名的幻灯片母版。
2. 在“编辑母版”选项组中单击“重命名”按钮，在打开的“重命名版式”对话框中给母版重新命名，如图22-30所示。
3. 单击“重命名”按钮后，完成设置。

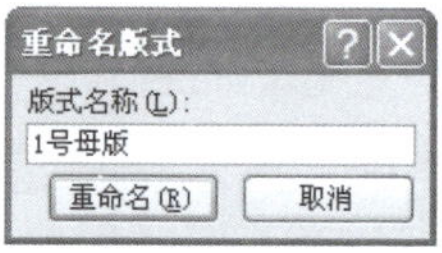

图22-30

提 示

如果需要为大量母版重命名，可以采用编号的方式为这些母版命名，这样可以方便记忆。

技巧15 更改幻灯片版式

若默认的幻灯片版式不能满足需求，可以更改幻灯片版式。可以通过如下方法更改幻灯片版式。

1. 选中需要更改版式的幻灯片。
2. 单击“开始”标签，在“幻灯片”选项组中单击“版式”按钮下拉菜单，如图22-31所示。

图22-31

3. 在弹出的菜单中 选择一种合适的版式，如“两栏内容”，如图22-32所示。

❹ 接着即可看到更改后的版式样式，如图22-33所示。

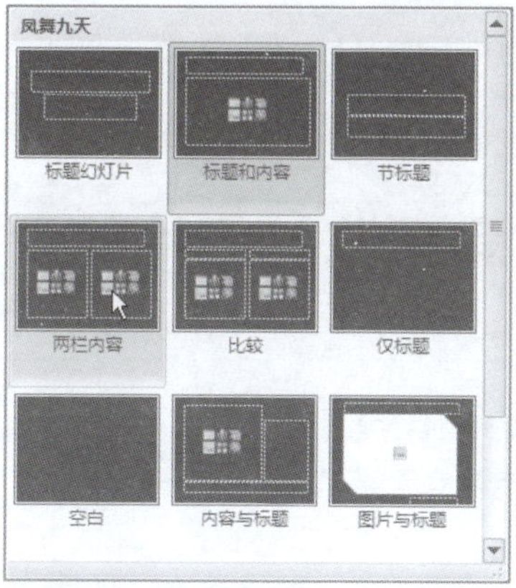

图22-32

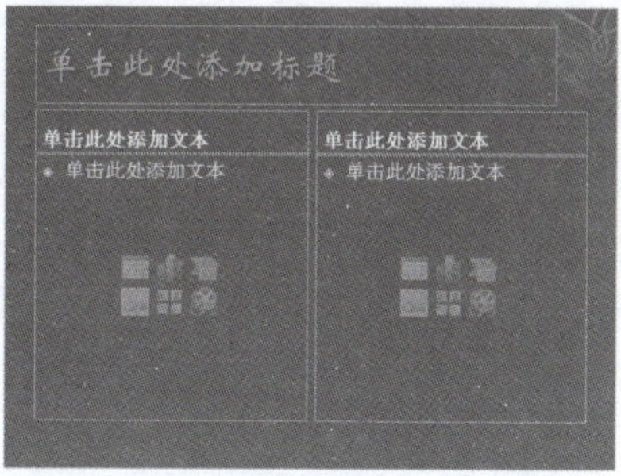

图22-33

提 示

如果需要更改相同版式的幻灯片较多，可以先将这些幻灯片同时选中，接着再更改幻灯片版式即可批量更改幻灯片版式。

技巧16 设置幻灯片的起始编号

默认的幻灯片起始编号是1。如果需要将幻灯片起始编号修改为其他值，可以通过如下方法来实现。

❶ 单击“设计”标签，在“页面设置”选项组中单击“页面设置”按钮，如图22-34所示。

❷ 接着会打开“页面设置”对话框，在“幻灯片编号起始值”微调框中将默认的“1”修改为一个合适的值，如“2”，如图22-35所示。

图22-34

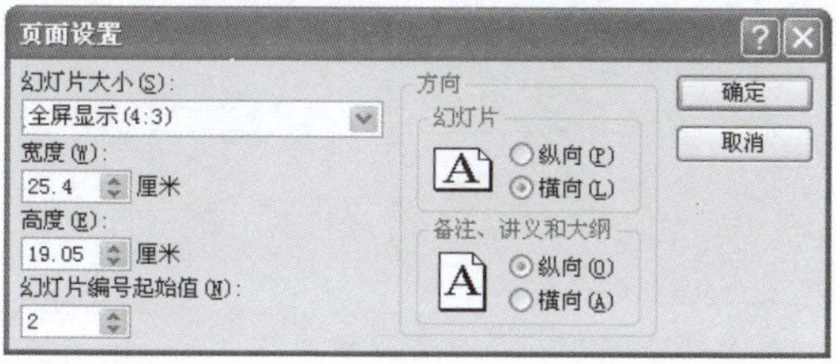

图22-35

❸ 单击“确定”按钮，即可完成设置。

提 示

如果需要将幻灯片编号起始值修改回“1”，使用相同的方法将“幻灯片编号起始值”微调框中的数字修改为“1”即可。

技巧17 以单一灰度色彩预览幻灯片的设计效果

如果将幻灯片的打印输入设置为使用的黑白打印机，使用彩色预览幻灯片不能看出黑白输出效果，影响判断。可以使用灰度色彩预览幻灯片，以得到最真实的打印输出效果。

1. 按下“Ctrl+P”组合键，切换到“打印”视图，如图22-36所示。

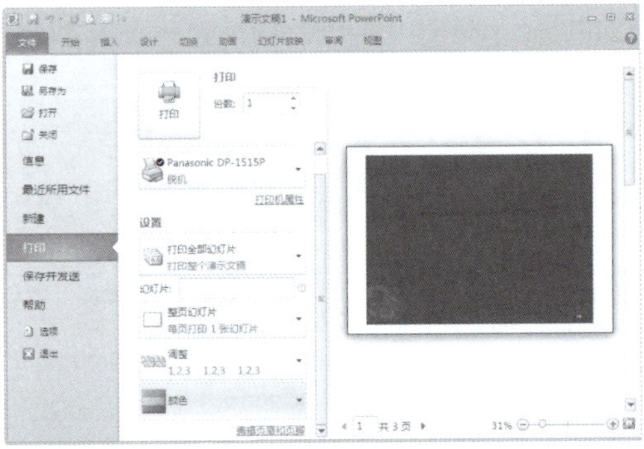

图22-36

2. 单击下方的“颜色”按钮下拉菜单，在弹出的菜单中选择“灰度”命令，在右侧的预览窗格中即可看到实际效果，如图22-37所示。

图22-37

知识点

如果想以纯黑白色彩预览幻灯片设计效果，可以在单击“颜色”按钮下拉菜单时选择“纯黑白”命令。

技巧18　在演示文稿中设置备注提示信息

PowerPoint 2010中的备注功能给演讲者提供了很大的方便。用户可以利用此功能添加演讲内容的备注信息或事件的提示信息等。

❶ 定位到需要添加备注信息的幻灯片，在工作区下方即可看到“单击此处添加备注”区域，如图22-38所示。

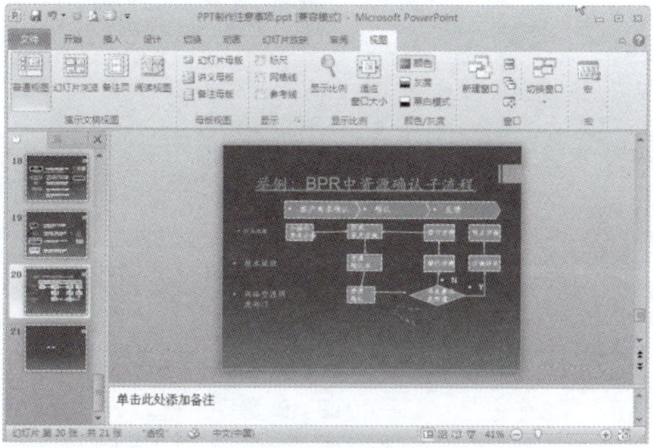

图22-38

❷ 将光标定位到该区域中，输入需要的备注信息即可，如图22-39所示。

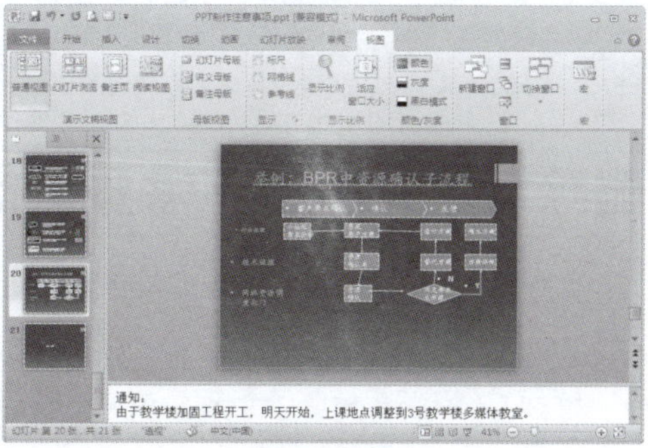

图22-39

提　示

在“备注”区域中，不支持插入图片、图形等对象。

技巧19 利用备注为自己制作演讲讲义

在制作演示文稿时，如果需要演讲的内容不能完全显示在幻灯片中，可以利用备注为自己制作一个演讲讲义，这样可以给演讲带来很大的方便。可以通过下面的介绍来实现。

1. 定位到需要利用备注制作讲义的幻灯片。
2. 在“单击此处添加备注”区域中输入讲义内容即可，如图22-40所示。

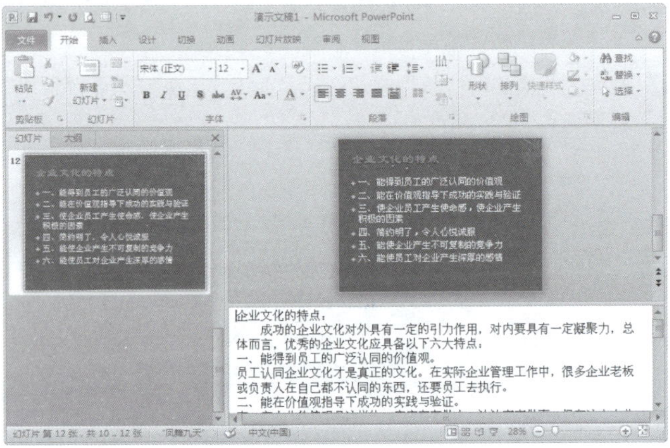

图22-40

提 示

在“备注”区域中，还可以对讲义文本进行复制、粘贴、字体格式设置和段落格式设置等操作。

技巧20 删除演示文稿中不需要的备注信息

在将演示文稿提交给客户时，一般都要删除演示文稿中的备注信息，如果备注信息过多，一个一个地删除将非常麻烦。

1. 打开需要删除备注信息的演示文稿，单击“文件”标签，切换到backstage视图。

2. 单击“信息”项，接着在右侧窗格中单击“检查问题”按钮下拉菜单，在弹出的菜单中选择“检查文档”命令，如图22-41所示。

3. 在打开的“文档检查器”对话框中，选中“演示文稿备注”复选框，如图22-42所示。

4 单击“检查”按钮开始检查，检查到演示文稿备注后单击“删除”按钮将备注信息删除即可，如图22-43所示。

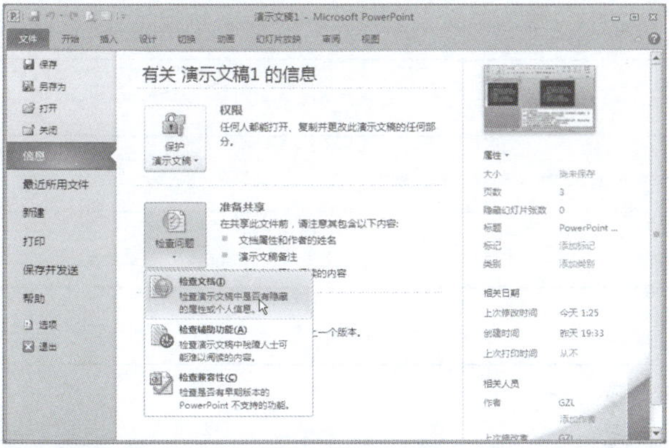

图22-41

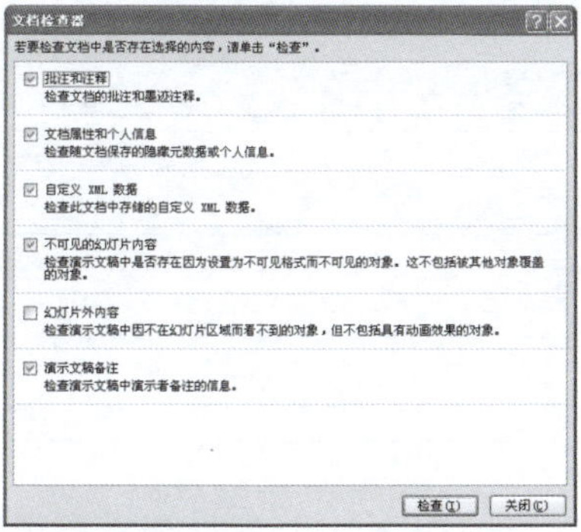

图22-42

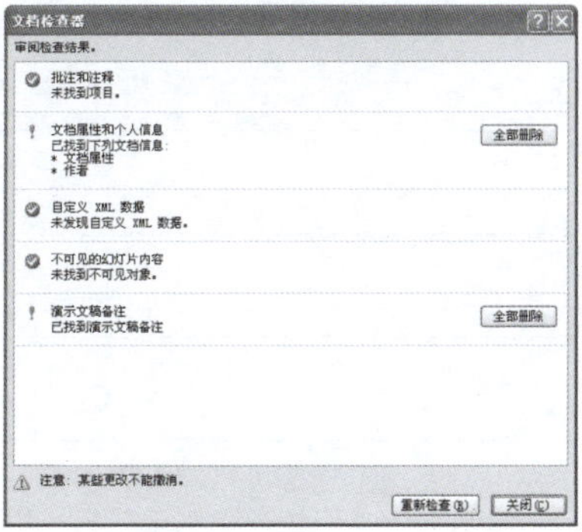

图22-43

提 示

使用此方法还可以删除文档属性和个人信息等隐私内容。

读书笔记

第23章

图形与图片

技巧1 多图形组合和分解

在演示文稿中绘制复制的图形时，往往需要使用多个单一的图形拼成一个复杂的图形。但有时由于误操作会导致图形移动，此时将这些图形组合成一个图形可以很好地解决这个问题。

1 按住Ctrl键不放，将图标依次移动到每个图形上，在光标变成 状时，依次单击鼠标左键，同时选中所有图形。

2 将鼠标移动到任意一个图形上，在光标变成 状时，单击鼠标右键，如图23-1所示。

3 在弹出的右键菜单中选择“组合”子菜单下的“组合”命令即可将该图形组合成一个新的图形，如图23-2所示。

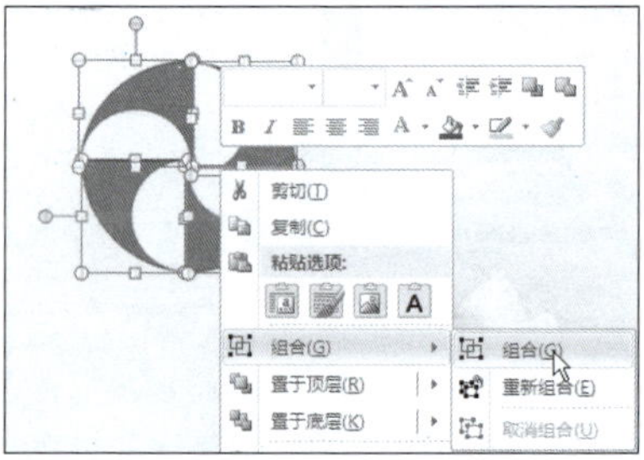

图23-1

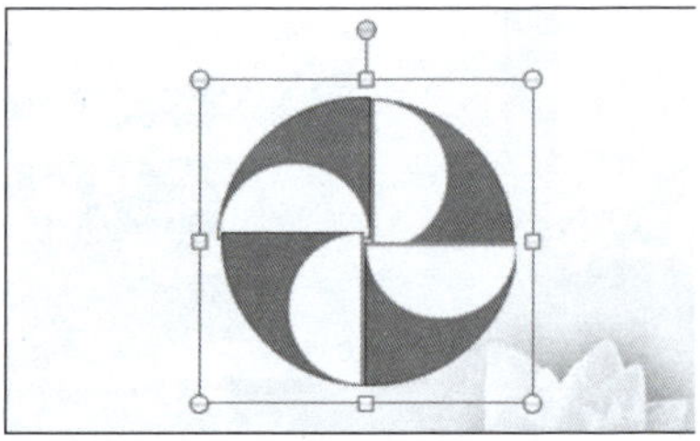

图23-2

知识点

将鼠标移动到需要取消组合的图形上，在光标变成状时，单击鼠标右键，在弹出的菜单中选择“组合”子菜单下的“取消组合”命令即可。

技巧2 图形的快速对齐

在幻灯片中插入了多个图形后，由于是手动操作，这些图形一般都不能整齐地排列，此时可以使用PowerPoint 2010的“对齐”功能，快速将这条图形对齐。

1 按住Ctrl键不放，将鼠标移动到需要对齐的图形上，在光标变成 状时，单击鼠标左键，依次将所有需要对齐的图形选中，如图23-3所示。

2 在功能区中单击“格式”主菜单，接着在“排列”选项组中单击“对齐”按钮下拉菜单，如图23-4所示。

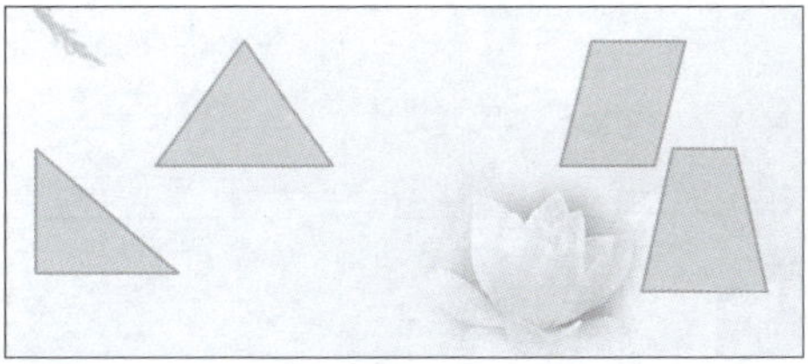

图23-3

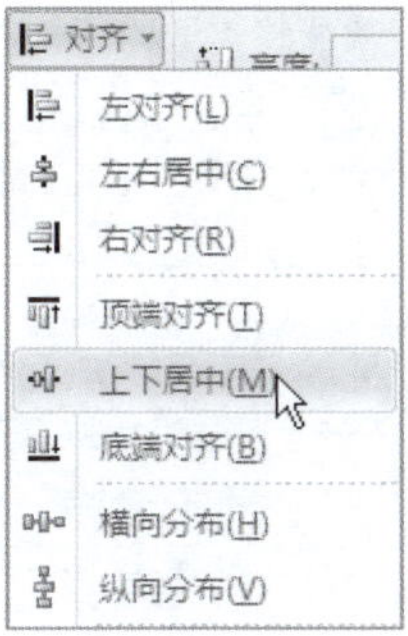

图23-4

❸ 在弹出的菜单中选择“上下居中”命令，即可让所有图形在幻灯片中上下位置居中，如图23-5所示。

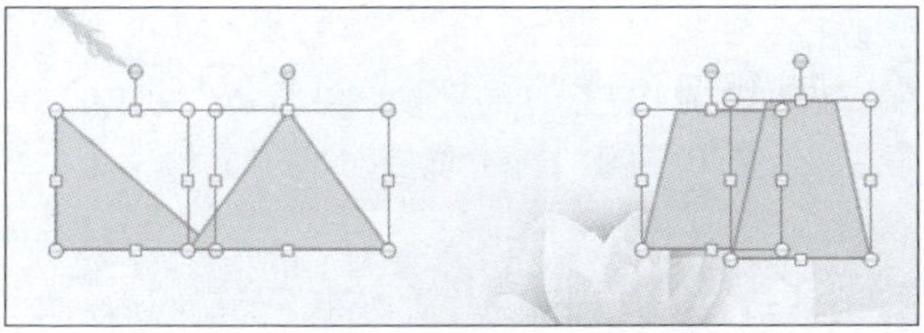

图23-5

❹ 完成了上下居中后，我们会发现，各图形的间距也不一致，此时可以再次单击“对齐”按钮，在弹出的菜单中选择“横向分布”命令即可，如图23-6所示。

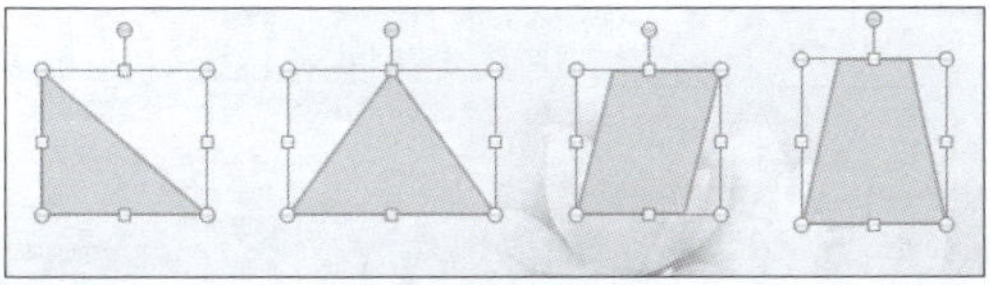

图23-6

提 示

在设置对齐方式时，要根据实际需要，例如需要得到左右居中的排列效果，单击“对齐”按钮下拉菜单后，在弹出的菜单中选择“左右居中”命令即可。

技巧3 多图形的叠放

在编辑幻灯片时，有时需要将多个对象叠放在一起，组成一个新的图形，这些对象需要按照一定的次序叠放在一起。

❶ 将需要设置叠放次序的对象插入到幻灯片中，如图23-7所示。

❷ 将鼠标移动到需要设置在底层的图形上，在光标变成 状时单击鼠标右键，在弹出的右键菜单中选择“置于底层”子菜单下的“置于底层”，如图23-8所示。

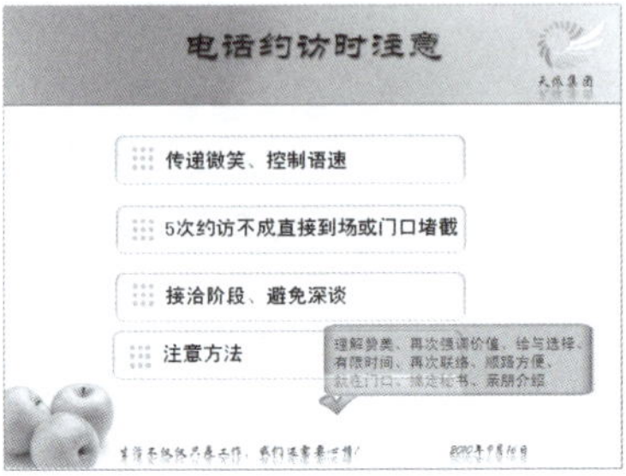

图23-7

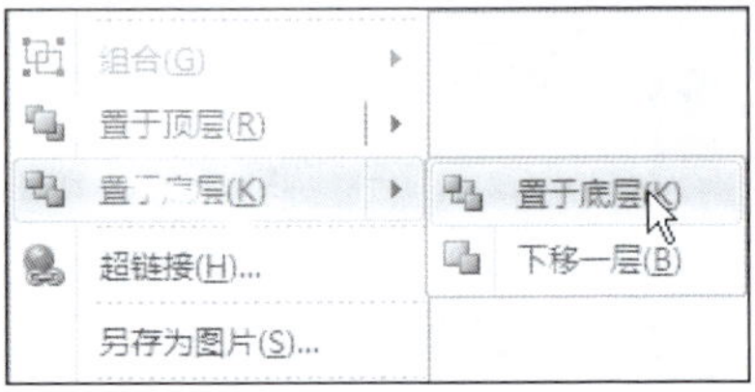

图23-8

❸ 使用相同的方法右键单击需要上移的图形，在弹出的右键菜单中根据需要选择“置于顶层”子菜单下的“置于顶层”或“上移一层”命令，如图23-9所示。

❹ 使用上述方法设置所有对象的叠放次序，然后将各对象移动到合适的位置即可。本例中效果如果25-10所示。

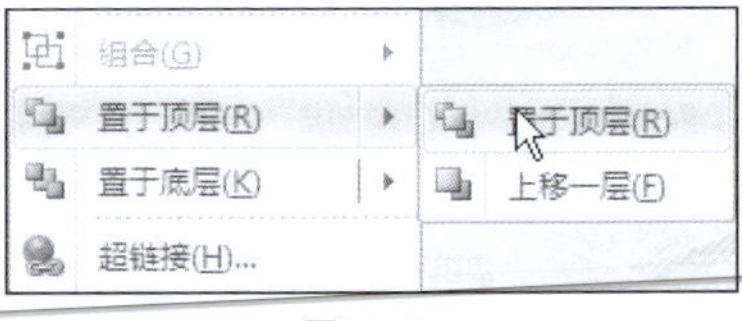

图23-9

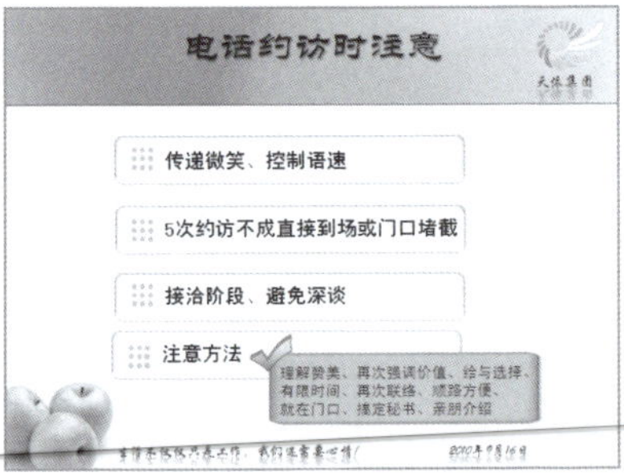

图23-10

提 示

若对象需要从当前位置下移一层时，选择“下移一层”命令，若需要下移两层或多层，只需重复执行相应次数的“下移一层”命令即可。

技巧4 快速美化组织结构图

在幻灯片中插入组织结构图后，默认的组织结构图样式可能不能满足要求。此时可以通过如下方法快速美化组织结构图。

❶ 选中需要美化的组织结构图，单击功能区中的“设计”主菜单。

❷ 在“SmartArt样式”选项组中单击“更改颜色”按钮下拉菜单，在弹出的菜单中选择一种合适的颜色样式，如图23-11所示。

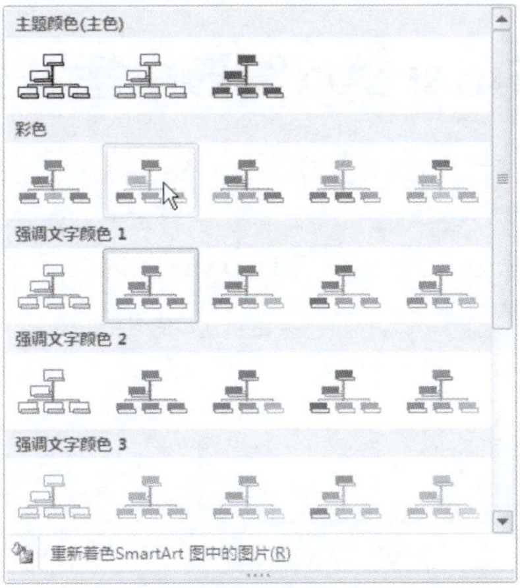

图23-11

❸ 接着在“SmartArt样式”选项组中单击列表框右下角的按钮，在弹出的菜单中选择一种合适的样式，如“嵌入”，如图23-12所示。

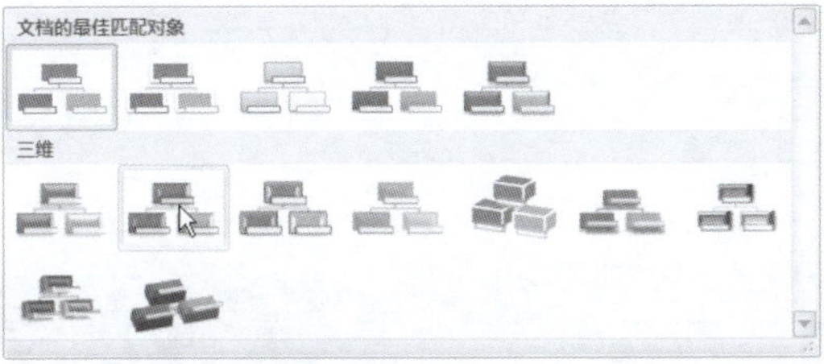

图23-12

❹ 本例中最终效果如果25-13所示。

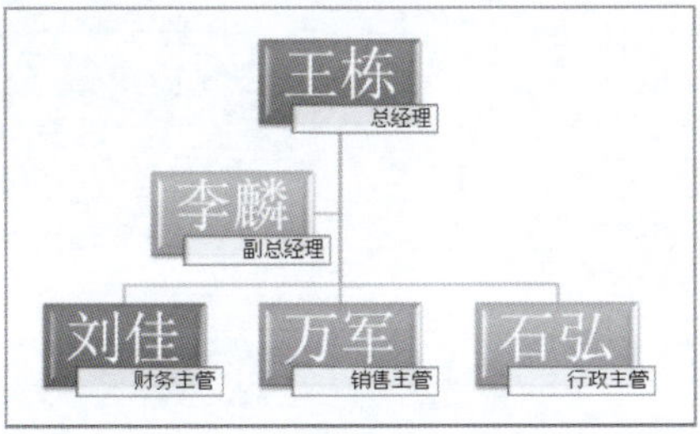

图23-13

提 示

若要更改组织结构的布局样式，单击“设计”主菜单，在“布局”选项组中选择一种合适的布局样式即可。

技巧5 在SmartArt图形中插入竖排文字

在向SmartArt图形中插入文字时，一般只能插入横排的文字。若想在SmartArt图形图形中插入竖排的文字，可以通过如下方法来实现。

1 将光标定位到SmartArt图形中需要输入文字的位置。

2 单击“开始”主菜单，在“段落”选项组中单击“文字方向”按钮下拉菜单，如图23-14所示。

图23-14

3 在弹出的菜单中选择“竖排”命令，如图23-15所示。

4 此时SmartArt图形内的文字方向就变成了竖排样式，输入需要的文字即可，如图23-16所示。

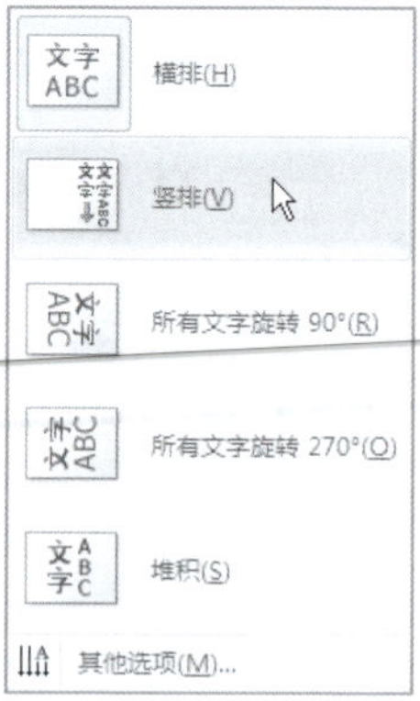

图23-15

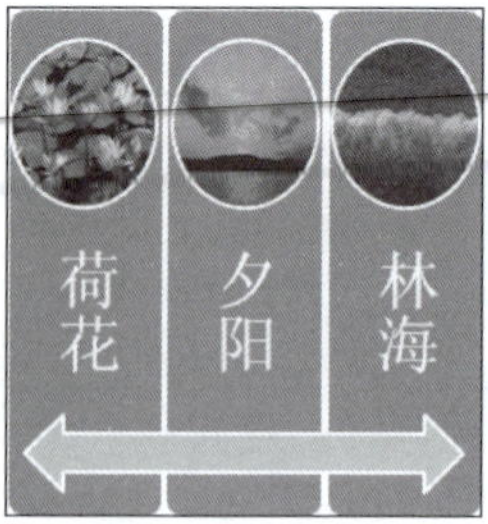

图23-16

知识点

单击“开始”主菜单，在“段落”选项组中单击“文字方向”按钮下拉菜单，在弹出的菜单中还可以对文字进行旋转设置。

技巧6 将文本转换为SmartArt图形

如果需要将幻灯片中的文本制作成SmartArt图形，可以不用一一复制粘贴。通过如下方法直接进行转换即可。

❶ 单击包含要转换的幻灯片文本的占位符或旋转文本，如图23-17所示。

❷ 在“开始”主菜单下的“段落”选项组中，单击“转换为 SmartArt 图形”按钮下拉菜单。

❸ 在弹出的菜单中，选择一种合适的 SmartArt 图形样式（或单击“其他 SmartArt 图形”按钮，在弹出的对话框中选择），如“垂直V型列表”，如图23-18所示。

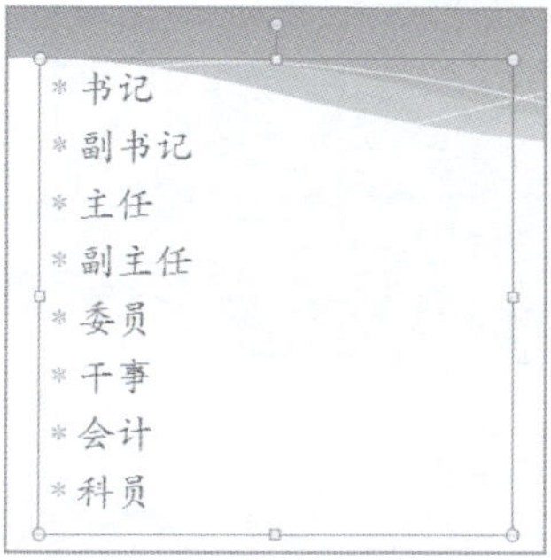

图23-17

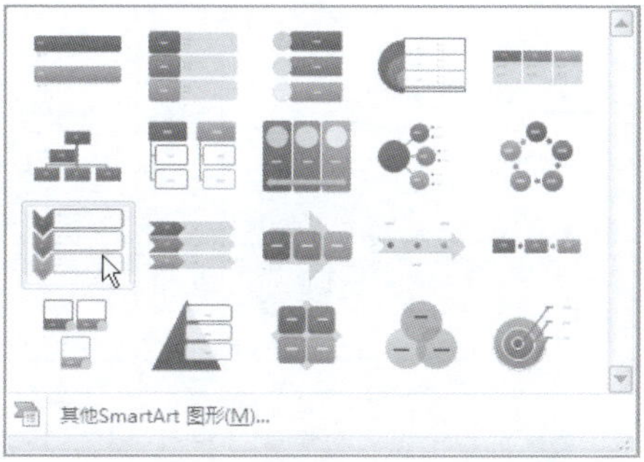

图23-18

❹ 本例中转换后的效果如图23-19所示。

图23-19

提 示

也可以先旋转需要转换为 SmartArt 图形的文本，接着右键单击这些文本，在弹出的菜单中选择“转换为 SmartArt”命令，将文本转换为 SmartArt 图形。

技巧7 快速更改任意多边形或曲线的形状

在幻灯片中插入了某个图形后，如果系统内容中的形状样式无法满足要求，可以使用更改该图形的形状。

1 选中要更改的任意多边形对象或曲线。

2 单击功能区中的“格式”主菜单，在“插入形状”选项组中单击“编辑形状”按钮下拉菜单，在弹出的菜单中选择“编辑顶点”命令，如图23-20所示。

3 此时图形上出现可以拖动的顶点，如图23-21所示。

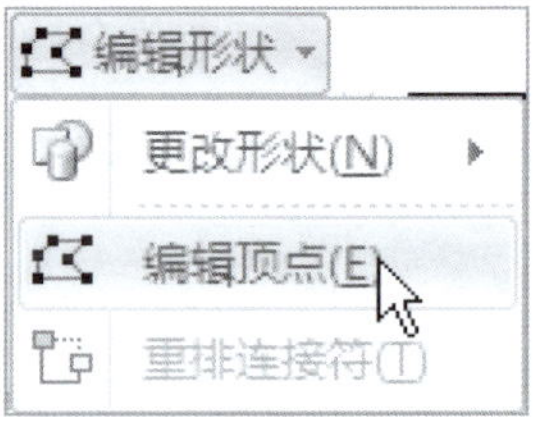

图23-20

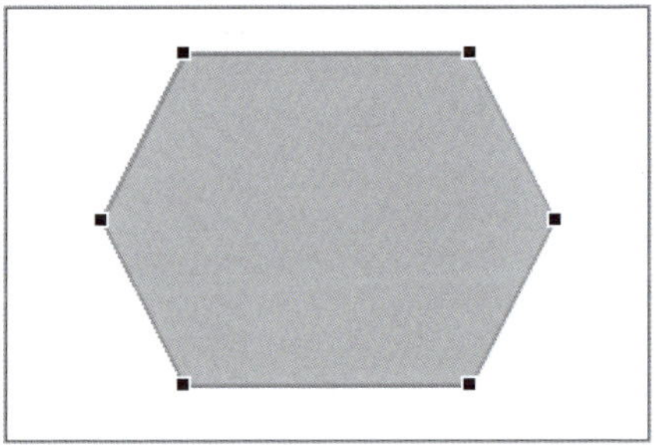

图23-21

4 如果要调整任意多边形的形状，可拖动各个顶点进行调整；如果要添加顶点到任意多边形，将鼠标指定定位于需要添加的位置，然后进行拖动即可。

5 为了更好地控制曲线的形状，右键单击一个顶点，可从弹出的菜单中选择控制命令，如“平滑顶点”命令（可使尖锐的棱角变成平滑），如图23-22所示。

6 本例中对图形编辑顶点后的结果如图23-23所示。

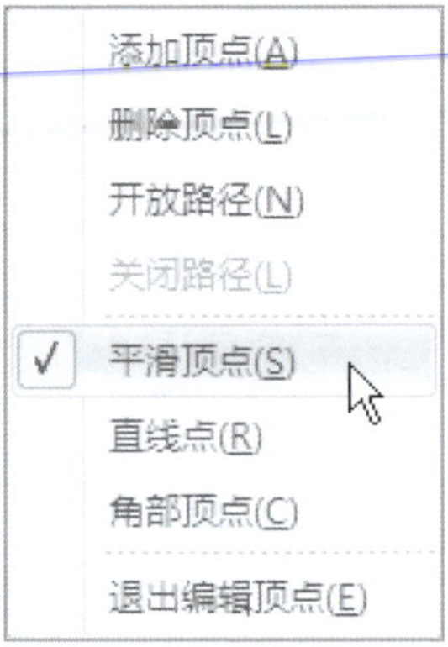

图23-22

图23-23

知识点

如果要删除顶点，按住Ctrl键并单击要删除的顶点即可。

技巧8 根据需要剪裁图片

在工作表中插入图片后，若只需要使用整个图片中的一部分，其他部分在工作表中就会显得多余了，此时可以对图片进行裁剪，去除多余部分，保留有用的部分。

❶ 选中需要裁剪的图片，单击功能区中的“格式”主菜单。

❷ 在“大小”选项组中单击“剪裁”按钮，此时图片的周围会出现8个裁切控制点，如图23-24所示。

❸ 使用鼠标左键拖动相应控制点到合适的位置即可对图片进行裁剪，本例中只需要裁剪掉图片右侧的多余部分即可，如图23-25所示。

图23-24

图23-25

❹ 裁切完成后在图片外的任意位置单击鼠标左键即可退出裁切状态。

提 示

如果需要将图片按比例裁切，在“大小”选项组中单击“剪裁”按钮下拉菜单，在弹出的菜单中单击“纵横比”子菜单，接着选择一种需要的比例即可。

技巧9 更改图片形状

在幻灯片中插入图片后，默认的图片形状可能不够好看，另外，不同的情况下使用不同形状的图片，也可以达到不同的效果。在幻灯片中插入图片后，默认的图片形状可能不够好看，另外不同的情况下，使用不同形状的图片，也可以起到不同的效果。

1 在幻灯片中插入图片，然后将其选中，如图23-26所示。

2 单击“格式”主菜单，接着在“大小”选项组中单击“剪裁”按钮下拉菜单。

3 在弹出的菜单中选择“裁剪为形状”子菜单，接着选择“心形”样式，如图23-27所示。

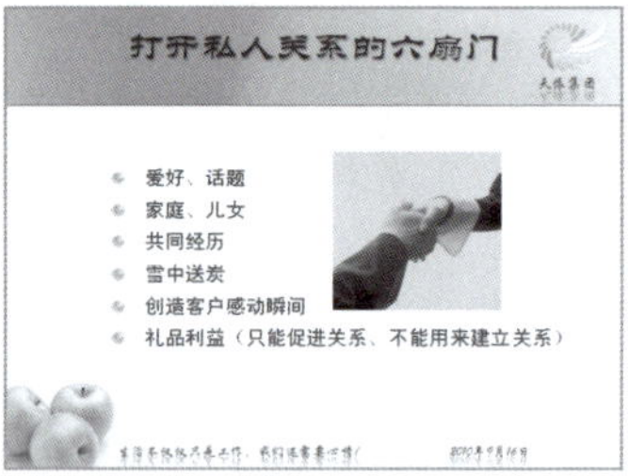

图23-26

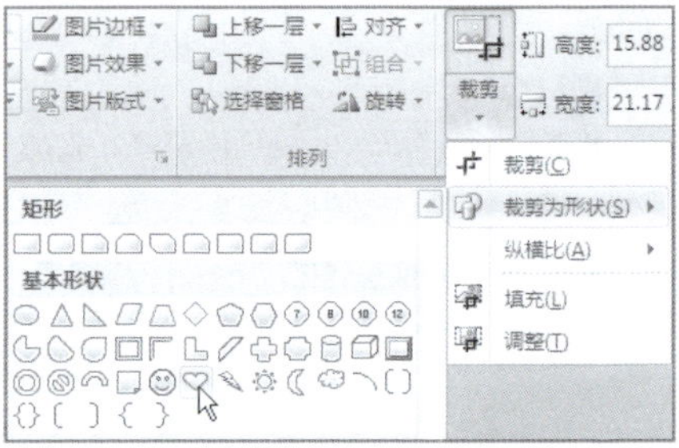

图23-27

4 设置完成后，图片就变成了设置的“心形”样式，如图23-28所示。

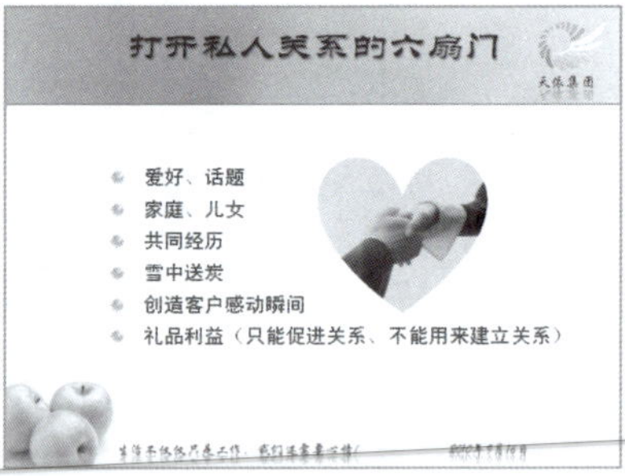

图23-28

知识点

在修改图片形状时，一定要根据图片自身表达的意思以及与图片搭配的内容来进行修改，例如幻灯片中介绍友好、礼貌、礼节等方面的内容，就可以将一幅握手的图片设置为心形，从而形象地衬托作者所要表达的意思。

技巧10 更改图片特效

这里所谓的设置图片特效是指给图片设置特殊的显示效果，如发光、阴影等。可以通过如下方法进行更改。

❶ 选中需要更改样式的图片，如图23-29所示。

❷ 在功能区中单击“格式”主菜单，在 “图片样式”选项组中单击“图片效果”按钮下拉菜单，选择一种特效，如“柔化边缘”。

❸ 接着在弹出的菜单中选择合适的磅数，如“10磅”，如图23-30所示。

图23-29

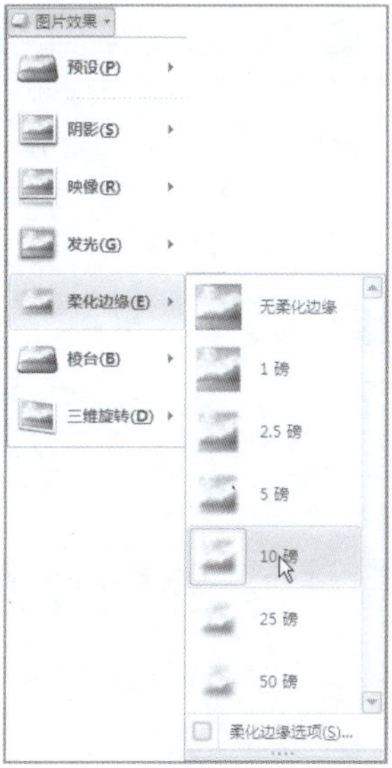

图23-30

❹ 本例中融化边缘后的图片效果如图23-31所示。

图23-31

提 示

除了可以对图片设置“柔化边缘”特效外，使用相同的方法还可以对图片设置“发光”、“阴影”等特效。

技巧11 旋转或翻转图片

图片或图形的旋转或翻转操作在PowerPoint 2010中也能完成，在PowerPoint 2010中可以对图片或图形进行多角度旋转。

❶ 选中需要旋转的图片或图形，在功能区中单击“格式”主菜单。

❷ 单击“排列”选项组中的“旋转”按钮下拉菜单，选择一种旋转或翻转的方式即可，如图23-32所示。

图23-32

知识点

如果想对图片进行更加精确的旋转设置，单击“旋转”按钮下拉菜单，选择“其他旋转选项”命令，在打开的对话框中进行设置即可。

技巧12 将图片文件设置为项目符号

默认的项目符号样式有时不能完全满足用户的要求，此时可以将合适的图片设置为项目符号。

❶ 选中需要修改项目符号样式的文本，如图23-33所示。

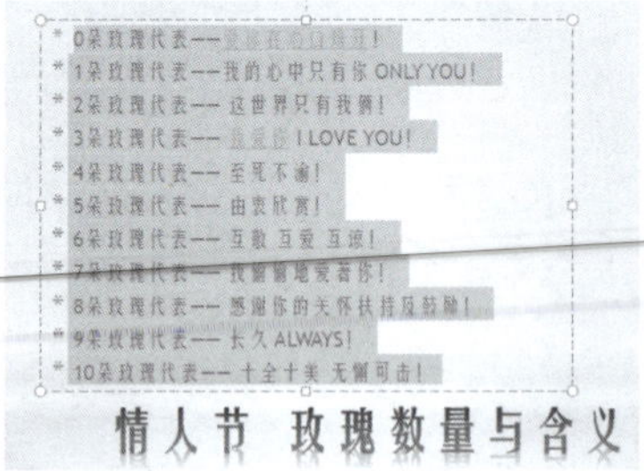

图23-33

❷ 单击“开始”主菜单，在“段落”选项组中单击“项目符号”按钮下拉菜单，在弹出的菜单中选择“项目符号和编号”命令，如图23-34所示。

❸ 在打开的“项目符号和编号”对话框中，切换到“项目符号”主菜单，单击“图片”按钮，如图23-35所示。

❹ 在打开的“图片项目符号”对话框中单击“导入”按钮，如图23-36所示。

5 在打开的“将剪辑添加到管理器”对话框中，找到并选中提前准备好的图片，如图23-37所示。

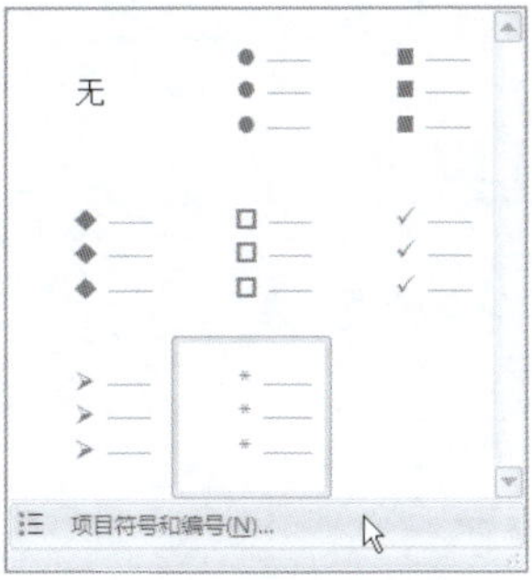

图23-34

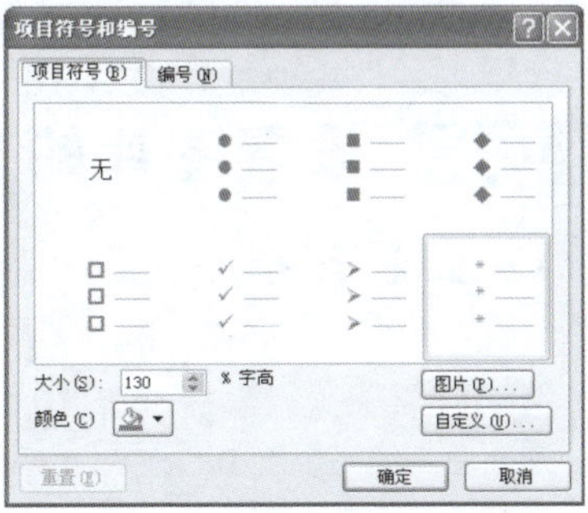

图23-35

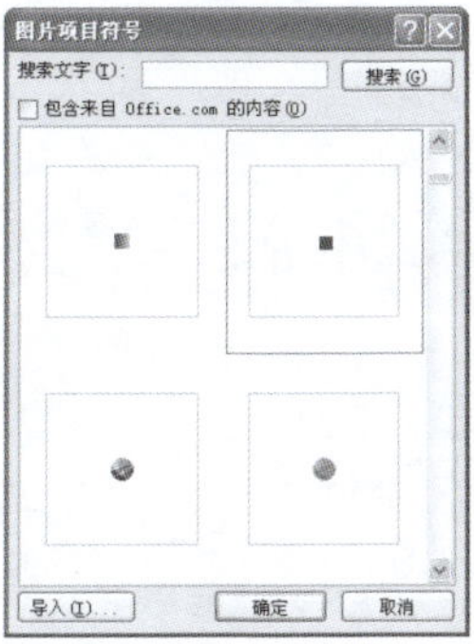

图23-36

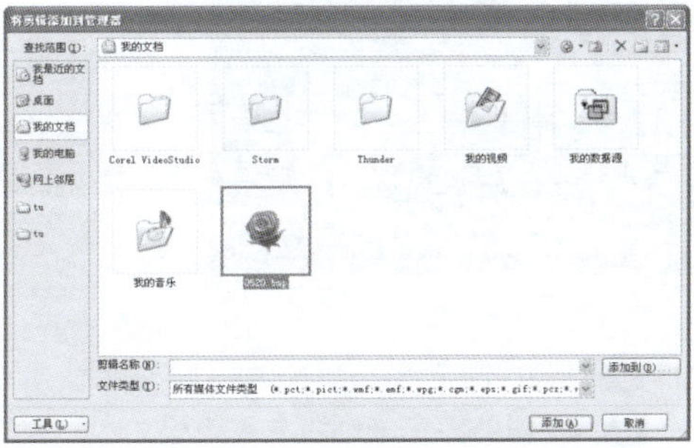

图23-37

6 单击“添加”按钮，返回到“图片项目符号”对话框中，选中刚刚添加的图片如图23-38所示。

7 单击“确定”按钮，即可将选定的图片设置为项目符号，如图23-39所示。

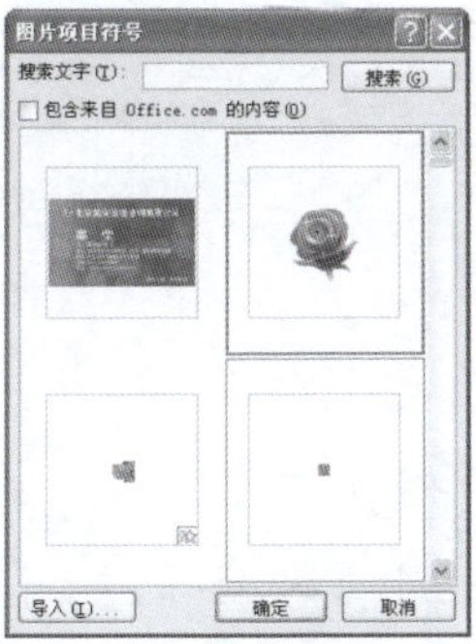

图23-38

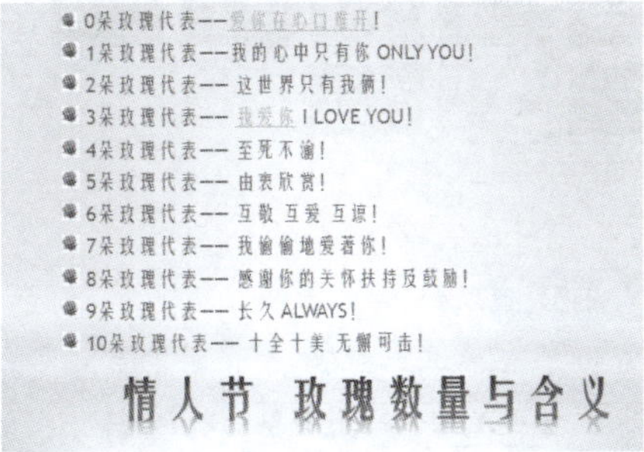

图23-39

提 示

如果实现没有准备图片，可以在“图片项目符号”对话框中的列表中选择。

技巧13 设置图片的艺术效果

PowerPoint 2010新增的图片艺术效果功能，可以方便的将图片更改为“艺术照”。可以通过下面的介绍设置图片的艺术效果。

1 选中需要设置艺术效果的图片，如图23-40所示。

2 在功能区中单击“格式”主菜单，在“调整”选项组中单击“艺术效果”按钮下拉菜单，如图23-41所示。

图23-40

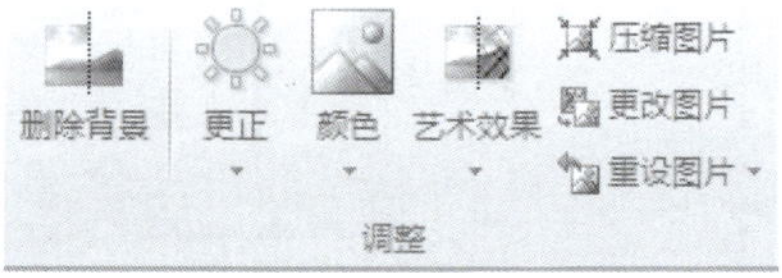

图23-41

3 在弹出的菜单中选择一种艺术效果，如“影印”，如图23-42所示。

4 本例中图片设置后的艺术效果如图23-43所示。

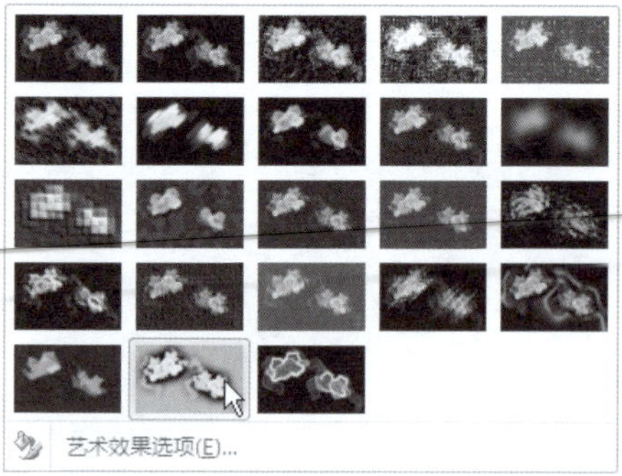

图23-42

图23-43

知识点

如果需要对选择的艺术效果进行进一步的设置，可以单击“艺术效果”按钮下拉菜单，在弹出的菜单中选择“艺术效果选项”命令，在打开的对话框中进行更加详细的设置。

技巧14 为图片重新着色

如果感觉图片颜色不能满足要求，可以为图片重新着色。

❶ 选中需要设置艺术效果的图片，如图23-44所示。

❷ 在功能区中单击“格式”主菜单，在“调整”选项组中单击“颜色”按钮下拉菜单。

❸ 在弹出的菜单中选择一种颜色效果，如“饱和度:400%”，如图23-45所示。

图23-44

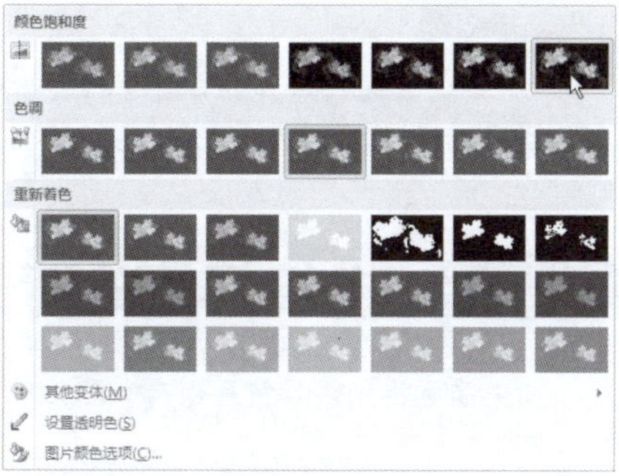

图23-45

❹ 本例中图片设置后的艺术效果如图23-46所示。

图23-46

知识点

如果需要对选择的颜色效果进行进一步的设置，可以单击“颜色”按钮下拉菜单，在弹出的菜单中选择“图片颜色选项”命令，在打开的对话框中进行更加详细的设置。

技巧15 快速撤销对图片的所有编辑

如果对图片进行了大量的格式设置后，又需要返回到图片的原始状态，撤销对图片的所有编辑。

1 选择需要撤销所有编辑的图片，在功能区中单击“格式”主菜单。

2 在“调整”选项组中单击“重设图片”按钮，即可，如图23-47所示。

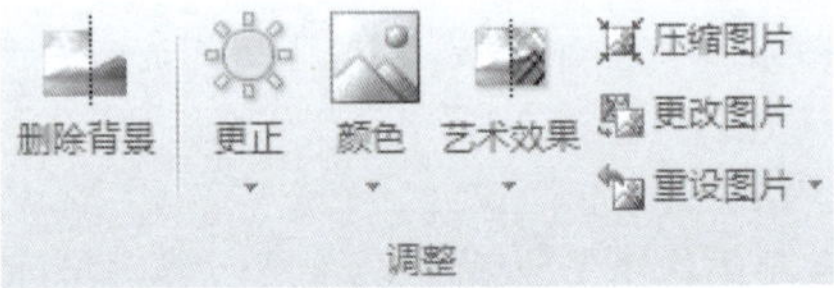

图23-47

提 示

如果需要还原图片的原始大小，则在“调整”选项组中单击“重设图片”按钮下拉菜单，选择“重设图片和大小”命令即可。

技巧16 将幻灯片的背景保存为图片

如果需要将幻灯片背景保存为图片文件，存储在计算机中，可以将幻灯片的背景保存为图片。

1 在幻空白灯片中单击鼠标右键，在弹出的菜单中选择“保存背景”命令，如图23-48所示。

2 在打开的“保存背景”对话框中设置一下图片保存位置和文件名，然后单击“保存”按钮即可，如图23-49所示。

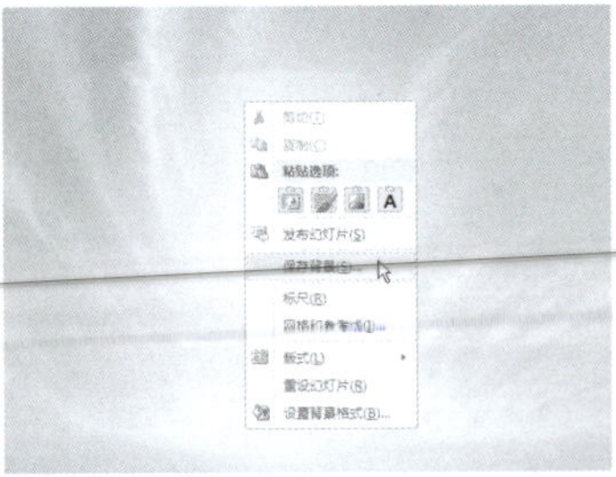

图23-48

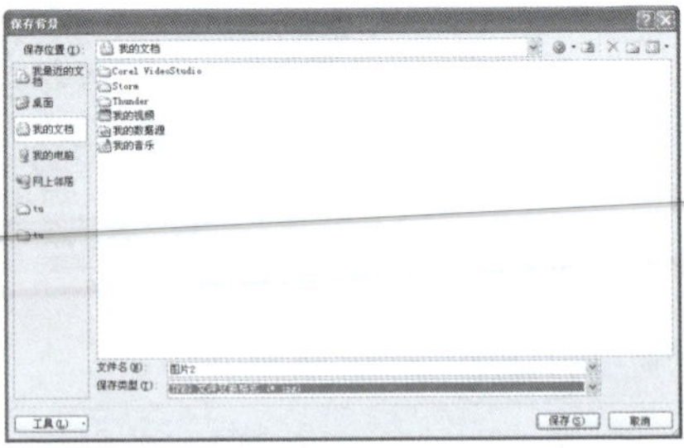

图23-49

提 示

在将幻灯片背景保存为图片时，系统默认的图片格式为.jpg，如果需要更改图片格式，在“保存背景”对话框中单击“保存类型”下拉列表框，在弹出的列表中选择需要的格式即可。

技巧17 图片快速变相册

PowerPoint 2010提供了方便实用的相册制作功能，用户可以使用此功能轻松快速地制作出一个相册。

❶ 单击“插入”主菜单，接着在“图像”选项组中单击“相册”按钮下拉菜单，选择“新建相册”命令，如图23-50所示。

❷ 接着会打开 “相册”对话框，单击“文件/磁盘”按钮，如图23-51所示。

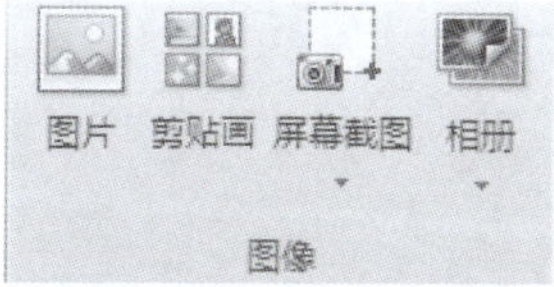

图23-50

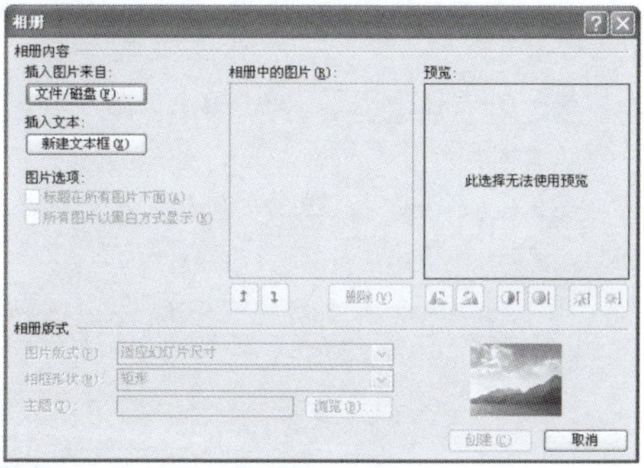

图23-51

❸ 在打开的“插入新图片”对话框中，找到并选中所有需要插入到相册中的图片（按下“Ctrl+A”组合键即可将所有图片全部选中），如图23-52所示。

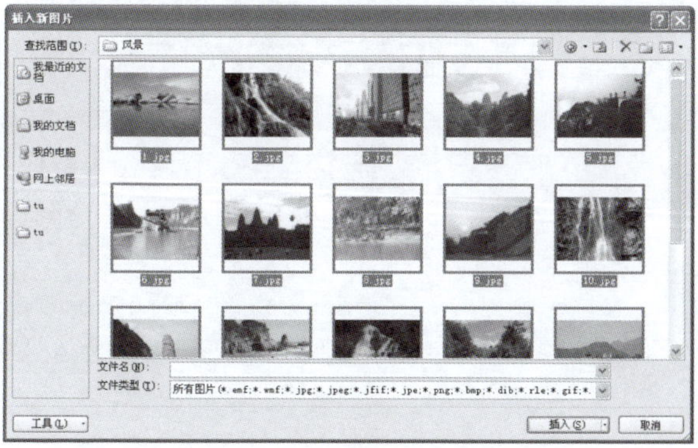

图23-52

❹ 单击“插入”按钮，在“相册”对话框中的“相册中的图片”列表中即可看到插入的所有图片的名称，还可以对图片进行排序、旋转和调节亮度、对比度等操作，如图23-53所示。

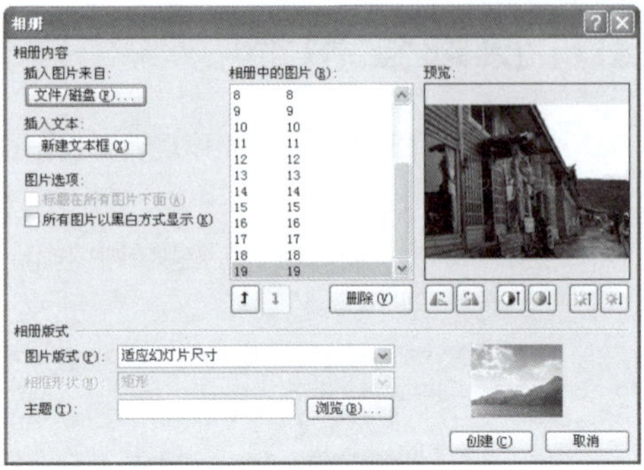

图23-53

5 在“相册版式”栏中单击“图片版式”下拉列表框可以对图片版式进行设置。

6 设置完成后，单击“创建”按钮，系统会在一个新演示文稿中创建一个相册，如图23-54所示。

图23-54

7 保存相册演示文稿。

提 示

在导入图片时，如想一次性导入所有图片，需要提前将这些图片存放在同一个文件夹内。

第24章

表格与图表

技巧1 快速插入指定行列的表格

需要在幻灯片中插入表格，可以插入一个指定行列的表格。

1 定位到需要插入表格的幻灯片，单击“插入”主菜单。

2 在“表格”选项组中单击“表格”按钮下拉菜单，在弹出的菜单中选择“插入表格”命令，如图24-1所示。

3 在打开的“插入表格”对话框中输入合适的行数和列数，如图24-2所示。

4 单击“确定”按钮，即可在幻灯片中插入一个指定行列的表格，如图24-3所示。

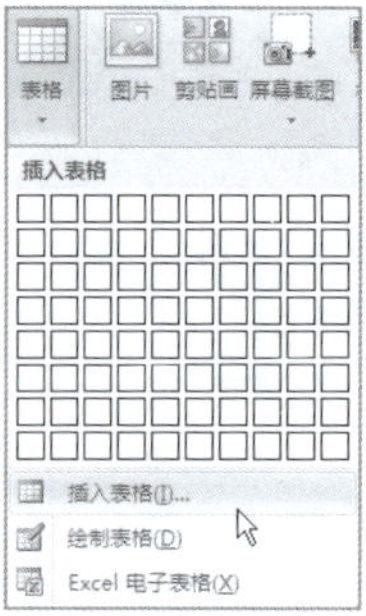

图24-1

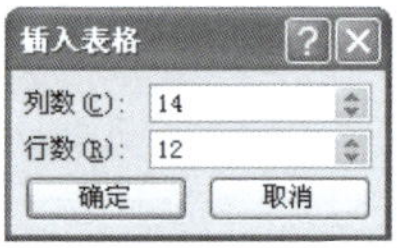

图24-2

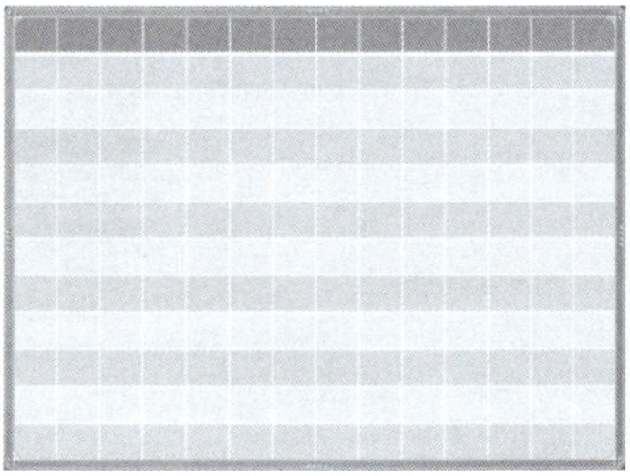

图24-3

提 示

如果需要插入的表格行列数量较少，可以单击“表格”下拉菜单按钮，在弹出的菜单中直接选择表格的行列数即可（最大支持8行10列的表格）。

技巧2 手工绘制表格

出来可以直接向幻灯片中插入表格外，用户还可以手动在幻灯片中绘制表格。

1 定位到需要插入表格的幻灯片，单击“插入”主菜单。

2 在“表格”选项组中单击“表格”按钮下拉菜单，在弹出的菜单中选择“绘制表格”命令，如图24-4所示。

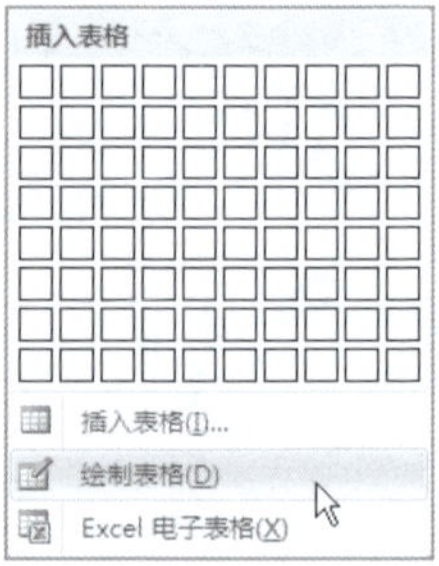

图24-4

3 接着光标会变成画笔状，拖动这个“画

笔”在幻灯片中绘制出自己需要的表格即可。

提 示

在绘制表格时，这个“画笔”只能使用一次，若需要再次使用，必须重新单击“表格”按钮下拉菜单，在弹出的菜单中选择“绘制表格”命令。

技巧3 从Word中复制表格到PowerPoint中

如果需要在PowerPoint使用的表格保存在Word文档中，可以从Word文档中直接将表格复制到PowerPoint中，无需再重新制作。

❶ 在Word文档中选中需要复制的表格，接着在选中的表格中任意处单击鼠标右键，在弹出的菜单中选择“复制”命令，如图24-5所示。

❷ 在PowerPoint中定位到需要粘贴表格的幻灯片，单击鼠标右键，在弹出的菜单中的“粘贴选项”栏中单击“使用目标样式”按钮，如图24-6所示。

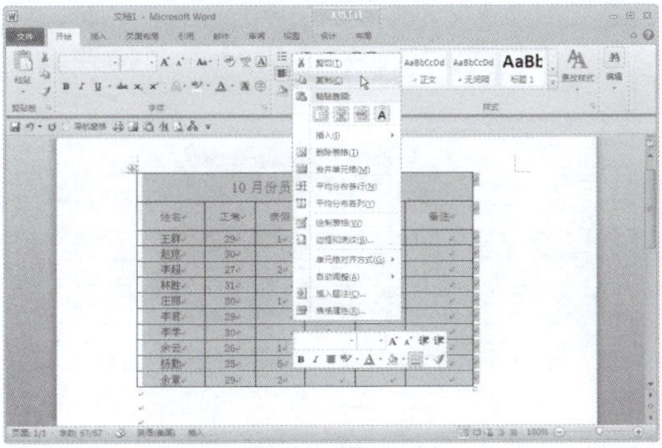

图24-5

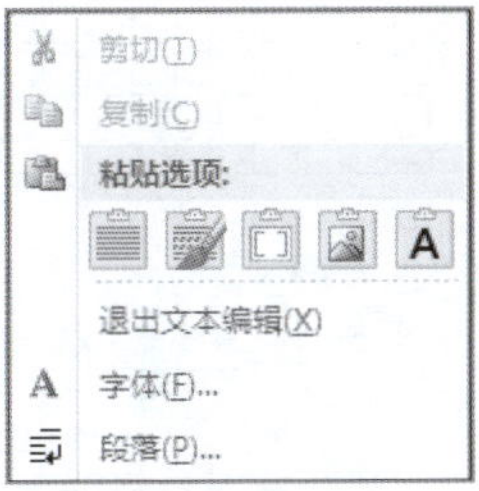

图24-6

❸ 接着表格就会将幻灯片中默认的表格样式粘贴到幻灯片中，如图24-7所示。

10月份员工考勤统计表					
姓名	正常	病假	旷工	休假	备注
王群	29	1	1		
赵琼	30			1	
李超	27	2	1		
林胜	31				
庄丽	30	1			
李君	29			2	
李学	30		1		
余云	26	1	1	2	
杨勤	25	5	2	1	
余章	29	2			

图24-7

提 示

在粘贴表格时，如果需要保留表格源格式，击鼠标右键，在弹出的菜单中的“粘贴选项”栏中单击“保留源格式”按钮即可。

技巧4 插入Excel表格

默认情况下，在PowerPoint中插入的表格功能比较单一，如果需要对表格进行复杂的格式设置或公式运算等操作，就要利用Excel表格来完成。

1 定位到需要插入表格的幻灯片，单击“插入”主菜单。

2 在“表格”选项组中单击“表格”按钮下拉菜单，在弹出的菜单中选择“Excel电子表格”命令，如图24-8所示。

3 此时程序会在幻灯片中插入一个Excel电子表格，并切换到Excel程序界面，如图24-9所示。

图24-8

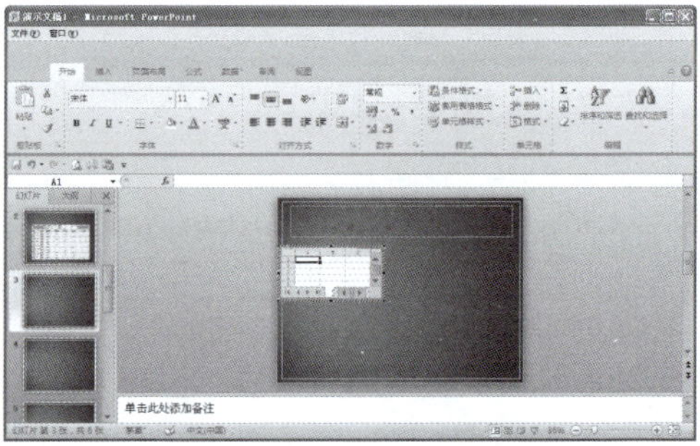

图24-9

4 调整表格的大小和位置，接着就可以像在Excel中一样编辑表格了。编辑完成后在表格以外的任何位置单击鼠标左键即可退出Excel状态，返回到PowerPoint中，如图24-10所示。

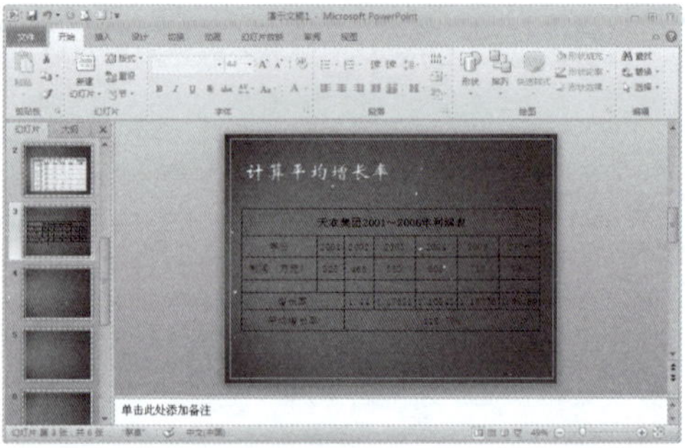

图24-10

提 示

在退出Excel电子表格编辑状态后，若想继续对表格进行编辑操作，使用鼠标左键双击表格即可切换到Excel电子表格状态。

技巧5 设置表格和单元格的高度和宽度

如果默认的表格和单元格高度和宽度不能满足需要，可以进行调整。此时可以通过如下方法设置表格和单元格的高度和宽度。

❶ 选中需要调整的表格，在功能区中单击“布局”主菜单。

❷ 在“表格尺寸”选项组中输入合适的表格高度和宽度，输入完成后按下回车键即可，如图24-11所示。

❸ 接着选中需要设置高度和宽度的单元格，击“布局”主菜单，在“单元格大小”选项组中输入合适的表格高度和宽度，输入完成后按下回车键即可，如图24-12所示。

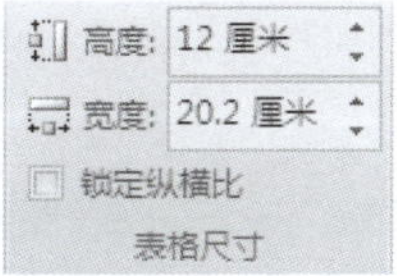

图24-11

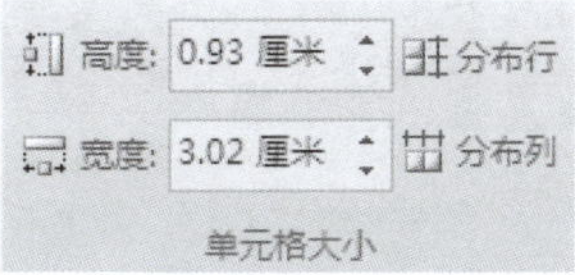

图24-12

提 示

在设置表格尺寸时，如果需要锁定表格纵横比，在“表格尺寸”选项组中选中“锁定纵横比”复选框即可。

技巧6 快速插入图表

图表将对象属性数据直观、形象地“可视化”表达，可以为数据分析提供很大方便。需要在演示文稿中插入图表时，可以通过如下方法快速实现。

❶ 定位到需要插入图表的幻灯片，单击“插入”主菜单。

❷ 在“插图”选项组中单击“图表”按钮，如图24-13所示。

❸ 接着会打开“插入图表”对话框，选择一种合适的图表样式，如“三位簇状柱形图”，如图24-14所示。

❹ 单击“确定”按钮，此时系统会自动打开Excel，并与PowerPoint并排显示在屏幕上，如图24-15所示。

图24-13

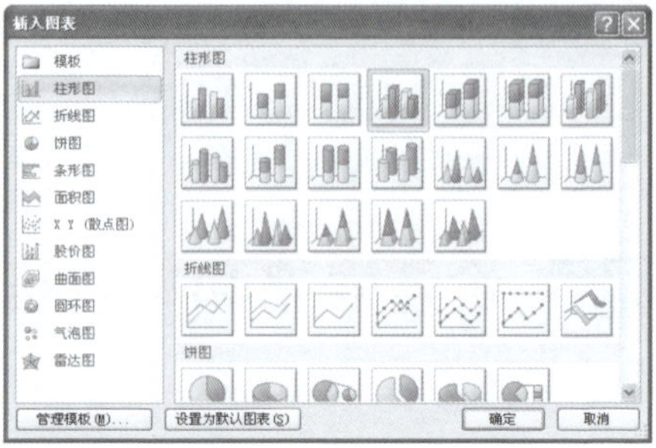

图24-14

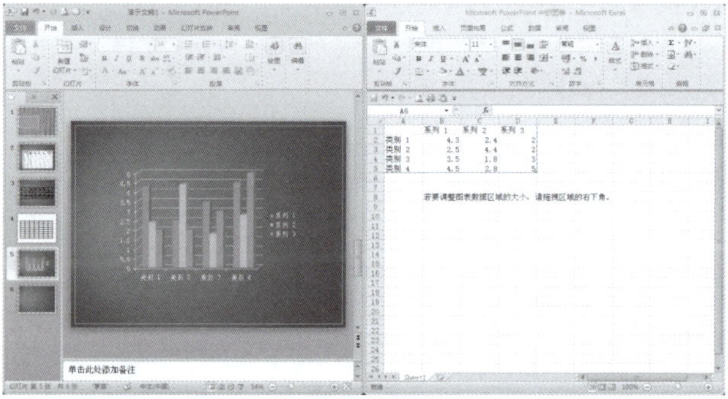

图24-15

5 在Excel表格中输入用来创建图表的数据，接着在PowerPoint即可看到更改后的图表变化，如图24-16所示。

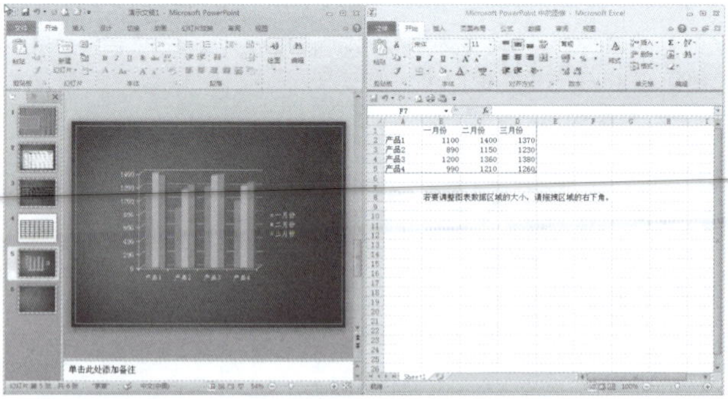

图24-16

6 数据输入完成后关闭Excel即可。

提 示

如果需要在Excel中调整图表数据区域的大小，拖拽区域的右下角即可。

技巧7 插入Excel图表

根据用户需要，可以在幻灯片中插入Excel图表。可以通过下面的介绍来实现。

❶ 定位到需要插入Excel图表的幻灯片，单击“插入”主菜单。

❷ 在“文本”选项组中单击“对象”按钮，如图24-17所示。

❸ 接着打开“插入对象”对话框，在“对象类型”列表中选中“Microsoft Excel 图表”，如图24-18所示。

图24-17

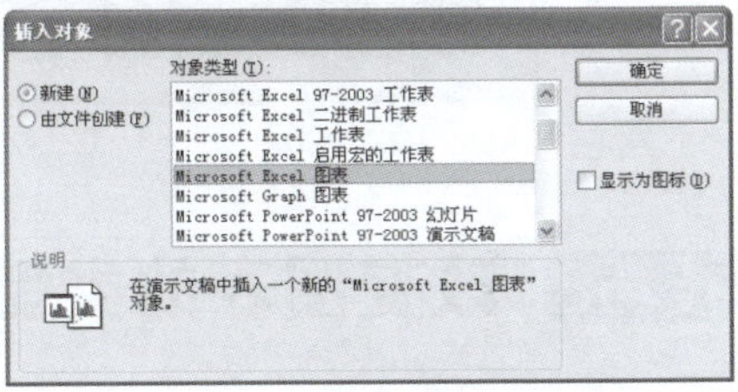

图24-18

❹ 单击“确定”按钮，即可在幻灯片中插入一个Excel表格，如图24-19所示。

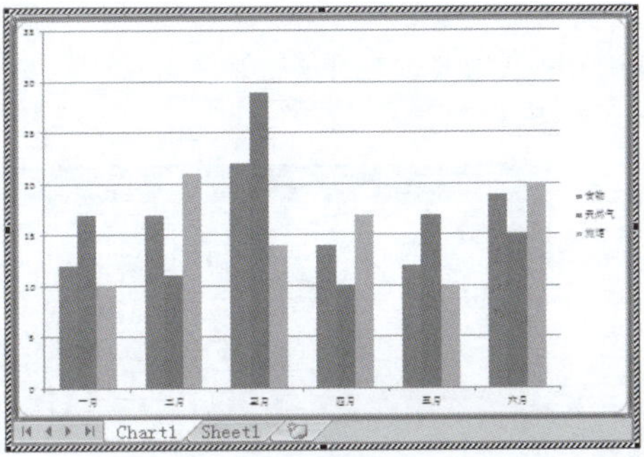

图24-19

❺ 切换到“Sheet1”工作表，在表格中编辑用于创建图表的数据，如图24-20所示。

❻ 编辑完成后，在图表以外的任意空白处单击鼠标左键即可。

提 示

默认插入的Excel图表是条形图，如图需要更改图表类型，则在图表中单击鼠标右键，在弹出的右键菜单中选择“更改图表类型”命令，打开“更改图表类型”对话框，选择合适的图表类型即可。

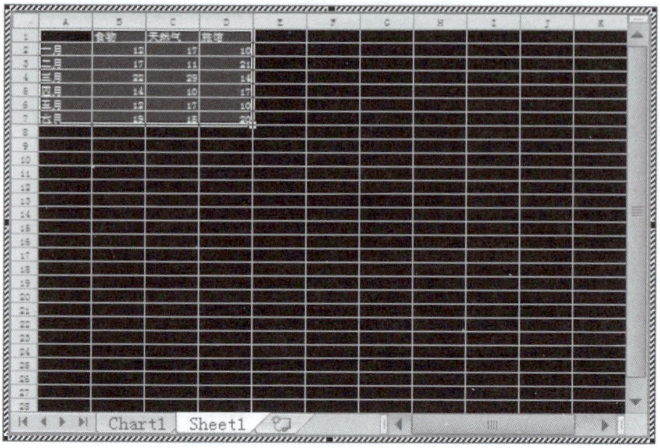

图24-20

技巧8 改变图表的类型

如果插入的图表的类型不能满意需要，可以改变图表的类型。可以通过下面的介绍来实现。

1 选中图表，在功能区中单击“图表工具”下的“设计”主菜单。

2 在“类型”选项组中单击“更改图表类型”按钮，如图24-21所示。

3 在打开的“更改图表类型”对话框中选择一种合适的图表类型，单击“确定”按钮即可，如图24-22所示。

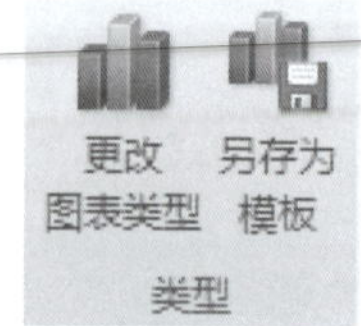

图24-21

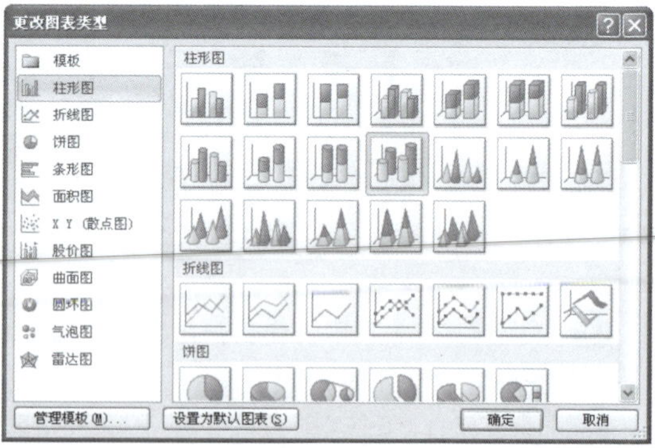

图24-22

提 示

在“更改图表类型”对话框左侧的窗格中单击图表分类，可以更加方便地选择图表类型。

技巧9　设置图表的样式

PowerPoint 2010提供了丰富的图表样式，如果默认的图表样式不能满足需要，可以进行更改。

❶ 选中图表，在功能区中单击“图表工具”下的“设计”主菜单，在“图表样式”选项组中单击列表框右下角的▾，如图24-23所示。

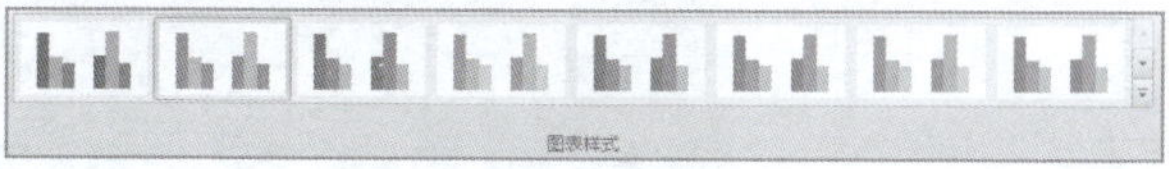

图24-23

❷ 在弹出的菜单中选择一种合适的图表样式即可，这里选择“样式26”，如图24-24所示。

图24-24

知识点

不同的图表样式中提供了不同的颜色，在选择时要根据图表所要表达的内容进行选择。

技巧10　给图表加个标题名称

默认情况下，插入的图表可能没自动添加标题，此时可以为图表添加一个标题。

❶ 选中图表，在功能区中单击“图表工具”下的“布局”主菜单。

❷ 在“主菜单”选项组中单击“图表标题”按钮下拉菜单，如图24-25所示。

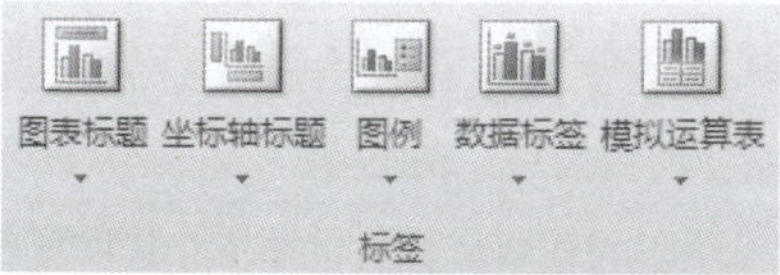

图24-25

3 在弹出的菜单中选择一下标题位置，如“图表上方”，如图24-26所示。

4 接着图表上方就会出现一个“图表标题”文本框，输入合适的标题文本即可，如图24-27所示。

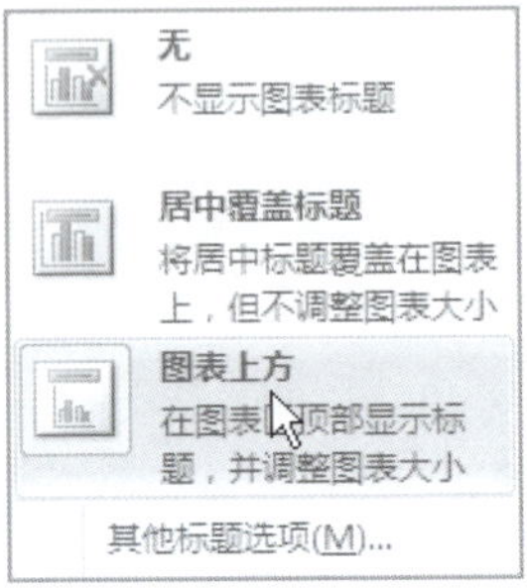

图24-26

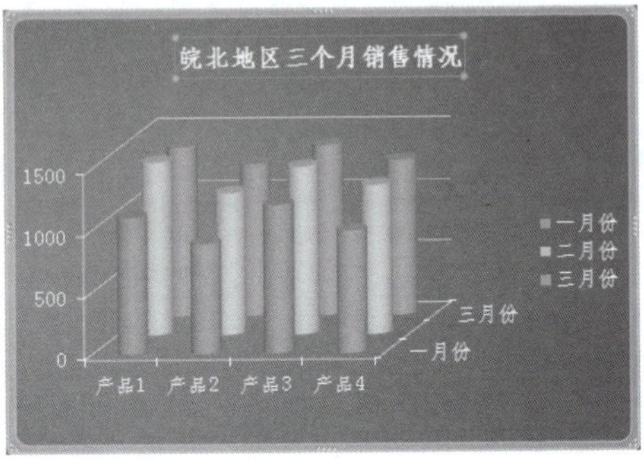

图24-27

提 示

如果需要添加一个居中覆盖形式的标题，在单击“图表标题”按钮下拉菜单时，在弹出的菜单中选择“居中覆盖标题”命令即可。

技巧11 设置图表标题格式

如果图表的默认标题格式不能满足要求，可以利用如下方法来快速设置图表的标题格式。

1 鼠标右键单击图表标题，在弹出的菜单中选择“设置图表标题格式”命令，如图24-28所示。

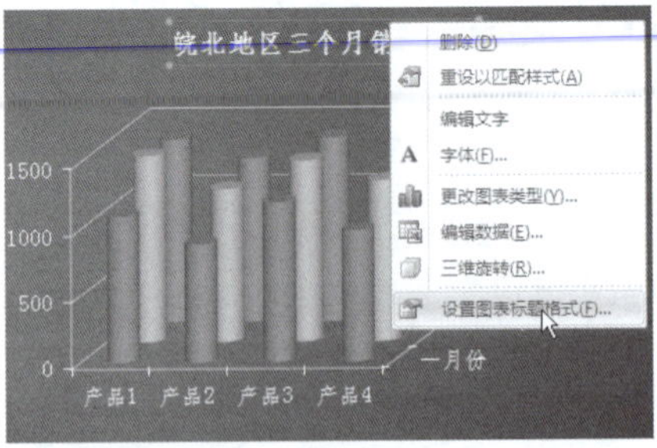

图24-28

2 在打开的“设置图表标题格式”对话框左侧的窗格中，选中“填充”项，接着在右侧的菜单中选中“渐变填充”单选项。

3 单击“预设颜色”按钮下拉菜单，在弹出的列表中选择一种颜色样式，如图24-29所示。

4 单击“关闭”按钮，返回到图表中，即可看到效果，本例中如图24-30所示。

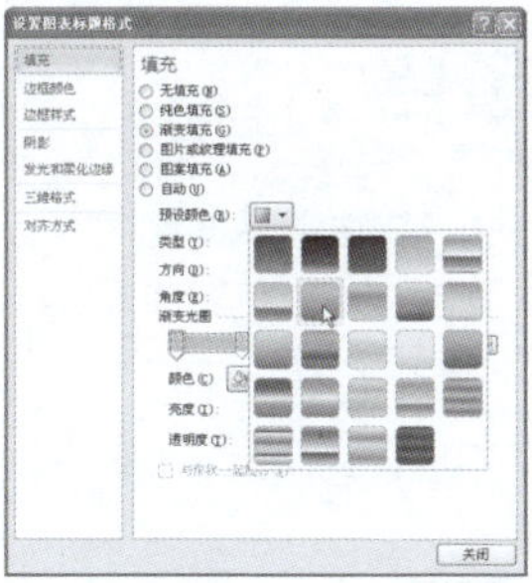

图24-29

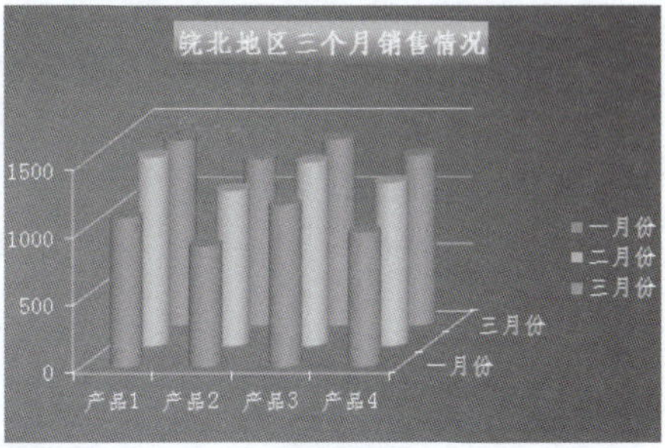

图24-30

知识点

在“设置图表标题格式”中，可以根据需要在左侧的窗格中选中需要设置的项，接着在右侧窗格中进行具体的设置，还可以对图表标题格式进行多项格式设置。

技巧12 更改图表的布局

默认的图表布局不一定能够满足用户的要求，不过PowerPoint 2010提供了丰富图表布局样式供用户选择。可以通过下面的介绍更改图表的布局。

1 单击选中图表，在功能区中单击“图表工具”下的“设计”主菜单。

2 在“图表布局”选项组中单击列表框右下角的按钮，如图24-31所示。

3 在弹出的菜单中选择一种合适的图表布局样式即可，这里选择“布局7”，如图24-32所示。

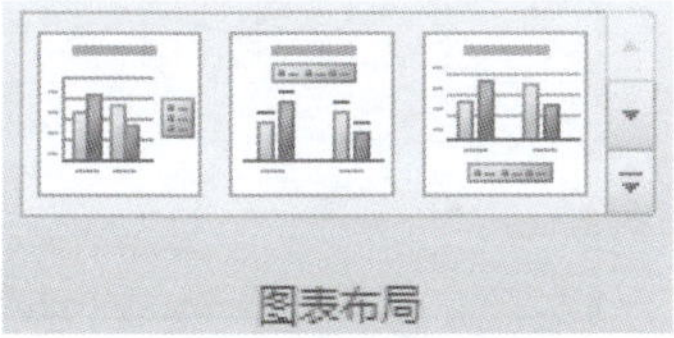

图24-31

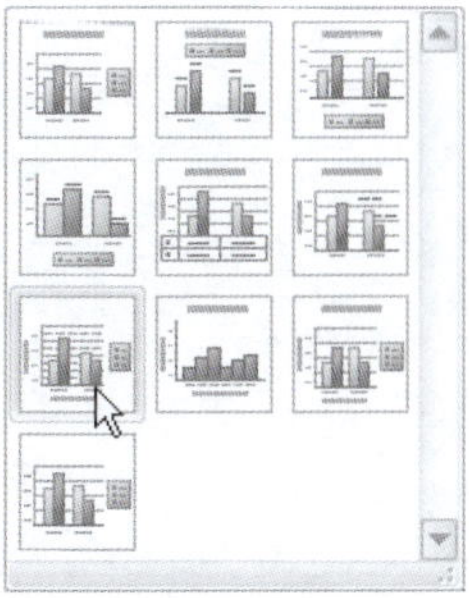

图24-32

提 示

在更改了图表布局后，如果需要恢复原布局样式，使用相同的方法再次选择原布局样式即可。

技巧13 更改图表区域背景颜色

默认情况下，图表的背景颜色是系统自动填充的，往往不够美观，不能满足用户的要求，此时用户可以手动修改。可以通过下面的介绍来更改图表区域背景颜色。

❶ 鼠标右键单击图表区域，在弹出的右键菜单中选择“设置图表区格式”命令，如图24-33所示。

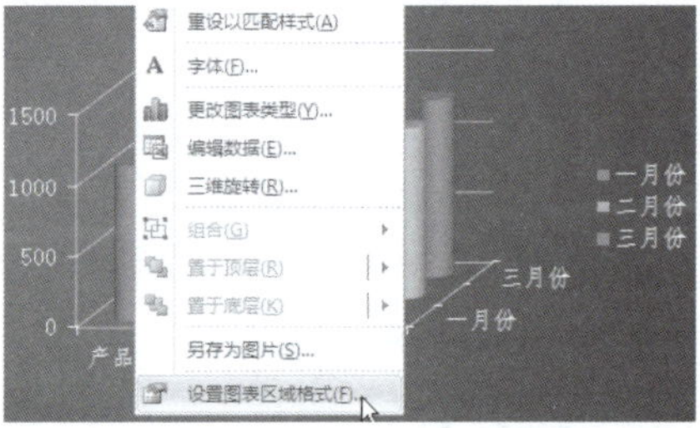

图24-33

❷ 在弹出的“设置图表区格式”对话框的左侧窗格中选择“填充”项，接着在右侧的“填充”窗格中有多项可供选择，这里以选择“渐变填充”为例，如图24-34所示。

❸ 选中“渐变填充”单选按钮后，在窗格下方空白处会显示出该项下可供设置的项，此时用户根据需要进行设置即可，如图24-35所示。

图24-34

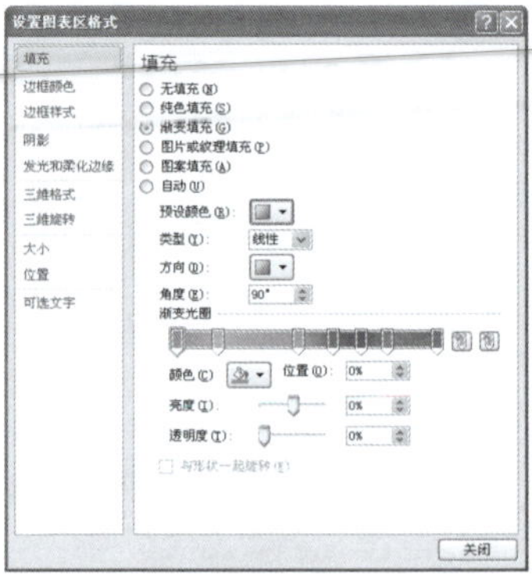

图24-35

4 设置好需要的背景颜色后，单击“关闭”按钮，即可得到设置的背景颜色，如图24-36所示。

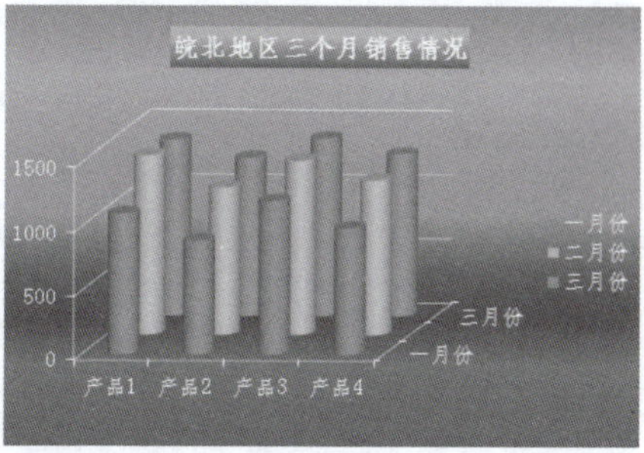

图24-36

提 示

在“设置图表区格式”对话框中还可以对图表的边框颜色和边框样式等进行设置。

技巧14 添加趋势线

向图表中添加趋势线后，通过趋势线清楚地看到数据的变化趋势，可以为数据分析提供很大的帮助。在需要时，可以通过如下方法添加。

1 鼠标右键单击图表中需要添加趋势线的数据系列，在弹出的菜单中选择“添加趋势线”命令，如图24-37所示。

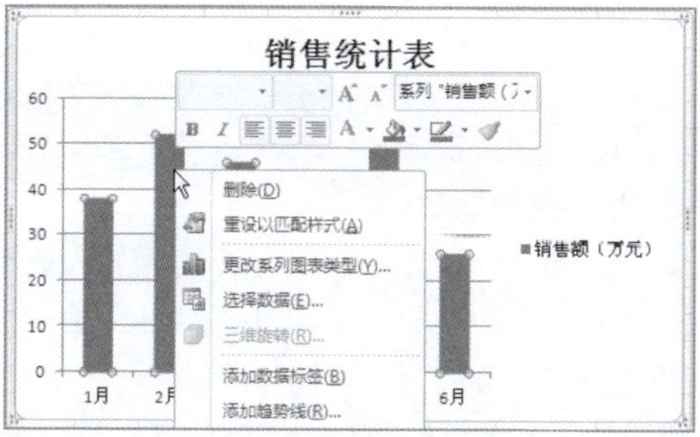

图24-37

2 在打开的“设置趋势线格式”对话框左侧的窗格中单击“趋势线选项”项，接着在右侧的窗格中的“趋势预测/回归分析类型”栏中选中“多项式”单选项。

3 在“顺序”文本框中输入一个合适的值，如“6”，如图24-38所示。

4 接着在左侧窗格中单击“线条颜色”等项，在右侧的窗格中可以对线条颜色、线型等进行设置。

5 设置完成后单击“关闭”按钮，在图表中即可看到添加的趋势线，及对趋势线进行的格式设置，如图24-39所示。

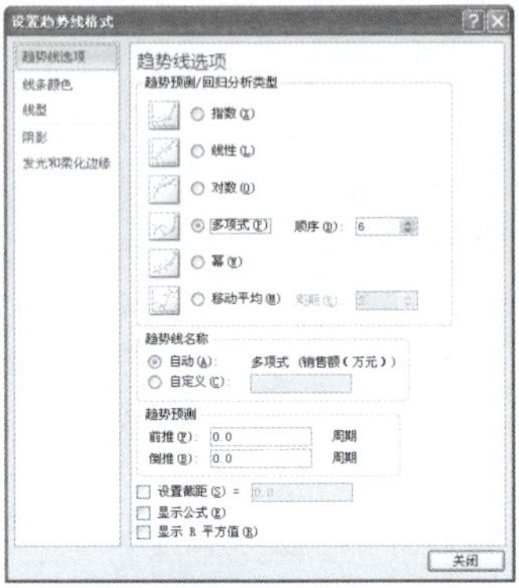
图24-38

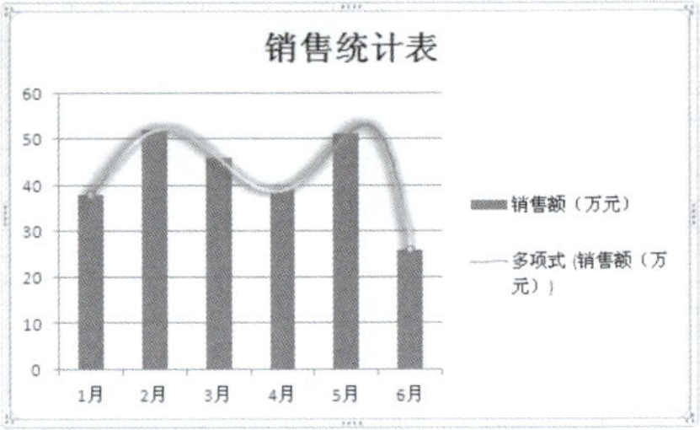

图24-39

提 示

在设置趋势线类型时，用户可以根据实际需要在“设置趋势线格式”对话框中选择合适的趋势线类型。

技巧15 更改趋势线名称

默认情况下，在创建趋势线时，程序会自动给趋势线设置名称。如果用户对自动设置的趋势线名称不满意，可以重新更改趋势线的名称。

1 鼠标右键单击图表中的趋势线，在弹出的菜单中选择“设置趋势线格式”命令，打开“设置趋势线格式”对话框。

2 在左侧的窗格中单击“趋势线选项”项，接着在右侧的窗格中的“趋势线名称”栏中选中“自定义”单选项，在右侧的文本框中输入一个新的趋势线名称，如“上半年销售趋势”，如图24-40所示。

3 接着在图表中即可看到重新设置的趋势线名称，如图24-41所示。

知识点

如果需要将趋势线名称更改为默认名称，使用同样的方法，在“趋势线名称”栏中选中“自动”单选项即可。

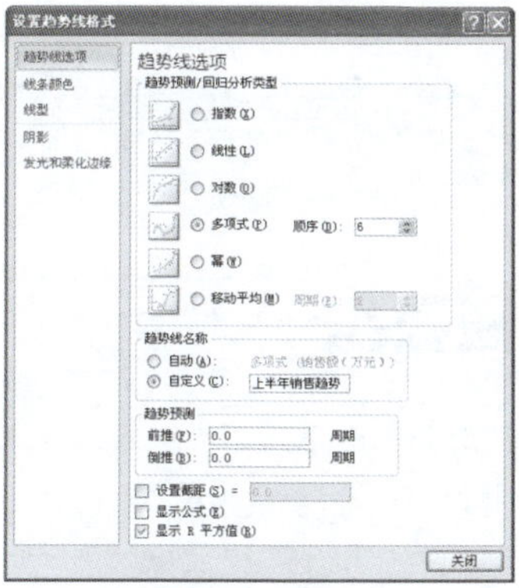

图24-40

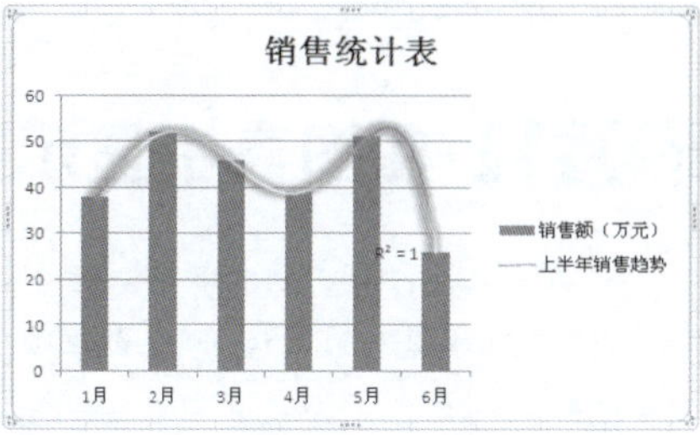

图24-41

技巧16 将图表粘贴为图片

如果需要将建立的图表用到其他地方，如网页中，使用复制粘贴的方法肯定是不行的。此时可以将图表转化为静态的图片来解决这个问题。

❶ 鼠标右键单击图表边框，在弹出的菜单中选择“复制”命令，如图24-42所示。

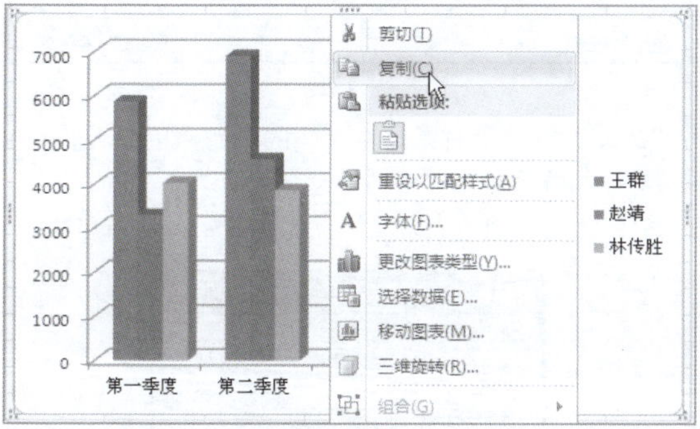

图24-42

❷ 在幻灯片中合适的位置单击鼠标右键，在弹出的菜单中，单击“粘贴选项”栏中的“图片”按钮，如图24-43所示。

图24-43

❸ 接着即可将图表粘贴为图片。

提 示

将图表粘贴为图片后，右键单击这个由图表粘贴成的图片，在弹出的菜单中选择“另存为图片”命令，可以将其保存为图片文件。

技巧17 在图表中显示隐藏数据

默认情况下，在创建图表时，源数据中被隐藏的数据是不会被绘制出来的。如果想让图表绘制出被隐藏的数据源，可以通过如下方法来实现。

1 选中图表，在功能区中单击“图表工具”下的“设计”主菜单。

2 在“数据”选项组中单击“选择数据”按钮，打开“选择数据源”对话框，如图24-44所示。

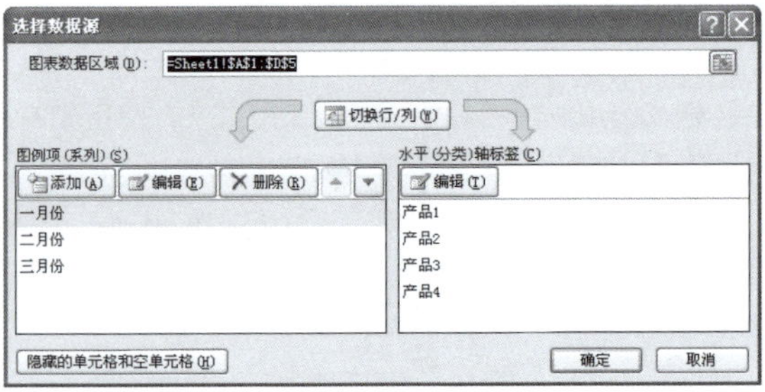

图24-44

3 单击“选择数据源”对话框左下角的“隐藏的单元格和空单元格”按钮，打开“隐藏和空单元格设置”对话框。

4 选中“显示隐藏行列中的数据”复选框，如图24-45所示。

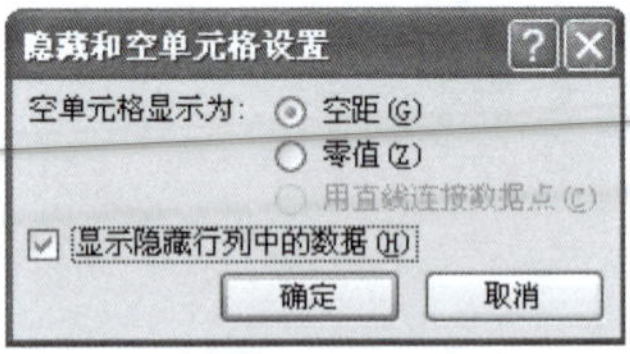

图24-45

5 单击“确定”按钮，在图表中就会显示出隐藏数据的系列。

知识点

想让图表绘制出被隐藏的数据源，还可以在图表中将隐藏的行或列取消隐藏。

第25章

动画处理

技巧1 应用自定义动画效果

动画效果是PowerPoint功能中的重要部分，使用动画效果可以制作出栩栩如生的幻灯片。下面以制作对象的“进入”动画为“飞入”为例进行介绍。

1 选中需要添加动画效果的对象，单击“动画”主菜单。

2 在“动画”选项组中单击列表框右下角的▾，如图25-1所示。

图25-1

3 在弹出的菜单中单击“进入”栏中的“飞入”按钮即可，如图25-2所示。

4 如果菜单中的动画效果不能满足要求，可以单击下方的“更多进入效果”命令，打开“更多进入效果”对话框进行选择，如图25-3所示。

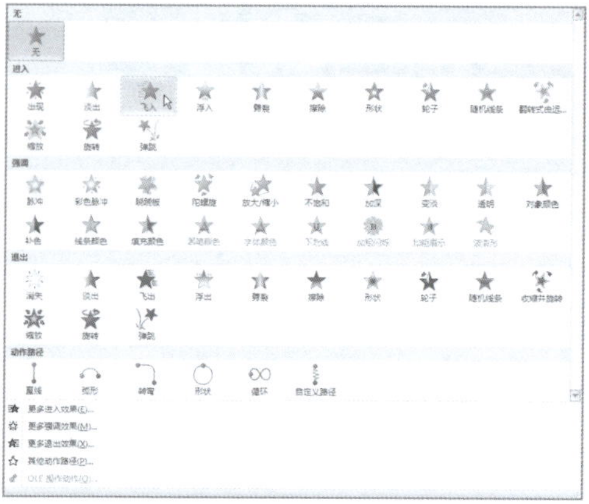

图25-2

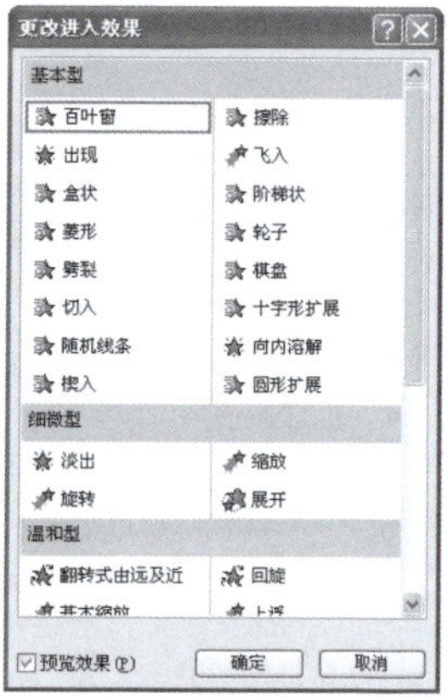

图25-3

5 设置了动画效果后，在对象的左上角会出现一个动画标志，并标出动画的序号，如图25-4所示。

图25-4

提 示

如果需要为其他动画设置效果，如“强调”效果，在“动画”选项组中单击列表框右下角的▾按钮，在弹出的菜单中的“强调”栏中单击合适的动画按钮即可。

技巧2　更改为不同的动画效果

如果对对象现有的动画效果不满意，可以将现有的动画效果更改为不同的动画效果。

1 选中需要更改动画效果的对象，单击“动画”主菜单。

2 在“动画”选项组中单击列表框右下角的▾按钮，在弹出的菜单中选择一种新的动画效果，即可将原有的动画效果更改为刚刚选定的动画效果。

知识点

如果需要为设置其他动画效果，如“强调”效果，在“动画”选项组中单击列表框右下角的▾按钮，在弹出的菜单中的“强调”栏中单击合适的动画按钮即可。

技巧3　删除动画效果

如果不需要为动画设置效果了，可以删除该对象的动画效果。通过下面的介绍来实现。

1 选中需要删除动画效果的对象，单击“动画”主菜单。

2 在“高级动画”选项组中单击“动画窗格”按钮，如图25-5所示。

3 接着在PowerPoint窗口右侧会显示出“动画窗格”，在“动画窗格”中使用鼠标右键单击需要删除的动画效果。

4 在弹出的菜单中选择“删除”命令即可，如图25-6所示。

提 示

如果“动画窗格”中的动画太多，需要确定要删除的是哪一个，辨别的方法就是动画效果前面的数字序号。

图25-5

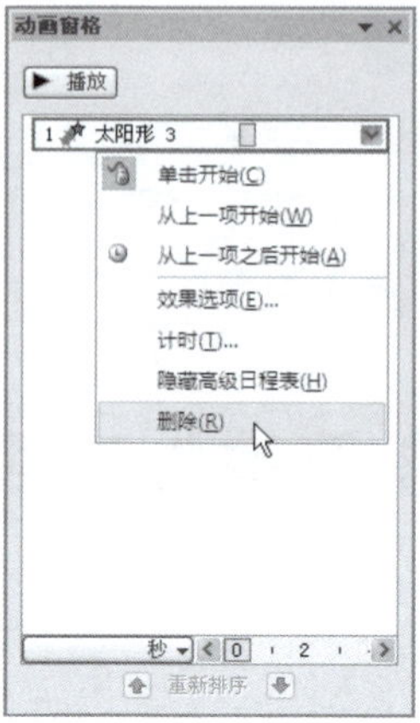

图25-6

技巧4 为单一对象指定多种动画效果

对于需要重点突出显示的对象，我们可以对其设置多个动画效果，这样既能起到突出显示的作用，又能起到美化对象的作用。下面以为对象设置“飞旋”进入动画和“爆炸”强调效果为例进行介绍。

❶ 选中需要添加动画的对象，单击“动画”主菜单。

❷ 在“高级动画”选项组中单击“添加动画”按钮下拉菜单，在弹出的菜单中选择“更多进入效果”命令，如图25-7所示。

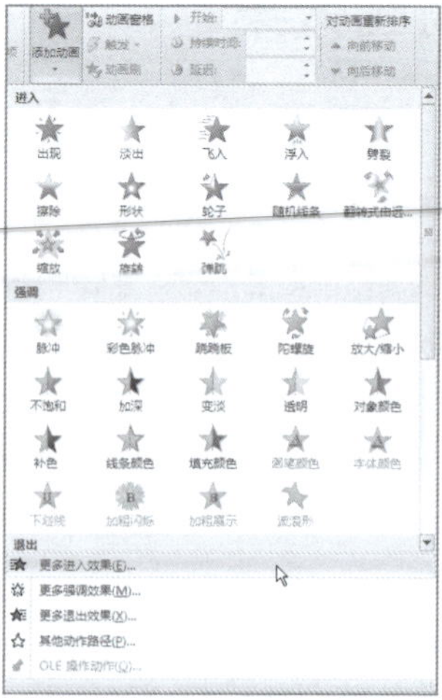

图25-7

❸ 接着打开“更多进入效果”对话框，在“华丽型”栏中单击“飞旋”，如图25-8所示。

❹ 单击“确定”按钮，完成“进入”效果的添加。

❺ 再次单击“添加动画”按钮下拉菜单，在弹出的菜单中单击“更多强调效果”打开“更多强调效果”对话框。

❻ 在“细微型”栏中单击选中“补色”项，如图25-9所示。

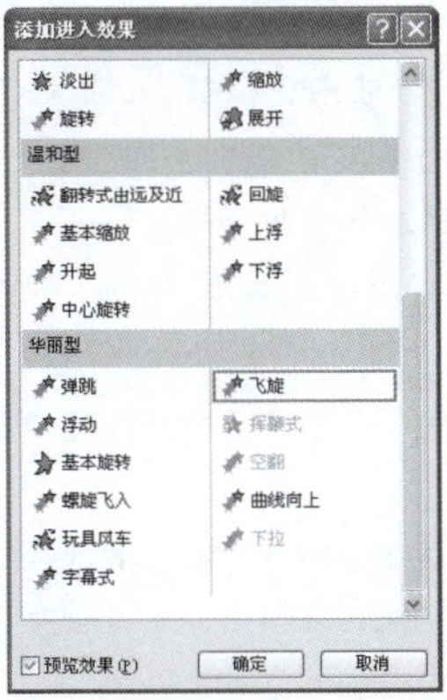

图25-8

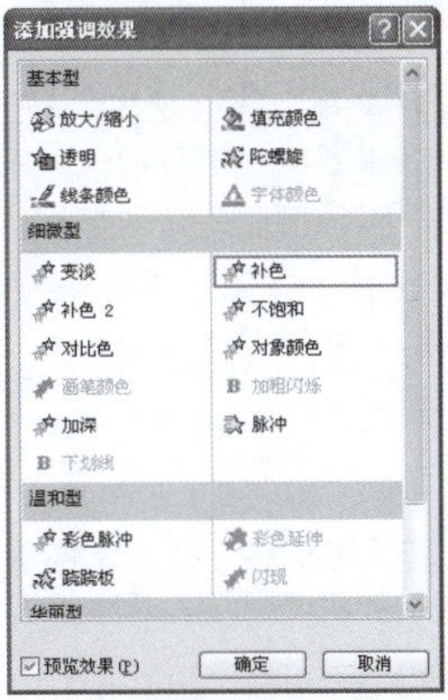

图25-9

❼ 单击“确定”按钮，即可完成“强调”效果的添加。

提 示

为对象添加动画效果时，不光只能添加“进入”和“强调”两种动画效果，同时还可以为对象添加“退出”动画效果。

技巧5　重新排序动画效果

如果默认设置的动画效果播放顺序不符合要求，可以重新对这些动画效果进行排序。此时可以通过如下方法快速美化组织结构图。

❶ 单击“动画”主菜单，在“高级动画”选项组中单击“动画窗格”按钮，打开动画窗格。

❷ 在“动画窗格”中单击选中需要调整顺序的动画效果，在“计时”选项组中单击“向前移动”按钮或“向后移动”按钮，将动画调整至合适位置即可，如图25-10所示。

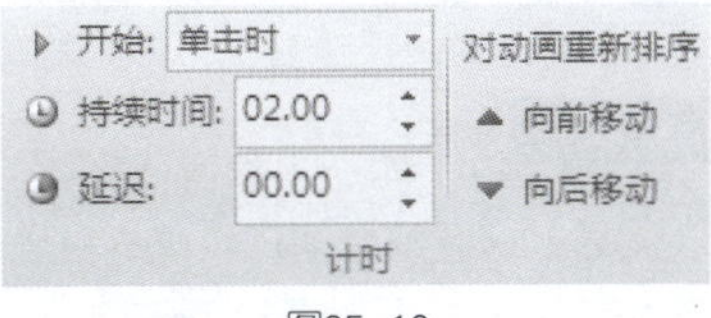

图25-10

提 示

在调整动画效果排序时，如果需要调整的位置“远”，可多次单击“向前移动”按钮或“向后移动”按钮，将动画调整至合适位置即可。

技巧6 添加动作按钮

动作按钮是一个现成的按钮，可将其插入到演示文稿中，也可以为其定义超链接。包含形状（如右箭头和左箭头）以及通常被理解为用于转到下一张、上一张、第一张和最后一张幻灯片和用于播放影片或声音的符号。

1 单击“插入”主菜单，在“插图”选项组中单击“形状”按钮下拉菜单。

2 在弹出的菜单中的“动作按钮”栏中选择一个合适的动作按钮，如“上一张”，如图25-11所示。

3 接着鼠标会变成十字箭头形状，拖动鼠标在幻灯片中合适位置“绘制”出一个大小合适的“上一张”动作按钮，绘制完成后会弹出一个“动作设置”对话框，如图25-12所示。

图25-11

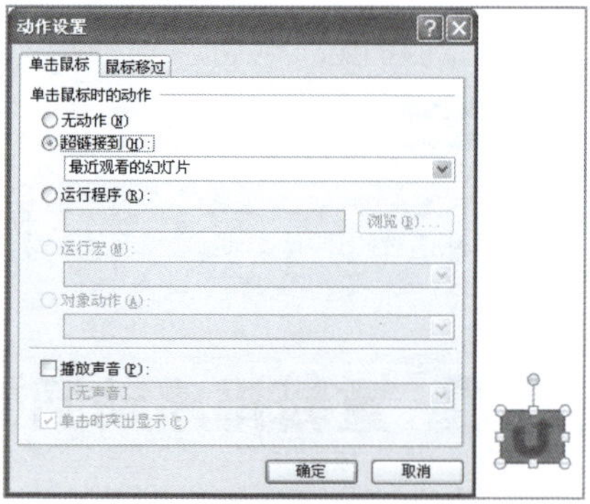

图25-12

4 接着在“动作设置”对话框中选中“超链接到”单选项，接着单击其下的下拉列表框，在弹出的列表中选择“上一张幻灯片”，如图25-13所示。

5 单击“确定”按钮，即可完成设置。

知识点

如果对动作按钮默认的颜色和样式不满意，可以像设置普通图形的颜色和样式一样设置动作按钮的颜色和样式。

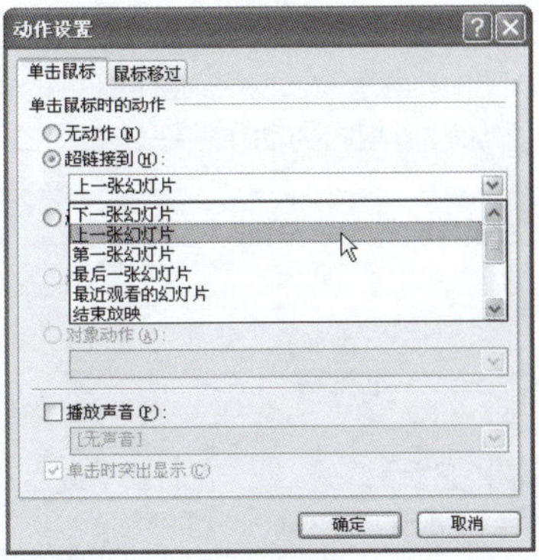

图25-13

技巧7 为每张幻灯片添加相同动作按钮

如果需要在演示文稿中的每张活动中都添加一个相同的动作按钮，可以在幻灯片母版中进行添加。通过如下方法可为每张幻灯片添加相同动作按钮。

❶ 单击“视图”主菜单，在“母版”选项组中单击“幻灯片母版”按钮，切换到幻灯片母版视图。

❷ 单击“插入”主菜单，在“插图”选项组中单击“形状”按钮下拉菜单。

❸ 在弹出的菜单中的“动作按钮”栏中选择一个合适的动作按钮，如“上一张”。

❹ 接着鼠标会变成十字箭头形状，拖动鼠标在幻灯片母版中合适位置“绘制”出一个合适大小的“上一张”动作按钮，如图25-14所示。

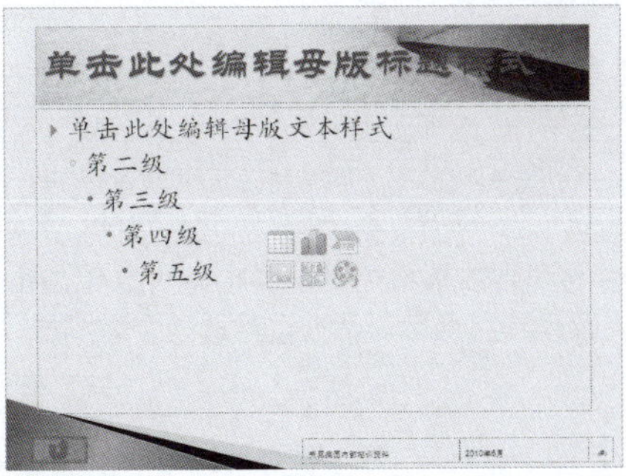

图25-14

❺ 绘制完成后会弹出一个“动作设置”对话框，选中“超链接到”单选项，接着单击其下的下拉列表框，在弹出的列表中选择“上一张幻灯片”。

6 单击“确定”按钮，完成设置。接着单击“幻灯片母版”主菜单。

7 在“关闭”选项组中单击“关闭母版视图”按钮，退出幻灯片母版视图，即可为每张幻灯片添加一个相同的动作按钮，如图25-15所示。

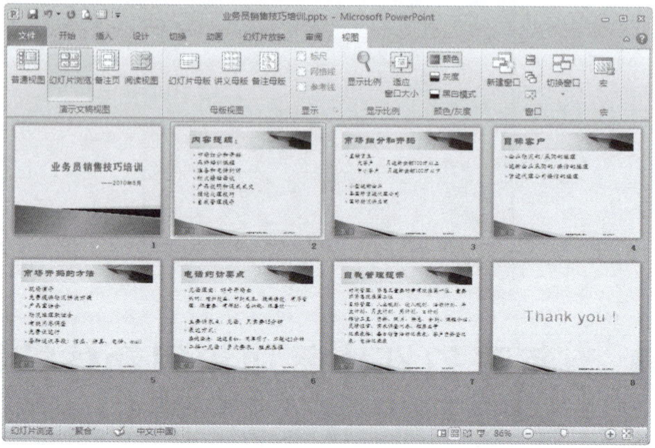

图25-15

提 示

在母版中添加动作按钮时，如果演示文稿中应用了多个幻灯片母版，则需要在每个母版中都添加一个相同的动作按钮才能使每张幻灯片中都显示出添加的动作按钮。

技巧8 应用预设的动作路径

如果动画默认的运动路径不能需要，可以应用预设的动作路径，达到修改动画运动路径的目的。可以通过下面的介绍来实现。

1 选中需要更改动画运动路径的对象。

2 在“动画”选项组中单击列表框右下角的按钮，在弹出的菜单中的“动作路径”栏中选择一种运动路径，如“弧形”即可，如图25-16所示。

3 如果菜单中的动画效果不能满足要求，可以单击下方的“其他动作路径”命令，打开“更改动作路径”对话框进行选择，如图25-17所示。

提 示

在为对象应用预设路径时，如果对象设置多个动画效果，则只能对第一个动画效果应用预设路径，并且应用预设路径会还会删除其他动画效果，只保留第一个动画效果。

图25-16

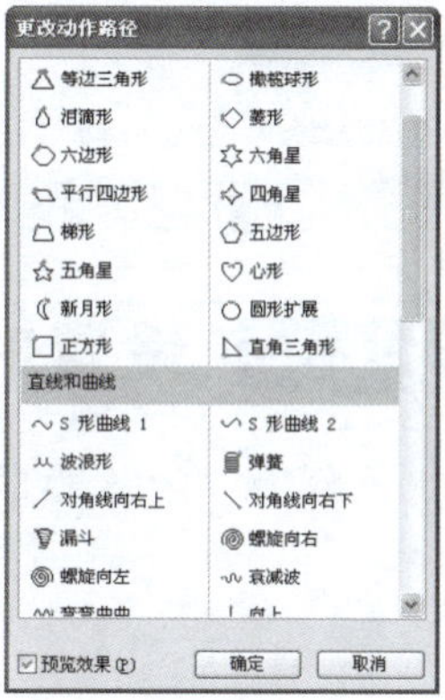

图25-17

技巧9　使用自定义的动作路径

PowerPoint 2010已经内置了琳琅满目的运动路径，若这些都不能满足要求的话，那就只有手动绘制了。可以按如下方法操作。

❶ 选中需要绘制运动路径的对象，单击“动画”主菜单。

❷ 在“动画”选项组中单击列表框右下角的按钮，在弹出的菜单中的“动作路径”栏中单击“自定义路径”按钮，如图25-18所示。

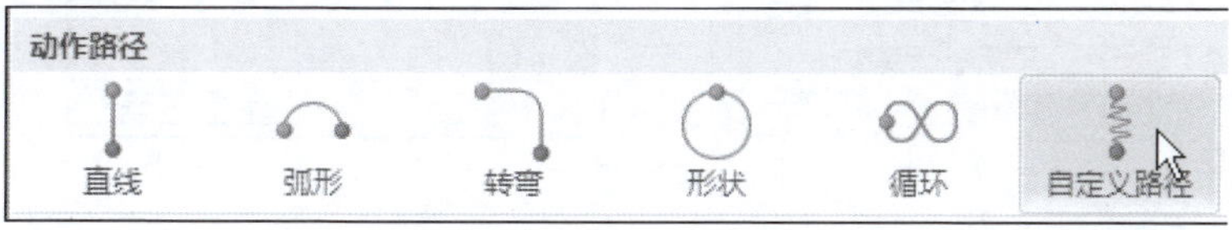

图25-18

❸ 光标会变成十字箭头状，拖动鼠标在幻灯片中绘制出需要的运动路径，绘制完成后双击鼠标左键即可，本例中绘制结果如图25-19所示。

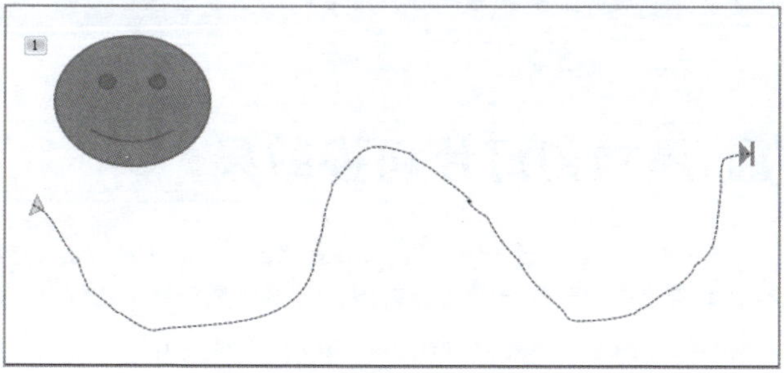

图25-19

提 示

在绘制对象运动路径时，还可以将路径绘到幻灯片以外的位置，这样在播放时对象就会运动到屏幕以外，从而“消失”。

技巧10 设置时间效果

对象默认的播放速度可能不能完全满足用户的要求，必要时进行调整。通过下面的介绍来设置时间效果。

1. 在“动画窗格”中的列表中右键单击需要设置速度的动画效果，在弹出菜单中选择“计时”命令，如图25-20所示。
2. 在打开的对话框中单击“时间”下拉列表框，在弹出的菜单中根据需要选择合适的速度，如图25-21所示。

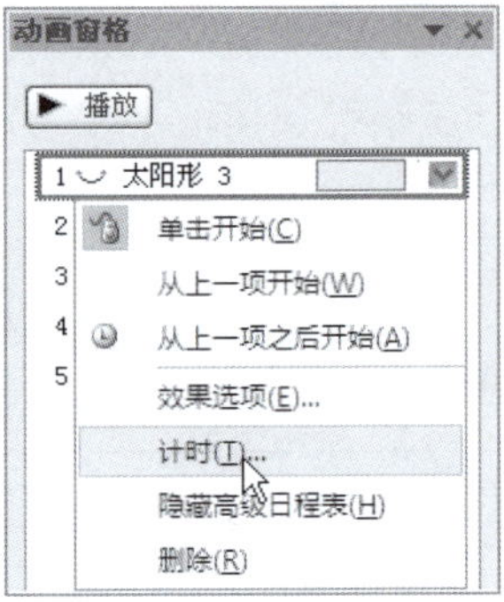

图25-20

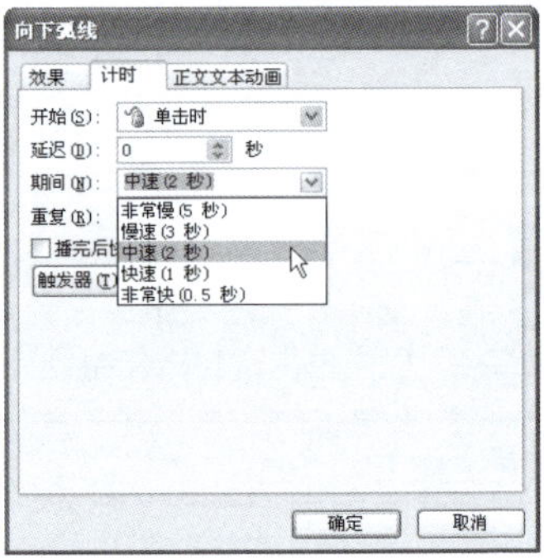

图25-21

3. 单击“确定”按钮即可。

提 示

如果想让对象的动画播放完成后快速退回到原来的位置，在设置时间效果时选中“播完后快退”复选框即可。

技巧11 添加幻灯片切换效果

放映幻灯片时，在上一张播放完毕后若直接进入下一张，将显得僵硬、死板，因此有必要设置幻灯片切换效果。可以通过下面的介绍来实现。

1. 单击要设置切换效果的幻灯片的空白处，将其选中。
2. 单击“切换”主菜单，然后在“切换到此幻灯片”选项组中单击列表框右下角的▾，如图25-22所示。

图25-22

❸ 在弹出的菜单中会显示出所有可用的切换效果，根据需要选择一种合适的切换效果即可，如“蜂巢”，如图25-23所示。

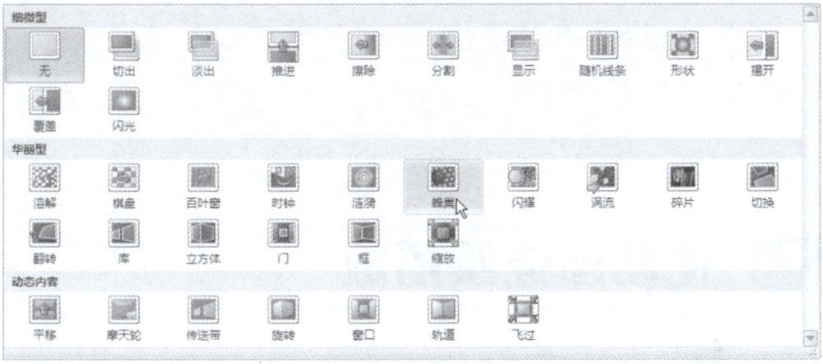

图25-23

知识点

如果需要为演示文稿中的每一张幻灯片都设置同样的切换效果，切换到幻灯片母版视图，为母版设置一个切换效果即可。

技巧12　精确设置动画播放时间

在PowerPoint 2010中，自定义动画的速度默认只有非常慢、慢、中、快、非常快五种，有没有办法把动画速度精确设置为指定值呢（例如：4分13.5秒）？

❶ 在“动画窗格”中的列表中右键单击需要设置速度的动画效果，在弹出菜单中选择“计时”命令。

❷ 在打开的对话框中将光标定位到“时间”右侧的下拉列表框中，直接输入所需时间“04:13.5”，如图25-24所示。

❸ 单击“确定”按钮后即可把这个动画播放时间定为4分13.5秒。

提　示

如果需要让动画延迟播放，可以在设置动画播放时间时，在“延迟”右侧的微调框中输入一个合适的延迟时间，单位是秒。

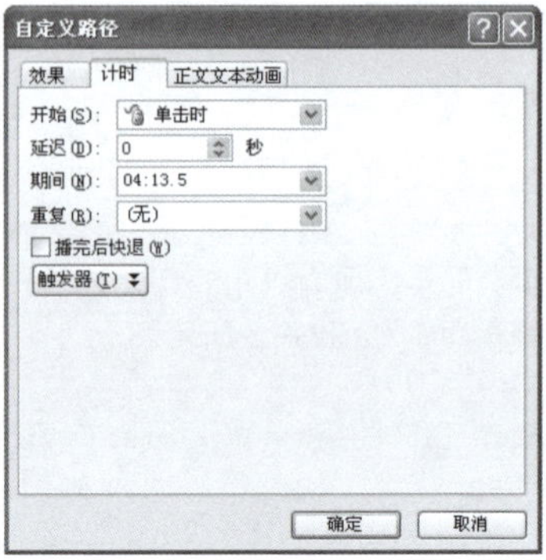

图25-24

技巧13 使动画连续播放

在为某个对象设置了动画效果后，在放映时其动画效果只会出现一次。如果想让动画效果出现3次、5次、甚至是无数次，可以通过如下方法来实现。

1 在“动画窗格”中右键单击对象的动画效果，在弹出的菜单中选择“计时”命令。

2 在打开的对话框中单击“重复”下拉列表框，在弹出的下拉菜单中选择一种合适的次数，如“直到下一次单击”，如图25-25所示。

3 单击“确定”按钮即可。

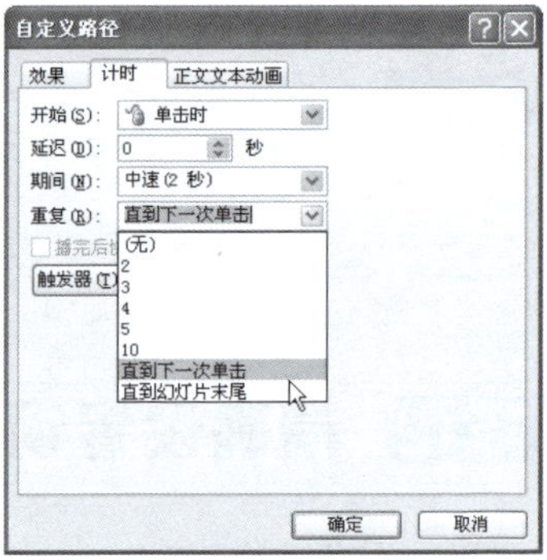

图25-25

提 示

如果单击“重复”下拉列表框，在弹出的列表中没有符合要求的重复次数可供选择，可以在该列表框中直接输入一个自己需要的重复次数，如“25”。

技巧14 使动画在播放之后自动隐藏

有时为了实际需要，需要将对象在播放动画效果后自动隐藏起来，这还要在动画效果中进行进一步设置。此时可以通过下面介绍来实现。

1 在“动画窗格”中右键单击对象的动画效果，在弹出的菜单中选择“效果选项”命令。

❷ 在打开的对话框中的“增强”栏中单击“动画播放后”下拉列表框，在弹出的下拉菜单中选择“播放动画后隐藏”，如图25-26所示。

❸ 单击“确定”按钮即可。

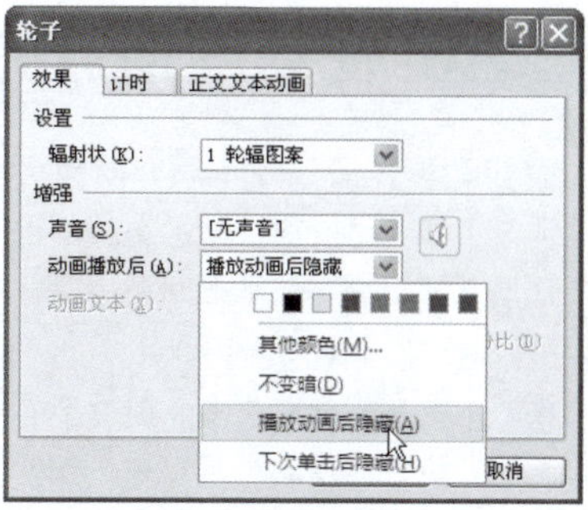

图25-26

提 示

如果想让对象播放动画后通过单击鼠标隐藏，在单击“动画播放后”下拉列表框时，在弹出的下拉菜单中选择“下次单击后隐藏”即可。

技巧15 使文本动画按照字母或字显示

有时，需要在PPT中按照字母或字显示文本动画。那么如何在PPT中按照字母或字显示文本动画呢？在PPT中按照字母或字显示文本动画的方法很简单。本文就来介绍一下在PPT中按照字母或字显示文本动画的方法以供参考。

❶ 首为对象指定动画效果，如“下拉”，使得文本按照字母或字进行动画。在“动画窗格”中右键单击对象的动画效果，在弹出的菜单中选择“效果选项”命令。

❷ 在打开的对话框中单击“动画文本”下拉列表框，在弹出的列表中选择“按字母”或“按字/词”，如图25-27所示。

❸ 设置完成后单击“确定”按钮即可。

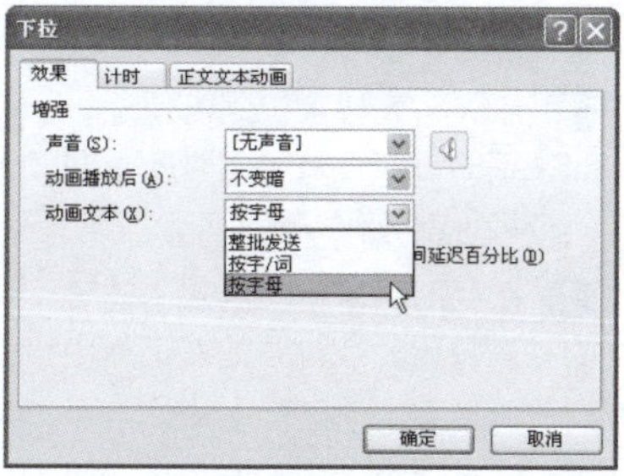

图25-27

提 示

若要按段落级别或项目符号显示动画，可以切换到“正文文本动画”主菜单，单击“组合文本”下拉列表框，在弹出的列表中选择合适的段落顺序即可。

技巧16 使动画播放完毕后自动返回

有些动画在播放完毕后，对象会自动消失（如“百叶窗”动画）。如果需要让动画播放后，自动返回到原始状态，可以通过如下方法来实现。

1 在“动画窗格”中的列表中右键单击需要设置速度的动画效果，在弹出菜单中选择“计时”命令。

2 在打开的对话框中选中“播完后快退”复选框，如图25-28所示。

3 单击“确定”按钮即可。

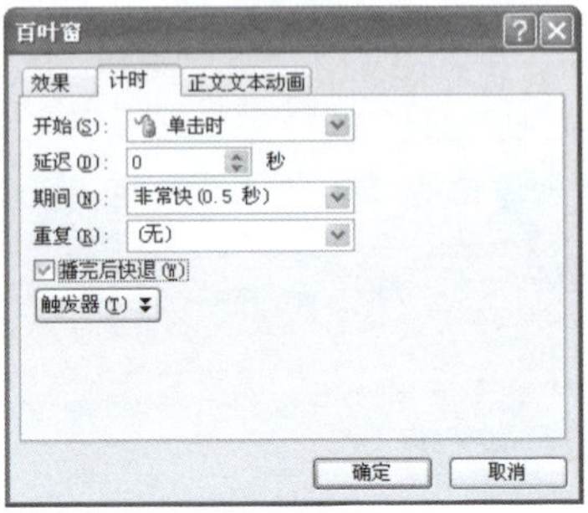

图25-28

提 示

这样设置后，当动画播放完毕，对象就不会自动消失，而是返回到原始位置。

技巧17 让文字逐行显示

让文字逐行显示是演示文稿制作中常用的动画效果，那么怎么才能让文字逐行显示呢?

1 依次将光标定位到需要逐行显示的文字的每一行后，同时按下回车键，把每行都分作一段。

2 在“动画窗格”中双击需要设置的动画效果，在打开的对话框中切换到“正文文本动画”主菜单。

3 单击“组合文本”下拉列表框，在弹出的列表中选择“按第一级段落”，如图25-29所示。

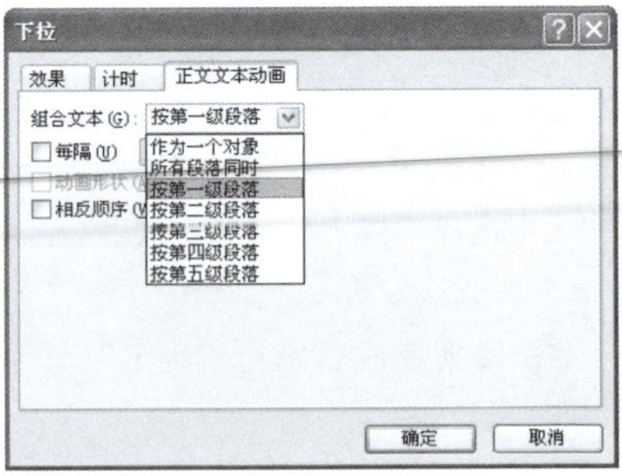

图25-29

知识点

如果需要让文字逐行显示时按相反顺序出现，在设置是选中“相反顺序”复选框即可。

技巧18 为幻灯片添加电影字幕效果

在许多影片的片头和片尾都会有自下而上滚动的字幕，这些字幕的滚动效果在PowerPoint 2010中也可以实现。

1 把需要制作成滚动字幕的文字输入到文本框中，调整好位置后选中文本框。

2 单击“动画”主菜单，在“动画”选项组中单击列表框右下角的▾按钮，在弹出的菜单中单击“更多进入效果”命令，打开“更多进入效果”对话框。

3 在“华丽型”栏中选中“字幕式”，如图25-30所示。

4 单击“确定”按钮，完成动画的添加，接着在“动画窗格”中找到添加的动画，设置一下动画的播放速度。

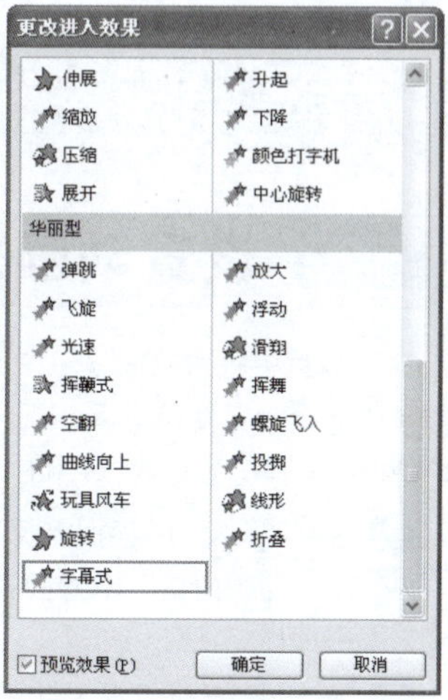

图25-30

提 示

如果感觉默认的“字幕式”动画的播放速度太快或太慢，可以在“动画窗格”中双击该动画，在打开的对话框中切换到“计时”主菜单，在“期间”下拉列表框中设置动画的播放速度。

技巧19 让动画更连贯

用户在一副幻灯片上制作了多个动作以后，可能需要几个动作连续进行，如果靠用鼠标单击来触发，往往会控制不好，使得动作效果不好。如果想让这些动画连续播放，可以通过如下方法来实现。

1 打开“动画窗格”，在窗格中可以看到设置的动画的播放顺序。

2 鼠标右键单击需要在之前一个动画播放完毕自动播放的动画（如第二个动画），在弹出的菜单中选择“从上一项之后开始”命令，如图25-31所示。

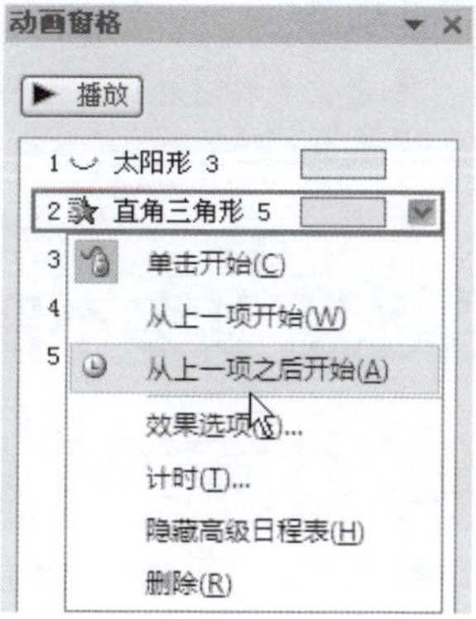

图25-31

3 接着使用相同的方法对其他动画进行设置即可。

提 示

如果需要让两个或多个动画同时播放，鼠标右键单击需要与之前一个动画同时播放的动画，在弹出的菜单中选择“从上一项开始”命令即可。

技巧20 设置动画事件的触发器

在幻灯片中各对象间设定交互效果可以更加方便适时地调用需要的内容，例如单击某个对象时会显示出另一个对象。下面以设置两个对象的交互效果为例，把两个对象分别命名为A和B；多个对象时可使用同样方法。

1 选中对象A，并根据需要为其设置一种动画效果。

2 在“动画窗格”中的列表中鼠标右键单击对象A的动画效果，在弹出的右键菜单中选择“计时”命令。

3 在打开的对话框中单击“触发器”按钮，接着选中其下的“单击下列对象时启动效果”单选项，单击其右侧的下拉列表框，在弹出的下拉菜单中选中对象B，如图25-32所示。

4 单击“确定”按钮，这样在放映时单击对象B时就会触发对象A的动画效果。

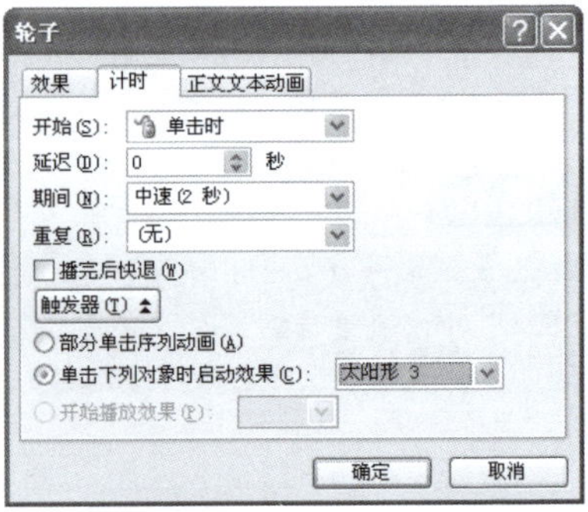

图25-32

提 示

如果需要取消动画事件触发器，单击“触发器”按钮，接着选中其下的“播放单击序列动画”单选项即可。

技巧21 让多个图片同时动起来

在幻灯片中若有多个图片，让这些图片同时动起来也是一种创意。可以通过下面的介绍来实现。

1 按住Ctrl键或Shift键不放，依次单击选择需要同时动起来的图片，如图25-33所示。

❷ 都选中之后右键单击其中一张图片，在弹出的右侧菜单中选择“组合”→“组合”菜单命令，将这些图片组合在一起，如图25-34所示。

图25-33

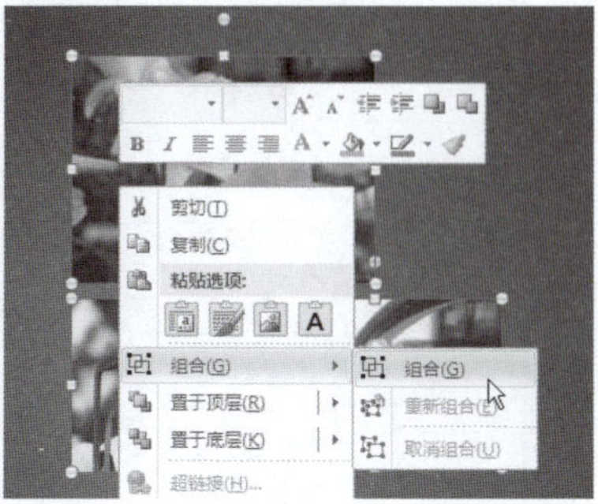

图25-34

❸ 根据需要为这些组合在一起的图片设置一种动画效果，即可让这些图片一起动起来。

知识点

在选中所有的图片后，也可不进行组合操作就为这些图片设置动画效果。将这些图片组合在一起的目的是固定这些图片的摆放位置，避免误操作导致图片移位。

技巧22 制作不停闪烁的文字

在需要突出某些内容时，可以将文字设置为比较醒目的颜色，然后添加自动闪烁的动画效果。那么怎样才能让静态的文字闪烁起来呢？

❶ 选中需要添加“闪烁”动画效果的文字。

❷ 单击“动画”主菜单，在“高级动画”选项组中单击“添加动画”按钮下拉菜单，选择“更多强调效果”命令，打开“更多强调效果”对话框。

❸ 在 “添加强调效果”对话框中的“华丽型”栏中单击“闪烁”，如图25-35所示。

❹ 单击“确定”按钮，这样选中的文字在放映时就会闪烁了，不过只会闪烁一次。

❺ 返回到“动画窗格”，鼠标右键单击列表中的刚添加“闪烁”动画效果项，在弹出的下拉菜单中选择“计时”命令。

❻ 在打开的对话框中单击“重复”下拉列表框，在弹出的列表中根据需要选择重复次数，如“直到下一次单击”，如图25-36所示。

图25-35

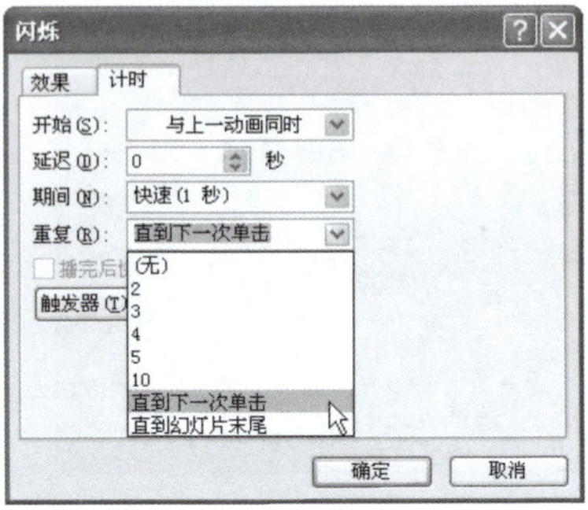
图 25-36

7 单击“确定”按钮，完成设置。这样在放映时文字就会按设置的方式闪烁，而不是默认的一次了。

提 示

在设置对象闪烁的次数时，单击“期间”下拉列表框，在弹出的列表中可以设置对象闪烁的速度。

技巧23 制作拉幕式幻灯片

这里所谓的拉幕式幻灯片是指幻灯片中的对象，按照从左往右或者从右往左的方向依次向右或向左运动，形成一个拉幕的效果。可以通过如下方法制作拉幕式幻灯片。

1 在幻灯片中插入需要数量的图片，选中一张图片作为“拉幕”开头的图片。

2 设置该图片的动画效果为“进入”下的“飞入”。

3 接着在“动画”选项组中单击“效果选项”按钮下拉菜单，在弹出的菜单中选择“自左侧”，如图25-37所示。

4 将第一张设置好动画效果的图片移动到工作区右侧的空白处，如图25-38所示。

5 按照设置第一张图片的方法设置第二张图片的动画效果，设置好后在“动画窗格”中列表内右键单击第二张图片的动画效果项。

6 在弹出的菜单中选择“从上一项之后开始”命令，然后将第二张图片移动到第一张图片处，可以与第一张图片重合，意在使所有图片运动时在同一水平线上。

7 按照设置第二张图片的方法设置其余图片即可。

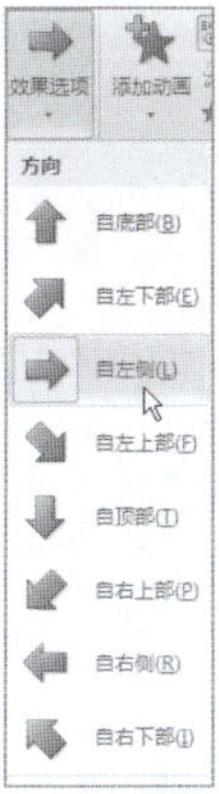

图25-37

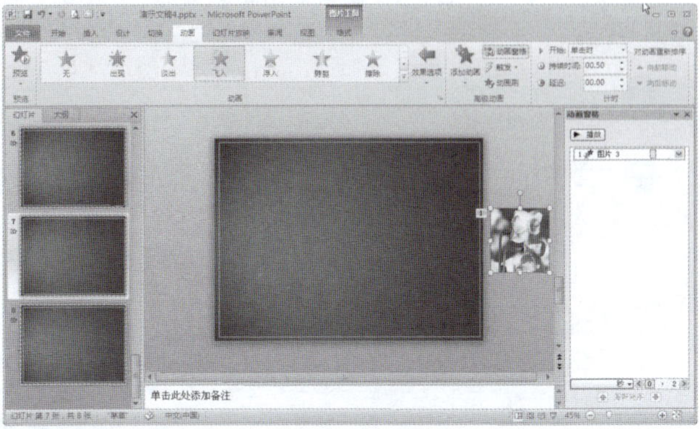

图25-38

提 示

由于是制作拉幕式效果，所以图片的运动速度比较慢时效果会更好，因此在设置图片的“飞入”动画效果时，应将动画的速度尽量调慢。

技巧24 制作布朗运动的效果

利用PowerPoint 2010的自定义动作路径功能，制作“布朗运动”的效果。

1 利用“插入图形”功能在幻灯片中画出一个（或多个）小“质点”。

2 分别选中相应的“质点”，单击“动画”主菜单。

3 在“动画”选项组中单击列表框右下角的▾按钮，在弹出的菜单中的“动作路径”栏中单击“自定义路径”按钮。

4 此时光标会变成十字状，自“质点”处开始，发挥自己的想象随意绘制曲线，如图25-39所示。

5 绘制完成后双击鼠标左键即可。

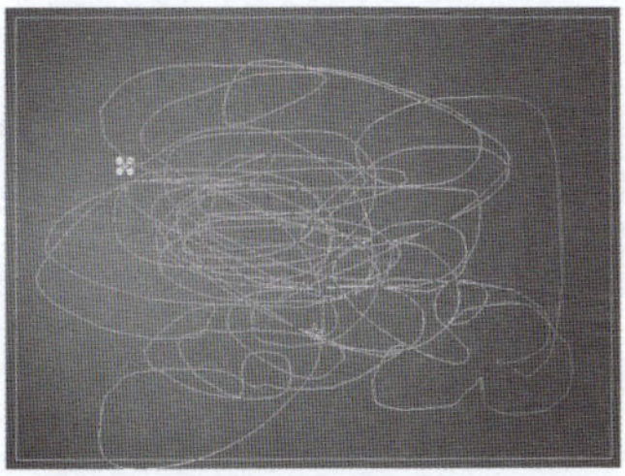

图25-39

提 示

默认的“布朗运动”速度太快，此时可以在“动画窗格”中的列表中右键单击该动画效果，在弹出菜单中选择“计时”命令，在打开的对话框中单击“重复”下拉列表框，选择“直到幻灯片末尾”即可。

技巧25 为动作按钮设置其他链接

如果想让动作按钮在单击后不是指向本演示文稿中的幻灯片，而是指向其他文件或URL，下面以指向一个Excel工作簿为例。

❶ 右键单击需要设置的动作按钮，在弹出的菜单中选择“超链接”命令，如图25-40所示。

❷ 在打开的“动作设置”对话框中选中“超链接到”单选项，接着单击其下的下拉列表框，在弹出的列表中选择“其他文件”选项，如图25-41所示。

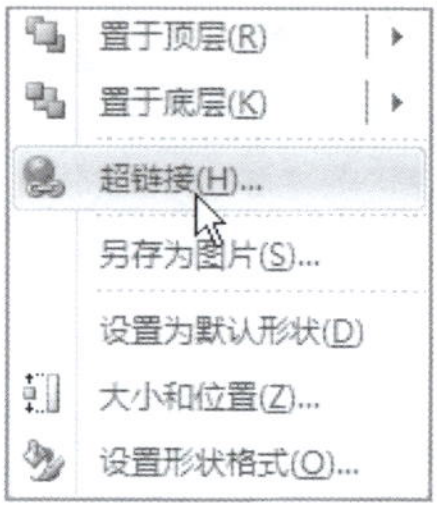

图25-40

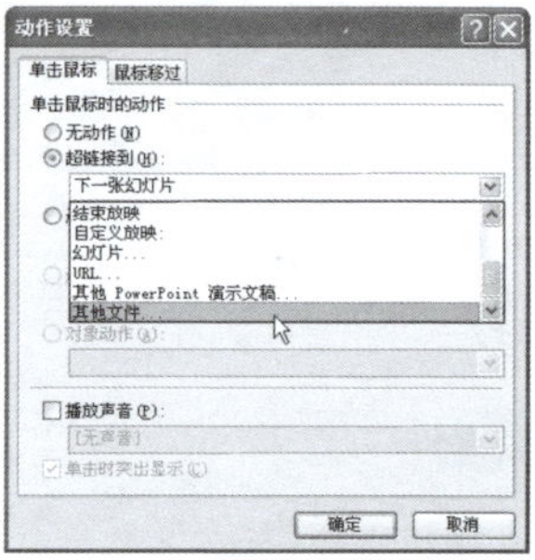

图25-41

❸ 在弹出的“链接到其他文件”对话框中选中需要链接到的Excel工作簿文件，如图25-42所示。

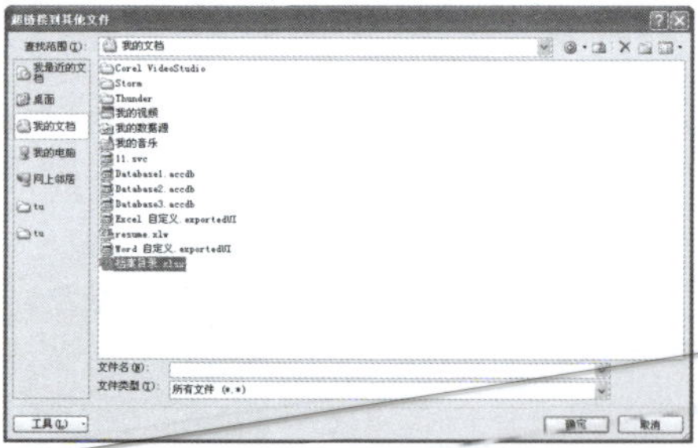

图25-42

❹ 单击“确定”按钮，返回到“动作设置”对话框中，再次单击“确定”按钮即可完成设置。这样在播放幻灯片时再单击这个动作按钮时，就会打开指定的Excel工作簿了。

知识点

如果希望单击动作按钮时运行一个应用程序，则在“动作设置”对话框中选中“运行程序”单选项，接着在下面的文本框中输入程序路径或单击“浏览”按钮，在打开的对话框中选择需要运行的应用程序。

第26章

多媒体对象处理

技巧1 插入剪辑管理器中的音频

PowerPoint 2010中的剪辑管理器中内置了一些音频，在需要使用时，可以将剪辑管理器中的音频插入到演示文稿中。

1 定位到需要插入剪辑管理器中的音频的幻灯片。

2 单击“插入”主菜单，在“媒体”选项组中单击“音频”按钮下拉菜单，如图26-1所示。

3 在弹出的菜单中选择“剪贴画音频”命令，如图26-2所示。

图26-1

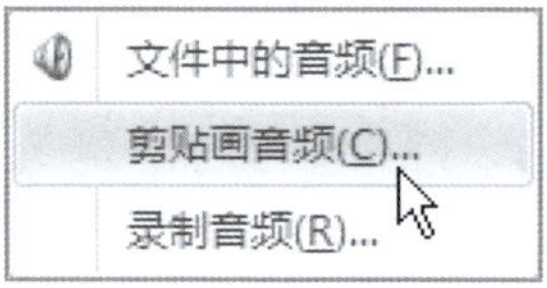

图26-2

4 接着在PowerPoint窗口右侧会显示出“剪贴画”窗格，在下方“剪辑管理器”的列表中单击需要插入到幻灯片的音频，即可将该音频插入到幻灯片中，如图26-3所示。

5 插入音频后，在幻灯片中会出现一个小喇叭图标，选中这个小喇叭图标，在其下方会出现一个工具条，单击“播放”按钮即可“试听”插入的音频，如图26-4所示。

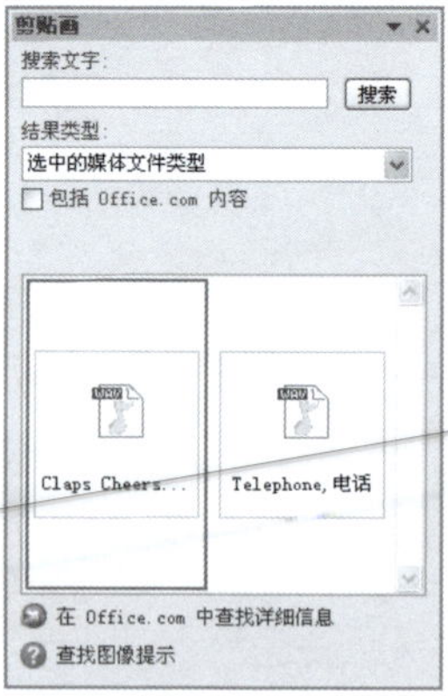

图26-3

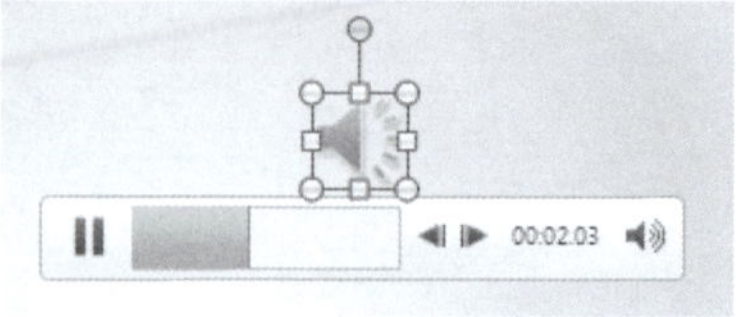

图26-4

知识点

在预览是如果需要调整音量，在单击工具条右侧的音量调节图标（小喇叭）进行调节。

技巧2 插入声音文件

可以在幻灯片中插入事先准备好的声音文件（如MP3）。通过下面的介绍来实现。

❶ 定位到需要插入声音文件的幻灯片。

❷ 单击“插入”主菜单，在“媒体”选项组中单击“音频”按钮下拉菜单，在弹出的菜单中选择“文件中的音频”命令。

❸ 在打开的“插入音频”对话框中找到并选中需要插入的音频文件，如图26-5所示。

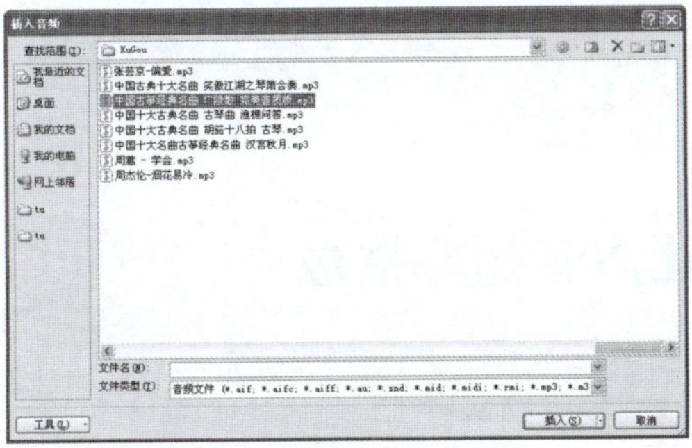

图26-5

❹ 单击“插入”按钮，即可将声音文件插入到幻灯片中。

提 示

在向幻灯片中插入声音文件后，同样可以想插入剪贴画音频一样“试听”声音效果。

技巧3 自行录制声音

如果需要在演示文稿中使用录制的声音，可以通过PowerPoint 2010自动的录音功能来录制声音。

❶ 定位到需要插入剪贴画音频的幻灯片。

❷ 单击“插入”主菜单，在“媒体”选项组中单击“音频”按钮下拉菜单，在弹出的菜单中选择“录制音频”命令，打开“录音”对话框，如图26-6所示。

❸ 单击●按钮开始录制声音，如图26-7所示。

图26-6

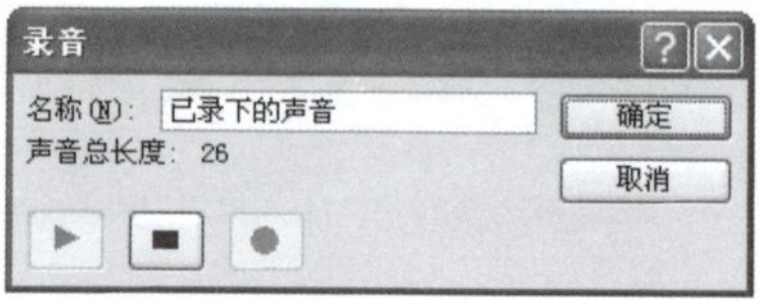

图26-7

4 单击按钮即可结束录制，单击按钮可以播放录制的音频。

5 如果播放之后没有问题，在“名称”文本框中为录制的音频输入一个名字（也可以保持默认），单击“确定”按钮即可将录制的声音插入到幻灯片中。

提 示

在录制声音前，要提前准备一个麦克风，并确保麦克风和电脑连接正确，能正常录制声音。

技巧4 让声音循环播放

默认情况下，在放映幻灯片时，声音播放完毕后就停止了。如果需要让演示文稿中的声音循环播放，可以通过如下方法来实现。

1 在幻灯片中单击选中需要设置循环播放的音频的小喇叭图标。

2 在功能区中单击“播放”主菜单，接着在“音频选项”选项组中“循环播放，直到停止”复选框即可，如图26-8所示。

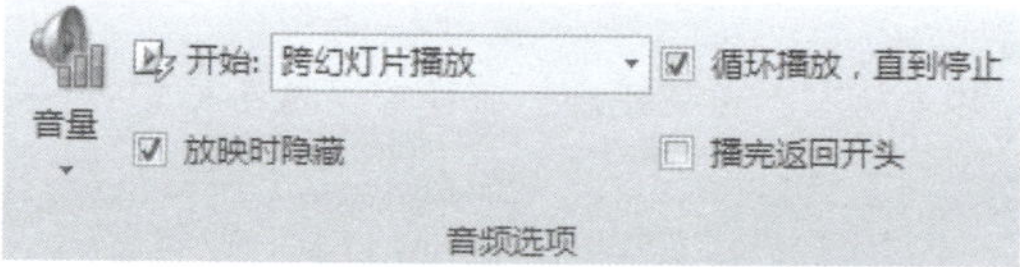

图26-8

知识点

如果需要关闭自动播放功能，使用相同的方法取消选中“循环播放，直到停止”复选框即可。

技巧5 打开或关闭自动播放

根据用户需要，可以打开或关闭幻灯片播放。

1 在幻灯片中单击选中需要设置自动播放的音频的小喇叭图标。

❷ 在功能区中单击“播放”主菜单，接着在“音频选项”选项组中单击“开始”下拉列表框，在弹出的列表中选择“自动”即可，如图26-9所示。

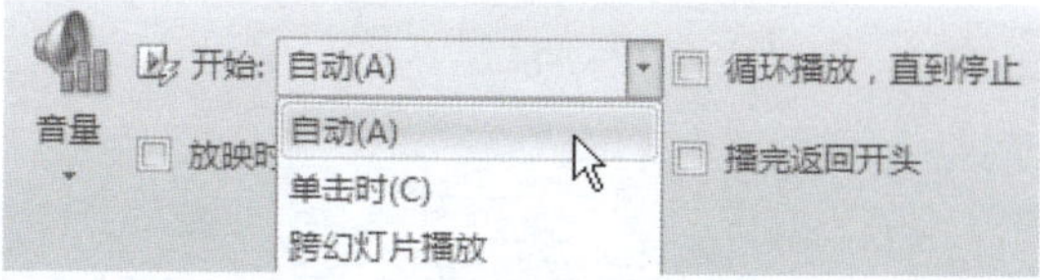

图26-9

提 示

如果需要关闭自动播放功能，则在“音频选项”选项组中单击“开始”下拉列表框，在弹出的列表中选择其他开始方式即可。

技巧6 设置鼠标单击时播放

如果需要让幻灯片中的音频在幻灯片播放的过程中单击鼠标才开始播放，可以通过如下方法来实现。

❶ 在幻灯片中单击选中需要设置单击时播放的音频的小喇叭图标。

❷ 在功能区中单击“播放”主菜单，接着在“音频选项”选项组中单击“开始”下拉列表框，在弹出的列表中选择“自动”即可，如图26-10所示。

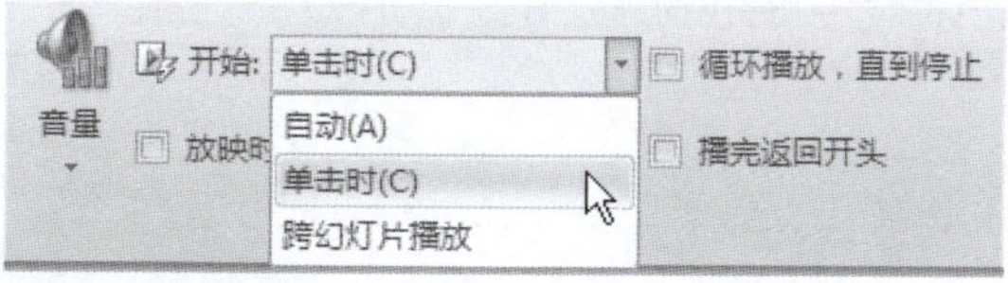

图26-10

提 示

如果更改声音的开始播放方式，使用相同的方法进行更改即可。

技巧7 指定声音音量

默认的声音音量有时不能满足用户需求，此时可以重新调整声音的音量。

❶ 在幻灯片中单击选中需要调整音量的音频的小喇叭图标。

❷ 在功能区中单击“播放”主菜单，接着在“音频选项”选项组中单击“音量”按钮下拉菜单。

❸ 在弹出的菜单中选择一种音量大小，如“中”，如图26-11所示。

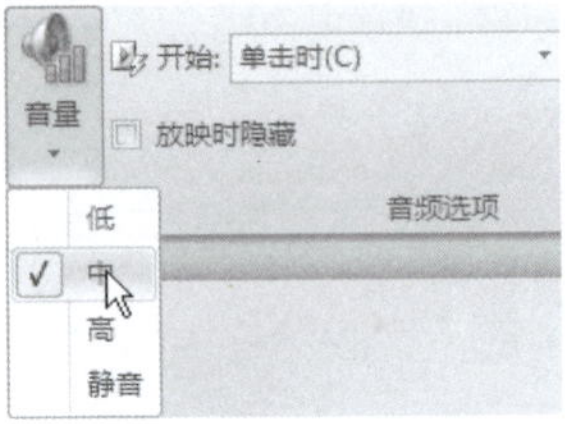

图26-11

知识点

如果需要关闭声音，则单击“音量”按钮下拉菜单，在弹出的菜单中选择“静音”即可。

技巧8 使声音跨多张幻灯片播放

默认情况下，在某个幻灯片中插入的音频，就只会在这个幻灯片中播放，在切换到其他幻灯片时就不能播放了。

❶ 在幻灯片中单击选中需要设置跨幻灯片播放的音频的小喇叭图标。

❷ 在功能区中单击“播放”主菜单，接着在“音频选项”选项组中单击“开始”下拉列表框，在弹出的列表中选择“跨幻灯片播放”即可，如图26-12所示。

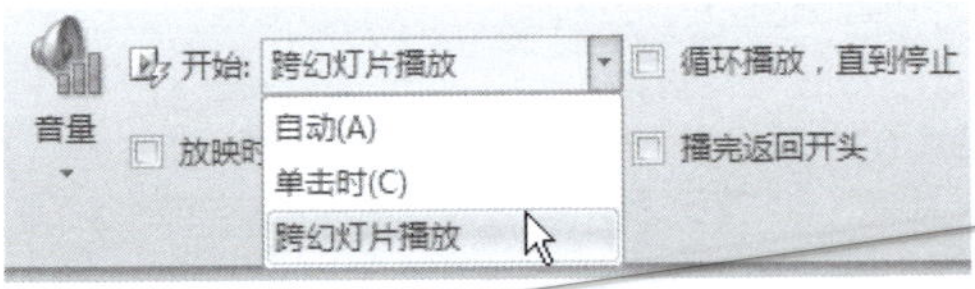

图26-12

提 示

如果更改声音的开始播放方式，使用相同的方法进行更改即可。

技巧9 放映时隐藏小喇叭图标

在幻灯片中插入声音后，会出现一个下喇叭图标，这个小喇叭图标在幻灯片放映时也会出现在幻灯片中。

❶ 在幻灯片中单击选中需要设置在播放时隐藏的音频小喇叭图标。

❷ 在功能区中单击“播放”主菜单，接着在“音频选项”选项组中选中“放映时隐藏”复选框即可，如图26-13所示。

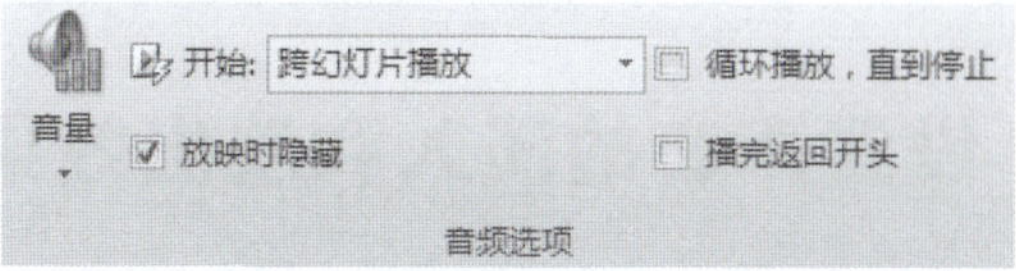

图26-13

提 示

如果需要在播放时显示出声音的小喇叭图标，在使用同样的方法取消选中“播放时隐藏”复选框即可。

技巧10 预览剪辑管理器中的声音属性

如果需要预览和查看剪辑管理器中的声音属性，可以通过如下方法来实现。

❶ 单击“插入”主菜单，在“媒体”选项组中单击“音频”按钮下拉菜单。

❷ 在弹出的菜单中选择“剪贴画音频”命令，在PowerPoint窗口右侧会显示出“剪贴画”窗格。

❸ 在下方“剪辑管理器”的列表中单击需要预览和查看其属性的音频右侧的下拉箭头，在弹出的菜单中选择“预览/属性”命令，如图26-14所示。

❹ 接着在打开的“预览/属性”对话框中即可预览声音效果和查看音频属性，如图26-15所示。

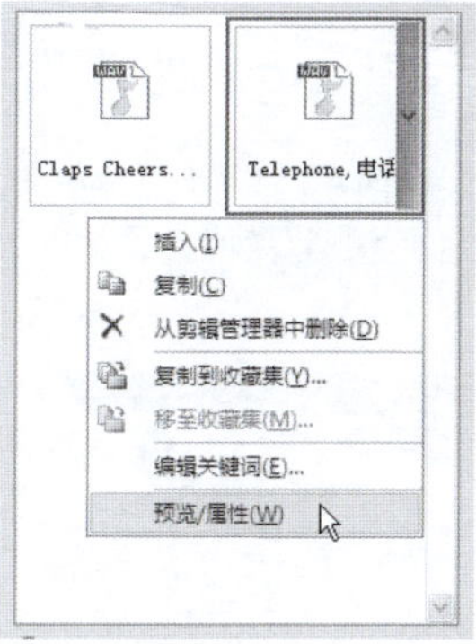

图26-14

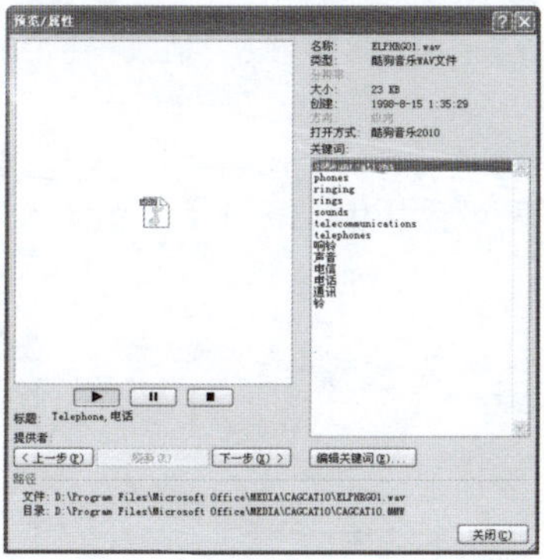

图26-15

提 示

在“预览/属性”对话框中单击“上一步”按钮可以预览和查看前一个音频的属性，单击“下一步”按钮可以预览和查看后一个音频的属性。

技巧11 设置声音的淡入和淡出效果

对于一些特殊的音频，设置淡入和淡出效果可以增加声音的意境。

1 在幻灯片中单击选中需要设置淡入和淡出效果的音频小喇叭图标。

2 在功能区中单击“播放”主菜单，接着在“编辑”选项组中的“淡入”微调框输入一个合适的时间值，接着在“淡出”微调框中输入一个合适的淡出时间值，如图26-16所示。

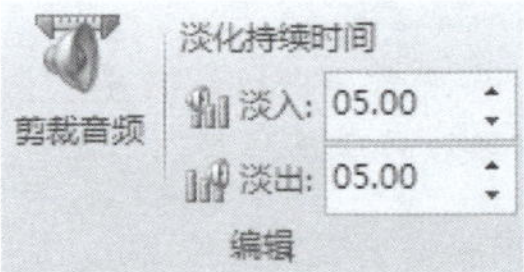

图26-16

注 意

设置声音的淡入和淡出效果时，在“淡入”微调框和“淡出”微调框中输入的数值是以秒为单位的。

技巧12 对音频进行剪裁

剪裁音频功能是PowerPoint 2010音频功能中的一个亮点。如果插入的音频只需要其中的一段，就可以使用PowerPoint 2010的剪裁音频功能对该音频进行剪裁，只保留整个音频中的有用部分.

1 在幻灯片中单击选中需要剪裁的音频的小喇叭图标。

2 在功能区中单击“播放”主菜单，接着在“编辑”选项组中单击“剪裁音频”按钮，如图26-17所示。

3 在打开的“剪裁音频”对话框中拖动进度条上两个“标尺”确定剪裁位置（两个标尺中间的部分是保留部分，其他部分均会被剪裁掉），如图26-18所示。

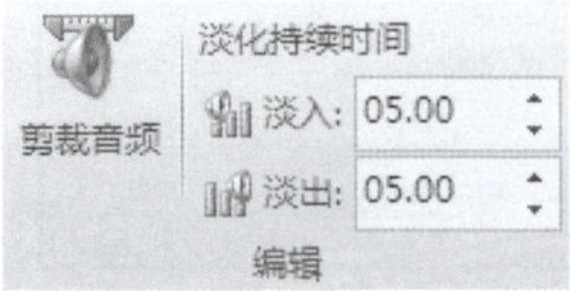

图26-17

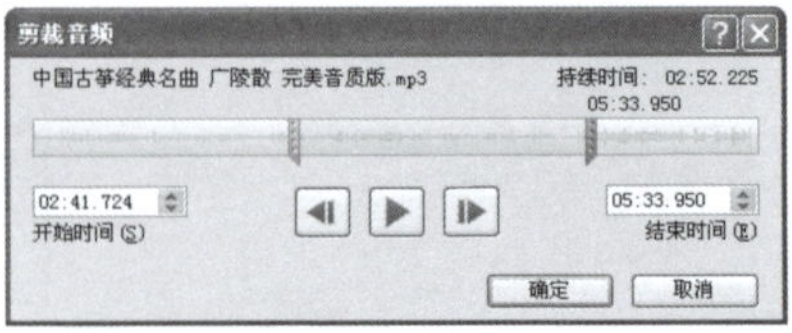

图26-18

❹ 也可以在“开始时间”微调框和“结束时间”微调框中分别输入截取的音频的开始时间和结束时间。

❺ 接着单击▶按钮即可预览截取的声音，如果截取的音频不符合要求，可以继续调整，接着再单击▶按钮进行预览，直至满意为止。

❻ 确定了截取位置后，单击“确定”按钮，即可完成音频的截取。

知识点

在截取音频后，如果想恢复音频原有的长度，则使用相同的方法打开“剪裁音频”对话框，使用鼠标将两个标尺拖至进度条两端即可。

技巧13 插入剪辑管理器中的影片

PowerPoint 2010中的剪辑管理器中内置了一些视频，在需要使用时，可以将剪辑管理器中的视频插入到演示文稿中。

❶ 定位到需要插入剪辑管理器中的视频的幻灯片。

❷ 单击“插入”主菜单，在“媒体”选项组中单击“视频”按钮下拉菜单，如图26-19所示。

❸ 在弹出的菜单中选择“剪贴画视频”命令，如图26-20所示。

❹ 接着在PowerPoint窗口右侧会显示出“剪贴画”窗格，如图26-21所示。

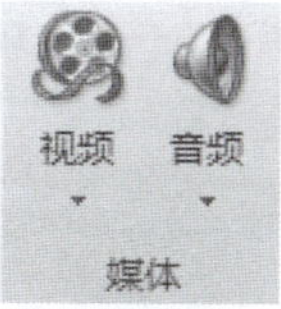

图26-19

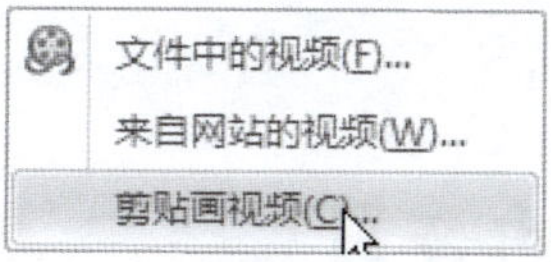

图26-20

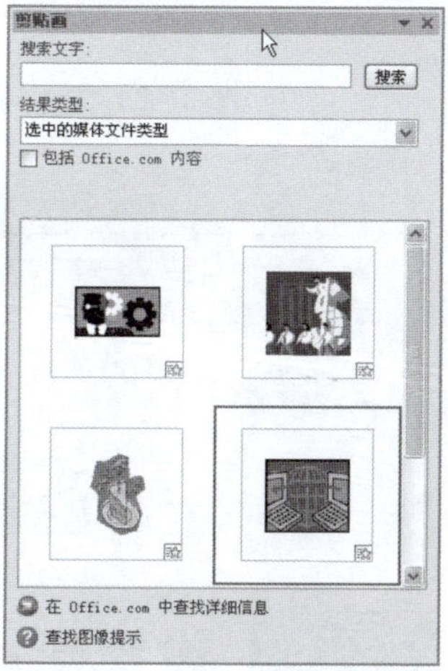

图26-21

❺ 在“剪贴画”窗格下方的“剪辑管理器”列表中单击需要插入到幻灯片

的视频，即可将该视频插入到幻灯片中。

提 示

从剪辑管理器中插入的“视频”虽然是动态的，但不是真正的视频，其实质上是一个GIF动画文件。

技巧14 插入影片文件

如果需要在幻灯片中插入事先准备好的视频文件，可以通过如下方法来实现。

1 定位到需要插入视频文件的幻灯片。

2 单击“插入”主菜单，在“媒体”选项组中单击“视频”按钮下拉菜单，在弹出的菜单中选择“文件中的视频”命令。

3 在打开的“插入视频”对话框中找到并选中需要插入的视频文件，如图26-22所示。

4 单击“插入”按钮，即可将视频文件插入到幻灯片中，如图26-23所示。

图26-22

图26-23

5 单击视频下方的工具条中的▶按钮可以预览视频。

提 示

插入视频后，可以拖动视频窗格四周的控制点来调节视频播放窗格的大小，调整视频位置时使用鼠标拖动到合适位置即可。

技巧15 设置影片的音量

默认的视频音量有时不能满足用户需求，需要重新调整视频的音量。

❶ 在幻灯片中单击选中需要调整音量的视频。

❷ 在功能区中单击“播放”主菜单，接着在“视频选项”选项组中单击“音量”按钮下拉菜单。

❸ 在弹出的菜单中选择一种音量大小，如“中”，如图26-24所示。

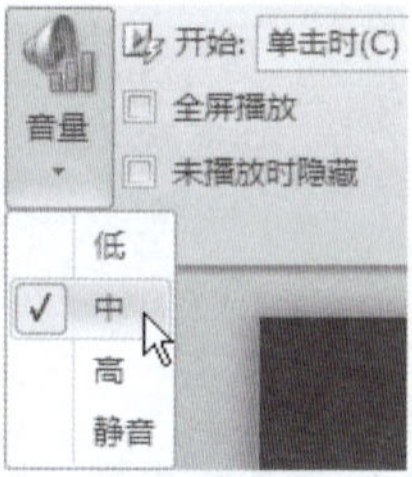

图26-24

提 示

如果需要关闭视频中的声音，则单击“音量”按钮下拉菜单，在弹出的菜单中选择“静音”即可。

技巧16 设置影片自动播放

在播放演示文稿时，可以让幻灯片中的影片自动播放。

❶ 在幻灯片中单击选中需要设置自动播放的视频。

❷ 在功能区中单击“播放”主菜单，接着在“视频选项”选项组中单击“开始”下拉列表框，在弹出的列表中选择“自动”即可，如图26-25所示。

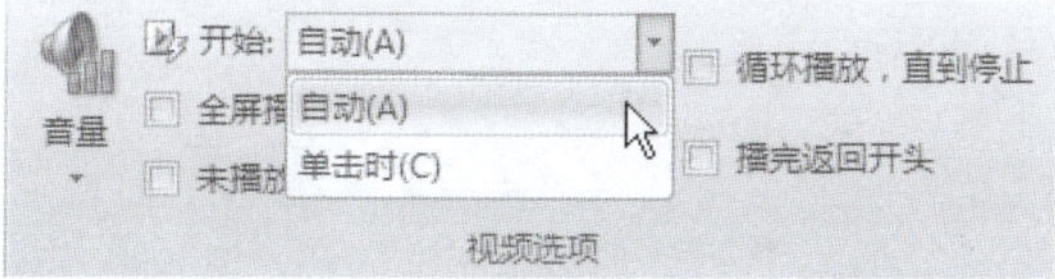

图26-25

提 示

如果需要关闭视频的自动播放功能，则在“视频选项”选项组中单击“开始”下拉列表框，在弹出的列表中选择“单击时”即可。

技巧17 设置影片循环播放

默认情况下，在放映幻灯片时，视频播放完毕后就停止了。如果需要让演示文稿中的视频循环播放，可以通过如下方法来实现。

❶ 在幻灯片中单击选中需要设置循环播放的视频。

❷ 在功能区中单击“播放”主菜单，接着在“视频选项”选项组中“循环播放，直到停止”复选框即可，如图26-26所示。

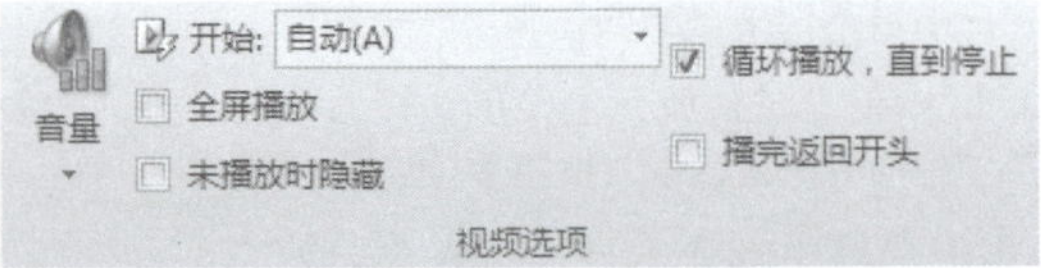

图26-26

提 示

如果需要关闭视频的自动播放功能，使用相同的方法取消选中“循环播放，直到停止”复选框即可。

技巧18 设置影片全屏播放

默认情况下，在放映幻灯片时，视频是按照插入到幻灯片时的尺寸显示的。如果需要让演示文稿中的视频全屏播放，可以通过如下方法来实现。

1 在幻灯片中单击选中需要设置全屏播放的视频。

2 在功能区中单击“播放”主菜单，接着在“视频选项”选项组中“全屏播放”复选框即可，如图26-27所示。

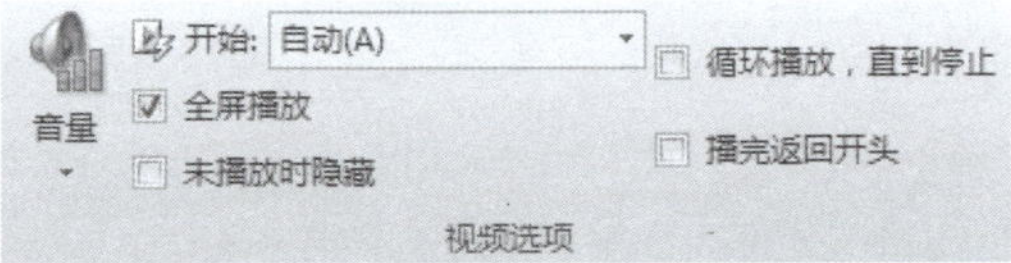

图26-27

知识点

如果需要关闭视频的全屏播放功能，使用相同的方法取消选中“全屏播放”复选框即可。

技巧19 对影片进行剪裁

和剪裁音频功能一样，剪裁视频功能同时也是PowerPoint 2010功能中的一个亮点。如果插入的视频只需要其中的一段，就可以使用PowerPoint 2010的剪裁视频功能对该视频进行剪裁，只保留整个视频中的有用部分。

1 在幻灯片中单击选中需要剪裁的视频。

2 在功能区中单击“播放”主菜单，接着在“编辑”选项组中单击“剪裁视频”按钮，如图26-28所示。

3 在打开的“剪裁视频”对话框中拖动进度条上的两个“标尺”确定剪裁位置（两个标尺中间的部分是保留部分，其他部分均会被剪裁掉），如图26-29所示。

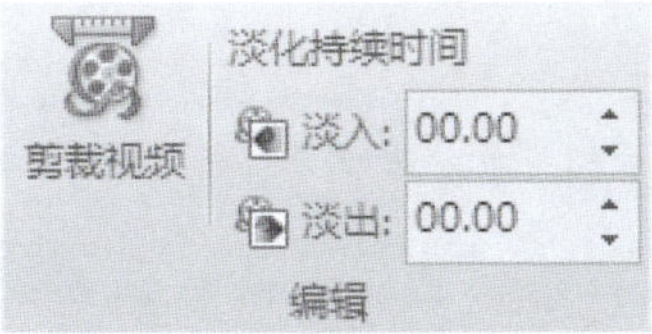

图26-28

图26-29

4 也可以在“开始时间”微调框和“结束时间”微调框中分别输入截取的视频的开始时间和结束时间。

5 接着单击▶按钮即可预览截取的视频，如果截取的视频不符合要求，可以继续调整，接着再单击▶按钮进行预览，直至满意为止。

6 确定了截取位置后，单击“确定”按钮，即可完成视频的截取。

提 示

在截取视频后，如果想恢复视频原有的长度，则使用相同的方法打开“剪裁视频”对话框，使用鼠标将两个标尺拖至进度条两端即可。

技巧20 插入Flash动画

在PowerPoint 2010中，可以使用插入视频的方法快速插入Flash动画，操作方法也和插入视频文件一样。

1 定位到需要插入Flash动画的幻灯片。

2 单击“插入”主菜单，在“媒体”选项组中单击“视频”按钮下拉菜单，在弹出的菜单中选择“文件中的视频”命令。

3 在打开的“插入视频”对话框中找到并选中需要插入的Flash动画文件，如图26-30所示。

4 单击“插入”按钮，即可将Flash动画文件插入到幻灯片中，如图26-31所示。

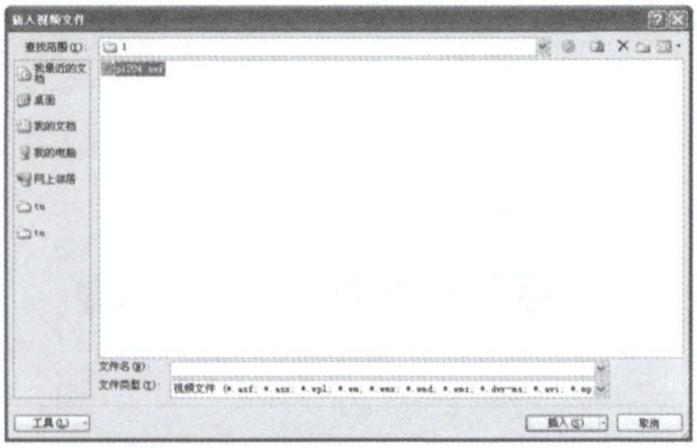

图26-30

图26-31

提 示

单击鼠标右键插入的Flash动画，在弹出的菜单中选择“预览”命令，即可预览插入的Flash动画效果。

技巧21 避免Flash引发的计算机病毒提示

有时在播放PowerPoint幻灯片时，如果幻灯片中含有Flash影片的超级链接，会出现一个病毒提示，还会伴随着响亮的声音，让人不太愉快。本例介绍避免方法。

1 打开“PowerPoint选项”对话框，单击左侧的“信任中心”，接着在右侧单击“信任中心设置”按钮，如图26-32所示。

2 在打开的“信任中心”对话框中单击左侧窗格中的“宏设置”项，接着在右侧窗格中选中“启用所有宏”单选项，如图26-33所示。

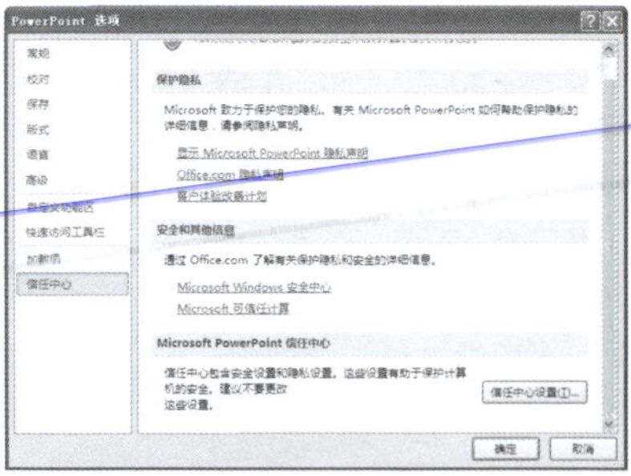

图26-32

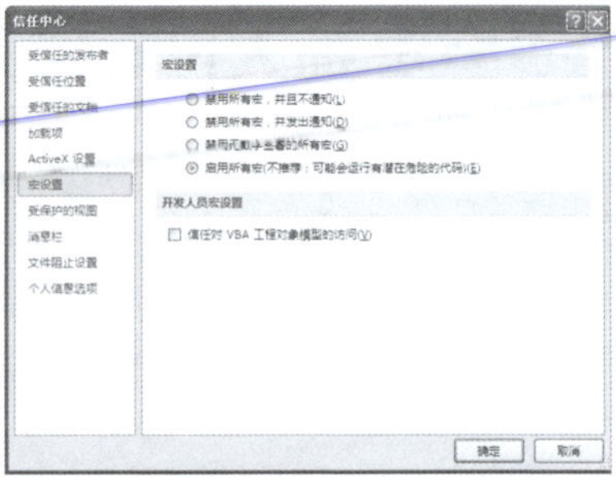

图26-33

3 单击“确定”按钮，返回到“PowerPoint选项”对话框中，再次单击“确定”按钮，返回到演示文稿中，保存并重新打开演示文稿即可。

提 示

“启用所有宏”所带来的风险也是显而易见的，如果没有特殊需要，不建议这样做。

技巧22　添加GIF动画文件

GIF动画的动态效果相对于静态的图片来说要生动许多。要想在幻灯片中添加GIF动画，可以通过如下方法来实现。

1. 定位到需要插入GIF动画文件的幻灯片。
2. 单击“插入”主菜单，在“图像”选项组中单击“图片”按钮，如图26-34所示。
3. 在打开的“插入”图片对话框中找到并选中需要插入的GIF动画文件，如图26-35所示。

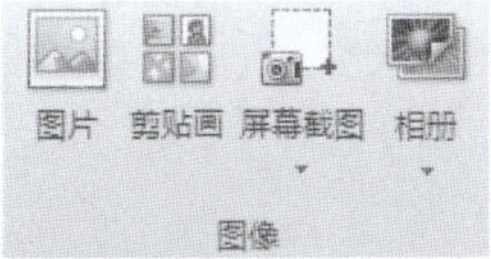

图26-34

图26-35

4. 单击“插入”按钮，即可将选中的GIF动画文件插入到幻灯片中。

提 示

插入GIF动画后，可以像编辑普通图片一样对GIF动画进行格式设置。

技巧23　在PPT中使用Camtasia Studio 6录制演示文稿播放视频

使用Camtasia Studio PPT插件可以快速地录制PowerPoint 2010视频并将视频转化为交互式录像放到网页上面，也可转化为绝大部分的视频格式，如avi、 swf等。

❶ 安装并运行Camtasia Studio 6，主界面如图26-36所示。单击“Record PowerPoint”链接，运行“PowerPoint 2010”，打开需要录制播放过程的演示文稿。

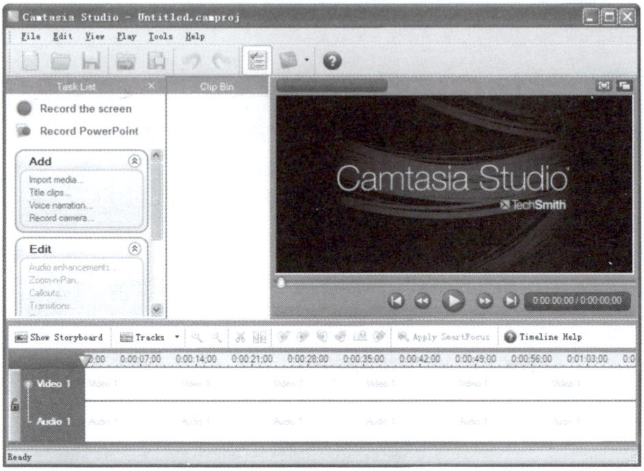

图26-36

❷ 单击“加载项”主菜单，在“自定义工具栏”选项组中单击“Record”按钮，切换到幻灯片放映视图。按下“Ctrl+Shift+F9”组合键，弹出如图26-37所示的对话框。

❸ 单击“Close”按钮，开始录制，接着用户根据实际需要播放需要录制的幻灯片，录制完成后按下“Ctrl+Shift+F10”组合键结束录制，此时会弹出如图26-38所示的对话框。

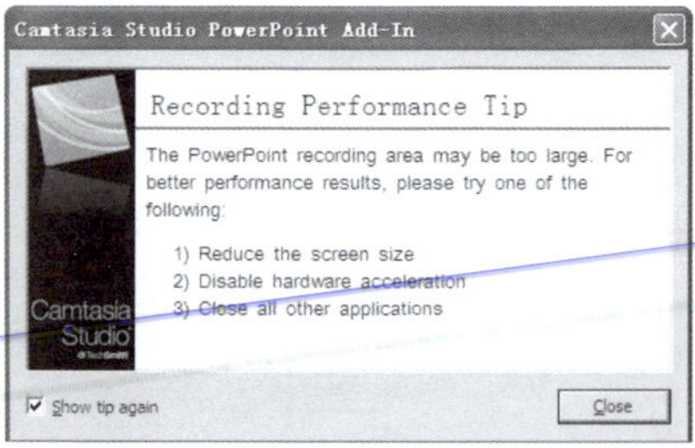

图26-37

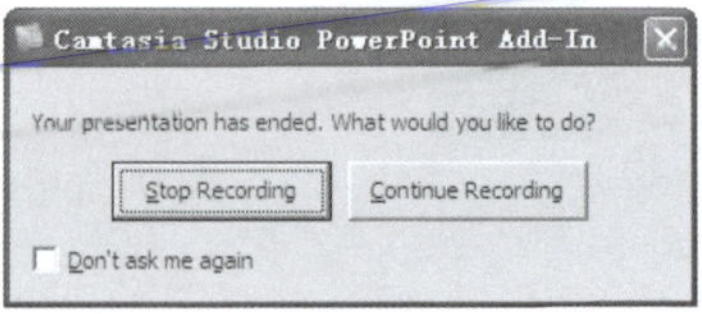

图26-38

❹ 单击“Stop Recording”按钮，结束录制，此时会弹出如图26-39所示的对话框，设置项目文件的保存位置和文件名。

❺ 单击“保存”按钮，在弹出的对话框中选择“Edit your recording”（编辑录制的视频），如图26-40所示。

❻ 单击“OK”按钮，切换到“Camtasia Studio 6”主界面，在此可以对录

制的视频进行预览和编辑等操作，如图26-41所示。

图26-39

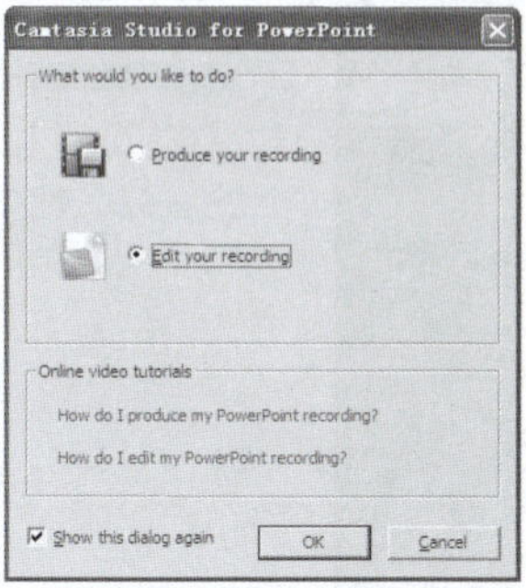

图26-40

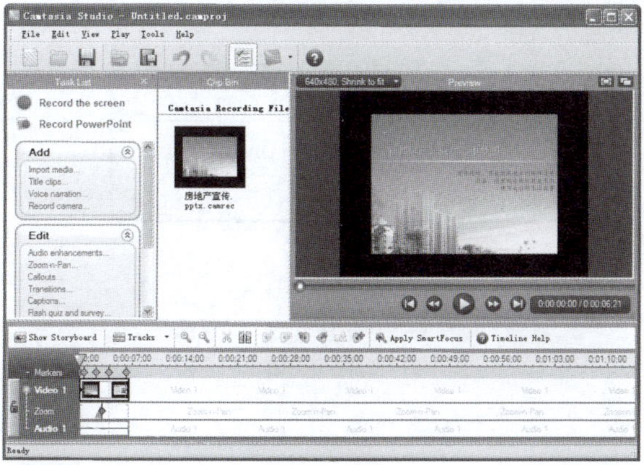

图26-41

7 视频编辑完成后，单击工具栏中的▣按钮，在弹出的对话框中单击下拉列表框，在弹出的对话框中选择一种视频文件存储格式，如“HD”（MP4格式），如图26-42所示。

8 单击“下一步”按钮，在打开的对话框中设置一下文件名和存储路径，如图26-43所示。

9 单击“下一步”按钮，在打开的对话框中列出了相关的摘要信息，单击“完成”按钮，开始生成视频，如图26-44所示。视频生成后，就可以使用播放器播放观看了。

提 示

要想在PowerPoint中使用Camtasia Studio录制视频，在安装Camtasia Studio时必须选中“Enable Camtasia Studio Add-in for Microsoft PowerPoint”复选框（安装PowerPoint录制插件），否则将无法使用此功能。

图26-42

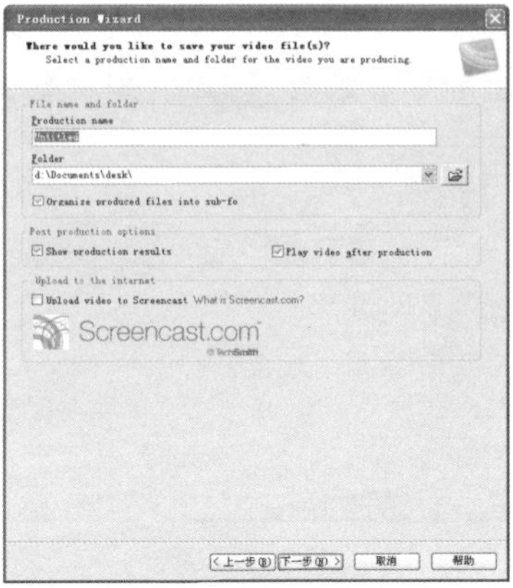

图26-43

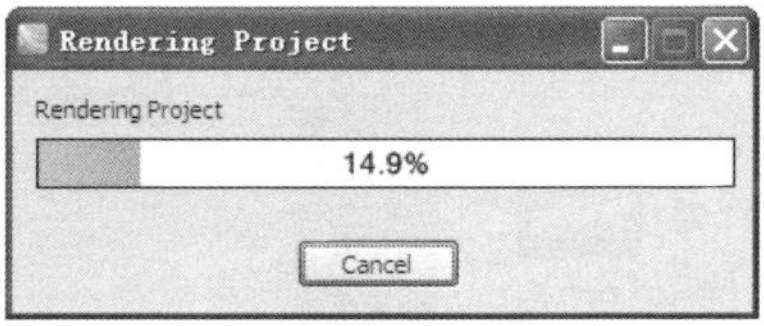

图26-44

第27章

演示文稿的放映设置

技巧1 设置放映方式

在放映幻灯片时，可以从头开始放映，也可以从特定幻灯片开始放映。在播放时用户根据需要选择合适的放映方式即可。

从头开始放映

1 打开需要放映的演示文稿，单击“幻灯片放映”主菜单。

2 在“开始放映幻灯片”选项组中单击“从头开始”按钮即可，如图27-1所示。

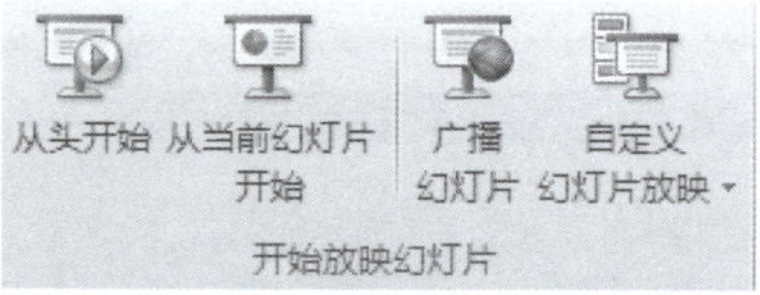

图27-1

从头开始放映

1 打开需要放映的演示文稿，定位到需要开始放映的幻灯片。

2 单击“幻灯片放映”主菜单，在“开始放映幻灯片”选项组中单击“从当前幻灯片开始”按钮即可图27-2所示。

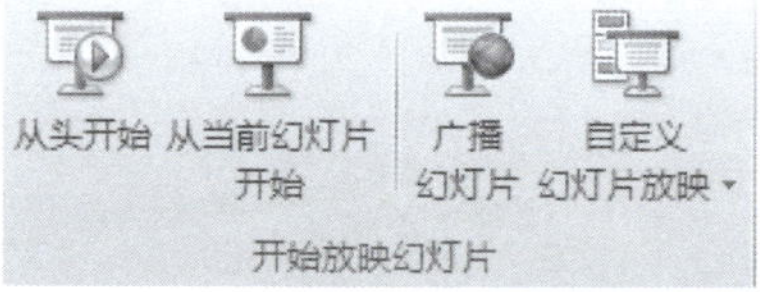

图27-2

知识点

定位到需要开始放映的幻灯片，按下Shift+F5组合键，即可快速从当前幻灯片开始放映。

技巧2 设置放映类型

PowerPoint 2010提供了“演讲者放映（全屏幕）”、“观众自行浏览（窗口）”和“在展台浏览（全屏幕）”三种不同的放映类型。在放映时，用户可以根据实际需要进行选择。

❶ 单击“幻灯片放映”主菜单，在“设置”选项组中单击“设置幻灯片放映”按钮，如图27-3所示。

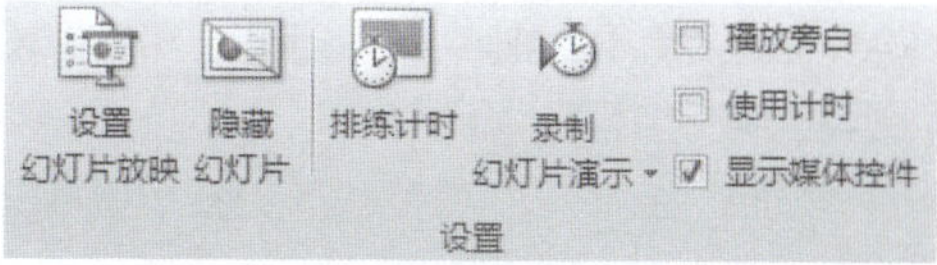

图27-3

❷ 在“设置放映方式”对话框中的“放映类型”栏中根据需要选择，如“观众自行浏览（窗口）”，如图27-4所示。

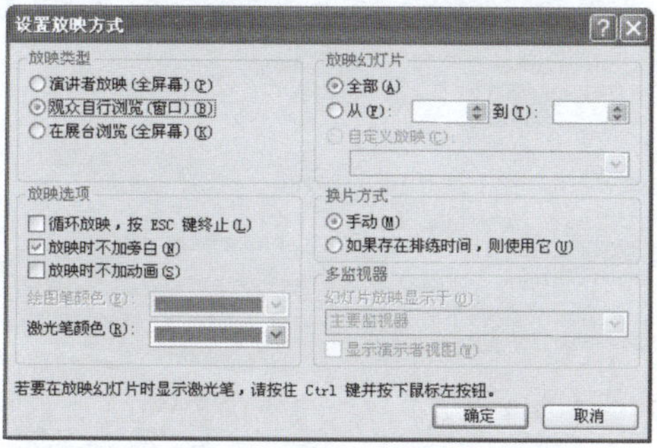

图27-4

❸ 单击“确定”按钮即可。本例中的放映效果如图27-5所示。

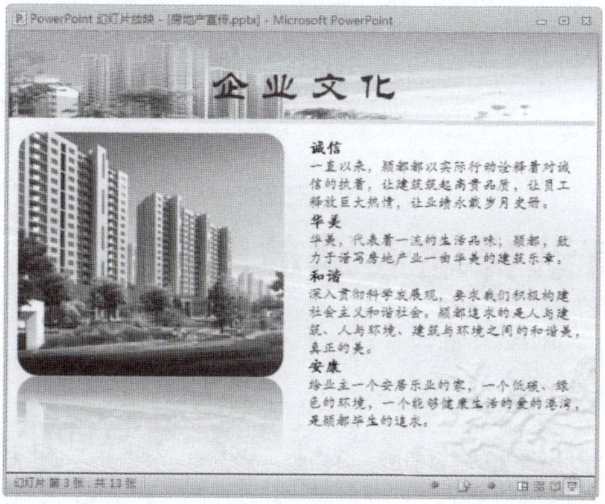

图27-5

提 示

选择“在展台浏览（全屏幕）”时，不但可以使演示文稿循环放映，还可以防止观看者更改演示文稿。

技巧3 设置放映选项

PowerPoint 2010提供了若干放映选项，用于可以通过设置放映选项，达到不同的播放效果。可以让演示文稿自动循环播放。

❶ 单击“幻灯片放映”主菜单，在“设置”选项组中单击“设置幻灯片放映”按钮，打开“设置放映方式”对话框。

❷ 在“设置放映方式”对话框中的“放映选项”栏中选中“循环放映，按ESC键终止”复选框，单击“确定”按钮，如图27-6所示。

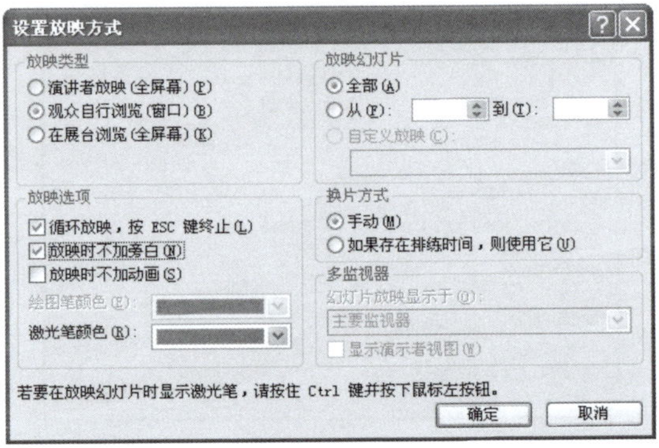

图27-6

提 示

如果需要在放映时不加动画，则在“设置放映方式”对话框中的“放映选项”栏中选中“放映时不加动画”复选框，单击“确定”按钮即可。

技巧4 有选择地连续放映幻灯片

如果只需要放映整个演示文稿中的部分幻灯片，且这些幻灯片是连续的（如7～14张），可以进行设置。

❶ 单击“幻灯片放映”主菜单，在“设置”选项组中单击“设置幻灯片放映”按钮，打开“设置放映方式”对话框。

❷ 在“设置放映方式”对话框中的“放映幻灯片”栏中选中 

单选项，并在微调框中输入相应的数字，如图27-7所示。

❸ 单击“确定”按钮即可完成设置。

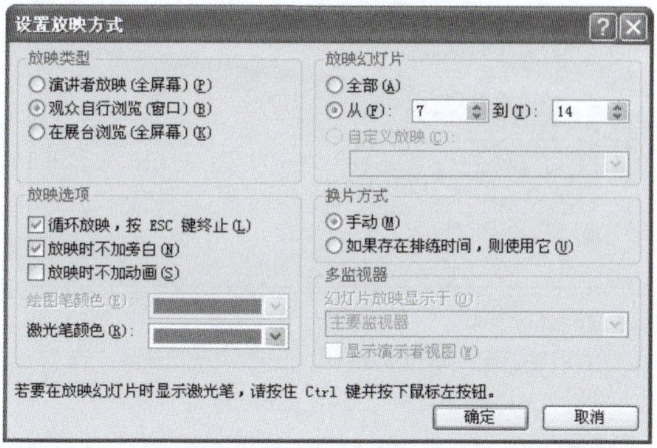

图27-7

提 示

如果需要恢复播放全部幻灯片，再在“设置放映方式”对话框中的“放映幻灯片”栏中选中“全部”单选项，接着单击“确定”按钮即可。

技巧5 自定义放映

如果只需要放映整个演示文稿中的部分幻灯片，且这些幻灯片是不连续的，就要使用“自定义放映”功能了。可以通过如下方法来实现。

❶ 单击“幻灯片放映”主菜单，在“开始放映幻灯片”选项组中单击“自定义幻灯片放映”按钮下拉菜单，在弹出的菜单中选择“自定义放映”命令，如图27-8所示。

❷ 在弹出的“自定义放映”对话框中单击“新建”按钮，如图27-9所示。

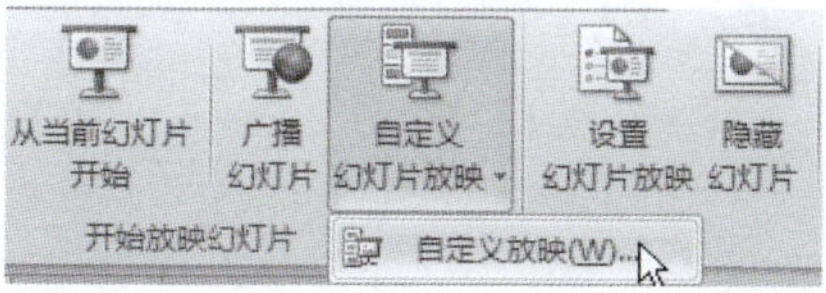

图27-8

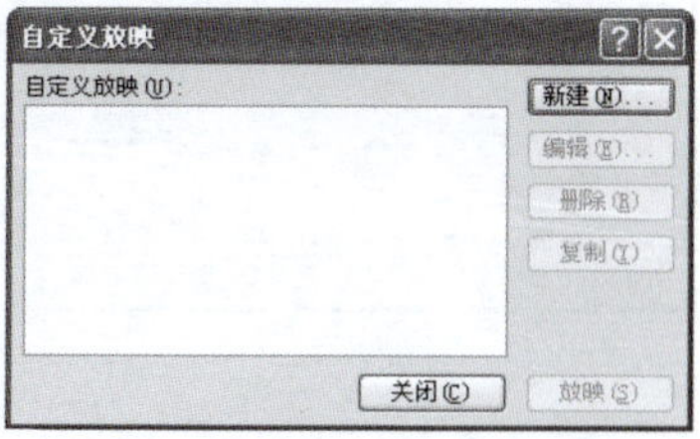

图27-9

❸ 在弹出的“定义自定义放映”对话框中，“幻灯片放映名称”右侧的文本框中可以设置本次自定义放映的名称，如“自定义放映1”。

❹ 在“在演示文稿中的幻灯片”列表中，按下Ctrl键不放，依次单击需要放映的幻灯片名称，即可将需要播放的幻灯片同时选中，如图27-10所示。

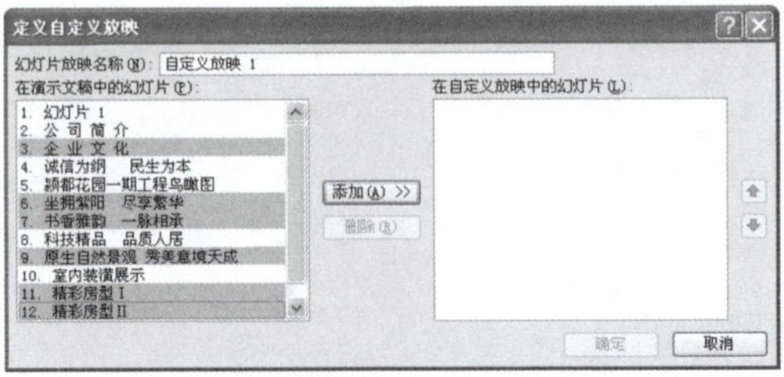

图27-10

5 单击“添加”按钮，即可将选中的幻灯片添加到“在自定义放映中的幻灯片”列表中，如图27-11所示。

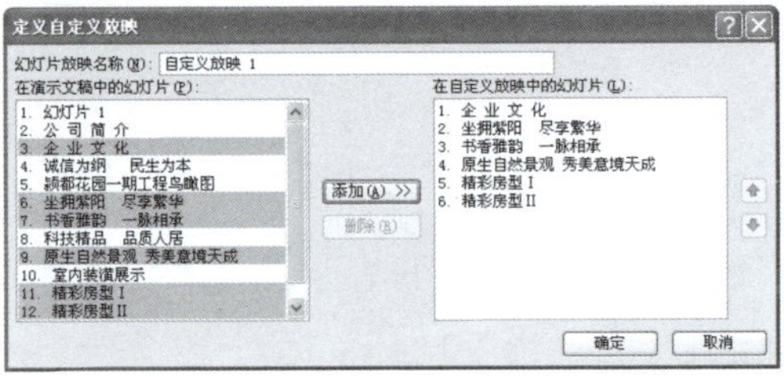

图27-11

6 单击“确定”按钮，返回到“自定义放映”对话框中，单击右下角的“放映”按钮，系统就会按照上述设置播放“选中”的幻灯片，如图27-12所示。

7 以后需要使用自定义的设置进行放映，只需要单击“自定义幻灯片放映”按钮下拉菜单，在弹出的菜单中选择“自定义放映1”即可，如图27-13所示。

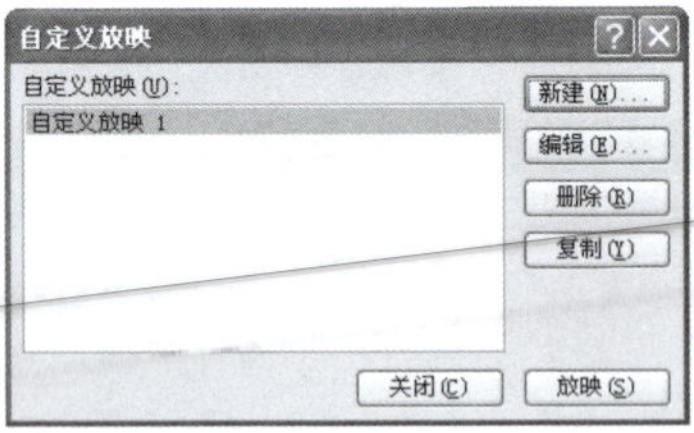

图27-12

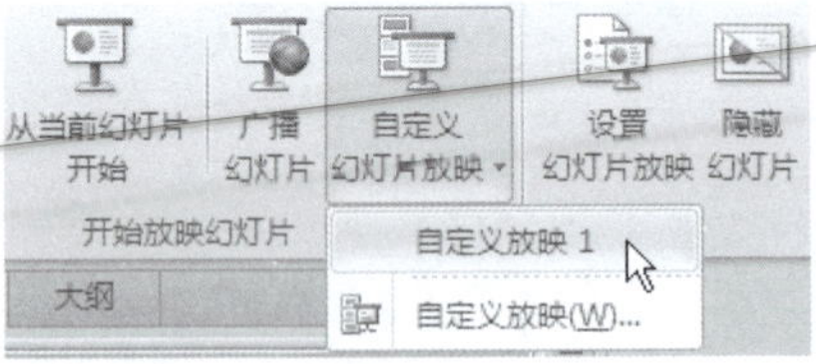

图27-13

提 示

如果需要删除自定义放映，则单击“自定义幻灯片放映”按钮下拉菜单，在弹出的菜单中选择“自定义放映”命令，在打开的“自定义放映”对话框中选中需要删除的自定义放映，单击“删除”按钮即可。

技巧6 在幻灯片放映时转到自定义放映

有时虽然之前定义了自定义放映，但在一些特定场合，还需要先播放一部分幻灯片，然后才能使用自定义放映的设置进行播放。此时可以在播放时直接转到之前设定的自定义放映，无需再重新设置。

1 播放需要先播放的幻灯片，在需要转到自定义放映时，鼠标右键单击当前播放的幻灯片。

2 在弹出的右键菜单中根据需要选择“自定义放映”子菜单下的“自定义放映名称”命令即可，如“自定义放映1”，如图27-14所示。

图27-14

知识点

如果是在窗口模式下，右键单击当前播放的幻灯片，在弹出的右键菜单中就不会出现“自定义放映”子菜单。

技巧7 将演示文稿保存为自动放映文件

如果需要经常播放一个演示文稿，每次都要打开演示文稿然后按下F5键进行播放，频繁地重复操作会浪费一定的时间。此时可以将演示文稿保存为自动放映文件，这样在放映时只有使用鼠标双击这个自动放映文件，即可让演示文稿自动播放。

1 单击“文件”主菜单，切换到Backstage视图，单击“另存为”命令，如图27-15所示。

2 在打开的“另存为”对话框中设置文件的存储位置和文件名，保存类型选择“PowerPoint 放映(*.ppsx)”，如图27-16所示。

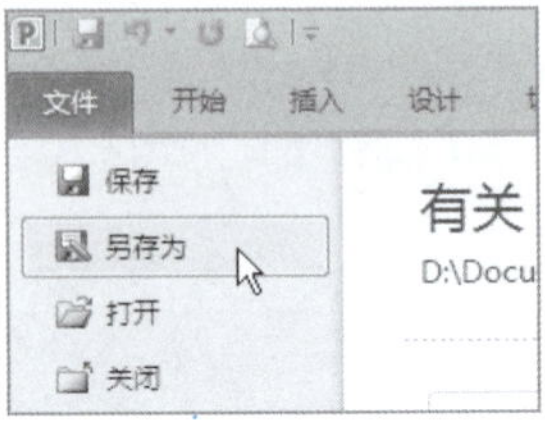

图27-15

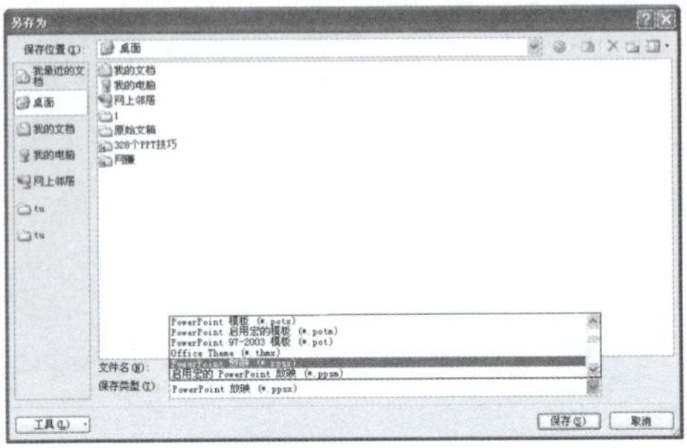

图27-16

3 单击“保存”按钮即可。

提 示

完成设置后，在需要播放该演示文稿时，只需要双击保存的自动放映文件，即可自动放映演示文稿了。

技巧8 复制自定义放映

如果已经设置了自定义放映，由于特定的需要，需要重新自定义放映，而需要重新定义的放映与之前定义的放映很相似，只有个别地方不同。可以采用复制之前定义的放映的方法，然后略作修改即可。

1 单击“幻灯片放映”主菜单，在“开始放映幻灯片”选项组中单击“自定义幻灯片放映”按钮，在弹出的下拉菜单中选择“自定义放映”命令。

2 在弹出的“自定义放映”对话框中选中之前定义的自定义放映，单击“复制”按钮，如图27-17所。

3 选中复制的自定义放映，单击“编辑”按钮，如图27-18所示。

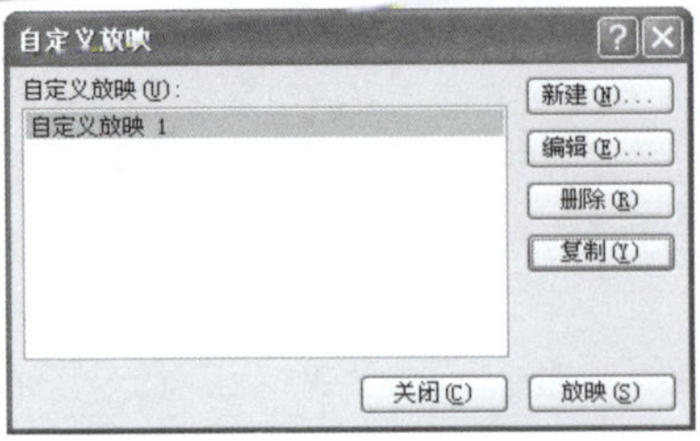

图27-17

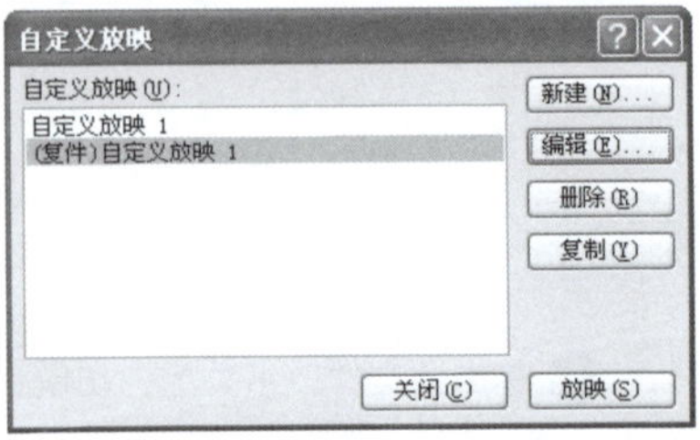

图27-18

4 在弹出的“定义自定义放映”对话框中的“幻灯片放映名称”右侧的文

本框中输入新的幻灯片放映名称，如“幻灯片放映 2”

5 在“在自定义放映中的幻灯片”列表中，选中不需要放映的幻灯片，单击“删除”按钮，将不需要放映的幻灯片删除，如图27-19所示。

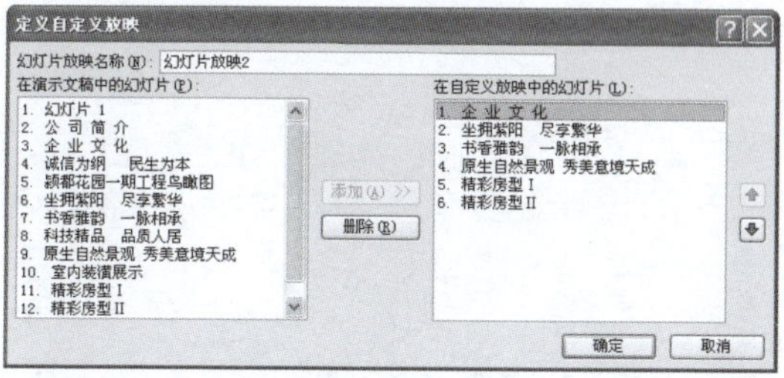

图27-19

6 在“在演示文稿中的幻灯片”列表中选中需要新添加到自定义放映中的幻灯片，单击“添加”按钮，如图27-20所示。

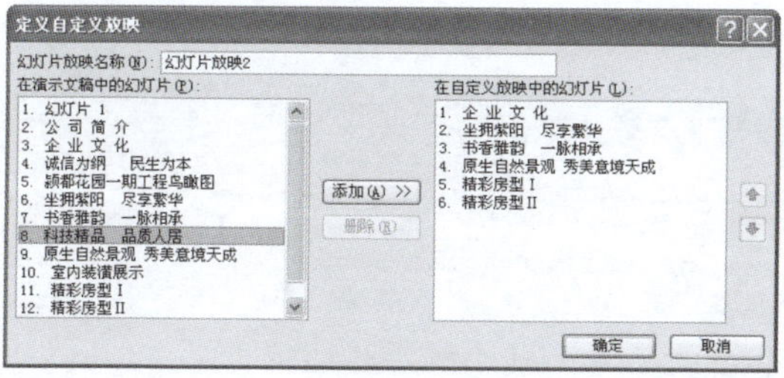

图27-20

7 单击“确定”按钮，返回到“自定义放映”对话框中，选中“幻灯片放映 2”，单击右下角的“放映”按钮，即可让演示文稿安装“幻灯片放映 2”的设置放映，如图27-21所示。

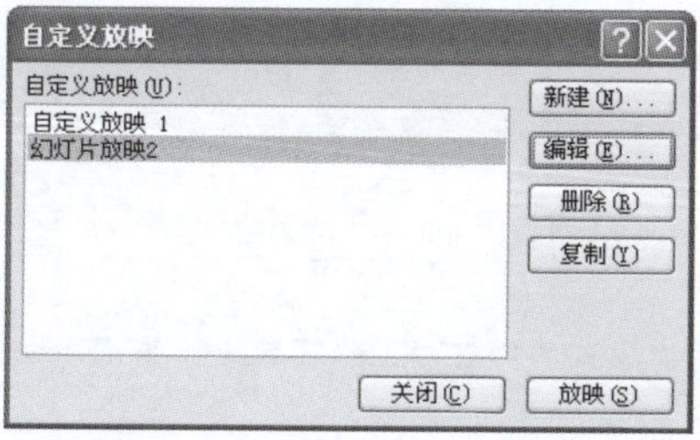

图27-21

提 示

使用相同的方法可以复制多个幻灯片放映，并可以进行修改。

技巧9 隐藏不需要放映的幻灯片

如果演示文稿中有少数幻灯片不需要播放，使用“自定义放映”功能设置比较麻烦，此时可以将这些幻灯片隐藏，这样在播放时就不会播放出这些幻灯片了。

1. 选中需要隐藏的幻灯片，单击“幻灯片放映”主菜单。
2. 在“设置”选项组中单击“隐藏幻灯片”按钮，如图27-22所示。

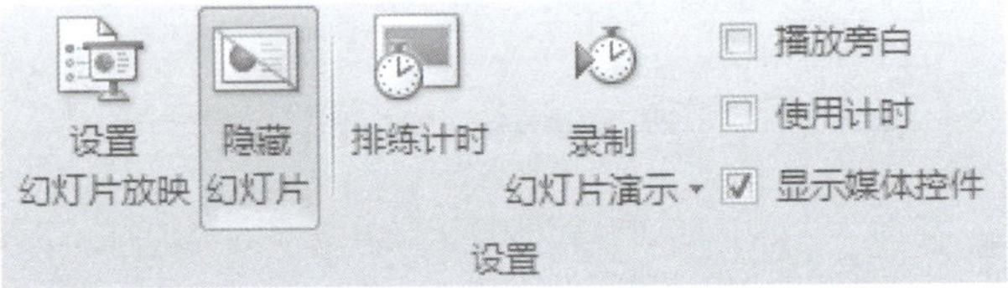

图27-22

3. 此时被隐藏的幻灯片就会变成半透明状，如图27-23所示。

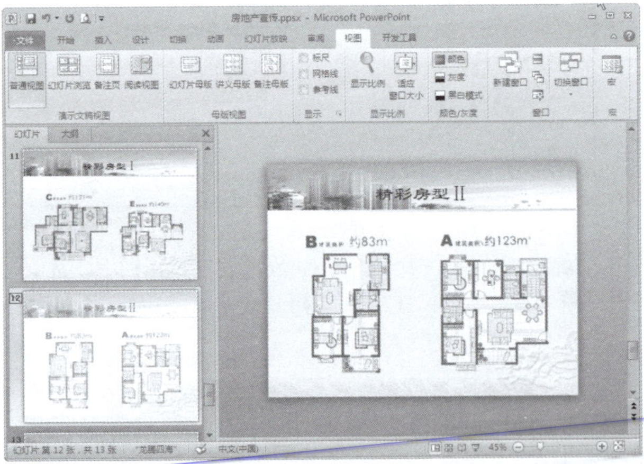

图27-23

提 示

如果需要显示出隐藏的幻灯片，将其选中，再次单击“隐藏幻灯片”按钮即可。

技巧10 在放映幻灯片时查看隐藏的幻灯片

默认情况下，隐藏的幻灯片在放映时是不会被放映了。但在一些特殊情况下，如果需要调用隐藏的幻灯片，可以按如下方法操作。

❶ 放映演示文稿，在需要调用隐藏幻灯片时，鼠标右键单击当前幻灯片。

❷ 在弹出的右键菜单中，选择“定位至幻灯片”子菜单下的序号带（ ）的幻灯片（即隐藏的幻灯片，如“（12）精彩房型Ⅱ”），如图27-24所示。

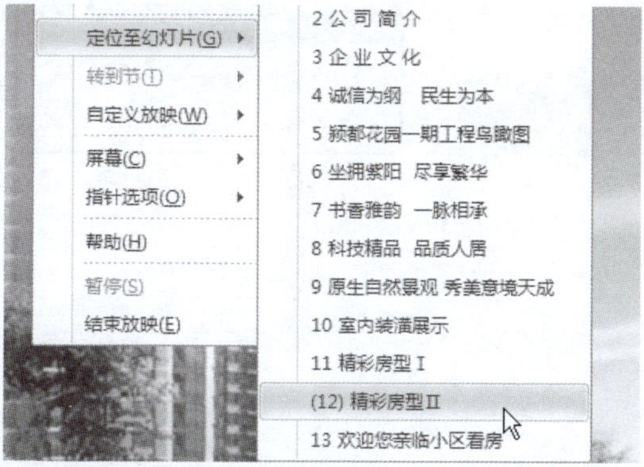

图27-24

知识点

如果演示文稿中有多张隐藏的幻灯片，使用相同的方法即可依次查看这些隐藏的幻灯片。

技巧11　设置排练计时

为演示文稿设置排列计时后，可以让演示文稿按预先排练的时间进行播放，无需再人为进行操作。

❶ 单击“幻灯片放映”主菜单，在“设置”选项组中单击“排练计时”按钮，如图27-25所示。

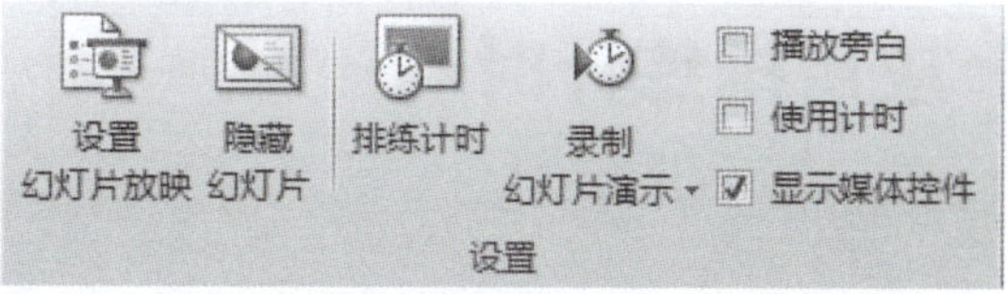

图27-25

❷ 此时会切换到幻灯片放映状态，在屏幕左上角有一个“录制”对话框，在这个对话框中可以看到当前幻灯片放映的时间，如图27-26所示。

❸ 在当前幻灯片播放的时间达到要求后，单击鼠标左键切换到下一张幻灯

片，“录制”对话框中的时间就会从0开始计时，在播放的时间达到要求后，再次单击鼠标左键切换到下一张幻灯片，以此类推，直至放映结束。

4 放映结束后按Esc键退出播放，此时会弹出如图27-27所示的对话框，询问是否保留新的幻灯片排练时间。

图27-26

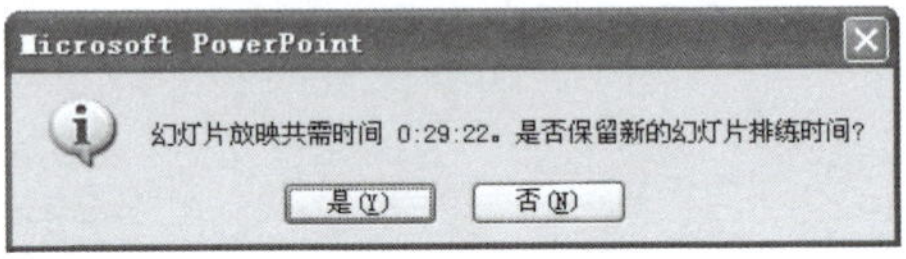

图27-27

5 单击“确定”按钮，PowerPoint会自动切换到幻灯片浏览视图，用户可以清楚地看到每张幻灯片的排练时间，如图27-28所示。

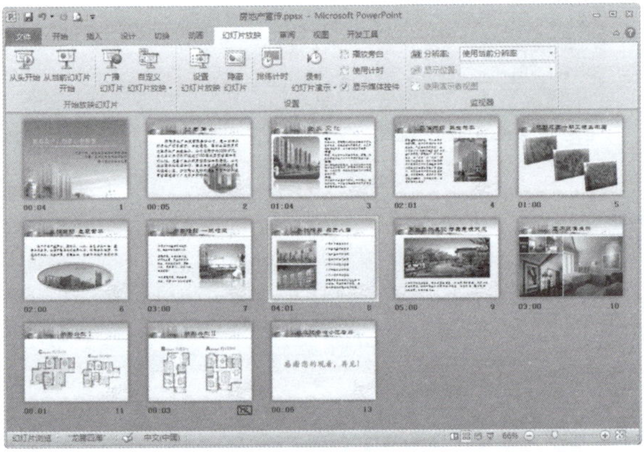

图27-28

提 示

如果在排练中途出现错误，可以按Esc键退出，在弹出的对话框中单击“否”按钮即可。

技巧12 应用排练计时

如果在演示文稿中设置的排练时间不再需要了，可以将幻灯片排练时间清除。

1 单击“幻灯片放映”主菜单，在“设置”选项组中单击“录制幻灯片演示”按钮下拉菜单。

2 在弹出的菜单中选择“清除”子菜单下的“清除所有幻灯片的计时”命令即可，如图27-29所示。

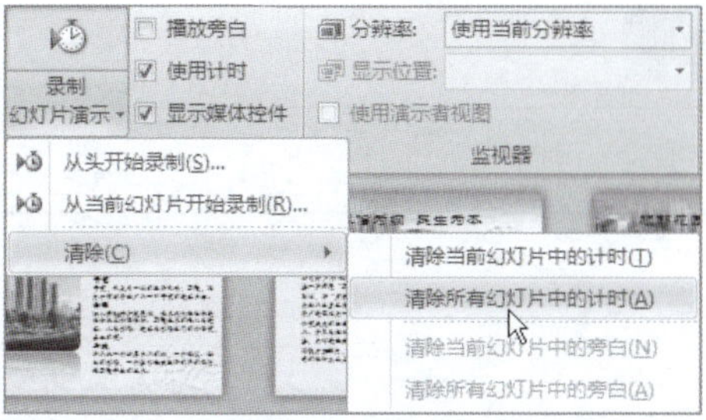

图27-29

提 示

如果仅需要清除某一张幻灯片的排练计时，定位到这张幻灯片，单击“录制幻灯片演示”按钮下拉菜单，在弹出的菜单中选择“清除”子菜单下的“清除当前幻灯片的计时”命令即可。

技巧13 放映时不添加动画

如果演示文稿中添加了动画，在一些特定场合放映时可以将动画不播放出来。

1 单击“幻灯片放映”主菜单，在“设置”选项组中单击“设置幻灯片放映”按钮，打开“设置放映方式”对话框。

2 在“设置放映方式”对话框中的“放映选项”栏中选中“放映时不加动画”复选框，如图27-30所示。

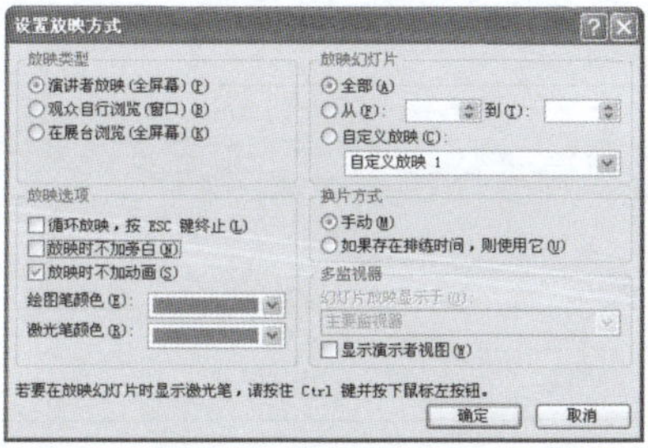

图27-30

3 单击“确定”按钮即可完成设置。

提 示

如果在放映时显示出添加的动画效果，则在“设置放映方式”对话框中的“放映选项”栏中取消选中“放映时不加动画”复选框即可。

读书笔记

第28章

演示文稿安全设置与输出

技巧1 更改模版文件的保存位置

要想更改模板文件保存位置，在PowerPoint中不能实现，需要借助Word。因为所有Office组件都共用一个模板文件保存位置，而只能在Word中修改。在Word中修改了模板文件的保存位置，其他Office组件的模板位置也都会随之改变。可以通过下面的介绍来实现。

❶ 打开Word2010，在其主界面左上角单击“文件”主菜单，切换到Backstage 视图，单击“选项”命令，打开“Word选项”对话框。

❷ 单击左侧窗格中的“高级”项，在右侧窗格中的“常规”栏中单击“文件位置”按钮，如图28-1所示。

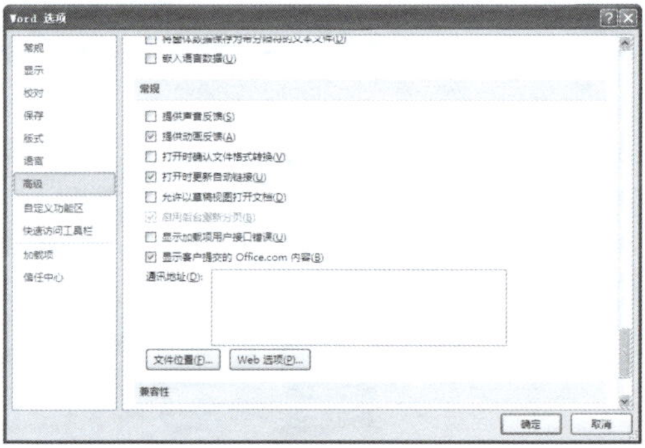

图28-1

❸ 在弹出的“文件位置”对话框中的列表中选中“用户模板”，然后单击“修改”按钮，如图28-2所示。

❹ 在弹出的“修改位置”对话框选择新的模板文件保存位置，单击“确定”按钮，如图28-3所示。

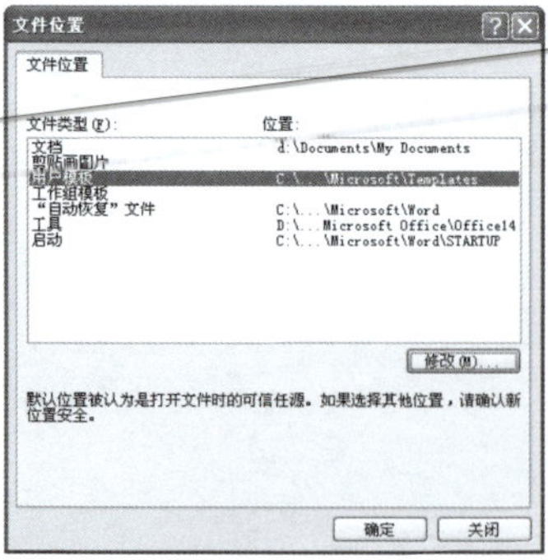

图28-2

图28-3

5 接着连续单击“确定”按钮完成设置。所有Office组件的模板文件就会保存到新修改的位置。

提 示

如果需要恢复默认设置，只需要使用相同的方法将“用户模板”的位置修改为默认的C:\Documents and Settings\Administrator\Application Data\Microsoft\Templates\即可。

技巧2 以只读形式打开演示文稿

如果只需要浏览演示文稿内容，不想因为误操作等问题造成对演示文稿的破坏，可以以只读形式打开演示文稿。

1 运行PowerPoint 2010，打开程序主界面。

2 按下“Ctrl+O”组合键，调出“打开”对话框。

3 定位到演示文稿所在的文件夹，选中需要以只读形式打开演示文稿，单击“打开”按钮右侧的下拉箭头，在弹出的菜单中选择“以只读方式打开”命令，如图28-4所示。

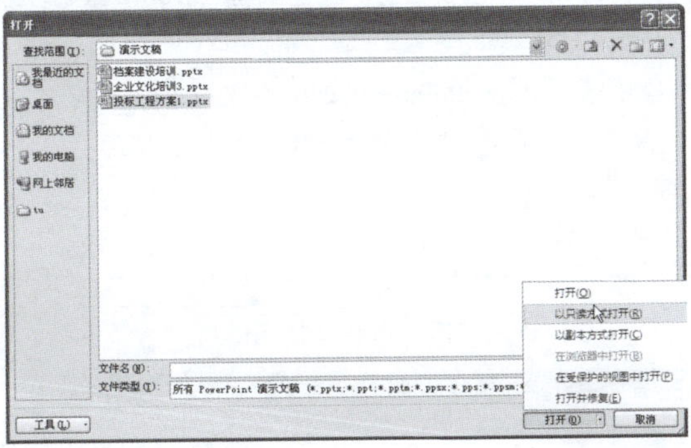

图28-4

4 接着即可以只读方式打开演示文稿，在演示文稿标题栏中的名称后即可看到“只读”字样，如图28-5所示。

提 示

以只读方式打开演示文稿后，再对演示文稿进行修改，在保存时，就会提示“无法保存”。

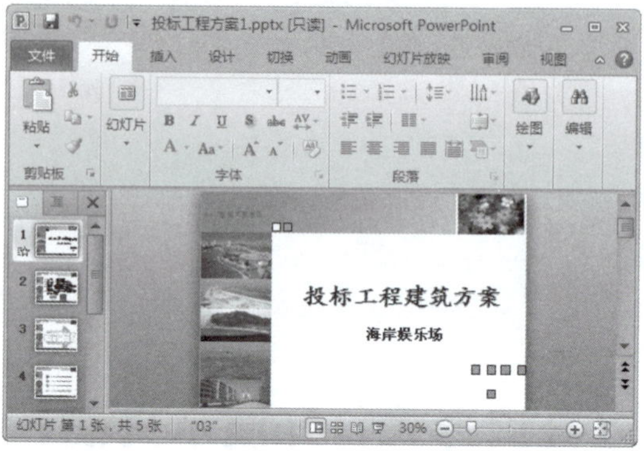

图28-5

技巧3 将演示文稿保存为PowerPoint 97—2003格式

由于兼容性问题，PowerPoint 2010演示文稿在PowerPoint 97—2003中是打不开的。如果需要在安装了较早版本的PowerPoint（如PowerPoint 2003）的电脑中打开PowerPoint 2010演示文稿，就需要将PowerPoint 2010演示文稿保存为PowerPoint 97—2003格式。

1. 打开需要保存为PowerPoint 97—2003格式的演示文稿。
2. 单击“文件”主菜单，切换到Backstage 视图，单击“另存为”命令，打开“另存为”对话框。
3. 单击“保存类型”下拉列表框，在弹出的列表中选择“PowerPoint 97-2003 演示文稿 (*.ppt)”，如图28-6所示。
4. 设置一下保存位置，单击“保存”按钮即可。

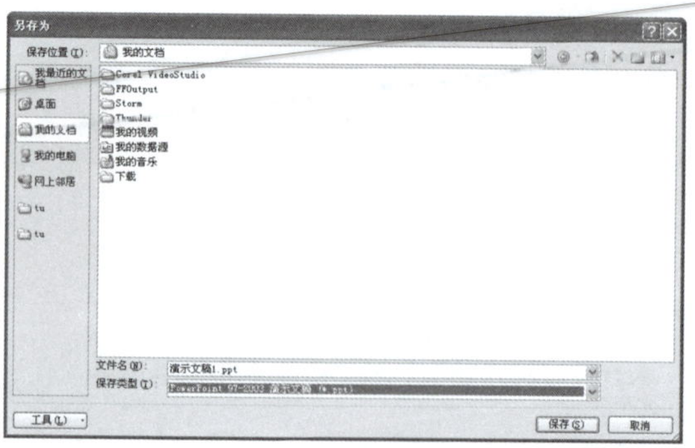

图28-6

知识点

如果是新建的PowerPoint 2010演示文稿，在保存时直接单击“保存”按钮，接着在弹出的“另存为”对话框中选择保存类型为“PowerPoint 97-2003演示文稿 (*.ppt)”即可。

技巧4　将演示文稿保存为图片

若需要将演示文稿变成图片，许多用户会使用“截图”的方法，但这种方法操作过于繁琐。PowerPoint 2010自带的功能就可以快速将演示文稿保存为图片。

1 打开需要保存为图片的演示文稿，单击“文件”主菜单，切换到Backstage视图，单击“另存为”命令，打开“另存为”对话框。

2 单击“保存类型”下拉列表框，在弹出的列表中选择“JPEG 文件交换格式 (*.jpg)”，如图28-7所示。

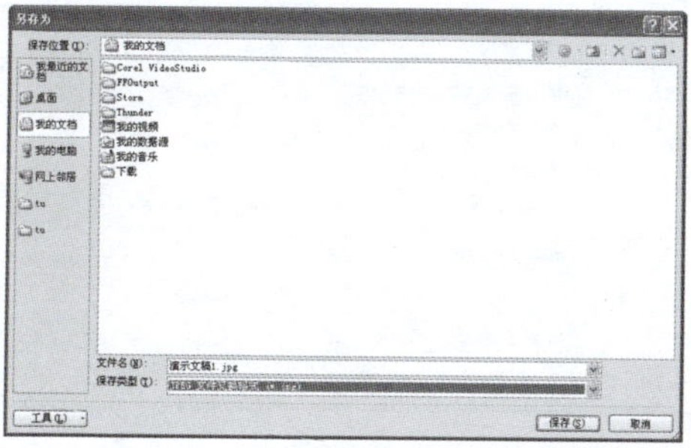

图28-7

3 设置一下图片的保存位置，单击“保存”按钮，在弹出的对话框中选择需要导出哪些幻灯片为图片，如图28-8所示。

图28-8

4 单击“每张幻灯片”按钮（以此为例），即可将演示文稿中的每张幻灯片保存为图片。

提 示

如果只想将演示文稿中的当前幻灯片保存为图片，在保存时弹出的对话框中单击“仅当前幻灯片”按钮即可。

技巧5 更改文稿的默认保存路径

PowerPoint 2010演示文稿默认的保存路径是在“我的文档”下。若需要更改为其他位置，可以通过如下方法来实现。

1 运行PowerPoint 2010，单击“文件”主菜单，切换到Backstage 视图，单击“选项”命令，打开“PowerPoint选项”窗口。

2 单击左侧窗格中的“保存”项，接着在右侧窗格中的“保存演示文稿”栏中“默认文件位置”文本框中输入新的保存路径，如“D:\我的PPT”，如图28-9所示。

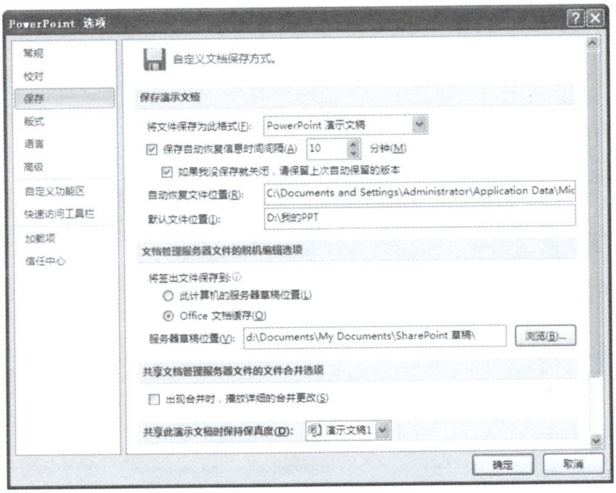

图28-9

3 单击“确定”按钮，即可完成设置。

提 示

在设置新的保存路径时，尽量不要设置在C盘（系统分区），避免当系统出现问题时导致文件丢失。

技巧6 为演示文稿创建数字签名

数字签名以电子形式存在于数据信息之中，或作为其附件的或逻辑上与之有联系的数据，可用于辨别数据签署人的身份，并表明签署人对数据信息中包含的信息的认可。在必要时可以通过如下方法为演示文稿创建数字签名。

1 单击“文件”主菜单，切换到Backstage 视图。

❷ 单击左侧的“信息”项，在右侧窗格中单击“保护演示文稿”按钮下拉菜单，在弹出的菜单中选择“添加数字签名”命令，如图28-10所示。

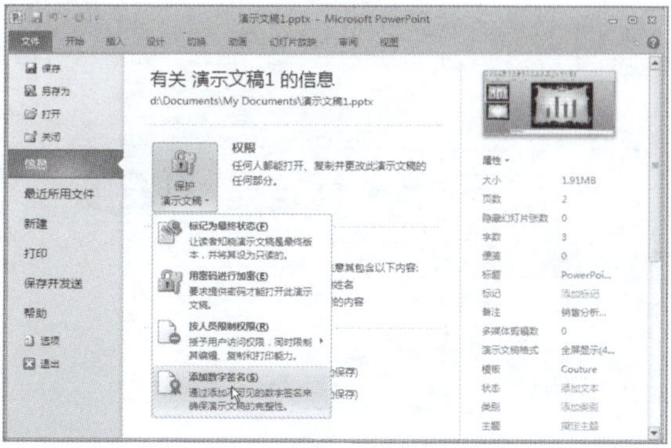

图28-10

❸ 在弹出的对话框中单击“确定”按钮，如图28-11所示。

图28-11

❹ 在打开的“签名”对话框中输入签署此文档的目的，如图28-12所示。

❺ 单击“签名”，在弹出的“签名确认”对话框中单击“确定”按钮，如图28-13所示。

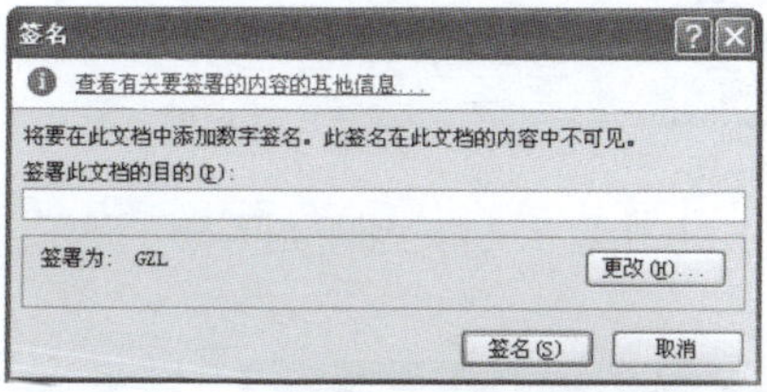

图28-12

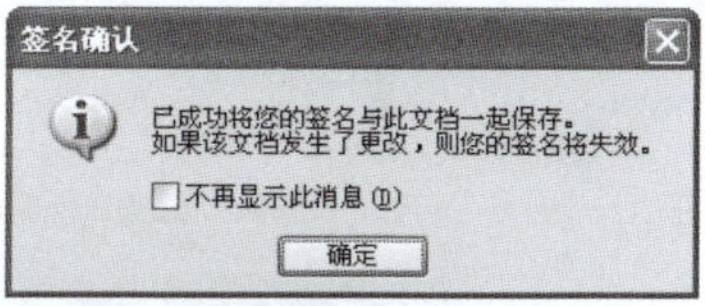

图28-13

提 示

在创建数据签名前如果没有创建数据标识，还需要创建数据标识。

技巧7 将演示文稿设置为最终状态

在与他人共享演示文稿的电子副本之前，可以使用“标记为最终状态”命令将文件设置为只读，防止他人对文件进行更改。在将文件标记为最终状态后，键入、编辑命令以及校对标记都会禁用或关闭，文件变为只读形式。

1 单击“文件”主菜单，切换到Backstage 视图。

2 单击左侧的“信息”项，在右侧窗格中单击“保护演示文稿”按钮下拉菜单，在弹出的菜单中选择“标记为最终状态”命令，如图28-14所示。

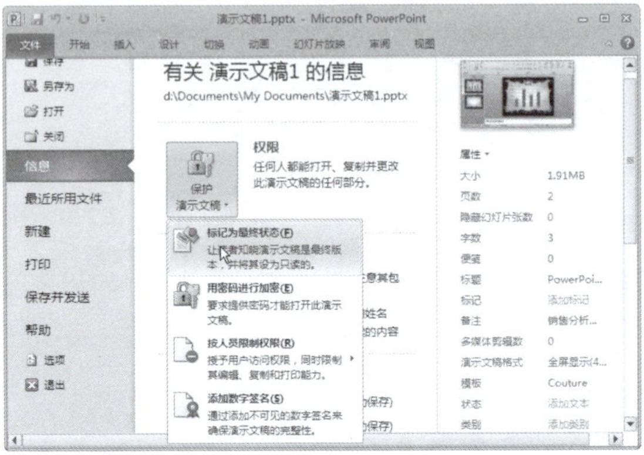

图28-14

3 在弹出的对话框中提示“该演示文稿将先被标记为最终版本，然后保存”，如图28-15所示。

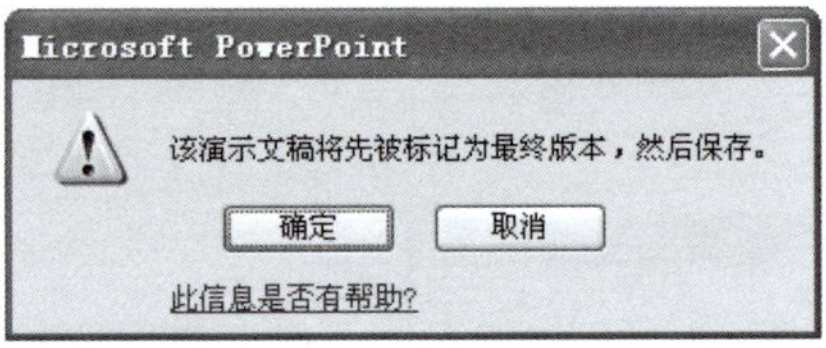

图28-15

4 单击“确定”按钮，在弹出的对话框中提示文档已被标记为最终状态，单击“确定”按钮即可，如图28-16所示。

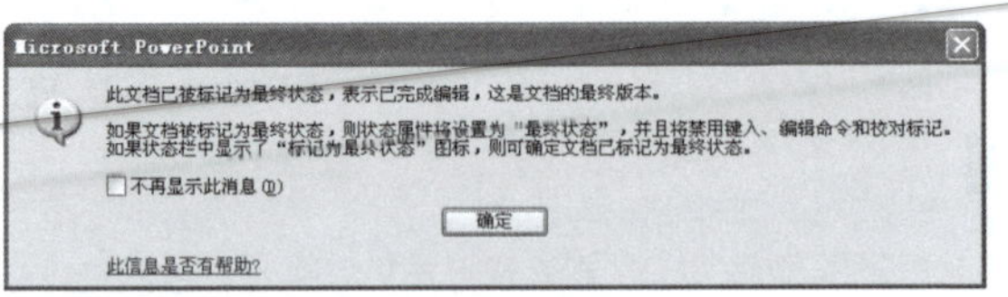

图28-16

知识点

“标记为最终状态”命令不是一项安全功能。对于已标记为最终状态的文件，收到其电子副本的任何人都可以通过取消该文件的“标记为最终状态”状态对其进行编辑。

技巧8 为演示文稿加密

如果演示文稿中包含重要内容，不想让其他人打开，可以为演示文稿加密。可以通过如下方法为演示文稿设置打开权限密码。这样，不知道密码的用户就无法打开这个加密的演示文稿了。

1 打开需要加密的演示文稿，单击“文件”主菜单，切换到Backstage视图。

2 单击左侧的“信息”项，在右侧窗格中单击“保护演示文稿”按钮下拉菜单，在弹出的菜单中选择“用密码进行加密”命令，如图28-17所示。

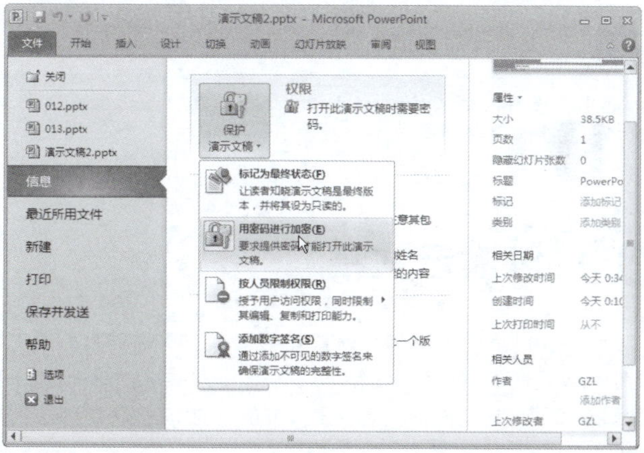

图28-17

3 在弹出的“加密文档”对话框中输入一个合适的密码，如图28-18所示。

4 单击“确定”按钮，在弹出的“确认密码”对话框中再重新输入一次密码，如图28-19所示。

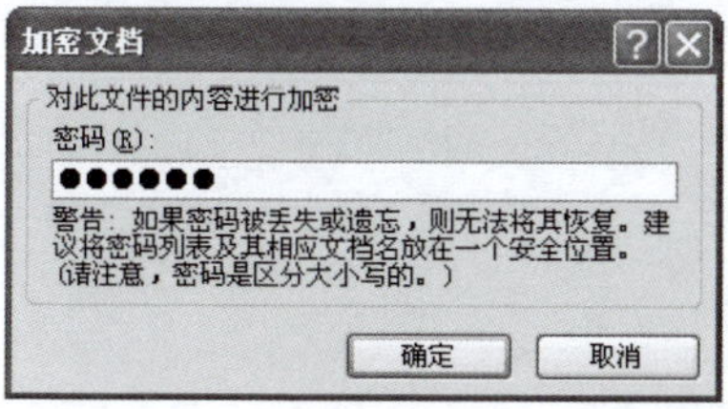

图28-18

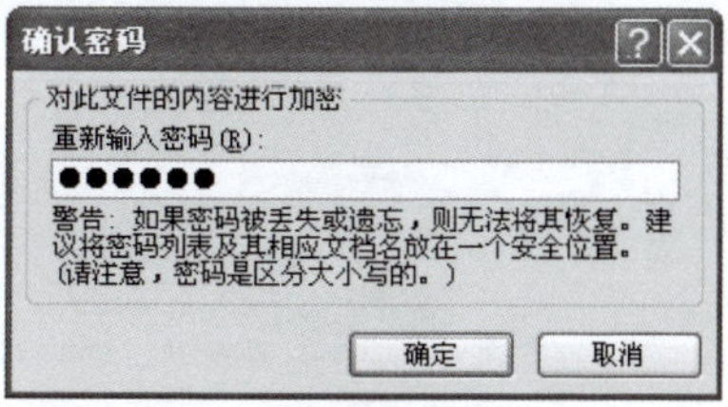

图28-19

5 单击“确定”按钮，返回到PowerPoint主界面，保存演示文稿并退出。这样下次打开该演示文稿时，就需要输入密码才能打开了，如图28-20所示。

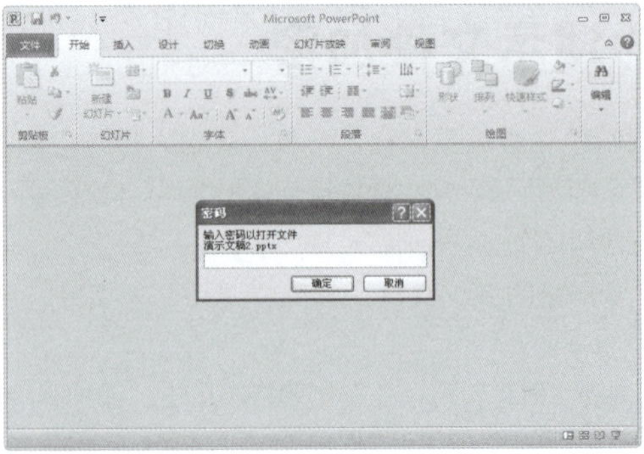

图28-20

注 意

取消选中“保存时从文件属性中删除个人信息”复选框，则在工作簿保存时会就不会从文件属性中删除个人信息。

技巧9 打包演示文稿

许多用户都有过这样的经历，在自己的电脑中放映顺利的演示文稿，在复制到其他电脑中播放时，原来插入的声音和视频等就不能播放了呢？使用PowerPoint 2010的打包功能，将演示文稿中用到的所有素材打包到一个文件夹中，可以很好地解决这个问题。

1 单击“文件”主菜单，切换到Backstage视图。

2 在左侧窗格中单击“保存并发送”，接着在中间窗格中单击“将演示文稿打包成CD”，最后在右侧窗格中单击“打包成CD”按钮，如图28-21所示。

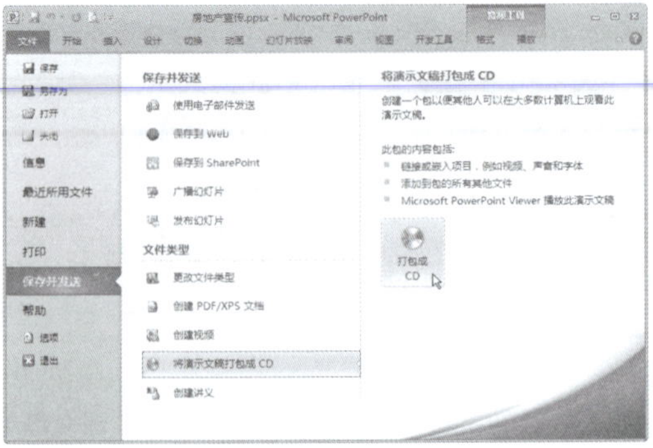

图28-21

3 在弹出的"打包成CD"对话框中，单击左下角的"复制到文件夹"按钮，如图28-22所示。

4 在弹出的"复制到文件夹"对话框中设置一下文件夹名称和位置，如图28-44所示。

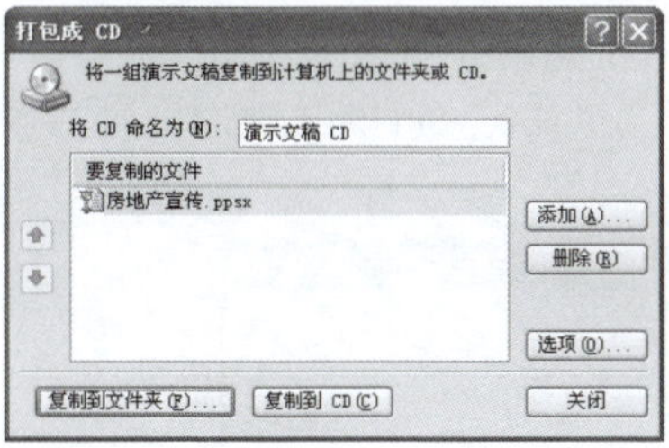

图28-22

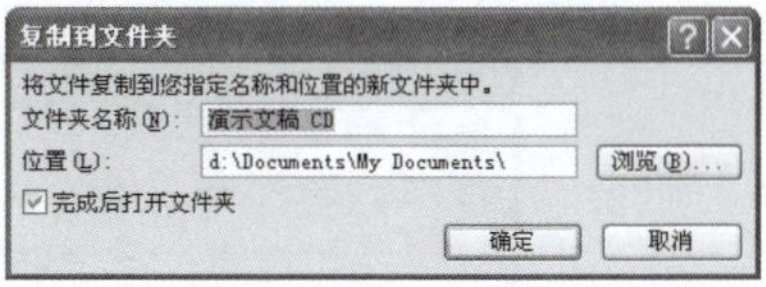

图28-23

5 单击"确定"按钮，弹出如图28-4524所示的对话框，询问是否要在包中包含链接文件。

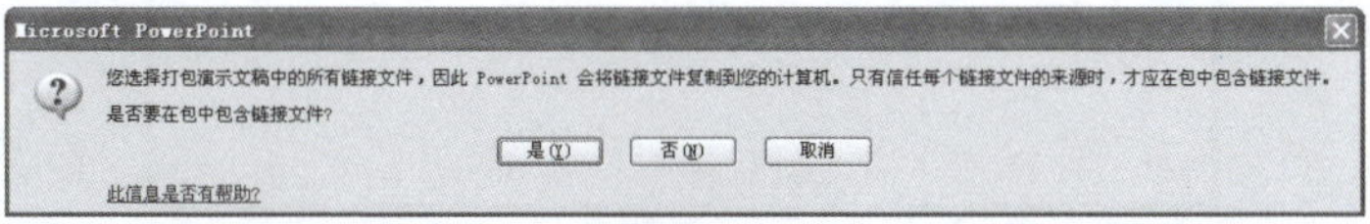

图28-24

6 单击"是"按钮，PowerPoint就会将演示文稿以设置的文件夹名称打包到设置的位置，如图28-25所示。

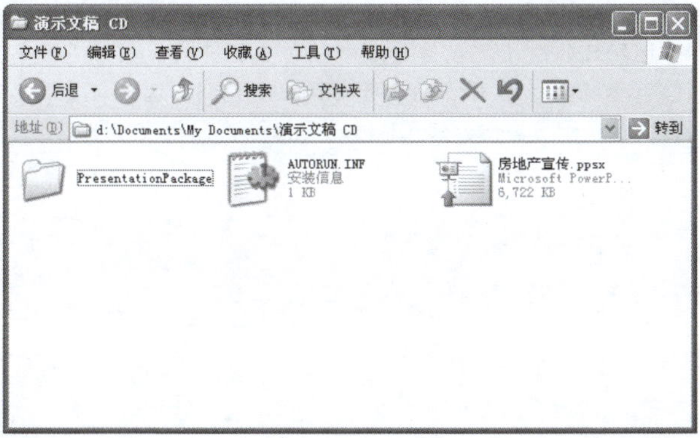

图28-25

提 示

如果需要将多个演示文稿打包在一起，在"打包成CD"对话框中单击"添加"按钮，在选择需要添加的演示文稿即可。

技巧10 解包和运行演示文稿

演示文稿打包后，将打包后的文件夹复制到其他电脑上，在播放演示文稿时就不会出现诸如声音或视频不能播放的情况了。

❶ 将演示文稿打包后的文件夹复制到其他电脑中。

❷ 打开这个文件夹，双击其中后缀名为“.ppsx”的自动放映文件，即可放映该演示文稿，如图28-26所示。

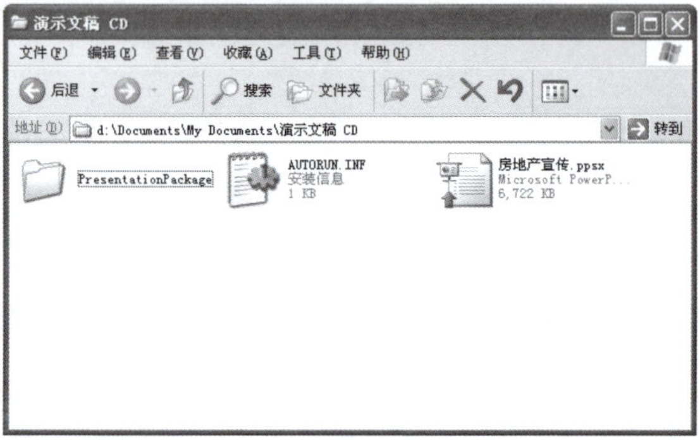

图28-26

知识点

打包后的演示文稿会变成一个自动放映文件，不能直接对其进行编辑。如果想要对打包后的演示文稿进行编辑，首先打开PowerPoint程序，接着按下“Ctrl+O”组合键，在弹出的打开对话框中找到并选中需要编辑的自动放映文件，单击“打开”按钮，使用PowerPoint将其打开后，即可进行编辑。